中国气象灾害大典

湖南卷

主　　编　温克刚
本卷主编　曾庆华

气象出版社

图书在版编目（CIP）数据

中国气象灾害大典．湖南卷/《中国气象灾害大典》编委会编．—北京：气象出版社，2006.3
ISBN 7-5029-4116-9

Ⅰ.中… Ⅱ.中… Ⅲ.①气象灾害-气象资料-中国②气象灾害-气象资料-湖南省 Ⅳ.P429

中国版本图书馆CIP数据核字（2006）第018536号

出 版 者：气象出版社
地　　址：北京市海淀区中关村南大街46号
邮　　编：100081
电　　话：总编室　010-68407112　发行部　010-62175925
网　　址：http：//cmp.cma.gov.cn
E-mail：qxcbs@263.net
责任编辑：王存忠　杨泽彬
终　　审：毛耀顺　陈云峰
封面设计：刘　扬
责任技编：都　平
责任校对：刘丽　魏春红
印　　刷：北京中新伟业印刷有限公司
装　　订：北京恒智彩印有限公司
发 行 者：气象出版社
开　　本：787mm×1092mm　1/16
印　　张：32.75
插　　页：8
字　　数：797千字
版　　次：2006年3月第1版
印　　次：2006年3月第1次印刷
印　　数：1—3000
定　　价：130.00元

ISBN 7-5029-4116-9/P·1494

ISBN 7-5029-4116-9

9 787502 941161 >

《中国气象灾害大典》编委会

主　　任： 温克刚（兼主编）

副 主 任： 李　黄　毛耀顺　阮水根

丁一汇　朱祥瑞

委　　员：（按姓氏笔画排列）

于新文　王存忠　孙　健

许小峰　李泽椿　李维京

沈国权　周曙光　倪允琪

裘国庆　董超华　韩通武

《中国气象灾害大典》编辑部

主　　任： 毛耀顺（兼副主编）

副 主 任： 王存忠　朱祥瑞　李维京

特约编辑： 江彦文

《中国气象灾害大典·湖南卷》编委会

《中国气象灾害大典·湖南卷》编纂室

总　　序

我国是一个季风气候特点显著的国家。季风气候有利的方面是：气候类型多样，气候资源丰富，世界上绝大多数动植物类型都能在我国生存繁衍，从而为大农业（农林牧副渔）的发展提供了宝贵的种质资源。但是，季风气候不利方面是：它的不稳定性又使我国成为气象灾害频繁发生的国家。干旱、洪涝、台风、寒潮以及冰雹、龙卷、高温酷暑、低温冷害等对国民经济和人民生命财产安全造成严重危害，此类灾害所带来的损失约占所有自然灾害的70％，随着经济不断发展，气象灾害造成损失的绝对值越来越大。20世纪90年代全球重大气象灾害造成的损失比50年代高出10倍。我国每年因气象灾害造成的经济损失占GDP的3％～6％。天气气候的变化，气象灾害的发生是客观存在。中国几千年的文明史就是认识自然，掌握天气变化规律，与气象灾害作斗争，推动生产力向前发展的历史。早在原始社会时期，人类就学会了在各种天气气候条件下生存的本领，在殷商时期的甲骨文中就有关于气象灾害的记载，在2000多年前，黄河流域一带形成了反映季节与农事活动关系的“二十四节气”。随着生产力的发展，人类为了取得生产的主动权，更加关心天气气候的变化，在生产实践中逐渐加深了对气象变化规律的认识，学会了在复杂变化的天气气候条件下生产、生活，逐步积累了预防抵御气象灾害的经验，从而推动了气象科学的发展。气象科学的发展离不开劳动人民的实践与智慧。

随着现代科技水平的提高与全球化趋势的发展，气候变化和气象灾害问题受到世界各国的普遍关注。由于人类对自然认识的局限性以及社会经济和科技发展水平等诸多原因，从总体上说，今后相当长的时期内气象灾害对国民经济和人民生命财产安全带来的危害仍然是难以完全避免的。但是，只要我们在规划国民经济、社会发展时坚持可持续发展的观点，依靠科技进步，充分重视气象灾害所带来的影响，加强对气象灾害规律的研究和监测预报，立足于趋利避害，增强防灾抗灾意识，克服侥幸心理，树立长期作战的思想，人类必将在防御减轻并最终战胜气象灾害的斗争中不断前进！

编纂《中国气象灾害大典》（以下简称《大典》）正是在这样的背景下经过长期酝酿而付诸实施的。编纂《大典》旨在全面反映我国几千年来发生过的气象灾害以及劳动人民与其斗争的历史，总结历史经验，承上启下，继往开来，服务当代，有益后世。编纂《大典》既是气象文化建设的内在要求，也是社会主义精神文明建设系统工程的组成部分。《大典》把实用性放在第一位，以现代资料为重点，由近及远，详今略古，立足气象行业，面向全社会。

《大典》的问世将有助于提高全民族对气象灾害的忧患意识，加深对气象工作在经济、社会发展中的地位和作用的认识，为各级党政领导规划经济、社会发展和组织防灾减灾提供科学依据。《大典》收集了大量宝贵而详实的资料，不仅可以为气象科研人员研究气候变化特别是短期气候预测提供基础性资料，同时也为其他学科的专家学者从事社会、经济、军事、科技、文化诸多领域的研究提供历史证据，为后人搜集整理我国劳动人民与自然作斗争的史料奠定基础。

编纂《大典》按照“大统一，小灵活”的原则，整体上分卷、章、节、目四级。全书编成若干卷，每卷单独成册，综合卷为全国性气象灾害的综述、评价；地方卷为各地具体灾害的“概述”与个例的辑录，分地区单独成卷。章按气象灾害种类划分，每卷设章数量按各地灾害种类发生的多少与频繁程度而定；节按年代划分，每章设节的多少按资料密集程度而定。章节的设定地方卷有一定的灵活性。章节之前分别撰写“绪论”和“概述”。条目是《大典》内容的基本单元，每个条目包括：灾害出现时间、地点，灾情（气象要素、造成的危害），防灾减灾措施等，编排按时间先后列出。

《大典》既是历代劳动人民的贡献积累，也是当代气象工作者集体智慧的结晶。编纂者虽然尽了很大的努力，但不足与疏漏仍在所难免，恳请读者批评指正。

《中国气象灾害大典》编委会

2005年3月23日

本卷序一

《中国气象灾害大典·湖南卷》是一部很有价值的工具书。洋洋洒洒七十余万字，把湖南各类气象灾害梳理得清清楚楚，灾害的成因、规律尽在字里行间。感谢气象科技人员为湖南人民呈献了一部很好的气象灾害史书与气象科学著作。

湖南是气象灾害发生最为频繁的省份之一，旱和涝更为严重，风、雹、冰冻、雷暴等常有发生，特别是每年汛期暴雨洪涝、干旱等气象灾害，对经济社会发展、人民群众的生命财产安全构成严重威胁。1988—2003 年 16 年的统计表明，全省气象灾害每年平均损失达到 153 亿元以上。

近些年来，在省委、省政府和中国气象局的关怀与支持下，湖南气象事业得到了长足的发展，服务能力有了很大提升，天气预报预警和气候预测的准确率不断提高，在全省防灾减灾科学决策中发挥了重要作用，成为党政领导防汛抗灾科学决策的重要耳目，为湖南防灾减灾作出了重大的贡献。20 世纪 90 年代以来，湖南省气象部门为全省防汛抗旱、防灾减灾提供优质气象服务，作出的贡献更大更显著。《中国气象灾害大典·湖南卷》在一定程度上反映了湖南省防灾抗灾的实际历程和宝贵经验，包括湖南三大考古发现也无不折射出湖南古代的历史成就和古代气象成就与文明。应该说，本书所蕴涵的气象科学信息量是相当丰富的。气象是生产力，开发气象就是开发新的生产力，气象也是重要的信息资源，开发利用气象资源是很有必要的。

《中国气象灾害大典·湖南卷》的编纂出版，既是湖南气象部门的一件大事，也是湖南人民的一件喜事。此书既是一部名副其实的湖南气象灾害史书，也是一部反映湖南人民与各种气象灾害进行斗争的大型工具书，希望全省各级各部门的领导、社会各界人士，充分学习运用这一重要科研成果，为湖南防灾减灾和经济社会发展做出更大的贡献！

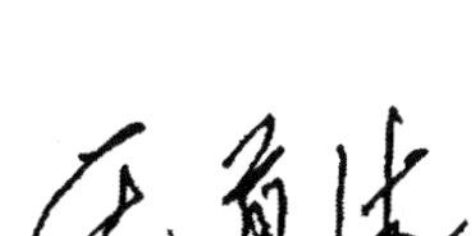

2005 年 5 月

（庞道沐系湖南省人大常委会副主任）

本 卷 序 二

湖南属亚热带季风湿润气候区，具有气候温暖、四季分明、热量充足、雨水集中、春温多变、夏秋多旱、暑热期长、严寒期短等特点。湖南气象灾害繁多，春季常有寒潮和连阴雨低温冷害，夏秋多涝、旱，秋季有“秋寒”，冬季有冰冻、冻害，此外大风、冰雹、雷击、森林火灾、泥石流、雾害皆有之。尤其是洪涝和干旱最为严重，有“十年九遇”之说。旱涝所至，赤地千里或一片汪洋，受灾田亩和人口常以百万计，给人民生命财产造成巨大损失。

复杂多变的气候环境，促使湖南人民很早就关注气象变化，开发利用气候资源，与气象灾害作斗争。两千三百多年前的《楚辞》，已载有丰富的气象知识，其中四季业已划分，风云雨雪雾露冰霰冻雷霓等天气名称都已出现；屈原《山鬼》中关于风雨不定和高山天气的描写、宋玉《九辩》中关于秋高气爽和秋雨连绵的描述，都反映了当时人们对天气气候的细致观察。1972 年长沙马王堆西汉墓葬出土的以楚地为主的云、气、星、彗等占验风雨吉凶的古代“天文气象杂占”的帛书，以占气为最多，云次之，反映了战国时期楚地的气象知识状况。至于民间丰富的天气谚语，更是人民群众测天经验的总结。屈原在《橘颂》中赞美橘树“受命不迁，生南国兮”，表明人们早就注意了作物生长与气候环境的关系，即注意了对气候资源的利用，也说明了湖南人民与气象灾害斗争的历史悠久。

“以史为鉴，可以知兴替。”“编史修志是两个文明建设的组成部分，是社会主义文化建设的系统工程；是承上启下，继往开来，服务当代，有益后代的千秋大业。”编纂《中国气象灾害大典·湖南卷》（简称《大典·湖南卷》）也是属于编史修志工作的范畴，是社会主义精神文明建设的重要内容，更是气象文化建设的重要内容。《大典·湖南卷》是一部气象灾害史书，也是一部反映湖南几千年来劳动人民与各种气象灾害进行斗争的大型资料性工具书。

此次编纂《大典·湖南卷》，坚持把实用性放在首位，把现代资料作为重点，由近及远，详今略古，立足本行业，面向全社会。既方便气象业务科研人员使用，又有利于各级领导和人民群众提高防灾减灾、趋利避害意识。此书的问世出版，必将在以下五个方面发挥其应有的作用：一是加深人民群众对气象灾害的认识，加强对气象灾害的科学普及宣传；二是为各级党政领导及部门规划社会经济发展和组织防灾减灾提供科学依据；三是为气象及相关行业科技人员研究我国灾害性天气气候随时空分布规律提供详实的资料，特别是可为短期气候预测业务提供基础性资料和数据；四是气象灾害发生、发展的历史与湖南社会发展的历史紧密相关，编纂出版《大典·湖南卷》将从一个侧面折射出湖南的发展历史，为农业、林业、水利、电力、环保、科技、教育、国土资源、交通、航空、军事、安全、民政等部门的专家学者研究湖南政治、经济、历史、文化等方面提供证据；五是《大典·湖南卷》为后人学习借鉴湖南人民运用气象知识与大自然作斗争的实践和经验奠定了史料基础，对后代将是一份十分宝贵的遗产，具有很高的收藏价值。值此《大典·湖南卷》付梓之际，以此为序。

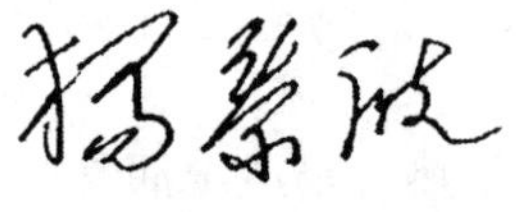

2005 年 5 月

（杨泰波系湖南省人民政府副省长）

凡　例

一、《中国气象灾害大典·湖南卷》以辩证唯物主义和历史唯物主义为指导，本着极尽详实的原则，编纂湖南有史以来记载的旱涝、冷冻、风雹、雷电等气象灾害及其次生的地质灾害、森林火灾过程（包括影响范围、灾害情况、减灾措施），同时对其一般规律、致灾原因作了分析，为湖南各级党政领导和相关部门提供充实的科学资料，力求达到借鉴历史，总结经验，启迪后世之目的。

二、体裁：横排灾害，纵述史实，采用述、记、图、表体裁，以记为主体。

三、时限：上限力溯最早有文字记载的气象灾害，下限至2000年。

四、纪年：公元1950年前沿用历史纪年，括注公元纪年，其数字和农历日期用中文数字表示；公元1950年起采用公元纪年，其数字和阳历日期用阿拉伯数字表示。

五、地名：按历史名称书写，必要时括注今名。新旧地名对照附后备查。

六、单位：按1984年国务院颁布的《中华人民共和国法定计量单位》为准。记述历史事实仍沿用其原有的计量单位。

七、资料来源：以1982年4月湖南省气象局气候资料室编纂的《湖南省气候灾害史料》、1995年出版的《湖南省志·建设志·气象》为主，辅以《湖南通志》、《湖南年鉴》、各市气象局查阅当地志书、史料后提供的补充材料，以及省防汛抗旱指挥部、省民政厅等有关部门提供的灾情统计资料。具体使用资料见附录。

凡　例

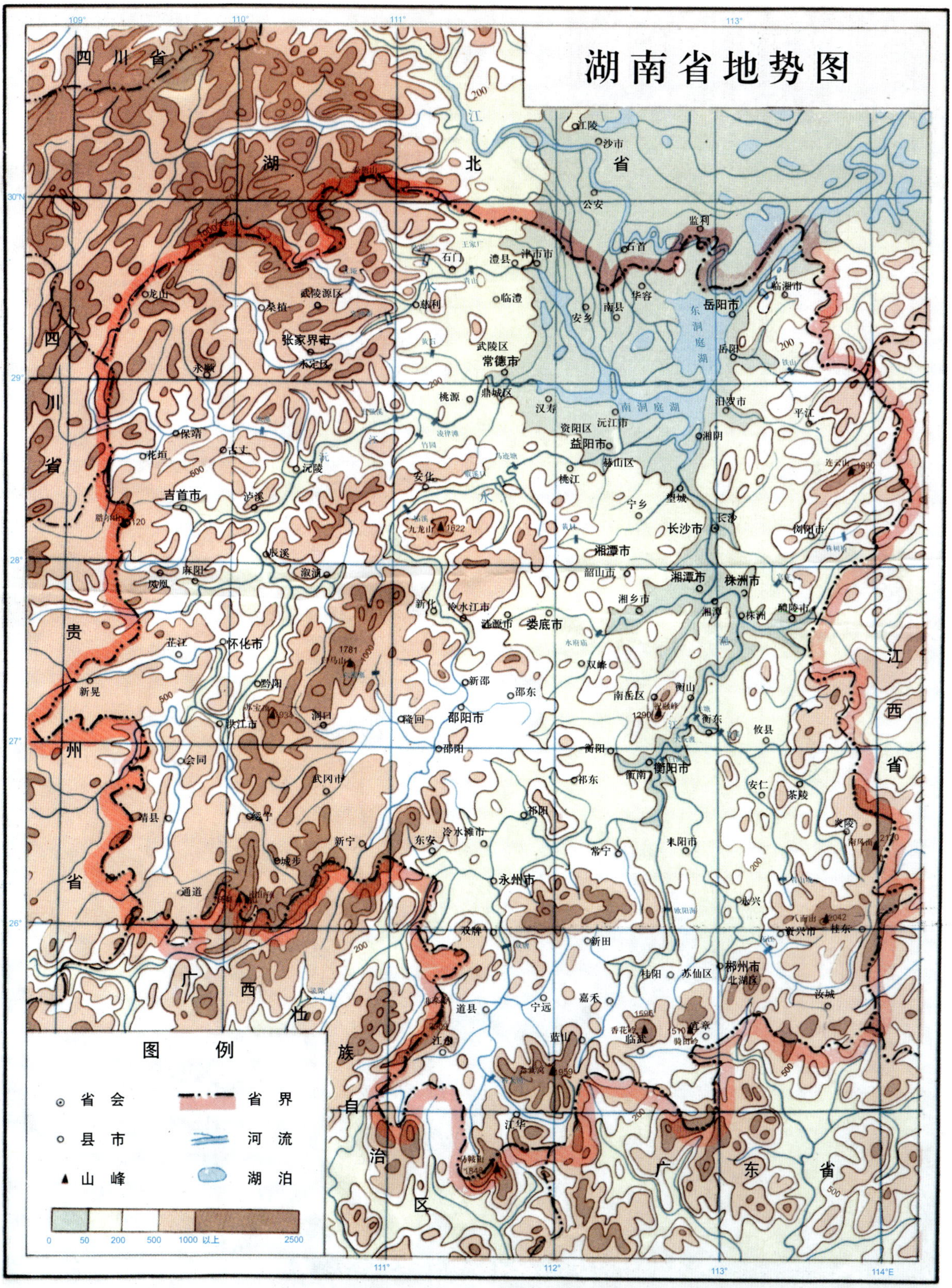
湖南省地势图
四川省
湖北省
贵州省
广西壮族自治区
广东省
江西省
图例
省会
县市
山峰
省界
河流
湖泊
0
50
200
500
1000 以上
2500
109°
110°
111°
112°
113°
114°E
30°N
29°
28°
27°
26°
江陵
沙市
公安
监利
石首
石门
澧县
津市市
临澧
慈利
桑植
武陵源区
张家界市
永定区
龙山
永顺
安乡
南县
华容
岳阳市
临湘市
岳阳
武陵区
常德市
鼎城区
桃源
汉寿
沅江市
资阳区
益阳市
赫山区
汨罗市
湘阴
平江
东洞庭湖
南洞庭湖
保靖
花垣
古丈
沅陵
安化
桃江
宁乡
望城
长沙市
长沙
浏阳市
吉首市
泸溪
辰溪
麻阳
凤凰
溆浦
湘潭市
韶山市
湘乡市
湘潭
株洲市
株洲
醴陵市
新化
冷水江市
涟源市
娄底市
芷江
怀化市
新晃
黔阳
洪江市
洞口
隆回
新邵
邵东
邵阳市
邵阳
双峰
南岳区
衡山
衡东
攸县
会同
武冈市
衡阳
衡阳市
衡南
祁东
安仁
茶陵
靖县
绥宁
新宁
东安
冷水滩市
祁阳
常宁
耒阳市
炎陵
城步
通道
永州市
永兴
资兴市
桂东
双牌
新田
桂阳
苏仙区
郴州市
北湖区
汝城
道县
宁远
嘉禾
临武
宜章
江永
蓝山
江华
九龙山
1622
1781
1290
1890
2042
2120
200
500
1000

上图为20世纪60年代，湘阴县城西垸水灾后堵口复堤的情景

1990年7月1日至2日，耒阳市下暴雨引起洪涝灾害，上图为敖河决堤的情景

1990年6月，洪水淹没了安化县城

1985年6月，安化县被洪水冲毁的稻田，遍地沙石难以恢复

1990年6月27日，韶山市因下暴雨引起山洪暴发，左上图显示洪水淹没了公路；右上图显示大片稻田被洪水冲毁和淹没

1994 年 6 月 23 日，因湘江流域下了暴雨而发生洪水，长沙县丰顺垸江堤溃决

长沙县丰顺垸溃决后，民居被淹的情景

1995 年 7 月 1 日，锦江发生大洪水，上图为锦江洪峰淹没麻阳县城情景

锦江洪水过后，麻阳县城遭受洪水破坏的惨景

1995 年 7 月 1 日，岳阳城区梅溪桥街上的大客车被渍水淹没

1996 年 7 月 19 日，华容县团洲垸溃决后的情景

1996 年 7 月 21 日，华容县幸福大垸溃决后的情景

1996 年 7 月 23 日，华容县南山三合垸溃决后抢救灾民的情景

1998 年 7 月，洞庭湖区发生特在洪灾，图为岳阳城陵矶街道被洪水淹没可以行船

安乡县安造垸造纸厂堤段溃决时的情景

安乡县造纸厂堤段溃口近景

1998 年 7 月 22 日，张家界市区被洪水淹没

1998年，洞庭湖区解放军英勇抗洪抢险的场景

1999年7月23日，益阳市民主垸溃堤，图为垸内一片汪洋的情景

1999年7月8日，吉首市由于暴雨引发洪涝，图中显示洪水淹至街区房屋二楼

1999年8月13日，郴州市降特大暴雨，图为郴江沿河房屋被淹情景

苏仙大桥被洪水冲毁的情景

许多城镇居民被突发的洪水围困，等待救援

1986 年 1 ～ 5 月，涟沅县发生冬春连旱，图显示干旱导致水田开坼、禾苗枯黄

1992 年 8 月，湖南发生夏旱，上图为会同县烤烟基地被干死的烤烟

会同县干涸的芋头田

1994 年 5 月，岳阳发生春旱，图为郭镇乡的村民在接近干涸的水库里车水抗旱

岳阳县云溪乡开坼的稻田

1996 年 4 ～ 5 月，古丈县遭受春旱，水库干涸

1998年6～8月，茶陵县发生严重夏旱，图为干旱开坼的稻田

被干死枯萎的禾苗

干涸的池塘

2000年2～5月，永顺县春旱严重，大片田地无法耕种

1999年9月15～20日，会同县出现寒露风，导致双季晚稻受害严重，空壳率大为增加，左图为受害的晚稻

上图为蔬菜被冻死成烫伤状

上图为1992年3月25日，隆回县小沙江镇附近海拔1300米高处的冰冻情景

1991年12月，韶山市发生冰冻，左图为被冻死的柑橘树

1998年1月22日，临湘市日降雪量39.5毫米，积雪深度达30厘米，上图为雪景

1995年1月1～4日，岳阳市下了大雪，上图为市区大雪压断树枝的情景

1981 年 3 月 29 日，宁远县出现大风，左上图为被刮倒的冷水公社沙洞大队礼堂；右上图为高 19 米，三人合抱的楠木大树被大风拦腰折断

1984 年 4 月 27 日，汨罗市出现龙卷风，11 层的永安古塔被吹倒了上面 8 层，左图为龙卷风过后的场景

1984 年 7 月 30 日，桂东县出现大风，图为 200 多年树龄的皂荚树被连根拔起

1994 年 5 月 1 日，泸溪县上堡乡出现雷雨大风、冰雹，图为被大风连根拔起的大树

1986 年 4 月 10 日，东安县出现大风，图为被吹折一半的樟树

1990年7月21日，醴陵市出现大风，图为180年树龄的大树被吹断

上图为被吹毁的两层小楼

1992年5月6日，衡阳市出现大风，图为被大风刮倒的电杆

上图为被大风拔起的大树

2000年9月6日，会同县遭受风灾，左上图显示王家坪村一株苦杏树（直径80厘米）被拦腰吹断；右上图显示山林中许多大树被连根拔起

1996年6月2日，岳阳出现龙卷风，上图为被龙卷风扭断的大树（40厘米直径）

1998年5月7日，岳阳钱粮湖农场出现龙卷风，上图为被龙卷风吹毁的房屋

1986年4月10日，冷水江市遭受冰雹灾害，左上图为砸坏的秧田；右上图为砸坏的小麦

1990年4月3日，双牌县遭受冰雹灾害，左上图为下雹6小时后拾取的雹核；右上图为被砸毁的蔬菜

1991年3月17日，通道县遭受冰雹灾害，上图为冰雹砸毁的屋顶

1984年7月29日，汝城县一户农舍被球形闪电击中而起火燃烧，图为被烧毁的房屋，屋后树干上箭头所指处可见雷击焦痕

上图显示的牛被冰雹砸断了左角

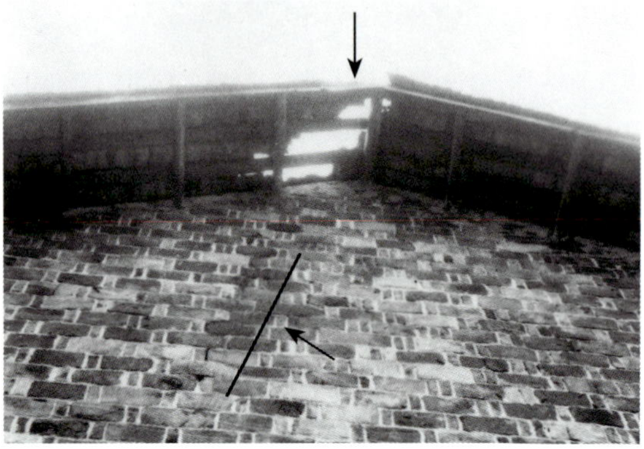

1986年7月3日，隆回县一农户屋顶被雷击后形成一个50厘米直径的破洞，红砖山墙上击出5个洞孔，墙体开裂达2米长，上图箭头所指处为被雷击坏处

1993年3月13日，泸溪县遭受了冰雹灾害，图为县气象局拍摄到的下冰雹的场景

1998年3月6日早晨，岳阳楼公园里一株30多年的泡桐树被雷击坏死，上图树干上雷击痕迹清楚可见

1984年4月4日，汝城县钨矿因下暴雨发生泥石流灾害，左图为灾后情景

1985年6月30日，安化县发生山洪地质灾害，山洪冲来的沙石将春丰村小学10间教室堆满，操场上也堆得像座小山，上图为灾后情景

1985年8月25日，大暴雨引发郴州市柿竹园多金属矿尾砂坝垮坝，形成矿渣泥石流，上图为灾后情景

1990年5月29～30日，绥宁县因暴雨引起山体滑波，上图为公路被山坡塌方阻断的情景

1990年6月6～21日，安化县发生连续暴雨过程，并引起山体垮塌，上图显示山体垮塌导致房屋被毁的情景

1995 年 5 月 31 日，永顺县因下暴雨引起山体滑坡，图为山体滑坡堵塞公路的情景

1995 年 7 月 1 日，岳阳市因连续下暴雨引起山体滑坡，图为山体滑坡堵塞 107 国道的情景

1998 年 5 月 8 日，吉首市因暴雨山洪引起山体滑坡，图为山体滑坡堵塞 319 国道的情景

1998 年 5 月 8 日，山体滑坡还导致几处房屋倒塌，8 人因灾死亡，图为吉首市郊区雷公井因山体滑坡倒塌一座楼房的惨状

1998 年 10 月，衡阳发生森林火灾，上图为森林火灾过后的场景

株州市石峰区白马乡发生森林火灾现场所拍的照片

平江县余坪乡张市村发生特大森林火灾的现场情景，上图显示大片幼林已被烧毁

左图和下图为长沙马王堆汉墓出土的《天文气象杂占》局部影像

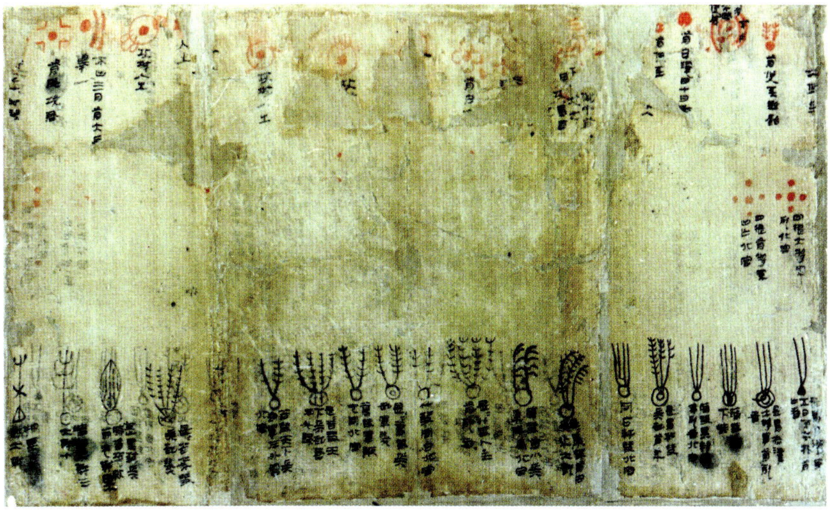

左图为长沙马王堆汉墓出土的帛书《彗星图》局部影像

长沙马王堆汉墓出土的帛书《五星占》影像

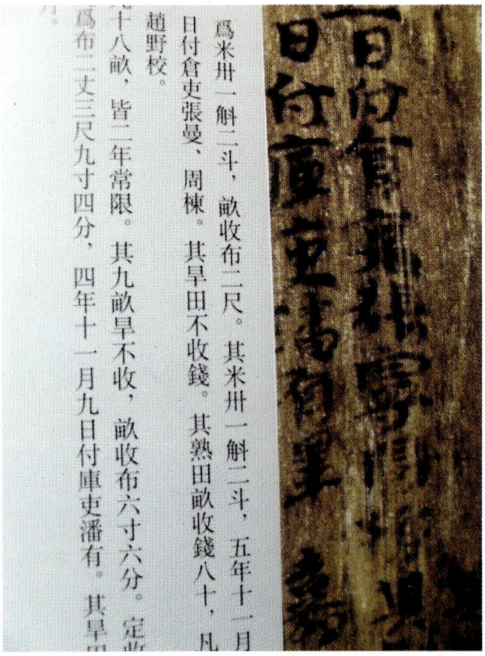

上图为长沙走马楼三国吴简局部特写图

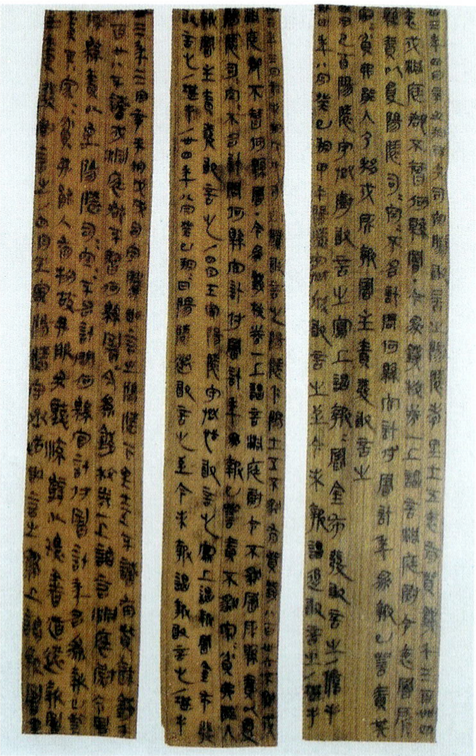

上图为龙山里耶出土的秦简部分实物图

目　　录

绪　论

湖南省山川秀美，气候宜人，人文荟萃，物产丰富，素以“鱼米之乡”盛名天下。湖南的气象考古发现也比较著名，对古气象知识的应用和古代气象灾异的评点研究也有许多反映（见附录一）。通过研究湘楚大地*古今气象灾异史料可知，湖南又是气象灾害繁多的省份之一，旱、涝、风、雹、冷害、冰冻、雷暴等常有发生，尤以旱涝为甚。仅以水灾为例，湖南从有水灾文字记载的西周昭王二年（公元前994年）起，近3000年间共有洪涝记录631年。最近的5个世纪里，湖南出现洪涝记载455年次，平均每百年91次，同期出现全省性洪涝69年次，平均每百年13.8次，洞庭湖区更是“十年九灾”。

气象灾害是人民遭遇最多、对人民生命财产和社会发展影响最大的自然灾害，人民群众一直顽强地坚持与自然灾害作斗争，努力改善生态环境，艰难地寻求和创新控制自然灾害、减轻灾害影响的方法。随着社会发展与科技进步，人们对于科学减灾越来越重视。谈到科学减灾，离不开对各种灾害的形成原因、影响地域、危害程度、发生规律等进行全面的分析，便于减灾领导机构的决策者进行科学的决策。

一、地理概况

湖南位于北纬24°38′～30°08′，东经108°47′～114°15′之间，处在青藏高原到东部沿海过渡带的长江中游南岸、南岭山脉以北的内陆地区。省境距东海550千米以上，而距南海约350千米，全省总面积为21.18万平方千米。

湖南省总的地貌特征是：东、南、西及西北部为山地围绕，中部丘岗起伏，北部低缓，平原、湖泊星罗棋布，呈西高东低，南高北低，以洞庭湖为中心朝北开口的不对称马蹄形盆地。境内丘陵面积最广，与山地合占全省面积80%以上，平原与河湖面积接近20%。

省境东面是罗霄山脉，大致呈东北向西南走向，是洞庭湖流域与鄱阳湖流域的分水岭，峰高多在海拔1000米以上。南面山地是南岭山系的一部分，是长江流域与珠江流域的分水岭，山峰大多超过海拔1000米，其中八面山海拔2042米。省境西北部有武陵山脉，西接云贵高原，山脉呈东北向西南走向，山峰多在海拔1000米以上，位于湖南最北部的壶瓶山高达2099米。省境中西部的雪峰山脉，是资、沅两水的分水岭。其南段山峰多在海拔1500米左右，北段山峰海拔500～1000米之间。

境内河流众多，河网密布。省内主要河流多源于东、南、西边境的山地，湘、资两大

* 注：湘楚大地为湖南省境之别称。因湖南古属楚地，并有湘江南北纵贯，又简称湘，故曰湘楚大地。

水系由南向北流入洞庭湖，沅水自西南向东北、澧水自西向东、新墙河与汨罗江自东向西分别流入洞庭湖。而长江向洞庭湖分流的松滋河、虎渡河、藕池河则自北向南泄入洞庭湖。洞庭湖接纳众口来水，于岳阳城陵矶汇入长江。

洞庭湖是中国第二大淡水湖，位于长江南岸，界湘、鄂两省之间，其主体在湖南东北部。湖南境内的洞庭湖区，习惯于将四水尾闾受堤防保护的地区均算在内，总面积 15200 平方千米，高程一般在海拔 25～50 米，是一个纵横交错的水网区。历史上由于不同规模的洪水泛滥和泥沙淤积导致长江水系变迁，洞庭湖也经历了由小到大，再逐渐淤积变小的过程。至中华人民共和国建国初期，湖面尚有 4700 平方千米。建国后的“围湖造田”使得湖面进一步萎缩，到 20 世纪 90 年代湖面只剩 2691 平方千米。公元 1998 年开始“退田还湖”，但目前天然湖泊面积仍不足 3000 平方千米。

二、气候特点

湖南省属于亚热带，而它和世界上同纬度其他一些亚热带地区的干燥荒漠气候不同，因其处于东亚季风气候区的西侧，加之地形特点和离海洋较远，导致湖南气候为具有大陆性特点的亚热带季风湿润气候，既有大陆性气候的光温丰富特点，又有海洋性气候的雨水充沛、空气湿润特征。

湖南气候的季风特征主要表现在冬夏盛行风向相反，多雨期与夏季风的进退密切相关，雨热基本同季，降雨量的年际变化大。形成湖南季风气候特征的原因是湖南位于欧亚大陆的东南部，而该处濒临太平洋所致。陆地和海洋的物理性质（这里主要指热容量和反照率）差异较大，使得地球表面热力状况不同。冬季海洋是热源，大陆是冷源，相反，到夏季大陆成为热源，海洋成为冷源。这种海陆冷热源分布随季节反向转换的特征，导致气压场的分布亦随季节变化：冬季在严寒的亚洲内陆形成高气压，温暖的海洋上形成低气压；相反，在夏季温度较高的大陆上形成了低气压，而在凉爽的海洋上形成了高气压。气流不断地从高气压流向低气压，这就导致中国冬季盛行干冷的偏北风，夏季盛行暖湿的偏南风。这种一年中风向规律性季节交替且温湿性质相反，并能产生明显的降水量年变化的两种主导气流就是季风。在西风环流中，巨大高耸的青藏高原位于湖南的上风方，这给湖南气候带来重大影响：高原上空冬季常有冷高压，夏季常有暖低压，与周围同高层自由大气的冬低夏高的气压场产生独特的高原季风现象，高原季风冬季使湖南西北风加强，而夏季使湖南东南风加强，这是青藏高原对湖南的热力影响；同时高原会使运行着的大气环流产生分支、绕流与汇合现象，这种动力影响会使湖南处于南北两支气流波动的同位相叠加或反位相的北脊南槽环流形势控制之下。青藏高原对湖南的热力、动力影响的综合作用加强了湖南气候的季风特色。

湖南气候的大陆性特征主要表现在气温的年变化大，冬冷夏热四季分明，最冷月多出现在 1 月而最暖月多出现在 7 月。形成湖南大陆性气候特征的地理原因是由于省境距海洋较远，且境内山脉多呈东北—西南走向，这种地理特点对湖南季风气候有着明显的制约作用。呈东西走向的南岭山脉横亘在湖南和两广的边界上，它的存在对湖南气候有着重要影响：它使得北方南下的冷空气受阻在湖南上空形成冷空气垫，这对湖南冬季严寒和阴雨日数增加及冰冻频繁发生都有直接影响，尤其是对春秋季节低温阴雨的持续发生起着重要作用；夏季盛行的偏南风在翻越南岭山脉时产生的焚风效应，对湖南夏季的炎热高温有着加强作用。

此外由于湖南复杂的地形地貌造就了湖南气候的多样性特征。首先，在三面环山、朝北开口的马蹄形地貌背景下，湖南的雨、热等气候要素等值线打破了与纬线平行的一般规律，而是与地形等高线大致平行，少雨中心在衡邵盆地、洞庭湖平原及河谷地区，多雨中心位于雪峰山、幕阜山、九岭山和湘东南山地的迎风面，如安化、平江、浏阳、汝城、桂东等地；高温中心在洞庭湖平原、衡邵盆地与河谷地带，并向东、西、南三面递减。其次，山区立体气候特征非常明显，按不同山系气候要素年平均资料统计，每上升 100 米，年平均气温的垂直递减率为 0.44～0.58℃，年降水量的垂直递增率为 34.0～53.4 毫米。全省大多数县市都存在不同程度的立体气候现象，对于一些地势复杂的区域，这种垂直方向的气候差异相当于水平方向 7～10 个纬距的气候差异，这样就形成了全省的气候多样性特征。

综上所述，湖南气候可以归纳以下特点：

1. 气候温暖，四季分明

湖南各县气象站资料统计表明，各地年平均气温一般为 16～19℃，冬季最冷月（1月）平均温度都在 4℃以上，日平均气温在 0℃以下的天数平均每年不到 10 天。春、秋两季平均气温大多在 16～19℃之间，秋温略高于春温。夏季平均气温大多在 26～29℃之间，衡阳一带可高达 30℃左右。

关于四季的划分，气候学通常以候（每旬分为两候，一般五天为一候）平均气温低于 10℃为冬季，10～22℃为春、秋季，高于 22℃为夏季。据此湖南可划分出明显的四季，且各季之间气候差异较大。湘南一般 3 月初入春，湘西北可迟至 3 月 20 日左右，春季可维持 65～75 天，入春后气温逐渐回升，但常有阴雨连绵，低温寡照天气；5 月中旬起自南至北先后入夏，夏季一般 4 个月左右（湘南夏季较长，可达 4 个半月，湘西北较短，约 3 个半月），夏季是四季中最长的季节，温高暑热，常连晴数日，骄阳似火，蒸发强盛，而降雨集中易发生洪涝灾害；9 月底前后湖南各地相继进入秋季（湘西常在 9 月中旬入秋），秋季最短，一般只有 2 个月左右，经常是前一个月左右秋高气爽，后一个月左右秋风秋雨；冬季一般自 11 月下旬或 12 月初开始（湘南及个别山间盆地可推迟 20 天），通常达 3 个多月，湖南冬季气温虽不很低，但比较湿冷，降雪较少，有时会发生雨凇冰冻天气。

2. 热量充足，雨水集中

湖南热量充足，大部分地区日平均气温稳定通过 0℃以上的活动积温为 5600～6800℃；10℃以上的活动积温为 5000～5840℃，可持续 238～256 天；15℃以上的活动积温为 4100～5100℃，可持续 180～208 天；无霜期 253～311 天。湖南的热量条件在国内仅次于海南、广东、广西、福建，与江西接近，比其他诸省都好。

湖南雨水丰沛，年平均降雨量在 1200～1700 毫米之间，但时空分布很不均匀。一年中降雨量明显地集中于一段时间内，这段时间称为雨季。雨季一般只有 3 个月，却集中了全年降雨量的 50%～60%。各地雨季起止时间不一，湘南为 3 月下旬（或 4 月初）至 6 月底，湘中及洞庭湖区为 3 月底（或 4 月上旬）至 7 月初，湘西为 4 月上中旬至 7 月上旬，湘西北为 4 月中旬至 7 月底，这都是由于各地夏季风相继转换的结果。但季风转换时间并不固定，常在年际之间出现异常，导致雨季提早或推迟、延长或缩短，形成洪涝或干旱。

3. 春温多变，夏秋多旱

湖南春季乍寒乍暖，天气变化剧烈。春季气温虽然逐渐回暖，但北方南下的冷空气仍能经常入侵湖南，使气温卒降，并伴随大风、冰雹、暴雨等强对流天气过程发生，冷空气过后，雨过天晴，气温很快回升。一般年份，3～4月每月有3～4次冷空气入侵，日平均气温一般下降10℃以上，有时甚至超过15℃，5月有2～3次冷空气入侵，日平均气温可下降7℃以上。

湖南夏秋少雨，干旱几乎年年都有，只是影响范围和严重程度不同而已。常年6月下旬到7月上旬，除湘西北外，湖南大部分地区雨季结束，雨日和降雨量都显著减少。7～9月各地总降雨量多为300毫米上下，不足雨季降雨量的一半，加之南风高温，蒸发量大，常常发生干旱。

4. 严寒期短，暑热期长

气候学上常以连续5天（或5天以上）日平均气温≤0℃作为严寒期的标准。按此标准湖南各地大多数年份没有严寒期，只有少数年份有5～10天严寒期，且多出现在1月中下旬，即“三九”期间。若以候平均气温≤5℃作为冬冷期，则阳明山以南地区（江华、江永、宁远、道县、蓝山等地）基本无冬冷期，永州、郴州一带仅有几天，湘东、湘西南一般10～20天，长沙以北及湘西北地区30～40天。有些年隆冬期间虽有几天或十几天可见冰雪雨凇，但一般年份降雪只有2天左右即会消失。降雪日数湘北一般10天左右，湘南仅5天上下。地表水面发生结冰的日数，湘北有20～25天，其他各地不足20天。因此湖南冬季严寒期很短，但冬季较长，且阴湿多雨，人体感觉难受。

湖南不但夏季时间长，暑热时间也长。候平均气温≥28℃的暑热期，大部分地区一般自6月底或7月初开始，至7月底或8月上中旬结束，个别年份延至9月初，暑热期可达1.5～2个月。湘中的长沙、衡阳一带最热，日平均气温≥30℃的酷热天气，长沙每年平均有28天，衡阳有33天。一次酷热天气持续的时间，一般10天左右，湘中地区可达半个月。日最高气温≥35℃的日数，平均每年衡阳有33天，长沙有26天。

三、气象灾害

特定的地理气候背景决定了湖南天气复杂多变，境内冷暖气团交绥频繁而激烈，冷锋、静止锋、气旋波、切变线、低槽、低涡、冷高压等西风带天气系统和热带低压、台风槽、东风波等东风带天气系统以及西太平洋副热带高压均可交替影响湖南，一年四季都可能发生气象灾害：春季主要有大风、冰雹、暴雨和低温连阴雨；夏季主要有暴雨洪涝、雷雨大风和干旱；秋季主要有秋旱、秋汛和寒露风；冬季主要有冰冻、寒潮和大风。其中尤以干旱、洪涝对湖南国民经济和人民生命财产影响最为严重。旱涝主要由于雨水时空分布不均所至，而雨水时空分布与夏季风强弱和副热带高压位置的变动密切相关。通常副热带高压脊线在4月初渐进到北纬15～20度，湖南雨季随之开始。随着夏季风暴发，副热带高压加强，在副热带高压西北侧常常会形成比较稳定的强降雨带，这种强降雨带可以导致全流域性的洪涝发生。如果强降雨带在湖南上空徘徊或者停留，则会导致全省性的大洪涝发生。6月下旬至7月上旬，副热带高压出现第一次季节性北跳，脊线移到北纬23～25度，雨带移到长江以北，江淮地区进入梅雨期，湖南雨季基本结束，晴热天气开始。7月下旬至8月上旬，副热带高压出现第二次季节性北跳，脊线移到北纬28～30度，江淮梅雨结束，雨带移至华北，湖南位于副热带高压脊线附近或其南部，仍以晴热天气为主。此后副热带高压势力发生变化，脊线位置出现南北摆动时，西风槽及热带低压等天气系统可乘虚而入，带来大范围降雨，使旱象得以缓和。有些年份副热带高压势力较弱，第一次北跳时间推迟，会使湖南雨季延长、雨量过多而发生洪涝；反之若其势力偏强，第一次北跳时间提早，第二次北跳时间又推迟，其脊线位置稳定在北纬25度附近，则会使湖南雨季缩短，雨量过少而发生干旱。

洪涝包括山洪、江河泛滥、内涝和内渍，一般由雨季的连续性强降水过程而引起，亦有局地性强对流天气系统带来的大暴雨、特大暴雨而引起的，并且这种情况往往具有突发性。通常以24小时（即1天）内的降雨量来区分降雨强度：小于10毫米为小雨；10.0～24.9毫米为中雨；25.0～49.9毫米为大雨；≥50.0毫米为暴雨；≥100.0毫米为大暴雨；≥200.0毫米为特大暴雨。由于湖南大部分地区是山地，一般发生大暴雨或范围较大的暴雨时就有山洪灾害发生，短时内山涧洪水可陡涨数米乃至10余米，冲毁山下的田地作物、房屋道路、工程设施。如果暴雨发生在一段连续降水日之后，还可能引发山体滑坡、泥石流等更为惨重的地质灾害。清同治九年（公元1870年）长江发生全流域性特大洪水，六月安乡、华容、湘阴、龙阳、临湘、沅江、武陵、益阳等县大水，堤垸溃决，灾民流离失所；民国二十年（公元1931年）长江又发生全流域性特大洪水，7月湖南全省淫雨不止，湘、资、沅、澧诸水同时漫溢，受灾地区计有66县，其中以滨湖各县灾情最重，溃决堤垸1600余处，全省受灾耕地700万亩*，损失稻谷约2000万石**，淹死5万余人，财产损失约1.9亿元***；民国二十四年（公元1935年）7月初，湘、资、沅、澧四水并涨，同时荆江暴发，倒灌洞庭，岳阳、湘阴、平江、华容、临湘、石门、澧县等15县受灾严重，共溃垸1659个，淹田389万亩，渍垸283个，被渍田160余万亩，淹死3.75万人，损失稻谷2900多万担****。中华人民共和国建国后，公元1954年和1998年也遭遇了长江全流域性特大洪涝。湖南1954年自4月起全省各地连降暴雨10余次，湘北湘中大部分地区5、6、7月降雨量超出常年同期平均降雨量的2至3倍，全省80个县不同程度受灾，溃决堤垸356个，受灾面积1196万亩，倒塌房屋123万间，淹死2000余人；1998年湖南遭受的暴雨洪涝灾害相似于1954年，3～8月共发生8次暴雨洪涝过程，其中以6月中下旬和7月下旬的两次过程最为严重，加之长江上游洪峰迭起，洞庭湖出现了历史最高水位，据统计全年有108个县（市、区）不同程度受灾，溃决1000亩以上堤垸62个，农作物受灾面积203.97万公顷，倒塌房屋123.5万间，因灾死亡625人。

干旱是湖南最常见的气候灾害，几乎年年都会发生，只是起止时段、区域范围、严重程度有很大差异。影响干旱的因素有：第一是大气环流，常年6月以后，湖南处在稳定而持久的副热带高压控制之下，天气晴热少雨，蒸发强烈，而此时正当各类农作物需水之际，常因缺水而影响收成，若副热带高压长久控制湖南，就会导致大面积的河湖塘坝枯

---

* 注：旧市制单位，1亩约为666.67平方米。1公顷＝15亩。下同。

** 注：旧容积单位，1石＝10斗。1石粮食近100千克。下同。

*** 注：按当时币制，银元为基本货币单位。

**** 注：旧重量单位，100市斤为1担，1担＝50千克。下同。

竭，农作物枯萎，人畜饮水困难，形成严重干旱；其次是湖南复杂地形的影响，使得夏、秋两季各地降雨很不均匀，相同时段不同区域的降雨量相差很大，所以年年都会有插花性干旱（块块旱）出现，特别是衡邵盆地受地形性下沉气流影响，过程降雨量往往少于其他地方，因此衡邵盆地干旱频率较其他地区为高；此外地表特征也是影响干旱的重要因素，石灰岩地质区土层薄，红壤、黄壤地表区分布广，都不利于蓄水保水，森林覆盖是天然蓄水池，缺少森林覆盖也会加剧干旱。民国二十三年（公元 1934 年）全省 60 余县受旱灾，其中衡阳、祁阳、常宁、资兴等 40 余县灾情严重，江河断流，禾苗枯萎，次年省赈灾委员会宣布："上年湘省 69 县因亢旱成灾，饥毙 110 余万人。"由于湖南纵跨 5 个纬距，湘南、湘中相继结束雨季进入旱期，而湘北仍在雨带控制之下，加之长江上游洪水对洞庭湖区水位影响甚大，一些年份旱涝同季出现。公元 1998 年就是如此：6～8 月湘中以北发生了历史罕见的暴雨洪涝灾害，洞庭湖直至 9 月中旬才退出危险水位，而湘南、湘中于 6 月下旬后期至 7 月中旬初结束雨季，此后降雨持续偏少，旱象露头，8 月旱情由南向北迅速扩展，形成罕见的夏秋冬连旱。

冷害主要是指春、夏、秋三季遭遇较强的冷空气（或寒潮）入侵，使湖南出现连续阴雨低温天气，影响水稻等主要农作物生长发育而导致减产甚至绝收的气候灾害。春寒中突出的有"倒春寒"和"五月低温"，倒春寒对早稻、棉花育苗、移栽和春收作物产量影响甚大，"五月低温"影响早稻分蘖、孕穗而严重减产。夏寒系指 6～8 月的强冷空气影响，使水稻、棉花减产，史料有宁乡"五月寒可穿棉"、常宁"六月寒风如冬时"、岳阳等地"七月陨霜杀禾"的记载，古籍以农历记时，所以上述均是夏寒的典型事例。秋寒主要指农历的"八月寒"和 9 月中、下旬影响晚稻抽穗扬花的低温阴雨冷害，俗称"寒露风"。

冰雪冻害也是湖南冬季常有的气象灾害，对农林渔牧、邮电通信、电力输送、基本建设危害极大。冰雪冻害包括大雪、冰冻、水面冻结，三者常相伴出现而以冰冻危害最甚。冰冻是在严寒季节过冷却雨滴（或雾）附着在地物表面冻结成雨凇（或雾凇）的现象，它可导致车辆无法行驶，使林木、电线遭受毁灭性破坏。湖南地处南岭气候分界线北侧，是冬季冷暖空气交绥之地，且东、南、西三面环山，有利于冷空气在境内堆积而形成冷空气垫，南面来的暖湿气流沿冷空气垫爬升过程中形成降雨，雨滴穿过冷空气垫时变成过冷却雨滴，沾附在地物上结成雨凇，所以湖南是冰冻多发之地。

随着社会现代化和工业化水平的提高，大雾对人类的影响也愈加严重。湖南一年平均有 30 个大雾日，浓雾中的水平能见度最低可达 0 米，它会严重影响交通运输：飞机场和高速公路暂时关闭，轮船停航，各种交通事故增加；大雾还曾导致输电网路跳闸或短路，引起大面积停电事故发生；特别是有有害气体排放的工业区，发生大雾时可使周围的动植物受到严重毒害。

水、旱灾害还会诱发地质灾害和森林火灾等次生灾害。湖南每年都有大量不同规模的滑坡、崩塌、泥石流等地质灾害发生，人民生命财产遭受惨重损失，据统计这些地质灾害大部分是由暴雨、大暴雨所诱发的。森林火灾更与气候干旱密切相关，1950 年至 2000 年，湖南省每年平均发生森林火灾 1125 次（烧毁森林面积 21017 公顷），其中绝大多数发生在旱季，而 5～8 月是湖南的雨季，这 4 个月里森林火灾很少发生。1994 年全年降水偏多，日照偏少，且雨季结束不明显，是年全省发生森林火灾 146 次。

水、旱灾害之外，大风、冰雹、雷击虽然是小概率事件，而且生消时间短，局地性强，但破坏力特别大，湖南春夏之交有强对流天气过程出现时常见上述气象灾害发生。

四、防灾减灾

人类历史也是一部人与自然灾害作斗争的历史，千百年来湖南人民一直在奋力改善生存环境，寻求防灾减灾的有效方法。特别是中华人民共和国成立以来，党和政府非常重视对气象灾害的防御工作。第一，组织人民抗灾救灾，一方有难，八方支援。1954 年湖南遭受了特大水灾，洞庭湖区几成泽国，但却“道无饿殍，民无啼号”。灾后组织人民重建家园，修堤治湖，历经连年整治，洞庭湖区堤垸抗洪能力不断提高。1998 年又遭遇特大洪水，洞庭湖水位高于 1954 年，但党中央组织全国军民抗洪抢险，湖南溃决堤垸很少，取得了抗洪斗争的伟大胜利。第二，加强各地各部门的协调配合，将山河库湖进行综合治理：一是在四水上游开展封山育林和退耕还林，加强水土保持，减缓河湖淤积，改善生态环境；二是在四水干、支流上修建水库，至今湖南共建有大小水库 12700 多座，总库容已超过 200 亿立方米，有效地增强了拦洪能力、抗旱能力和发电能力；三是在湖区退田还湖、平垸行洪，以工代赈、移民建镇，加固干堤、疏浚河道，有效提高抗洪标准。第三，加强对气象灾害的预警能力，提高抗灾减灾的科学决策水平。

气象部门担负着气象灾害预警和抗灾救灾的服务工作，各级党委和政府加强了对气象工作的领导，加大投入，促进了气象现代化建设，提高了对气象灾害的监测预警能力。湖南省由 1950 年初的 6 个气象站发展到了如今的 103 个台站，建成了省、市、县完整的气象网络工作体系：省气象局下辖 14 个市（州）气象局、84 个县（市、区）气象局。从 1959 年开始进行人工降雨实验，1985 年起开展防雷技术服务以来，至今省、市（州）、县（市、区）三级气象局均兼负了“人工影响天气领导小组办公室”和“防雷减灾办公室”的职能，初步形成了“一局两办”的管理工作格局。全省有气象台 15 个，地面观测站 97 个，探空站 3 个，天气雷达站 7 个，日射观测站 3 个，酸雨观测站 4 个，农业气象试验站 4 个，农业气象基本观测站 18 个，气象防灾减灾重点实验室 1 个，防雷检测中心（所）15 个。上述气象机构在本行政区域内组织对重大灾害性天气跨地区、跨部门的联合监测、预报工作，及时提出气象灾害防御措施，并对重大气象灾害作出评估，为本级人民政府组织防御气象灾害提供决策依据；管理本行政区域内公众气象预报、灾害性天气警报以及农业气象预报、城市环境气象预报、火险气象等级预报等专业气象预报的发布；制定人工影响天气作业方案，并在本级人民政府的领导和协调下，管理、指导和组织实施人工影响天气作业；组织管理雷电灾害防御工作，会同有关部门指导对可能遭受雷击的建筑物、构筑物和其他设施安装的雷电灾害防护装置的检测工作。

在中国气象局与各级党委政府的领导下，经过“八五”、“九五”期间*的努力建设，湖南已初步形成一套比较完整的现代化气象业务体系，主要由大气探测、气象信息、气象预报、气象服务等四大系统组成：大气探测系统包括地面大气观测、探空观测和天气雷达探测、卫星探测；气象信息系统是以气象卫星通信为主，电信信道为辅的计算机广域通信网络，与“八五”期间相比，各级气象台站每天从北京卫星通信主站接收的气象信息量比

---

* 注：“八五”、“九五”期间分别指实施中华人民共和国国民经济和社会发展第八个、第九个五年计划期间，即 1991—1995 年、1996—2000 年。

过去增加了30多倍，使基层台站天气预报，尤其暴雨预报准确率得到普遍提高；气象预报系统是以北京、欧洲等气象中心的数值预报产品为基本指导产品，人机交互处理系统为主要预报工作平台，集中湖南气象业务技术骨干开发研制而成，由预报会商系统、气象信息处理分析系统、决策气象服务系统三部分组成；气象服务系统包括分别制作决策气象服务、公众气象服务和气象科技服务三类产品，并采用最为快捷的方式送达用户，其中为领导部门的决策气象服务是优先保证的。

20世纪90年代以来，湖南气象部门按照主动、快速、准确、科学、高效、规范的要求开展气象服务，成效显著，平均每年为全省防汛抗旱减灾增益的气象服务社会经济效益达到20亿元以上。1998年全省气象部门为预测预报特大洪涝灾害做出了突出的贡献，气象服务产生的社会经济效益尤其显著，省级气象部门10余年来7次获得湖南省政府和中国气象局的表彰，其中1995年、1998年获得国家防总表彰。

由于洪涝是湖南的心腹大患，中国气象局和省政府决定建设湖南省防洪天气预警系统，一期工程包括建成长沙、常德多普勒天气雷达站和27个地面自动气象站，这将使得气象部门向“精细化”的预报服务方向迈进一大步。湖南防洪天气预警系统二期工程包括怀化、永州多普勒天气雷达及其配套工程建成后，将构成覆盖全省的中尺度灾害性天气监测网，有利于提高短时灾害性天气预报的精确度，特别对突发性山洪、雷电、冰雹等灾害性天气的预警能力大为增强。

另外应当看到，随着社会经济的快速发展，气象灾害可能造成的损失将会更加严重，气象防灾减灾工作任重道远，需要全社会更加关注，给以支持。

第一章　暴雨洪涝

第一节　概　　述

洪涝灾害系指某一时段内由于降水过多，排水不畅而产生的洪、涝、渍害的总称。其中，洪害指洪水到来造成的灾害，如河湖泛滥和山洪暴发，它能冲刷土壤，冲毁地面建筑，淹没和毁坏农田、作物，造成涝害和渍害；涝害是农业气象灾害之一，指农田积水不能迅速宣泄，影响作物生长的现象；渍害即湿害，也是农业气象灾害之一，指土壤水分过剩，农作物正常发育受抑。洪涝灾害最终均导致农作物产量明显下降以至绝收，甚至危及人民生命财产安全。湖南省在各种自然灾害所造成的经济损失中，洪水灾害损失最大，且发生频繁、来势迅猛、影响广泛，其最早的文字记载见于公元前994年（西周昭王二年），之后如史料中“淫雨连旬”、“江湖水溢”、“大水灌城”、“尽成泽国”、“漂没田庐无数”等记述比比可见。

一、洪涝年统计标准

公元前湖南水灾有8次见于史志，如：秦始皇九年（公元前238年），“楚大水”（乾隆《岳州府志》）；西汉文帝二年（公元前178年）“楚山崩，大水发溃出”（宋《文献通考》）等等。但楚地辽阔，多未记具体地点。鉴于1949年前史料所记洪涝大多只有灾情文字叙述，故凡在史料中记有“楚”、“荆湖路”、“湖广”、“湖南”或三个区域以上记有水者，即算全省性洪涝年，其中有“大水”、“灌城”、“一片汪洋”等记叙即为大洪涝年，若两个区域记水，即算大范围洪涝年，只一个区域记水，即算部分地区洪涝年。1950年以后，因有现代雨量记录及洪涝面积等定量资料，故以表1.1规定的雨量偏多情况及洪涝面积综合判定洪涝等级。

表1.1　1950—2000年间湖南洪涝年统计标准

范　围	4～6月或7～8月雨量偏多程度	洪涝受灾面积	洪涝成灾面积
全省性	8站中有7站偏多达2成，其中4站偏多5成以上，算洪涝年；若其中有2站偏多达10成，即算大洪涝年。	53.33万公顷或以上	20万公顷或以上
大范围	8站中有6站偏多，其中1站偏多达6成。	33.33～53.33万公顷	10～20万公顷

续表

范　围	4~6月或7~8月雨量偏多程度	洪涝受灾面积	洪涝成灾面积
部分地区	8站中有3站偏多，其中1站偏多达5成。	小于33.33万公顷	小于10万公顷

说明：(1) 灾害面积依据1988年《湖南统计年鉴》的数据，1988年后根据《湖南农业统计年鉴》的数据。

(2) 8站指长沙、岳阳、常德、衡阳、邵阳、郴州、永州、芷江。

以上洪涝统计标准是引用《湖南省志·建设志·气象》中的标准，但1991年以后根据此标准不能完全真实反映洪涝年强弱，因此做了修改补充，即以8站中各站所在市(州)范围内的多数站点资料代替该站资料，如芷江4~6月雨量虽然偏少，但怀化市11站中有6站同期雨量偏多，并至少有1站偏多2成以上，则芷江4~6月雨量按偏多参与统计。

表1.2　湖南史料记载洪涝灾害年统计表

世　纪	全省性涝年数	全省性和大范围洪涝出现年份
公元前	5	*994 *729 ◎576 ◎428 ◎74
1	1	*85
2	4	◎101 ◎102 ◎129 *139
3	7	*276 *277 ◎278 ◎283 ◎295 ◎296 *298
4	6	◎301 *323 335 341 *381 ◎394 ◎395 *399
5	0	463
6	1	◎586
7	0	635
8	2	*767 ◎768
9	7	805 ◎807 ◎809 ◎824 *825 *830 ◎831 *838
10	0	963　991
11	3	◎1047 1056 *1057 1062 *1075
12	1	*1118 1133 1134 1173 1180 1189 1193
13	1	1296 ◎1297
14	3	◎1314 1325 1368 ◎1375 ◎1376 1377 1385
15	7	*1404 ◎1411 1412 1428 *1436 1444 1456 *1465 1468 *1469 1474 *1475 *1482 1489
16	12	*1501 1510 *1520 1522 1523 ◎1527 1529 *1531 1532 1534 ◎1536 *1537 *1540 1545 1549 1558 *1560 1561 ◎1564 1565 1566 1567 1571 ◎1582 ◎1586 1587 ◎1588 1589
17	11	1602 1607 *1608 *1611 1612 *1613 ◎1614 ◎1616 ◎1617 1627 1634 1140 1641 1642 1646 ◎1647 1648 ◎1649 *1655 1656 1658 *1663 1664 1672 1676 1681 ◎1682 1683 1684 1688 1696
18	10	◎1703 ◎1705 *1708 1711 1713 1715 1716 ◎1726 *1727 *1730 1733 *1742 1746 1747 *1748 1749 1750 1754 1755 1761 ◎1764 1766 1768 1769 1786 ◎1787 1788 1792 1794

续表

世　　纪	全省性涝年数	全省性和大范围洪涝出现年份
19	14	1801 1804 1808 1809 *1816 1821 1823 1825 1826 *1831 1832 1833 1834 1837 1838 1839 1841 *1844 1847 *1848 *1849 ◎1853 1854 1858 ◎1860 ◎1861 ◎1862 1863 1864 1866 1868 *1869 *1870 1872 *1876 ◎1878 *1898
20	22	1905 *1906 1910 1911 1912 1913 *1914 *1915 1916 1917 1918 1919 *1922 *1924 1925 ◎1926 1928 1930 *1931 1932 *1933 1934 *1935 1936 *1937 1943 *1948 *1949 *1954 1962 1964 ◎1969 1973 1976 1977 ◎1980 1981 1982 ◎1983 1987 *1988 1989 ◎1990 *1993 1994 1995 *1996 *1998 *1999
合 计	117	其中全省性大涝年65年次

注：表中加“*”的年份为全省性大涝年；加“◎”的年份为全省性洪涝年；无记号者为大范围洪涝年。部分地区洪涝年未列入表中。

二、洪涝灾害特点

洪涝出现频繁，近代大范围洪涝有趋频之势。根据上述“湖南洪涝年统计标准”对湖南史料记载中的洪涝灾害统计得表1.2，从此表可见湖南近3000年出现洪涝的基本概况：查阅史料湖南自周昭王二年至公元2000年近3000年中，共有洪涝记载631年，公元前900多年中只记有8年；公元1世纪至8世纪有32年；自11世纪起，每世纪都有10年以上；16世纪以后，每世纪都超过80年。从表1.2中可见，全省性大洪涝年和洪涝年，在15世纪以前，每相隔5世纪出现一个峰值年，它们是3世纪、9世纪、15世纪；16世纪到19世纪，每世纪都有10年次以上；20世纪猛增到22年次。在631个洪涝年中，全省性洪涝有117年，占18.5%，其中全省性大洪涝65年，占全省洪涝年的55.6%；大范围洪涝有127年，占20.1%；部分地区洪涝有359年次，占61.3%。

湖南各地皆有洪涝出现，但发生频率以湘北最高。按湘北、湘中、湘南、湘西4个区域整理11至20世纪洪涝史料，得表1.3。由表1.3可知，湖南洪涝发生频率的地域分布，呈自北向南逐渐递减，尤其湘北是洪涝的高发区。

表1.3　11～20世纪湖南各区域洪涝灾害发生年数

世纪	11	12	13	14	15	16	17	18	19	20	合计
湘北	5	14	7	17	23	56	63	57	65	81	388
湘中	10	4	3	11	26	50	52	47	64	80	347
湘南	6	2	2	10	14	40	41	51	51	68	285
湘西	5	12	3	8	14	26	39	46	54	59	266

洪涝来势迅猛，灾害损失巨大。据1950—1999年资料统计，湖南省平均每年洪涝受灾面积39.91万公顷，成灾面积17.55万公顷，损失粮食近5亿千克。20世纪90年代，每年因洪涝造成的经济损失占湖南国民生产总值的5.2%，1996年达19.1%。特别是典

型的大洪涝年，损失更为惨重。例如：1931 年 7 月湖南全省淫雨不止，湘、资、沅、澧四水同时浸漫，与长江洪水遭遇，造成全省性的洪灾。全省受灾县（市）54 个，淹田 50 万公顷，淹死 54837 人。洞庭湖区各县平原圩区尽沦为泽国，溃决堤垸 1600 多处，淹没稻田 27 万公顷。生者流离转徙，死者随波飘荡，其状之惨，实属罕见；1954 年 4～8 月全省各地暴雨达 10 余次，全省 80 个县不同程度受灾，受灾面积 80 万公顷，成灾 59 万公顷，溃决堤垸 356 个，淹死 2000 余人；1998 年 3～8 月共发生 8 次暴雨洪涝过程，加之长江上游洪峰迭起，洞庭湖出现了历史最高水位。全省有 108 个县（市）不同程度受灾，溃决 66.7 公顷以上堤垸 62 个，农作物受灾面积达 203.97 万公顷，成灾 148.25 万公顷，因灾死亡 625 人。

三、洪涝灾害的天气成因

暴雨是造成洪涝的主要原因。湖南气候具有大陆性较浓的季风湿润气候特点，主要表现在四季分明，雨水集中。湖南属多雨省份之一，全省年平均降水量在 1200～1700 毫米之间，但时间分配不均，明显地集中于一段时间，这段时间称为雨季，雨季一般只有 3 个月（4～6 月），却集中了全年降水量的 50%～60%。根据 1951—2000 年全省 4～9 月平均雨量绘制了雨量分布图 1.1，从图 1.1 中可知，少雨中心在衡邵盆地、洞庭湖平原及河谷地区；多雨中心位于武陵山、雪峰山、幕阜山、九凝山和湘东南山地的迎风面，如安化、平江、浏阳、汝城、桂东等地，分别为 5 个多雨区。这些地区 4～9 月多年平均雨量都在 1000 毫米以上。降水分布不匀还体现在有时出现时间短、强度大、雨量多的强降水，常以暴雨和连续性暴雨、大暴雨或特大暴雨形式出现，暴雨是直接造成洪涝的原因。慈利、桑植、张家界、龙山、沅陵、永顺、古丈、吉首、安化、桃江、岳阳、平江、浏阳、炎陵、汝城、通道、洞口、江华等地大暴雨出现的机会较多，易遭受洪涝；湖区及四水下游多渍涝。当四水上中游洪水汇注入湖而宣泄不及时，湖区亦遭洪涝，此时若遇长江洪水倒灌，极易形成南北顶托之势，洪涝灾害将更为严重。

暴雨是湖南的主要灾害性天气，四季都可产生，但主要集中在春末至夏初，盛夏至初秋次之，即使是冬天，当具备一定条件时同样可降暴雨。众所周知暴雨出现在不同的气候背景下会给人类社会活动带来截然不同的影响：久旱逢甘霖，是人们盼望的“喜雨”；阴雨绵绵之时，再遭暴雨，就是雪上加霜，不但财产损失，甚至生命受到威胁。为了得出暴雨分布规律，选取全省各地 18 个代表站（张家界、吉首、常德、岳阳、安化、益阳、怀化、洞口、娄底、邵阳、长沙、湘潭、株洲、永州、衡阳、耒阳、郴州、嘉禾）的各月暴雨日数资料进行分析，以 1961 年至 2000 年平均各月出现暴雨日数的概率作图 1.2。从图 1.2 中可见在 12 月或 1 月出现暴雨的概率只有 0.54%～0.83%，2～3 月和 11 月不足 10.13%，4 月开始增加到 39.08%，6 月达最大值 94.7%，5～8 月暴雨出现频繁，概率都在 54.3%以上。另外，从逐年情况看，1954 年、1958 年、1962 年、1964 年、1967 年、1969 年、1970 年、1973 年、1975 年、1977 年、1979 年、1980 年、1982 年、1988 年、1990 年、1993 年、1994 年、1995 年、1996 年、1998 年、1999 年共 21 年，代表站在这些年中的 5～8 月出现暴雨次数都在 47 站次以上，最多是 1969 年达 89 站次，其次是 1999 年和 1998 年，分别为 83 和 79 站次，这 21 年都是大洪涝年；对于某个测站（1951 年至 2000 年）50 年中的 6 月，出现 5 个以上暴雨日的有吉首、常德、岳阳、安化、益阳、长

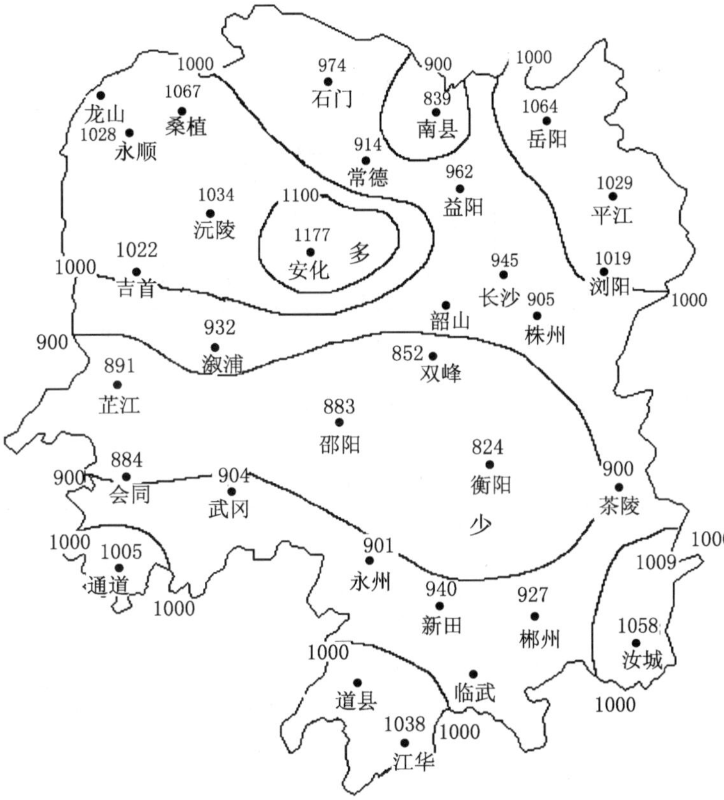

图 1.1　湖南省 1951—2000 年 4～9 月多年平均雨量分布图（单位：毫米）

沙等县（市），发生在 1954 年、1977 年、1990 年、1995 年、1998 年等。总之，从以上数据说明：从 12 月至次年 2 月，只有极少年份有暴雨发生，概率为 0.54%～2.28%，到 3 月暴雨开始增多，进入 4 月绝大多数年份都会出现暴雨，概率比 3 月增多，到 6 月达最大值，多数年的 6 月是暴雨或大暴雨多发时段，也是洪涝灾害易发时期，7 月逐渐减少，直到 9 月陡然降低后，在低值区内徘徊，即完成了一个周期。

大范围暴雨或大暴雨、连续性暴雨或淫雨，将引起溪河陡涨，河水泛滥，冲毁和淹没田园成为洪涝。根据《湖南省天气气候若干标准暂行规定》：任意 10 天内降水量≥200 毫米，4～9 月降水总量比常年多两成以上，4～6 月降水总量比常年多三成以上，达到其中一条就认为发生了洪涝过程。全省选择了 40 个站（龙山、永顺、吉首、张家界、沅陵、溆浦、怀化、会同、石门、桃江、常德、安化、南县、益阳、华容、岳阳、汨罗、平江、邵阳市、洞口、新宁、新化、娄底、双峰、长沙、湘潭、株洲、衡阳市、衡山、耒阳、攸县、茶陵、炎陵、永州、道县、新田、嘉禾、宜章、郴州、资兴），按照洪涝的天气气候标准统计这些站 1951 年至 2000 年的雨量资料，以各年按不同洪涝标准出现洪涝的站数作图表，由于 40 个站建站时间不一致，特别是 60 年代以前站点较少，各年代的台站个数可以作为参考，统计时把当年 5 月以前建站的统计在当年内，之后的站点统计到了下一年中。见表 1.4。

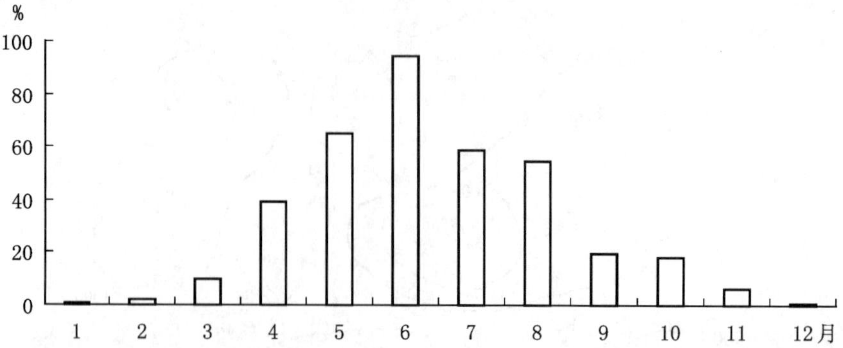

图 1.2　1961—2000 年 18 个测站平均各月出现暴雨日数的概率

表 1.4　1951—2000 年洪涝站数

年份（公元）	参与统计的台站个数	序列 1（站次）	序列 2（站数）	年份（公元）	参与统计的台站个数	序列 1（站次）	序列 2（站数）
1951	6	0	0	1976	39	13	6（2）
1952	8	0	2（1）	1977	39	26	21（4）
1953	8	3	0（0）	1978	39	8	0（1）
1954	11	10	9（1）	1979	40	16	7（5）
1955	11	8	2（0）	1980	40	29	12（1）
1956	11	6	0（0）	1981	40	22	3（7）
1957	20	5	0（2）	1982	40	23	6（3）
1958	27	19	5（2）	1983	40	14	7（3）
1959	33	4	4（1）	1984	40	7	2（5）
1960	38	15	1（2）	1985	40	4	0（2）
1961	38	18	15（3）	1986	40	7	0（1）
1962	38	19	17（12）	1987	40	7	1（1）
1963	38	7	3（0）	1988	40	31	6（1）
1964	38	36	13（8）	1989	40	10	3（4）
1965	38	10	1（1）	1990	40	18	5（2）
1966	38	17	1（4）	1991	40	13	0（0）
1967	39	23	12（3）	1992	40	13	0（3）
1968	39	23	12（1）	1993	40	17	8（8）
1969	39	35	16（3）	1994	40	35	24（5）
1970	39	21	17（12）	1995	40	27	17（3）
1971	39	11	3（0）	1996	40	30	13（7）

续表

年份（公元）	参与统计的台站个数	序列1（站次）	序列2（站数）	年份（公元）	参与统计的台站个数	序列1（站次）	序列2（站数）
1972	39	4	0（3）	1997	40	19	11（4）
1973	39	29	34（3）	1998	40	42	18（4）
1974	39	14	2（3）	1999	40	53	34（3）
1975	39	39	27（6）	2000	40	7	5（3）

说明：表中序列1是40个站之内任意10天雨量≥200毫米的站次，同一站在某年中多次出现时，统计为多次；序列2是40个站4～9月或4～6月总雨量达洪涝灾害天气气候标准的站数，（　）内数值是上述总雨量虽未达洪涝灾害天气气候标准，但超过了历年同期平均值的站数。

根据统计，50年中任意10日雨量超过500毫米的站有慈利（1991年7月）、益阳（1969年8月）、沅江（1969年8月）、石门（1991年7月）、沅陵（1954年7月）、安化（1990年6月、1998年6月）、南县（1964年6月）、岳阳（1954年6月、1977年6月）、宜章（1968年6月）、临武（1968年6月、1994年6月）10个县（市），其中以慈利最大，为613.2毫米，同时岳阳、安化和临武出现过两次。

从表1.4数据中可看出：1954、1973、1999年参与统计的站点中绝大多数发生了洪涝，这些年是全省性洪涝年。1962、1970、1975、1977、1994、1995、1998年参与统计的站点中接近或超过半数发生了洪涝，也可认为是全省性洪涝年。而在1961、1964、1967、1968、1969、1980、1993、1996、1997年，序列2数字虽不很大，但序列1数字较大，这些年是大部分或部分地区发生洪涝。另外还有1987年10月、1988年9月、1994年10月发生了全省性的秋季洪涝。50年中有21个洪涝年，平均2～3年出现一次洪涝。中华人民共和国建国以来共出现了18次较大范围洪涝，1990年以来出现了7次，这说明洪涝愈来愈频繁。综合以上两种统计结果表明，暴雨多发时段对应洪涝多发期，即暴雨、特大暴雨、连续性暴雨或淫雨是导致洪涝的根本原因。

表1.4中，序列1数字的大小不能完全说明各年洪涝强弱，如1958年、1966年、1988年序列1数值在17～31站次之多，而相应年洪涝序列2中，只有1～6站。其中1958年有5站出现过两次任意10天雨量达洪涝灾害天气气候标准，但两次间隔3个月以上。1988年各站洪涝出现时间比较集中，大部分站点出现在8月底到9月初，同一站点出现2次或3次的有7站，形成了洪涝站次多，而站点少的局面，洪涝涉及的地域少，所以损失不大。序列1中还有些高数值年也属于上述情况。因此将序列1和序列2综合考虑，可较准确判断洪涝年强弱，但也不是绝对的。

将表1.4中的序列1、序列2的数据绘制成图1.3，则更加直观详细地说明了以上观点。图中①线为任意10天内≥200毫米的站数，图中②线为4～6月（或4～9月）总雨量超过历史同期平均值三成（或两成）以上的站数。根据图1.3明显看出：两条曲线走势基本一致，差别在于数值大小，即出现站点多少。图中①线变化表明，以相隔1～2年出现一个峰值为多数，也有相隔3～5年出现峰值的，如1983年至1987年连续5年在低值徘徊，而20世纪60年代后期、80年代初、90年代中后期还出现了连续4年、3年、6年数值居高不下的情况。1969、1994、1998、1999年达35站以上高值，其中1999年最大为53站次，它说明进入90年代后，洪涝发生更加频繁。曲线②数值比曲线①数值小的原因是：有些站在某 10 天雨水相对集中，超过了 200 毫米，但是累计这些站 3 个月（或 6 个月）总雨量却没有超过历史同期平均值三成（或两成）。

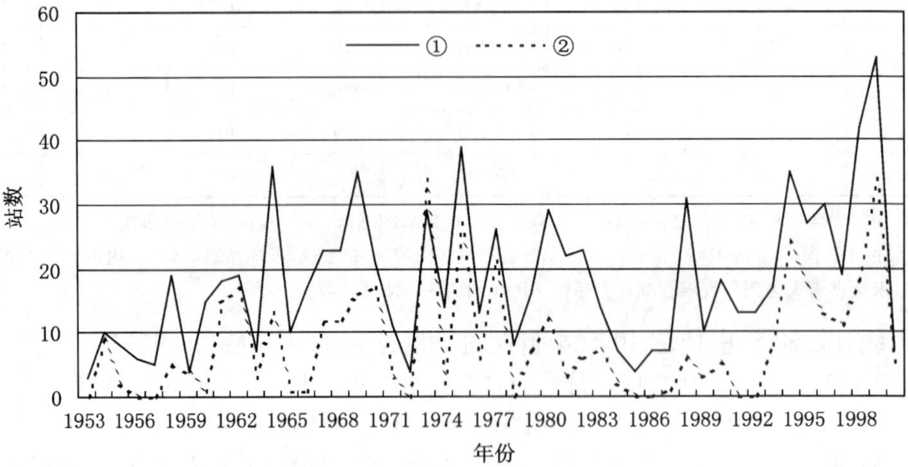

图 1.3　图中①线为任意 10 天内≥200 毫米的站数，图中②线为 4～6 月（或 4～9 月）总雨量超过历史同期平均值三成（或两成以上）的站数

导致湖南洪涝的天气系统和环流形势。由于暴雨是致洪的根本因素，这里对湖南暴雨的天气系统和环流形势作些简单说明。直接引起湖南暴雨的天气尺度系统有：高空槽、西南涡、冷（或暖）式切变线、冷锋、高空偏西风急流、台风（热带低压）的侵袭等。当高空低槽与中低层切变配合造成一次暴雨过程后，距下一次强降水发生的时间间隔越长，则发生洪涝的机率越小，反之就越大。造成大范围、长时间降水的暴雨天气形势，与副热带高压的位置、强度分不开，副热带高压与西风带系统配合有以下三种较典型的暴雨天气形势：第一种，高空 500 百帕天气图上欧亚中高纬度为“双阻型”，即在乌拉尔山附近和雅库茨克一带形成了阻塞高压，两高压之间是一个宽广的低压，中纬度地区为一支较平直西风环流，贝加尔湖附近低槽不断有冷空气南下。这时副热带高压的位置决定了雨带位置，高压脊线偏南或偏北，对湖南省的南部或北部降雨有利，而副热带高压在不同季节表现形势也有所差别，初夏一般是东、西带状，盛夏多为从东北至西南向，如果脊线位于 15～18°N 之间（588 线北界在 20°N 左右），则雨带位于湘中以南，如果脊线稍北抬，则雨带位于湘北。中低层切变线位于湖南境内，并配合西南低涡沿切变线东出，这种形势出现常可造成大范围、长时间强降水，如 1988 年、1996 年、1998 年等。第二种，高空 500 百帕天气图上欧亚中高纬度为“单阻型”，阻塞高压主要在以下位置形成：一是乌拉尔山附近形成称为西阻型；二是中西伯利亚地区形成称为中阻型；三是鄂霍茨克海附近形成称为东阻型。在上述地区仅存在一个稳定的高压（或脊），在贝加尔湖附近——中国东北地区维持低槽，副热带高压位置同第一种，例如 1982 年 6 月 11～19 日为东阻型。第三种，“纬向型”，主要特征是高空 500 百帕天气图上中高纬度为纬向环流，低压中心至少有二、三个以上，北支锋区位置偏南，副热带高压位置同第一种。如 1954 年为纬向环流型，东北低压非常强盛、位置偏南，加之副热带高压前期强、后期弱，持续了几个月的大范围强降水。

台风也是一种强降水天气系统，它造成的降雨强度和降雨范围都很大。通常一次台风过境，可带来150～330毫米的降水，有时在其他有利条件配合下，可形成1000毫米以上的强烈降雨过程。台风带来的暴雨，常常造成山洪突发，江河横溢，淹没农田村庄，冲毁道路桥梁，而且还会引发泥石流、滑坡等多种次生灾害，给人民生命财产造成重大损失。据《中国灾情报告》中提供的数据：台风从5至12月份均有登陆记录，但登陆时间主要集中在7、8、9月份，这3个月平均每年登陆5.21个，约占全年登陆总数的75%，其余各月占全年总数的25%。台风登陆地点几乎遍及沿海地区，但主要集中在东南沿海一带，广东、台湾、海南、福建4省是台风最易登陆的地区。对湖南影响最大的是广东登陆的台风，福建次之，台风登陆后减弱成热低压能继续北上，与西风带低槽结合，同样造成湖南大范围、强降水天气，例如1969年8月4～14日、1975年7月25日至8月5日、1996年8月1～4日都是台风登陆后又与西风带低槽结合后产生洪涝暴雨的，其中1996年8月1～4日强降水区位于湘东、湘北，过程累计雨量超过100毫米以上的有27站，其中8站超过了200毫米，全省有30个县（市）、698万人受灾，特重灾民18万人，一度被洪水围困人口132.68万，9个县城进水，洞庭湖区在高洪水位下遭狂风巨浪摧残，溃堤垮垸，倒房异常严重。

天气是千变万化的，常常是多种形式的转换或综合，因此多数洪涝年份是综合型。随着现代科学技术的发展、监测手段的改进和预报产品质量不断提高，现在不但能监测水灾，还能预报水情，人们可根据预报提前做好准备，把灾害损失降到最小。

第二节 1949年及以前的暴雨洪涝灾害

周 昭王二年（公元前994年） 荆州九江诸水横溢（九江系指沅、辰、淅、溆、元、至、涅、资、湘等九水）。

周 平王四十二年（公元前729年） 荆州诸水溢。

周 简王十年（公元前576年） 楚大水。

周 考王十三年（公元前428年） 荆州郡国水。

秦 始皇帝九年（公元前238年） 楚大水。

汉 文帝元年（公元前179年） 四月，齐楚地震山崩二十九所同日俱发，大水溃出；岳阳、华容、湘阴、沅江、益阳大水溃，出涌。

汉 文帝二年（公元前178年） 楚山崩，大水发溃出。

汉　初元元年（公元前48年）　桂阳郡地震，大水溃出。

汉　元和二年（公元85年）　荆南大水。

汉　永元十三年（公元101年）　秋八月，荆州、永州雨水。

三国　吴赤乌八年（公元245年）　夏，茶陵洪水溢出，流漂二百余家。

晋　咸宁二年（公元276年）　九月，荆州郡国五大水，流四千余家。闰七月（注：是年应为闰九月），常宁大水。闰八月，岳阳、华容、湘阴大水，漂没三千余家。

晋　咸宁三年（公元277年）　夏五月，荆州大水，平江漂流三千余家。秋七月，荆州大水。十月，青、徐、兖、荆、益、梁七州又大水。

晋　咸宁四年（公元278年）　秋七月，荆、扬、司、兖、冀、豫郡国二十大水，伤秋稼、坏房屋、有死者。

晋　太康四年（公元283年）　五月，荆、扬州连遭大水。七月，荆、扬郡国二十复大水，伤秋稼，坏屋室，有死者。十二月，荆、扬六州又大水。

晋　永平元年（公元291年）　平江大水。

晋　元康五年（公元295年）　五月，荆、扬五州连遭大水。六月，荆、扬、徐、兖、豫五州又大水。

晋　元康六年（公元296年）　五月，荆州连遭大水。夏，平江、零陵大水。

晋　元康八年（公元298年）　九月，荆州大水。岳阳、华容、湘阴、益阳、沅江秋九月大水，民多溺死。秋，零陵复大水。

晋　太宁元年（公元323年）　五月，荆州大水，平地三尺。

晋　咸康元年（公元335年）　八月乙丑，长沙郡、攸县、醴陵（含岳阳市，下同）大水，浮漂屋室，死人，损伤秋稼。

晋　咸康七年（公元341年）　长沙、湘阴大水。

晋　太和四年（公元369年）　夏，岳州大水害稼。

晋 太元六年（公元 381 年） 六月，荆州大水，平地三尺。冬十一月，岳阳、华容、湘阴、益阳、沅江等大水。

晋 太元十九年（公元 394 年） 七月，荆州大水伤秋稼。

晋 太元二十年（公元 395 年） 夏六月，荆州大水，零陵大水。

晋 隆安三年（公元 399 年） 五月，荆州大水，平地三尺。

南北朝 宋大明七年（公元 463 年） 武陵郡临沅六月水。

南北朝 梁天监二年（公元 503 年） 耒阳江水暴涨，蔽樟皇岭而下，淹没邑舍几尽。

南北朝 梁天监六年（公元 507 年） 荆州大水，江溢堤坏。

隋 开皇六年（公元 586 年） 春二月，荆州水灾。

唐 贞观九年（公元 635 年） 秋，岳阳、华容、湘阴、平江、益阳、沅江大水害稼。

唐 永徽元年（公元 650 年） 六月，零陵山水暴出漂庐舍。

唐 仪凤二年（公元 677 年） 夏，岳州大水害稼。

唐 景龙三年（公元 709 年） 七月，澧州澧水溢，害稼。

唐 开元二十七年（公元 739 年） 澧州大水。秋，湘阴、湘潭、常宁大水。

唐 大历二年（公元 767 年） 秋，常宁：水灾。湘潭、湘阴：大水。湖南大水。

唐 大历三年（公元 768 年） 秋，湖南水灾。

唐 贞元二年（公元 786 年） 五溪（指境内沅水五条支流的合称）水斗。（注：水斗指河水竞相上涨之意。下同。）

唐 贞元十一年（公元 795 年） 十月，朗州（即今常德市区、桃源、汉寿）江溢。

唐 永贞元年（公元 805 年） 夏，朗州之熊、武五溪水溢。湘阴大水。辰州水斗。

辰溪乙酉水斗。秋，武陵、龙阳江水溢，漂万余家。

唐　元和元年（公元806年）　夏，荆南及寿、幽、徐等州大水。

唐　元和二年（公元807年）　湖南大水，荆南、武陵、沅江、零陵大水。

唐　元和四年（公元809年）　夏，湖南大水害稼。

唐　元和五年（公元810年）　六月，岳州大水害稼。

唐　元和九年（公元814年）　秋，岳州大水害稼。

唐　长庆四年（公元824年）　十一月，岳州、潭州、郴州等水伤稼。

唐　宝历元年（公元825年）　湖南大水害稼。六月，岳州大水害稼。

唐　太和三年（公元829年）　岳阳、华容、湘阴、益阳、沅江大水害稼。

唐　太和四年（公元830年）　夏，湖南大水，皆伤稼。岳阳、沅江、南县、常宁大水害稼。

唐　太和五年（公元831年）　夏，湖广大水。六月，岳州、南县、沅江大水害稼。

唐　开成三年（公元838年）　八月，湖广诸州大水。

唐　乾符二年（公元875年）　宁乡水。

宋　建隆元年（公元960年）　八月，衡州郡、清泉（今衡南县）、衡山、常宁大雨月余。

宋　乾德元年（公元963年）　郴州北湖水溢。辰州、沅陵水斗。

宋　乾德二年（公元964年）　秋八月，衡州大雨水。

宋　乾德四年（公元966年）　闰月（八月），衡州月余大雨水。

宋　开宝三年（公元970年）　岳州大水，害民田伤禾稼。

宋　太平兴国二年（公元977年）　零陵淫雨，平地水深数尺。道州春夏霖雨不止，

平地水深二丈余。（注：一丈为十尺。下同）

宋 太平兴国八年（公元983年） 宁乡大水。

宋 雍熙二年（公元985年） 七月，武陵、龙阳江溢害禾稼。

宋 淳化二年（公元991年） 秋，荆湖北路（简称湖北路，湖南境内之岳、鼎、澧、沅、辰、靖诸州皆属，相当于汨罗江至洞庭湖南缘及雪峰山一线以北以西诸地。）江水溢，淹没田亩甚众。

宋 天圣八年（公元1030年） 衡州江水溢，坏官私庐舍。

宋 宝元二年（公元1039年） 宁乡江水溢，害田秧。

宋 庆历二年（公元1042年） 岳阳大水，坏白荆堤（在岳州城北）。

宋 庆历七年（公元1047年） 荆湖北路及湘大水。

宋 嘉祐元年（公元1056年） 七月，荆湖北路大水。

宋 嘉祐二年（公元1057年） 七月，荆湖北路水灾。是岁，诸路江河溢决，河北尤甚，民多流亡。

宋 嘉祐七年（公元1062年） 荆湖北路水灾。

宋 治平二年（公元1065年） 四月，衡州郡大水，坏官私庐舍。

宋 治平三年（公元1066年） 四月，衡州郡大水，坏官私庐舍。

宋 治平四年（公元1067年） 衡州大水，坏官私庐舍。

宋 熙宁四年（公元1071年） 四月，衡阳、衡南、常宁、衡州郡大水，坏官私庐舍。

宋 熙宁八年（公元1075年） 四月，潭、衡、邵、道等诸州江水溢，坏官私庐舍。

宋 政和四年（公元1114年） 六月，沅陵江涨。

宋 政和八年（公元1118年） 夏，江、淮、荆、浙诸路大水，民流移，溺者众。

宋　建炎三年（公元1129年）　四月，鼎州桃源洞大水，有石随流而下。

宋　绍兴三年（公元1133年）　荆湖北路三月连雨至五月，各郡县坏圩田，害蚕麦稻。临湘淫雨。

宋　绍兴四年（公元1134年）　湖北路郡县四月连雨至五月，坏圩田，害蚕麦稻。临湘四、五月淫雨，害蚕麦稻。

宋　绍兴十一年（公元1141年）　四月，衡山山水大至。

宋　绍兴二十三年（公元1153年）　六月，武陵水涨坏城，平地丈有五尺。

宋　绍兴二十六年（公元1156年）　潭州、衡山大水。

宋　隆兴二年（公元1164年）　辰州涨水，淹颓府成覆于隍。沅陵大水，城溃。

宋　乾道六年（公元1170年）　临湘大水。

宋　乾道九年（公元1173年）　六月，临湘大水。

宋　淳熙三年（公元1176年）　五月，常德大雨彻夜，自壬辰至庚子，沅、靖诸山水暴涨至常德，没城五天。龙阳、沅江五月大雨彻夜浃旬有五日。

宋　淳熙七年（公元1180年）　五月，沅、靖诸山水暴涨至常德，没城五尺。

宋　淳熙十五年（公元1188年）　五月，岳州、临湘、澧州、常德、龙阳等皆大水。

宋　淳熙十六年（公元1189年）　五月丙辰，沅、靖诸州山水暴溢，沿江下辰州，常德府城没一丈五尺，漂民庐舍。武陵、桃源、龙阳、临湘、沅陵、岳阳、临湘、华容、沅江等五月淫雨大水。

宋　绍熙二年（公元1191年）　五月，常德府大雨彻昼夜自壬辰至庚子，水浸民田庐。龙阳五月大雨，浸民庐舍。夏六月，沅江大水害稼。八月，常德、武陵大雨，通昼夜九日。

宋　绍熙三年（公元1192年）　常德府五月大雨彻昼夜，自壬辰至庚子，水浸民田庐，武陵五月、秋八月江水溢，田庐圮塌甚众。龙阳五月大雨，浸民庐舍。沅江夏六月大水害稼。

宋　绍熙四年（公元 1193 年）　四月霖雨至五月，浙东西、江东、荆湖北郡县坏圩田，害蚕、麦、蔬、稷。

宋　绍熙五年（公元 1194 年）　秋八月，常德、武陵、龙阳、沅江江水溢，圮田庐甚众。

宋　嘉泰元年（公元 1201 年）　秋，耒阳、郴州等，大水漂没民田居室尽光……郴州、桂阳等皆乏食。

宋　开禧三年（公元 1207 年）　临湘五月淫雨。

宋　嘉定十三年（公元 1220 年）　临湘、华容、巴陵、沅江、益阳、湘阴夏五月霖雨。

宋　嘉定十六年（公元 1223 年）　岳州郡县五月久雨，圮田庐害稼。

宋　绍定二年（公元 1229 年）　宁乡大水。

宋　淳祐五年（公元 1245 年）　邵阳水漫状元洲。

元　至元二十五年（公元 1288 年）　华容大水。

元　至元二十八年（公元 1291 年）　三月，常德路水，沅江大水。

元　至元二十九年（公元 1292 年）　武陵、临湘大水。华容闰六月大水，冬十一月又水。

元　元贞元年（公元 1295 年）　五月，常德、武陵、沅江、桃源、龙阳、澧州、安乡大水。

元　元贞二年（公元 1296 年）　夏五月，醴州大水。六月，岳州水。七月，常德大水。八月，平江大水。

元　大德元年（公元 1297 年）　沅江大水。正月，澧州水。七月，鄙县、耒阳大水，溺死三百余人。衡阳、衡南、常宁邑大水。八月，常德、澧州等路水。十一月，武陵、龙阳大水。

元　大德五年（公元 1301 年）　六月，平江大水。

元　大德八年（公元 1304 年）　五月宝庆水。

元　大德十年（公元 1306 年）　三月，道州营道等处暴雨江溢山裂，漂荡民庐，溺死者众。

元　大德十一年（公元 1307 年）　道县三月暴雨山裂三十余处。

元　至大二年（公元 1309 年）　永州路霖雨，江涨没田稼。七月，桂阳、临武水。

元　至大四年（公元 1311 年）　七月，桂阳、临武大水。

元　皇庆二年（公元 1313 年）　五月，沅陵大水。

元　延祐元年（公元 1314 年）　五月，武陵霖雨水溢，溺死五百人，漂没庐舍禾稼。龙阳五月雨水坏庐舍，溺死者约三千。七月，沅陵、泸溪大水。八月，岳州、常德、武冈、道州诸路水。

元　延祐二年（公元 1315 年）　七月，永州、茶陵秋霖雨，江溢害稼。

元　至治二年（公元 1322 年）　六月壬午，辰州江水溢，坏民庐山舍。沅陵、辰溪六月江溢，坏庐舍。十月（十一月），平江大水，坏民庐舍，损民田四万九千六百顷（注：一顷为一百亩，约为六点六六七公顷。下同）。

元　泰定二年（公元 1325 年）　十一月，常德水。

元　至顺元年（公元 1330 年）　七月，常德、澧州水。

元　至顺二年（公元 1331 年）　衡州大水，民食草殆尽。

元　至元元年（公元 1335 年）　八月，华容大水；永兴水。道州、耒阳水。

元　至元二年（公元 1336 年）　澧州、石门大水漂屋，溺死者以千数。

元　至元五年（公元 1339 年）　华容大水。

元　至元六年（公元 1340 年）　六月，桃源山崩水溢，压溺居民五十三家，死者三百六十余人。

元　至正八年（公元 1348 年）　五月壬子宝庆路大水。邵阳、武冈、新宁五月大水。

元 至正十九年（公元1359年） 岳阳、华容、临湘、湘阴、益阳、沅江、平江大雨八十日。

明 洪武元年（公元1368年） 五月，邵阳、武冈暴风雨七昼夜，水骤涨，平地高六尺。

明 洪武七年（公元1374年） 澧州、澧阳、慈利、石门久雨，山水涨溢，漂没民舍，坏城垣。

明 洪武八年（公元1375年） 湖广大水。

明 洪武九年（公元1376年） 湖广秋七月大水，十月又大水。

明 洪武十年（公元1377年） 岳州大水。夏五月赈湖广大水灾。

明 洪武十一年（公元1378年） 岳州大水。

明 洪武十五年（公元1382年） 浏阳大水后旱。

明 洪武十七年（公元1384年） 常德府龙阳、武陵二县水。浏阳雨杀稼。

明 洪武十八年（公元1385年） 资江流域武冈、邵阳、新化大水。

明 洪武二十一年（公元1388年） 安化资江大水。

明 洪武三十一年（公元1398年） 辰州沅陵、泸溪、辰溪大水，沿河一带民居财物漂流殆尽。

明 永乐二年（公元1404年） 沅江、善化大水。五月己巳，长沙、浏阳诸县淫雨，湖水泛溢，坏民居田稼。七月，湖广大水。

明 永乐三年（公元1405年） 春三月，长沙、常德、岳州水灾，免田租一年。

明 永乐四年（公元1406年） 泸溪大水，官舍民居淹没。

明 永乐九年（公元1411年） 湖广大水，沅江大水。善化大水成灾。

明 永乐十年（公元1412年） 华容大水，水决四十八垸。六月，湖广常德等府久雨，江水泛涨，没民庐舍田禾。秋七月己巳，常德、长沙河水泛溢，淹没民田。

明　永乐十四年（公元 1416 年）　辰州辰溪、沅陵、泸溪大水，本邑官舍民居尽淹没。

明　永乐十五年（公元 1417 年）　酃县山洪山崩。

明　洪熙元年（公元 1425 年）　五月，邵阳、武冈暴风雨七昼夜，水骤涨，平地高六尺。

明　宣德二年（公元 1427 年）　衡阳六月初八大雨至十四日，江水泛溢，漂民居淹田稼。

明　宣德三年（公元 1428 年）　五月，宝庆府、邵阳县及武冈州、长沙府、湘乡县暴风雨七昼夜，山水骤涨，平地高六七尺，淹没庐舍田稼，漂溺人民。五六月，华容、南县苦雨，山水泛涨，冲决堤埂，淹没田稼。石门大雨，水溢山崩，舟行树梢，屋室畜产漂没，民避高山，旬日始平。

明　宣德七年（公元 1432 年）　澧州麻寮山洪，山石崩移，民居荡析，潴为潭。

明　正统元年（公元 1436 年）　湖广大水，沿江六县大水决江堤。

明　正统二年（公元 1437 年）　夏五月，湘乡大雷雨，平地水深五尺，削山拔木漂没田庐人畜无数。

明　正统八年（公元 1443 年）　六月，岳州大水。

明　正统九年（公元 1444 年）　冬十一月，湖广大水，江河皆溢。

明　景泰三年（公元 1452 年）　祁阳江涨没城。

明　景泰六年（公元 1455 年）　安福（今临澧县，下同）大雷雨，地陷、白泉坡羊墉地陷二，一深三丈（注：旧长度单位，一丈为十尺。下同），广十余丈，一深六尺，广一丈有余。

明　景泰七年（公元 1456 年）　湖广、江西共三十府恒雨淹田。

明　天顺二年（公元 1458 年）　巴陵、华容、湘阴、岳阳、益阳、沅江大水。

明　天顺四年（公元 1460 年）　浏阳大水。四月至六月，常德阴雨连绵，江水泛滥，冲决堤防。

明 天顺五年（公元1461年） 武陵大水，漂没民屋甚多。

明 天顺七年（公元1463年） 溆浦大水。

明 成化元年（公元1465年） 皇帝即位以来，风雨不时，灾（淹）荐至，阴云累月，淫雨经旬，坏庐舍，伤禾稼……湖广多灾疫。五月，浏阳雨雹。七月，湖广大水。

明 成化三年（公元1467年） 桃源大水。

明 成化四年（公元1468年） 慈利、常德、衡山大水，漂没民居无数。

明 成化五年（公元1469年） 湖广大水。沅江大水，辰溪、沅陵、泸溪大水，街市通舟，坏城廓，官民房舍漂没，民依山居住。常德府、龙阳大水，漂没民居甚多。

明 成化八年（公元1472年） 醴陵大水。

明 成化九年（公元1473年） 宁乡：大雨水泛，街衢通舟楫。

明 成化十年（公元1474年） 沅江、浏阳大水。安仁：闰六月初九始，霖潦三日，水溢城内，泛舟以济，庐舍漂没，人畜田禾俱伤。

明 成化十一年（公元1475年） 衡山、临武大水。五月，湖广大水。

明 成化十三年（公元1477年） 岳阳、华容、湘阴、益阳、沅江及永州春大雨冰雹，牛死无数。

明 成化十八年（公元1482年） 宝庆府所属皆大水，新宁尤甚，城市人畜多漂没。邵阳大水。夏四月，新宁大水，漂失人畜无数。七月，益阳、沅江、安化大水，漂没庐舍。八月，衡州大水，漂没庐舍。

明 成化二十年（公元1484年） 夏，酃县大水。

明 成化二十一年（公元1485年） 益阳大水，县治水深五尺。沅江大水漂庐害稼。安化资江大水。

明 成化二十三年（公元1487年） 七月，靖州（绥宁）大水，坏军营数百区。

明 弘治二年（公元1489年） 安化大水。夏，华容大水，水骤高丈余，漂溺居民男妇甚众。平江夏大水，兼上年旱，民多死徙。

明　弘治六年（公元 1493 年）　夏六月，平江大水。

明　弘治七年（公元 1494 年）　新化大水，居民漂没，舟楫入市。永州春霖雨伤麦。

明　弘治八年（公元 1495 年）　湖广水旱相连二十府州。益阳水溢，漂民舍。三月，永明大雨不休，秧苗皆没，二麦不登。

明　弘治九年（公元 1496 年）　益阳、安化大水。宁乡大水，大雨水泛，街衢通舟楫。

明　弘治十一年（公元 1498 年）　岳州、华容大水。

明　弘治十四年（公元 1501 年）　以水灾免湖广、衡、永、荆、辰、长沙五府……并衡州等十卫所弘治十四年秋粮有差。辰溪、泸溪水灾。

明　弘治十八年（公元 1505 年）　七月，益阳、安化水溢，漂民居。

明　正德二年（公元 1507 年）　宁乡大水。黔阳水坏城。宜章正月大水，冲塌西南城垣，坏民居田塘。

明　正德三年（公元 1508 年）　益阳、安化、宁乡大水伤稼。

明　正德五年（公元 1510 年）　常德、沅陵、辰州、泸溪大水，泸溪大水漂没官舍民房，人依山以栖。

明　正德六年（公元 1511 年）　沅州、芷江、黔阳大水坏城，芷江沿河居民漂流，黔阳县城圮。安仁霖潦三日，水溢，上乡山崩岸塌，男女溺死者八十九人，坏田七百五十二亩。湖广大水。夏五月，酃县大雨震电蛟出（指山洪暴发。古人迷信，认为发洪水是蛟龙作怪，称洪水为蛟水。下同）山崩。

明　正德七年（公元 1512 年）　辰州府、沅陵、辰溪、泸溪大水。沅陵、泸溪街衢通舟。

明　正德八年（公元 1513 年）　夏，永州府、零陵、祁阳大水伤稼。

明　正德十一年（公元 1516 年）　黔阳大水。夏五月，华容、安乡大水，五月二十九日华容北河水溢流声如号，渡舟覆溺，陡岸倾颓；八月又大水。

明　正德十二年（公元 1517 年）　夏，湖广大水。

明　正德十三年（公元 1518 年）　醴陵大水。衡州府、衡阳、衡南、衡山、常宁、酃县大雨连旬江水溢，舟入城廓。三月甲寅，湖广衡州府大风雨，江水溢，浸入城廓房屋，民多漂没者。

明　正德十四年（公元 1519 年）　五月十三日，通道大水。浏阳大水。

明　正德十五年（公元 1520 年）　湖广大水至冬不消，以灾伤免湖广税粮。酃县五月洪水山崩。

明　正德十六年（公元 1521 年）　永州大水入城，庐舍田禾淹没几尽。

明　嘉靖元年（公元 1522 年）　武冈大水荒，民乏食。湘乡、祁阳、祁东大水。衡州府、衡阳、衡南、衡山、常宁、酃县等县大水，城圮。永明大水涨没城门，居民乘桴入市。夏，湘阴、长沙、善化大雨七日，风雷交作，沿江地震至岳山而定，城廓多没。夏五月，零陵大水入城，庐舍田禾淹没几尽。是年六月，常德府大水决堤防。

明　嘉靖二年（公元 1523 年）　沅江、华容、巴陵、临湘、湘阴、平江大水。浏阳大水没城廓。衡州府、衡阳、清泉、衡山、常宁各郡大水。

明　嘉靖四年（公元 1525 年）　四月、六月，浏阳大雨。

明　嘉靖五年（公元 1526 年）　夏，资兴兴宁大水漂民庐舍（兴宁今资兴市）。

明　嘉靖六年（公元 1527 年）　夏五月，临湘、平江大水。岳州淫雨，洞庭湖大水。沅江大水，人畜漂流。祁阳、祁东大水。秋，湖广大水。

明　嘉靖七年（公元 1528 年）　桂东夏（春）龙见蛟潭（意为龙在蛟潭现身），大雨七日。郴州大饥，人相食。

明　嘉靖八年（公元 1529 年）　辰州、沅陵大水。已丑秋七月，桂阳县（今汝城）淇江洪水突起七丈有奇，三日方退，死者满目，积尸巨巷，不可胜计，知县杨易亲往祭之。汝城七月初三日长宁乡江水突涨七丈许，拔木走石坏屋千楹，男妇漂溺死者百余人，田冲洗三百余亩……。攸县七月大水没城廓，民载舟入县治，田庐荡坏。

明　嘉靖九年（公元 1530 年）　四月十七日，通道大水。五月，临湘大水。

明　嘉靖十年（公元 1531 年）　湖广大水，免各州及卫所秋粮。湘阴大水，坏民田舍，漂溺男女无数。攸县大水坏民田舍，溺男女无数。夏四月，湘乡大水突起，漂荡田庐人畜无数。

明　嘉靖十一年（公元 1532 年）　辰州府各县沅陵、泸溪、辰溪六月大水。岳州府各县六月大水，坏民田舍，溺死男女甚众。

明　嘉靖十二年（公元 1533 年）　安乡水。岳阳、华容、湘阴、益阳夏大水。常德府各县武陵、龙阳淫雨，自四月至六月，江水泛涨，几破城，滨江之民遭淹没者无数。

明　嘉靖十三年（公元 1534 年）　夏，岳阳、华容、湘阴大水。四月二十九日夜，衡南、安仁、酃县雨如倾，平地水高忽丈余，山崩地陷，庐舍倾没，人畜漂溺者不胜计。

明　嘉靖十四年（公元 1535 年）　华容大水，城内行舟。龙阳夏四月大雨弥月、河溢。

明　嘉靖十五年（公元 1536 年）　石门大水漂流民居。四月，湘阴大水，溺死男女无数。七月，澧州大水，溺死者以千计。

明　嘉靖十六年（公元 1537 年）　湖广秋……山东、河南、陕西、浙江各被水灾，湖广尤甚。益阳、宁乡大水。宜章平和乡大水，田庐漂没，人多溺死。夏五月，祁阳、祁东、永州府、零陵大水，涝伤稼。

明　嘉靖十八年（公元 1539 年）　攸县大水，漂没人民无数。新宁五月大水，崩溃堤岸，漂没民庐，死者甚众。平江夏六月十六日水骤发，崩溃堤岸，漂没民庐，死者无算。

明　嘉靖十九年（公元 1540 年）　岳州、巴陵、益阳、沅江蛟水坏田庐，蛟出山中，山水暴涨，冲塌田房无数。沅州府、晃州等大水。四月十七日，靖州（绥宁）大水。大雨水溢，城中水高丈余。夏五月，永州大水。七月，郴州大水，漂没民舍。资兴大水。

明　嘉靖二十年（公元 1541 年）　华容大水，城内行舟。永州、零陵、祁阳、祁东大水。

明　嘉靖二十一年（公元 1542 年）　资兴正月雨至四月。安化秋七月伊溪大水。蓝山霖雨伤稼。

明　嘉靖二十二年（公元 1543 年）　常德府大水，漂没城外民居房屋。郴州春积雨。正月至四月，资兴雨。耒阳三月大雨雹，昼忽晦，水深五六尺。

明　嘉靖二十三年（公元 1544 年）　醴陵大水。蓝山春涝。

明　嘉靖二十四年（公元 1545 年）　临湘淫雨十二日，江水大发。靖州（绥宁）大水，东关外观音阁被冲圮。沅江春大水涨。辰州、泸溪、沅陵正月至五月大涝，六月至次年正月不雨。民大饥。

明 嘉靖二十五年（公元 1546 年） 浏阳大水。

明 嘉靖二十六年（公元 1547 年） 靖州（绥宁）大水。

明 嘉靖二十七年（公元 1548 年） 六月，武冈州大水，廿五日大雨，水漫城，民庐多圮，军民死者以百计。

明 嘉靖二十八年（公元 1549 年） 夏，桂阳、沅陵、资兴兴宁等县大水。桂阳长宁乡（今汝城）淇江水奕涨七丈许，拔木走石，坏屋千楹，男妇漂，死者百余人，冲田三百亩，三日水方退。

明 嘉靖二十九年（公元 1550 年） 洞庭湖大水。安化资江大水，安化遭灾尤甚。安乡大水，积尸逐波。宝庆府资江大水……。

明 嘉靖三十三年（公元 1554 年） 湘潭大水没城廓。

明 嘉靖三十四年（公元 1555 年） 岳州府雨十二日，大水。

明 嘉靖三十五年（公元 1556 年） 夏，安乡大水。

明 嘉靖三十六年（公元 1557 年） 安化大水，被冲坏田庐无数。宝庆府郡、邵阳大水。

明 嘉靖三十七年（公元 1558 年） 十一月，岳州府、衡州、常德府水灾。

明 嘉靖三十八年（公元 1559 年） 辰州、沅陵大水。城步水涨入旧南门，山多崩塌。

明 嘉靖三十九年（公元 1560 年） 是年湖广江堤决……三江水迅异常，沿江诸县荡没殆尽，旧堤防有者十无二三。夏，善化大水浸入城廓。澧州、衡山大水。宝庆府四月大水，五月大水，庐舍漂没甚多。靖州（绥宁）四月大水。夏五月，岳州、临湘、辰州等府、沅江、泸溪大水。据华容志载："嘉靖三十九年之潦古今罕见。"华容大水，淫雨不止，山水内冲，江水外涨，洞庭泛滥如海，伤坏田庐无数，数水发迅速，老幼多溺死者，尸满湖中。新化大水，漂没沿河民居。辰溪县南城冲陷。通道淫雨，城垣房屋多圮坏，民居溺死。七月，岳州、华容淫雨大水。岳州并有雨十日，庐舍漂流，城廓多圮，居民溺死者众。

明　嘉靖四十年（公元 1561 年）　安乡水。邵阳大水。宜章城南大水，三星桥毁。春三月，宝庆府大水。

明　嘉靖四十一年（公元 1562 年）　沅江大水，市巷行舟。衡山大水。

明　嘉靖四十二年（公元 1563 年）　湘潭、宜章夏大水。湘潭没城廓。

明　嘉靖四十三年（公元 1564 年）　长沙、岳州、宝庆、常德等府大水。安仁大水溢，昏夜猝至，人多漂溺。五月，临湘淫雨十二日，大水。

明　嘉靖四十四年（公元 1565 年）　夏，岳阳、华容、临湘、益阳大水；华容水入城。龙阳、安乡、临湘、善化、邵阳大水；安乡南水独甚。沅江大水，南门灾。七月，攸县大水，水势冒城，田庐荡没。

明　嘉靖四十五年（公元 1566 年）　辰州府、沅陵、安乡、岳阳、临湘、华容、平江大水，连岁水灾，是年尤甚，冲塌田庐桥路，人畜多死，铲失田一百零三顷十二亩有奇。

明　隆庆元年（公元 1567 年）　岳阳、临湘、华容、湘阴、平江、益阳、沅江、浏阳等大水。蓝山山水泛滥，冲岸崩堤，田塘淹没几尽。永州府、江华、安乡、蓝山、道州大水。五月五日夜，江华大水入县城，漂田庐人畜不可数计。

明　隆庆二年（公元 1568 年）　岳州、临湘大水，华容、平江有水灾。

明　隆庆三年（公元 1569 年）　夏，临湘、岳州大水，岳阳、益阳、沅江大水。

明　隆庆四年（公元 1570 年）　安乡水。

明　隆庆五年（公元 1571 年）　宝庆府：资江水溢。岳阳、平江、华容、临湘淫雨一月，江水极大，稻尽淹没；大水入华容城。五月二十七日至六月初四日，辰州府、沅陵、辰溪淫雨连绵，沅水陡涨，辰溪县北门前水深数丈，淹没田庐，城南崩，死者无数。黔阳山裂水溢，城内水深丈余，漂没民居无数。泸溪淫雨，沅水武水俱涨，官辟民居，六庙神祠尽没，两岸百姓移至山坡。麻阳、安乡亦大水。

明　隆庆六年（公元 1572 年）　六月初五日，东安金字岭云雾四塞，雷雨大作，岭巅奔腾而下，土石如泻，大树拔，庐舍倾洗，人畜蔽江而下，近溪田畴皆被砾填塞，三年始得垦复。

明　万历元年（公元 1573 年）　安乡、沅江水。

明　万历二年（公元 1574 年）　安乡水。

明　万历四年（公元 1576 年）　临湘，大云山蛟出大水，漂没田庐人畜无数。

明　万历五年（公元 1577 年）　安乡水。

明　万历六年（公元 1578 年）　攸县大水，坏田千亩，漂民居三千余家。

明　万历七年（公元 1579 年）　安乡大水。

明　万历八年（公元 1580 年）　湘乡大水，冲毁田庐无数。益阳大水。

明　万历十年（公元 1582 年）　湖广大水。长沙大水，冲没田庐无数。益阳大水。新化大水，石马二都四都蛟起溪水暴至漂民田三千余亩。五月初七日大水，铲没田庐无数。湘阴五月大水，冲毁田庐无数

明　万历十二年（公元 1584 年）　湘潭山洪，没民居，田亩百余尽成荒谷。

明　万历十三年（公元 1585 年）　安乡水。

明　万历十四年（公元 1586 年）　夏，湖广大水。安乡大水，田禾无收。

明　万历十五年（公元 1587 年）　湖广夏大水。安乡水涨堤决仓储尽胀。浏阳大水冲城，五月暴风霾飘损民居，有压死者。

明　万历十六年（公元 1588 年）　春夏，宝庆府、新化淫雨，山木崩仆，秋又风旱，五谷不成，父老称百年以来未有如斯饥馑之甚者。绥宁五月大水，溺死居民无数。长沙、善化、湘乡、湘潭大水。醴陵春大水。

明　万历十七年（公元 1589 年）　春，长沙府、长沙、善化、醴陵大雨水。安化、益阳春大水，坏庐舍冲决田禾。三月，浏阳淫雨不止。

明　万历十八年（公元 1590 年）　新宁大饥大水。五月，溪水暴涨，两岸土崩，民居漂没死者甚多。

明　万历十九年（公元 1591 年）　浏阳大水，土城坍塌。安乡、沅江大水，自五月至八月始平。

明　万历二十年（公元 1592 年）　临湘大水。湘潭大水涨溢。

明　万历二十一年（公元 1593 年）　湘潭更大水涨溢。新宁大水，坏民居甚多。常宁六月初二日漏下，黄峒有蛟出，水大溢高至数丈，县之西江一带，民居尽倾坏，城为之圮，漂溺不下千人，没民田不可胜数。

明　万历二十二年（公元 1594 年）　常德府、武陵、龙阳、大水，安乡决堤。

明　万历二十三年（公元 1595 年）　湖广被灾，大水入华容城，城圮（城为砖石结构）。南县、沅江、安乡大水。泸溪大水。

明　万历二十五年（公元 1597 年）　安乡水。沅江大水。永州、零陵大水入城，城中通舟，县治皆浸，三日夜乃退。

明　万历二十六年（公元 1598 年）　辰州、沅州、泸溪大水。辰州、泸溪淫雨连旬，水高数十丈，舟行屋上，城垣民舍尽倒。浦市居民财货漂流几乎全尽。六月，武冈州大水，漂没官署民居。

明　万历二十八年（公元 1600 年）　华容大水泛滥，堤垸决裂。沅江夏大水至十月方涸。

明　万历二十九年（公元 1601 年）　夏五月初三，江华大水，自锦田河来入城三四尺许，城外田庐多被冲坏。

明　万历三十年（公元 1602 年）　岳州、临湘、岳阳、华容、湘阴、益阳、沅江大水。浏阳大水无禾。夏五月，桂阳大水泛溢，毁山店江石桥。

明　万历三十一年（公元 1603 年）　沅州、麻阳大水。

明　万历三十二年（公元 1604 年）　四月，澧州、安乡大水，安乡尤甚。

明　万历三十三年（公元 1605 年）　安乡水。益阳、安化大水。

明　万历三十四年（公元 1606 年）　益阳、沅江大水。宁乡大水灾，次年复然。春，临武大水，东山一带滨江之田弥望盈眸，皆没为沙堵。五月，华容、巴陵大水，华容城内房屋倒塌甚多，城内可行舟。

明　万历三十五年（公元 1607 年）　入夏，湖广、岳州、常德等府，大雨至，民舍漂没凡数千所。龙阳大水，漂没民居。宁乡水灾。六月，岳阳、湘阴、华容大水，漂没庐舍。七月三日，蛟水坏民田庐舍无算，华容城大坏。

明 万历三十六年（公元 1608 年） 常德府、龙阳、沅江、沅陵、泸溪、辰溪、澧州、安乡、安福皆大水。临湘、华容皆大水。华容城被大水淹没，城内可行舟。宝庆府大水。沅陵、宝庆、邵阳大水。武冈大水漂没官署民舍，死者以百计。浏阳大水伤稼。益阳大水，城垣尽颓。冬，新宁大水溢入学宫，深二尺。春夏，沅江大水，城市行舟。四月，泸溪、辰溪大水，高十数丈，舟行屋上，城垣民舍多圮。

明 万历三十七年（公元 1609 年） 泸溪、辰州、沅陵、沅江大水。

明 万历三十八年（公元 1610 年） 四月，沅州、芷江、晃州大水，河西一带舟行街市，龙津桥冲圮。夏秋，新化雨。

明 万历三十九年（公元 1611 年） 湖广大水，辰州、泸溪、麻阳、沅江大水。黔阳大水，田亩浸没，无禾。新宁大水毁城垣。

明 万历四十年（公元 1612 年） 辰州、沅陵大水，辰州大水入城。桂阳州、桂阳大水，城中升磬于楼。沅江、安化大水。夏五月，汝城大水泛滥……。善化夏大水。秋七月，新宁蛟发西山，坏石幕、白沙、黄龙各村田塘约千余顷。

明 万历四十一年（公元 1613 年） 华容大水，禾不登，民食草木。安乡、浏阳、益阳、安化大水。黔阳大水入城。泸溪、沅陵、辰溪、溆浦水入城。五月，长沙、衡州、沅江大水，长沙民居城廓，损田禾树木，沅江禾稼尽没。六月，衡阳大水。八月，湖广大水。

明 万历四十二年（公元 1614 年） 湖广大水。长沙、善化、益阳、岳州：夏大水，没田禾民居。安化：夏大水。

明 万历四十三年（公元 1615 年） 益阳、长沙、善化大水。安化夏大水。

明 万历四十四年（公元 1616 年） 五月初二，耒阳水从郴江枫溪发，初五突高十余丈，涌入城廓，房屋杂物洗尽，近河居民死无数。六月，衡州府、衡阳、衡南、衡山大水，官衙民居皆湮，府厅各官避居民城楼。祁阳、祁东、永州、零陵复大水。七月乙未时……湖广亦报水怪突发。长沙、益阳、善化、安化大水。

明 万历四十五年（公元 1617 年） 善化、长沙、益阳大水。春，资兴猛雨经旬不绝，田庐湮没不可胜计，是岁米价腾贵，竹梢忽生米，状如麦，人取以充饥。夏五月，湘乡大水，自昆仑桥起至衙后，街道房屋俱倾，洲之左铲成河，可通舟楫，县治有水洗胁之虑。安化大水，自万历四十年起，每夏大水泛涨，坏田庐者无数。新化大水入城，没东西北三门，民舍漂荡，军民多死。衡州府、衡阳、衡南大水。衡南较先年稍减。宝庆府、邵阳郡大水，漂出青龙桥，舟从墙垛入城，毁坏民居无算。武冈大水，水浸西城，民庐漂没，军民多死者。

明　万历四十六年（公元1618年）　辰州、泸溪等大水，舟从墙入城，田宅皆毁。耒阳水旱为灾，五月又大水。平江夏大水，毛源村蛟出暴涨，冲塌田庐民房，损伤田地，县北虹桥亦被冲圮。

明　万历四十七年（公元1619年）　夏，石门淫雨为灾。辰州、沅陵大水。

明　万历四十八年（公元1620年）　安乡、浏阳大水。

明　天启元年（公元1621年）　安乡、沅江大水。

明　天启三年（公元1623年）　醴陵大水漂屋。

明　天启四年（公元1624年）　华容、沅江、安乡大水。辰州、沅陵、泸溪、辰溪大水，田宅皆毁，泸溪疫气流行。五月十五日夜，安化水暴至，漂民居，溺男女无数。六月，新化大水，舟入城市。

明　天启七年（公元1627年）　慈利大水，水冲断郭北琵琶洲，城市行舟，民多漂没。安乡大水。二月，永明大雷雨，水暴涨，浸没庐舍。六月，浏阳山水暴涨。澧州大水，城皆崩。

明　崇祯元年（公元1628年）　岳阳大雨兼旬，大水入岳州城，滨阳门水浸城内。

明　崇祯三年（公元1630年）　浏阳县东，山水横决，大伤禾稼。

明　崇祯四年（公元1631年）　六月，靖州大水。通道大水，城郭田地圮坏，人多淹死，江水逆流。

明　崇祯五年（公元1632年）　秋八月，岳州府、岳阳、华容、益阳、沅江、湘阴大水。

明　崇祯六年（公元1633年）　通道平茶所，山水涨，奔民居，漂没溺死者甚众。

明　崇祯七年（公元1634年）　澧州大水城崩，慈利舟行城中，民（房）多漂没。五月，新化大水。

明　崇祯八年（公元1635年）　宝庆府郡大水。邵阳是年大水。澧州大水，溇水暴涨，澧阳桥崩，须臾成洲，自演武场至麻家溜亘数千尺。

明 崇祯九年（公元1636年） 浏阳大水，沿溪禾损殆尽。辰州大水，辰溪、沅陵大水。

明 崇祯十一年（公元1638年） 浏阳大水。安乡大水，益阳漂民舍田禾。沅江大水，禾苗尽没。五月，安化、益阳大水，漂民舍田禾。

明 崇祯十二年（公元1639年） 五月，益阳、安乡大水。浏阳五月初七大淫雨至十九日止，七月西乡北冲口蛟起一夜风雨大作，田中突凹四五所，深丈余，沿河冲田七亩。

明 崇祯十三年（公元1640年） 三至五月，安化淫雨。平江夏五月大水，五月初八山水涌涨，广市街泛舟而行。夏，永定、大庸大水，禾无收。桂阳州、桂阳夏大水，漂没民居。长沙、善化、益阳、永州、零陵大水。

明 崇祯十四年（公元1641年） 辰州、沅陵、溆浦大水（五月初六日），民屋漂流，禾尽淹没，滨河居民溺死万计，嗣亦频有水灾，已而大旱。

明 崇祯十五年（公元1642年） 宝庆府郡淫雨大水，大饥。邵阳淫雨弥旬，饥。新化、新宁夏淫雨大水，谷豆不登，民有饥色。安乡大水。

清 顺治元年（公元1644年） 邵阳大水，大饥。五月，新宁大水，漂没城西南民房，坏沿岸民田无数，江口飞仙码头寺山诸桥悉皆冲没。浏阳淫雨。

清 顺治二年（公元1645年） 宝庆府郡大水。邵阳大水。

清 顺治三年（公元1646年） 邵阳大水。三月，湘潭大水。四月，资兴大水。

清 顺治四年（公元1647年） 湖南全省除个别地区外，自春至夏，连续三个月淫雨不止，大水，宝庆府灾情尤重。夏，桂阳州、衡州，大水。汝城五月，大水泛溢。宝庆府、邵阳郡六月大水，漂去青龙桥，荡没民居，民大饥，斗米镪二两，饿死者无数。武冈六月大水，六月十七日城内渠水涌起，立数丈如峰，与清渠楼（桥）齐，城内斗米银三两。安仁大水。自四月至六月阴雨不息……疫气盛行，死者枕藉于道。耒阳、安仁，大水。醴陵淫雨，正月至六月大疫，斗米千钱。攸县六月初一日大水，漂没庐舍人畜无数，是年大饥，民食地菌。衡州府、衡阳、衡山、常宁、衡南大水。

清 顺治五年（公元1648年） 安仁、耒阳大水。浏阳淫雨成灾。夏，道州大水，平地水深数丈，一夜陡至漂流房舍无数，人民溺死者不可胜计，郴、桂、临、蓝皆被水害。桂阳州、衡州大水。

清　顺治六年（公元 1649 年）　安乡、桂阳大水。夏，益阳大水，损禾。夏五月，永州大水，平地水深数丈。零陵大水。江华大水入城至学前，漂没田庐人畜无算，江华水势相传与明隆庆元年（公元 1567 年）相埒。

清　顺治七年（公元 1650 年）　春，安乡淫雨不开，南水涨，与澧州堤皆决，水势过常，民穷窘。六月初一夜，长沙府、湘阴大雷雨，明晨江水暴涨，高山崩，田稼多伤。六月五日夜，宁乡大雷电，江水暴涨，山有崩者，山裂伤稼。

清　顺治八年（公元 1651 年）　五月，郴州全境大水。兴宁（今资兴）大水，汤边、下保等处田多沙塌，山多崩裂，溺死者甚众，一家住山下七口皆没，是岁再饥，斗米银五钱。酃县夏五月一二三都大水泛溢，从蛟潭暴至，庐舍漂没，近溪田亩半为砂石壅碾，人民溺死甚众。

清　顺治九年（公元 1652 年）　六月，岳阳大水。

清　顺治十年（公元 1653 年）　安乡春苦雨，夏大水，无早晚禾，大饥。兴宁五月大水。

清　顺治十一年（公元 1654 年）　夏秋，澧州大水。兴宁五月大水。

清　顺治十二年（公元 1655 年）　湖南大水。长沙、善化、常德府、武陵、安乡大水。浏阳春大水，坏民庐无算。益阳大水坏民居。六月，衡阳大水。

清　顺治十三年（公元 1656 年）　夏四月，桂东大水，冲毁香林寺。五至七月，辰州、沅州、麻阳大水。永兴大水，漂没民居无数，损塌城垣大半。平江大水，五月初八日山水暴发，街市皆成巨浸，冲决城垣，坏民田屋，损失甚重，奏减田粮一百六十石有奇。武冈峒口蛟出水溢山崩，民多溺死。兴宁（今资兴）五月大水，陆地行舟。又八月大水，二十五日处处泛涨，乙陂近江等房屋人畜淹没甚多。秋八月，郴州大雨，崩山淹舍。

清　顺治十四年（公元 1657 年）　浏阳县北山洪，坏民庐，大伤田稼。六月，宜章平和大水，攸县大水。

清　顺治十五年（公元 1658 年）　常德、武陵、桃源、沅江、龙阳大水，武陵槐花堤决。浏阳、益阳大水伤稼。安乡大水，澧东南一带淹田地无算，庐舍水深数尺，居民尽徙。衡阳、衡南并有三洪为灾，四月东乡三角潭龙出水中露头角，迅雷骤雨，平地水深丈余，山岭崩陷，田亩荡洗，人畜漂溺，狮塘高桥石虹尽为崩塌。

清　顺治十六年（公元 1659 年）　五月，武冈淫雨，廿四日，峒口水溢，山崩，居民溺死者百余人。

清　顺治十七年（公元1660年）　安乡大水灾。闰七月，浏阳淫雨。

清　顺治十八年（公元1661年）　辰州、安乡四、五月大水。辰州、沅陵五月大水。醴陵夏五月大水，漂没民庐数百间，渌江桥坏。

清　康熙元年（公元1662年）　辰州、沅陵、泸溪、辰溪、永州、靖州春夏大水。安化水溢蛟出，近溪田亩崩溃无数，山洪暴发。六月，会同大水，民间田房多被漂没。

清　康熙二年（公元1663年）　澧州、辰州各县大水，澧州尤重。沅江大水，庐舍漂没，市巷行舟。桂阳大水漂民居。龙阳大水，怒涛汹涌，围堤溃决，溺死堤内居民甚众。安乡七月大水，高下尽淹，民舍官廨俱倾，大于戊戌（公元1658年）之水，至十一月乃渐退，县民流徙澧州，水淹十三里。浏阳、攸县七月大水，漂没禾稼。益阳、安化、浏阳、岳州、攸县、桂阳、湘阴、平江、临湘、常德府、澧州、辰州府各县大水。湘阴蛟出黄石滩，水溢。常德大水，围堤决，溺者甚众。

清　康熙三年（公元1664年）　湖广，间被水。安乡大水。

清　康熙四年（公元1665年）　安乡大水。茶陵州淫雨。

清　康熙五年（公元1666年）　湘阴、巴陵、华容夏水。安乡大水。

清　康熙六年（公元1667年）　武陵县南蛟出水没山巅，大木折，民居多损。安乡大水。

清　康熙七年（公元1668年）　安乡大水。

清　康熙八年（公元1669年）　安乡大水，堤尽决，民大饥，饿死无算。郴州大水。常宁七月十八日大水，八月十五日复大水，三日乃退。

清　康熙十一年（公元1672年）　宁乡六月十八日连日大雨，山多崩裂。会同大水。安乡夏大水，田禾半收。攸县江水大涨，岁饥。

清　康熙十二年（公元1673年）　湘潭大水。

清　康熙十三年（公元1674年）　长沙五月大水。浏阳五月二十二日大水，四乡人畜漂没无算，坏田禾。攸县春雨至夏六月。

清　康熙十四年（公元1675年）　常德水溃围堤等障，失粮两千六百零。龙阳大水。

清　康熙十五年（公元 1676 年）　澧州、南县、安福大水，历夏而秋，晚稻微收。岳州、临湘、华容、安仁大水。沅江大水，禾苗尽没。

清　康熙十六年（公元 1677 年）　沅江大水。益阳大水，县堂水深一尺。宜章平和、永兴水。郴州各县亦有水患。

清　康熙十七年（公元 1678 年）　安乡小水。沅江大水。

清　康熙十九年（公元 1680 年）　澧州、安福秋大水，堤溃，州县民饥。安乡秋大水，各垸皆溃，民护者多漂流，其年弗稔。

清　康熙二十年（公元 1681 年）　四月，辰州、沅陵、泸溪、辰溪淫雨弥月，大水暴发，山崩沙拥，田土冲塌成溪，秋收时有山鼠食禾。黔阳大水，城内水深三尺。平江大水，冲坏民田，溺死人畜，尤以县北岭川乡更甚。夏五月，零陵大水伤稼。

清　康熙二十一年（公元 1682 年）　夏秋，安福、石门大水。五月，城步大水入城，沿江田皆漂没。通道洪水大涨，冲倒城楼淹没田亩。岳阳、湘阴、益阳、沅江、安化湄江、通道大水，安乡、华容大水入城。五月十三日会同大水，山崩石裂，摧塌田地百数余亩。湘乡春大水淹至昆仑桥亭檐。

清　康熙二十二年（公元 1683 年）　春夏，安福、澧州、龙阳、溆浦淫雨为灾，溆浦四月暴雨如注，平地水深数丈，居民号哭登山，仓皇不及逃避者举室漂流，人畜俱没，辰溪县居其下，亦受灾。六月，醴陵大水。辰溪水灾。

清　康熙二十三年（公元 1684 年）　五月，泸溪、辰州、沅陵大雨经旬，水涨入城舟行入市，屋宇倾倒，男、妇依山避之。宝庆府五月十二日大水，漂没民居田亩无数，并青龙桥皆漂去。武冈、新宁、安化、辰溪五月大水。益阳五月大水灌入四门淹县台阶。新化五月十二日大水，东北两门俱淹没，居民乘舟入市，全境毁损田庐无数。

清　康熙二十四年（公元 1685 年）　四月，安福、溆浦大雨，灾情同前年（公元 1683 年）。五六月，龙阳水涨。

清　康熙二十五年（公元 1686 年）　秋，龙阳大水。安乡雨苦多，收获未全。冬十一月，沅江大雨震电。

清　康熙二十六年（公元 1687 年）　龙阳大水。四月，华容大水。夏五月，湘乡、衡山大水。

清　康熙二十七年（公元 1688 年）　五月，宝庆府阴雨大水。辰州五月十二日大水，舟入城中。辰溪水高十数丈。泸溪、沅陵、麻阳五月大水。麻阳水入自北门，民舍多坍塌，舟可达县署前，东南门城址亦被冲刷，自石桥溪至大河两岸溺死者不可胜计。新化五月大水，阴雨连月，大水逼东北两门，居民撑船入市，漂没近河田庐无算。衡山夏五月大水入市，街巷均有水浸入。湘乡夏五月大水淹昆仑桥亭屋脊，洲上树杪俱没。六月初六日、七日浦市水府庙侧房地内水吼如雷。

清　康熙三十年（公元1691年）　沅州、黔阳、麻阳大水。

清　康熙三十一年（公元1692年）　龙阳水。沅州大水，城垣被水冲刷。

清　康熙三十二年（公元1693年）　五月，道州大水暴涨，漂没庐舍人畜甚众，州南门一带居民入波涛，田地近河者皆被冲洗，太平桥皆毁，相传水自江华来，较顺治己丑略杀，然历四十五年又经此一大难。

清　康熙三十三年（公元1694年）　五月，黔阳大水，弥漫城市。

清　康熙三十五年（公元1696年）　岳州、益阳、沅江、临湘自六月淫雨连旬，七月阴雨浃旬，大水淹没，江北堤溃。资江大水，父老言前此所未有。沅陵、辰溪旱后七月复水，辰溪七月十二日大水，水高十余丈，西南门外庐舍尽淹。安乡大水，湖北黄潭堤决，水泛安乡，禾熟被淹损，谷收获者少。

清　康熙三十六年（公元1697年）　五月十三日，会同大水，民间田房多有冲塌者。秋，益阳大水。宜章秋七月大水，苦雨连旬，民房田地多冲坏。资兴秋七月大水，弥雨连旬，漂荡民庐田地，沙壅石碾者七之三。

清　康熙三十七年（公元1698年）　郴州西南大水，永宁乡太阳岭山洪陡发，下雨如注，水如泉涌，至栖风渡一带浮屋淹畜，人多没顶。五月，黔阳大水自东南城门入。

清　康熙三十八年（公元1699年）　夏，益阳大水。郴州大水，安乡受湖北黄潭堤决影响，秋获极少。沅江禾苗俱淹。华容、沅江、安福、安乡：自五月初旬雨至六月朔。

清　康熙四十年（公元1701年）　安乡水。

清　康熙四十二年（公元1703年）　夏，巴陵、华容水。湘潭大水。八月，耒阳霖雨不已，所余晚稻被水伤，民皆食蕨根度日。

清　康熙四十三年（公元1704年）　武陵夏大水。江华水涨入城，浸至学前泮池，城外田庐多被冲坏，水势与顺治六年同。

清　康熙四十四年（公元 1705 年）　湖南全省大水，饥。岳州大水，华容、岳阳、湘阴、临湘夏大水，岁荒民饥。耒阳大饥，斗米钱四百文，殍殣载道。资兴饥，银三钱三分斗米，鬻男女卖产业者强半。夏，安乡、沅江大水。麻阳、沅陵一带夏大水，麻阳五月大雨浃旬不止，城西里许山裂数丈，水从中涌，声响如雷，逾岭而西，达于辰水。秋七月，益阳大雨雹，大水饥。

清　康熙四十五年（公元 1706 年）　慈利大水。五月，宁乡大雨，塘坝溃。

清　康熙四十七年（公元 1708 年）　湖南全省大水，蠲被灾税粮。岳阳、华容、湘阴、沅江、桂东大水。夏，武陵、安乡、益阳大水。

清　康熙四十八年（公元 1709 年）　石门四月淫雨伤麦。

清　康熙四十九年（公元 1710 年）　辰溪大水，冲决玉带河诸地。耒阳大水。

清　康熙五十年（公元 1711 年）　辛卯四月，衡阳、衡南大雨，长乐金兰等乡山洪，长乐尤甚，冲洗塘池五千四百亩，民房寺观铺一千九百六十八栋，淹压二百七十四丁口。衡南四月二十二、二十三两日夜淫雨如注，蒸水大涨，呆山、祁山、庐山、伊山山蛟乘雨出成灾。安仁，四月二十三至二十四两日夜淫雨如注，平地水高丈余，城内坏铺（屋）三百余栋，田庐倾泻，牛畜漂溺。

清　康熙五十一年（公元 1712 年）　七月，龙阳、绥宁水灾。

清　康熙五十二年（公元 1713 年）　永州、衡州、零陵、祁阳湘水涨溢，米贵。湘潭大水浸城圮。泸溪、沅陵正月至五月淫雨。攸县五月十三日大水入城，是岁饥。酃县夏大水，民屋水深数尺。龙阳、安乡大水。衡阳、衡南癸已湘蒸二水大涨，五月大水入城，浸至府堂，府堂水深五尺，附郭居民淹没房屋六百五十七所，乡下一千九百六十户。永兴，大水，河水高逾城垣，上自西门内黄家土坳，下至县学前，横至石桥头，街市水皆数尺，民居走避，舟行街市三日。

清　康熙五十三年（公元 1714 年）　泸溪大水入城。湘阴大水，自正月至三月不解。江华七月初旬大雨三日，二十二日又雨，八月初旬又雨。

清　康熙五十四年（公元 1715 年）　岳州、慈利大水。安乡、慈利、石门、安福，夏大水，安福、石门禾无收。岳阳、华容、湘阴、益阳、武陵夏大水。沅州、芷江、晃州六月大水，龙津桥冲圮六墩。

清　康熙五十五年（公元 1716 年）　沅江水。岳州江北大水，巴陵、华容、湘阴、平江、益阳、临湘大水，自正月连雨至五月，诸县俱被水，巴陵尤甚，平江山洪特大，城中水高三丈，田庐冲塌极多。是年，清廷拨银六万余两整修湖南北各州县堤防，其中巴陵县二千七百两。茶陵大水，民多漂溺。龙阳、武陵、安乡夏大水。平江夏水。大水，坏田庐。

清　康熙五十七年（公元1718年）　绥宁大水，沿河田损，溺死九十人。沅江自六月至八月雨。

清　康熙五十八年（公元1719年）　沅州、芷江六月大水，冲圮龙津桥四墩。晃州大水。

清　康熙五十九年（公元1720年）　岳州、湘阴、华容、岳阳、益阳、沅江大水。夏，零陵大水入城，民居漂荡，禾稼尽没。安乡、临湘六月大水。

清　康熙六十年（公元1721年）　华容水灾。

清　雍正元年（公元1723年）　浏阳大水。凤凰厅（今凤凰县，下同）五月二十三日夜溪水暴涨成灾，大桥崩塌，路坏。

清　雍正二年（公元1724年）　道州大水冲塌西关桥，漂没人畜田庐无算。

清　雍正三年（公元1725年）　泸溪六月大水入城。桂阳（今汝城）六月大水，文明乡泉溪山崩，水涌城内，水深五六尺，壅洗田塘民居无数。安乡六月大水淹黄谷，收获未全。辰州、沅陵六月大水入城。沅陵城内被淹。

清　雍正四年（公元1726年）　夏，澧州、武陵、安化、龙阳大水。澧州大水，每日涨一二尺，七日不退，早晚稻无收。龙阳围堤南港障俱溃，安化淹没无算。沅江、益阳大水，沅江贫户多卖妻、子者，益阳淹没无算。安乡大水，堤垸俱溃，早晚稻俱无收，蒙减赋加赈民犹饥。临湘淫雨，江堤溃。自四月至六月，岳阳、华容、湘阴、平江淫雨；岳阳、华容、湘阴大水溃堤。岳州大水，五月至六月淫雨。淫雨自三月至六月不止，大水溃堤。五月，邵阳、新化、宝庆府大水。保靖五月二十七日夜半宣慰司署（今保靖县城）后半山山洪突出，其色黄黑，冲入大街，一泻千里，河街当冲者忽倾数丈，居民损失巨重。

清　雍正五年（公元1727年）　澧州、沅江大水，澧州水较上年大二尺许，觅食者载道，五六月间，食亦缺。长沙府、长沙、岳州、益阳、湘阴、巴陵、临湘、华容、安乡、澧州、武陵、龙阳、沅江水。各县人民多灾，据布兰泰奏报，“……今年五月以后雨水稍多，兼之川襄水发，汇赴洞庭，其近湖洼之处有湘阴、益阳、巴陵、临湘、华容、澧州、安乡、岳州、武陵、龙阳、沅江等十一州县申报被灾……”岳州大水，岁荒。武陵、龙阳、沅江、益阳夏大水，益阳平地深三尺。华容、岳州府、湘阴、巴陵、临湘、邵阳，夏淫雨害稼，大水。华容三十二垸俱溃，人民饿死，离散大半。是年清廷拨银六万两分给湖南、北各州县修整堤防。

清　雍正六年（公元1728年）　新化大水，民居多倒圮，民饥。夏，邵阳、宝庆、湘阴大水。

清　雍正七年（公元1729年）　沅江水。沅陵界享山洪，水与桥平。

清　雍正八年（公元1730年）　岳州、岳阳、华容、临湘、湘阴、平江、益阳、沅江自三月至六月雨不止，麦禾两伤。临湘、平江还有山洪为灾。四月，绥宁西河大水，桥崩田坏。长沙、善化水成灾，龙阳县北平地出蛟水陡涨丈余，民居无害。资兴大水，溪涧四溢，南乡台前并高塘等多处遭患。五月，靖州大水，初九酉时大雨至次日巳时河水陡涨四丈余，城外东南西等门及江东房屋店铺，淹冲殆尽，城内水深丈余，死亡损失无算。通道内洪水泛涨。秋七月初一、十一两日，湘乡盘山湖溪地方骤雨水涨，山石多崩，田有铲去者，是岁饥。

清　雍正九年（公元1731年）　华容大水，蛟水坏民田庐。岳州多雨。

清　雍正十年（公元1732年）　四月，澧州、安乡、安福大水，少收，安乡收者十之二三。宜章广田大水。

清　雍正十一年（公元1733年）　五月，长沙、善化大水，平地深五六尺，漂没人民房屋牛马无数，同日山多坍塌。五、六月，湘阴、桂阳大水。湘阴有山崩徙。蛟水出金鸡山，溢县南堤，毁十余丈。安乡六月连日大雨，山多崩裂。

清　雍正十三年（公元1735年）　春夏，辰州、沅陵、溆浦等大水。

清　乾隆元年（公元1736年）　沅州、芷江、晃州大水，芷江龙津桥冲圮三墩。春，澧州、石门、安乡、安福、沅陵淫雨损苗。

清　乾隆二年（公元1737年）　衡山水，朝宗二家（朝宗门被淹）被水，淹倒房屋，压毙人口。五月十五日，新化维山出蛟，冲圮民房八间，淹毙男女八口。六月，桑植大水，冲走城外老农潭。

清　乾隆三年（公元1738年）　石门大水，赈是年水灾饥民。

清　乾隆四年（公元1739年）　夏，岳州大水。石门蛟水冲田亩成溪潭。

清　乾隆五年（公元1740年）　安乡：水。

清　乾隆六年（公元 1741 年）　夏四月二十八、二十九两日，湘乡大雨，八都白石峰篙子山水忽溃涌，一小山崩移而出，壅没民田数百亩，溺死居民数十人。

清　乾隆七年（公元 1742 年）　澧州、安乡水。澧州水安福减赋加赈。茶陵州大水，失额田地二十二顷九十五亩三分五厘，失额粮二百六十七石三斗八升四勺六杪。据湖广督抚奏报，“湖南长沙、衡州、岳州、常德、澧州等府州所属之州县……有夏月被水之处，淹没田庐禾稼，人民困苦……。”四月（夏），酃县大水。溃决田亩多成沙阜，西城外安济桥倒。五月，沅陵水入城，民饥。六月，岳州、湘阴、华容、益阳、沅江、湘乡、溆浦、临武大水。资兴六月十五日大雨至二十三（二）日涨水，坏近江田禾，西垈尤酷。醴陵夏六月（十五日）大水，十四日三更后狂风暴雨洪水陡发，沿南河口上接攸萍（攸县萍乡）诸水一夕暴涨，坏田及庐，被灾尤剧，计淹田一百五十七顷有奇，不能垦复者四顷五亩四分，冲坏瓦房一千五百四十间，茅屋一千七百六十二间，压毙二名，淹毙一名……，南攸河入界附近，东北溪河并西连界境地淹地一十顷六十七亩。攸县六月十五日骤雨不止，是夜大水暴至，民载舟入市，环城内外庐舍漂没无数，各乡田宅冲破尤甚，十六日水退。七月巴陵之汨江、穆湖两村皆成水乡，被浸溃堤。十二月湘阴又大水。

清　乾隆八年（公元 1743 年）　武陵大水。汝城大水，城内深二三尺，墙垣尽倾。桂阳、郴州，正月大水，城内水深二三尺，墙垣尽倾，各地淹死人畜甚众。沅江、龙阳正月大水淹毙人畜，八月赈恤水灾饥民。

清　乾隆九年（公元 1744 年）　龙阳、沅江水。

清　乾隆十年（公元 1745 年）　初夏间（四月），麻阳彻夜大雨，山水突溢，小坡、长潭岩、洞江、夏溪一带沿河田禾遭水冲塌，亦有沙拥，漂没东门外沿河民舍九十余所。

清　乾隆十一年（公元 1746 年）　夏，新化大水，民居民田皆损坏。嘉禾大水，蛟出，水漂没人民。蓝山大水，发蛟水，钟水横溢，男女逃徙嘉禾过江时浮尸满目。临武大水，坏民居千余间。武冈大水，辰江口及分水界皆出蛟水，暴涨数丈。湘乡大水。四月，泸溪大水，河水俱涨。乾州水淹。五月，益阳大水；益阳、平江山水涨发，堤垸民房间有被水倒塌，沿河田禾亦有淹没。七月十七日，长沙各处同时无雨而大水陡起丈余，次日浮殍无数，蔽江而下，鱼浮死色青黑，不敢食，盖起自嘉禾、临武，横洗城廓，高山数十里。

清　乾隆十二年（公元 1747 年）　会同水灾；耒阳、衡山、祁阳……等九县是年水灾。夏，衡州府（酃县）大水。衡州、零陵、安仁大水，冲塌民田。四月，绥宁苗溪磨猴家溪等处水灾，冲毁田亩。城步大水，民饥，蠲免田租。常德府夏四、五月大水，冲塌民屯田地。安化五月伊溪大水。

清　乾隆十三年（公元 1748 年）　全省除个别地区外，春夏淫雨损麦，六月大水。

澧州、安福城圮。慈利大水，田庐多漂没。石门田庐多漂没。安乡秧麦俱损，补种，水泛低者，庐渚尽淹，失收。夏，平江大水。新宁水，头村出蛟，溪水大发，漂没田庐。辰溪、沅陵、泸溪五月大水入城，六月水再入城。六月五日，永顺大雨水涨，沿河漫溢，东陈岗等处泥沙拥没水田二百八十余顷。新化六月水灾，初七日县西八十里太平铺破石冲出蛟，澧溪水出，败坏民居，压死黄峒下王、袁、刘姓男女五人，毁伤田亩。

清　乾隆十四年（公元 1749 年）　澧州、石门、龙阳、攸县、南县、沅江、益阳、新宁、新化大水。芷江大雨三昼夜，西城陷，先是西城水府庙下与景星寺泡潭，俱系深潭，相传为蛟宅，自城陷而两潭并涸，今已渐成洲渚。三月，宝庆大雨，水骤发。武冈水灾，大雨，袁蓬团山水骤发，庐舍淹溺甚众。新宁大水，大雨。夏，安乡大水，堤垸尽决。

清　乾隆十五年（公元 1750 年）　嘉禾大水。三月，绥宁大乌水，桑木冲水涌山崩，冲坏田庐，压毙苗民一家五口；又三里田、八岔水一路冲坏田地七十余亩。夏，桂阳州各县蛟出，大水。辰州各县大水，辰州、沅陵、辰溪、溆浦五月十九日至六月初五日连日大雨，冲坏田屋，淹没男女，溆浦四人，沅陵十五人。

清　乾隆十六年（公元 1751 年）　六月，溆浦大水。秋七月，永兴大水，雨数日，江流上溢，平地水高数尺，舟行街市凡五日，濒河民居倒塌极众。宜章大水，三星桥圮。郴州大水。酃县大水泛滥，近河民产漂没数十余所，田成沙阜水壑共一顷四十九亩。资兴夏饥，秋七月十一、十二日大水，漂洗尸棺无数。

清　乾隆十七年（公元 1752 年）　桂东零二都水。四月二十一日，新化大水，白沙坪下蕉山冲塌毙男女六口。

清　乾隆十八年（公元 1753 年）　沅江大水。资兴春二月初十日雨至四月二十日始晴，秧苗大坏。桂东夏四月宜城水，山裂。五月，澧州、安福、靖州大水，秧苗俱坏。宜章大水。靖州五月初九大水。

清　乾隆十九年（公元 1754 年）　三月，湘阴雨黑水，又大水。夏，岳州各县、益阳、沅江大水。靖州五月初三日龙山发水，西南一带田亩崩溃甚多，南门外马王桥冲塌。其水发于夜半，住城西墙脚街生员沈姓母子夫妻并屋冲去。衡阳甲戌大雨水。嘉禾夏大雨雹伤稼。八月，石门大雨淹禾稼。

清　乾隆二十年（公元 1755 年）　桂东宜三都水。长沙、善化、湘乡自正月至五月雨水不止。宜章夏四月淫雨，城西山裂，水涌平地深七八尺，伤民屋田禾甚众。

清　乾隆二十一年（公元 1756 年）　安化大水，系因资水猛涨之故。四月二十二日戌刻，沅陵船溪驿骤雨，绿沙溪水涨，冲毁田亩。秋七月，资兴大水，初四日未刻大雷雨，蛟自半都丛木桥后裂而出，势盛汹涌，冲神龙桥至三都炭厂，铺屋漂没五六百间，淹死者三百余人。

清　乾隆二十二年（公元1757年）　夏，平江大水，自四月二十一大雨至二十三午刻乃止，山水暴涨，田多冲塌。五月，辰州、沅陵大水。

清　乾隆二十三年（公元1758年）　沅陵大水入城深五尺。

清　乾隆二十四年（公元1759年）　通道大水。夏，慈利大水，沅陵茶溪四月有山洪为灾。安化五月伊溪大水。

清　乾隆二十五年（公元1760年）　武陵大水。龙阳水。六月，凤凰厅大水入城，城外民房低者被淹。

清　乾隆二十六年（公元1761年）　洞庭水溢，濒湖渚境堤防几溃。武陵大水。夏秋，沅江大水，虽经收割而堤垸尽溃。武冈大水，桥梁多坏。六月，泸溪大水。沅陵大水入城，深五尺。

清　乾隆二十七年（公元1762年）　五月，凤凰厅溪水入城。乾州厅溪水大涨，坏民田。

清　乾隆二十八年（公元1763年）　六月，安化大水，伊溪蛟出水溢，县署桥梁尽圮，田庐漂没，男妇溺毙甚众。龙山距来凤十五里，乾隆癸未年七月初十日，霖雨三昼夜至十二日午未时，各处水冲树木，屋宇器物，将仙人洞口壅塞不通，淹至来凤县署头门，避水患者尽登边城，傍晚渐退。

清　乾隆二十九年（公元1764年）　辰州河猛涨，邻郡田土亦多冲坏。衡山溪水陡涨，沿溪民房有被冲淹之处。宁远大水，北境都溪水溢出，与众水会合于东乡之莲湾，居民纷纷迁徙，依山而住，四面庐舍无不洗荡，茫如烟海。春夏时，沅陵暴雨连绵，晴不数日，邻郡冲堤坏田舍者甚众。夏，华容、巴陵、湘阴、益阳、沅江大水，岳州卫大水溃堤。四月，芷江大雨，西城崩圮数处，南城亦圮，河水暴涨。武冈高沙市大水，廿八日大水，州同署全圮，漂游居民三百余人，庐舍五百余间，失额田一百六十余亩。

清　乾隆三十年（公元1765年）　城步大水，浸西岩寺官仓板三尺，是年大饥，斗米六钱。五月，安化资江大水，受水灾影响，大饥。靖州五月初八日大水。六月二十日，沅陵、辰溪、辰州辰河水涨入城，大街水深五尺，陆地通舟楫，沿河庐舍低者间被淹没。

清　乾隆三十一年（公元1766年）　黔阳大水入东西南三门，船泊城门口。常德府大水，各处堤决。益阳俱大水。沅江大水。五月，安化资江大水。沅陵、辰溪、辰州五月十六日沅水骤涨。武陵此次被水颇重，据李因培奏：“五月十八、十九日辰沅山水骤下，武陵城外长堤正当其冲，以致堤口溃漫，该城乡房屋多有坍倒，人口亦有淹毙……”等语。

清　乾隆三十二年（公元1767年）　安乡大水。夏，湘阴大水，淫雨弥月江湖并涨。秋，益阳、沅江间大水。新化大水。

清　乾隆三十三年（公元1768年）　巴陵、临湘、华容、湘阴、益阳、岳阳、沅江大水，岁荒米贵。新化水灾，枚溪出蛟，民居多漂，田禾俱损。衡阳戊子大雨水。祁阳、祁东大水入城，深丈余，赈之。

清　乾隆三十四年（公元1769年）　益阳连年被水淹，灾情惨重，时谚云“六年四水，一生九死。”湖南澧州、武陵雨自正月至五月，水涨堤尽决。春，岳州、岳阳、华容、湘阴淫雨，临湘水灾。夏，沅江大水淹没青苗。晃州、桂阳大水。

清　乾隆三十五年（公元1770年）　夏，桂阳、郴州大水。闰五月二十一日郴州大水，是日大雨水发西南乡，冲陷村民田亩，州清溆桥圮，溺死十二人，冲塌民房市店百余间，受灾甚重。

清　乾隆三十六年（公元1771年）　醴陵大水冲坏房屋田禾。

清　乾隆三十七年（公元1772年）　六月，永明大水。

清　乾隆三十八年（公元1773年）　攸县大水，多漂没。

清　乾隆三十九年（公元1774年）　衡阳甲午大雨水。

清　乾隆四十年（公元1775年）　夏月，新化大水。

清　乾隆四十一年（公元1776年）　庆田、杨家坠、青溪山、章桥一带，水皆从平地涌出，色青黑，其寒透骨，坏民田庐甚众。六月，资兴雨，大水，冲倒房屋七百六十三间，淹毙大小男女七十六名，压坍崩田一千八九百亩。清溪桥，护龙桥冲圮。郴州夏六月二十四日大水，冲坏田庐，溺死者无数，州东苏仙桥垮二拱。宜章夏六月二十四大水，北城圮，南城未淹之地仅三版一隅，县东赤石万寿桥圮，白青、黄甲一带民房冲塌，溺死者无数。耒阳六月二十五日大水陡涨十余丈，时禾将熟，概被淤泥压损，民舍畜物漂没无数。永兴六月二十六日大水，南城尽没水中，县治大堂水涨尺余。

清　乾隆四十二年（公元1777年）　新化、临武大水。桂东下东溪水。

清 乾隆四十四年（公元 1779 年） 夏，宁乡、衡山久雨。

清 乾隆四十五年（公元 1780 年） 宝庆、邵阳、新宁、新化大水。武冈大水，李国梁奏："……武冈州会龙九团等处地方，于五月十九等日大雨，山水陡发，冲塌酒房并民居共二百余间，淹毙男妇九十名，并淹浸淤田三百余亩。"

清 乾隆四十六年（公元 1781 年） 春，城步大水。

清 乾隆四十七年（公元 1782 年） 安乡水。

清 乾隆四十八年（公元 1783 年） 沅江大水，垸内多溃，垸外无收。城步春大水，冲田甚多。益阳、安化五月初资江大水，六月初复涨。

清 乾隆四十九年（公元 1784 年） 耒阳大水。攸县大水，城东山中出蛟，沿江田庐多被水冲塌，城中水深丈余。衡阳甲辰大雨水，田庐禾稼被伤。安仁夏五月大水，田庐禾稼被伤。

清 乾隆五十年（公元 1785 年） 安福大水成灾。安乡大水。

清 乾隆五十一年（公元 1786 年） 辰溪五月大水入城。澧州、安福、辰溪、武陵、龙阳、华容、安乡大水，辰溪城被淹。常德府河水暴涨，堤漫溢，……据称武陵首邑田亩多被水淹，民房人口各有损伤。

清 乾隆五十二年（公元 1787 年） 湖南大水。龙阳、宁乡大水。武陵大水，自三月至六月府城多水灾。

清 乾隆五十三年（公元 1788 年） 夏，益阳、华容、武陵、龙阳、大庸、临湘、溆浦大水；平江，大水入城。大庸（永定）蛟水暴涨，田禾尽损。湘阴、岳阳大水，巴陵河西堤决。浏阳五月县东大水，冲伤禾苗。湖南六月十九日至二十二日连日阴雨，又值荆河襄江二水并发，陡涨二丈二尺有余，各堤垸同时漫溢，田禾皆被浸损……，澧州、武陵、龙阳三州县被水尚轻，惟华容、安乡二县情形较重，……华容、岳州、武陵、龙阳、澧州等属因六月下旬荆水下注，又值湖水倒灌，被淹田亩水退稍迟，收成五分有余。荆江大堤溃决达二十余处，洪水直入洞庭湖。

清 乾隆五十四年（公元 1789 年） 岳州卫、华容、沅江、武陵、龙阳大水。溆浦大水，水尤甚，衙署深数尺，文卷多漂没。

清 乾隆五十五年（公元 1790 年） 澧州大水，安福水，未成灾。七月，宜章太平、长宁二乡大水伤稼。

清　乾隆五十六年（公元 1791 年）　武陵水灾。五月，常宁大水，山洞深丈余，坏桥梁屋宇无数。

清　乾隆五十七年（公元 1792 年）　长沙、善化、湘乡、武陵、宁乡、衡阳大水。桂阳、汝城大水溢将流溪等冲破，田屋桥梁被害甚多。

清　乾隆五十八年（公元 1793 年）　长沙、善化大水。三月，沅江水涨，堤垸多淹者，阴雨连日，秧田多坏，上下洪水相攻，垸多崩溃。

清　乾隆五十九年（公元 1794 年）　长沙、善化、衡南、永明大水；湘江陡涨数丈，除长沙、善化外沿河各地田亩均遭灾害。衡阳大雨水，坏房屋，淹毙人丁无数。会同瓦窑河陡涨，冲刷田禾，漂没人丁无数。夏，四月，零陵、祁阳、祁东大水入城，城中水没丈余，近河乡村水俱浸没，可通舟楫，民居漂荡，禾稼尽没。五月，常宁湘水大溢，高数丈。五月十三日道州大雨水骤涨，平地深丈余。夏六月，临武大水，城圮，通济、三星二桥倾，沿河两街尽漂没，坏民田甚众。秋，沅江大水。七月二十一日，安化伊溪大水，入城数尺。

清　乾隆六十年（公元 1795 年）　靖州（绥宁）大水。六月，石门淫雨。

清　嘉庆元年（公元 1796 年）　衡阳大水，米贵。

清　嘉庆三年（公元 1798 年）　永明大雨水，县北都庞岭裂。

清　嘉庆六年（公元 1801 年）　善化、湘潭大水。衡阳大水，蒸水骤涨，沿河一带冲毁田亩房屋，淹毙数人。东安大水，坏民田庐舍；沅陵、辰溪大水。芷江、沅州龙津桥大水，冲坍石墩二座。辰溪五月大水入城。安化六月二十六日夜伊溪大水，浸县堂，漂民居溺毙数十人，濒溪田亩多成沙碛。

清　嘉庆七年（公元 1802 年）　宁乡六月大雨，平原水溢田庐，桥梁倾荡无算。

清　嘉庆八年（公元 1803 年）　沅江垸外水，薄收。

清　嘉庆九年（公元 1804 年）　晃州大水，平溪一带田多倾坏。衡阳、道州、祁阳、祁东五月大水，祁阳城东一面尽崩。澧州城内被淹，五、六月大水。

清　嘉庆十年（公元 1805 年）　澧州大水，淹没黄丝等二十一垸。安化三月大雨，夏四月大水。五月，攸县大水淹禾苗数日。夏六月，湘乡大水，测水桥圮，铲没民庐甚多。沅江六月十一、十五日烈风迅雷甚雨，各处大水，多折损，垸内低田无收，垸外所收不过十分之一。

清　嘉庆十一年（公元1806年）　常德府大水。武陵、龙阳二县因四月下旬阴雨连绵河水骤涨，宣泄不及，以致堤障溃口，或数丈至数十丈不等，低洼之处田禾多被淹浸，民房亦有冲塌。

清　嘉庆十二年（公元1807年）　澧州、武陵、龙阳、湘阴三月大水。溆浦七月得大雨。宁乡七月初十大雨如注。秋，澧州、武陵、龙阳因雨过大，堤垸被冲，田禾淹浸，小民猝被旱涝成灾，秋收无望。

清　嘉庆十三年（公元1808年）　安仁、茶陵、攸县、醴陵、湘潭、酃县、安仁、衡山七州县水灾，分别蠲免缓征仍加抚恤。资兴洪水，长富桥圮。夏，龙阳大水，堤障多溃。六月，祁阳、祁东南隅大水，大忠桥、白水市淹毙五十余人，坏庐舍二百九十余间，坏田四百三十二亩。秋七月，益阳大水害稼，占溪尤甚，民舍多坏，淹毙数人。常宁大水伤稼。沅江注兰垸大水崩堤，七月初十夜，狂风暴雨，倾倒后墙。

清　嘉庆十四年（公元1809年）　安乡、长沙、善化、湘潭、衡山大水，滨河禾稻无收。醴陵大水，冲坏房屋。攸县大水，因茶陵大水，洣河横流，泛入攸县，其害不减甲辰（公元1784年）。茶陵、攸县两处六月内大雨如注，山水骤发，溪河未能畅泄以致水涌入城猝不及防，冲塌房间淹毙人口至二百九十余名，灾异较重，该二处沿河田亩多被水冲淹，虽水势速消不致大损禾稼，而收成无不歉薄；茶陵州水冲石磊无可垦复田地共六顷三十九亩，其余被水垦复田地补种晚禾杂粮，收成均属歉薄。安仁六月十九日骤雨连日，水涨自尺滩及山口等村，沿江淹没田庐，人畜漂溺，数日始退。资兴六月大水，十九日上午八时自城东十里至四五十里，洪水陡发，损民房田无数……。

清　嘉庆十五年（公元1810年）　九月初三日夜，宜章辽水泛涨至票源堡城下，逆流入长乐水十余里，坏民居甚众。

清　嘉庆十六年（公元1811年）　湘潭大水。

清　嘉庆十七年（公元1812年）　五月，耒阳大雨如注，数昼夜不止，山石崩坠，田多沙土堆壅，禾遭冲没不堪目睹。

清　嘉庆十八年（公元1813年）　春夏间，澧州、华容大水。夏，龙阳大水，江涨，水入北门至县堂，堤障多溃。武陵江水溃堤。沅江大水，周家坪堤溃。安仁五月初十、十一等日大雨如注，邑甫、上都、坦平等六村山水陡发，倾塌沿溪田庐不可胜计。

清　嘉庆十九年（公元1814年）　衡阳大雨水。六月二十三日，澧州城西九十里昌家谷山洪暴发，冲坏附近田亩庐舍，龙神潭十数家无一存者，溺死男女三十余人。

清　嘉庆二十年（公元1815年）　七月，衡山祝融峰后大水，田地冲洗无数。秋，益阳大水灌入县城。

清　嘉庆二十一年（公元1816年）　临湘、华容、湘阴等县围堤均溃。常德、龙阳、沅江大水。夏，淫雨害稼，长沙、善化、岳州府、宝庆府及常德府各县水灾，滨河禾稻无收。老年人言：较乾隆四十五年（公元1780年）水小三尺。夏四月，平江大水。湘乡大雨连旬，褒忠山左右大水涨，随流壅没民田甚多，塘坝被水冲圮及高岸田俱无收。邵阳大水，舟从东门至曹婆井。武冈、耒阳大水。新宁大雨四昼夜，江涨入城，四门街道俱可行舟。五月，城步巫江大水，两次入城，山崩田塌。

清　嘉庆二十二年（公元1817年）　四月，邵阳、宝庆、新化大水。

清　嘉庆二十三年（公元1818年）　四月，宝庆、邵阳大水，民居舍田多浸没。五月二十三日，江华水涨入城，深丈余，淹及南门城楼，冲坏田庐无算。秋七月，益阳大水，城内水深四五尺。

清　嘉庆二十四年（公元1819年）　武陵水灾。益阳闰四月朔大水。

清　嘉庆二十五年（公元1820年）　（凤凰）庚辰八月十九日骤水入城，而连秋旱。辰溪秋九月十一日大水，二十一日复大水。秋荞无收。

清　道光元年（公元1821年）　武冈九月淫雨。永州夏淫雨甚寒。

清　道光二年（公元1822年）　五月，浏阳县南大水。凤凰五月十七日夜雷雨大作，小溪暴涨，庐舍飘流，居民间有淹毙。

清　道光三年（公元1823年）　武冈大水。高沙市山洪为害，祖师桥圮。蓝山大水，漂没庐舍，岁歉米贵。湘阴、益阳、临湘、华容、南县等大水，湘北一带湖乡堤垸多溃。

清　道光四年（公元1824年）　夏，永州、零陵大水。

清　道光五年（公元1825年）　长沙、衡州、永州、乾州大水。春夏间，古丈雨水过多，淫雨陡涨数丈，四月二十四日将三道河大桥冲走，沿河水田冲刷大半，麦荞无收，米价每斗涨至一千四百文尚无买处，一切豆粉杂粮吃尽，猪羊牛马亦尽；饿者，挖山中岩蒜白泥而食，死者不计其数。汝城五月初淫雨数日，至初九日大雨，城内水深三四尺，漂压田亩无数。夏，桂阳大水，漂压田亩无数。吉首大水。

清　道光六年（公元1826年）　夏，永州大水，树木庐舍多顺流漂下。湘潭四月水，六月大水。六月，浏阳大水损稼。衡山大水，河东淹倒房屋甚多。夏六月九日亥刻，乾城大雨如注，陡水漂涨没民屋。安福于六月二十三日夜白云环绕，细雨溟濛，至二十五日诸山崩溃，声响殷殷如雷，黑水上喷，沿溪树木均被摧折，田庐荡涤，大小桥俱遭冲圮，损失尤重。安仁六月二十五日淫雨连朝，大水泛滥田宅溺死男女无数。攸县六月二十五日大雨三日，酃县出蛟，二十七日大雨卒至，城内水深七尺，漂没人民数千，衙内食廒上房尽行倒圮，冲坏田亩庐舍甚多。

清　道光七年（公元1827年）　长沙府、醴陵、衡山大水。保靖大水，五月初五夜大雨，水陡涨，冲毁沿溪居民房屋无数。后龙山水冲街道，蛟出大水。

清　道光八年（公元1828年）　五月十八日，保靖大水。

清　道光九年（公元1829年）　夏，永明、永州大水。

清　道光十年（公元1830年）　临湘、华容、大水害禾稻。夏四月，临武淫雨浃旬，左车洞蛟出，水暴涨，阴溪一带坏田数百亩。五月，沅陵大水城市低洼处，水深三四尺，舟行市中。九月，湘潭大水害稼。

清　道光十一年（公元1831年）　华容大水，所在围垸溃决，坏田庐，杀人畜无算。武陵、龙阳大水。长沙、善化大水，围垸多溃，低田无收。湘潭大雨一日，湘水溢，害禾稼。初夏时，湘、资、沅、澧四水同涨，全省大水，民饥相掠，尤以湘北、湘西滨堤垸尽溃，受灾惨重。宁乡春夏大水。安乡、临湘夏大水。湘阴大水坏堤，淫雨自四月至六月。五月，沅陵、泸溪五月初旬大雨，城市低洼处水深五尺余，沿河居民，避居城上，水旋消旋涨至十五日大涨，城中不没者仅二版，舟行市中，武陵亦被浸入。浏阳大水，六日三至，坏田庐，民饥相掠。陈岱霖“悲灾黎”诗曰：“老蛟怒卷波滂渤，千家万户同日没。江流汹汹向海门，生者逃亡白死骨。湖南五月雨续续，禾头生耳鱼上屋。桑田到处成沧海，途穷日暮吞声哭。”即证是年实况。六月二十四日，安化大水，田尽圮，民房漂没无算。九至十月，邵阳淫雨不休。

清　道光十二年（公元1832年）　益阳、宁乡、溆浦大水。华容大水。巴陵西乡濒水歉收，后值夏水大涨，荆江突其西，洞庭撼其南，一片汪洋。初夏，龙阳、善化大水。四月，武冈大水入城。五、六月，安乡大水。秋，保靖、溆浦霖不止，禾生耳。湘阴九月桃林油草圹等地山洪暴发。

清　道光十三年（公元1833年）　沅陵、武陵大水。湘潭大水害禾稼。临湘、华容、益阳、宁乡、桂东大水。三月，善化大水，西南城外河街一带房屋淹塌无算。四月，武冈大水入城，城福寺旁有淹毙者。酃县大水，中村受害尤深，有何姓阖门四十余口一时淹毙。五月，沅陵大水至府坡下。

清　道光十四年（公元1834年）　长沙大水，围垸多溃。善化大水溃围。湘阴大水，湘江沿岸围垸多溃，颇坏民居，水退，补种冬粘得熟。冬粘为是年全收，为数十年所仅见。武陵、桂阳大水，饥。春夏，湘乡大水。夏，湘潭淫雨两月，大水坏民居。汝城是年七月初七大水，城内水深数尺。

清　道光十五年（公元1835年）　石门八月十日以后十夜大雨不止，木棉叶尽淋死。

清　道光十六年（公元1836年）　耒阳大水。

清　道光十七年（公元1837年）　巴陵被水成灾。武陵、龙阳有水患，堤垸多溃。安乡大水禾无收。沅江大水，围垸溃，民多溺死。长沙大水入城，衢巷通舟楫。衡山大水淹至县署前。四月十二日，新化罗溪蛟出水涨，坏民居，毁官渡桥。

清　道光十八年（公元1838年）　湘阴、湘乡、澧州、大庸、沅州大水，沅州夏受贵州山洪波及，漂尸无算。巴陵、湘阴被水成灾。龙阳、武陵有水患。安乡大水，禾无收。湘乡夏四月大水，田庐铲没甚多。芷江闰四月十三日黔省蛟水发，冲坍石墩一座，漂尸无算。邵阳五月龙山老龙潭蛟出，水涨毁青龙桥。澧州夏大水。慈利七月大水。

清　道光十九年（公元1839年）　长沙、平江、善化、兴宁、永兴……永定大水。永兴、桂阳夏大水。夏五月，巴陵、华容、平江、湘阴、衡阳大水。汝城六月十六日雨至十九日，地水暴涌，城乡田屋漂没无数，平政等桥为狂涛所倾，三日渐退，北乡受害者尤甚。资兴六月十八天降洪水，祠堂封门。资兴市黄草镇丰溪祠堂左侧大门口青砖壁刻“洪水位高度226.068米”（比军测郴汝11号地面高程219.507米高6.561米），实际涨水十米以上，是一百三十三年来的特大洪水。夏六月大水，十七、十八日淫雨连日，初不甚大，至十九日无论高山平地水俱崩裂而出，壅淤不流，淹没田园庐墓无数，东南乡尤甚，洞口桥因水冲破。安仁七月中旬连日大雨，江口洲旧港，从东至西，陡冲塌熟田三百余亩、市宅民房五十余栋。沿江人畜漂没者不知其数。

清　道光二十年（公元1840年）　巴陵、华容大水。安乡大水禾无收。龙阳有水患。巴陵被水成灾。六月，慈利大水。七月十四，资兴大水，较道光十九年稍减。

清　道光二十一年（公元1841年）　武陵、龙阳有水患。巴陵被水灾，九州县衙水。长沙、善化大水。邵阳三、四月淫雨连旬，大水。岳阳、湘阴、临湘夏大水，谷价腾贵。湘乡、衡山夏大水。

清　道光二十二年（公元1842年）　巴陵、临湘、平江被水成灾。宁乡夏大水，河堤多毁。长沙五月初旬，大水围垸皆溃。武陵六月大水。浏阳深秋九月雷雨涨大水。

清　道光二十三年（公元1843年）　龙阳、武陵有水患。

清　道光二十四年（公元1844年）　新化大水，西坪村蛟水暴涨，坏田庐无算。湘潭大水。湘阴大水坏庐舍，伤者数千人。邵阳四月鸡公潭蛟出水暴涨，坏田庐无数。夏，湘阴、临湘、巴陵、华容、宁乡、长沙、湘潭、安化、醴陵、安福大水，其中，长沙五月中旬，袁家山山洪暴发，阴云四合，大雨如注，山开石裂，水柱喷薄空中，由大贤都经罗汉庄出涝塘河而归湘江，余水由临湘都一经桥头驿出下泥港，一经戴公桥石株时平地水涌数丈，田禾尽没，四望如溪，庐屋随水而去，围垸皆溃，补种晚稻无收；湘乡夏五月霖雨兼旬，水暴涨，漂没田庐人畜无算；浏阳五月县南大水；醴陵夏五月大水；五月十八日，安化常安乡、蓝田蛟水涨，近岸铺屋荡然，福星桥、水晶阁尽倾。黔阳自五月雨至九月。益阳六月久雨，山水暴涨，刘家冲轿须山三峰，夜忽去中峰，成大沼，深六七丈。

清　道光二十五年（公元1845年）　临湘，水。宁乡、蓝山大水。邵阳自立春至清明阴雨五十余日。

清　道光二十六年（公元1846年）　华容，春淫雨，水。武陵大水。五月，慈利大水。

清　道光二十七年（公元1847年）　耒阳大水。乾州苗民屯田，因山洪水冲沙压，荒废甚多，入秋又遭虫、旱，收成微薄。衡阳、清泉、衡山夏大水，普遍有山洪为灾。靖州五月大水。巴陵七月大水。

清　道光二十八年（公元1848年）　全省夏大水，入秋后大雨不止，至八月初六日始霁。滨湖围垸多溃，各地新谷登场，尽生芽蘖，有芽须长至三寸许者。谷价昂贵，省城斗米千钱，客民就食于长沙者达数十万人，哀鸿遍野，饿殍满城，惨不忍睹，全省淹没田庐人畜不计其数。花垣淫雨伤稼，岁大歉。巴陵十二州县卫水。慈利、石门大雨潦连数月，百谷皆死。永顺夏秋多雨，民苦歉收，斗米涨至三千余，民有食土与草而死者无数，有一粘团易一妇者，有以钱数百文易一女者。乾城夏秋多淫雨，谷米多芽，岁大歉。保靖夏秋多雨，民苦歉收。平江自夏迄秋，淫雨害稼，田谷生芽。湘阴五月大雨，大水逾数丈，水深没屋脊，围堤尽溃，坏民田，毁民居无算；八月大雨兼旬，田禾被淹，淫雨之灾，晚谷尽发芽。临武夏六月大水。大雨两昼夜不止，溪水暴涨，沿河桥梁街店多冲决。安化六月二十五日资江大水，伊溪出蛟，水进县署，桥尽倾圮，田庐漂没，男女淹毙甚众。宁乡、安化秋七月大雨至八月初六日始霁，禾尽偃，谷生芽蘖。桃源、龙阳、益阳、长沙、善化七月大雨兼旬，水涨，禾生耳，是岁歉。邵水暴涨。

清　道光二十九年（公元1849年）　上年水灾创伤未复，是年大部分地区三月至六月仍淫雨不止，湘、资、沅、澧继续大水，滨湖围垸溃决更多。湖南大荒且疫，灾害为百年未有。上游永顺、保靖、安福、石门等大水入城。永顺府：西关桥圮，是年秋荒。升米百钱。民多挖葛采蕨为食，有食白泥者，又云自戊申、已酉连岁荒歉，斗米值钱三千六百余文，民有食草与土而病死者，当其时藉，非贤守令多方运谷赈饥平籴，永人无遗类矣。保靖：春夏苦雨，二麦无收，五月饥荒，道殣相望，民间多食椿叶野草充饥者。乾州：夏久雨不停，民大饥，斗米二千余，谷米未获多芽。武陵、安福、龙阳：大雨自三月至四月，水涨堤垸尽溃，漂没民居无算。安乡：大水，堤垸皆溢，斗米价七百余文，饿殍载道，奉发款项赈济。巴陵等十二州卫大水淹没屋脊，近湖圩饥民取道门经口赴富乡求食，络绎不绝。桃源：夏淫雨六十日，邑民大饥，升米百钱，人多难给，死亡甚众。华容：淫雨数月，大水。临湘：自正月至七月淫雨大水。湘阴：夏淫雨阴晦，不见星日者数月，大水没屋脊，城内多通舟楫，竟成"水市"。长沙、善化、宁乡：五月大水，滨湖围垸多溃，数十万人流离荡折，苦不聊生，各县饥民相率闯入富室，开仓出谷"吃排饭"。湘潭：五月大水，城复倾，下游流民数万散居城乡，饥疫并行。临武：自三月至六月仍淫雨不止，稻谷有行无市。因连年大水，全省大荒加瘟疫，史称"已酉大荒"。

清　道光三十年（公元1850年）　龙阳、永定、永绥大水。湘阴县北数十里山洪，塘坝水涨尺余。五月，花垣、浏阳、宜章大水，浏阳伤民田庐。八月，巴陵、华容被水成灾。

清　咸丰元年（公元1851年）　滨湖地区严重水灾，湘阴、桃源、澧州、湘阴、巴陵、临湘、华容、益阳、沅江、武陵、龙阳、安乡等十一州县人民流离失所，辗转沟壑，备极悲惨。巴陵被水成灾，岳州官僚地主囤谷卡价，趁灾逼租。嘉禾上乡斗水坪附近十余里阳鸟寨天大雨有蛟，屋被冲，男妇随水去者数人。

清　咸丰二年（公元1852年）　巴陵大水，江堤溃决，江水南入洞庭，挟泥沙以注于西湖一带，淤地成州。龙阳岁有水患。

清　咸丰三年（公元1853年）　巴陵大水。四月，善化、资兴大水。永兴大水，较道光十九年高五六尺，害倍之。五月，嘉禾、永明大水入城，人以舟或棹、门扇相问汛，漂失财物牲畜无数。六月，茶陵、醴陵大水，醴陵淫雨，中稻朽烂数十万石。安福阴雨夹旬，谷皆发芽，安仁六月大雨，淋漓二十余日，平地水深尺余，五谷被伤，大饥。耒阳自六月十七日起大雨如注，至二十三日夜稍息，大水陡涨数丈，民房漂沉无算，早稻尽为淤压。桂阳（今汝城）六月二十二日大水，北水河尤甚，新桥、下蒙桥俱圮；大饥，斗米六百文。桂东大水。七月，湘潭江水上溢害稼。安福东南诸山塌坡数十处，水暴出，漂决田庐。江华七月初一东西二河水涨，淹及南门，深较嘉庆二十三年略减一二尺。

清　咸丰四年（公元1854年）　巴陵大水，被水成灾。安福春夏大饥。龙阳岁有水患。五月，宁乡大雨连日，水暴涨山裂。七月，益阳湖乡大水；安化大水。衡山岳后秋七月大水。

清　咸丰五年（公元1855年）　夏，浏阳、桂阳、耒阳州、沅陵大水。巴陵被水成灾。四月，沅陵县大水，邑西乡明溪出蛟，坏民田庐。

清　咸丰七年（公元1857年）　四月，靖州大水。

清 咸丰八年（公元 1858 年） 湘乡、邵阳四月大水，五月连日大雨。邵阳四月龙山蛟水，山田多没；六月槎江水涨数丈余，自仙槎桥以下村落圮毁无数，大饥。夏，浏阳大水。湘乡夏五月连日大雨，涟水猛涨，毁坏田庐桥梁无算。善化五月大雨。平江五月淫雨，自五月十九日起，大雨凡七日，县东湄江水涨山崩，平地水深五六尺，田禾多没。湘潭县七月大水淹禾，毁民居千余。

清 咸丰九年（公元 1859 年） 巴陵被水成灾。平江、浏阳五月水灾。永州夏大水，“蛟水暴涨数丈，山崩里许，时值太平军在境，避难在山之人，悉淹死，山脚房屋荡无余存。”溆浦夏六月大水，溆浦县柳溪山某日忽崩塌，洪水暴涨，漂没田庐居民甚多，云其地出蛟，水腥臭。江华六月二十九日大雨如注，水暴涨数丈，崩山坏田庐毙人畜无算。

清 咸丰十年（公元 1860 年） 湘阴……武陵、龙阳、澧州大水。安乡大水，高于堤二三尺，城可通舟，官廨仓谷流尽。湘阴、华容因河湖水涨，垸田间有被淹。邵阳三月、闰三月、四月阴雨六十余日。邵阳、安化五月水灾。巴陵被水成灾，临湘、平江夏六月大水。

清 咸丰十一年（公元 1861 年） 湘阴、巴陵、临湘、安乡、益阳湖乡大水。巴陵穆湖、汨江及各都沿湖四十八汊大水，向之高田去水丈余者，此次水涨，亦沦入巨浸，庐舍坍塌几尽，实为二百年来未有之事。邵阳四月淹没庐舍。衡山夏四月大水。湘潭四月大水至五月。武陵五月大水。

清 同治元年（公元 1862 年） 乾州淫雨，经旬不止。湘潭大水。澧州夏大水，水涨丈余，多安桥圮，城西北决二口，溺死千余人。湘潭、湘乡、宁乡、安化、武冈、澧州、慈利、石门夏大水，漂没人畜不可胜计。武冈夏大水，大饥，斗米钱五百文，贫民饿死甚多。岳州、平江四月大水。湘乡县五月大雨，水暴涨毁田庐，人有漂没者，是岁谷贵，湘潭县亦大水。宁乡五月连日大雨，九都芙蓉山裂，沩水暴涨，沿河二百里，漂田庐人畜无算，城中可船，玉潭桥石啮断其半。安化夏五月十八丰乐乡大水，利涉桥圮，两岸铺屋悉淹。澧县六月二十三日暮大水西来，冲圮西北城，堤内溺死者千余人。

清 同治二年（公元 1863 年） 武冈大水，沿溪两岸多崩塌。湘阴、巴陵、湘潭、桂阳大水。邵阳四月十六日隆回山水暴涨，坏田舍无数。宁乡四月山裂，洪水涌出，漂没田庐。

清 同治三年（公元 1864 年） 浏阳、巴陵、临湘、清泉、耒阳、沅州、江华、宁远、安福、桂阳州、蓝山、永兴、桂阳县、溆浦大水。溆浦是年五月离城三里艾家冲……大雷雨，溪水暴涨，其屋左厢沉陷数丈，随出白色大虾约数石，一都龙潭大水，漂没民庐数百家，田千数顷，死者百余人。江华、蓝山、宁远五月大水，东、春水涨尤巨，沿溪山崩者数十。沅州五月阴雨浃旬，十五日水暴涨，平地水深数尺，芷江县沙州头、大佛寺、黄甲街、江西街、丁菜园等处居民升屋以避，龙津桥梁尽被冲去，漂溺生灵数百，船户撑舟入市。浏阳五月十四大水。宁远大水，五月二十七日雷电大作，骤雨如注，不多时，忽涨丈余，声若轰霆，沿溪山崩者数十，水自崩裂处涌出若洞穴，然深不可测。永兴六月大水，城中水深数丈，坏民居田稼甚多。耒阳七月大水。

清　同治四年（公元1865年）　湘阴、巴陵、永明、靖州、桂阳大水。巴陵之穆湖、汨江二村受灾尤重。武冈淫雨自十二月至翌年三月始息。永明五月大水冲圮南门。安乡闰五月大水。靖州六月大水。靖州、会同、黔阳六月大水。安仁七月初六大江源冲陇水大涨，冲倒民房无数，溺死男女数十口，田禾尽坏。

清　同治五年（公元1866年）　巴陵夏大水。五月，新化大水，文田村出蛟淹死三十七人，漂没居民田亩甚多。六月，城步大水。保靖大水，河岸房屋多漂没者，四衙河尤甚。靖州大水，黔阳县大水。会同县洪江寨大小河水猛涨，城区一片汪洋。

清　同治六年（公元1867年）　溆浦县五月十二、十三日大雨如注，十四日两丫坪一山忽崩裂，涌泉喷激，洪水泛涨，漂没人畜甚多，水腥臭，着体即生疮疥，十六日复水，两岸山多崩颓。浏阳五月十四日大水，水暴涌，山多裂，县东南北坏田庐压溺民畜甚众，水及东城内。巴陵、衡山、安乡大水。湘潭县大水毁民居。新化冬大水。

清　同治七年（公元1868年）　溆浦县二、五都大水，桥江一带坏田数十顷。巴陵以一、六、七都尤重。益阳夏大水，湖乡堤垸多溃，漂没人民庐舍。湘阴夏雨匝月，江水大涨，八月大雨弥月，西水大涨，至冬犹甚。安化五月伊溪大水，距启安寺基仅丈许，资江大水没两岸，五都渠江出蛟，山崩陷数十里，男女淹毙无算。新化水。平江、湘阴、巴陵大水，平江自五月十六日至二十四日大雨不止，县东黄金洞等处出蛟，山崩陷数十处。浏阳五月十九日县东大水坏田庐，漂没男妇百余口，东门、白沙、达浒诸村被灾尤重。武冈秋淫雨伤稼。沅州、靖州八、九月淫雨伤稼，田禾迟者俱遭浸烂，次年米价昂长。

清　同治八年（公元1869年）　春夏间雨水过多，江湖水盛涨，田庐被淹。长沙、善化、湘阴、湘潭、湘乡、宁乡、浏阳、安化、益阳、醴陵、攸县、巴陵、临湘、平江、华容、安化、邵阳、武岗、常宁、沅陵、溆浦、麻阳、保靖、安福等大水，水灾与道光二十九年（公元1849年）无异，饥民就省城者众。安福山裂水溢，沙石堆积成洲。湘潭、湘乡两县毁禾数万亩。武冈大水，春夏淫雨。春夏涟水陡涨。资江水坏沿河堤田，桥梁十倾八九。湘阴三月淫雨至二百余日，大水。四月，沅陵县舒溪、荔溪、浦市大水七次，坏民田庐甚巨，舒溪山崩，一村民居俱陷没。四月二十三日，平江南卢洞白水一带蛟水，卢山、福石山同时自崩，大小二百余处，水从崩处涌出，平地数丈，冲塌田庐桥梁道路，溺死居民一十六口。溆浦县三、四都大水，离城四十里椭园乡有个金坡桥，亭栏周边百步有奇，跨穿岩界水，两岸民居十数家，四月二十五日辰刻，雨如注，忽四山沉晦，桥头霹雳一声，溪水陡涨，屋多漂荡，桥旋倾倒，在桥观水者皆随去，救全者仅三人。据说桥未倒之先，见浓云如墨扑桥而来，又有大石约丈余，由桥西飞腾而东，山随崩挫，拥水横流，致泥沙杂下，大潭、麻阳水等五十一个乡稻田共一千九百三十六亩被水冲洗成河。安化四月二十六日伊溪大水，毁堤田，五月阴雨连旬。长沙、善化四月城中水深数尺，水灾与道光二十五年无异，五月后雨势更大连旬不息。邵阳龙山蛟出，槎江六月水涨二丈余，村落圮毁无数。保靖七月大水，初一夜，大雨如注，大水崩山冲压田禾淹浸数日方退，东南乡尤重。

清　同治九年（公元1870年）　四月，乾州淫雨，积水作硫磺色。五月，安化资江大水。湖南五月夏汛涨发，迄六月初，湖北襄水横贯荆河，遏阻川水东下，荆州诸水倒灌入湘，直奔洞庭，适逢当地连日大雨，通宵达旦，逐日涨四五尺不等，致安乡、沅江、龙阳、武陵、益阳、岳州所属临湘、华容、湘阴为灾，湘阴、龙阳、安乡堤尽决。六月，湘乡大水，掘白泥和丐粮充饥。湘阴郭琨焘《庚午六月西水盛涨，濒湖堤溃尽感而作》诗描述了这次灾害情形："上年六月雨，高原下湿无干土。今年六月晴，江水倒涨如建瓴。濒湖州郡数百里，一白浩浩成沧溟。上年水势古未有，今年更在上年右。田园坐见委波涛，饥饿何从贷升斗？上官纵复忧黎元，帑藏耗竭财无源。上年赈恤今年又，直恐束手难为恩。皮骨仅存家室毁，虽有皮骨安可恃。即谋转徙亦大难，衡阳以上还苦乾。无人感召有常理，蒿目侧耳生悲叹。嗟呼！一年荒歉已不支，饥馑洊臻将何如？凄凉南亩断生事，抚攘西徼驰军书。远搜岩峒逐狐鼠，却顾楚泽人其鱼。晚来急雨听愁绝，知是苍苍之泪饥民血。"

清　同治十年（公元1871年）　湘阴大水。四月，武冈大水，近岸田崩百余亩。六月，永兴水，城西圹门江铺舍尽圮。

清　同治十一年（公元1872年）　黔阳县大水。临湘、湘阴淫雨大水。邵阳淫雨大水。湘乡县春大雨至夏五月，褒忠山、灵羊山麓山洪横溢，人畜漂没，秋歉收。湘潭县春夏大水。湘潭……龙阳、麻阳、靖州五月淫雨大水。麻阳县五月十二日大雨连潮，溪水暴涨，东门城外及沿河地方草瓦屋宇冲刷颇多，高村一带水势尤大，其对河之马兰石塔亦被冲倒。武冈夏雨两月不止，洞口山门水发，石下江二水合尤大，平地高二丈余，沿岸冲塌庐舍、桥亭、铺店以百计，淹毙居民十余人，岸树大小，尽拔根漂去。

清　同治十二年（公元1873年）　五月，靖州（绥宁）大水，平地陡涨二丈余，庐舍田禾漂没。六月，巴陵、临湘、湘阴大水，收成歉薄。《永顺县志》载："六月十六日酉刻蛟水城西北泛溢，本城、守车、颗砂、塔卧等保，田庐多坏，郡城墙垣冲塌数十丈，坏官民舍房无数，溺死二十余人，知府魏式曾奏称郡地处丛山中，向无水患，讵是年六月初旬阴雨过多，至十四、十五日大雨不止，十六日酉亥西北乡守车保地方蛟水陡发，势极汹涌，当将郡城冲塌数十丈，城内顷刻水深丈余，庙宇衙署仓廒监狱民屋均多倒塌，北城地势较高，居民男妇相率登暂避，有奔走不及被水淹没者。典史张闻珍押带监犯仓卒北赴，未上城遇水涌至，该典史及禁卒等同时遭溺，经救得生，监犯概被冲散。至十七日辰刻水暂退，文武各官皆无恙。理合驰禀：计冲塌及泥沙拥塞田地四千亩，毁坏城乡民房二千余间，淹死男妇二十余人，仓谷漂失一千五百五余石，冲散监犯十九名。"张小珊有水灾诗曰："惊涛骇浪压城关，呼吸安危举国忧。堂阁纷纷如聚蚁，庭除泛泛似浮鸥。幸邀灵佑全生命，力挽狂澜退逆流。鸿雁哀鸣良足恻，鸡豚慰祝亦何修。中箱概失前人籍，衣笥矜存卒风裘。依永和声成六韵，聊舒远念寄庚邮。”十二月二十三日，靖州大水。

清　光绪元年（公元1875年）　巴陵水灾，巴陵穆湖村暨一、六、十二、十五、二十、二十一等都成灾七分。靖州（绥宁）五月蛟水数次，漂没田庐。

清　光绪二年（公元1876年）　湖南全省大水岁饥。酃县大水，遍及东西南三乡，田禾无收。溆浦县一都大水，漂没田庐无数，岁饥。夏，善化、醴陵大水。汝城大水，沤淇流域近河岸者多倾圮。五月，邵阳中乡三都牙圹冲蛟出，山田多没，蒸水涨数丈。湘阴大水成灾。衡山久雨大水，五月十五日大雨霖。

清　光绪三年（公元1877年）　宜章武水、长乐水俱涨成灾。黔阳县大水。夏四月，新宁淫雨连绵，水头村蛟水，漂没田庐甚多，溺死老幼十数口。七月，耒阳淫雨伤稼。

清　光绪四年（公元1878年）　五月，桃源大雨，水暴涨，郡城东门外半边街仍在堤上，堤决人畜庐舍半没洪涛，邑之杜青后眷等村皆泽国。沅陵县大水入城，沿河漂流庐舍柴禾甚多。六月，巴陵渭洞、饶村一带山洪暴发，洪水顷刻淹至段里各屋大门，人民皆上山避水，见饶港下横一列黑障，挡水倒溯，回灌莲花堰，以致山洪骤涨。安化大水，成灾。八月，巴陵大水，尤以一、六、十二、十五、二十、二十一、二十四、二十七、二十九、三十都为最重。全省大水，晚稻无收。

清　光绪六年（公元1880年）　五月，巴陵大雨，山洪暴发，南乡尤甚。

清　光绪七年（公元1881年）　古丈大水冲刷田地，桥梁多倾圮。道县连降暴雨，山洪暴发，濂沅二水泛涨，毁田庐。三月，永明大水入城，扫民田。

清　光绪八年（公元1882年）　巴陵水灾，尤以十、三十二、三十三、三十四等都尤甚。

清　光绪九年（公元1883年）　六月，永顺大水，饥荒，流民甚众，道殣相望。巴陵六月大水灾。八月，蓝山钟水暴涨，漂没田庐无算。沅陵水斗。

清　光绪十年（公元1884年）　安乡大水成灾。凤凰大水冲桥。四月，沅陵盛平乡水田村骤雨，涨水，漂流民房。七月，湘阴、巴陵、临湘、华容等县水灾。秋八月，嘉禾大水。

清　光绪十一年（公元1885年）　湘江水涨，洪水五十年不遇。淹两岸田禾，湘潭县城西北角陷。知县沈锡周躬行拯视，钉靴徒步日夜不逸息，民庶感颂。湖南巡抚卞宝弟十一月二十六日奏折：“四五月间，溆浦、黔阳、辰溪等县均因大雨时行，或陡发蛟水，田庐多被淹没，甚至冲刷成河，沙石壅塞。”祁阳夏大水昌城。凤凰五月大水成灾，实测沱江水位最高达三百零九点一五米。

清　光绪十二年（公元 1886 年）　七月，湘阴、巴陵、临湘、华容等县低洼田被淹。

清　光绪十三年（公元 1887 年）　临湘、华容护城等堤垸被浸溃决，灾民流离失所。安乡大水成灾。六月十三日，宁乡平地水深数尺，沿河庐舍多倒坍。

清　光绪十四年（公元 1888 年）　泸溪、沅陵大水。宜章、桃源夏大水。华容发生水灾。

清　光绪十五年（公元 1889 年）　花垣秋七月苦雨三（个）月，淹没民房禾稼，瘟疫死者数十人。十月，湘阴水灾严重，县城四周皆水，下游垸田多溃。

清　光绪十六年（公元 1890 年）　七月，巴陵、沅陵、临湘等县水灾。

清　光绪十七年（公元 1891 年）　永顺水，城西利济桥圮。七月三日，平江县大水成灾，街市可行舟，沿河毁田二万余亩。

清　光绪十八年（公元 1892 年）　蓝山三月山洪暴发，水没万年桥，崩山坏田不可计数。安乡大水，垸溃。

清　光绪十九年（公元 1893 年）　醴陵等县水。

清　光绪二十一年（公元 1895 年）　七月，宁乡大雨旬日，山潦骤发。

清　光绪二十二年（公元 1896 年）　湘乡县大水。沅陵县大水，乐平乡团鼓岩大疫，乡民有绝户者，田荒麦熟，无人耕收。耒阳四月大水，漂没民居，禾尽淹。夏，巴陵、华容、醴陵大水。

清　光绪二十三年（公元 1897 年）　八月十一日，湘阴、华容等县大水成灾，湖田被淹。陈宝箴奏请清廷筹恤并设法疏消。

清　光绪二十四年（公元 1898 年）　桑植洪水成灾。武冈、新宁、城步、安化等县山洪暴发，冲田毁宅，人畜死伤。沅陵、泸溪、溆浦因雨泽愆期，收成微薄。永定春夏之际，大坪大水冲塌桥两座，半边山地方滑坡。夏，河湖泛滥，滨湖澧洲、安乡、湘阴、益阳、武陵、龙阳、沅江、巴陵、临湘、华容、南洲等淹田无数。新宁县六月河水涨丈余，东乡水头村猝遭山洪，附近盆溪村及沿河粮田被沙石堆压，漂没房屋人畜。武冈大水，六月十七、十八两日大雨不停，十九日天还未亮，资江上游大水陡至，城步辖地无底圹有山崩裂，洪水暴发，东流四五十里至牛氏桥入县境，又卅余里，经木瓜桥、鄢家亭、转弯头，山岚铺等处达县城，忽然间较平常水位高出二丈余，城外店铺及其他建筑尽在水中，西南面城墙崩塌数处，共计十余丈，西城水栅，南城门栅都被冲去，城外南石桥被毁，沿河屋宇牲畜器具随波而去，男妇人口从睡梦惊起，或抱木浮去，或趋高避泛，有奔避不及的即被漂溺，甚至一家数口同遭此厄。城厢内外，居民受害更重，无以为生的，共一百余户，计男女三万余口，实百年以来未有的大水灾。

清　光绪二十五年（公元 1899 年）　古丈大水冲田。武冈又发水灾，河岸田地屋舍牲畜漂没无数，男女老少淹死的达千余人。九月，临湘江水泛涨，沿河一带田、庐多被冲毁。

清　光绪二十六年（公元 1900 年）　醴陵四、五月禾涝。嘉禾贵贤乡寿祝洞水灾。

清　光绪二十七年（公元 1901 年）　安乡夏五月大水，堤垸决。

清　光绪二十八年（公元 1902 年）　攸县五月大水。

清　光绪二十九年（公元 1903 年）　宁远春大水，泠南书院内行小舟。宜章六月初三日大水，容家洞桥圮，冲决桥坝堤岸无数。

清　光绪三十一年（公元 1905 年）　洞口地方被山水冲毁田庐。衡阳西北两乡蛟水陡发，田亩房屋间被冲淹。清泉南乡二十六都等处，蛟水陡发，田亩房屋间被冲淹。安乡六月大水，决堤垸。桃源六月骤发蛟水，汹涌澎湃，上下两门均已关闭。湘潭、湘阴、益阳、常德、桃源、南洲、澧州、安乡、华容、巴陵等秋雨较多，大水，滨湖堤坝间被冲溃，低洼垸田芦洲被淹。王鉴撰《观涨》诗记载了这次大水："骤雨狂风势不停，江声日夜走雷霆。中央浪涌千堆白，两岸山余一发青。地合高低沉早稻，人离庐舍逐浮萍。上游何处灾尤惨，无数浮尸下洞庭。"秋，湘潭县大水，晚禾被淹，半数无收。

清　光绪三十二年（公元 1906 年）　长江中下流各地春夏间淫雨连绵，洪水横流，沿江各省皆罹巨灾，湖南尤甚。湖南自一月下旬开始，各地大雨不止，三、四月间，雨势更厉，"彻日连宵，凡二十日而始歇"。长沙一带，自一月下旬倾盆大雨，连阴至四月之久，降雨共二尺二寸半（英尺），以致积水横决，……泛滥于衡、永、长、常四府之交，沿岸纵横上下，各居民之生命财产付之一洗；数百里间，汪洋一片，田亩漂荡无余，死者三四万人，浮尸蔽江，被灾者三四十万人，"皆冻馁之侵，乞食四乡"，此次奇灾，为湘省二百余年所未有。湘江水涨，两岸田土尽淹，湘潭城区湘江水位四十一点八七米，为二百年来最惨重的一次，知县王绍钧率绅商劝赈灾施粥六十二天。资兴大水，洪水位在黄草镇丰林村牛溪组，该村被淹。沅陵大水，敬平乡坏田百余亩。湘乡大水灾。祁阳四月大水置城，民房多塌。闰四月，平江暴雨为灾。即夏闰（四）月十四日下午暴雨至二十一日止，均势如倾盆，水骤涨，田庐多毁，伤居民，有携家登山岭避水者。耒阳闰四月大雨如注，耒河水涨数丈，交河水涨十余丈，漂没民居无算，五月初四夜蛟发，里山庙界石等处山崩石徙，田中尽成沙堆。安乡夏五月大水，堤垸决。永兴五月中旬，高亭河水上桥石，下桥古城皆被水淹，便江水位比同治十年小三口大砖（三十厘米）。

清　光绪三十三年（公元1907年）　溆浦三月二十三日洪水陡涨数丈，各溪流域屋宇田土堤坝多被冲坏，人民亦有溺毙者。安乡秋八月大水，晚禾失收。沅江秋大水溃堤，受灾最重者为丰大垸，全垸洪溃决八处，宽四百余丈，深二丈七尺有奇，冲倒房屋，溺毙居民甚多，幸而生存者，无衣无食，灾情惨重。

清　光绪三十四年（公元1908年）　安乡夏五月大水，堤垸决。湘西北大水，以澧州受灾最重，石门次之。灾区田亩淹没，小民荡析离居，嗷嗷待哺。如安福、慈利、安乡、南州、龙阳、沅江、古丈、沅陵等县均多被淹。六月，花垣大水冲田，淹土几成泽国，民有流亡。石门六月大水，县（市）河岸皆毁，清赈灾。据七月初二日清廷寄湖广总督陈夔龙、湖南巡抚岑春明等电："辰州等属，山水暴发，河水骤涨，致有漂没田庐，损伤事情，殊堪悯恻。"澧县六月十九而冲破城堤之灾，罹灾者七八十人，牲畜遍地瘟疫起。此外，溆浦等县，亦有被水之处。

清　宣统元年（公元1909年）　夏间，辰州、永顺等府淫雨兼旬，山水暴发，建瓴直下，沅澧二水同时并涨，洞庭湖水位剧升，华容、南州、安乡、澧州、安福、常德、龙阳、沅江、益阳、岳州、临湘等县，滨湖均罹巨灾，堤垸崩溃荡析十之八九，水势至秋不退，饥民达数十万，树皮草根吃尽，到处流亡，"妇女无处行乞，母子相抱而哭，或将三五岁幼孩忍心抛弃，幼孩饿极，辄取街上粪渣食之"，灾情较光绪三十二年为重。永定区彭家铺的楚家青砖墙上两处刻有"宣统元年五月十七日洪水到止（此），楚小春修"、"宣统元年五月中旬三日大雨，十七日陡涨洪水至止（此）"，（后经实测为167.4米，比公元1954年洪水高1.24米）是澧水有记载以来的最大一次洪水。慈利、石门五月大水。安乡夏六月大水，堤垸尽决，饥民掠食。永顺六月大水。辰州六月中旬至八月下旬淫雨兼旬，山洪暴发，沅水暴涨，灾情甚重，树皮草根剥挖吃尽。澧县复大水，城堤如故，下流之垸竟无完者。其灾较前尤烈，饥荒遍野，城市不安。

清　宣统二年（公元1910年）　湖南严重水灾，湘潭、湘乡亦在其中。两县灾民群集大户，开仓出谷，捣毁碓坊。岳、常、澧各属县发生的大水灾，一直延续到秋冬之间，以致补种无望，收成不及七分，而重灾区域为南洲一带，几致颗粒无收，仓廪空虚。常德、辰州自端午后，大雨昼夜不息，辰溪水涨，内河水势骤涨，外河亦急流猛灌，两面荡迫，水势无从宣泄，以致东西堤及河濮州同时告溃。浦市河街下至大码头一带，民屋几乎漂流以尽。五月初间，黔省久雨，山水下灌，沅水涨，沅陵、辰溪受灾较重；沅陵县广济镇田庐坏十分之三，人民毙于水者，土读坪最多，贞坪乡之大油溪、怡溪，房屋漂去数百栋，冲坏田百余亩。

清　宣统三年（公元1911年）　春夏间，湘北各属迭降大雨，近湖各地，皆罹巨灾。

如岳州西乡各处垸内所有庄稼等物，全被淹没，倒堤溃垸。华容南洲等地亦皆罹巨灾。湖南入夏以来，深苦雨多，长沙洪水弥天，几成一片汪洋，沿岸街市稍低之处皆被淹没，湘江中漂流尸首不下数千具，湘北各属，如常德、武陵、龙阳、益阳、沅江、华容、南洲、岳州等亦狂风暴雨，山洪猝发，倒屋溃堤。至于沅澧上游，迭遭淫雨，辰州山洪猝发，倒房溃堤，水灾尤重，各地即幸有未生虫之禾，收成亦复歉薄。保靖大风雨，洪水滔滔。

民国　元年（公元 1912 年）　湘、赣、闽、粤各省大水。湘潭……南洲厅、沅陵、溆浦、永顺大水。夏，永顺内保虫荒，外保大水，内外皆饥，莫能援救。五月，湘乡县山洪暴发，特大水灾，水漫万福桥，灾民数千。五月十三日，兰田猛雨一夜，造成特大水灾，房屋被毁殆尽，人畜漂没无数。溆浦、沅陵县大水，六月二十五日溆浦城内水深一丈二尺，县署水深八九尺，案牍尽沾毁，各区水涌山削，男女老幼，一时蔽江而下者计万人。九月十三日大雨倾盆，邵阳大水。宁远、蓝山、湘潭至邵阳、新化一带，溪水陡涨，濒河一带两次所种秧苗全部淹没，漂去民屋甚多。

民国　二年（公元 1913 年）　岳阳大水，岳阳东南北三乡横广三百余里，夏季一度被淹，损失甚巨，五月初二，毛田暴雨一天，山洪淹满田畈，平地水深丈余，水齐屋檐，人从屋顶爬出逃生，遍地成海。

桂阳八月发大水，比光绪十年大。嘉禾秋八月十九日大水，父老传言百年以来光绪十年（公元 1884 年）的甲申水为大，是年又过之，平田区车头、普济桥一带冲坏埭五百顷，新治屋宇几被漂没。

民国　三年（公元 1914 年）　全省大涝，永顺、桑植、湘潭、湘乡、邵阳、武冈、新化、宝庆、零陵、祁阳、道州、江华、蓝山、桂阳春夏间大水，醴陵三次发水，灾情严重，其次以长沙、衡阳、安化、桑植、溆浦等县，或田亩被沙压，或房屋冲毁，或商户资产损失甚巨，或补种晚稻复被虫伤，歉收。平江连降暴雨，以致山洪暴发，倒屋毁地甚多，灾民纷纷外逃。此外石门、麻阳等县亦遭水灾，泸溪大饥。祁阳先涝后旱。七月，全省大水。永兴七月大山洪，大布江的板桥一带毁田数百亩，倒房四栋。九月，平江连旬大雨，河水暴涨。

民国　四年（公元 1915 年）　三至五月湘、资、沅、澧四水并涨，而滨湖受灾尤大。全省淹没田亩、溺死人口无法统计。水灾遍及长沙、浏阳、益阳、湘潭、湘阴、醴陵、沅江、龙阳、岳阳、南县、华容、澧县、临澧、……常德、汉寿、桃源、沅陵、辰溪、芷江、黔阳、会同、溆浦、靖县、新晃、麻阳、凤凰、衡阳、衡山、永兴、桂阳、耒阳、武冈、邵阳、祁阳、零陵、永明、道县、江华等县。各地无不大饥，上年既属歉收，是年大水之前，即已青黄不接，全省饿殍载道，更为惨怛。

资兴三月初八涨大水，滁口街进水，冲坏十间铺子。汝城大水，南乡八丘田一带田亩大半淹没，城口七里桥也被冲毁。永兴大水。

三至六月，岳阳、华容、湘阴等地连降暴雨，以致大水成灾。五月二十六日岳阳广兴州堤垸倒溃，早中稻失收，到七月初水势才消退。（注：是年岳阳阳历六月雨量三百四十九点一毫米、七月雨量二百二十七点三毫米，其中六月二十日至二十六日七天就下了二百四十三点五毫米，占全年总雨量的百分之二十二。）

五月湘、涟、涓水陡涨，湘潭县淹田禾数万亩。邵阳、武冈大水。沅水大涨，街市通舟。

《申报》六月一日载文："溆浦县曾于上月被水成灾，于二十五日又复大雨淋漓，龙潭镇一带淹没田房人口较前甚尤。此外会同亦被水成灾，先后禀报到省，情形大略相同。"七月十九日《申报》载："芷江邑碧涌乡于本月初大雨淋漓，山洪陡发，冲没田庐甚多，并有溺死人口之事。会同六至七月迭被水灾，冲没田地五千余亩，屋宇桥梁漂没无数。距城五十里之金龙山，左右两峰裂开一口，长三里许，宽五尺有奇，深不见底。四月，溆浦县一区黄沙乡山崩，淹没田土甚广，人多溺死。"

湖南八月大水。

民国　五年（公元 1916 年）　三月，长沙、华容、南县、常德、汉寿、津市、溆浦大水。华容连降暴雨，以致洪水成灾。

四月，临武、汝城均有山洪为患。临武附近周方十余里一片汪洋。汝城淫雨连天，江河泛滥，东北蒙江沿岸田亩被冲者十之八九。三江口出现特大洪水，冲毁屋田，淹死二十余人。

五月，华容滨湖地区因荆江河洪水倒灌而入，来势凶猛，突涨八尺，田地房屋损失极巨，各地居民多因不及迁避，溺死者不计其数。

六月，凤凰涨大水。

七月，平江山洪冲毁田亩无算。

八月初，宁乡淫雨兼旬，山洪暴发，平冈支流两岸的高桥，企石港至峡山，倒房屋六十间，收成大歉。

民国　六年（公元 1917 年）　三月，湘潭县西一区（姜畲一带），西二区（银田寺一带）山洪暴发，毁民房一千二百余栋，伤亡一百三十余人。

四月至五月初，芷江、麻阳、通道、靖县等县，因连日淫雨，洪水为灾。

五月，道州淫雨不停，山洪暴发，溪河水涨，坏田庐，淹死者甚众。长沙五月间，湘江上溢，北门一带水深数尺，居民纷纷迁徙，米价陡涨，碓户十停五六。宁乡月山暴发山洪，桥全部冲毁，稻田普遍压砂。

六月二日晚，靖县大雨，河水陡涨三丈，沿城一带尽成泽国，贡溪两岸房屋数十栋悉付漂流，马王桥垮，桥上一男子被水吞没。六月，宜章长乐水涨，圣公坛、何家冲一带，冲坏民田七八百亩，大饥。汝城大坪九龙江下雨四十余天，出现山洪，冲毁八个村庄，淹死五十余人。

滨湖各县秋（六至七月）大水。据水灾会报告，受灾地区以华容为最重，沅江、安乡次之，汉寿又次之。各县堤垸溃决，大者二三百尺，小者亦数十尺。华容北至大王山，南迄石门山，纵横二三百里，田亩房屋，全部洗荡。同时，湖北石首之陈公西垸溃决，水势长驱直入，经华容东乡、六洲、白杨等处，复溃而南，自华容之何家塘至朱渡山又泛数十里，灾区极为广阔。秋七月，永顺大雨数日，稻皆生芽。

民国　七年（公元 1918 年）　入夏以后，湘中、湘西数遭大水，泛滥十余县，尤以长沙、湘阴、华容等地损失严重，人民苦不堪言。宝庆山洪复发，泛滥横流。安化亦山洪暴发。

四月十五日，湘乡大雨如注，成灾。五月二十四日又大雨如注，湘江暴涨，湘潭县城河街、正街通流；长沙沿河街道水深一二尺，明道乡围堤溃决，河西镇、霞凝港等处，堤垸半数溃决。

八月初，宁乡淫雨兼旬，山溪暴涨，平冈支流两岸，由高桥企石冈至峡山，倾倒房屋五六十家。平江受汨罗江之水倒灌亦受水灾。岳阳、临湘自八月七日起苦雨连旬，湘水复涨，省河水位，已涨到海关二十六尺以上，其时西水同发，围堤冲溃者亦多。华容、平江、湘阴、岳阳、临湘大水，八月十六日华容因江水暴涨，湖北石首之罗城垸溃其大堤，顾复、陈公两垸大堤连日溃决，县境王家垸之蒋家冲间堤被顾复垸冲溃，牵溃王家正堤，当日石首之洋河渡堤又溃，河水陡涨丈余，水势居高临下，华容护城十三垸尽被冲溃。于是王家垸之大王山起到浏济垸之石山门止，长约二百里，宽数十里，尽行泛滥。同日，石首县之陈公西垸，自牯牛湖冲决，水势长趋直入，中间经华容东内乡之六洲、大津、日扬等数十垸，直抵湖北监利县境，亦长约百余里，宽数十里。复由城西垸而南，自华容之何家垱起至朱渡山止，绵亘数十里，一片汪洋。湘阴受湘、资水顶托及湖水袭击，一日之间连溃六大堤垸。常德因沅水、澧水俱涨，常德县属后乡各地尽成泽国，未溃之障之偏陂地方，渍淹甚重，十仅存之二三。益阳、宁乡、安乡、临湘、南县、沅江、汉寿大水，田亩冲塌，围堤冲溃者亦多。

民国　八年（公元 1919 年）　夏，安化大水。湖南大水，沅陵、溆浦、永顺、花垣、乾城、凤凰皆因山洪暴发，冲坏田亩房屋无数，桥梁亦多毁坏。沅陵县山洪暴发，冲毁田亩房屋桥梁无数。六月二十一日，溆浦县三区溪水暴涨，溺死者甚众，扶家溪一带尤甚。乾城山洪暴发，损失甚重。六月二十九日，永顺大雨，夜半溪水陡涨，损失甚巨。沱江山洪暴发。

夏秋间，华容、南县、澧县、安乡西水浸灌，致成泽国。

民国　九年（公元 1920 年）　长沙、安化、汝城、溆浦、辰溪大水。长沙沿河一带，水深数尺，北门外捞湖围、周家冲等地被水冲倒，鸭子铺等地淹没数十里。湘乡特大水灾。湘潭县韶山、姜畲山洪暴发。

开春以后，岳阳、临湘、湘阴、平江等地阴雨连绵，加之湘江等水暴涨，以致水灾。

五月，麻阳县上旬连日暴雨，锦江水陡涨数丈，舟行南北街，百年罕见，沿岸溺死千人，浮石烟村洪水卷走七十八户农舍，淹死三十五人，县监狱淹死人犯三十人。辰溪县大水。凤凰五月暴雨，沱江最高水位达三百零七点六五米。汝城山洪暴发，山腰穴地喷涌黑水，有奇臭，鱼感之尽死，南自九龙口至仁化恩村，东自八丘田至大坪疆，水势汹涌，飞砂走石，田亩桥梁淹没，倒圮无数。永兴便江水位比乙卯年（公元 1915 年）小三尺，中曾家湾水过大门。

六月十八日，溆浦县大水，水后大疫，死亡极重。

民国 十年（公元1921年） 攸县三月大水淹没里桥，溺毙百余人；五月又大水，损稼毁屋。宁乡五里堆局部山洪。永顺水。

民国 十一年（公元1922年） 六月至八月，湘阴、华容、岳阳、临湘等县水患成灾。六月以来，沅水上游发生山洪，麻阳等县皆被水淹，沅陵尤重。湘阴之和丰垸、和坪垸皆已倒溃。赛头刚插完晚稻，于六月十九日溃垸。接连长乐、永康数十垸皆溃。六月，宜章、临武、汝城水灾。七月，洞庭湖西水陡涨，为以往二十年来所未有。沿湖堤垸溃决十之五六。如常德之板门洲，益阳之西林垸，湘阴之和丰垸，沅江之种福垸，均滨湖堤垸之最大者，皆已倒溃。华容永甸南垸等五个大垸于八月七日溃决，华容县所溃堤垸达三分之一。湘阴受西水、南水同时并涨之灾，溃二十余垸，环城内外水深数尺。岳阳西区王家塘、王家墩、东北州、小沙州、黄公庙、复兴州、头州、二州、六州等处一带堤圩因水势急涌，于八月十六日、十七日相继冲溃。据湖南《大公报》八月二十五日报道："六月以来，湘、资、沅、澧同时发生山洪，湘省水灾，即已发生。初以湘西北之新化、安化、宝庆、武岗、慈利、桑植、临澧一带之山洪为最大，继为零陵、东安、祁阳、永兴、郴县、汝城、常宁、耒阳、新田、宜章、宁远，衡阳、浏阳等十余县之山洪为灾。届时至秋谷登场之日已近，滨湖连日亦复大雨。湖水陡涨，与湘、资、沅、澧下驶之水发生冲突，致滨湖十余县，多成泽国。如南县、华容、汉寿、常德、湘阴、沅江、岳阳、临湘等县，共溃二百余垸，近十之五六，尤以华容、沅江、南县、湘阴受灾最惨。水势之高，为以往所未见，堤垸漫溢，故无法抵御。"上年旱灾饿毙者既已数万计，此次滨湖各县所受的空前水灾，饿死及病死者，更不计其数。华容刘承孝《大水》诗亦记载了这次灾害："……几日泽洞竟滔天，万万禾稼沉何所？疏互但簇树数窝，其余漫弥靡涯涘。载胥及溺逃安逃，庐舍漂没惊涛里。上年之灾创未复，今年之灾痛尤苦。孑遗能复得几人，惟有巨盗溺不死。……"

民国 十二年（公元1923年） 华容、安乡、汉寿续被水灾。道县六月山洪暴发，泛滥成灾，毁田倒房，牲畜漂荡。

民国 十三年（公元1924年） 湘、资、沅三大流域皆罹巨灾，水灾甚重，被灾之地，计有六十九县。灾民约三百万以上。湘乡大水灾，毁田千余亩。绥宁境内巫江、资江、渠江流域同遭水灾。安化资江陡涨三丈余。长沙湘江泛滥，堤溃田淹，屋宇什物，多付东流，溺毙男女三十余人。临湘、华容、岳阳、湘阴、平江水灾严重。临湘淫雨兼旬，江水陡涨，渣埠、三圣、象骨、桃李、清丰、郑岭、李桥等地沦为泽国。

五月二十五日，湘阴赛头垸溃决后，和平垸亦溃决。

六月六日，通道、靖县大水，两县人民称为"甲子大水"，恭江猛涨数丈，百年未遇，通道县城内前街水深四尺，土桥以下至东岳宫沿河街道外民房全被洪水冲走，县城外尽成泽国，田禾损失十之六七；靖县城西街、北门湾一带皆成海，倾塌民房二百余间，吊桥、马王桥被冲塌，溺死人口数百，财产损失不计其数，农田大部被冲毁，粮食收成未及常年一半。两县大饥，哀鸿载道。

六月中旬至七月上旬，祁阳、道县、新田俱大水为灾。祁阳二十万人被灾，东安、蓝山、新田、宁远局部受灾。六月二十日，会同大水，漂民庐舍，冲毁田地二万余亩。沅陵大水入城。麻阳、辰溪亦大水。六月下旬，永兴大雨三昼夜，便江水位同民国九年。桂阳夏季大雨成灾。六月二十二日，平江山洪成灾，淹损稻田二万四千亩，倒屋五千八百二十二间，死耕牛三十八头，牲猪九千二百二十二头。

七月，湘潭暴雨，涓水两岸淹田二万九千亩，毁屋七百四十七栋，城内倒屋四百八十户，正街水深一点三米，淹死十五人，灾民十万以上。

七月上旬，湘水发、蔽江而下，临湘竟成尾闾，道仁矶沿江长堤，势甚危险。七月二十日，嘉渔所辖之烟色嘴堤垸溃决，洪流倒灌，势极凶猛，以致临湘城区、沅潭、聂市等区淹没。岳阳连日淫雨，湖水陡涨，西乡之荆岳、徐家、董家、吴家垸围堤均溃决。雷芦、西湾、黄公庙、三只角、鹿角、新墙、筻口、荣家湾、麻塘、城陵矶北港沿江一带冲汊以及河酪处田禾均被淹没，溃决围垸五十多处，受灾最严重的有楚塘、落星、集贤、五福、刘家、获湖、荣家、许家、韩家等二十四垸，财产损失不下数千万元。华容阴雨连绵，洪水暴发，七月八日水势大涨，鼎丰十三垸、甫安大小九垸先后溃决。

民国　十四年（公元 1925 年）　平江亦有水灾。平江大水，受灾惨重，全城悉为水淹，三眼桥全市被淹没。汉寿、华容、湘阴等县以洞庭湖水泛滥，均受重灾。永明大水，倒屋，漂没田庐牲畜。长沙大水，最高水位记录为四十一尺。市区沿河及靖港等处均成泽国，明道镇之堤垸多被毁。邵阳、新化资、邵两水同时上涨，宣泄不及，致成大患，较之民国十三、十四年，殆有过之。临澧蛟水横流，沿溪之田皆遭荡没。

五月十六日赛头南湖等垸溃，湘阴西乡和平等六十六垸全遭倒溃。

六月，益阳资江山洪泛滥滔天，灾情之重，为近百年所未见。

民国　十五年（公元 1926 年）　沅陵、泸溪、辰溪等县，因沅水暴涨，由大北两河出口会于辰州，汹涌成灾，泸溪舟入城。葫芦等地（今保靖县内）遭大水灾，水冲砂压田五百三十五亩，土八十四亩，冲毁碾房十座，油房四座，住房二栋半，淹死四人。

夏，岳阳县新墙、筻口等地沿河一带大水，田庐、牲畜、物产多被淹没，损失甚巨，西区湖水盛涨，围田多冲溃。华容遭水灾，西南两乡溃二十余垸，东乡文塔板三区亦溃数垸，禾苗财产损失无算。

六月，湘潭县淹田九十万亩，城区湘江水位四十一点六五米。湘乡六月七月淫雨弥月，平地泽国，倒屋数千栋，死人畜无算。

六、七月之交湖南大雨不止，山洪暴发，湘、资、沅诸水及洞庭湖水滥，湘阴、平江、岳阳、华容等遭受水灾，田禾庐舍漂没，铁路、邮电中断。火车湘鄂路因大水冲毁铁桥或轨道完全停驶；轮船因大雨溃堤，航行危险而完全停班。六月二十九日至七月一日湘阴连降大雨，致使湘江陡涨数尺，迅猛异常，防不胜防，致使仁和乡、武穆乡、白马乡、汨罗镇所辖各围垸及近水围垸全遭倒溃。六月二十九日、七月初一、初二，安化兰田连三天水，铺屋尽遭荡洗，田禾财物损失三万以上。六月下旬至七月上旬，长沙、浏阳、宁乡大雨成灾。六月二十五至二十九日，浏阳县城低洼处水势浩浩，一望无涯，县北捞刀河沿岸房屋均被淹没，其中郭家滩坏屋三百余所，淹死百余人。长沙城半成泽国，七月三日，湘江水位三十八点三一米。宁乡洪水冲田坏舍，溺毙人命，损失三百七十万元。七月临湘聂市、沅潭大水，市之行走，必驾小舟，故聂、沅二市居民纷纷迁入乡间山地，以避水灾。

七月二十六日至二十八日平江大雨倾盆，四乡山洪暴发，各乡（镇）商店所存甚少，钟洞等地夜间突发水灾，人在睡梦中，灾民生命财产同归于尽，淹死者尸体被发现三百余具，有全家被淹死者，被损坏之财产不下数百万。

民国 十六年（公元 1927 年） 安乡县裕丰等十垸均遭水患。

五月二十八日，沅陵县盛平乡山洪暴发，溪水陡涨数丈，沿溪田亩树木及低下房屋尽付洪流。

六月，乌宿河水涨八九丈，房屋皆淹没，冲去者二十余栋，宣平、洳平等乡亦大水，房屋桥梁多坏，田亩多成沙碛。

七月，宁乡、慈利、永绥祖塔发山洪，洗田毁屋。

民国 十七年（公元 1928 年） 华容水灾。临湘大水，沅潭、云溪等地沿河一带被淹，房屋、禾苗均受损，灾民纷纷外逃。

溆浦县春夏间淫雨弥月，山洪为灾。

五月，华容降大雨，涨大水，山洪暴发，冲坏房屋，东山一老妪在家被淹死。

六月十三日，资兴洪水，山崩屋塌，兰市山崩压死三人，下竹瑶古一家压死五人。

七月十三日，永兴特大暴雨山洪，七甲的深洞龙头一带灾害极大。

宜章秋，山洪冲坏田禾三千余亩，淹倒房屋数十家。

民国 十八年（公元 1929 年） 水、旱、虫、风灾交侵，各县连遭数灾，遭水灾的有长沙……常德、桃源、安乡、沅陵、辰溪、溆浦、芷江、麻阳、凤凰、泸溪、保靖、永顺等县。

邵阳、城步水灾。新宁水灾，灾区自东至西一百二十五里，自南至北二百一十里，死亡六百六十二人，逃徙三千六百六十二人，损失房屋、牲畜、器具约值五万余元，西北乡及峒正一带受灾尤重，收成仅在三成上下，贫民多以蕨薇果腹。零陵、道县、永明、新田等县水灾。新田"暴风疾雨，昼夜不停，峡溪涌流，一望无际，沿河田亩什物，冲洗无数"，加上夏旱，收成不过三成，全县减收稻谷四十万担。

六月十二日，资兴大洪水，滁口拱桥被淹。

六月十四日，永兴便江洪水同民国九年。汝城大雨成灾，平地水深二丈有余，冲坏屋宇牌木田亩不计其数。安仁河水陡涨数丈，沿河屋宇水淹数尺，居民从梦中惊醒，仓皇逃命，其趋避不及者，皆随水漂荡，葬身鱼腹，综合统计四万四千五百六十人被灾，损坏田土八万六千亩，溺毙男女七十一人。桂东被冲坏田禾三千余亩，倾塌房屋三十余栋，桥梁四五十座，溺水十余人，牲畜数千头。里仁区有一村，因水侵山崩，全村覆没，压毙三十一人，受祸尤烈。桂阳、嘉禾亦遭水灾。

夏，岳阳、临湘、华容、湘阴大水。岳阳早稻熟时，连续暴雨，沿湖打捞谷芽。临湘江水暴涨，沿河四十八汊一片汪洋。华容各垸渍水丈余，棉、稻尽没，收成仅十之四五。

七月，湘潭县水灾，受灾十一万多人。

民国　十九年（公元1930年）　邵阳水灾，邵资两水高涨。

三月，桂阳大水。嘉禾降大雨，钟水递涨数丈，漂流沿岸麻麦。

四月，祁阳、祁东山洪毁田庐，淹毙数十人。安仁亦受水灾。

夏季，芷江等县淫雨一个月，损失上百万元。

五月，长沙、湘潭……常德、沅陵、乾城等县水灾。沅、武水大涨，武水倒流五里，为数十年未有之奇灾。湘潭山洪暴发，毁田二万九千亩，死四十二人，毁房五百零七栋。临武城东南三区受水灾共计二百余处，毁良田七千余亩，倒屋数百间，损失不下七十万元，河中发现死尸数十具。蓝山五月二十八日钟水暴发，城东南西门入水尺余。

湘乡五、六月大水。汝城六月五日平地水深尺余，城外街市铺屋被淹。安仁六月十三日洪水。宜章六月莽山大水成灾，时淫雨三日，夜半天塘湾南营庄一带岭崩裂百余处，沙石杂下，竹山坝村落二十余家，首被冲洗，竹木器具蔽江而下，水势横溢，大庙团局学校，枕被漂流，教员、学生、团兵、居民死者九十九人，田被冲刷不能复业者六千余亩。

七月八日沅水暴涨，沿河一带被淹。辰溪县黄溪口老街进水，征溪口淹至荞子湾，县城中南门、欧家巷水深数尺，长达五昼夜。沅陵县城内水深二三尺，附城村堡之田亩、碾厂十坏八九，永平等乡（镇）皆遭水患，损失不下数十万元，溺死多人，为数十年未有的奇灾。

秋，桂阳等县发大水。

民国　二十年（公元1931年）　是年，湘、资、沅、澧诸水同时漫溢，与长江洪水遭遇，造成全省性的洪灾。受灾的有沅陵、溆浦、会同、黔阳、靖县、通道、南县、沅江、汉寿、常德、安乡、澧县、湘阴、华容、岳阳、临湘、益阳、桃源、湘乡、新化等六十六县。其中以滨湖十余县灾情最重，洞庭湖区各县平原圩区尽沦为泽国，溃决堤垸一千六百多处，淹没稻田约四百万亩。而湘潭、益阳、茶陵、沅江、常德等县，且有连续遭二次以上大水的。江华、道县被水灾民流离失所，无衣无食。澧县溺死三千余人，绝食者二百余户。全省被灾地约七百万亩，损失稻谷约二千万石，淹死五万余口，财产损失一亿九千多万元。灾情之重，为数十年所未见。

新化、湘乡水淹成灾，锡矿山矿窿全淹，冶炼厂冲毁，失业矿工八千余人；湘乡杏子铺（今属双峰）毁田一万四千四百亩。五月二十八日至二十九日，涟水陡涨，湘乡倒屋一千八百多栋，淹死三百三十四人，水退后，仅涟水河中就捞上浮尸一百余具。灾民十三万余，逃荒五万人。虞塘山洪暴发，小溪水涨数丈，毁虞塘镇，仅该镇即捞出尸首六七十具，灾民流离失所，无衣无食。湘潭县暴雨，山洪暴发，毁田禾二十四万余亩，毁桥梁千余座，毁屋三百六十五栋，死三十六人。灾后，湘乡县府发动富商义捐一万四千元，县府拨赈洋四千元，被水溺死者每人给洋两元，倒屋赤贫者按人口多少每户给一至七元。

嘉禾县五月以后淫雨不止。五月十七日，岳阳广兴州连降暴雨，洪水倒垸，四千弓倒四垸，湖田均受渍，到处暑边也未退水，秋作全部失收。五月凤凰大水暴涨，五月二十二日最高水位达三百零七点二零米。

岳阳、华容、湘阴、临湘等县水灾。六月大雨兼旬，湘阴山洪骤发，首遭水灾，六月九日湘阴赛头等垸溃决，水深一丈八尺。

宜章六月初阴雨连绵至二十五、二十六日，大雨倾盆二昼夜，造成灾害，死十人，逃徙五万三千人，损失民房十五栋，牛二十八头，猪三十二头，鸡鸭无数，冲坏禾田四千八百余亩，灾情遍及全县，共有灾民六万六千五百九十二人。安仁、汝城亦有水灾。

今夏水、蝗二灾普及保靖县十三个乡，受灾面积达二千三百平方里，尤以水灾损失为重，六月中旬至七月初淫雨连朝，暴雨数次，高山之水下倾盆地，水深二至四丈不等，被水淹死二十四人，各项损失达四十多万元。

六月大雨兼旬，山洪骤发，湘乡、衡山、湘潭、茶陵等十余县首遭水灾。七月又连月淫雨，延至八月迄未休止。

会同县洪江市于六月十二日晚十时大雨倾盆，山洪暴发，河水一日飞涨数尺，河街约长八千米房屋悉被漂去，塘坨一处冲去数百家，正街高处亦水深数尺，人口牲畜皆淹死甚多，沿江木排漂流受损约二十余万元。

溆浦县七月六日大水，殃及六个区、总损失达一千三百九十五万七千银元，收埋溺死尸体三千五百余具，灾民聚集县城者达二万人，国民政府与省政府两级赈务委员会仅拨救济款三千银元，不足灾民一日果腹之需。沅陵县安平乡大园堤堤长九百米，被洪水全部冲毁，堤内五百亩稻田变成一片河滩。

岳阳七月七日大雨连绵，十三日南湖、和平等垸亦溃，渍水汪洋，两季稻谷全未收，其堤垸溃倒半数，被灾人口近三十万人，损失约一千五百万元光洋。

七月二十四日，大雨旬日不止，洪江市附近大小两河水势激增，至二十七日夜间山洪复发，河水陡涨十余尺，河街、正街以及低洼之处患成泽国，生命淹没者将近四千，淹没数千户，实为百年来空前未有的洗劫。黔阳县自七月二十日至二十八日暴雨连绵，沅、潕二水汹涌泛滥，县城内水深丈余，城外房屋田地均遭淹没，为浪头冲垮甚多，城郊各地均已成河，近溪田亩、园圃均成沼泽，成为荒田不能修复者约八千亩，房屋倒塌千余栋，淹毙千余人，据当地老人言，为近六十年未有之灾变，损失约五百余万元。

民国　二十一年（公元 1932 年）　湖南大水灾，益阳二月间沅江和丰九垸大水浸渍，益阳皆纷纷报灾。衡阳二月间水灾损失财产约二百余万元，灾民达三万余人。湘潭县暴雨成灾，城区河街、正街、后街通流。湘阴大渍水。

三月十四日，宜章淫雨连旬，山洪聚会与海相若，……约计淹禾十二万三千余亩。

五月十九日，湘乡大雨如注，永丰沿河两岸大水汪泽，水深七八尺。五六七月淫雨不止。

六月底，沿溪河（今保靖县内）一带各乡村洪水成灾，损失严重，里耶新市坪房屋器用财产漂没大半，嗟我灾民受此大难，日间既无存身之地，夜间又无栖身之地。

九月十三日，大雨，杨家滩至潭市沿河田禾淹没。

民国　二十二年（公元 1933 年）　五、六、七月，淫雨不止，四水暴涨，衡阳、衡山、安乡、桑植、汉寿、澧县、沅陵、泸溪大水，其中滨湖各县，以荆江倒灌，当冲堤垸，堤内渍水一片，禾苗被淹没，湘阴溃四十四垸，岳阳溃九垸，华容溃六垸，临湘溃十二垸，损失惨重，岳阳城陵矶水深四尺有余，该县三万多灾民风餐露宿，临湘灾区面积达五百三十四平方千米，有八万六千九百余亩田被淹没，八月水退。益阳、湘阴除大水外，又有山洪暴发，灾情更重。祁阳、零陵、湘潭、湘乡大水。

麻阳县六月十四、十五日，锦江水陡涨三丈有余，洪峰自锦和的东、南门涌入，附近一带尽成泽国，一区被淹屋宇二百栋，垄田作物荡然无存，二区十一堡被冲毁田禾二千七百八十八亩，三区被漂走猪牛五十头，倒塌民房四十栋，四、五、六区临溪河的自然村遭灾。溆浦县六月十六日大水，全县百分之八十的地方受灾。

入夏以来，淫雨淋漓连月不开至六月十七、十八日，大雨倾盆，酉水陡涨二丈有余，保靖县里耶至四溪河沿岸田土、屋宇牲畜荡毁殆尽。六月中旬大雨倾盆，沅陵县山洪暴发，殃及十四个乡（镇）。

八月，四大河流大涨，田庐淹没。

民国　二十三年（公元1934年）　春夏间，湘阴沿江一带大水，田禾积水为患，房屋被淹，灾民无家可归。陈继训填词《湘阴大水谣》记载了这次灾害："湘阴之城大如斗，鹰飞鸟尽何所有，一朝水至环城走。环城走，水滔滔，四面澒洞余城高。欹帆侧，舟可傍，水拍城关翻巨浪。风雨酸寒，涕泗汎澜，形鸠面鹄人群揽。君不见妇孺啼饥向城哭，居民尽以城为屋。"

五月，临武大雨倾盆，山洪暴发，沿河六七十里地区尽成泽国，淹死百人。嘉禾、桂阳大雨山洪成灾。五月初八、六月初九永兴大水。五月二十二日，湘乡县三区大雨如注，河水暴涨，永丰河翻船六只，溺死八人，伤二十余人。湘潭水灾。

六月十八日，新晃县山洪突发，龙市河滨涨洪三丈余，老街行舟，卷去房屋六百余栋，扶罗、凉伞一带洪水遍地，波州一带尽成泽国，街上十七户房屋被漂走，损失现洋四百余元，长塘坪至白水滩，淹没禾苗及杂粮三百余亩，全县受灾面积纵三十里，横六十里，受灾九千二百三十五户，五万七千四百三十八人、死亡九十四人，外出逃荒二千八百七十五户，损失房屋财产折价八千八百七十二银元，损失稻谷九百九十二担、麦子七百零六担、杂粮三百九十八担，冲走耕牛四十五头、马十九匹、猪四百零三头、羊十五只，漂走木材九千三百五十根。麻阳发生第二次大水灾，锦和南门城外，新修的望江楼被洪水冲掉，沿河两岸受害很大。

七至八月间，沅江亦有水患。

民国　二十四年（公元1935年）　保靖入夏以来雨水连天，各溪河大水迭涨三次，沿岸田土皆冲毁。五月初七，资兴大水，廖市街进水，死人不少。

六月初五日，澧县澧、澹、涔三水齐发，堤破城圮，仍故道也，城中公私廨宇倾倒无数，据《湖南大公报》载："嗣因石门、慈利、山洪暴发，河流汇注，水势尤为汹涌。澧县四日一晚暴涨丈余，一片汪洋，形成泽国，其屋较矮者，已淹没屋顶，较高者亦已平檐；全城已无寸土陆地；五日下午二时，县城被水冲倒，孤儿院、贫民工厂、救济院、监狱（犯人六十余名）男女所有人员，皆同归于尽，并商店住户，综计淹死二千余人，县长存亡莫卜，全城人中死于水灾的达三分之一，损失财产在数百万元以上。"

六月下旬起，长江、黄河泛滥，鄂、湘、赣等八省被灾。连续淫雨两月，湘、资、沅、澧四水并涨，同时荆江暴发，倒灌洞庭，滨湖各地堤垸皆溃，水位较民国二十年高出二尺有奇。各县灾民聚集山巅、高丘，嗷嗷待哺，其情甚惨，受灾之重，与民国二十年无异。被灾严重之县有益阳、常德、岳阳、沅江、汉寿、南县、澧县、安乡、湘阴、华容、临湘、慈利、石门、临澧、平江等十五县（一般遭灾的有二十三个县未统计在内），溃垸一千六百五十九个，溃垸田三百八十九万六千一百四十六亩，渍垸田二百八十三个，被渍田一百六十六万零八百五十八亩，被灾四百一十万零一千八百七十人，淹死三万七千五百三十二人，损失稻谷二千九百一十九万四千余担。房屋、器具、牲畜及其他损失一千五百八十二万六千元。

六月下旬，淫雨连绵，沅水迅涨，沿河田园庐舍尽行淹没，麻阳县冲圮县城南门望江楼，冲毁稻田八百公顷，房屋百余栋，死亡七十五人。泸溪六月下旬起，连续二个月，沅水大涨。沅江南部堤垸全部溃决，县城亦成泽国。岳阳市境均遭大水灾：华容县溃漫八十余垸，受灾人口十六万，淹死一百五十六人，流亡迁徙四万余人。湘阴六月下旬起，淫雨连绵两月，水位较民国二十年之洪水位逾二尺，沿河各处，一片汪洋，田园庐舍，尽行淹没，渍水甚深。当时六十七垸，倒垸的就达六十二垸，死伤无数，灾民呼号动天，惨不堪言，南湖垸五月倒垸，渍水到九月才退尽，全年无收。被淹田五十四万八千亩，损失稻谷及杂粮二百七十八万七千石，其他损失达九十四万四千余元（光洋），受灾四十五万八千六百七十人。水灾后，仅灾区患重疾者九百九十余人，痢疾七百二十七人，流感四百五十人，其他疾病患者一千六百余人。临湘六月下旬起，淫雨连绵两月，大水，被灾严重。六月，湘潭县十昼夜大雨各水俱涨，损失惨重。

据《“35·7”暴雨调查报告》自七月一日至六日下特大暴雨，其量多达七百五十至八百毫米，山洪暴发，河水泛滥，（澧水）水位剧涨至一百六十六点七一米，比一九五四年洪峰高六十厘米。仅次于宣统元年五月十七日水位，大庸官力坪大队彭家铺青砖墙上刻有“民国二十四年六月初六洪水至此，楚小春修。”七月二至六日，古丈水灾。七月六日至八日，湘乡县大水，县城被淹，溺死三十二人。

八月，桂阳发大水。

民国　二十五年（公元 1936 年）　是年春，平江大水，五万多亩田受灾，损失粮食二十七万八千担。四月，安仁豆、麦、油菜均为山洪所坏，新修堤垸全部冲毁倾塌，伤毙二十余人。宜章大雨，长乐、武水均暴涨，坏秧田无数；赤石黄溪大水涨，坏民田数百亩。四月十五日，湘潭县大水，湘水冲毁施工中的铁路桥东第六墩围堰，死三十六人。

五月，桂阳暴雨发大水。岳阳五月十九日下大雨造成损失约一百万元。湘阴五月间堤垸崩溃极广，农民有感于重罹浩劫，自缢身亡或合家相率投水者甚多。

湘南各县均在六、七月间突发山洪，损失巨大，以桂阳、资兴、宜章、安仁等较重。宁远、江华六七月间大雨，山洪暴发，田亩扫洗一空。资兴七月初十水灾，东乡即兰市、彭市、汤市等地山崩地裂，冲毁田甚多。桂阳、嘉禾立秋前大雨倾盆，禾苗损坏甚重。衡阳立秋前后大雨倾盆，湘江上涨，四乡田亩一片汪洋，淹坏禾苗达一千二百多亩。

湖南是年立秋前后，各地先后大雨倾盆，湘江上涨，湘中、湘南一带，到处山洪为患，不然即因积水成灾，益阳、沅江所辖九垸，夏秋之间，连旬大雨，渍水无处可泄。

八月湘潭县四昼夜大雨，县城、易家湾、易俗河、南北塘被淹。湘乡县大水灾。八月祁阳城内水深数尺，民居迁往高埠之地。

民国　二十六年（公元 1937 年）　宜章五月赤石大水，各河流俱涨，平和洞处竟成湖泊。资兴五月端阳洪水，除口拱桥被淹，冲坏四拱。

湘阴六月初大水，南湖围倒溃，到十月初，渍水才退。岳阳、临湘、华容、平江尽遭灾。六月，宜章、临武淫雨成灾。临武大雨一日水位高出河床三尺余，全县几乎变成湖泊。永兴九三河一带大洪水，流量二十九立方米/秒，有妇因救猪而被冲走。

衡阳自七月十一日起，湘江上涨，蒸、耒两水横流，市街水深数尺，乡区低田概被淹没，其中四区淹没禾苗达八万余亩。

八月，正值稻谷成熟之际，全省各县大雨倾盆，兼旬不息，湘南、湘西一带山洪暴发，酿成巨灾。湘、资、沅、澧四水同时上涨，长沙、湘潭、浏阳、醴陵、益阳、沅江、汉寿、安乡、常德、澧县、平江、湘阴、岳阳、临湘、邵阳、湘乡、武冈、城步、保靖、衡阳、衡山、祁阳、零陵、东安、道县、资兴、嘉禾、蓝山、郴州、宁远、桂东、酃县等三十余县（市）均被灾。

宁远八月中旬大雨倾盆，兼旬不息，山洪暴发，酿成巨灾，淹田倒房，人畜死者众。

南岳市系于八月十三日山洪暴发，华严湖崩溃，乡村一片汪洋，市内东、南、西、正四街，顿成泽国，沿江马路桥梁，均被冲毁，两岸田禾屋宇，洗刷殆尽。铺户冲洗六十余栋，淹毙及压死居民尸首五十余具，漂泊不知下落者为数更多。祁阳因山洪暴发，蒙受极大损失，五区的景星乡、罗寿寺至六区的小双江口，沙滩桥一带冲泻一百里余，沿江倒塌民房数百栋，牲畜死伤千余只，溺毙老幼者数十人，淹田土数千亩，总共损失数万元。

岳阳秋季大水，仅敦厚垸溃决，淹没田亩千余亩，中州大垸溃决，淹没田亩二万余亩，全县损失无法匡计。

民国　二十七年（公元 1938 年）　宜章四月大雨，长乐武水均暴涨，坏秧田无数。

五月华容、湘阴、岳阳围垸渍水。

洪江镇、黔阳县于六月间淫雨成灾，洪江镇以沅江与巫水交汇泛滥，田亩全部沉沦，市内倒塌房屋一百六十栋，人口牲畜溺死者不可胜计，居民被劫待赈者亦达数百户，黔阳山洪漂去房屋五十余栋，浸湿仓谷数万石，保靖春夏多雨，五谷杂粮收成大受影响。益阳六月间淫雨成灾，……资江沿河两岸浸没。沅江六月间淫雨成灾，……江水突涨五六尺，急流如沸，所架浮桥顿时冲成两段，桥上工人三十余人被水荡去，江中呼喊救命之声不绝。宁乡六月间淫雨成灾，八月沩江上游大涨，从关坳至横市灾情弥重，农商业及民屋桥梁河堤损失约百余万元。

民国　二十八年（公元 1939 年）　五月湘潭县山洪暴发，涓水泛滥。

民国　二十九年（公元 1940 年）　宜章四月九日大雨如注，章水暴涨，夜半深逾三丈，此日清晨雨止，水渐消，冲毁章桥市店二十余栋、民房十余栋，人畜死者亦多，近溪低洼稻田被冲刷者数千亩，桥梁车坝损失百余万元，为百年未遇之巨灾。四月十八日大雨，章水暴涨，冲没田庐无数，同时，岭南、岭麓两乡亦盛涨成灾。

六月初九日岳阳县湖区普降暴雨，洪水冲倒广兴州垸，以致大水满垸，持续月余，早稻颗粒无收，只收中稻一部分，晚稻未能插下。

醴陵六月二十七日大水，山洪暴发，东乡王仙沩山大林桥、小林桥，庄埠，北乡黄獭嘴、黄梁桥、夏平桥、新旧等处房屋多被冲倒，淹毙数十人，沿河田亩尽成砂砾，沩山龙旦冲谢宅后地震有声甚厉，俄而山崩破宅舍杉松而下，一水并泻如瀑布，数日乃竭。

桂东、嘉禾、临武、宜章六、七月间大雨，田亩、房屋损失无算（数）。道县、江华六、七月间大雨，山洪为患，冲田亩房屋。湘阴夏六、七月间大雨，渍水泛滥，淹没田园庐舍。

桂阳七月发大水，六月二十九日至七月初连续暴雨，造成山洪。

民国　三十一年（公元 1942 年）　宁乡四月下旬山洪，全县洗田三万余亩，以七里山灾情最重。

安化五月山洪暴发，伏口卢冲桥冲垮。

六月大雨，山洪暴发，洪江城边河水陡涨数丈，市区低洼之处，计塘坨正街、岩码头、正街、炮铺桥正街等均泽国。沿河木排漂流万计。醴陵夏大水，隔旬再涨，上东乡一带，田庐多被冲毁，六月二十、二十一日，七月一日、二日均大雨倾盆，河水喷溢，平、浏两县之泛滥于渌江流域。茶陵十六个乡（镇）受灾面积为三十八万五千一百三十亩，平均减产六成，安置灾民二万四千七百六十八人，损农作物六万七千五百亩。夏湘阴、平江等地淫雨连绵，洪水成灾。湘阴西六乡低洼之田，均被淹没。平江山洪暴发，倒屋淹地甚多。

七月湘潭大水，持续二十余天，湘、涟二水两岸淹毁青苗数千亩。

民国　三十二年（公元 1943 年）　入夏以来，阴雨连绵，洪水泛滥，受灾计四十一县之多。宁乡夏水灾，潭家洲、李家湖，堤被冲溃，淹田二千八百八十亩。

五月八日，华容大暴雨，以致山洪暴发，冲坏东山田屋。永兴五月洪水，便江水位同民国二十三年。

湘西保靖入夏以来，雨水过多，淹坏秧苗十分之三，豆麦二分之一，比耳、里耶等乡六月二十五日起，天降大雨数日，洪水横流，田土皆成湖泽，禾苗被淹或被冲坏过半，秋收无望，洪水冲走比耳街市房屋十余栋，桐油物质损失约十多万元。

湘潭县：六月二十六日至七月二十六日湘江水位高出两岸四十余尺，全县灾区达二十二乡（镇），被灾面积约十万余亩。七月二日至二十日，湘江水暴涨，湘潭县三十万亩农田被淹。县长文益善亲率公职人员协助群众，星夜抢堵熙春门外牛车堤，并动员商绅设粥厂数所，以济饥民。湘乡水灾，损失惨重。各方捐款二百五十万元，省拨二十六万元赈灾。

醴陵五月淫雨伤稼，六月大水，醴陵渌江外溢，渌口、泗汾、白兔潭一带受灾颇大。建宁乡（今株洲市）六月十八日至八月二十日，水灾连发三次，被灾面积十八平方千米，田土损失七成，损房八栋，死七人。醴陵：七月二十一日至二十二日，两天大雨，被灾死亡七十三人。攸县水灾面积达二十二个乡（镇），被灾户数共一千四百户，田禾淹没共十万亩，房屋倒塌一千二百余间，粮食损失近三万担，牲畜六百一十四头，农苗杂物毁损价值估计九十三万余元。

祁阳大水，湘江水位四十五米。

七月，资兴大水。桂东七月一日至二十一日各乡沿河尽被洪水冲洗无遗，遍地哀号，捐粮一万一千多担。桂阳七月九日至十一日降雨二百毫米以上，七月十六日又降暴雨，河水猛涨。宜章遭水灾，受灾面积达九千五百五十九亩，以甲竺岱、平和、白秀乡较严重。

石门县八月十六日暴雨为灾，二十三日县（市）塌屋十余间，死二人，伤多人。沅陵县大水。

民国　三十三年（公元 1944 年）　六月二十三日，湘乡县大水灾。宁乡夏大水复发数次，但损失不大。新晃县平溪一带大水，涨水十点五米，仅旧德二、四、五、七、八保，损坏稻田六百二十六亩。

醴陵九月淫雨为灾，秋雨四十余日，渌江水涨。姜湾街上水深数尺，是年蠲免全县田亩。

民国　三十四年（公元 1945 年）　宜章里田、平和等乡四月十七日骤雨冰雹，全县遭灾，死亡五百二十七人，伤病九千六百八十五人，损坏房屋九千四百五十三栋，粮食六万七千八百五十六担，耕牛一千四百八十八头，衣物四百六十三万元，其他方面三百七十万元。资兴秋收时，淫雨连绵，东南乡水稻大半浸坏。

民国　三十五年（公元 1946 年）　湖南因上年水旱交乘，是年部分地区灾情仍在扩展，以致四月至七月间全省大饥，尤以永兴等地最为严重：永兴仓无储粮，野无青草，饿死者累累，也有全家自缢者。且有行无市，以致全省死于饥饿和疾病的人口究竟若干无法统计。据是年九月十一日《解放日报》载：全省截至八月份止死亡共约四十万人。

宜章水、旱、虫、雹、饥、疫灾情惨重，受灾面积十四万四千七百三十亩，由于灾害严重，求借无门，长坪乡栗冲李苏文夫妇饿死，董虎岭李保先、李详林二人饿死。全县求乞饥民日达二千四百余人，白米每斗六百元上涨到一千多元。

零陵五月初山洪，城内水高二丈，漂没屋宇甚多，溺死人无数。平江五月，暴雨数小时，山洪陡涨，将南江桥房子冲掉，九眼桥也冲毁。芷江、靖州春夏之交，大水冲毁田禾庐舍。湘潭县城被淹。

浏阳五月大水，平地水深八九尺，禾苗、蔬菜全部漂失。四、五月宁乡释褐乡大水，官江在乡境只二十里，而决口达四十余处，毁坏田一万亩以上，五月间犹未播种，杂粮、豆麦悉被摧残，收成仅三成，居民四出逃荒，失踪十六名，后寻获四具死尸。全县受灾田五万一千四百余亩，以石碣、黄上、流绢三个乡严重。长沙湘江水涨，交通中断。

桂阳夏遭水灾，七月二十三日、八月十三日至十七日连续暴雨。九月华容插旗同福垸溃堤，淹死一百二十三人。

民国　三十六年（公元 1947 年）　城步水灾，以安风、碧溪、清润、清平四乡受灾最重，巫清等乡次之，城武公路桥梁冲毁殆尽，西岩下游发现死尸四具，沿河田亩被沙壅没，青苗荡然无存，蒋家坊等处倒塌民房百余栋，灾民流离失所，损失达十亿元以上。

六月十六日湘潭县易俗河山洪暴发，湘、涟、涓三水暴涨，两岸禾苗被淹十万余亩。

武冈于六月二十五日山洪暴发，资水上溢冲翻货船三艘，溺毙三人，次日水势续涨三四尺，平地田亩全部被淹，县城倒塌铺屋三十二栋，淹毙居民十余人，损失约一亿元以上。

七月间会同县暴发山洪。湘阴、临湘淫雨兼大水泛滥，将四乡田禾洗荡殆尽，并溺死多人。湘阴南湖等垸被大水冲倒，渍水至九月才退出，造成晚禾未能插下。

民国 三十七年（公元 1948 年） 四月，资兴水灾。宁乡双江口受“南水”水灾，早稻插两次。

益阳资水五月十八日一昼夜间陡涨一丈六尺，益阳县城水深达六尺，淹死三百余人，冲毁房屋千余栋，损失币二千余亿元。

五月二十三日至六月中旬，全省淫雨兼旬，湘、资、沅、澧四水同时暴涨。

五月湘潭、湘乡县大水灾，灾民八十五万，湘潭县死亡三百余人，潭宝公路交通中断，粮价暴涨，每石大米价高达法币四十五万元。五月淫雨，永州全区水灾，淹没良田五十二万多亩，受灾人口三十七万八千多，祁阳、东安、江华灾重。五月怀化境内淫雨兼旬，沅水猛涨，多数县（市）受灾，新晃县水淹龙市，正街行舟；沅陵县大水入城；靖州县受灾面积一千三百八十四亩，灾民九百二十三人，冲倒房屋两栋。

平江五、六月淫雨不止，山洪突发，溪水泛滥，到处成灾。祁东五、六月间淫雨不止，多因山洪突发，溪水泛滥，普遍成灾。汝城大水，五、六月间淫雨不止。桂东淫雨为灾，数月不止，山洪不时暴涨，被害面积一万五千六百四十八亩，灾民八千四百七十二人，死九人。宜章近城、白沙、赤石、黄沙、栗源、笆篱乡遭水灾，受灾田三万三千余亩，损失粮食一万七千二百余担，受灾一十二万四千八百余人，以赤石笆篱乡较重。岳阳五、六、七月共降水八百一十毫米，占当年总雨量的一半。平江县五月十一日、六月十四日、七月二十一日三次山洪冲毁田土近万亩，死亡十七人，倒房无数。湘阴五、六、七月淫雨兼旬，湘阴县城全部被淹，水深丈余，和丰垸于夜晚溃决，淹死一千余人，全县先后共溃一十八垸，受灾田达一十三万八千余亩，水灾之后，收成十不得一，遂致大饥。岳阳、临湘一带堤垸已尽数溃决。沅江县城全部被淹，水深丈余。光复垸深夜溃决，农民奔避不及，淹毙二百余人。常德二十九乡溃决二十乡，受灾田亩五十三万余亩，灾民三十余万麇集县城。澧县、安乡澧水上游津、澧一带堤垸亦多溃决，水淹面积约为各该县总面积的三分之二。

凤凰县境内沱江六月涨大水淹死二人。泸溪县境内沅水暴涨，山洪暴发，溪水泛滥。

七月长江水位又猛涨，滨湖十一县多数堤垸相继溃决。从津市沿江以下大围垸、七里湖、茅里湖、民康垸、安乡的羌口、安陆垸，迄南县的马灯湖，三百里内尽成泽国，仅有少数树梢、屋顶和堤面露出水面，为灾民栖身之地。岳阳、临湘、益阳滨湖一带堤垸已尽数溃决。八百里洞庭恢复了旧观而且过之，白浪滔天，不见边际。滨湖十一县共六百六十一垸，溃决了三百零六垸，受灾田亩达六百万余亩，损失稻谷二千六百七十万余石，耕牛一万六千余头，冲毁房屋二十余万栋，淹毙八千三百余人，灾民二百三十余万，非赈不生者一百八十万人。如湘潭、浏阳、平江、泸溪、祁阳、东安等三十七县（市），灾情亦甚严重。总计全省受灾田土八百余万亩，灾民四百四十万人，财务损失约合当时币二百零七万亿元。

民国 三十八年（公元 1949 年） 湖南水灾。自春至夏连月淫雨，洪水遍及全省五十七县（市），尤以湘南耒阳、常宁、茶陵、沅陵、乾城、永绥、武冈、洪江、新宁、湘乡、湘潭、长沙等县及滨湖十一县为甚。滨湖十一县自六月初旬以来，各地多次连降暴雨，湘、资、沅、澧四水上游，尤其是祁阳、桂阳、嘉禾等地山洪暴发，波涛漫野，人畜飘流，加之西水同时拼涨，洞庭湖渲泻不及，水位急增，西水（长江）较上年高一尺余，滨湖十一县溃决堤垸较上年尤多，垸田多成巨浸，渍水深者丈余，浅者也有数尺，酿成巨灾。全省共溃垸四百四十一个，受灾田亩一千五百三十五万亩，死人五万七千八百七十七人，冲毁桥梁一千五百二十座，各项财产损失共达一亿五千万银元。

岳阳自春至夏，连月淫雨，五、六月合计雨量六百六十七毫米，为当年总雨量的一半，六月五日晚暴雨倾注，通宵未停，六月二十七日广兴州溃垸，建设垸剅口出险，倒房三百四十九间，减产粮食四万五千担。另有泗复、巴江等十多个垸或溃决，或漫溢，共淹田近六万亩，损失稻谷一十七万一千四百多担。全县因这年水灾受害面积二十四万六千余亩，减产稻谷二十三万八千二百担。华容大水溃决堤垸十六个，淹没田地二十余万亩，加上渍灾共受灾面积七十多万亩，毁房屋三千余栋，灾民二十余万；六月大雷雨，山洪从禹山下泻坏田无算，禹山冲成二个大洞，各有半亩田大，一时南山一带，白水卷地，平地水深尺许，有三公里长，一公里宽的水流，坏田无数。湘阴大水渍溃四十六垸，受淹田亩二十三万一千六百余亩，造成的各种损失达七百三十万八千余元，仅民新、鼎新两垸就有一万多人出外逃荒，贫病饿死在长沙、益阳、常德等地灾民就有一千五百多人，全县共有三十余万灾民。

长沙、衡阳受灾极重。据长沙雨量站记录：一至五月总雨量达九百六十四点八公厘，而常年平均不过六百三十六公厘，长沙大水期间南门外灵官渡、天符庙等处水深三尺，西湖桥、小西门、大西门一带均淹水尺余，沿江马路一带小船通行无阻。长沙县境因湘水及其支流漫布，沿江六十二垸，就倒了五十多个。衡阳东岸街道舟行无阻，西岸水深丈余，市、县毁屋八千七百余栋，被灾农田九十八万余亩，淹死两万余人，仅合江套一带即捞尸两千余具，灾情之巨，实属百年罕见。

湘西的沅陵、乾城、永绥（今花垣县）、湘西南的武冈、洪江及湘中等四十六县亦受灾。邵阳大水灾：自六月一日至七日，连降暴雨一百三十五点七毫米，而五日一夜达五十毫米，邵水急剧上涨，县属卫东乡复因蒸水流贯，支港汊河一齐泛滥，势不可遏。平均水位高出平地二丈多，沿河一带市镇村落，均遭惨祸。衡宝公路上的佘田桥铺店二百余栋，悉被洪水冲去，死亡一千余人。水东江、宜春桥两镇亦全部冲毁。六月八日，流经邵阳的资水亦上涨，资、邵二水汇流处水位随之陡增，驻足之间，水即趋至，居民一日数迁，全市波涛汹涌。八日中午水势最高时资水冲入西门口，越过北门城入临津门街，直趋大同街、府后街。犀牛塘、爱连港一带成了海洋。排山倒海之势的资水更循三府街、曹婆井入东直街，与汹涌澎湃自东门入城的邵水汇合，两相激荡，淹没了市区最繁华的东门口，这一带洪水越过二楼，舟入城内救人。大小船只相率从城外直放城内，畅行街市。当水势狂涨时，保宁街一孕妇临盆未及登船，而水已上楼，产妇婴儿同遭溺毙。同街另一家十一口，水已冲走楼房，数人仍鹄立屋顶，招手呼救，但水势奔腾，瞬息即渺。总计邵阳市和邵阳县冲毁房屋一万一千五百六十一栋，受灾田亩四十六万九千五百亩，淹毙五千一百三十六人，耕牛六千五百一十九头，冲毁稻谷一十三万一千四百多担，冲垮桥梁六百八十座，翻沉船只三十八艘，损失总值约达一千二百万银元。

武冈水灾严重，自五月起淫雨不停，到六月初六、初七，更是大雨滂沱，河道水位陡然增高丈许，沿河房屋、禾田多被冲毁，人畜淹死不少，灾情甚为严重。城郊自落马桥垅里车路下首起到杨柳湾陆家圹开口处，有田二百多亩，全部被砂石堆没，形成小丘，砂洲上冲毁田土百多亩，杨家坝，老架桥一带皆成一片砂砾，城内兴龙桥一带平地水深三尺，旧延光中学因河水浸入，校具漂浮，竟无法上课。同时高沙水灾亦很严重，沿河铺屋，水碾子被水冲毁，损失很大。

五月中旬起，湘西大雨连绵二十天，沅水、巫水沿岸房屋被水冲坏者不计其数。沅陵县六月初涨水至一百零二米。洪江至沙湾河段水位为一百七十四点四米。六月一至七日倾盆大雨终日不止，湘西著名建筑物之雄溪桥，因水势湍急，波滔汹澜，加之上游大量木排及破屋古树连续不断漂流而下，以致压力过甚，竟于七日下午倒塌。六月十日，洪江镇全城水深数尺，只见一片汪洋，已成泽国，同时大小河沿岸铺屋被水冲坏者不计其数，遭水淹死者数十人。

湘乡县特大水灾，灾民逾六十万。湘潭县城湘江水位四十点一八米，全县淹稻田四十七万四千亩，倒屋一千五百多栋，死伤三百一十九人。

第三节 1950—2000年的暴雨洪涝灾害

1950年 5～8月，湖南局部地区发生暴雨洪涝，成灾面积10.13万公顷，占当年播种面积的2.6%，减产粮食0.65亿千克。主要发生在湘西自治州、岳阳、株洲、怀化、长沙等地区。

5月26～27日，沅陵县连降暴雨，山洪暴发，全县受灾数万公顷，砂石堆垒，秧苗冲浮。

6月18～21日，株洲、浏阳、宁乡局地发生了山洪，淹没稻田9620公顷，冲倒、冲垮各种水利设施1392处，冲坏便桥75处，房屋182间，受灾16471人，淹死5人。

7月上、中旬，湘西自治州、常德、株洲先后普降暴雨，山洪暴发，河水猛涨，澧水、酉水沿河桥梁田土、房屋淹垮甚多，古丈县城水淹3～17厘米，7月15日6时大雨后山洪暴发，自治州全州沿河一带房屋、田土、桥梁等多被冲垮，水冲砂压，有的水田盖了1米厚的泥沙，古丈县城几乎变成了水海，澧县一带（上旬）部分堤垸溃决，据不完全统计：受灾达3875户、16826人，受灾面积2.02万公顷、冲坏田地1.57万公顷，房屋73栋。

7月下旬，攸县雨量达215毫米，受灾面积467.47公顷，其中15公顷全部无收，减产5成以下的227.1公顷，二区大关陂冲垮约7米长，三区丫江桥乡冲坏陂坝7座。

8月16、22、25日，岳阳县九区连遭暴风雨袭击，平地渍水0.6米，受灾晚稻98公顷，部分未收割的中稻也被水淹。

1951年 4～7月湖南局部地区发生水灾，成灾面积3.27万公顷，占当年播种面积的0.8%，因灾减产粮食0.2亿千克。

岳阳、怀化、长沙等局部地区4～5月阴雨连绵成灾，致使湘阴、醴陵、沅陵、通道、宁乡受灾面积1.15万公顷，淹没耕地1200公顷，冲坏水利设施233处，早稻秧苗和春收作物损失较大，各种作物减产，油菜减产35%，大、小麦减产30%，蚕豆减产40%，豌豆减产36%，出现夏荒。

6月14日，衡阳的武水、演水两岸等10个乡洪涝，淹没稻田35.2公顷、崩塘坝140多处、损坏房屋37间、桥梁35处、冲毁河堤20余千米，禾苗有的被冲毁或被淹，有的积沙60厘米至1米深。

7月21日，湘阴县十区鹭鸶垸被洪水冲垮，损失粮食20万千克。

1952年 5月下旬至9月，湖南部分地区暴雨成灾，受灾面积22.87万公顷，占当年播种面积的4.4%，其中成灾面积22.1万公顷，因灾减产粮食1.76亿千克。

5月下旬暴雨中心在湘中，6月上、中旬在湘南，7月北抬到湘西北局部。5～9月湘、资水因上游降暴雨而水位不断上涨，并引起洞庭湖水猛涨，华容、岳阳、湘阴部分地方先后四次受到洪峰冲击，使12.28万人受灾，溃垸79个，冲倒房屋3.07万间，死亡3361人，受灾面积达2.05万公顷，淹没耕地5753.33公顷，损失粮食4320万千克。

5月下旬，长沙、宁乡、新化、涟源等地受水灾，受灾面积3846.67公顷，受渍稻田2533.33公顷，减产稻谷26.05万千克，冲毁山塘1165口，坝3座，毁房58间。

6月上、中旬山洪暴发造成永兴、资兴、靖州、通道、衡山、衡东、常宁、祁东、衡阳市等9个县（市）受灾，受灾稻田1.45万公顷，无法恢复的1733.33公顷，粮食减产191.69万千克，冲走稻谷5000余千克，大米1000余千克，其他作物受灾538.2公顷，毁圳3192条，大小木桥45座，冲垮山塘2747口，冲毁溪河坝2415座，房屋267间，死牛8头，死10人。

7月10日，新晃县的汀水、平溪等地山洪暴发，龙市正街进水，据64个村及城镇统计，毁水库27座，房屋29栋，冲毁稻田21.6公顷，崩山压田2公顷。

8月，新晃、湘乡县大水灾，淹田966.66公顷，冲坏房屋23栋，冲垮桥24座，死5人。

9月24日7时50分，突然刮9级北风，当时大雨倾盆，南洞庭湖水浪直扑洞庭北堤，此时当地处高危水位，致使民新、鼎新、古一、塞梓、康宁垸溃决，淹死1000多人，耕地、房屋等遭受灭顶之灾。

1953年 湖南局部地区于5～8月发生数次洪涝，受灾面积共11.67万公顷，占当年播种面积的2.1%，其中成灾面积3.4万公顷，因灾减产粮食0.31亿千克。

5月22日，长沙降雨83.6毫米、邵阳66.5毫米，5月26～27日，醴陵降雨164.6毫米，郴州27日降雨87.8毫米，两次暴雨造成汝城、嘉禾、浏阳、醴陵、泸溪等5县洪水致灾，受灾92.8公顷，粮食减产6.95万千克，冲坏房屋549间，冲走木材1万多立方米，垮塘坝10口，各种建筑物设施170处，沉船14只，淹死8人，伤10人。

6月4日，平江、慈利县局部暴发山洪，其中慈利澧、溇二水猛涨，箦子头水位109.56米，比1935年高0.42米，157个乡10883户受重灾，冲淹稻田2800公顷、913.33公顷农作物绝收，减产820公顷，损失稻谷584万千克，冲毁木桥144座，冲倒房屋2647间，死亡11人，伤3人。

6月中、下旬张家界、湘西自治州、岳阳、怀化等地区，普降暴雨造成山洪暴发。

6月21～26日，湘中以北普降大到暴雨，沅陵98.2毫米，龙山县的农场22～26日雨量为186.4毫米，这次过程造成了澧水陡涨，岩泊渡水位比1935年高1.3米，不少良田变成沙洲，受灾严重的有大庸、龙山、桑植、慈利、泸溪、溆浦、怀化、辰溪、沅陵、麻阳、洪江等10个县（市）298个乡灾民1.3万余人。受灾稻田1773.33公顷，冲走房屋19间，垮桥9座（其中红岩乡一座木桥始建于咸丰丁巳年三月，这次被百年未遇之洪水冲垮），溺死9人。水灾发生时，正值插秧季节，由于发动群众，大力抢救，担沙还田，补插了禾苗，减少了受灾损失。

8月，湘潭县暴雨成灾，湘乡189个乡（镇）遭灾，淹田3093.33公顷，减产228万千克，倒屋575间，死5人，伤4人。

1954年 春、夏间长江中、下游大洪涝，湖南水情超过1906年及1931年，为百年罕见。4～8月亚洲中高纬度为一强大低压，副热带高压稳定控制在北纬17～20°附近，冷暖气流交汇在长江中、下游地区，进入7月后，副热带高压仍没有北跳控制湖南，冷空气势力太强，直入到湘南，使得雨带在湖南省常驻。4～8月暴雨频繁，雨量与常年比，湘北、湘西多1倍多，为1743毫米，洞庭湖区多2倍，为1879毫米，其他地区多4～9成，湘中为1304毫米，湘南为1057毫米，接近于年降雨量。5～7月四水连续发生较大洪峰8～9次，且多与长江洪峰相遇。地处长江中下游的洞庭湖地区，以岳阳雨量为代表，5～7月总雨量1601.9毫米，6月雨量858.9毫米，为常年同期雨量的2.9倍，6月16日出现最大日雨量246.1毫米（至今未打破上述记录）。8月3～4日岳阳、湘阴再度出现洪峰水位，8月上旬长江洪峰压境，致使南北洪水相遇，形成江湖洪水顶托局面，高危水位持续不下，7月30日总入湖洪量96763立方米/秒，总出湖洪量78810立方米/秒，日留湖洪量高达17953立方米/秒（相当日留湖15亿5千多万立方米洪水），至8月3日洞庭湖出口城陵矶水位高达34.55米，为近百年来最高记录（巨洪的1870年最高水位33.25米）。

暴雨、大暴雨造成灾害主要集中在5月下旬末至7月末，全年全省受灾面积共79.73万公顷，占当年播种面积的13.8%，其中成灾面积59.47万公顷。灾情遍及80个县（市），减产粮食22亿千克，溃垸330多个，占十分之七，毁水库136座，塘坝9.5万处，倒屋123万多间，因灾死亡2000多人，伤1.2万多人，死牲畜6000余头。重灾者有慈利、桑植、张家界、龙山、保靖、花垣、古丈、临湘、岳阳、平江、华容、澧县、安化、汉寿、南县、益阳、沅江、湘阴、长沙、望城、宁乡、醴陵、湘潭、浏阳、攸县、双峰、涟源、邵东、邵阳市、邵阳县、隆回、武冈、洞口、衡南、祁东、溆浦、辰溪、沅陵、麻阳、黔阳、郴州、汝城、安仁、宜章、桂东等45个县（市）。

5月25～26日，暴雨带在湘中，衡山、芷江、长沙为暴雨中心，宁乡196个乡受灾，毁屋640间，死6人。

6月8～9日，岳阳、邵阳市、衡山、永州、衡阳市为暴雨，郴州大暴雨达180.0毫米，受灾较重的有永兴、资兴、汝城、安仁、宜章、桂东等6县（市），淹田3286.67公顷，减产粮食63.7万千克，倒房401间、桥16座、冲坏、冲毁水利工程1242处、水库一座、死亡10人、伤15人、桂东寨前圩74个店铺倒塌61个。

相隔不到10天，6月下半月又出现了3次暴雨过程，6月18～19日邵阳221.2毫米，武冈103.4毫米，衡阳117.6毫米；6月23～25日岳阳197.5毫米，常德230.5毫米；6月28～29日衡山170.7毫米、衡阳市129.8毫米等2站大暴雨、18站暴雨，洪涝成灾的有张家界、益阳、株洲、邵阳、娄底、怀化等6地区10个县（市）244个乡（镇），受灾面积5.82万公顷，成灾面积3.09万公顷，减产粮食5758.3万千克。死110人，伤26人，死牲畜726头。冲坏房屋1533间、冲倒房屋2635间，毁水库3座，毁水利工程593处。

继6月暴雨后，7月再遭重创，7月12～14日、7月23～25日、7月26～29日又是3次暴雨或大暴雨天气过程，达大暴雨的有岳阳、长沙、常德、芷江，沅陵为特大暴雨（24日降水量为259.2毫米），7月降水总量多达738.1毫米，是破历史记录的高值年，据当地老人反映说：此雨之大，系三十年来所未见。溆浦、麻阳县城街道进水，水深平均达0.4米，灾害波及13个县（市）256个乡20余万人。重灾区集中在湖南省的中、北部7个地区，冲毁田地2.22万公顷，减产粮食2650万余千克，其中失收1820公顷，减产1846.67公顷，冲坏各种水利设施工程10340处，塌桥115处，崩山12处，冲垮水库一座、山塘700多口、坝4175处，死牲畜219头，受灾死亡673人、伤151人，冲毁房屋7.85万间，先后溃决堤垸136个。

8月中、下旬受暴雨袭击，长沙、浏阳、湘乡、衡东局部洪涝，187个乡受灾，受灾稻田3066.67公顷，冲垮房屋17.94万间，死31人、伤4人，大小堤垸淹溃26个，毁桥梁120座。

1955年　4～8月，湖南局部地区暴雨成灾，受灾面积13.3万公顷，占当年播种面积的2.1%，成灾面积6.6万公顷，因灾减产粮食0.61亿千克。

4月13～14日，大雨成灾，受灾严重的有长沙、宁乡，受灾农田2千多公顷、经济作物600多公顷。

5月27～28日，衡阳、邵阳、怀化等地下了暴雨，降雨量：芷江140.0毫米、邵阳市114.9毫米、南岳山113.3毫米、武冈102.8毫米、衡阳市146.4毫米、衡南134.2毫米、溆浦92.3毫米，攸县与洣水上游的茶陵县均降暴雨，洣水洪峰比1954年的最高水位超过0.33米，这次洪水淹死1人，倒房伤4人，淹田5641.8公顷。同时芷江、洞口山洪暴发，芷江县淹死1人、洞口县淹死5人，伤124人，有40.1%的人家受灾。

6月9日通道县降暴雨，毁坏房屋30栋、死5人。

6月18～19日、6月20～24日分别在邵阳盆地、澧水流域出现了暴雨或特大暴雨，6月18日武冈市大暴雨，日雨量为142.4毫米，是年大水仅次于1898年；桑植县6月23～24日降特大暴雨，澧水陡涨9.06米；6月20～24日，龙山县降雨390.7毫米，其中22日168.6毫米，这次局地暴雨，致使河水猛涨，部分地区山洪暴发，受灾严重的有桑植、龙山（水淹深度一般1.5米，最深3米多）、吉首、绥宁、岳阳等5县（市）。据统计，受灾稻田面积2066.67公顷，其中59.1公顷失收，损失稻谷76万千克，冲垮山塘216口、河坝354处、桥梁11座、水库2座、房子17栋零82间，淹死33人、伤4人，3个堤垸受溃，其他损失不计其数。

7月19～27日湖南大雨连绵，湘南尤甚。降水超过100毫米以上的有郴州314.1毫米、衡南 120.9 毫米、沅江 104.6 毫米、南岳山 195.8 毫米、衡阳市 119.8 毫米、永州市 270.9 毫米、武冈 111.8 毫米、芷江 153.6 毫米等。7 月 19～22 日，桂阳累计雨量 294.5 毫米。舂陵河两岸成灾，郴州地区的桂阳、安仁、嘉禾、汝城县受灾较重。7 月下旬郴州雨量比同期雨量多 3 倍有余，全地区 44 个乡受灾严重，受灾户 1522 户，冲毁水坝 59 座、塘 28 口、桥梁 75 座，稻田失收 95 公顷，减产粮食 224.11 万千克，因灾死亡 1 人。7 月 20～27 日，洞口县大雨倾盆，洞口、桥头、竹市、山门、石江等地受灾最重，死 4 人，伤 6 人，冲走房屋 11 座，垮房 9 座，全县受灾户达 17057 户，境内受灾面积 28200 公顷，成灾面积 19800 公顷，减产粮食 3820.8 万千克。7 月 29 日，黔阳县大雨引发山洪，三、六区有 11 个乡遭到山洪袭击，伤亡 3 人，170 多户受灾。5 月和 7 月的大水使衡阳、衡山、衡东、衡南等 4 县（市）受灾严重，据统计，共淹没稻田 1.76 万公顷，倒房 603 间，死 31 人、伤 11 人，冲坏塘坝 52740 处，冲毁不少水利工程。

8 月，溆浦县大水，受灾 9 个区 84 个乡，死 1 人。

1956 年　5、6 月大水使湖南局部地区受灾，受灾面积 10.53 万公顷，占当年播种面积的 1.5%，成灾面积 6.67 万公顷，因灾减产粮食 0.92 亿千克。

5 月 5～6 日、5 月 15～17 日各有 1 次局地暴雨天气，暴雨中心在醴陵和株洲、攸县一带，攸县连降暴雨，共淹田 2600 公顷，全县受灾面积 380 公顷，成灾面积 246.67 公顷，粮食减产 24.5 万千克，冲垮塘坝等水利工程 866 处；5 月 15 日开始，宁乡连续 3 天大到暴雨，淹田 920 公顷，冲毁河堤塘坝 985 处。

5 月 21 日夜 1～2 时许，古丈县遭遇一次山洪袭击，灾情十分严重：由县城至龙鼻嘴、罗依溪两线损失尤为惊人，山崩地裂，小桥几乎全部塌毁，全县有 30 个乡受灾，其中 11 个乡重灾，受灾面积达 620 余公顷，减产 106.78 万千克，倒塌房屋 209 栋，死耕牛 7 头，因灾死亡 9 人。

6 月中旬水灾，据临武、嘉禾、蓝山、汝城、宜章、永兴、桂阳、郴县（今苏仙、北湖区）、耒阳 9 县统计淹田 5600 公顷，其中绝收 133.33 公顷，减产粮食 141.5 万千克，冲垮山塘 607 口，河坝 528 处，倒房 81 间，死 17 人。

6 月 28 日桑植县降大雨，澧水河涨水 8 米多，罗潭等 9 个农业生产合作社 960 多公顷农田受灾，其中受灾严重的有 760 公顷，损失粮食 44.5 万多千克，淹死 2 人。

1957 年　4～9 月湖南部分地区发生水灾，受灾面积共 17.73 万公顷，占当年播种面积的 2.6%，其中成灾面积 10.47 万公顷，因灾减产粮食 1.82 亿千克。

4 月 17 日至 5 月 14 日，长沙降雨 383.9 毫米，堤溃；宁乡受灾 3666.67 公顷。

4 月 21 日茶陵山洪，冲走杉条 1600 立方米，撞坏沿溪便桥 17 座，水坝 6 处。4 月安仁山洪暴发，死 3 人，冲坏秧田 77 公顷，水库 4 座，塘 447 口，倒房 215 间。

5 月 11～12 日、5 月 21～22 日，两次降水集中在湘南，局地出现了暴雨，其中道县山洪成灾，冲毁稻田 294.67 公顷，冲垮山塘 97 座。5 月 21～22 日，黔阳县连降大雨，山洪暴发，冲毁稻田 409.33 公顷、大小堰坝 22 座，死 5 人，伤 2 人。

6 月中旬，江华大雨，山洪暴发，淹没水田 43.93 公顷，旱地 24.27 公顷。

7 月 2～3 日，大庸降雨 90.0 毫米、慈利 71.3 毫米，局地暴雨引发山洪，澧水水位陡涨至164.8米，造成大庸县受灾19个乡，淹死4人，冲淹耕地3000余公顷。

8月9～11日，安乡降雨218.4毫米，出现水灾，冲路毁房，淹田2万多公顷。

9月28日，常宁县山洪暴发，全县25个乡遭洪灾，最严重的有胜桥、洋泉、兴元等乡。

1958年　5～8月，湖南部分地区遭受洪涝灾害，受灾面积共23.33万公顷，占当年播种面积的3.1%，其中成灾面积5.87万公顷，因灾减产粮食1.575亿千克。临湘、华容、安乡、醴陵、祁阳或洪或渍，灾情甚重。

5月1～22日，湘中以北出现了连续性阴雨天气，并有暴雨，导致长沙、株洲、衡阳等地区洪灾，受灾严重的有醴陵、衡阳、衡南、衡山、常宁、祁阳、浏阳、长沙等8县(市)，遭灾面积为4.02万公顷，冲走油菜籽11万千克，冲垮水库13处，损坏其他水利设施4514处，死14人，伤5人，损房2085间、冲走198间。

5月27日，芷江县降暴雨，淹没稻田2357.47公顷，冲毁稻田469.1公顷、桥梁113座、房屋26栋，冲走牲畜3128头，9人丧生。

6月21～22日，沅水、澧水流域有一次大到暴雨过程，20个县（市）下了暴雨，岳阳、常德、桃江等5个县（市）大暴雨，致使临湘、华容、岳阳很多低洼田地被淹渍，畈田被洪水冲坏。宁乡6月发生山洪灾害，受灾稻田0.67万公顷。

7月14日，全省最大降雨量达202.2毫米，通道县出现了洪灾，稻田受灾面积524.67公顷，冲毁水利工程928处，死亡3人。7月下旬，衡阳、祁东、衡南、祁阳等4县（市），山洪暴发淹田毁塘倒屋，据失稻谷1500万千克以上，其中祁东7月28日白水流域山洪暴发，死3人。

7月中旬、8月上旬慈利出现山洪灾害，安乡渍水面积2.8万公顷；黔阳县7～8月两次降大雨，山洪暴发，冲毁耕地533.33公顷，冲走耕牛68头，冲毁房屋33栋、塘坝96座、桥梁16座。

1959年　4～6月，局部地区发生洪涝，湖南全省受灾面积9.4万公顷，占当年播种面积的1.3%，成灾面积3.8万公顷，因灾减产粮食0.6亿千克。

5月5日，湘东南出现大到暴雨天气，6个县（市）下了暴雨，茶陵106.2毫米、攸县101.0毫米，其中攸县受灾面积660公顷，成灾面积240公顷，粮食减产42万千克。至5月16日祁东县遭遇3次山洪暴发，受灾面积522.67公顷，淹没禾苗146.67公顷、冲刷稻田17.33公顷、旱土166.67公顷、损失秋收作物38.93公顷、减产22.45万千克。

5、6月零陵南部各县降水偏多5～8成，全区洪涝成灾面积1.3万公顷。

6月2～4日，湘东北出现了暴雨，降雨量：湘阴94.0毫米、宁乡110.7毫米、平江163.2毫米、长沙55.2毫米。平江仅6月3日1天降雨量达151.1毫米，其县城水位上涨到74.61米，超过警戒水位6米，沿河地带浸水时间长达31个小时。这次过程造成岳阳、平江暴雨山洪，使得22个公社430个大队受灾，山洪冲垮水库15座、塘堰11022处、桥梁717座、其他水利交通设施11373处，崩塌崩堤3757处，冲倒、损坏房屋9197间，有2075人无家可归，洪水淹没耕地1.33万公顷，冲走现粮1.33万千克、木材1967立方米，淹死4人，伤12人。

6月9日，桑植、沅陵、辰溪、新晃、怀化、黔阳、会同、通道等8个县遭受洪灾，暴雨引起山洪暴发，使1980公顷农作物被冲毁和沙压，冲垮小塘坝57处、桥梁10座，流失木材72698立方米，冲毁房屋449栋36间，坏耕牛10头、猪6头，淹死36人，伤22人，失踪5人，冲走粮食53.4吨，冲毁大小水利工程11608处，这是湘西10年来最大的水灾。

6月17～22日，郴州地区大部分县降雨200毫米以上。永兴县马田17日晚降雨182毫米，桂阳18日降雨156.2毫米，嘉禾6月10～23日累计雨量425.6毫米，全区有72个公社，84.85万人受灾，其中34个公社385个大队损失严重。共垮水库28座（含当时一些大水塘），水塘707口，坝2033座，淹没稻田6066.67公顷，旱土8533.33公顷，冲走晚稻种子84万千克。冲走耕牛38头，猪948头，倒房950间，受损3836间，冲走粮食2.6万千克，淹死51人，伤107人。

7月30日，长沙暴雨，以金井、福临、北山、麻林等地灾情为重，死1人。同日湘乡县发生大水灾，淹田2000公顷，毁塘坝1100处，倒屋4000间，死4人。

1960年 夏、秋两季湖南局部地区大水，受灾面积6.67万公顷，占当年播种面积的0.9%，其中成灾面积3.47万公顷，因灾减产粮食0.51亿千克。

5月上旬，岳阳地区平均面雨量为100～110毫米，湘阴县山洪暴发，湖水陡涨，有3533.33公顷农田被洪水淹没或冲坏。

5月中旬株洲、怀化、岳阳、零陵等地区发生了局地暴雨或大暴雨，并伴有短时雷雨大风，岳阳的君山农场遭狂风暴雨袭击，攸县的酒埠江、鸭塘铺一带及芷江、新晃、宁远、道县、江永及东安等8县降暴雨，山洪成灾，受灾面积1.07万公顷，成灾0.77万公顷，粮食减产74万千克，冲毁桥梁196座，1000多根树木被冲走，倒房、损坏房屋2885间，40人受伤，死亡14人。

6月9～13日，衡阳地区273个公社受灾，共淹禾苗2.35万公顷，淹没粮食1619万千克，倒塌房屋157间，死26人、伤23人，淹死耕牛8头，水利工程也遭到了很大损失。

8月9～13日，株洲、零陵两地区普降暴雨或大暴雨，酃县雨量最大，为226.5毫米，洣水上游河水猛涨2.3米，山洪暴发使水口、下村等公社受重灾；8月零陵南部各县连降暴雨，有的日雨量在200毫米以上，山洪暴发，河水陡涨，淹没稻田9200公顷，冲垮水库1座，死4人。

1961年 湖南部分地区4～6月，湘南局部8～9月大水，受灾面积18.07万公顷，占当年播种面积的2.9%，其中成灾面积11.2万公顷，因灾减产粮食1.2亿千克。

4月中旬，湘中暴雨成灾，受灾严重的有茶陵、衡阳、新化、耒阳等4县（市），淹没早稻秧苗数千公顷，损失种谷22.5万千克，淹没良田2.59万公顷，倒房1.6万间，死24人、伤20人。

5月31日至6月1日，邵阳、娄底、株洲、湘潭及衡阳北部出现强降水中心，全省16站大于100毫米，37站大于50毫米，使茶陵洣水一带及沅陵出现洪灾，早、中稻被淹1000公顷，粮食减产19万千克，损坏房屋236间，淹死4人，冲垮水库23座。

6月9～12日，强降水在湘东，有8站降雨量超过200毫米，46站超过100毫米，其中汝城282.3毫米、桂东251.0毫米、平江213.5毫米，郴州的耒水流域比历年最高水位高1米多，从资兴黄草到耒阳新市，沿耒水两岸250千米泛滥成灾，平江、耒阳、郴州地区、零陵、湘潭、宁乡黄材等地受灾严重，淹没稻田6.36万公顷，严重受灾3.6万公顷，无法恢复的1.93万公顷，冲垮小水库或大塘28座、塘3079口、拦河坝3050处、堤渠涵洞32处，毁坏水利设施415处、抽水机244台，倒房21593间，部分堤垸溃决，冲毁公路7处、桥梁171座、木桥826处，受灾人口63万，死43人，伤9人，冲走粮食125万千克，牛、猪117头，其中郴州经济损失达3000万元。

8月26～29日，耒水沿岸及汝城、宜章、永兴、嘉禾、桂阳等县出现暴雨，27日，桂阳降179.7毫米的大暴雨，造成耒阳、茶陵、郴州部分地区共计61个公社900多个大队受灾，共死亡25人，伤33人，受淹农田1.56万公顷，淹房2670间、倒房1518间，冲垮水坝150处，桥196座，冲走粮食476.32万千克。汝城高村的公路被冲，中断交通45天。

8～9月零陵南部县（区）降水偏多1～2倍（其中江华534.5毫米、蓝山670.1毫米），造成全区20年来秋季特大洪涝。

1962年　湖南发生大范围洪涝，受灾面积34.27万公顷，占当年播种面积的5.6%，成灾面积11.67万公顷，因灾减产粮食2.195亿千克。

4月16～19日，耒阳降雨166毫米，耒河、芰河一带陡涨洪水，全县19个公社受灾，损失谷种17.5万千克，冲垮小型水库12座，倒民房54间，淹死3人、伤8人。

5月2～4日，湘中以北降水集中，汉寿、沅陵、岳阳、平江等9县（市）下了大暴雨，30个县（市）下了暴雨，致使部分地区渍涝成灾，新墙河水位几天内上涨2.01米。强降水冲毁岳阳县水库4座，毁水利设施966处，桥梁13座，因灾倒塌房屋105间，冲坏或涝渍农田1200公顷。

5月27日，湖南有两个暴雨中心，分别在怀化南部和长沙、湘潭、株洲北部，其中通道降雨190.4毫米、株洲125.3毫米、湘潭125.1毫米，5站大暴雨、23站暴雨，强降水导致洪灾，仅通道县淹田达193.3公顷，冲毁水利工程1855处，死亡7人。

6月，岳阳、湘阴、临湘、株洲、醴陵、茶陵、攸县、双峰、邵东、邵阳市、隆回、洞口、新宁、娄底、绥宁、衡阳、祁东、桂阳、零陵、耒阳、长沙、浏阳等县（市）暴雨山洪受灾严重。其中6月9～12日，耒阳、桂阳出现暴雨，肥田、遥田、哲桥、和平、白沙、太和等13个公社淹田2213.33公顷，成灾1000公顷，倒房196间，冲垮水库、大水塘7座，死亡9人，伤5人。

6月24～27日，高空天气图上，湘中一带中、低层有切变线存在，配合高空低槽南压共同影响，湖南省除湘西北外，大部分地区发生了连续暴雨过程，强降水中心在湘中一带，城步（降雨量326.0毫米）、衡阳市（292.1毫米）、攸县（290.4毫米）、安仁（210.9毫米）等10个县（市）超过200毫米，24个县（市）超过100毫米，23个县（市）超过50毫米，湘、资、沅、澧和长江上、中游地区普降暴雨，引起洞庭湖和四水水位迅速上涨，各堤垸纷纷超过警戒水位，岳阳、临湘、湘阴、长沙、醴陵、攸县、茶陵、新化、零陵等县（市）山洪暴发造成严重灾害，共计冲毁水稻田4.66万公顷，其中水冲砂压、失收的6006.67公顷，减产粮食2400万千克，冲倒房屋11361间，冲坏水利工程4423处，垮水库4座，冲坏渡槽214处，岳阳、湘阴、长沙先后浸溃大、小垸子46个，冲坏果树苗1.83万株，桥梁67座，死27人，伤13人。6月29日湘潭湘江水位达40.74米，7月2日达40.86米，市郊农田80%被淹，湘潭县溃垸12个，淹田1.4万公顷，倒屋2000余间，死14人，政府动员2万多人抢险救灾持续半月，拨款7.5万元、木材500立方米、竹子9500根赈灾。

8月28日，郴州耒水沿岸16个公社受水灾，淹没农田4466.67公顷，损失粮食475万千克，死亡4人，倒房250间，经济损失约200万元。

9月3～4日，常宁山洪暴发，黄洞杨家冲八里长山崩裂107处，5个公社损失严重，淹没耕地2133.33公顷，淹死66人，倒房1865间。

1963年 湖南5月8日、5月中旬、8月中下旬因局地暴雨发生水灾，受灾面积15.2万公顷，占当年播种面积的3.1%，成灾面积3.53万公顷，因灾减产粮食0.735亿千克。

5月8日，平江县南江、虹桥、梅山、谈岑、金龙、栗山和湘阴县长仑区暴雨酿成水灾。

5月中旬，韶山降雨221.8毫米、湘乡139.1毫米、湘潭79.7毫米，湘中部分地区发生洪涝，其中衡山、衡阳县、平江、湘乡、宁乡、长沙郊区尤重，共计有115个公社、412个大队遭灾，淹田2.03万公顷（其中0.41万公顷农田严重受灾），冲毁桥梁1043座、水利工程6352处、河堤9510处、小型水库23座，倒房屋14479间，死牛37头，因灾死亡17人、伤10人。

8月16～22日，湘西北部分地区普降暴雨或特大暴雨引起山洪暴发，澧水陡涨13.8米，最高水位达270.8米，桑植、大庸、龙山等4县受灾严重，有46个公社、395个大队、409个生产队受灾，淹稻田1600公顷（其中933.33公顷全部失收），冲走木材1006立方米、粮食1.65万千克，估计减产544.75万千克，冲毁房屋101栋零32间，冲毁公路32处、公路桥5座、其他桥梁168座、冲坏水库7座、大渠85条，淹没仓库2座，使水电站损坏停电，淹死牲畜56头，因灾死亡24人、重伤2人。

1964年 湖南发生大范围洪涝，4月上旬和6月中、下旬一些地区先后出现大暴雨，受灾面积共44.2万公顷，占当年播种面积的6.5%，其中成灾面积22.27万公顷，减产粮食3.7亿千克。

4月8～10日全省中到大雨，强降水在湘中一带，39个县（市）下了暴雨，洞口（163.4毫米）、邵阳县（162.5毫米）、新化（104.8毫米）等27个县（市）大暴雨。其中新化洪水维持6天，433.8公顷稻田失收，124.6公顷秧田淹没，1266.67公顷小麦受害，损失稻谷61.5万千克。

6月16～23日，高空天气图上850百帕切变线在湖南省南、北摆动，并且华东沿海地区高压脊向北发展，形成高压坝，配合地面有冷空气南下影响，湘中以北地区首先发生强降水，湘潭（290毫米）、辰溪（252毫米）、溆浦（206毫米）等7个县（市）下了特大暴雨，麻阳（164毫米）、宁乡（161毫米）等22个县（市）大暴雨；12个县（市）暴雨。雨区从北向南发展，19日南压到了郴州地区，19～23日攸县下了209.7毫米、株洲市302.5毫米、鄘县190.2毫米，6月中旬临武雨量250.2毫米、汝城249.4毫米、宜章140.4毫米。在这次连续暴雨袭击下，部分地区山洪暴发，受灾严重的有株洲、攸县、宁乡、湘潭、湘乡、麻阳、泸溪、辰溪、溆浦、沅陵、怀化、汝城、临武、宜章等14个县（市），麻阳县城街道水深2米，镇上房屋全部被淹。据统计，受灾面积2.64万公顷，旱地被水淹211.93公顷，减产粮食102.5万千克，倒房286栋零528间，毁坏桥梁316座，冲毁山塘223座，漂走耕牛5头，木材794立方米，淹死17人，伤15人。

6月23～30日，切变线再次北跳，同时雨带随着北抬，湘北发生连续性暴雨，如：南县降雨542.3毫米、安乡481.0毫米、华容454.4毫米、慈利433.5毫米、临湘415.2毫米，有18个县（市）为特大暴雨、6个县（市）大暴雨、8个县（市）暴雨，导致山洪暴发，江湖水位陡涨。7月4日城陵矶水位33.63米，7月6日湘江湘阴水位34.17米，湘北发生了严重的洪涝灾害，慈利、桑植、泸溪、龙山、安乡、石门、华容、岳阳、临湘、长沙等10个县（市）尤甚。共有6439个生产队受灾，水淹稻田17.58万公顷，水冲沙压失收约1000公顷，经济作物2200公顷，冲走粮食9075.73万千克、棉花1.75万千克，倒塌房屋169栋计10756间，崩垮水库10座，冲垮小型水库10座，其他水利设施3564处，岳阳、长沙境内因洪水溃垸28个，冲走木材998立方米，死大牲畜177头，因灾死亡38人，伤2人。

1965年　湖南发生区域性洪涝，受灾面积24万公顷，占当年播种面积的3.3%，成灾面积19.4万公顷，因灾减产粮食3.25亿千克。

4月下旬零陵地区普降暴雨，零陵（141.4毫米）、道县（176.5毫米）等7个县（市）下了大暴雨，导致山洪暴发，零陵、祁阳等197个公社、1210个大队受灾严重，冲垮水库20座、山塘1173口、河坝1009座，淹没和冲坏农田933.33公顷、淹没秧苗651.11公顷、经济作物8066.67公顷，倒房449间，因灾死亡7人、伤3人。

5月11日长沙下了暴雨，杨桥、金井等6个公社淹田8000公顷，倒屋700间，死1人。

5月12～15日，湘中一带连续下大到暴雨，累积总雨量最大的是醴陵269.4毫米，超过100毫米的站24个、超过50毫米的站39个。醴陵连降3场大到暴雨，其中13日降水134.3毫米，导致山洪暴发，河水陡涨，全县40个公社普遍受灾。

7月5～6日，湘中以北发生强降水，其中湘西自治州、岳阳及怀化北部有大暴雨或特大暴雨，过程降水在100毫米以上的有泸溪400.9毫米、浏阳320.6毫米、辰溪293.7毫米、溆浦158.5毫米等13个县（市），50～100毫米的14个县（市）。暴雨导致山洪暴发，部分地区水利工程和农业生产遭到了严重破坏，受灾严重的有岳阳、湘阴、平江、沅陵、辰溪、溆浦、长沙、浏阳等8个县（市）。据统计，这次洪灾共淹没农田5.41万公顷、旱土500公顷，水冲沙压1733.33公顷，摧毁各种水利设施4721处，冲倒房屋6347间，桥梁225座，冲毁水库4座、山塘1226口、河坝1296座，死伤108人。

1966年　湖南局部地区发生洪涝，受灾面积共8.47万公顷，占当年播种面积的1.5%，其中成灾面积1.8万公顷，因灾减产粮食0.665亿千克。

3月30日，新化大水，死亡1人，倒屋205间，坏房6007间，麦子损失70%。

6月27～29日，湘中以北降了中到大雨，其中张家界、湘西自治州、常德、岳阳、益阳、湘潭等地区普降暴雨或大暴雨，过程累积雨量慈利为360.5毫米、华容339.6毫米、临湘252.2毫米、岳阳250.3毫米、临澧246.1毫米、大庸155.1毫米，共28个县（市）达100～200毫米，13个县（市）达50～100毫米，暴雨造成洪涝灾害，桑植、大庸、常德、临湘、华容、平江等6县（市）受灾严重，共计受灾农田3.47万公顷，成灾7040公顷，绝收1780公顷，仅粮食就减产2415.5万千克，损失粮食39万多千克，有9座小型水库垮坝，损坏塘坝、水泵站等水利工程2341处，倒塌房屋575间，冲垮桥梁30座，死亡1人。

6月29日至7月11日，雨区缓慢南压，较大降水区域在中部偏南，过程总雨量醴陵达436.3毫米、靖县376.0毫米、株洲341.3毫米、沅陵245.8毫米、溆浦214.5毫米，共28个县（市）超过200毫米，51个县（市）达100～200毫米。醴陵连降5场暴雨，据水文站记载，巫水、渠水水量最大，渠水接近历史最高水位，巫水超过历史最高水位，一个多小时即陡涨3米多，山洪灾害使得怀化、常宁、醴陵、沅陵等县（市）受灾严重，共计被淹稻田1.15万公顷、禾苗2600公顷，冲垮水库7座、山塘77口、桥梁348座，淹死17人，冲毁房屋400栋零8间。

7月中、下旬局地暴雨造成山洪暴发，新化、桑植五道水区的八大公山、猫子垭、芭茅溪、龙潭坪、河口等地河水陡涨，洪水淹水稻2733.33公顷，损失稻谷0.965万千克，倒房563间，垮塘1142口，冲走水泵1台，冲坏河坝40多处，淹死1人。

1967年 湖南部分地区3月底至6月多雨，发生了洪涝灾害，加上8月2日衡阳的暴雨山洪，全省受灾面积共13.4万公顷，占当年播种面积的1.8%，其中成灾面积5.47万公顷。

5月3～4日，部分地区下了暴雨，湘北是强降水区，其中泸溪、凤凰、辰溪降了大暴雨，凤凰县腊尔山158.2毫米，竿子坪、吉信、三拱桥达200毫米，还有15个县（市）暴雨，凤凰、吉首等县（市）发生洪涝，损坏稻田139公顷，冲垮水库6座、水坝190处，冲走木材129立方米，被淹房屋75栋，冲倒53间，死亡3人，伤2人。

5月11日、5月28～30日，各有1次暴雨过程，主要区域在岳阳、长沙等地，其中11日汨罗159.9毫米、湘阴186.1毫米、浏阳的双江口224毫米，5月28～30日临湘、平江降特大暴雨，临湘382.9毫米，临湘县聂市镇老街房屋倒塌近半数，三湾铁路路基被冲坏，铁轨被扭弯，公路桥梁冲坏，交通、通信中断，这次暴雨成灾的地区有岳阳、临湘、平江、长沙、浏阳、新晃、通道等7县（市），受灾稻田7.44万公顷，经济作物损失90.1公顷，冲走油菜子5174千克，粮食损失7273千克，冲坏水轮泵21台、河坝547座、水库85座、其他水利设施2000多处、桥梁4处，塌房3.1万间，淹死耕牛37头、牲猪628头，因灾死亡75人，伤283人。

6月15～19日降水发生在湘中以北地区，大暴雨区集中在湘西自治州、张家界、岳阳等地区，如临湘（148.0毫米）、岳阳（110.6毫米）等5个站大暴雨，17站暴雨，19日大庸全县普降暴雨，县城107.6毫米，教字垭150毫米以上，引发山洪暴发，河水陡涨，仅教字垭洪水淹稻田133.33余公顷，冲毁稻田58.13公顷，大庸全县冲垮小（二）型水库3座、水利设施1500余处，流失木材1000立方米，淹死2人。

6月22日、6月30日至7月1日雨区南压，暴雨中心在湘东南局部，22日攸县降雨151.9毫米，6月30日至7月1日资兴降雨231.5毫米、酃县112.0毫米、茶陵105.6毫米，7月1日桑植降大到暴雨，澧水涨高7米多。山洪暴发造成资兴、攸县、桑植等县重灾，特别严重的有资兴县的城厢、旧市、坪石、三都、木根桥、香花等8个公社，这两次过程受灾面积达3946.67公顷，成灾面积为2880公顷，冲走国家粮食102万千克，集体粮食7500千克，减产粮食34万千克，256户倒房602间，冲坏水利工程4472处，其中水库9座，流失木材2000多立方米，因灾死亡47人，重伤28人。

1968年　6～8月湖南部分地区大水，受灾面积共16.73万公顷，占当年播种面积的2.3%，其中成灾面积3.13万公顷，因灾减产粮食0.835亿千克。

6月15日、6月24～30日两次降水，暴雨或大暴雨区都在湘中偏南地区，分别有大暴雨9站、16站，暴雨22站、31站。6月15日，酃县降雨182.8毫米、祁阳154.7毫米、新田123.4毫米、攸县101.1毫米。6月24～30日，临武降雨177.9毫米、宜章160.6毫米、衡阳市158.3毫米、湘潭117.7毫米，暴雨使湘江河水猛涨，连续出现3次洪峰，洪水浸入湘潭市区，河街、正街尽淹。暴雨还造成溆浦、湘潭、长沙等县（市）局部洪涝灾害，共计5300公顷农田受灾，成灾1786.67公顷，水渍6666.67余公顷，溃47垸，倒屋2665间，因灾死亡10人。

7月6～9日，长沙再次发生洪涝，9日湘江水位回升至37.89米，补种的秧苗全部被淹。8～9日强降水仍在湘东南，降雨超过50毫米的有资兴、郴州、宜章等，超过100毫米的有零陵、攸县、桂东、茶陵等，安仁281.6毫米为最大。这次大暴雨成灾的地区有攸县、茶陵及郴州部分地区。据统计，共有受灾人口105万，受灾面积2.69万公顷，成灾面积0.67万公顷，粮食减产1269万千克，冲倒住房7173间，冲垮桥梁677座，死大牲畜263头，冲走木材4906立方米，冲垮库、塘、坝、泵9352处，因灾死亡305人，伤219人。

6～7月岳阳市部分地方相继降暴雨，致使江湖水位不断上涨，洞庭湖水位高达33.88米，湘江水位34.39米。据统计，岳阳浸溃大、小垸33个，32个公社的161个大队受灾，农作物受灾1.43万公顷，其中1.01万公顷严重减产，1066.67公顷绝收，损失粮食40.76万千克，皮棉129万千克，倒塌房屋3.6万间，淹死、冲失耕牛117头，因灾死亡34人。

7～8月零陵大部分县（市）降水偏多0.8～2倍，造成50年来特大洪涝，零陵全区18000多个生产队受灾，受灾面积2.02万公顷，冲垮水库29座、山塘河坝2271座、桥梁590座、倒房3940间，因灾死亡41人。

8月28日零时，隆回县白马山东侧的袁家湾、大坪、白马山、白凼、木瓜山等地突降特大暴雨，引起山洪暴发，损失惨重：因灾死亡99人，冲失耕牛14头、生猪43头、山羊16只，冲倒房屋28座，冲毁农田42公顷，旱土40公顷。

1969年　湖南全省大水，4月开始多雨，6～8月暴雨频繁，受灾面积共54.13万公顷，占当年播种面积的7.4%，成灾面积21.27万公顷，减产粮食4.8亿千克。

6月下旬，高空500百帕天气图上，河套至高原有一低槽，切变线位于湘北一带，西南低涡一个接一个沿着切变线东移，加之东部有一小高压脊阻挡，湘中偏北地区6月25～26日、28～30日连续发生暴雨天气。这两次过程共有特大暴雨2站次、大暴雨16站次、暴雨37站次，两次过程累计雨量浏阳达297.5毫米、长沙343.3毫米，造成醴陵、长沙、浏阳等局部洪涝。据统计，有108个公社受灾，倒屋10271间，冲垮水利设施10056处、桥1032座，溃堤垸8个，因灾死亡42人。

7月15～18日，副热带高压呈南北块状，配合低槽及低层切变线共同影响，全省下中雨，其中湘西、湘北部分地区大暴雨或特大暴雨，降雨量：通道254.4毫米、古丈232.4毫米、大庸189.1毫米、辰溪186.1毫米，还有26站超过100毫米、22站超过50毫米。这次强降水造成了张家界、湘西自治州、常德、怀化地区洪涝灾害，山洪暴发，澧水陡涨，受灾严重的有大庸的禹溪、红土坪、王家坪、关门岩和新桥区的四个公社、湘西自治州北五县、古丈至吉首。溆浦县城于7月1日和7月17日两次被洪水淹没了河街，正街低处也进了水（略小于1954年的洪水）。桃源损失惨重，发生了历史上罕见的洪水。据统计，这次过程使得6.91万公顷稻田受灾，其中4.36万公顷成灾，还有7400公顷经济作物受灾，冲坏小型水库25座、山塘148口、沟渠680条、河堤2219处、桥梁1148座、公路350千米、小电厂房8处，冲毁建筑设施963处，冲失木材22239立方米，冲毁房屋76栋计560间，冲走和淹死耕牛263头、猪1533头，冲走粮食535千克，因灾死亡90人。

8月4～14日，台风登陆减弱北上，在湖南上空形成低气压，并与西风带低槽相结合，后又转受低槽、切变线影响，并且这段时间副热带高压主体偏东，湖南连续发生大范围暴雨或大暴雨，累计降水超过200毫米的28站，其中沅江降雨587.4毫米、益阳587.5毫米、桃江461.2毫米等，100～200毫米的40站，50～100毫米的20站。这次过程造成山丘区山洪暴发，湖区外洪内涝，溃垸倒屋，受灾严重的有安化、桃江、益阳、攸县、娄底、湘潭、长沙、宁乡等8个县（市）。据统计，受灾面积达16.19万公顷，成灾面积893.33公顷，粮食减产78.5万千克，冲垮水库29座、山塘2430口、桥梁1110座、河堤4775处，溃垸37个，垮屋16.31万间，因灾死959人、失踪244人、伤6人。

8月19～23日湘乡县下了特大暴雨，淹田1.47万多公顷，其中失收3842.33公顷，倒屋14623间，毁塘坝2378处、河堤11642处、水库2座、桥梁841座，冲走稻谷80多万千克，因灾死亡24人，伤122人。

8月25～30日，在湘中以北连续下了两场暴雨，共有21个站次暴雨和3个站次大暴雨（龙山157.6毫米、桑植141.6毫米、石门114.0毫米），桑植、涟源、洪江、大庸温塘一带和永顺北部普降暴雨，山洪暴发，河水陡涨，有9个县的180个公社受到不同程度水灾。据统计，稻田受灾3.63万公顷，失收200公顷，冲走粮食10.17多万千克，冲毁小二型水库18座、山塘800多座、水坝9000处，毁坏主要公路50多千米、桥梁50座，倒塌房屋1000多栋零14间，因灾死亡84人。

1970年 湖南部分地区洪涝，受灾面积共20.93万公顷，占当年播种面积的2.7%，其中成灾面积7.53万公顷，因灾减产粮食1.725亿千克。

4月29日至5月1日，邵阳市境内普降大雨或暴雨，隆回、洞口两县冲走、冲坏房屋535座，冲走大小桥梁423座，因灾死亡13人。

5月8～13日，全省有中到大雨，其中岳阳（103.2毫米）、临湘（143.3毫米）、湘阴（136.5毫米）、平江（154.0毫米）等34站大暴雨，还有45站暴雨。暴雨造成岳阳、宁乡、长沙洪涝，2.13万公顷农田受灾，其中2733公顷失收，倒屋286间。湘江出现两次洪峰，5月10日出现最高水位37.21米，麓山、湘麓两垸溃决。

5月28日，大庸全县普降暴雨，县城日雨量166.3毫米，澧水水位涨至161.7米，沅古坪、大坪等山区山洪暴发，洪水之猛为历史少见。

6月7日，临湘县和黄盖湖农场下暴雨，致使定子湖溃口，1727公顷农田严重受渍。

7月9～14日，全省普降大到暴雨，累计雨量50～100毫米的有35个县（市）、100～200毫米的有36个县（市）、超过200毫米的有16个县（市），如：醴陵299.4毫米、双峰290.4毫米、新邵282.6毫米、通道281.9毫米、邵东276.3毫米等，暴雨袭击了桑植、桃源、石门、临湘、株洲、攸县、邵阳、隆回、洞口等9个县（市）及怀化地区，沅水两岸灾情严重，洞口县山门老街进水两米多深。据统计，共淹没稻田1.16万公顷，1.68万公顷农作物受灾，失收水稻200.67公顷、棉花1000公顷，冲走粮食2.1万千克，倒塌房屋1318栋零10间，冲垮桥3座，流失木材51立方米，因灾死亡49人，伤41人。

1971年　湖南局部水灾，受灾面积5.87万公顷，占当年播种面积0.7%，其中成灾面积1.33万公顷，因灾减产粮食0.275亿千克。

5月18日9～11时，攸县坪阳庙公社下大雨，突然在洞岭、唐山、虎形岭的山上72处穿洞出大水，使双瓦、双松、双月、三联等四个大队，21个生产队严重受灾，2人死亡。

5月27日至6月5日，全省累计雨量有26站达50～100毫米，45站达100～200毫米，24站超过200毫米（如黔阳302.9毫米、新邵297.4毫米、平江293.1毫米、长沙262.7毫米等），强降雨中心位于湘中以北，多次暴雨引起山洪暴发。受灾严重的有平江、长沙、宁乡、浏阳等4个县（市）。据统计，全省受灾稻田2.01万公顷，成灾7120公顷，冲毁河坝514座，冲垮水利工程926处，其中小型水库2座、大小塘坝531处、水轮泵站1处，冲失木材160立方米，冲倒房屋2456间，因灾死亡24人，伤11人。

7月27日郴州受15号台风影响，嘉禾降雨106.3毫米，桂阳121.9毫米，造成山洪暴发，因灾死亡3人。

1972年　湖南局部水灾，受灾面积6.33万公顷，占当年播种面积的0.8%，其中成灾1.27万公顷，因灾减产粮食0.185亿千克。

4月下旬至5月上旬雨水相对集中，累计降水有21站次超过200毫米、57站次达100～200毫米、40站次达50～100毫米，特别是5月上旬连续两次暴雨过程中，芷江5月9日降雨283.2毫米、宜章5月6日54.6毫米。这段集中降雨期发生了局地洪涝，共淹没稻田1.09万公顷，成灾8360公顷，冲垮房屋59栋，冲坏河堤172处、山塘27处、桥40座、水库2座、水轮泵站26处，冲失木材22立方米，因灾死亡32人，4人失踪，伤55人。

8月18～19日，受台风影响，湘东南部分地区出现了14站次大暴雨、11站次暴雨，其中郴州 187.0 毫米、资兴 139.1 毫米、桂阳 138.7 毫米、蓝山 128.8 毫米、宜章 120.2 毫米、桂东 120.4 毫米，暴雨导致山洪暴发，桂东至酃县（现炎陵县）公路 73～75 千米处被洪水冲毁，中断交通半年多。因灾倒房 257 间，受淹稻田 4400 公顷，其中成灾 2540 公顷，粮食减产 255 万千克。

1973 年 3 月底至 8 月多暴雨，发生大范围洪涝，受灾面积共 48.67 万公顷，占当年播种面积的 5.8%，其中成灾面积 10.33 万公顷，因灾减产粮食 1.605 亿千克。

3 月 31 日至 4 月 2 日，嘉禾、桂阳、桂东、临武、汝城下了大暴雨，倒屋害稼，冲垮塘坝，因灾死亡 12 人，伤 74 人。

4 月上旬，全省累计雨量有 5 站超过 200 毫米、40 站达 100～200 毫米、41 站达 50～100 毫米。强降水集中在郴州、衡阳、永州、邵阳等地区及株洲南部，其中永兴 224.9 毫米、南岳山 222.3 毫米、醴陵 179.1 毫米。这次降雨造成醴陵、双峰局地洪涝，引起山洪暴发，冲垮塘坝 38 处，冲毁早稻秧田 48.67 公顷，毁坏春收作物 1400 公顷，双峰因灾死亡 17 人。

5 月 6 日，全省下小到中雨，新化大雨，引起局地山洪暴发，毁坏早稻 359.07 公顷，损失谷种 27573 千克，倒房 120 间。

5 月 31 日，湘中 17 站出现暴雨，4 站出现大暴雨，其中黔阳 145.1 毫米、新邵 141.7 毫米、洞口县月溪 156.2 毫米，隆回县望云山超过 200 毫米，六都寨、小沙江、司门前及洞口县的山门镇等地日雨量均在 100 毫米以上。隆回、洞口县水淹耕地 9500 公顷，新邵、邵东、隆回、洞口等县淹死 20 人。

6 月 19 日涟源柏树暴雨成灾，大水毁桥 2 座，26.13 公顷水田和 24.33 公顷旱地受灾，损失晚稻种 1817.5 千克。

6 月 21～25 日，全省普降暴雨，强降水分布在湘中偏北地区，有 8 站特大暴雨、32 站大暴雨、25 站暴雨，其中华容 267.1 毫米、临湘 240.3 毫米、安乡 239.4 毫米、株洲 237.5 毫米、桃源 219.8 毫米、湘潭 219.1 毫米、桑植 200.8 毫米，由于前期降水偏多，紧接着又降暴雨，而且来势猛，强度大而集中，造成山洪暴发，部分水库、山塘、水坝溢洪道和高排渠道崩垮，房屋倒塌，稻田冲毁，人畜伤亡，交通中断、工厂停产等。这次暴雨导致了张家界、湘西自治州、岳阳、长沙、株洲、邵阳、永州等地区受灾，其中受灾严重的有慈利、桑植、桃源、岳阳、长沙、宁乡、怀化市、株洲等 8 个县（市），89.42 万人受灾。加之湘、资、沅、澧和长江上游普降暴雨，致使洞庭湖和江河的水位猛涨，引起山洪暴发，渍水成灾，部分堤垸溃决。据统计，全省受灾面积达 11.35 万公顷，其中冲毁稻田 8.44 万公顷，严重损失 3206.67 公顷，其他经济作物 394.27 公顷，冲走现粮 1080 万千克，减产 212.5 万千克，损失种子 49.82 万千克，溃决大、小堤垸 30 个，冲垮塘、坝 613 个、小一型、小二型水库 31 座、河堤 7482 处，计 197.43 千米，冲坏水轮泵站 53 处、桥梁 991 座，冲毁房屋 3 万余间，冲走木材 4.4 万立方米，死亡大牲畜 454 头，因灾死亡 144 人，伤 111 人。

6 月 27～28 日安仁、宜章、汝城等县出现暴雨或大暴雨，28 日宜章雨量 82.1 毫米、安仁 92.2 毫米、汝城 122.6 毫米。共有 56 个公社、583 个大队、4446 个生产队受灾。累计受灾面积 2.73 万公顷，粮食减产 1588.52 万千克，垮水库 1 座、山塘 279 口、河坝 309

处，倒房屋3006间，冲走大牲畜394头，冲毁小水电站23处、抽水机、水轮泵28处，冲失木材2500立方米，因灾死亡51人，伤89人。

7月6～7日株洲的清水江降雨289.6毫米，大障216.6毫米，醴陵降雨130.5毫米、浏阳129.1毫米，还有韶山、长沙、攸县、茶陵等11站暴雨，铁河、渌江河水陡涨，沿河两岸洪灾严重，尤以清水江公社最重。据统计，稻田受灾面积4333.33公顷，其中成灾面积为2566公顷，经济作物31.13公顷，倒塌房屋500间，冲垮河坝288处。

8月13～17日，全省中到大雨，其中张家界、常德、永州、郴州等地区出现大暴雨或特大暴雨，受灾严重的有零陵全区、桃源、桑植等县，宁远境内在建中型水库——凤仙桥水库垮坝失事，库内790万立方米蓄水一泻而空。据统计，水灾淹没农田3.89万公顷，水冲沙压农田2827公顷，冲走粮食262.79万千克，经济作物受损145.8公顷，冲垮桥梁734座、渠坝336处、山塘3368处，损坏房屋43间、倒屋5544间，冲走木材1150立方米、楠竹4.7万根、牲猪86头，因灾死亡50人，伤14人。

1974年　湖南4～7月局地发生水灾，受灾面积10.6万公顷，占当年播种面积的1.3%，其中成灾面积2.27万公顷，因灾减产粮食0.45亿千克。9月湘西北还发生了秋汛。

4月30日至5月9日，大部分地区降水偏多，强降水主要在湘北地区，其中有7站特大暴雨，如华容201.5毫米、湘阴258.3毫米、平江202.4毫米等，还有大暴雨、暴雨各36站，特别是5月4～5日连降暴雨，湘中以北有5县（市）大暴雨、22县（市）暴雨，使凤凰、长沙等地造成了一定的灾害损失，共计农田受灾1.22万公顷，毁坏塘坝150处，桥梁110座，倒民房27栋零295间，冲失木材700立方米，因灾死亡26人。

6月10日，湘西自治州龙山县普降暴雨，全县冲坏稻田298.67公顷，其中126.13公顷严重受害，冲坏旱土471.27公顷，冲坏水坝9处、河堤35处、山塘2口、房屋27栋，因灾死亡1人。

6月20日、6月29～30日，湘西北、湘东北连续发生暴雨或大暴雨天气，两次过程出现了2站特大暴雨、7站次大暴雨、54站次暴雨，其中泸溪累计降水258.3毫米、龙山156.8毫米、长沙242.2毫米，使得上述县（市）遭受不同程度灾害，特别是龙山的内溪、红岩、洗车、他沙、农车、长潭等地受灾严重，泸溪县内车辆停驶6天。据统计，受灾稻田2233.33公顷，冲坏水利工程电站7处、河堤456处、山塘15口、公路11处，木材损失2722立方米，房屋倒塌26栋计124间，倒屋压死6人，伤8人。

6月，零陵全区普降暴雨，江华、道县山洪成灾，冲垮水库1处，全区6400公顷农田受灾，成灾1913.33公顷，减产粮食1000多万千克。

7月中旬，湖南有一个东北—西南向的强降水带，累计降雨超过200毫米的有7个县（市），如湘阴207.8毫米、平江231.3毫米、南岳山238.6毫米等，超过100毫米的有41个县（市），如会同194.0毫米等，同时长江中、上游、洞庭湖区普降大雨，江湖水位直线上升，7月17日城陵矶水位达32.51米，而且高危水位维持时间长，致使湖南发生了洪涝灾害，全省共冲毁塘坝2524处、水轮泵9座、河堤5399处计73.9千米、桥梁405座，倒塌房屋2091间，死亡大牲畜31头，因灾死亡1人，伤21人。

9月29日，湖南的常德、张家界、湘西自治州三地区出现了暴雨或大暴雨天气，其中石门降雨134.0毫米、慈利130.5毫米、桑植85.9毫米。桑植县普降暴雨，洪水成灾，仅次于1963年8月的特大洪水，有289.8公顷稻田被水冲沙压，365.53公顷旱粮作物受灾，流失木材3980多立方米，冲垮涵洞8个、小型桥3座，冲毁木船16只，因灾死亡10人。

1975年 湖南部分地区夏、秋大水，受灾面积共17.87万公顷，占当年播种面积的2.2%，其中成灾面积8.33万公顷，因灾减产粮食1.3亿千克。

4～5月，湖南长时间阴雨，其中零陵5月雨量达406.6毫米；4月中、下旬至5月上旬，岳阳市各县（市）均出现了连续10天总雨量超过200毫米的降雨过程；5月8～16日又连续发生了暴雨或大暴雨，累计雨量超过200毫米的县（市）有26个、超过100毫米的县（市）有37个、超过50毫米的有17个，强中心位于邵阳、娄底、零陵、衡阳、株洲、湘潭等地区，如新邵降雨295.9毫米、邵阳市283.9毫米、零陵252.4毫米等。长期阴雨又加暴雨袭击，造成局部地区洪涝，受灾严重的有零陵、邵东、隆回、湘潭、湘乡、岳阳等6个县（市）。据统计，受淹农田9.01万公顷，沙压933.33公顷，4000公顷棉花严重受渍，洪水冲毁水利设施539处，冲垮水库6座、堤垸562处、山塘414口、河坝567处，倒房7338间，死亡大牲畜108头，因灾死亡58人，伤70人。

6月5～6日，湘东南出现了7站大暴雨、10站暴雨，其中新田降雨209.7毫米、宁远169.4毫米、汝城160.9毫米、郴州154.1毫米、桂阳143.5毫米，桂阳飞仙5日14个小时降雨186.9毫米，舂陵江水位16个小时内上涨9.45米，桂阳城内受浸，桂阳、永兴、安仁、桂东、资兴等5个县（市）暴雨成灾。因灾死亡16人，伤29人，垮山塘1200多口，倒房163栋计566间，1.88万公顷农田受灾，成灾5260公顷，减产粮食426.5万千克。

6月9～10日，湘中以北有中到大雨，其中湘西北、湘北部分地区暴雨或大暴雨，累计雨量泸溪173.0毫米、桑植160.2毫米、龙山150.0毫米、大庸103.0毫米、慈利93.1毫米，导致桑植、慈利、大庸三县山洪暴发，河水陡涨。据统计，共淹没稻田1433.33公顷、经济作物1326.67公顷，春粮损产4.69多万千克，冲走粮食11.47万千克、油菜籽5000多千克、木材187.5立方米，淹死柑橘树16.67多公顷，损失晚糯种子7万多千克，冲垮桥梁2座、河坝107处、山塘37口、沟渠244条，冲毁房屋235间，淹死2人，桃江铁路指挥部洪水损失10万元。

7月1日晚，桑植四方溪公社又下暴雨，有9个大队47个生产队受灾，损失包谷11.55万千克。

7月25日至8月5日，受冷空气和台风的双重影响，全省出现大雨和暴雨，特别是8月4～5日受3号台风外围影响，导致湖南东部暴雨，累计降水超过200毫米的有5站、100～200毫米的28站、50～100毫米的34站，其中资兴降雨246.0毫米、耒阳213.8毫米、醴陵165.8毫米、株洲155.7毫米、攸县147.9毫米。暴雨导致山洪暴发，醴陵、攸县受灾最重，共有25个公社815个大队5975个生产队受灾，因灾死亡194人，伤565人，倒屋5.1万间，死牛226头，淹田土2.23万公顷，其中淹晚稻2.08万公顷、棉花476公顷、其他作物1066.67公顷，垮水库5座、山塘1031口、渠道3452处。洪水发生后，各级领导带领干部职工8200人，人民解放军指战员470多人，医疗队20多个380多人抗灾救灾，国家拨出救济款340万元，贷款95万元，各有关单位还捐献了3批物资赈灾。

慈利8月9日5～9时降大暴雨，庄塌日降水量193.5毫米，降水猛似“桶”泼，洪水陡涨，维持时间短。这次洪水之大仅次于1935年，损失严重。据统计，有5个公社、121个生产队受灾，晚稻被淹565.33公顷，冲毁棉花26.67多公顷，早稻400多公顷，冲垮房屋32间，冲走木材10立方米，冲走1人。

1976年 湖南发生大范围洪涝，全省4～7月70余县（市）先后暴雨成灾，受灾面积共33.67万公顷，占当年播种面积的4.1%，其中成灾面积10.73万公顷，因灾减产粮食1.955亿千克。

5月11～20日，湘西、湘南局部降水偏多，超过100毫米的县（市）20个，如新田降雨197.7毫米、双牌194.3毫米、宁远127.7毫米、道县116.6毫米，零陵地区普遍多雨，全区洪涝，共计138个公社1255个大队9562个生产队受灾，冲垮水库1座、山塘148口、桥梁315座，倒房283间，冲走木材1051方，淹没稻田3.89万公顷，因灾死亡8人。

5月21日至6月10日，较大降水集中在湘中以北地区，累计降水超过200毫米的县（市）有10个，超过100毫米的有63个，其中平江172.1毫米、岳阳145.9毫米，连续降水造成了岳阳地区和桃源县等地洪涝灾害，农作物受灾2.37万公顷，其中绝收6020公顷，减产粮食2520万千克、棉花200万千克，洪水还冲垮小型水库1座、其他水利设施983处、公路桥13座，溃垸2个，损坏房屋11栋、倒塌房屋4678间，冲走木材1250立方米，因灾死亡4人、受伤16人。

6月17～18日、6月22～24日相继在湖南部分地区出现暴雨和大暴雨天气，17日首先从东北—西南向开始（2站大暴雨、16站暴雨），18日南压到湘东南（3站大暴雨、2站暴雨），22～24日湘西北又降暴雨（3站大暴雨、8站暴雨），造成多处山洪暴发，水位上涨。据统计，全省淹田2953.33公顷，损失晚稻种子9.05万千克，冲毁桥15座、房屋94栋零47间，冲走木船13只，漂失木材3323立方米、木柴7万多千克、木板170多块，毁坏瓦片17万多片、水泥50多吨，因灾死亡3人，伤14人。

7月7～10日，湘南发生了暴雨和大暴雨天气，累计降水超过200毫米的有6县（市）、超过100毫米的3县（市）、超过50毫米的有19县（市），其中零陵降雨276.2毫米、道县232.9毫米、茶陵238.0毫米、江永203.2毫米、宁远155.2毫米、攸县119.6毫米、茶陵的江口公社277.0毫米，暴雨造成湘江水位上涨。7月12日，湘潭站湘江水位达41.26米，市区301个单位被淹，7939户进水，同时使湘水老埠头水位达107.18米，超警戒水位5.18米，为建站以来最高水位，最大流量达14700立方米/秒，是新中国成立以来最大一次洪水。洪涝灾害袭击了湘潭、茶陵、零陵，据统计，共淹没耕地5.33万公顷，经济作物1333.33公顷，损失粮食1.25亿千克，经济损失1876.04万元，倒塌房屋11803间，因灾死亡72人，四大堤垸出险110处，塌24处，冲垮水库1处。

7月13～14日，湘西北局部降暴雨（共4站暴雨），其中慈利83.4毫米、桑植的龙潭坪、五道水、芭茅溪、八大公山、猫子垭降雨220毫米，蹇家坡、岩屋口、河口降雨180毫米，廖家村、两河口降雨100毫米，凉水口、红花岭降雨80毫米，瑞塔铺和县城雨量 50 毫米。暴雨酿成山洪，使桑植全县 26 个公社、127 个大队、504 个生产队遭灾，淹没和水冲沙压水稻 387.2 公顷、旱粮作物 725.13 公顷、经济作物 102.07 公顷，冲走煤炭 1200 多吨、木船 5 只，冲毁桥 2 座、河坝 21 处，漂流木材 1483.5 立方米，因灾死亡 4 人。

1977 年　湖南发生大范围洪涝，受灾面积共 35 万公顷，占当年播种面积的 4.2%，其中成灾面积 15 万公顷，因灾减产粮食 4.125 亿千克。

5 月 9 日，湘中一带局部暴雨（共 7 站暴雨），临武出现大暴雨 135.9 毫米，使临武县武水、南强、汾市、沙田等公社遭受山洪灾害，冲毁稻田 239 公顷，渠道 2 条，桥梁 9 处，冲走木材 350 立方米，倒房 13 间，因灾死亡 6 人。

5 月 29～30 日，全省小到中雨，湘东局部暴雨（3 站暴雨），湘乡虞塘、东山急降暴雨，11 个公社严重受灾，湘潭县青山桥区 5 月 30 日山洪暴发，淹田 4000 多公顷，冲垮河堤 1824 处、山塘 933 口，倒屋 1309 栋，毁渠道 216.5 千米，因灾死亡 29 人，伤 128 人。政府拨款 54 万元，粮食 25 万千克，木材 702 立方米，竹子 1 万根，钢材 20 吨用以赈灾。

6 月 10 日，大部分地区小到中雨，其中湘乡至醴陵、保靖至黔阳两片暴雨区，共有 4 县（市）大暴雨、9 县（市）暴雨，其中湘乡降雨 146.1 毫米、醴陵 72.3 毫米；13～15 日大部地区降了中雨，其中张家界、湘西自治州、常德、岳阳、益阳等地区出现了大暴雨或特大暴雨，累计雨量岳阳 426.8 毫米、安乡 283.5 毫米、大庸 239.6 毫米，共有 8 站超过 200 毫米、14 站达 100～200 毫米、10 站达 50～100 毫米，岳阳市下了特大暴雨，为近 60 年间同期最大值。洪灾主要袭击了慈利、吉首、安乡、岳阳、湘潭、攸县、醴陵等 7 个县（市）。据统计，共有 10.92 万公顷稻田受灾，冲毁稻田 2.2 万公顷、失收 133.33 公顷，粮食减产 625.5 万千克，损失种谷 11 万千克，受灾棉花 2266.67 公顷。坏渠、河堤、塘坝 1 万多处、桥梁 719 座，溃垸 2 个，冲坏、塌房屋 8629 间，死牲畜 45 头，因灾死亡 54 人，伤 72 人。

6 月 30 日湘西自治州、怀化北部出现暴雨或大暴雨，其中泸溪降雨 185.9 毫米、吉首 103.0 毫米、沅陵 95.3 毫米、古丈 82.8 毫米，局地大暴雨造成了吉首、花垣洪涝灾害，共计淹田 1066.67 公顷，损坏房屋 36 栋 91 间，冲垮河坝 17 处，冲毁水电站 5 座，伤 20 人，共有 9 人因灾死亡，其中大龙洞水电站 3 位职工为抢救国家财产牺牲。

8 月 10～13 日湘西自治州、张家界、常德、岳阳、怀化北部地区下了暴雨或大暴雨，龙山降雨 188.4 毫米、桑植 180.8 毫米，共有 12 站超过 100 毫米，还有 9 站超过 50 毫米，13 日南岔 130 毫米、廖家村 131 毫米、陈家河 181 毫米、凉水口 217 毫米、龙潭坪 121 毫米、五道水 181 毫米、八大公山 108 毫米。短时的强降水造成了澧水北、中、南三源涨水 8.5 米以上，毛角口 8 月 20 日水位达 35.63 米，超过 1954 年最高洪水位，华容有 24 个公社全部受渍，受灾严重的是桑植、临湘、华容等县。据统计，渍水面积 3.59 万公顷，经济作物 646.53 公顷，漂失木材 540 立方米，冲走木船 5 只，经济损失 90 多万元，因灾死亡 2 人。

1978 年　5～8 月湖南部分地区发生暴雨洪涝，受灾面积 20.73 万公顷，占当年播种面积的2.5%，其中成灾面积6.87万公顷，因灾减产粮食1.215亿千克。

5月13～17日，湘南普降大到暴雨，永州、郴州两地区为大暴雨或特大暴雨集中区域，累计雨量江永243.8毫米、道县234.7毫米、新田205.2毫米等。这次过程超过200毫米的有3站、超过100毫米的18站、超过50毫米的26站。暴雨引起山洪暴发，18日湘水老埠头水位达105.87米，超警戒水位3.87米，流量12600立方米/秒，郴州、永州等地区不同程度受灾，共计稻田受淹8.36万公顷，其中成灾4.97万公顷，减产粮食2511.4万千克，冲垮水库1座、山塘575口、河坝452处、桥梁527座、小型水利设施2059处，倒房3009间、损房616间，冲走木材13421立方米，因灾死亡23人、伤12人。

6月10日，平江下了暴雨，南江、虹桥乡日雨量100毫米以上，致使倒塌房屋36间，冲坏山塘河堤65处，1333.33公顷农作物被淹。

6月12日，桃源县有30个公社暴雨成灾，全县6820公顷早稻、棉花、旱粮、秧田被水浸沙压，冲走木材570立方米，垮塌房屋9栋32间，冲垮山塘4口、河坝98处、田埂19337条，因灾死亡1人。

8月29日，桃源下暴雨造成历史罕见的山洪灾害，洪水冲淹晚稻田981.67公顷、冲毁棉花7.67公顷、旱粮214.87公顷、茶园26.33公顷，冲失木材2488立方米、楠竹21000根、粮食5500千克，冲垮小二型水库一座、山塘4口、河堤12条长44.5千米、公路7条长11千米、大小桥梁36座、房屋8栋38间、冲走牲畜13头、烧柴7.5万千克、磷肥23.05吨、氮肥1吨，损失达百万元，因灾死亡4人、伤5人。

1979年 湖南4月中旬湘西湘中局部、5月9～12日湘南、6月4～5日湘北湘西、6月20～21日湘中湘东、6月24～27日湘北、7月22日湘中局部及9月15～16日湘西局部皆发生暴雨洪涝，74县（市）的22.2万公顷农田受灾，占当年播种面积的2.7%，其中成灾面积11万公顷，死牲畜6200多头，倒屋5.15万间，垮小型水库9座，坏塘坝4.25万处，减产粮食1.99亿千克，因灾死亡330人。

6月4～5日，湘中以北有中到大雨，部分大到暴雨，其中湘西自治州、张家界、常德、益阳、岳阳等地区有大暴雨，石门累计降水166.8毫米、华容161.7毫米、临湘158.3毫米、桑植132.7毫米，共计大暴雨有17站、暴雨22站，特别是慈利、桑植、新化三县普降大暴雨和特大暴雨，引发河水猛涨，澧水水位突涨8米以上，洪涝造成交通阻塞、房屋倒塌、人员伤亡、电话中断等灾害。据统计，共冲淹农作物11.72万公顷，损失原粮33.32万千克，减产粮食518万千克、油菜籽6.05万千克，死伤大牲畜83头，冲走房屋101栋计686间，冲垮田坎、塘、堤坝34180处，冲毁公路238处计75千米，冲坏大、小桥梁1177座，冲失木材4220立方米，这次洪灾造成经济损失431.8万元，因灾死亡30人，伤27人。灾情发生后，各级党委发动干部群众抗灾自救，恢复生产，及时进行了妥善安排。

6月下旬，雨水相对集中在湘中一带，累计降水超过200毫米的有9个县（市）、100～200毫米的44个县（市）、50～100毫米的31个县（市），如怀化降雨433.2毫米、芷江365.6毫米、辰溪337.2毫米、冷水江294.5毫米、麻阳280.3毫米，从6月2～27日降水超过500毫米的有：怀化市降雨583.8毫米、芷江542.7毫米、辰溪527.3毫米、溆浦525.7毫米，沅水出现4次洪峰，沿河两岸受灾严重。这次降水持续时间长、受灾面积广，损失惨重。造成严重灾害的地区有辰溪、洪江市、麻阳、新化、芷江、溆浦、冷水江、隆回、洞口、邵阳，绥宁、攸县、岳阳、桃源等14个县（市）。据统计，共有8.3万公顷农作物受灾，成灾3.41万公顷，粮食减产1560万千克，冲走谷种2.8万千克、粮食70余万千克，冲垮水库、山塘、河坝1315多处，冲毁桥梁191座、小二型水库8座，冲坏公路62处50.7千米，冲失木材864立方米，损坏、倒塌房屋1222栋计3604多间，因灾死亡268人，伤1151人。

6月5日至7月20日，新晃县两次山洪暴发全县201个大队受灾，冲坏稻田92.27公顷，冲垮小二型水库13座，淹死5人、伤4人，铁路塌方中断运输36小时，320国道新晃段运输中断10天。

6月下旬、7月中旬，沅陵县山洪成灾，淹没稻田5466.67公顷，毁坏房屋125栋，因灾死亡14人。

7月18～21日，湘中以北下了大到暴雨，过程降水100～200毫米的有13个县（市）、50～100毫米的有28个县（市），强降雨中心位于湘东北和湘西北，如沅江降雨197.1毫米、平江191.9毫米、永顺138.7毫米、安化132.7毫米，暴雨引发山洪暴发，平江、桃源受灾严重，致使52个公社的440个大队受灾，淹没早稻8253.33公顷、棉花413.07公顷、旱粮577公顷，833.33公顷田地被水冲砂压，冲走粮食156万千克，冲垮小二型水库1座、山塘、河堰、河堤1708处、桥梁199座、渠道37处13.7千米，倒塌房屋681间，冲走木材130立方米，淹死13人。

8月12～21日，湘东发生强降水，累计降雨量超过200毫米的有3站，其中临湘248.5毫米、岳阳235.9毫米，超过100毫米的有24站、超过50毫米的有39站，亦造成了较大损失。

1980年　湖南春、夏季暴雨频发，导致4～8月洪涝遍及81个县（市），受灾农田共53.87万公顷，占当年播种面积的6.8%，其中成灾面积30.27万公顷，因灾减产粮食8.182亿千克，倒屋15.2万间，溃堤垸10个，垮小型水库9座，毁塘坝2.3万多处，冲毁桥梁2400多座，因灾死亡356人。

4月24日和5月7日，郴州地区大部分县下了暴雨，两次暴雨中心均在临武县，日降水量分别是102.9毫米、131.4毫米（其他县日降水量均小于100毫米），造成全区151个公社1437个大队11232个生产队不同程度受灾，3.13万公顷农田受淹，7033.33公顷早稻受损，减产粮食190.25万千克，冲走粮食19万千克，倒住房1280间、杂房2425间，冲失木材41541立方米，冲走耕牛13头、猪100头，冲垮桥梁618座，因灾死亡37人、重伤88人。

5月10日至8月20日，桑植先后发生9次全县性暴雨，山洪暴发，河水猛涨。澧水、溇水及其支流两岸稻田受冲淹，全县稻田受灾面积0.71万公顷，旱粮受灾1.25万公顷，经济作物受灾1353.33公顷，毁坏房屋3140间，冲失木材1216立方米，水利水电工程严重受灾205处，全县损失折价1231万元，因灾死亡7人，重伤7人。

5月13日至8月12日，常德地区先后遭受7次暴雨洪涝危害，雨量多、洪峰高、次数多、持续时间长，为历史所少见。受灾严重的是安乡、澧县、石门、汉寿等县，导致7个大垸漫溃，溃巴垸165个，倒塌房屋35955栋，死亡耕牛311头、牲猪18305头，冲走粮食7000万千克，财产损失折款4800万元，水利设施遭到严重破坏，因灾死亡141人、重伤1796人。各级政府用于抢险救灾的物资折款1700多万元，并下拨了0.95亿千克粮食、2000多万元钱救济灾民。

5月14日常德、岳阳两地区局部降了暴雨或大暴雨，其中常德下了大暴雨（120.0毫米），平江（74.7毫米）、汨罗（70.3毫米）等10站暴雨。其中汨罗县有19个公社213个大队的28.1万人受灾，淹没早稻1000公顷、经济作物1013.33公顷，损坏房屋16578间，倒塌房屋1729间，死大牲畜53头，冲垮塘堰352处、桥梁44座、渠道88处，因灾伤35人。

5月25日、5月30～31日湘北降了暴雨或大暴雨，两次强降水中心都在慈利县附近，第一次出现了1站大暴雨、13站暴雨，第二次出现2站特大暴雨、3站大暴雨、11站暴雨，5月25日慈利降雨118.3毫米，赵家岗188.0毫米，5月30～31日慈利降雨249.3毫米，刷新了该站同期的历史降雨量记录，暴雨造成洪灾。据统计，慈利全县5131个生产队受灾，21.4万人受重灾，农作物受灾面积1.89万公顷、其他经济作物664.67公顷。1753.33公顷农田遭受水冲沙压，损失春粮121.5万千克、油菜籽7万千克，冲毁房屋285栋659间，冲失牲畜23头、木材495立方米，冲垮山塘101口、小二型水库2座、河坝、渠堤4450处计11.3千米，冲毁公路215处、桥梁41座，淹死11人，重伤35人。

6月7日，通道县县溪1个多小时降雨77毫米，有7个大队35个生产队受灾，淹死1人。

6月17～18日，湘西北的沅陵（降雨176.4毫米）、古丈（174.7毫米）、石门（105.8毫米）降了大暴雨，另有9站暴雨，沅陵县有9个公社的91个大队受灾，冲毁稻田1253.33公顷，垮房15间，淹死3人。

6月25～26日，湘西自治州、张家界、常德三地发生暴雨或大暴雨天气，累计降水：桑植（219.9毫米）、石门（181.9毫米）、大庸（174.1毫米）、慈利（151.3毫米）等8站超过100毫米，还有4站超过50毫米，慈利、大庸暴发山洪，河水猛涨，澧水最高水位165.24米，大庸全县34个公社中有26个受灾。据统计，有1.89万公顷农田受灾，3333.33多公顷遭受水冲沙压，其中800公顷严重破坏，因灾损失粮食1250万千克，冲垮塘、坝、堤、渠3194处5.95千米，冲毁公路124.4千米计99处，冲垮小二型水库4座、桥梁75座，冲倒房屋124栋470间，冲走木材420立方米，直接经济损失624.96万元，因灾死亡5人，重伤18人。

7月4日湘西自治州出现强降水，共计有7站大暴雨、3站暴雨，其中永顺降雨153.4毫米、花垣109.8毫米、保靖189.2毫米、古丈149.4毫米，4个县均出现了较严重的经济损失。据统计有66个公社受灾，因灾死亡7人，直接经济损失逾千万元。

7月30～31日，慈利县内再次连降暴雨，县城日雨量106.9毫米，造成山洪暴发，全县213个大队1904个生产队受灾，198.23公顷农作物受灾，倒塌房屋18栋104间，冲毁塘坝14个、渠道26处，淹死5人。

7月31日至8月4日，湘中以北普降中到大雨，其中湘北5市（州）下了大暴雨或特大暴雨，过程累计降水量有花垣（281.2毫米）、石门（261.2毫米）、大庸（247.7毫米）等10站超过200毫米，另有19站下了100～200毫米、31站下了50～100毫米。暴雨引起山洪暴发，河水泛滥，澧水洪峰水位达163.39米，受灾严重的有慈利、大庸、龙山、保靖等县。据统计，有8000公顷农作物受灾，损失粮食900万千克、棉花2.2万千克，毁水利设施2478处，冲毁交通路面622处，塌方440处，倒塌房屋125栋零104间，冲走木材206立方米，因灾死亡21人，重伤2人。

7月底至9月初，岳阳市连降暴雨，造成山洪暴发，河水陡涨，内涝外洪。其中8月12日临湘、华容、岳阳出现了暴雨到大暴雨，雨量分别为：148.0毫米、95.0毫米、176.1毫米，加上长江水位急剧上升，8月30日至9月2日城陵矶水位33.71米，市内61个较大堤垸均超过警戒水位，有52个超危险水位，高洪水位维持1个多月，是岳阳市1950年以来第一次较大的秋汛，全市有184个公社2168个大队受灾。受灾农作物25.55万公顷，其中粮食作物23.01万公顷、经济作物2.43万公顷，3.07万公顷因灾失收，5.97万公顷严重减产，损坏房屋7.44万间，倒塌房屋1.34万间，死亡大牲畜824头，冲走、淹没霉变现粮1010万千克，浸溃巴垸116处，冲垮小型水库71座，塘坝562处，大渠道3112处，桥梁119座，公路446处，直接经济损失32274万元，因灾死亡52人。灾后各地政府既着重抓生产自救，同时发放救灾款246.1万元、木材1250立方米。

8月10～12日，麻阳县遭受了历史上少见的水灾，这次共降雨198.9毫米，加之上游贵州铜仁下雨198.0毫米，凤凰下雨164.0毫米，造成麻阳县境内洪水暴涨形成灾害，县内锦江河水位达148.5米，县城11日下午4时进水，12日上午才退去，被淹15小时，全县25个社（镇）有23个受了灾，受灾人口25.64万，粮食作物受灾面积3126.67公顷，冲走木材1129立方米，冲塌房屋899栋。

1981年　湖南春、夏、秋季发了大水，受灾面积共43.47万公顷，占当年播种面积的5.4%，其中成灾面积9.8万公顷，因灾减产粮食1.608亿千克。

4月14日，湘东南部分地区出现暴雨，郴州地区等16县（市）普降暴雨，其中永兴88.8毫米、桂阳81.9毫米，造成永兴、桂阳等县的253个公社受灾，垮塘351口，垮桥507座，倒住房656间，淹没稻田4.19万公顷，成灾4200公顷，直接经济损失2000万元，因灾死亡32人，伤54人。

4月17日22时至次日8时，澧县西北部东门，甘溪金山、太青等地出现特大暴雨，导致山洪暴发，508.2公顷农田被水冲沙压，毁堤45处长935米，倒房53间。

5月27日，湖南出现一条东北到西南向的降雨带，岳阳、衡阳及邵阳局部暴雨引发山洪，有6866.67公顷早稻被淹，866.67公顷农田被水冲沙压，冲垮山塘河坝646处、桥梁316座、公路46处，冲走木材294立方米，冲坏房屋1540间，冲倒房屋308间，因灾死亡10人。

6月27～28日，从湘北开始，出现了15站大暴雨、25站暴雨，强降雨区位于平江（降雨量177.7毫米）、湘阴、临湘一带和澧水流域，6月29日至7月1日雨带逐渐南压，强降雨区移到郴州、邵阳等地（桂东251.1毫米），有2站特大暴雨、11站大暴雨、36站暴雨，这次降水损失严重，慈利、桑植、大庸、临澧、临湘、沅陵、桂东等7县（市）受灾严重，有1.76万公顷农作物受灾，失收2733.33公顷，冲垮山塘15口，冲坏溪、渠、堤、坝1475处、水库4座、公路142处，冲毁房屋202栋计1770间，冲走木材1687立方米、木船3只，因灾死亡18人，伤1人。

7月19～25日，湘南普降大到暴雨，降雨中心位于道县，降雨量215.5毫米。蓝山降雨204.2毫米、新田187.7毫米、宁远185.3毫米、宜章169.6毫米、桂东157.7毫米（共有2站超过200毫米、23站达100～200毫米、19站达50～100毫米），上述各地山洪成灾，导致郴县大新水库垮坝，损失15万元。零陵地区有135个乡受灾，共计倒房1229间，冲坏山塘129口、河坝181座、渠道135处、桥梁181座、公路29处，冲走木材5022立方米、楠竹13.6万根、锰砂2500吨，耕地受淹2.39万公顷，因灾死亡11人，伤38人。

8月10～18日，华容大暴雨成灾，淹田损害庄稼，倒屋伤人畜，冲毁桥梁及水利设施。

10月17～19日，醴陵、攸县出现大暴雨，淹田损害庄稼，倒屋伤人畜，冲毁桥梁及水利设施。

1982年　湖南发生大范围洪涝，尤以湘中6月中旬最为严重，全年全省受灾农田44.8万公顷，占当年播种面积的5.6%，其中成灾面积17.6万公顷，减产粮食4.791亿千克，倒屋15万多间，死耕牛1.25万头，因灾死亡365人。

5月9～10日，湘东南部分地区出现了大到暴雨，攸县（163.1毫米）、道县（122.1毫米）两站大暴雨，茶陵（56.3毫米）等5站暴雨，造成了茶陵、桂阳局部洪涝灾害，共计淹没稻田8066.67公顷，烤烟78公顷，黄豆301公顷，小麦171公顷，冲倒房屋251余间，因灾死亡13人。5月上旬邵东也因暴雨成灾，淹田倒屋毁桥梁及水利设施。

5月28日，湘潭暴雨成灾，其中韶山降雨134.2毫米，淹田4666.67多公顷，倒屋1067间。

6月11～19日，高空天气图上，亚洲中、高纬度由平直西风环流向经向环流调整，乌拉尔山地区高压脊发展，贝加尔湖附近是一低槽，不断从河套至高原分裂低槽东移，与切变线共同作用，强降雨停滞湘中一带，攸县降雨409.4毫米、衡山390.4毫米、醴陵344.2毫米、茶陵326.7毫米、邵阳市317.4毫米、双峰306.2毫米，还有邵东、衡东、衡南、祁东、石门、澧县、安乡等县均在300毫米以上，24站超过200毫米，44站达100～200毫米、23站达50～100毫米。21～22日，强降雨中心向北抬至张家界附近，龙山143.3毫米、桑植100.2毫米，还有26站达50～100毫米。大面积暴雨或大暴雨使江河暴涨，岳阳辖区61个主要堤垸中有50个进入防汛水位以上，其中26个超警戒水位，8个超危险水位，2个超1954年来最高水位。洪峰时，辖区内涝面积就达2.58万公顷，造成铁路中断，公路淹没。县城老街水深达1.8米，河流改道，交通中断，部分工厂停工，学校停课，大部分灾区有房屋倒塌、水利设施损坏、人员伤亡等。受灾严重的有攸县、茶陵、株洲、双峰、涟源、新化、邵阳市、湘潭、安乡、临澧、桃源、石门、澧县、慈利、桑植等15个县（市）。据统计，共有17.65万公顷稻田受灾、失收2066.67公顷，经济作物受灾1206.67公顷、其中失收85.87公顷，损失谷种43万多千克，冲走春粮14.32万千克、木材73立方米，冲垮塘、河堤、坝962处6240米、渠道126处5202米、冲毁水库设施386处、冲坏公路5处计16.63千米、桥2010座、中型水库2座、小型水库4座、11处水电站、121处排灌站，倒塌房屋43656间，死牲畜382头，经济损失1668万元，因灾死亡141人（其中茶陵89人），伤55人。

7月24～25日，攸县又发生暴雨淹田。

7月28日2～8时，慈利县陡降暴雨，1～2小时最大降雨量达90～130毫米，导致山洪暴发，阳和、许家坊等12个公社的2066个生产队受重灾，稻田受灾面积达4133.33公顷，失收1200多公顷，冲毁水利设施1774处、山塘21口、溪坝717处、渠道399处14822米、公路54处7200米、公路桥4座，倒塌房屋34栋93间，冲走大牲畜5头、木材21立方米，损失粮食649万千克、棉花33.37万千克，折款约40万元，淹死3人。灾后各级领导组织3.6万人救灾，恢复生产。该日还有龙山降雨101.8毫米，古丈、永顺、花垣下了暴雨，均造成一定灾害。

1983年　湖南春、夏大水，洞庭湖区严重渍渍，山丘区61县洪涝。5月11～14日、6月初、6月18～21日、6月25～27日、7月4日及7月13～14日分别出现大范围暴雨洪涝。全省受灾面积共59.93万公顷，占当年播种面积的7.7%，其中成灾面积30.47万公顷，死牲畜2.68万头，倒屋13.9万间，损坏各种水利设施14万多处，减产粮食9亿千克，因灾死亡286人。是年洪水以6月下旬至7月上旬最为严重，其间共有52个县（市）洪涝，洞庭湖区及澧阳平原一片汪洋。

2月下旬，湘南即出现暴雨，旬雨量达100～200毫米，3月又连降暴雨，郴州地区月雨量均超过历史同期最高记录，公路运输大多中断，因灾死亡21人。

5月3～4日，湘北部分地区降了大到暴雨，过程降水以临湘102.5毫米为最大，岳阳（74.2毫米）等9站达50～100毫米，临湘县27个公社的26个大队受灾，淹没早稻4466.66公顷，损失粮食1909万千克，倒房314间，损失约294.3万元，因灾死亡1人，伤9人。

5月10～11日，邵阳、娄底、株洲等地区下了大到暴雨，局地大暴雨，新邵降雨110.8毫米，酃县（88.0毫米）、双峰（68.6毫米）等8站达50～100毫米，株洲的朱亭92.0毫米，上游水库112.4毫米，淦田104.7毫米，因雨大暴发山洪，双峰、株洲县受灾严重。共有1.41万公顷早稻受淹，其中沙埋2333.33公顷，冲毁经济作物216.33公顷，垮塘、堤、坝2817处、渠道3001处，冲毁公路1820米、桥梁32座、小水电站1座，倒高压电杆4根，倒房屋213栋951间，淹死耕牛4头、猪31头，冲走鱼价值51.4万元，经济损失686.4万元，因灾死亡3人，伤22人。

5月25日，湘东南局部暴雨或大暴雨，嘉禾降雨121.3毫米、耒阳104.0毫米。嘉禾县17个公社不同程度受灾，淹没早稻2773.33公顷，成灾544公顷，冲坏道路204处、渠道545处，淹没烤烟370公顷、黄豆200公顷，冲倒房屋57间，直接经济损失75万元，因灾死亡1人。

5月湘潭县青山桥区山洪暴发，淹田2093.33公顷，沙压325.33公顷，毁塘、坝489处、河堤1241处，倒屋106间。

6月20日，湘南出现暴雨或特大暴雨，茶陵降雨270.7毫米、安仁222.4毫米，还有5站大暴雨、17站暴雨，安仁县造成洪涝灾害，全县因灾垮山塘330口、渠道518处、河堤河坝269处，淹没稻田6986.67公顷，损失晚稻种117千克，冲走现粮32.5万千克，淹没烤烟、花生等作物263公顷，倒塌房屋1160间，死亡大牲畜210头，因灾死亡5人，伤18人。

6月25～27日，澧水流域降了暴雨或大暴雨，过程降水：桑植（384.9毫米）、龙山

（140.1毫米）、慈利（126.2毫米）等4站超过100毫米、还有10站超过50毫米，慈利县下设雨量点记录：陈溪峪水库124.5毫米、江垭124.6毫米、双枫潭141.0毫米、索溪峪221.0毫米、九龙水库223.4毫米、廖家村379.2毫米、南岔362毫米，加上溇、澧两水上游有大量洪水泻下，导致山洪暴发。据龙山县红岩水文站测定：该处河流最大流量达417立方米/秒，比历史上最大流量还大26立方米/秒。此次洪涝使慈利、桑植、大庸、龙山等县严重受灾，澧水河畔一片汪洋，城镇居民被洪水围困达10小时，工厂停产、商店停业、学校停课，商业财产损失达269.2万元，9.74万公顷稻田受灾、失收1.08万公顷，6.98万公顷旱土、经济作物受灾、失收5173.27公顷，损失粮食1.6亿千克，冲走粮食50万千克、棉花20万千克、烟叶100万千克，倒塌房屋5088栋，冲坏公路456处计224千米、山塘373口、溪河堤坝1817处、渠道468处计435千米、大小桥梁281座、中小型水利工程3878处，冲毁电排68处、水泵5台、小水电36处、变压器4台，冲走耕牛3头、牲猪180头、鱼塘养鱼235万尾、木船20只、木材10863多立方米，水淹厂房、仓库49栋，这次洪灾累计直接经济损失10473.23万元，因灾死亡64人、伤124人。另外6月28日国家森林公园张家界遭洪水袭击，河床改道，冲坏石桥3座、房屋28间，数百名游客受困山中，损失达28.76万元。

6月25日至7月上旬，常德、安乡、澧县、石门、临澧受特大洪涝灾害影响，灾情超过了1980年，全区漫堤63处，破堤蓄洪2处，死耕牛159头，损坏房屋71181栋计23.6万间，倒塌房屋6461栋计1.9万间，冲垮山塘146912口、河坝3086处、堤垸4179处、渠道5220处、排灌站102处，冲坏渡槽31处、公路1310处、桥梁403座，冲走木材2480立方米，损失折款87.8万元，因灾死亡60人、重伤252人。

7月7～8日，湘中以北降了暴雨或特大暴雨，过程降水：平江（339.2毫米）、慈利（331.5毫米）、桑植（330.7毫米）、临湘（259.2毫米）等15站超过200毫米，还有14站达100～200毫米、5站达50～100毫米，暴雨导致山洪暴发，江河猛涨，汨罗江水位7月9日达75.97米，超警戒水位6.97米，7月10日城陵矶水位高达34.21米，岳阳市61个堤垸全部超危险水位，有6个堤垸超1954年最高水位0.1～0.61米，45个较大的内湖有30个超过控制水位，慈利、大庸、平江、汨罗等县遭受严重灾害。据统计，共有8.99万公顷农田受灾，其中水淹4.93万公顷，水冲沙压1.52万公顷，减产粮食1.076亿千克，冲毁鱼池10.4万公顷，水淹房屋222栋，冲倒冲走房屋13万多间，冲垮山塘74口、溪坝7698处2.45千米、渠道631处1.59千米、桥梁66座、水库1座，冲坏公路1847处110千米，毁坏机埠、水泵179处，漫溃大小堤垸66个，这次灾害经济损失3.43亿元，因灾死亡86人，伤499人。

7月13～14日，湘西北局部出现暴雨或大暴雨，龙山降雨139.0毫米，还有2站暴雨，这次强降水过程使龙山县5个区、18.9万多人遭受重灾：水淹稻田5886.67公顷，绝收1960公顷，冲毁桥梁169座，水淹房屋2639间，直接经济损失达1116万元，因灾死亡7人，重伤35人。

8月8日，双峰荷叶90分钟降雨82毫米，淹田166.67公顷，其中沙埋12.4公顷，垮河堤205处。

1984年 湖南4～6月部分地区暴雨，全省有63个县（市）遭受不同程度的洪涝灾害，农作物受灾面积共 26.13 万公顷，占当年播种面积的 3.4%，其中成灾面积 9.67 万公顷，减产粮食 2.563 亿千克，死伤 1200 人，倒塌房屋 10.2 万多间。8 月底发生的台风外围暴雨使湘东南局地遭受了水灾。

4 月 2～11 日，大部分地区普降中到大雨，其中湘中以北有暴雨或特大暴雨，过程降水：平江 256.8 毫米、湘阴 208.7 毫米、汨罗 206.1 毫米，还有 44 站达 100～200 毫米、40 站达 50～100 毫米。特别是 4 日晨 2～6 时平江部分地方降雨 100 多毫米，由于雨量集中，江河水位猛涨，县城关水位高达 72.1 米，超警戒水位 3 米多。汨罗、平江暴发了山洪，共计 42 个乡受灾，冲垮山塘、渠坝，淹没农田，倒房屋 3886 间，经济损失计 749.2 万元。4 月 4 日，汝城因降暴雨引发两次泥石流灾害，冲路毁田倒屋，死亡 2 人。

5 月 30 日至 6 月 1 日，受西南暖湿气流和地面冷锋的影响，自北向南先后有 57 个县（市）下了暴雨，其中衡阳、邵阳、及株洲、怀化南部有特大暴雨或大暴雨，如衡阳 218.1 毫米（5 月 31 日降水量达 217.4 毫米，破 1933 年以来的日降水量记录）、醴陵 168.5 毫米、靖县 192.0 毫米，共有 16 个县超过 100 毫米，有 11 个县超过历年同期日降水量的极值，致使江河水位猛涨。水灾遍及 63 个县（市），醴陵、衡阳、祁东、衡南、黔阳灾情严重，共计倒屋 4.2 万间，倒杆 1 万余根，垮水库 24 座，毁小水电站 266 处，冲走木材近 1 万立方米，因灾死亡 111 人。6 月 2 日，醴陵渌水水位达 56.5 米，市区解放路水深 1 米，因灾死亡 29 人。

6 月 14 日，湘北出现了暴雨或大暴雨，永顺降雨 181.8 毫米、安化 118.9 毫米，还有 13 站暴雨，永顺、石门、桃源县的 63 个乡受灾，共有 2.26 万公顷农田受灾，损失粮食 4400 万千克，冲坏河堤 5.49 千米、水渠 2.71 千米、公路 373 处计 34 千米，冲毁桥梁 114 座，损坏房屋 1197 栋，倒树 20 万株，直接经济损失达 1515 万元，因灾死亡 6 人，重伤 8 人。

6 月 23 日，石门又出现大暴雨，经济损失 35 万元，因灾死亡 4 人、伤 2 人。

6 月 25～26 日凌晨，娄底、涟源部份地区暴雨成灾，娄底降雨 114 毫米，共 372.27 公顷农田受灾，冲走鱼苗 2023 万尾，成鱼 7.5 万尾，经济损失 75.8 万元，因灾死亡 5 人。6 月 26 日，华容下了暴雨（但县城末达暴雨量级），淹没农田 1067 公顷，渍水 1 米多深，因灾死亡 1 人。

8 月 30 日至 9 月 1 日，受台风影响，湘东南出现暴雨，郴县南部特大暴雨，8 月 31 日，衡南南溪、粗石园两地降水分别为 246.8 毫米、302.7 毫米。造成郴县南部，南溪永春、良田、坳上等 14 个乡倒塌房屋 3878 间，损失粮食 280 万千克，死大牲畜 229 头，冲毁水渠 665 处，毁公路 200 米，直接经济损失 670.2 万元，因灾死亡 20 人，伤 24 人。

1985 年　湖南局部地区发生水灾，受灾农田共 16.33 万公顷，占当年播种面积的 2.2%，其中成灾面积 6.33 万公顷，减产粮食 1.612 亿千克。

5 月 26～28 日，湘南发生强降水，江永（170.6 毫米）、靖县（152.1 毫米）、江华（136.8 毫米）、新晃（132.5 毫米）等 5 站降雨超过 100 毫米，还有 36 站超过 50 毫米，沅水、潕水、渠水水位猛涨，28 日老埠头湘水超警戒水位 3.95 米，流量 12700 立方米/秒。受灾严重的有芷江、新晃、洪江、靖州、通道、酃县和零陵全区 11 县，共有 333 个乡（镇）的 72.99 万人受灾，淹没稻田 4.12 万公顷，损毁桥梁 214 座，流失木材 2430 立方米，冲垮小二型水库1座、山塘742口、河堤1444处120米、小水电站66处、房屋247栋计6117间，因灾死亡39人，伤65人。

6月3～7日，大部分地区普降中到大雨，强降雨中心位于湘东北和湘西北，溆浦（259.1毫米）、平江（150.2毫米）、岳阳（121.8毫米）、汨罗（103.9毫米）等23站降雨超过100毫米。暴雨造成了岳阳市、平江县、汨罗市发生洪涝灾害，农作物受灾1.03万公顷，水冲沙压593公顷，减产粮食850万千克，冲垮山塘、堤坝9636多处、渠道275处0.9多千米、桥梁58座、鱼池180公顷，倒塌房屋3281间，损失约3042万元。

6月20日10时30分至12时，涟源茅塘降雨125毫米，洪水使得59.53公顷农田受灾，其中失收24.87公顷，倒房12间，因灾死亡6人。

7月3日，双峰井字镇降雨120毫米，使得3503.67公顷早稻受灾，其中20.27公顷失收，冲垮山塘50口，冲毁桥梁4座。

8月20～21日，醴陵八步桥降水110毫米，暴雨造成局地山洪暴发，全乡有15个村遭受了严重洪灾，晚稻77.33公顷和经济作物4.25公顷被淹，损失稻谷2.3万千克，还有200多处山塘、河坝、渠坝等水利设施和2座桥受到不同程度的损坏，全乡直接经济损失约4.16万元。

8月24～25日，台风影响郴州地区，郴县高峰水库21小时降雨248.5毫米。桂阳、汝城、郴县、资兴、宜章等县计169个乡的28万人受灾，倒屋7000余间，因灾死亡169人。

8月29日，株洲市1小时降雨71.9毫米，由于下水道排水不及，市内部分街道积水0.3米多深，致使新华橡胶厂、市木器厂公园路商店、市熨斗厂等单位仓库损失折款5.9万元。

8月30日，桃源有6个乡出现特大暴雨，倒房308间，造成6人受伤，各种损失197.3万元。

1986年　湖南沅水、澧水流域等地区发生洪涝，受灾农田共20.87万公顷，占当年播种面积的2.8%，其中成灾面积8.4万公顷，减产粮食1.971亿千克。主要时段是6月20～23日、7月1～5日、7月16～21日。

5月26日发生了分散性暴雨，洞口降雨207.8毫米，还有吉首（93.0毫米）等7站暴雨。该日4时10分至6时20分，新化水车夕溪降雨115.0毫米，造成新化县800公顷农田受灾，其中沙压303.33公顷，失收26.67公顷，冲走鱼苗200多万尾，冲垮河坝5800多米，鱼塘551口，桥17座，经济损失120多万元。

6月2日，南岳山（128.3毫米）、会同（111.2毫米）等降大暴雨，还有桂阳、隆回、浏阳等10站降暴雨，暴雨造成会同、靖州两县的34个乡（镇）受灾，被洪水淹死4人、失踪2人，冲毁稻田800公顷，冲垮桥梁40座，流失木材2100立方米，冲走房屋32栋，冲淹电站3个。

6月4日，湘西北和醴陵附近出现了1站大暴雨、4站暴雨。醴陵降雨52.4毫米，使渌江洪峰超过警戒水位3米多，醴陵市有23个乡（镇）受洪灾，冲倒房屋82间，被淹早稻8260公顷、晚稻秧田1033.33公顷，损失约70多万元，还有2150处水利设施不同程度受损。

6 月 20～23 日，受高空切变线和地面静止锋影响，全省有 48 个站出现暴雨或大暴雨，强降水集中在湘中一带，26 个县出现洪涝，有 11.77 万公顷农田受灾，倒损房屋 24850 间，损失粮食 1.88 万吨，经济损失达 1.4 亿多元，因灾死亡 45 人，伤 482 人。

7 月 1～5 日，全省有 34 个县降暴雨，2 个县降大暴雨，11 个县遭受洪涝灾害。据统计，淹没稻田 1333.33 公顷，损失粮食 900 多万千克，经济损失 451 万元，因灾死亡 5 人，伤 11 人。

7 月 16～21 日，在中、低层切变及低涡共同影响下，沅水、澧水流域和滨湖区先后降暴雨，常德、湘西自治州两地区受灾严重。据统计，有 1.19 万公顷农田受灾，损坏房屋 140 间，倒塌房屋 27 间，直接经济损失逾 300 万元，因灾死亡 5 人，伤 29 人。

1987 年　湖南发生大范围洪涝。6～7 月 3 场大暴雨，加上长江洪峰入湖影响，滨湖局部地区发生渍涝灾害。4～8 月，全省降暴雨 188 站次，大暴雨 29 站次，发生局部山洪灾害 14 次。10 月秋雨绵绵 20 天，并出现暴雨 48 站次，致使湘中一带发生秋涝。年内全省洪涝面积 48.8 万公顷，占当年播种面积的 6.5%，其中成灾面积 18.2 万公顷，减产粮食 3.066 亿千克，受灾人口 621.01 万，倒塌房屋 2.7 万间，直接经济损失 2.3 亿元，因灾死亡 167 人。

5 月 10 日，长沙、娄底、益阳三地区出现了 5 站暴雨，其中双峰洪山、杏子、龙田 2 小时降雨 78 毫米，造成 853.33 公顷农田受灾，83.4 公顷失收，倒房 160 间，经济损失 40 万元。

5 月 13～19 日，湘中以南部分地区降了暴雨或大暴雨，宜章（137.6 毫米）、会同（132.5 毫米）、涟源（127.6 毫米）、冷水江（115.3 毫米）等 11 站超过 100 毫米、还有 35 站超过 50 毫米。19～20 日，株洲县降雨 105.9 毫米，暴雨造成了局地洪涝灾害。涟源、娄底、株洲县等县（市）统计，有 2.87 万公顷农田受灾，其中早稻 1.19 万公顷，春收作物 6200 公顷，经济作物 2673.33 公顷，估计渔业损失 41.32 万元，冲垮渌口水电站闸门 2 个，毁堤、坝、山塘 3679 处，渠道 1204 处 10.8 万米，冲坏桥梁 97 处，倒房 251 户 430 间，损失牲畜 1116 头，经济损失 3709.16 万元，因灾死亡 6 人，伤 52 人。

6 月 6～15 日，全省普降中到大雨，其中湘北部分地区有暴雨或特大暴雨，临湘降雨 211.5 毫米，还有常德（179.4 毫米）、南县（171.7 毫米）、岳阳（167.4 毫米）等 19 站达 100～200 毫米，46 站达 50～100 毫米。暴雨使临湘、岳阳、华容、古丈、花垣的 126 个乡（镇）场遭受严重灾害，据统计，有 4.18 万公顷农田受灾，成灾 1.99 万公顷，损失稻种 26.9 万千克，洪水冲坏公路 15 处，冲垮山塘 67 口、渠道 34 处，损坏、倒塌房屋 3794 间，因灾死亡 10 人，伤 37 人。

6 月 23 日，溆浦、怀化两站降了暴雨，龙山县再次出现大暴雨，日降水量达 134.0 毫米，其中 3 时 20 分至 5 时 20 分两个小时降雨 101.0 毫米，龙山县内溪、红岩等 17 个乡的 54288 人受灾，2666.67 公顷农田受灾，损坏房屋 68 间，倒塌房屋 36 间，经济损失 476 万元，因灾死亡 4 人，伤 3 人。

6 月 27 日，安仁（82.3 毫米）、新田（64.2 毫米）降暴雨。酃县十都乡、沔渡乡共 15 个村受灾，损坏房屋 8 间，受灾农田 100 公顷，冲毁防洪堤 620 米，毁小桥梁 13 座。

7 月 1～4 日，湖南有一条东北到西南向雨带，强中心在邵阳、娄底、益阳、常德、岳阳等地区，过程累计降水：洞口（159.5毫米）、临湘（118.4毫米）、安乡（101.1毫米）等9站超过100毫米，还有35站超过50毫米。暴雨导致岳阳市38个乡（镇）场的250个村受灾，农作物受灾2.05万公顷，成灾1.67万公顷，0.84万公顷基本无收，倒房屋340间，伤5人。

7月20～21日，湘西北部分地区出现了暴雨或大暴雨，大庸（179.9毫米）、永顺（142.3毫米）、桑植（127.4毫米）等5站超过100毫米、还有3站超过50毫米，洪水使澧水、资江陡涨，局地山洪暴发，桑植、大庸、龙山、永顺、新化县的60个乡18万多人遭受到了严重灾害。据统计农作物受灾面积达1.55万公顷，其中失收3040公顷，造成粮食减产900.5万千克，经济作物损坏846.67公顷，毁坏房屋1645间，冲垮渠道471处3574米、山塘22口、河堤970处、公路222处，直接经济损失1084.25万元，因灾死亡7人、伤2人。还有2千余名游客受困于天子山上。

7月28日、29日，先后在湘西南、湘东北至湘中一线出现了暴雨或大暴雨，28日双峰荷叶镇降雨193.5毫米，29日湘阴（122.8毫米）、汨罗（110.6毫米）、湘乡（115.4毫米）、湘潭（霞岭227毫米、上石坝水库210毫米）等9县（市）降大暴雨，还有22县（市）暴雨。双峰、湘阴、湘乡、湘潭等4县（市）局地发生洪涝，共计3.6万公顷农田受灾，其中晚稻4466.67公顷，失收53.33公顷，冲垮塘坝1150处、渠道2824处，冲坏公路80多处368米、桥梁34座，倒屋524间，570多人被洪水围困，损失牲畜54头，经济损失折款1200万元，因灾死亡2人，伤2人。

8月14日16～17时，酃县一小时降水量达55.8毫米，冲毁溪河1条，损失水泥100吨，经济损失折款1500元。

8月20日桑植县普降大到暴雨，引起山洪暴发，县内29个乡的17.2万人受灾，淹死8人，损坏房屋70栋172间，农作物受灾9866.67公顷，损失粮食503.5万千克，冲走木材1095立方米、耕牛5头、猪11头、山羊5只，冲毁渠道5.4万米，中断交通4条计90千米，冲毁桥梁3座，直接经济损失543万元。

8月27～28日，湘西北局部降了暴雨，其中龙山降雨70.7毫米、大庸69.1毫米、花垣82.0毫米、保靖73.8毫米，凤滩电站关闸而导致水位猛涨至208.6米，超凤滩最高水位线（205米）3.6米，这次洪涝共造成40个乡受灾。9533.33公顷农田受灾，失收1266.67公顷，损坏房屋1680间，倒塌房屋186间，各类直接经济损失逾千万元，因灾死亡2人，伤8人。

10月4～24日，高空500百帕天气图上，亚洲中、高纬度逐渐形成乌拉尔山阻塞高压，副热带高压呈东北—西南向，北方不断有冷空气南下，湖南连续阴雨，并有部分地区出现大暴雨或特大暴雨，发生了历史罕见的洪涝，过程累计降水超过300毫米的县（市）有洞口（357.7毫米）、安仁、湘潭市，降雨200～300毫米的有浏阳（296.8毫米）、炎陵（272.6毫米）、临湘（267.5毫米）等21县（市），降雨100～200毫米的有51个县（市），降雨50～100毫米的有20个县（市），强降水中心位于湘中一线，造成农田、菜地被淹，街道积水，房屋倒塌，供电通信交通中断，水利设施破坏，人员伤亡。遭灾严重的有华容、临湘、株洲、茶陵、炎陵、醴陵、娄底、涟源、新化、溆浦、辰溪、芷江、怀化等13个县（市）182个乡（镇）的63.75万人，受灾农田17.05万公顷，成灾1.27万公顷，经济作物受灾7906.67公顷，损失稻谷1065万千克、蔬菜750万千克，冲垮塘、堤、坝、渠道9.2万处计47.6千米、桥梁2097座，损坏水利设施1775座，冲毁公路291处58.5千米，冲坏水库22个、小电站60个，冲走木材350立方米，损坏倒塌房屋1587栋计6476间，直接经济损失4080.37万元，因灾死亡70人，伤29人，1人在暴雨中失踪。

1988年 湖南发生大洪涝，3～9月共降暴雨372站次，在5月18～21日、6月中下旬、7月19～21日、8月19日至9月14日有4次较大的暴雨洪涝过程。受灾农田共82万公顷，占当年播种面积的10.9%，其中成灾面积36.93万公顷，减产粮食11.856亿千克。

5月5日，湘东局部下了暴雨或大暴雨，常德降雨110.8毫米，还有攸县（88.5毫米）、酃县（55.6毫米）等10站暴雨。酃县的东风、河西、城东等5个乡受灾，淹没早稻666.67公顷，其中有266.67公顷早稻全部冲走，冲毁河坝17处，毁桥梁18座，这次灾害损失总金额65万元。

5月11～14日，耒阳总降雨量为114毫米，该县部分地区发生了山洪，农作物受灾面积8533.33公顷，其中早稻5733.33公顷、旱稻846.67公顷、经济作物1933.33公顷，冲垮渠道2014米、山塘101口、桥梁2座。

5月20～21日，湘中以北普降中到大雨，其中湘西自治州、怀化、邵阳、衡阳、岳阳等地区有暴雨或大暴雨，辰溪累计降水224.5毫米，溆浦、新邵超过100毫米，还有泸溪、凤凰、平江等19站超过50毫米，统溪河降雨量最大，达265.0毫米，暴雨导致山洪暴发，水灾危及辰溪、溆浦、麻阳、鹤城、岳阳、平江、临湘、泸溪等县（市）计80个乡（镇）的78.73万人，受灾农田6.34万公顷，冲毁山塘、渠坝6377处、公路46千米、大小桥梁1355座、小电站18个，损坏树木7300多根，损失房屋5277栋零95间，经济损失折款1.06亿元，因灾死亡35人，伤269人。

6月16日，邵阳县降雨163.3毫米，城步101.5毫米，另有5站暴雨，这次大暴雨过程以邵阳县双清乡（日雨量约200毫米）为暴雨中心，下塘、芙蓉、黄塘、塘渡口等乡（镇）受灾严重，县城新街水深达50厘米，各临街商店、机关、企业、学校都遭洪水袭击。全县有33个乡的36.5万人受灾，共计死牛7头、猪207头，倒房2751间，受损房屋6743间，冲走现粮10.56万千克，损失化肥553吨，冲垮桥梁75座，冲走原煤1500万吨、木材320立方米，农作物成灾面积1.03万公顷，减产粮食1500万千克，经济损失折款2500万元，因灾死亡6人，伤65人。

6月27～28日，湘东北及湘西南各有个降水中心，过程降水汉寿（203.1毫米）、通道（178.1毫米）、靖州（159.8毫米）等4站超过100毫米，还有32站超过50毫米，怀化渠水流域由于雨量集中，河水猛涨，致使通道、靖州、会同、洪江4县的69个乡（镇）6.16万人损失严重，共淹稻田3533.33公顷，淹房341栋，冲走木材650立方米，冲毁桥梁10座，直接经济损失折款1160万元，淹死2人。

8月21日至9月15日，高空500百帕图上乌拉尔山、鄂霍茨克海附近分别为高压脊区，贝加尔湖至中国东北是一个深厚的低压，副热带高压脊线在北纬20度左右，切变线维持在湘中以北地区，雨带持续在湖南摆动，强降雨区位于湖南东北到西南一带，时段总雨量达400毫米以上的有40个县（市），有16个县（市）超过500毫米，安化最大，为751.2毫米，是常年同期平均雨量的8.65倍，接近平均年雨量的一半，这次过程造成了近百年来强度最大的秋汛。由于降水强度大，持续时间长，加之长江上游洪峰顶托，酿成洞庭湖严重外洪内渍，溃决24垸，71个县（市）受灾，倒塌房屋15.36万间，40万人倾家荡产，因灾死亡251人，毁坏水利设施5.29万处、桥梁2834座、公路1700多千米、通讯线路1045千米，317家大中型企业停产，5145所学校停课。据不完全统计，有湘西自治州、岳阳、常德、益阳、株洲、邵阳、怀化等地区遭受严重灾害，受灾面积17.69万公顷，成灾9万公顷，失收面积4.66万公顷，减产粮食1.5072亿千克，损失粮食3亿千克，减产杂交种子200多万千克，造成直接经济损失55.8829亿元。

1989年　湖南发生大范围洪涝，4月中下旬、5月中旬、6月下旬至7月初、8月中旬均有部分地区洪涝，9月上旬澧水和湖区秋涝严重，67县（市）先后被水淹，受灾农田共47.2万公顷，占当年播种面积的6.1%，其中成灾面积17.67万公顷，减产粮食3.108亿千克，倒屋39万间，因灾死亡142人，损坏水利水电交通矿山等设施甚多。

4月11～12日，湘中以北普降大到暴雨，其中湘东北有大暴雨，累计雨量桃江（184.2毫米）、湘阴（153.9毫米）等11个县（市）超过100毫米、还有42个县（市）超过50毫米。岳阳地区平均降水100毫米以上，造成部分水利电力、交通、邮电、广播设施线路损坏，房屋倒塌，人员伤亡，平江山区灾情最重，暴雨引起山洪，致使1.4万公顷农作物受灾，冲毁水利设施7967处，冲坏变压器、柴油机、电动机47台，冲倒输电、广播通讯线20千米，冲垮桥梁74座，倒房屋282间，直接经济损失82万多元，因灾死亡2人，伤8人。

4月19～21日，湘中、湘南暴雨成灾，淹田坏屋损稼，长沙、道县因灾死亡各2人，新田、汨罗因灾死亡各1人。

5月8～11日，湘中以南普降大暴雨，过程累计雨量永兴（209.6毫米）等9站超过100毫米，还有36站超过50毫米，耒阳、衡阳市、衡南、祁东、郴州、邵阳、怀化、株洲等17个县（市）受灾严重，农作物受灾2.77万公顷，其中早稻受灾1620公顷，水冲沙压333.33公顷，经济作物受灾353.33公顷，淹死牲畜170头、家禽20万只，毁坏桥梁4座、塘坝4733座、渠道1886条，淹煤窑3座，浸坏化肥57千克，经济损失12万元。

5月16日，湘东南茶陵（日降雨80.6毫米）等18个县（市）降了暴雨，造成洣河超警戒水位2.5米，湘江超警戒水位2.38米，局部山洪使衡东、酃县8个乡受灾，受灾总面积5520公顷，垮小二型水库2个，冲毁塘、河坝15处15米、渠道1220米，水库塌方210米，冲毁路面21处，损坏房屋39间，倒塌房屋19间，损失金额1010万元，因灾伤2人。

6月4～5日，衡阳、株洲等局部暴雨或大暴雨，过程降水衡山、衡阳市超过100毫米，还有攸县等5站超过50毫米（攸县53.6毫米、柏树下乡218毫米，高枧170毫米，网岭162毫米，酒埠江117毫米）。其上游萍乡市降水130毫米，渌江水位50.53米，超过警戒水位2.03米，衡山、醴陵、攸县受灾严重。共计55个乡（镇）的8000多人被水围困，34个乡（镇）受灾严重，以泗汾一带最重。据统计，受灾总面积2.38万公顷，冲毁河坝96座、山塘358口、渠道50条3089米、水库3个、溪河25条、桥梁81座、公路52千米，冲走煤3万多吨，损坏房屋520间，倒塌房屋427间，直接经济损失1750万元，因灾死亡5人，伤15人。

6月27日至7月3日，湘中以南普降大到暴雨，过程累计雨量衡阳（278.8毫米）等14站超过200毫米、32站达100～200毫米、37站达50～100毫米，暴雨导致山洪暴发，衡阳、株洲、长沙、邵阳、娄底、湘潭等地区的25个县（市）受灾严重，其中酃县和株洲县的32个乡（镇）受灾最为严重，有19万多公顷农作物受灾，粮食减产近200万千克，倒屋5819间，冲坏水库4座，垮塘坝6086处，损坏桥梁164座及水利工程666处，死牲畜541头，直接经济损失21187.3万元，因灾死亡18人，伤125人。

8月27～28日，汉寿总雨量104.0毫米，致使12个乡（镇）农作物、房屋受损严重，全县被雷击死6人、伤20人，大风吹倒房屋20栋计140间，吹坏房屋344间，吹（折）断树木近4万株，333.33余万公顷晚稻被水冲砂压，湖区受渍面积1466.67公顷，经济损失约200万元。

9月1～2日，湘中以北普降大到暴雨，降雨中心位于湘西北，龙山总雨量212.6毫米、慈利200.3毫米，还有保靖（142.5毫米）等11站超过100毫米、13站超过50毫米，这次暴雨引起龙山、慈利、大庸、安乡、桃源、石门等24个县洪涝损失严重，共计农作物受灾30.27万公顷，严重受灾的4.45万公顷，减产棉花1.3万吨，粮食3.35亿千克，倒塌房屋1.7万间，死大牲畜1万余头，冲走木材159立方米，毁坏桥梁212座，公路塌方2578处计331千米，冲垮水库、山塘66口（座），1000多家工矿企业被淹，经济损失折款10850万元，因灾死亡53人，伤473人。灾情发生后，省、市政府紧急组织干部群众全力投入抗洪救灾，慰问灾民，帮助安排灾民生活，重建家园。开展生产自救，大搞冬季农业，争取把洪灾损失从春收作物补回来。

1990年　湖南全省洪涝，1～3月大部分地区降水偏多，6月降水特多，安化、沅陵、溆浦等8站降水量超历史同期最大值，6月上旬至7月初出现5次暴雨或大暴雨过程，主要分布在湘中及以北地区，有88个县（市）遭受洪涝灾害。农作物受灾面积共70.47万公顷，占当年播种面积的9.0%，其中成灾面积26.33万公顷，减产粮食5.524亿千克，因灾死亡339人，倒塌房屋12.78万间，各种损失折款18.62亿元。

3月22～24日，道县发生暴雨山洪，倒屋853间，因灾死亡2人。

5月29～31日，湘中以南普降大到暴雨，强降雨中心位于湘西南，通道（过程降雨210.8毫米）等11站超过100毫米，还有48站超过50毫米，暴雨区主要位于湖南南部的渠水、巫水（沅水支流）流域及黔东南的清水江一带，酿成山洪暴发，泛滥成灾。

6月6～7日，雨区北抬，湘中偏北部分地区降了暴雨和大暴雨，其中华容（128.2毫米）、汉寿（127.4毫米）等10个县（市）降雨超过100毫米，还有35个县（市）超过50毫米。

6月11～16日，在湘西、湘东北再次发生暴雨和特大暴雨过程，累计雨量：安化（436.0毫米）、溆浦（294.8毫米）、怀化（292.5毫米）、沅陵（290.2毫米）等14站超过200毫米，还有17站超过100毫米、24站超过50毫米。沅陵水位达98.03米，接近1954年7月的最高水位，溆浦县城主要街道被淹没，平均水深2米左右，县城周围一片汪洋，20万人被洪水围困，造成三条国道和三条省道交通部分中断，469所学校、34所医院受灾，593栋校舍和88栋医院房屋遭到不同程度损坏。这次水灾造成经济损失达4.5

亿元，同时资水、湘水防汛全面紧张。连续两次暴雨袭击后，益阳、岳阳、怀化、湘潭、株洲、衡阳、湘西自治州等7个地区共计39个县（市）、477个乡（镇）、6个国营农（渔）场的794.8万人受灾，其中特重灾民107.6万，15.7万人无家可归。据统计，共有农作物受灾面积44.62万公顷，冲走粮食272.7万千克，减产粮食4400万千克，冲走鱼苗345万尾，冲坏小水电61处、涵洞1400米，漫溃小区垸14个，冲毁水利工程2154处、山塘河坝25616处、渠道46493处计91.64千米、公路1000处438.9千米，冲垮公路桥3175座、小二型水库5座，倒塌房屋3918栋29204间，流失木材20387立方米，死牲畜3202多头，直接经济损失17.8961亿元，因灾死亡196人、重伤215人、轻伤3132人、失踪50人。

6月26日，岳阳北部地区降暴雨，局部大暴雨（如岳阳市区日雨量118.9毫米），作物受灾1.91万公顷，107国道境内北区段被洪水拦截，中断行车12小时。

7月1～2日，湘中以北出现了暴雨和大暴雨，过程雨量安仁（153.2毫米）等9站超过100毫米、还有39站超过50毫米，受灾严重的有耒阳、衡山、衡南、衡阳县、衡东、常宁、祁东、岳阳等8个县（市）的154个乡（镇），岳阳107国道境内北区段再次被洪水淹没，中断行车6小时。据统计，农作物受灾11.42万公顷，减产8933.33公顷，失收4066.67公顷，垮塘坝1687处，冲毁渠道867处、河坝74处240米、渡槽82米，溃堰1130处，毁公路82处6.7千米，中断交通10天，冲毁涵洞隧道6处、溪河2019处、水利工程3320处，倒电杆197根，倒塌房屋4547间，损坏4158间，死牲畜7674头，经济损失折款5596.46万元，因灾死亡17人、伤878人。

上述4次暴雨期间，长江及四水流域、洞庭湖区也降暴雨，故长江、洞庭湖区水位猛涨，岳阳辖区63个堤垸有51个超控制水位，山丘区17座大中型水库有11座泄洪，遭受水灾的有71个乡（镇）的700多个村，16.53万公顷农作物受灾，其中5.34万公顷粮食作物受渍15～29天，损坏房屋15875间，倒塌2617间，因灾死亡5人，冲毁山塘堤坝、公路桥梁、倒杆断线甚多。

7月茶陵普降暴雨，引发山洪，造成河水猛涨，致使18人受伤。

1991年　湖南部分地区发生洪涝。3月21日、5月中、下旬、8月上、中旬、9月上旬发生局地洪涝；6月上旬和7月上、中旬发生较大范围洪涝灾害，在这两次洪涝灾害中，全省有36个县（市）的879万人受灾，成灾人口679万，因灾死亡105人，伤2948人，重伤422人，倒塌房屋83766间，损坏房屋28万多间，16.27万人无家可归，溃决小垸24个，倒断电杆1.7万根，部分工矿企业、商店、仓库、学校、医院停产停业，仓储粮食4500万千克受淹，水灾损失折款20.8亿元。据省政府统计，全年63万公顷农作物遭受水灾，30.8万公顷成灾，减产粮食8.079亿千克。

3月21日至4月20日长时间阴雨，最大降水出现在株洲地区，过程累计雨量：攸县（330.9毫米）、醴陵（309.2毫米）、株洲（304.7毫米）等37站超过200毫米，株洲县部分山区出现了洪涝，全县有19个乡（镇）受灾，6666.67公顷油菜减产3成以上。

5月5～7日是分散性暴雨过程，攸县1站大暴雨，常宁、耒阳68.5毫米、南岳山等出现暴雨，造成局部山洪。耒阳受灾最重：因灾死亡3人、重伤27人、轻伤54人，损坏房屋1140间、倒塌房屋605间，冲淹现粮11吨，1.53万公顷农作物受灾，死牲畜45

头、家禽2500只，冲毁渠道8处、河堤210处、山塘260口、公路10处、桥梁5座，损失折款750万元。

5月18～23日湘北普降大到暴雨，强降水中心位于岳阳、益阳等地区，过程累计雨量有平江（179.3毫米）、桃江（122.0毫米）等10站超过100毫米，还有19站超过50毫米，暴雨导致局地洪涝，其中岳阳有199个乡（镇）的154.19万人受灾，成灾人口59.76万，有60所中小学停课，倒塌房屋10367间，死亡大牲畜2864头，有10.22万公顷农作物受灾，成灾5.24万公顷，冲毁农田520公顷，冲走、霉烂粮食7.08万千克，损失化肥322.8万千克，冲毁山塘2710口、渠道1.5万处、桥梁140座、公路1.5万处，毁树1.9万株，直接经济损失约8408.5万元，因灾死亡18人，伤615人。

6月7～8日，08时高空天气图上湖南受高空低槽东移及中、低层切变影响，泸溪、凤凰、吉首均出现了暴雨，12小时降水量分别为57、92、75毫米，其中凤凰山江镇最大雨量达151毫米。由于本次降水出现时间短、强度大，导致了山洪暴发，河溪猛涨。据统计，该3县（市）的35个乡（镇）10余万人受灾，因灾死亡4人，伤47人，造成直接经济损失达1800万元。

6月30日至7月16日湘中以北发生暴雨，其中湘北部分地区降了特大暴雨，过程累计雨量有慈利（616.5毫米）、石门（581.3毫米）、吉首（487.8毫米）、沅陵（314.9毫米）等28个县（市）超过200毫米，8个县（市）达100～200毫米、5个县（市）达50～100毫米，由于雨量大、时间长，造成山洪暴发，溪河暴涨，泛滥成灾。溇、澧两水洪水流量超过1954年，湘西北局地的27个乡（镇）发生山体滑坡和泥石流，公路交通中断10天，24个村庄被洪水围困，水淹农户615户计2780多人，岳阳的63个堤垸有62个超危险水位，17座大中型水库全部达到或超过控制水位，167个小型水库中有141个紧急泄洪，造成湘北的36个县（市）879个乡（镇）的879万人受灾，成灾人口679万，其中重灾民28.6万多人，特重灾民19.2万多人。据统计，成灾面积12.8万公顷，绝收4.14万公顷，冲毁难恢复面积9200公顷，粮食作物受灾面积7.51万公顷，成灾面积5.37万公顷，绝收1.68万公顷，损失粮食9007.9多万千克，经济作物受灾1.9万公顷，成灾1.28万公顷，绝收6566.67公顷，减产粮食11030万千克，冲垮水利工程2585处、公路桥梁1880处603千米、河堤渠道2285处8404千米，死大牲畜1万多头，倒塌、损坏房屋29万多间，直接经济损失20.8亿元，因灾死亡105人，伤422人，其中重伤85人。灾情出现后，各级党政一把手都亲自赶赴灾区，组织抗洪抢险，转移、安置灾民，组织生产自救。

8月8日，湘南部分地区普降大到暴雨，其中绥宁降雨182.7毫米、常宁108.1毫米，另有11站暴雨。绥宁县发生洪灾，因灾死亡1人，伤32人，倒塌房屋189间，受灾农作物面积1.06万公顷，经济损失折款804万元。

8月12～15日，主要降水在湘东南，其中嘉禾降雨152.2毫米、祁阳116.3毫米，还有道县（88.1毫米）等12站降雨超过50毫米，这次过程使永州、祁阳、道县的45个乡（镇）遭受洪涝灾害，淹没、冲毁农作物2000多公顷。

9月7～8日湘东南降了大到暴雨，其中南岳山（348.2毫米）、汝城（169.9毫米）、郴州（138.9毫米）等4站超过100毫米，还有9站超过50毫米。桂东等县山洪暴发，因灾死亡3人，轻伤3人，倒塌房屋1892间，农作物受灾面积5900公顷，成灾1246.67

公顷，粮食减产302万千克，冲毁河坝渠道259处计27.7千米、公路250处计62千米、桥梁512座，公路交通中断240小时，直接经济损失1175万元。

1992年 湖南3月降水异常偏多，有88个县（市）超过三十年同期最多值，汛期较往年提前十多天，湘江水位暴涨，出现了1910年以来同期最高水位。6月中旬至7月上旬，由于雨带在江南地区持续徘徊，发生洪涝。据统计，全省有90个县（市）遭受不同程度的洪涝灾害，受灾人口达1569万，倒塌房屋8.86万间，因灾死亡271人，农作物受灾面积71.5万公顷，减产粮食3.867亿千克，损坏水利工程设施4.5万处，直接经济损失19.9亿元。

3月12～26日湖南持续阴雨天气，有14个县（市）过程累计雨量在300～370毫米之间，超过200毫米以上的47个县（市），强降水集中在湘江流域（益、长、株、衡、岳等地区），岳阳春汛提前到来，岳阳和衡阳部分地区出现灾情，共有9个县（市）的259个乡（镇）、112.57万人受灾，成灾人口62.93万，因灾死亡17人、伤808人，损坏房屋11858间、倒塌房屋9951间，农作物受灾28.8万公顷、成灾11.43万公顷、绝收9766.67公顷，冲淹现粮241吨，冲毁公路桥梁2373处、渠道3999处38.1千米、水库2个、小水电站90座，直接经济损失3.19亿元。

4月20～23日湘北部分地区出现了暴雨，花垣、溆浦降雨超过100毫米，南县、吉首、安乡、慈利等14站超过50毫米，此次灾害造成这些县（市）的房屋倒塌，树木折断，人畜伤亡。

5月1～6日，强降雨区在芷江、会同、古丈、保靖等地，过程降雨量最大为155.2毫米，平江过程降雨68.2毫米。平江县南江区连降暴雨，山洪暴发，冲毁水利设施1050处，水淹砂压农田378公顷，倒塌房屋160间，因灾死亡1人，伤15人，直接经济损失100万元。

6月13～28日岳阳地区持续降雨，降雨量最多的达259.0毫米，湘阴站188.9毫米，同时长江上游降大雨，外湖水位超警戒线，全市24个乡（镇）的8.2万人受灾，8300公顷农田严重受渍，4266.67公顷成灾，846.67公顷绝收，减产粮食381万千克。

6月14～16日湘中以南普降大到暴雨，其中黔阳（245.8毫米）、芷江（193.4毫米）、洞口（191.5毫米）等12站降雨超过100毫米，还有34站超过50毫米，怀化地区的暴雨中心区降雨量达350毫米，引起山洪暴发，渠水、巫水和大小溪流陡涨，4小时上涨4米。怀化大部分县（市）及洞口县遭受严重洪害，有91个乡（镇）的32万人受灾，因灾死亡29人，伤85人，冲毁稻田2.6万公顷，倒塌房屋9590间，冲坏堤坝渠道3540处，直接经济损失达3.07亿元。

7月1～6日湘中以南普降暴雨或特大暴雨，过程累计雨量有通道、新田两站超过200毫米，浏阳（197.6毫米）、株洲（165.3毫米）、常宁（163.9毫米）、郴州（135.1毫米）等38站达100～200毫米，还有39站超过50毫米。零陵、株洲、郴州等部分地区发生洪涝灾害，通道县城双江镇被洪水围困达6小时。湘江水位猛涨，长沙7月6日达40.29米，超过警戒水位2.29米。郴州全地区141个乡（镇）的20.9万人受灾，交通中断60小时，中断通信邮政26小时，电力供应中断36小时，同时衡南、衡山、耒阳等县受灾严重。据统计，这次过程农作物受灾面积10.62万公顷、成灾4.48万公顷、绝收8140公顷，经济作物受灾1.97万公顷，冲走粮食22万千克，冲毁桥梁591座、公路587处178.45千米、渠道7874处、水利工程648处、泵站21座、涵洞隧道111处，损坏电站6座，死牲畜7498头，损坏房屋7329间、倒房16710间，经济损失折款4.509亿元，因灾死亡69人，伤1881人。

1993年　湖南夏季降水比常年异常偏多2～9成，在6月初、6月12～23日、6月30日至7月9日、7月19日至8月1日这四段时间内，湖南省雨水相对集中，暴雨频繁、各地山洪不断暴发。汛期具有暴雨次数多、范围广、强度大、时间长、危害重的特点。6～8月，三次大暴雨过程袭击湘江、澧水、沅江三大流域，致使三流域和洞庭湖区洪水泛滥，全省有103个县（市、区）遭受洪涝灾害，受灾人口达2377.8万，因灾死亡372人，农作物受灾面积共123万公顷，成灾面积81万公顷，减产粮食9.108亿千克，损坏水利设施9.54万处，据水利部门统计，全省直接经济损失达52.57亿元。

5月1～2日，省内下了分散性暴雨和大暴雨，其中有江华（151.2毫米）、汨罗（135.2毫米）等4站超过100毫米，还有江永（92.7毫米）等18站超过50毫米，强降雨中心分别在岳阳、永州、郴州地区，如屈原农场降雨193.5毫米，上述地区发生了山洪灾害。据统计，有10个县185个乡（镇）的390.73万人受灾，损坏房11631间，倒房2968间，死牲畜1088头，冲坏山塘河坝渠道1811处、公路119处，中断交通11条次，损坏变压器75台，受灾农作物26.85万公顷，成灾15.8万公顷，直接经济损失12115万元，因灾死亡9人、伤78人。

5月25日至6月1日，强降水出现在湘中一带，过程雨量：永州（209.9毫米），常宁（141.0毫米）、耒阳（137.3毫米）等18站超过100毫米、还有54站超过50毫米，暴雨引起山洪暴发，常宁县洋泉区等62个乡（镇）受灾，因灾死亡5人、重伤60人、轻伤48人，损坏房屋765间、倒塌房屋765间，农业受灾总面积1.67万公顷，林业受灾总面积245.3公顷，毁公路铁路295千米，毁桥梁48座，经济损失折款1亿元。

6月9日，宜章降雨87.2毫米、临武86.1毫米、汝城56.2毫米，临武、宜章等县（市）发生洪涝灾害，有98个乡（镇）的79.26万人受灾，成灾人口47.85万，其中特重灾民3.5万，因灾死亡11人，伤204人，倒房989间，造成383人无家可归，农作物受灾面积4.92万公顷，成灾面积2.55万公顷，绝收7000公顷，其中粮食作物受灾2.63万公顷，成灾1.83万公顷，绝收4100公顷，直接经济损失6000多万元。

6月12～19日，湘中以北连续发生大到暴雨，其中平江（226.2毫米）、吉首（210.8毫米），湘潭（163.0毫米）等28站过程降雨超过100毫米，还有32站超过50毫米，部分城市发生洪灾，不少交通要道积水0.3～0.5米，湘潭市种子公司仓库进水深逾1米，共有9440公顷农作物受灾，107所学校3801名学生受到洪水围困，直接经济损失达1030万元。

6月30日至7月9日，雨带先从湖南北部开始，在南部终结，过程累计雨量有通道（542.4毫米）、汨罗（419.5毫米）、湘阴（326.2毫米）、浏阳（305.4毫米）、绥宁（240.7毫米）、衡山（230.9毫米）等34站超过200毫米，还有44站超过100毫米、10站超过50毫米。从7月4日开始暴雨引发山洪，使江河猛涨，造成了新邵、衡南、湘潭、通道、会同、华容、汨罗等7个县（市）洪涝灾害。据统计，有164个乡（镇）的28万人受灾，受灾农作物 26.66 万公顷、成灾 2.76 万公顷，交通设施毁坏严重，毁公路铁路 7.96 千米，垮山塘 619 口，毁渡槽 8760 米、桥梁 9 座，损坏水利工程 3 万多处，发生险情 2300 多处，损坏房屋 3 万多间，倒塌房屋 1.4 万多间，死牲畜 1400 头，经济损失折款 4.175 亿元，因灾死亡 24 人，重伤 13 人，伤 297 人。

7 月 19～25 日湘中以北普降大到暴雨，其中湘西北部分地区出现了特大暴雨，过程雨量有永顺（377.8 毫米）、桑植（353.3 毫米）等 7 站超过 200 毫米，还有 30 站超过 100 毫米、22 站超过 50 毫米。暴雨引起山洪暴发，溇、澧两水猛涨，其中澧水水位超过 1954 年 0.16 米，桑植境内酿成 1950 年以来最大洪涝灾害。部分县城进水，有的街上可行船。1488 多家工矿企业因灾停产，交通、通讯、供电供水、广播电视一度全部中断。受灾严重的有桑植、慈利、永顺、澧县、石门、汉寿、津市等 8 个县（市），共有 138 个乡（镇）的 321.64 万人遭受不同程度的损失，其中 2.4 万户计 9.8 万人受重灾，7600 户计 3.2 万人绝收，1800 户计 7.2 万人无家可归、无米下锅。据统计，各类农作物受灾面积 19.14 万公顷，成灾面积 1.04 万公顷，绝收 2.67 万公顷，1.43 万公顷耕地被毁，减产粮食 1.4 亿千克，冲走现粮 2227.4 万千克，溃垸 3 处，冲垮塘坝 823 处、渡槽 300 座，毁坏水电站 3 座，冲毁河堤渠道 103 千米，小水电站 4 座，毁坏公路 128.8 千米，中断交通线路 3 条，损坏房屋 4.37 万间，倒塌房屋 3519 间，死亡大牲畜 18.11 万多头，直接经济损失 11.57 亿元，因灾死亡 134 人、重伤 1448 人、轻伤 3000 人。

气象部门在长、中、短期预报中，对这次特大暴雨均作了较准确预报，并在全过程中对党政领导和有关部门开展了全方位跟踪服务，受到省、市委和政府的表扬。灾情出现后，各级党委政府高度重视，及时组织抗洪抢险和生产自救，重建家园。

7 月 24～26 日，强降水分布在湖南东北到西南一带，过程累计雨量有汨罗（165.9 毫米）、湘阴（156.8 毫米）、株洲（128.6 毫米）等 6 站超过 100 毫米，还有 16 站超过 50 毫米。岳阳、醴陵等市遭受了严重的山洪灾害，其中最严重的是均楚镇、长岑乡、石亭等 5 个乡（镇）。共计有 216 个乡（镇）（分场）的 172.1 万人受灾，11 个城镇进水，粮食作物受灾 8.1 万公顷（早稻占 4.5 万公顷），绝收 9733.33 公顷，减产粮食 2.134 亿千克，冲断（垮）大小渠道 615 处计 5000 多米、溪坝 250 多座、桥 30 多座，垮塘 323 口，1000 多处计 5000 多米大小公路被冲垮或滑坡，倒屋压埋粮食 40 多吨，倒房 9115 间、损坏 300 多间，死亡牲畜 781 头，损坏农用机船 17 艘，大型农机具 7347 件，损失化肥 1.91 万吨，直接经济损失 1.51 亿元，因灾死亡 6 人，伤 175 人。

7 月 30～31 日，强降水集中在湘西北，累计雨量有花垣（170.9 毫米）、麻阳（155.8 毫米）、永顺（147.4 毫米）等 9 站超过 100 毫米，还有 10 站超过 50 毫米，暴雨导致山洪暴发，河水猛涨。沅水、溆水、锦江、酉水流域及上游贵州省也连降暴雨，雨量更为集中，给沿江各水电站大坝造成重大险情，被迫开闸泄洪，短时间内江河水位急剧上涨。沅陵、麻阳县城被淹，最深处达 3.21 米，县城 2.8 万人被洪水围困达 13 小时，受灾严重的有永顺、花垣、保靖、沅陵、麻阳、桃源、常德等 7 个县（市）的 196.6 万人。据统计，有 3.9 万公顷农田受灾，成灾 2.72 万公顷，绝收 8300 公顷，冲走现粮 1500 吨，林业受灾面积 6666.67 公顷，成灾 666.67 公顷，冲毁河堤渠道 30.6 千米、公路 859 处 209 千米，中断交通达 48 小时，毁坏公路铁路桥梁 256 座，冲坏小二型水库 13 座、小一型水库 19 座、电站 49 座，倒断树木 1 万余棵，损坏房屋 71.4 万多间，倒塌房屋 1.7 万多间，直接经济损失折款7.9582亿元，因灾死亡44人、伤147人、5人失踪。

8月1～11日，湘中以北地区普降大到暴雨，其中有靖县（194.7毫米）、娄底（145.5毫米）、新宁（138.0毫米）等18站超过100毫米，还有新化、隆回等39站超过50毫米，造成山洪暴发，新化、隆回、邵阳、绥宁县受灾严重。有1020户4300多人无家可归，水利、交通受损严重，共计4.74万公顷农作物受灾，绝收2233.33公顷，淹没稻田8.09万公顷，绝收100公顷，减产粮食2562万千克，冲垮渠道11248处1.57千米、山塘14409口、河堤2950处、公路4305处4千米，损坏房屋6776间，倒塌3651间，因灾死亡21人，伤154人，直接经济损失5.51亿元。

1994年 4～8月湘中、湘南多次遭受暴雨袭击，湘江流域出现了百年一遇的洪涝。往年金秋宜人的9月和10月前半月，是年却一直阴雨连绵。虽然降水缓解了湘西北旱情，但一些地方又发生了洪涝。据统计，全省农作物受灾面积共134.6万公顷，其中成灾面积84.4万公顷，减产粮食14.233亿千克。

4月8～19日，强降水位于湘北，过程累计雨量：岳阳264.9毫米、临湘296.5毫米，常德（187.7毫米）、南县（181.7毫米）等19站超过100毫米，还有22站超过50毫米，岳阳的北区、南区、郊区、君山、建新农场、常德市均受暴雨袭击，有122个乡（镇）（分场）、284万人受灾，6732人无家可归，因灾死亡2人、重伤132人、轻伤1847人，损坏房屋4073间，倒塌房屋967间，3个镇进水，2个工厂停产，受灾农作物5.35万公顷，成灾4万公顷，冲坏小一型水库3座、小二型水库18座、渠道121条、桥涵14座，中断公路交通6次，倒杆140根，毁坏变压器5台，停电30多小时，经济损失折款4068.2万元。

4月20～26日，湘中以南普降暴雨或特大暴雨，累计雨量有临武（273.1毫米）、宁远（232.1毫米）、宜章（228.3毫米）等6站超过200毫米，永州（199.7毫米）、南岳山（189.7毫米）、江永（182.4毫米）等57站达100～200毫米，15站达50～100毫米，湘江干流全线首次超警戒水位，全省有59个县（市）受灾。据统计，农作物受灾总面积3.89万公顷，成灾1.66万公顷，绝收0.33公顷，冲走现粮10.2万千克，损失化肥130万千克，因灾死亡45人，重伤6人，轻伤64人，损坏房屋14252间，倒塌房屋4631间，死亡大牲畜607头，冲毁河渠道2498处计203.4千米、山塘2460口、涵闸35处、堤坝600米、渡槽5处、小电站5座、公路529处计90.95千米、桥梁144座，直接经济损失2.7624亿元。

5月2日，安仁（73.4毫米）、醴陵、湘潭等10站下了暴雨，发生山洪灾害。因灾死亡2人、伤600人，倒塌房屋2700间，1.34万公顷农田受灾，成灾5200公顷，冲垮河堤渠道1582处45.17千米、桥梁160座，冲毁公路72.4千米，中断交通72小时，直接经济损失2140万元。

5月23～24日，省内发生分散性暴雨，过程累计雨量会同154.5毫米、通道137.9毫米，还有绥宁（74.8毫米）、城步（72.2毫米）等6站超过50毫米，幕阜山一带突降暴雨，12小时下了170多毫米，暴发山洪。永顺、通道、靖州、会同和平江县的南江、虹桥受灾严重。这次过程导致76个乡的45万人受灾，因灾死亡33人、失踪12人、伤80人，5.3万人无家可归，51个企业停产，5100公顷农作物受灾，冲毁农田2666.67公顷、山塘堰坝1480处、渠道950处、河堤625处，损坏房屋1.2万间，倒房2537间，经济损失折款2.365亿元。

6月12～18日，高空850百帕天气图上，切变线在湖南省南北摆动，西南地区有低涡东出，高层不断有冷空气南下，影响到湘江流域普降暴雨和大暴雨，引起山洪暴发，江河泛滥，湘江干流全线超警戒水位，出现特大洪涝灾害。这次过程降水强度大、维持时间久、范围广、损失惨重。灾害波及63个县（市）的1241个乡（镇）1838万人受灾，2.8万人无家可归，有150个城镇进水，损坏房屋22.9万多间，倒塌房屋10.3万间，因灾死亡215人，重伤421人，轻伤4517人，90.93万公顷农田受灾，成灾48万公顷，绝收22万公顷，减产粮食2.636亿千克，冲走木材504.5立方米，死亡大牲畜14466头，损失化肥486.4万千克，冲毁小二型水库10个、山塘3.9万口、涵闸655处、渠道27703处336.59千米、堤坝157.2千米、河坝1262处、小电站440座、泵站380座、公路桥梁1544座、公路7185处1144.1千米，经济损失折款56.3亿元。

8月4～7日，湖南受13号台风影响，资水流域、湘江上游普降暴雨或大暴雨，有43个站降了暴雨，12个站连降两天暴雨，炎陵、资兴、双峰、衡山、永州、娄底等26个县（市）日降雨量均在100毫米以上，引起山洪暴发。据统计，零陵、株洲、湘潭、娄底、邵阳、怀化、长沙、益阳等9个地（市）的39个县（市）的1030万人严重受灾，因灾死亡114人，15个县城进水，6.4万公顷稻田绝收，损失粮食32690万千克，倒房屋57794间，58605人无家可归，有122个企业停产，洪水还冲垮了大量的公路、桥梁、农田和水利设施，直接经济损失19亿元。

8月13～15日衡阳市又遭洪灾袭击，损失严重。13日23时至14日凌晨2时，衡阳县界牌等地突降暴雨，3小时降雨超过300毫米，形成特大山洪灾害，全县有4个区5个乡（镇）严重受灾，冲毁农田1000公顷、小二型水库1座、工矿企业8个，因灾死亡15人，伤22人。与此同时，衡山县、祁阳县也因暴雨引发山洪灾害，大片农田被淹，交通通讯中断，损失严重。

8月16～17日，零陵、郴州地区又降暴雨或大暴雨，洪灾导致两地区的14个县（市）285个乡（镇）遭灾，因灾死亡4人，损坏、倒塌房屋28632间，15.84万公顷农作物受灾，减产粮食1.135亿千克，损坏水利设施5519处（其中中型水库4座、小型水库27座），冲垮塘、坝2465处、河堤267处、渠道128.3千米，损坏机电泵站129处、小电站15座，经济损失折款5.89亿元。

8月17～19日，资水流域中、下游降大到暴雨，发生洪灾。其中，新宁、城步县31个乡（镇）的19.8万人受灾，损房2060间，倒房160间，因灾死2人，3800公顷农作物受灾，损坏小型水库1座，经济损失总计2480万元。新化县34个乡（镇）的5.6万人遭受灾害，损坏倒塌房屋317间，5200公顷农作物受灾，损坏小二型水库7座，大批河堤、塘坝、渠道、水闸、泵站等被冲坏，经济损失总计2400万元。益阳市的安化、桃江、赫山区遭受严重灾害，据粗略统计，有84个乡（镇）的26.3万人受灾，死大牲畜468头，3.01万公顷农作物受灾，绝收1333.33公顷，减产粮食2692万千克，冲坏各类水利设施630处，因灾死亡6人。其中安化县因灾死亡4人，伤62人，倒房380间，经济损失折合3500万元；桃江县因灾死亡2人，伤54人，损房2955间，倒房968间，1.67万公顷农作物受灾，经济损失折合0.43亿元。此次过程还有嘉禾、桂阳等县遭灾：嘉禾因灾死亡1人，重伤3人，损坏房屋2512间，倒房672间，1.21万公顷农作物受灾，大批水利设施被破坏，经济损失折合1.1亿元；桂阳县伤5人，损坏房屋215间，倒房220间，受灾面积2.17万公顷，经济损失折合0.8亿元。

8月26～27日受强对流天气系统影响，常德市石门县出现了特大暴雨，受灾严重的有南坪、穿山、河口乡，受灾农田面积2333.33公顷，损坏房屋32间，倒塌房屋12间，因灾死亡4人，直接经济损失500万元。

10月8～9日，湘西北普降暴雨或大暴雨，其中怀化地区普降大暴雨，累计雨量芷江(130.4毫米)、黔阳（128.8毫米）等9站超过100毫米，还有麻阳、凤凰等8站超过50毫米。时值深秋，如此强的降水非常罕见，同时上游的贵州、广西等地也出现强降水，8日开始，沅水干流及其支流㵲水、渠水、巫水、辰水水位猛涨。新晃县城10月9日3时最高水位313.7米，是资料记载中的历史最高水位。导致怀化地区10个县（市）182个乡（镇）114.75万人受灾，5.8万人被洪水围困，9.7万人被迫紧急转移，7个县城和26个乡（镇）街道进水。10月9日上午到11日晚上，洪水流入湘西州泸溪县境内，加上五强溪水库蓄水关闸，洪水受阻，泸溪县境内洪涝灾害严重，县城附近最高水位达110.37米，超警戒水位5.3米，县城四周进水，街道通舟行船，全县供水、供电、交通几乎全部中断。这次过程共计有3833.33公顷农作物成灾，绝收66.67公顷，损坏房屋71765间，倒塌房屋8889间，因灾死亡8人，伤38人，直接经济损失达8.62亿元。洪灾发生后，各县（市）都成立了临时救灾指挥部，主要领导任指挥长，对重点工程、重点部位加强防范和抢救，组织公安干警300多人，成建制民兵780人，紧急转移群众3.9万人，抢运出重要物资990余万千克。由于抗灾措施得力，灾害损失控制在最低限度，灾区民心安定。

1995年　湖南大涝年，5月中旬到7月上旬，相继出现7次暴雨或大暴雨过程，湘中以北50天左右降水量达500～600毫米，岳阳高达709毫米，导致湘北大部分地区遭受了历史上罕见的洪涝灾害。全省共有111.96万公顷农作物受灾，其中74.83万公顷成灾，减产粮食14.015亿千克。

4月11日至5月2日，湘北长时间阴雨，并有暴雨出现，有35个站（县）雨量超过200毫米，岳阳大部、常德部分地区雨量在333～416毫米之间，受灾严重的有岳阳、汉寿、桃源、安乡、张家界等5个县（市）261个乡（镇）的218.9万人受灾，损坏房屋16054间，倒塌房屋4738间，农作物成灾3.49万公顷、绝收1200公顷，冲毁河堤392处、渠道350千米、公路166处、桥梁29座、涵洞隧道84处，死亡大牲畜158头，经济损失折款5667万元，因灾死亡10人、重伤1人、伤77人。

5月25～28日，邵阳、衡阳、郴州、零陵、长沙、湘潭、株洲、益阳、怀化等地相继出现降雨过程，局部出现暴雨或大暴雨，引起山洪暴发，因灾重伤3人、轻伤4人，倒塌房屋774间，受灾农田面积2.69万公顷、成灾1.78万公顷、绝收1100公顷，死亡牲畜820头，冲毁河堤渠道22.6千米、公路128.7千米、桥梁114座，直接经济损失8083万元。

5月29日下午1时，双峰县井字、荷叶1小时降雨200毫米，发生洪水和泥石流灾害，因灾死亡3人，伤15人。

5月31日至6月3日，湘中以北普降大到暴雨，湘北5个市（州）降大暴雨或特大暴雨，过程雨量有永顺（446.4毫米）、华容（230.6毫米）等7站超过200毫米，还有17站超过100毫米，11站超过50毫米，造成山洪暴发，溇、澧两河流域尤甚。部分城、乡被洪水淹没、房屋受损或倒塌、学校无法上课、厂矿企业停业、供电、供水、交通通讯、广播电视一度中断。这次受灾严重的有湘西自治州、张家界、常德等地区的9个县（市），共计769个乡（镇）的221.68万人受灾，其中23个乡（镇）重灾，成灾人口达63.38万，2963户成为三无（无房、无米、无衣）户，因灾死亡27人、轻伤1363人、重伤132人，6.85万公顷农作物成灾、2.2万公顷绝收，导致粮食减产1790万千克，冲走大牲畜1174头，冲垮河堤4145处151.6千米、渠道1637处145.9千米，冲毁水利工程5513处、涵闸93处、公路3577处102.5千米、小水电站7座、公路铁路桥梁91座，损坏房屋39261间，倒塌房屋5860间，本次洪灾各项直接经济损失达8.32亿元。

6月3～7日，湘南因暴雨引发洪灾。通道、安仁、常宁等15站过程降雨超过100毫米，还有51站超过50毫米。耒阳县发生局地洪涝灾害，因灾死亡3人、伤11人，倒塌房屋43间，农田受灾1.01万公顷、成灾5600公顷、绝收800公顷，垮水库8个，毁渠道1307处、小水电站13座、泵站4座、涵洞隧道5处、公路9处，淹煤矿5个，冲走原煤40万千克，总损失折款450万元。

6月16～17日，湘东南出现了6站大暴雨、11站暴雨，过程雨量临武188.8毫米、宜章152.0毫米，暴雨造成苏仙区、临武、宜章县的22个乡（镇）、5个农林场所11.3万人受灾，162个厂矿企业受损严重。临武的南强、土桥、广宜公路冲断，中断交通12天，有8000公顷农田受灾，成灾5500公顷，绝收1200公顷，倒塌房屋322间，因灾死亡1人，冲毁河坝渠道123处11千米、小水电站3座、公路63处31千米，直接经济损失8800万元。

6月21日至7月2日，在高空500百帕天气图上，副热带高压东撤到华东沿海附近，其脊线呈东北到西南走向，配合低槽东移，并有一次重复，使雨带维持在湘中以北，强降水区在湘西自治州、常德、岳阳、益阳及怀化北部的部分地区，过程累计雨量：桃江（479.5毫米）、辰溪（470.5毫米）、益阳（460.1毫米）等45站超过200毫米，还有24站为100～200毫米、25站为50～100毫米，这次降水过程导致山洪暴发，江河水位陡涨，工、商企业损失巨大，交通、供电、供水、通讯、广播电视等基础设施被严重破坏。这次洪灾涉及到湘西自治州、常德、岳阳、邵阳、湘潭、娄底、益阳、株州、怀化等地区的57个县（市）1396个乡（镇），受灾人口达2428.39万，其中有18个乡（镇）最为严重，重灾民128.8万，13.4万人无家可归，87.5万人一度被洪水围困。据统计，25.43万公顷农作物成灾、11.26万公顷绝收，减产粮食8.53亿千克，损失粮食8130万千克，农田水利设施毁坏严重，损坏机电泵站642处、水电站56座、小中型水库507座、防洪堤坝686处150千米、塘坝510座、桥涵722座、渠道8229处119千米、冲断公路19887处1035千米，损坏水文测站9个，共淹没房屋4654栋（123万平方米），损坏房屋1386栋14.7万间（7.56万平方米），倒塌房屋873栋（8.23万平方米），因灾死亡468人，伤14895人，冲走木材2763立方米、牲畜13.88万头，各类直接经济损失达140多亿元。

灾情发生后，各级领导全力以赴投入抗灾、救灾工作，领导干部带领工作组深入重灾区指导抗灾，采取紧急措施，及时解救被洪水围困的群众，及时下拨救灾款物，安定灾民生活，组织发动群众开展生产自救，重建家园，修复毁坏的基础设施，尽快通水、通电、通路、通讯，确保生产、生活的正常进行，特别是加强对省道、国道主要交通干线的恢复，保证交通畅通和救灾物资的运送。

7月7～8日，湘西北普降暴雨或大暴雨，累计雨量永顺206.1毫米，还有桑植（183.3毫米）、保靖（171.7毫米）等3站超过100毫米、2站超过50毫米，引起溪河陡涨，山体滑坡。桑植县因灾死1人，伤28人，损坏房屋2万多间，倒塌房屋583间，损失家畜856头、水产13.5万千克，农作物受灾3.13万公顷，成灾0.98万公顷，绝收324.67公顷，粮食减产3540万千克，毁坏公路35处共200千米、水库1座，造成直接经济损失5000万元。

8月1～3日湘东北下了暴雨或特大暴雨，临湘过程降雨309.9毫米、汨罗137.0毫米，还有多地雨量达260毫米以上。黄盖湖超危险水位0.8米，24个堤垸告急，临湘出现了严重洪涝灾害，造成22个乡（镇）的39万人受灾，因灾死亡1人，伤24人，损坏房屋785间、倒塌房屋472间，农作物受灾1.67万公顷、成灾1.2万公顷，减产粮食1.2亿千克，经济损失折款2800万元。

1996年　湖南大洪涝年，特别是7月上、中旬及8月初，降水总量多、强度大、范围广，造成特大洪涝。7月1～20日全省累计平均降水总量达286毫米，其中7月13～17日5天时间里，全省暴雨264站次、大暴雨及以上71站次，导致14个市（州）95个县（市区）受灾，41个县城进水，全省受灾人口达2776万，因灾死亡558人，倒塌房屋151.51万间，损坏房屋913.78万间，被洪水围困的人数达462.65万，紧急转移388.78万人，直接经济损失达508.19亿元。全年全省共123.67万公顷农作物受水灾，77.26万公顷成灾，减产粮食16.4亿千克，各项直接经济损失达580多亿元。

5月24～25日，湘东南部分地区出现了大暴雨，过程雨量有道县（150.0毫米）等6站超过100毫米，暴雨导致了耒阳山洪暴发，因灾死亡1人、轻伤23人，损坏房屋364间，倒塌房屋142间，3793.33公顷农田成灾，57.8公顷绝收，毁渠道782处、小水电站1座、泵站12座，总经济损失折款500万元。

5月31日至6月3日，湘中以北普降大到暴雨，其中北部有大暴雨或特大暴雨，过程雨量有武陵源（304.5毫米）、华容（297.6毫米）等3站超过200毫米，还有石门（193.2毫米）等19站达100～200毫米、26站达50～100毫米，连续性暴雨导致山洪暴发，岳阳地区及桃源、安乡等11个县（市、区）133个乡（镇）的94.8万人受灾，一度被洪水围困4.73万人，17个城镇渍水，因灾死亡17人，损坏房屋12317间，倒塌房屋8906间，农作物成灾3.1万公顷、绝收1.29万公顷，冲毁公路210条、桥涵267处、河堤27.4千米、塘坝2840处、水电站5座，渠道决口5811处，总经济损失折款3.13亿元。

7月1～3日，湘西北出现暴雨或特大暴雨，有保靖（246.6毫米）、桑植（163.0毫米）等3站超过100毫米，还有大庸、古丈超过50毫米。本次降水来势猛，时间短，造成山洪暴发，这次受灾严重的是张家界、永顺、保靖、古丈等4个县（市）的80个乡（镇），共有100.95万人遭受不同程度的灾损，其中重灾乡（镇）14个，达2.93万人，有300余人受洪水围困达12小时之久。据统计，农作物受灾面积3万公顷、成灾面积3333.33公顷、绝收面积3000公顷，冲走现粮250万千克，冲毁河堤、渠道463处53.7

千米、公路1090处39.8千米、小水电站3座、泵站2座，损坏房屋12153间、倒塌房屋673间，因灾死亡20人、伤456人。直接经济损失达7.738亿元。

7月8～21日，副热带高压减弱东撤，在华东沿海形成高压坝，使北方冷空气直入湘南，配合中、低层切变线影响，雨带在湖南省南北摆动，湖南发生连续性暴雨或大暴雨。过程累计雨量有溆浦（489.6毫米）、洞口（481.2毫米）等14个站均为400毫米以上，达300～400毫米的有辰溪等16站，达200～300毫米的有28站，达100～200毫米的29站，达50～100毫米的7站。由于降雨强度大、面积广，湘、资、沅、澧四水同时上涨，加之长江洪水顶托，洞庭湖水位猛涨，7月11日城陵矶水位超警戒水位（32米），18日15时超过1954年最高水位（34.55米），22日2时达35.31米，超1954年最高水位0.76米，直到8月20日才退至警戒水位以下。如此长时间高洪水位，十分罕见。工矿、交通、水利、通讯、电力等基础设施均受到严重破坏，部分县城进水，漫溃堤垸125个。受灾严重的有花垣、古丈、吉首、泸溪、凤凰、石门、岳阳、益阳、沅江、桃江、安化、怀化、新化、冷水江、邵阳、衡阳县、耒阳、常宁、祁东、湘潭、郴州等56个县（市）的991个乡（镇），受灾人口1762.23多万，其中重灾人口128.45万，201.7万人一度被洪水围困，有26.4万人无家可归。据统计，农田受灾面积85万公顷、成灾面积43.03万公顷、绝收面积24.89万公顷，冲走现粮2728万千克，减产7.727亿千克，死亡大牲畜55.3万头，冲毁河堤、渠道15769处393.07千米、大小水库422座、水利设施10655处、小水电站146座、泵站907座60处、公路2247.35千米2735处，毁坏公路、桥梁，交通中断达485小时，损坏水文站5个，损失木材200立方米，11177家企业因灾停产，损坏房屋913.78万间、倒塌房屋151.51万间，伤病38.44多万人、重伤851人、因灾死亡413人。直接经济损失达440.57亿元。

8月1～4日，受8号强台风登陆影响，湘水流域、洞庭湖区遭受暴雨、大暴雨袭击，全省有30个县（市）、698万人受灾，特重灾民18万人，一度被洪水围困人口132.68万，9个县城进水，洞庭湖在高洪水位下遭狂风巨浪摧残，溃堤、垮垸、倒房异常严重。据统计，有20万公顷农作物受灾、成灾5.81万公顷、绝收3.2万公顷，减产6000万千克，冲走现粮1300万千克，冲毁河堤渠道2924处1007千米、小水电站58座、泵站103座、桥梁12座、公路9334处916千米，因灾死亡140人、重伤574人、轻伤4322人，损坏房屋17.6万间，倒塌房屋8.4万间，冲走木材1.2万立方米，死牲畜34052头，直接经济损失60.44亿元。

8月11～12日，发生分散性暴雨过程，过程降雨安乡（98.8毫米）、龙山（58.3毫米）等8站超过50毫米，龙山6个乡（镇）的2.5万人受灾，其中30个重灾村的1983户约1万人受灾严重。全县866.67公顷农田受灾，200公顷绝收，损坏房屋145间，倒塌房屋86间，因灾死亡2人，直接经济损失约3500万元。

1997年　湖南省虽没有发生大范围、长时间的洪涝，但部分山区仍遭受暴雨山洪灾害，6～9月有4次主要过程，全省有12个地（市）不同程度受灾，7个县城进水，受灾人口1129.54万，因灾死亡234人，倒塌房屋12.38万间，农作物受灾面积共75.16万公顷，其中成灾面积46.21万公顷，减产粮食4.824亿千克，直接经济损失60多亿元。

5月7～8日，湘东普降大到暴雨，其中双峰（166.0毫米）等4站超过100毫米，还有湘潭（89.2毫米）、韶山（87.3毫米）等24站超过50毫米。暴雨造成湘潭、衡阳市、衡东、衡山、衡阳县共32个乡（镇）的113.9万人遭受洪涝灾害，3.29万公顷农田受灾、2.18万公顷成灾、5593.33公顷绝收，毁渠道143.1千米、水库15座、公路45处168千米、桥梁135座，损坏房屋5338间、倒塌房屋5225间，损失牲畜734头，经济损失折款2.06亿元，因灾死亡3人、伤3人。

6月6～7日，湘东发生强降水，浏阳、长沙、望城、安仁4站超过200毫米，还有宁乡、溆浦、衡南等13站超过100毫米、20站超过50毫米。这次降水过程迅猛、影响面广、经济损失巨大，先后使岳阳、衡阳、郴州等市的8个县（市）79个乡（镇）的103.7万人受灾。据统计，农作物受灾9.38万公顷、成灾1.47万公顷、绝收1.99万公顷，冲毁现粮3亿千克、渠道1042处44.73千米、河堤1949处30千米，冲坏水库7个、桥梁涵洞160处、水利设施3700处、公路453处42千米，36个乡（镇）企业被迫停产，损坏房屋17541间、倒塌房屋13722间，损失牲畜10100头，直接经济损失3.64亿元，因灾死亡3人，伤900人。

7月6～9日，湘中以南普降大到暴雨，强降雨区位于衡阳及株洲南部，累计雨量南岳山289.1毫米，还有衡山（191.8毫米）、衡阳市（177.3毫米）等9站超过100毫米、44站超过50毫米。暴雨引发山洪，衡阳市、衡山、衡阳县受灾严重。这次过程有1.2万人受灾，受灾农田4.83万公顷、成灾1.31万公顷、绝收1.24万公顷，死牲畜1.573万头，毁渠道162.2千米、公路780千米，因灾死亡6人，伤784人，损坏房屋3228间、倒塌房屋3970间，经济损失4.732亿元。

7月12～13日，石门县内局地过程雨量为335毫米，造成15.2万人遭受洪灾，因灾死亡5人，损坏房屋8000间、倒塌房屋1000间，受灾总面积1.87万公顷，死牛21头、死猪305头，冲垮山塘51口，冲毁河堤渠道436千米、电站8座、泵站21座、公路3条61.3千米、涵洞隧道180处，倒杆145根，直接经济损失4180万元。

7月20～23日，湘西北部分地区降了暴雨或大暴雨，过程降雨量：汉寿195.8毫米、桃源139.2毫米、临澧128.8毫米，还有14站超过50毫米。桃源、临澧两县遭受洪灾，特别是桃源县的热市、黄石、九溪、郝坪、双溪口等乡（镇）受灾最为严重。共计损坏房屋30栋、倒塌房屋11栋，冲淹现粮7500吨，受灾农田总面积6666.67公顷、成灾6666.67公顷，冲毁渠道230处6.5千米、公路180处4.2千米、桥梁4座，受灾直接经济损失2000万元。

8月8～12日，湘东南出现了暴雨或大暴雨，过程降雨量：安仁（182.9毫米）、茶陵（162.0毫米）等13站超过100毫米，还有13站超过50毫米。郴州、衡阳等地区的8个县（市）55个乡（镇）28.7万人受灾。据统计，3.27万公顷农作物严重受灾、绝收6433.33公顷，损失粮食1900万千克，渠道决口2100处65千米，损坏小水电站4座、公路95处、路基58千米，因灾死亡18人，损坏房屋3969间、倒塌房屋2779间，死牲畜217头，直接经济损失3.48亿元。

9月1～3日，受14号台风登陆填塞后的低压环流和地面冷锋共同影响，湘东出现了大暴雨过程，强降水集中在湘东南，累计降水量：耒阳（258.6毫米）、衡东（219.3毫米）等4站超过200毫米，还有桂阳（197.6毫米）、资兴（129.0毫米）等11县（市）超过100毫米。这次过程有176.02万人遭受洪灾，共损坏房屋72万多间、倒塌房屋7.2

万多间，因灾死亡143人、伤1230人，11.46万公顷农作物受灾、成灾4.52万公顷、绝收2.89万公顷，损失粮食2510万千克，1950个企业停产，130所学校停课，毁坏公路878处579千米、桥梁131座、水库228个、水电站16座、渠道6693条19.73千米、河堤2492处、死牲畜16.46万头，直接经济损失50.59亿元。

1998年 湖南是年发生了特大洪涝，冬汛、春汛和夏汛迭起，夏秋北涝南旱。4～6月初省内先后出现6次暴雨过程，均造成不同程度的损失。6～8月湘中以北出现了历史罕见的暴雨洪涝灾害。强降水主要发生在6月中下旬和7月下旬，出现洪涝的主要时段为6月中旬至8月中旬。北纬28°以北地区6～7月总雨量超过600毫米，总雨量超过1000毫米的强降水中心有安化（1132毫米）、平江（1055毫米）和浏阳（1031毫米）。7月下旬，湘中、湘北又出现大范围暴雨。6～7月日雨量≥50毫米的暴雨有246站次（为常年同期的1.83倍），≥100毫米的大暴雨有51站次，≥150毫米的大暴雨有18站次（含200毫米以上的特大暴雨4站次）。由于暴雨来势猛、持续时间长，加之前期雨水多，江、河、湖、库的底水位偏高，7～8月长江全流域暴雨，洞庭湖在超警戒、超历史的高危水位上持续了两个多月（长沙也是如此）。城陵矶超危险水位78天，8月20日水位高达35.94米，超过1996年历史最高水位0.36米。据省政府统计，全省14个地（州、市）108个县（市、区）的1438个乡（镇）先后不同程度受灾，常德、张家界、岳阳、长沙及益阳等5个地（市）受灾严重，19个县城受淹，受灾人口3129万，成灾人口2226.11万，348.72万人曾被洪水围困，203.97万公顷农作物受灾，148.25万公顷成灾，46.21万公顷绝收，减产粮食22.18亿千克。毁坏耕地14.73万公顷，倒塌房屋123.5万间、损坏224.54万间，因灾死亡625人，直接经济损失达329亿元。

3月6～9日，湘东普降暴雨，强降水集中在湘东南。过程雨量有永州（190.4毫米）、安仁（176.7毫米）等33站超过100毫米，还有52站超过50毫米。暴雨引起山洪暴发，江河水位猛涨，是春汛最早的一年。3月10日株洲湘江水位超警戒水位3.95米，有永州、衡阳市11县（市）79个乡的239.1万人受灾，因灾死亡5人，损坏房屋16780间、倒塌房屋7930间，3.92万公顷农作物受灾、2.802万公顷成灾、2.043万公顷绝收，冲毁渠道2525处、公路69条，死牲畜1350头，直接经济损失10.71亿元。

5月7～8日，湘西北普降暴雨、大暴雨，如吉首（178.6毫米）、凤凰（154.8毫米）等7站超过100毫米，还有22站超过50毫米。暴雨导致山洪暴发、山体滑坡、城区进水，受灾严重的有保靖、花垣、古丈、吉首、凤凰等5个县（市）的87个乡（镇），涉及16.97万人，其中10个乡（镇）的3.97万人受灾尤为严重，有1.91万公顷农田受灾、1.01万公顷成灾，冲走现粮113.4万千克，冲毁溪河257处、河堤渠道1320处446.9千米、小水电站9座、泵站21座、公路473处403.5千米、公路桥梁49座，损坏房屋1853间、倒塌445间，淹死牲畜207头，直接经济损失达3.82亿元，因灾死亡15人、伤49人、重伤9人。

5月下旬，6月中下旬，特别是6月12～27日为湖南雨水集中期，过程累计雨量超过500毫米的有20站，最大多雨中心在湘东北，雨量达830毫米。连续暴雨造成江河猛涨，山洪暴发，使许多工矿企业停产，建筑、交通、水利、电力、通讯等基础设施遭到破坏，影响面波及全省大部分地区。据统计，有43个县882个乡（镇）的1324.29万人受灾，特重灾民13万，7.15万多人无家可归，农作物受灾面积78.06万公顷、成灾11.04万公顷、绝收4.65万公顷，减产粮食4.17亿千克，损失粮食920万千克，淹死牲畜3.86万头，冲毁河堤、渠道4938处108千米，塘坝10915座、公路545处69.8千米，损坏中、小型水库36座、机电泵站1149座、小水电站145座，损坏房屋6.06万间，倒塌房屋6.57多万间，因灾死亡197人、失踪5人、伤病3.817万人，直接经济损失达54.94亿元。

6月29日至8月17日，湘中以北地区出现强降水，特别是7月下旬出现了连续性暴雨，这次过程总雨量达100～200毫米的站14个，超过200毫米的站有40个，其中龙山（784.9毫米）、桑植（775.0毫米）、澧县（692.0毫米）、石门（589.4毫米）、华容（521.2毫米）等14县（市）超过500毫米。强降雨导致山洪暴发，洪涝灾害严重：洞庭湖区溃决千亩以上堤垸62个，有6个县城进水受淹，桑植县城最大水淹深度达11米，近3万人被洪水围困，永顺县城三分之二被淹没，水淹深度平均近7米，3万多人被洪水围困，共造成30万灾民有家难归或无家可归。据统计，湘西自治州、张家界、常德、益阳、岳阳、怀化、长沙等地区的44个县（市）711个乡（镇）的1475.26万人受灾，因灾死亡348人、失踪8人、伤病16.48万人，农田受灾面积达106.75万公顷、成灾面积21.72万公顷、绝收面积19.06万公顷，毁坏公路131条共551.96千米、公路桥梁涵闸1939座，冲毁河堤渠道27559处513.3千米，损坏房屋109.84万间，水淹房屋980栋3920间，倒塌房屋78栋42.97万间，死牲畜72.99万头（只），因灾减产粮食32.01万吨，直接经济损失213.48亿元。

1999年　湖南4～8月出现了8次较大暴雨过程，暴雨洪涝使14个市（州）85个县（市、区）受灾。受灾总人口1267.63万，因灾死亡125人，损坏房屋61.22万间，倒塌房屋15.55万间，受灾农田共137.48万公顷，成灾面积86.84万公顷，减产粮食6.153亿千克，直接经济损失达64.87亿元。其中郴州、益阳损失最重，常德、岳阳、怀化和湘西自治州其次，6市（州）合计损失占全省损失的93%。

4月23～25日，全省三分之一的地方出现暴雨过程，常德24日出现251.1毫米的特大暴雨，成为1950年以来湖南4月份日降水量最大值。

5月25～26日，出现64站暴雨，其中15站大暴雨，造成湘北部分地区山洪暴发、山体滑坡，41.04万人受灾，损坏房屋747间，倒塌房屋458间，1.55万公顷农田受灾、8953.33公顷成灾、800公顷绝收，死牲畜156头，毁渠道泵站公路，经济损失折款1583.7万元。

6月23日至7月2日，湘西、湘北普降暴雨，出现暴雨83站（次），其中大暴雨15站（次），沅水下游水位暴涨，沅陵以下全线超危险水位，西、南洞庭湖全面超警戒水位。麻阳县城进水，平均水深2米。全省35个堤垸达防汛水位，其中25个达危险水位。沅水沿线319国道和180省道交通中断。龙山、永顺、保靖、花垣、吉首、泸溪、凤凰等7县（市）发生洪涝灾害，118个乡（镇）的69.46万人受灾，其中15个乡（镇）的7.94万人（泸溪重灾民达6.3万）受灾严重。据统计：这次过程使6.28万公顷农作物受灾、3.38万公顷成灾、3726.67公顷绝收，冲走现粮283.54万吨，减产14.04万吨，淹死大牲畜8315头，损坏小一型、小二型水库23座，冲毁河堤渠道241处112.4千米，损坏小水电站10座、泵站92座、公路200处211.3千米、公路桥梁5座，损坏房屋489栋零

19964间，倒塌房屋94栋零966间，因灾死亡7人、伤138人、重伤1人，24所小学的5120平方米校舍不同程度受损，4000余名师生停课，3个工矿企业停产，部分停产6个。直接经济损失达3.96亿元。

7月7～9日，湘西北地区发生了大暴雨或特大暴雨，其中8日龙山、永顺、吉首、保靖、花垣等5县出现了连片大暴雨，造成山洪暴发，峒河河水猛涨，超出警戒水位3.88米，超危险水位0.88米，超历史最高水位0.39米，花垣、吉首、泸溪、凤凰等4县（市）61个乡（镇）21.07万人受灾严重，受洪水威胁而紧急转移群众1.37万人。据统计，这次强降水过程造成2.1万公顷农作物受灾、1.08万公顷成灾、2520公顷绝收，冲走现粮105吨，冲垮小二型水库2座，冲毁河堤渠道37720处70.2千米、渡槽16.9千米，毁坏小水电站15座、泵站109座、公路2425处12.7千米，损坏房屋38栋7942间，倒塌房屋25栋1506间，因灾死亡10人、重伤4人、伤15人。直接经济损失达2.09亿元。

7月15～16日，湘西北出现了12站大暴雨、22站暴雨，造成了古丈、吉首、泸溪、凤凰等县（市）洪涝灾害，其中重灾乡（镇）达23个。据统计，有1.45万公顷农作物受灾、成灾0.94万公顷、绝收2773.33公顷，工矿企业损失严重，有些企业停产或半停产，洪水冲毁河堤渠道424处129.2千米、公路700处121.8千米，毁坏小水电站6座、泵站20座，损坏房屋543栋5132间、倒塌房屋53栋956间，因灾死亡2人、伤42人，直接经济损失达1.412亿元。

8月12～14日，湘南出现局部暴雨和大暴雨，13日郴州降雨294.6毫米，郴江水位超过历史最高水位1.53米，郴州市区有400多个单位被洪水围困，6条主要街道被洪水淹没，107国道中断，市区断水断电，通讯和交通中断。据郴州气象台上报的灾情，全市因灾死亡70人、伤5443人，受灾人口达58万，损坏房屋5万多间、倒塌房屋2万多间，农作物受灾面积2万多公顷，林业损失木材1300立方米，暴雨造成京广铁路上行线中断2天，总计直接经济损失15亿元。

8月19日6～12时，凤凰县突降暴雨，部分乡（镇）下了暴雨或大暴雨，全县19个乡（镇）25.6万人受灾。据统计，全县5200公顷农作物受灾、成灾2800公顷、绝收560公顷，损坏房屋73间、倒塌房屋35间，因灾死亡1人，伤35人，直接经济损失达4500万元。

8月26～30日，湘西、湘中、湘北先后出现暴雨39站（次），其中大暴雨5站（次），岳阳29～30日出现连续性暴雨，使省内夏汛之后又出现了秋汛。湘、资、沅、澧四水和洞庭湖区水位全面上涨，溃决的民主垸内水位涨1米多。

2000年　湖南5～6月、8～9月发生4次较大暴雨过程，发生局地洪涝。据统计，汛期全省14个地区均不同程度地遭受过暴雨洪涝袭击，其中资兴、辰溪、绥宁、桂东、宜章、茶陵等15个县（市、区）灾情较重。全省受灾总人口549.41万，因灾死亡77人，倒塌房屋2.25万间，死亡大牲畜1.89万头，淡水养殖损失1.02万吨，有693家工矿企业因灾停产，毁坏公路路基1122千米、输电线路356千米、通讯线路332千米，损坏中型水库1座、小型水库51座、水闸328座、机电泵站227座、小电站49座、塘坝3210座、护岸3306处，农作物受灾面积29.28万公顷，其中成灾12.81万公顷，减产粮食

2.351亿千克。全省直接经济损失12.53亿元。

5月25～28日，湘西南和湘南有36个县（市）先后出现暴雨，4个县大暴雨。靖县、绥宁、会同等部分地区出现洪涝，山体滑坡，造成2人失踪，59人受伤，100万人受灾，倒塌房屋300多间，农田受灾7.6万公顷，损坏中型水库1座、小型水库20座、小型水电站1座，冲毁公路170多千米，直接经济损失1.198亿元。

6月4～11日，全省出现40站（次）暴雨、2站（次）大暴雨，岳阳、益阳、怀化等地区9个县（市）出现山洪和山体滑坡，导致2人死亡、伤234人，97万人受灾，损坏房屋1860间，倒塌房屋1600间，工矿企业停产56家，农作物受灾面积3.95万公顷、成灾1.58万公顷、绝收3666.67公顷，冲垮小二型水库12座、山塘堤坝337处，直接经济损失1.5亿元

6月20～23日，湘中和湘西南出现38站（次）暴雨、9站（次）大暴雨，湘、资、沅水干流全面上涨，湘江长沙段24日水位34.84米，超过防汛水位0.84米，320国道湘乡段因暴雨中断交通近20小时，部分县（市）发生山洪和山体滑坡，造成4人死亡，154人受伤，174万人受灾，倒塌房屋0.4万间，农作物受灾6.2万公顷，直接经济损失2.3亿元。

8月12～25日，湘东南、湘中和湘南先后出现39站（次）暴雨和8站（次）大暴雨，凤凰县发生山洪、泥石流灾害，死亡6人，2.9万公顷农作物成灾。郴州、怀化和湘西自治州的经济损失达1.2亿元。

9月1～3日，受13号热带风暴影响，出现25站（次）暴雨、9站（次）大暴雨。郴州市、株洲市南部、衡阳市东部突发山洪灾害。9月1日资兴市龙溪乡降雨451毫米，是罕见的特大暴雨，有11个乡（镇）被洪水围困，其中连坪、龙溪两乡（镇）道路全部被毁，交通、通讯中断，3000多群众被困在山上，政府派出武警辟路背粮进山，并用直升飞机空投救灾物资。据统计，3市有12个县213个乡（镇）的126.4万人遭受洪灾，因灾死亡63人，4.4万公顷农作物受灾，倒塌房屋1.58万间，冲走木材1000立方米，死亡大牲畜7600头，冲垮河堤渠道34千米，冲坏小电站20座、公路182千米、桥梁89座，造成489家工厂停产、4所学校停课。直接经济损失6.2亿元。

第二章 干　旱

第一节 概　述

干旱是对人类影响最广泛、造成经济损失最严重的自然灾害之一，旱灾影响形式虽然比洪涝灾害缓慢，但灾害涉及面往往很广，且后续和潜在危害也较大。湖南年平均降水量约 1400 毫米，但年际变率颇大，降水的季节分配也很不均匀，3～8 月的降水量占全年降水量的 70.3%，具有很强的季节性和地域性。常年 6 月下旬以后，湖南受西太平洋副热带高压控制，雨季结束进入盛夏晴热少雨季节，容易发生干旱灾害。干旱严重时，溪河断流，塘坝、水库干涸，对航运、水电产生致命影响，甚至人畜饮水也会发生困难。尤其农业生产多在露天条件下进行，受干旱制约很大，夏秋季节正是湖南农作物繁茂生长时期，天气炎热，降水少，蒸发大，农田水量不足，如遇久晴不雨，农作物体内水分大量亏缺，导致农作物生长发育不良而减产，甚至作物被干死绝收。因此，旱灾是湖南影响最为严重的农业气象灾害。

最早收集到的湖南旱灾记录是西周昭王十六年（公元前 980 年）：荆州江竭（湖南属当时荆州南境）。史料对旱灾造成的影响也有详尽的描述，像“田禾枯焦，赤地千里，种植几绝，溪河断流，井涸泉枯”的记录屡见不鲜。从 15 世纪到 20 世纪的 600 年间，有据可查的旱灾年数达 435 年，几率为 72.5。

据 1951 年至 2000 年资料统计，全省平均每年干旱受灾面积达 41 万公顷，成灾面积达 22 万公顷，分别占全省耕地面积的 12.5%和 6.7%。旱灾几乎年年有，即使是大水年也同样会出现干旱。如 1998 年湖南发生了仅次于 1954 年的大洪水，但干旱依然存在，全省先涝后旱，北涝南旱特征明显。如湖南南部的郴州从 6 月 26 日至 9 月 12 日降雨量仅 47.4 毫米，不到历年同期降水量的 2 成，干旱天数达 79 天，其中 7 月 26 日至 8 月 18 日，24 天内滴雨未下，是 1949 年后郴州所有干旱年中历时最长的一年。这一年全省农作物受旱面积 70.4 万公顷，成灾面积 36.5 万公顷，全年因灾减产粮食 7.8 亿千克，直接经济损失 13.7 亿元。因此，干旱对农业生产和人民生活乃至国民经济所造成的影响不能低估。只有加深对干旱的了解，采取具体预防措施，才能最大限度地减轻干旱给国民经济所造成的损失。

一、干旱标准

干旱是由多种因素综合影响形成的，它不仅与降水、气温、蒸发等气候因子有关，而且与地质结构、土壤性质、森林植被、水利设施、耕作制度以及人类活动等因素密切相关。干旱一年四季皆可发生。按出现季节可分为：春旱、夏旱、秋旱、冬旱以及夏秋连旱、秋冬连旱、冬春连旱等。

气象部门对干旱的评估多用降水量或无雨日数来判定干旱的有无和等级。《湖南省天气气候若干标准暂行规定》将湖南干旱按出现时段分为三类：

（一）夏秋干旱，时段：6～10 月。其中，夏旱时段为雨季结束至“立秋”前；秋旱时段为“立秋”后至 10 月底；夏秋连旱时段为雨季结束至 10 月底。夏秋干旱分级标准为：

干旱年：出现一次连旱 40～60 天，或出现两次连旱总天数达 60～75 天；

大旱年：出现一次连旱 61～75 天，或出现两次连旱总天数达 76～90 天；

特大干旱年：出现一次连旱 76 天以上，或者出现两次连旱总天数达 91 天以上。

（二）春旱，3 月至 4 月中旬降水总量比常年偏少 4 成或以上。

（三）冬旱，上年 12 月至当年 2 月总雨日比常年少 5 天（也有定 6 天或 7 天的）或以上。

农业生产上的干旱程度概念与气象干旱不同，但两者之间有密切联系，它是以受旱面积和成灾面积来判断旱灾程度的。根据湖南省 1951 年至 2000 年的农作物受灾面积和成灾面积资料进行分析，将其分为基本无旱、轻旱、大旱和特大旱。其分级标准为：

基本无旱：全省受灾面积 0～33.33 万公顷，成灾面积 0～6.67 万公顷；

轻旱：受灾面积 33.33～66.67 万公顷，同时成灾面积 6.67～33.33 万公顷；

大旱：受灾面积 66.67～133.33 万公顷，同时成灾面积 33.33～66.67 万公顷；

特大旱：受灾面积 133.33 万公顷以上，同时成灾面积 66.67 万公顷以上。

据农业部门的统计记载，近 50 年间湖南省共出现旱灾年 36 次。其中特大旱年份有 1956、1960、1963、1985 年，共 4 年，平均 13 年就有 1 次规模大、旱情重的旱灾发生；大旱年份有 1957、1959、1961、1971、1972、1978、1981、1984、1986、1988、1990、1991、1992、1998 年，共计 14 年，平均 10 年 3 遇；轻旱年份有 1951、1953、1955、1962、1964、1965、1966、1974、1979、1980、1982、1983、1987、1989、1995、1997、1999、2000 年，共计 18 年，平均约 5 年 2 遇；属基本无旱年份的有 1952、1954、1958、1967、1968、1969、1970、1973、1975、1976、1977、1993、1994、1996 年，共计 14 年，平均约 7 年 2 遇。

本章在夏秋干旱和春旱的分析中，是用的气象部门的标准，选择了气象资料较长的岳阳、常德、沅陵、长沙、芷江、邵阳、衡阳、永州、郴州等 9 个站（简称湖南 9 站）进行分析；而在整理干旱条目时，是用农业部门受灾面积和成灾面积为标准来划分的。两个标准划分的干旱等级不完全相同。例如：1963 年，受旱面积 150 万公顷，成灾面积 113.4 万公顷，按农业部门标准来划分属特大旱。而用气象标准进行划分时，长沙、芷江、邵阳有春旱，岳阳、郴州夏秋有轻旱，常德、沅陵夏秋大旱，而衡阳、永州则未达干旱年标准。又如 1966 年，用气象标准划分时，岳阳、常德、衡阳、永州、邵阳夏秋为特大干旱年，芷江夏秋为大旱年，郴州、长沙、沅陵夏秋为干旱年，常德还出现了春旱；用农业部门标准来划分，是年受旱面积44.8万公顷，成灾面积17.6万公顷，仅为轻旱。

二、干旱特征

干旱频繁。 据《湖南省志·建设志·气象》、《湖南省气候灾害史料》和1985年以来的湖南省年度气候影响评价所记载，公元前980年至公元2000年间，有记载的湖南旱灾计599年。时代愈远，旱灾的记录次数愈少。公元前有纪录14年，公元1世纪至11世纪的1100年间共记录旱灾72年，12世纪至14世纪旱灾纪录次数渐多，300年间共记录旱灾79年。从15世纪开始，旱灾的记录屡见不鲜，15世纪至20世纪600年间，共记录435年。近400年间，每世纪记录的旱灾次数都在70年以上。从公元1世纪到14世纪的1400年间，共有151年，出现几率为11%，以后旱灾记录出现几率渐多，15世纪为50%，16世纪为58%，17世纪为79%，18世纪为76%，19世纪为79%，20世纪为93%。

旱情较重。 不同年份旱灾轻重不一，在古代有以记载时间长短来说明旱情的，如“公元前235年，湖南天下大旱，六月不雨至八月”；有以记载干旱范围来说明旱情的，如“公元前73年，湖南夏大旱，东南数千里”；有以记载干旱影响来说明旱情的，如“公元617年，湖南天下大旱。宁乡大旱，田禾枯焦，赤地千里”，“公元1033年，南方大旱，种粒皆绝，人多流亡，因饥疫死者十之二三，墟里几为之空”。近代对旱灾的描述更为详细，1921年，全省各地发生严重旱灾，受灾饥民达二百万，入春后长期不雨，大部分地区早稻不能下种，夏秋以后，旱尤酷烈，禾苗大都枯死，早稻颗粒无收，五十多县减产，其中收获较多的三四成，少的一二成。1934年，湖南特大旱，68县成灾，自夏迄秋久晴不雨，湘中、湘南赤地千里，川泽断流，稻菜尽枯，田多失收，民食艰难，绝境，饿死人无数。

中华人民共和国建国后的几次特大旱灾：1956年，干旱到得早去得迟，受旱面积广、危害重，尤以湘西和湘南受灾最重。全省农作物受旱面积169.6万公顷，占当年播种面积的24.9%，其中成灾面积88.3万公顷，因灾减产粮食14.57亿千克。1960年，受旱县市占全省县市总数的四分之三，全省农作物受旱面积198.7万公顷，占当年播种面积的25.7%，其中成灾面积达83.7万公顷，因灾减产粮食20.6亿千克。1963年，旱灾遍及76个县市，湘中和湘南有18个测站年降水量为解放以来最少，全省农作物受旱面积150万公顷，占当年播种面积的23.9%，其中成灾面积113.4万公顷，减产粮食18.8亿千克。因旱塘干井涸，67%的中、小型水库干到死水位以下，7.77万个生产队饮水困难，耒阳、安仁、永兴、茶陵、衡南、常宁等地旱期长达300天。1985年，全省农作物受旱面积152.5万公顷，占当年播种面积的20.3%，其中成灾面积79.5万公顷，全年因灾减产粮食14.0亿千克，全省有24座中型水库、4548座小型水库、108.8万处塘坝干涸，101万条溪涧断流，220多万人饮水困难。中华人民共和国建国后的四个特大干旱年虽然给湖南经济造成巨大损失，但在共产党和人民政府的坚强领导下，组织群众抗灾自救，没有出现灾民流离失所和饿死人的现象。

夏秋干旱重于春旱。 湖南干旱四季均有，春旱对于耕田整地、播种育秧有很大的影响，但是出现最频繁、危害最大的还是夏秋干旱。1954 年至 2000 年，湖南 9 站春夏秋季干旱共有 161 站（次），其中春旱 33 站（次），占 20.5%，夏秋干旱 128 站（次），占 79.5%。

湖南 9 站 47 年中有春旱 33 站（次），几率约为 10 年 4 遇。若以偏少 4～5 成为轻度春旱，偏少 5～6 成为中度春旱，偏少 6 成及以上为重度春旱，则在 33 站（次）春旱中，轻度春旱 24 站（次），占 73%，中度春旱 7 站（次），占 21%，重度春旱 2 站（次），占 6%。故湖南春旱以轻度春旱为主，中度春旱次之，重度春旱所占比例极少，如 1988 年，湖南 9 站有 3 站（沅陵、岳阳和常德）出现春旱，其中沅陵出现重度春旱，降水量较历年同期偏少 62%。按地域分布，春旱发生率相对来说，西多东少，偏西部的邵阳等 4 站春旱发生率占春旱总数的 58%，偏东部的其余 5 站只占 42%。

夏秋干旱包括夏旱、秋旱和夏秋连旱。从资料上看，湖南立秋前后往往有一次明显的降水过程，这次降水使湖南的干旱有了夏秋之分，但如果这次降水过程不明显，则雨季结束至 10 月底间可能出现连续干旱。湖南 9 站 47 年中有 128 站（次）夏秋干旱，单纯的夏旱并不多，仅占 6.3%，夏秋连旱和单纯的秋旱较多，夏秋连旱占 35.2%，单纯的秋旱比例最大，占 58.6%。与春旱相比，湖南省夏旱、秋旱、夏秋连旱所造成的灾害远重于春旱，究其原因主要有三个：一是夏秋干旱时间比春旱长，发生夏、秋干旱总是有 20 天基本无雨，旱期少则 40 天，多则长达 100 天以上；二是夏秋干旱的次数明显多于春旱的次数；三是夏秋干旱时往往是一年中气温最高的时段，酷热少雨，蒸发量远远大于降水量。

夏秋干旱出现时间有早有晚，夏旱平均初日为 6 月 21 日，最早出现时间为 6 月 5 日（1985 年，岳阳）。旱期有长有短，夏旱时间平均为 47 天，单纯的秋旱时间比夏旱略长，平均为 58 天，夏秋连旱平均为 84 天。一次夏秋连旱最长的记录是衡阳 1992 年创下的，该站从 7 月 6 日至 10 月 31 日止，期间仅有约 50 毫米降水量，夏秋连旱 117 天，之后降雨 12.5 毫米，仅间隔 1 天，又使旱期延续到 11 月底，夏秋连旱时间实际达到了 147 天。

从以上分析可见，湖南夏秋干旱重于春旱，且发生次数最多、灾害范围最广、影响时间最长，故灾害损失最重。

湘中旱重，山区较轻。 湖南地形复杂，处于亚热带季风环流之中，大多数年份雨季都比较明显，降水量较少的时段多发生于当年 7 月至次年 2 月之间。根据地理位置和地形类别选择了全省 32 个代表站，依据这些站 7 月至次年 2 月的降水实测资料采用数理统计方法分析，得出各站、各年度有无干旱以及干旱程度，再制作全省各干旱等级概率分布图，图 2.1～2.3 分别为各站轻旱、中旱、重旱的概率分布图。

从图 2.1 可以看出，全省各地均可出现轻旱。出现概率最高的是道县（21.5%），最低的是溆浦（10.8%）。分布态势大体为以道县、新田、临武、江华等地为一高值区，其脊向北经衡阳、长沙到岳阳，在石门、永顺一线另有一次高值区。吉首、溆浦、芷江等湘西中部为一低值区，其槽向东北延伸到南县，向东南延伸到邵阳。

从图 2.2 中可以看出，全省各地均可出现中旱。出现概率最高的是吉首市（7.6%），最低的是汝城（2.5%），前者是后者的 3 倍。分布态势大体是沿武陵山和雪峰山脉走向，自北向南包括龙山、桑植、沅陵、溆浦、武冈和通道为一高值区，然后向东西两侧递减，最小值出现在湖南省东南角汝城。

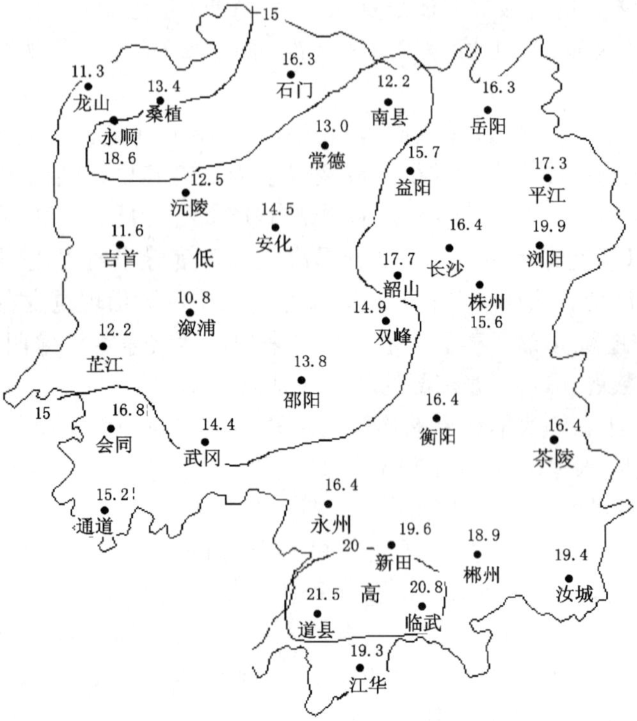

图 2.1 各站轻旱概率分布（%）

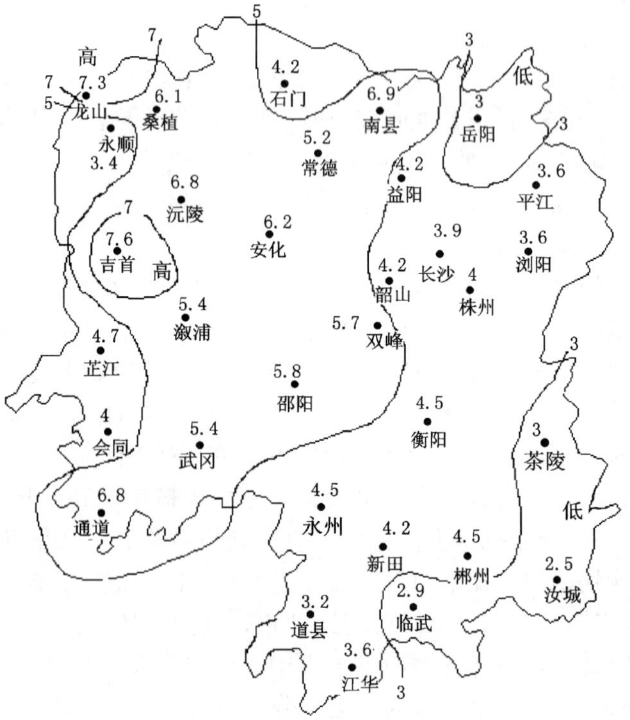

图 2.2 各站中旱概率分布（%）

从图 2.3 可以看出，全省除新田没有出现过重旱外，其他各地均出现过重旱，出现概率最高的是芷江（4.2%）。分布态势大体是：以芷江、溆浦、武冈、邵阳等湘西、湘中部分地区为一高值区，茶陵、株洲、岳阳、南县为另一高值区，以新田、道县、郴州、临武等湘南地区为一低值区。

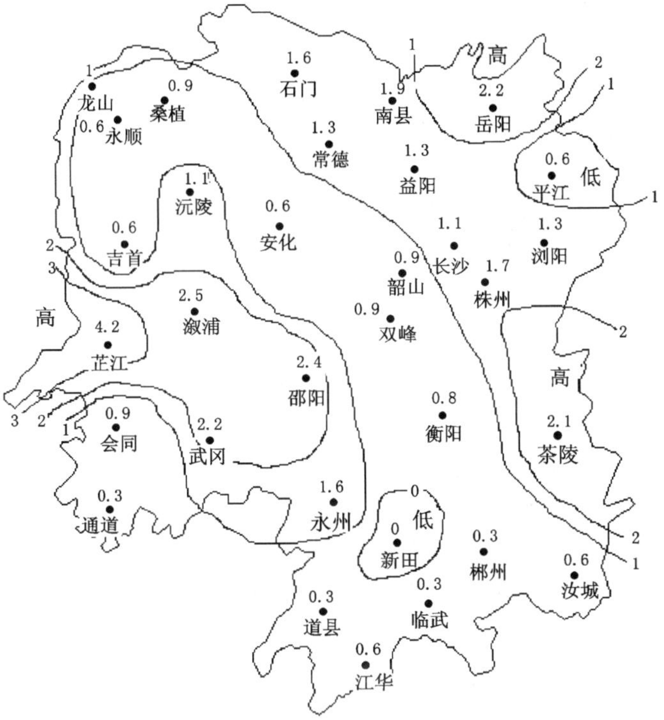

图 2.3　各站重旱概率分布（%）

由以上分析可见，湖南各地均可发生干旱，由于地形、地貌不同，各地气候略有差异，加上土壤、植被、水利设施、耕作制度不同，以及各地的抗旱能力也不同，旱灾具有明显的地区差异。衡邵盆地因受地形性下沉气流影响，过程降雨量往往少于其他地方，干旱概率较其他地区为高，洞庭湖区的岳阳、常德等地夏秋季节出现气象干旱时，往往因湖区水源充足，灌溉条件较好，不容易造成旱灾。

多块块旱，插花旱。 湖南干旱具有插花性。首先在一年之中，各地干旱出现显著差异，同一年中不同区域有特大干旱、大旱和干旱之分，如 1992 年，全省属大旱年，湖南 9 站中有 7 个站出现不同类型的干旱，岳阳、邵阳、衡阳、永州 4 个测站夏秋属特大干旱，干旱时间长达 100 天左右，长沙属大旱，干旱 60 多天，芷江、常德仅为干旱，时间在 40～50 天，而湘西北的沅陵和湘东南的郴州按同一干旱标准进行划分，属基本无旱年。其次大旱年中有雨水正常的地区，而全省性的雨水正常年份又有旱象出现的地区，即使在一县境内，也有有旱或无旱区的插花现象出现。因此，干旱受灾面积和成灾面积年年有，“块块旱”，“插花旱”年年可见。

三、干旱的成因

大气环流的影响。 大气环流的规律性运动和异常是形成湖南规律性干旱和特大干旱的主要原因。常年6月以后，湖南除湘西北外，常受西伸北跃的西太平洋副热带高压控制，雨带北移，各地雨季相继结束，天气晴朗，气温高，南风大，蒸发强，引起干旱发生。如常年7～9月，湖南省总雨量除湘西北近400毫米外，其余多在300毫米以下，水分的不足，常常引起旱象出现。若大气环流异常，前期副热带高压很弱，脊线位置偏南，在湖南省冷暖空气交汇少，雨季降水不足，后期副热带高压过强、过早并长时间控制湖南省，则出现长期无雨或少雨的现象，引起严重干旱。如1963年4～6月，高空图上西太平洋副热带高压强度一直很弱，仅在南海一带有小的高压环流，这样一方面影响西南气流向北输送，另一方面，又使北方冷空气能畅通无阻一泻而下，在湖南省不能形成冷暖气流的交汇，致使湖南省雨季降水偏少，雨季缩短，有的地方甚至雨季不明显。湖南省是年4～6月降水量除湘西北正常略偏多外，其余地区均比常年偏少3～7成，湖南东部各地于5月中旬或6月上旬先后出现了夏旱。到7月份，西太平洋副热带高压北跳控制湖南省（脊线在30°N附近），位置比常年偏北，且稳定少变，8、9、10、11月，湖南基本受西太平洋副热带高压或大陆高压长期控制，且稳定少动，降水仍然稀少，导致严重夏秋连旱。因此大气环流的影响，导致湖南省出现长时间的降水量偏少是形成干旱的主要原因。

降雨量与农业阶段需水量极不平衡。 湖南省的早稻本田期需水量一般小于同期降水量，但在少数5～7月少雨的年份和渗漏严重的地区仍有亏缺，而晚稻本田期需水量一般大于同期降水量，大多入不敷出。7～9月是中、晚稻分蘖、孕穗、抽穗的需水关键阶段，需水量达938.5毫米，占全生育期需水量的94.7%，这一时期，也是棉花结桃、柑橘壮果的关键时间，此时若出现干旱，如果没有良好的水利灌溉条件，对各类农作物的生长危害极大。

气温高，蒸发大，降水和蒸发不平衡。 夏秋季节正值全省气温较高时段，日平均气温高，全省各地日最高气温大于或等于35℃的酷暑期也大多集中在夏秋季节。这一时期蒸发量也大，最大的可达同期降水量的4倍以上。如1992年从8月15日～11月30日，湖南省大部分地区降水在100毫米以下，比历年同期少7～9成。以是年湖南9站实测资料统计，6～10月日最高气温大于或等于35℃的日数平均为24天（衡阳有37天之多），8～11月平均降水量131.3毫米，而平均蒸发量达568.7毫米，蒸发量是降水量的4.3倍。故降水和蒸发不平衡造成的水分短缺是形成干旱的又一原因。

地形地貌的差异。 地形地表特征是影响干旱的重要因素，衡邵盆地因受地形性下沉气流影响，干旱频率较高。湘西、湘西南的石灰岩地质区土层薄，不利于蓄水保水，十天半月不雨，就容易发生干旱。

社会因素的影响。 随着社会发展，自然灾害所造成的损失一直呈上升的趋势。虽然原因是多方面的，但社会因素的影响越来越显著：一是人口急剧增长，耕地急剧减少，复种指数提高，加重了干旱的发生和发展；二是森林植被遭破坏，生态失去平衡，水土流失日趋严重，人类生存的自然环境恶化，抗御自然灾害的客观条件脆弱；三是水利工程老化失修，水利基础设施的局限性和发展的不平衡使抗旱能力降低；四是经济建设的高速发展，工农业生产和人民日常生活需水成倍增加，少水、缺水的程度在不断加剧，干旱造成的损失和影响越来越大，一些原本不缺水的区域也出现水源日益紧张的趋势。

四、干旱的防御措施

针对干旱成因，可以采取以下措施有效防御干旱或者减轻旱灾的损失：
1. 优化农业生产布局，改进生产技术，选育和种植耐旱品种，深耕覆盖。
2. 兴修水利，合理灌溉。
3. 退耕还林，涵养水源，大规模绿化造林，减少水土流失。
4. 掌握气候规律，抓住有利时机，蓄水防旱，在多旱区推行旱作农业。
5. 发展节水农业，采用塑料大棚与地膜覆盖、滴灌技术，显著提高水分的生产效率。
6. 适时开展人工增雨作业，以增加水库蓄水和缓解旱情。

第二节　1949年及以前的干旱灾害

周　昭王十六年（公元前980年）　荆州（湖南属当时荆州南境）江竭。

周　穆王二年（公元前975年）　荆州江竭。

周　考王元年（公元前440年）　旱。

秦　始皇帝十二年（公元前235年）　湖南天下大旱，六月不雨至八月。

汉　惠帝五年（公元前190年）　常宁夏大旱，湘水少，宜溪绝流。

汉　文帝三年（公元前177年）　湖南秋大旱。

汉　后元六年（公元前158年）　湖南春旱、天下大旱。

汉　中元二年（公元前148年）　武陵郡沅陵县大旱，人多饿死。

汉　本始元年（公元前73年）　湖南夏大旱，东南数千里。

汉　地节四年（公元前66年）　大旱。

汉　黄龙元年（公元前49年）　夏大旱。

汉　建始元年（公元前32年）　常宁大旱，湘竭。

汉　绥和二年（公元前7年）　常宁大旱，湘竭。

汉　建平四年（公元前 3 年）　湖南旱。

汉　元始元年（公元 1 年）　湖南旱。

汉　天凤五年（公元 18 年）　荆扬连年久旱，百姓饥馑。

汉　元和三年（公元 86 年）　江西、湖南……皆旱。

汉　永元二年（公元 90 年）　湖南大旱。

汉　永元十一年（公元 99 年）　荆州旱，赤地千里。

汉　建和元年（公元 147 年）　荆州四月旱。

汉　建和二年（公元 148 年）　武陵郡大旱，人多饿死。

三国　吴嘉禾四年（公元 235 年）　湖南自十月不雨至（次年）夏。

三国　吴五凤二年（公元 255 年）　湖南大旱。

晋　泰始二年（公元 266 年）　湖南春夏旱。

晋　太康元年（公元 280 年）　武陵三月旱，伤麦。

晋　太康六年（公元 285 年）　武陵郡、龙阳六月旱，伤麦。

晋　咸和八年至咸康三年（公元 333—337 年）　连续五年天下普旱。

晋　咸康元年（公元 335 年）　十月乙未朔，日有食之，是岁大旱。

晋　咸康四年（公元 338 年）　湖南：时天下普旱。

晋　太元十五年（公元 390 年）　荆州旱。

南北朝　南齐　永明三年（公元 485 年）　宁乡旱。

南北朝　梁　天监元年（公元 502 年）　湘东郡新宁（今常宁）旱。

南北朝　梁　天监四年（公元 505 年）　荆州大旱。

南北朝　梁　天监十五年（公元 516 年）　荆州七月大旱。湖南大灾。

南北朝　梁　普通四年（公元 523 年）　宁乡大旱。

南北朝　陈　太建六年（公元 574 年）　宁乡大旱，千里如焚。

隋　大业八年（公元 612 年）　湖南天下旱，百姓流亡。

隋　大业十三年（公元 617 年）　湖南天下大旱。宁乡大旱，益阳大旱，田禾枯焦，赤地千里。

唐　贞观元年（公元 627 年）　岳州旱。巴陵、华容、湘阴、益阳、沅江旱。平江大旱。

唐　贞观十二年（公元 638 年）　吴、楚、蜀、巴等二十六州旱，冬不雨至次年五月。

唐　总章元年（公元 668 年）　宁乡大旱。

唐　开元三年（公元 715 年）　邵阳五月旱。

唐　开元七年（公元 719 年）　澧州旱。

唐　开元二十年（公元 732 年）　澧州大旱。

唐　大历元年（公元 766 年）　湖南旱。

唐　建中元年（公元 780 年）　澧州旱。

唐　贞元元年（公元 785 年）　湖南旱。

唐　贞元七年（公元 791 年）　扬、楚、滁、寿、澧等州旱。

唐　贞元十年（公元 794 年）　邵州旱。

唐　贞元十一年（公元 795 年）　湖南旱。

唐　永贞元年（公元 805 年）　常宁旱。宁乡大旱。岳阳、华容、沅江、益阳、湘阴、湘潭、湘乡秋七月旱。秋十一月，湖广等二十六州旱。

唐　元和元年（公元 806 年）　湖南旱。

唐　元和二年（公元 807 年）　湖南旱。

唐　元和三年（公元 808 年）　湖南大旱灾。湘阴大旱。湘潭夏大旱。

唐　元和四年（公元 809 年）　湖南旱饥。

唐　宝历元年（公元 825 年）　秋，荆南、淮南、浙西、江西、湖南及宣、襄、鄂等州旱。湖南秋旱。岳州、澧州、石门旱。

唐　大和二年（公元 828 年）　巴陵、华容、湘阴、益阳、沅江大旱。

唐　会昌二年（公元 842 年）　益阳、宁乡六月奇旱，原野如火，赤地千里。潭州秋旱。

唐　大中四年（公元 850 年）　益阳、宁乡夏秋大旱百日，烈日火风，禾尽枯焦。

唐　咸通三年（公元 862 年）　宁乡旱。

唐　中和四年（公元 884 年）　江南大旱。饥，人相食。

唐　天复三年（公元 903 年）　湖南大旱。

后梁　贞明四年（公元 918 年）　宁乡旱。

后唐　长兴元年（公元 930 年）　湖南大旱。永州、衡山大旱。

后晋　天福七年（公元 942 年）　益阳、宁乡大旱。

后晋　天福八年（公元 943 年）　益阳、宁乡旱。

后汉　乾祐二年（公元 949 年）　益阳大旱。宁乡百日少雨，赤地千里，民汲水数里外。

宋　咸平元年（公元 998 年）　春夏，江、浙、淮南、荆湖四十六郡旱。荆湖春、夏旱。岳阳、益阳、沅江、宁乡旱。

宋　咸平二年（公元 999 年）　春，荆湖旱。沅江、宁乡旱。

宋　咸平三年（公元 1000 年）　江南频年旱歉，多疾疫。

宋　咸平四年（公元 1001 年）　益阳、宁乡旱。

宋　大中祥符二年（公元 1009 年）　潭州春夏旱。

宋　大中祥符四年（公元 1011 年）　湖南、福建旱。

宋　明道二年（公元 1033 年）　南方大旱，种粒皆绝，人多流亡，因饥疫死者十（之）二三，墟里几为之空。

宋　至和二年（公元 1055 年）　永州久旱。

宋　熙宁三年（公元 1070 年）　诸路旱。

宋　熙宁七年（公元 1074 年）　永州春大旱。

宋　熙宁八年（公元 1075 年）　八月，淮南、两浙、江南、荆湖等路旱。临湘大旱。

宋　熙宁十年（公元 1077 年）　湖南诸路春旱。

宋　元丰三年（公元 1080 年）　湖南春夏大旱，诸道自四月不雨至九月，皆大旱。武陵六月旱。

宋　元祐元年（公元 1086 年）　诸路春旱。

宋　元祐三年（公元 1088 年）　全省旱灾。秋，诸路旱。

宋　元符二年（公元 1099 年）　永州五月小旱。

宋　建中靖国元年（公元 1101 年）　全省旱灾。

宋　崇宁元年（公元 1102 年）　潭、衡、郴州旱。

宋　政和三年（公元 1113 年）　益阳大干旱。宁乡大旱，田禾枯焦。

宋　政和四年（公元 1114 年）　湖南旱。

宋　宣和元年至七年（公元 1119—1125 年）　湘潭连年大旱。

宋 宣和六年（公元 1124 年） 衡州郡大旱。

宋 建炎四年（公元 1130 年） 湘潭旱。

宋 绍兴二年（公元 1132 年） 郴州、桂阳、湘潭旱。

宋 绍兴五年（公元 1135 年） 六月，江东、湖南旱。益阳、沅江夏大旱，秋大饥。宁乡大旱，殍死流亡者众。常宁旱。岳阳所辖各县同时受灾，平江尤甚，民多转徙，道殣相望。洞庭湖水涸，始冬间。

宋 绍兴六年（公元 1136 年） 湖南旱。会同大旱。临湘春大旱。衡州六月旱。

宋 绍兴七年（公元 1137 年） 常宁春旱七十余天。

宋 隆兴元年（公元 1163 年） 平江大旱。

宋 乾道二年（公元 1166 年） 慈利旱。

宋 乾道五年（公元 1169 年） 宁乡春大旱。

宋 乾道七年（公元 1171 年） 荆湖南北路春大旱，夏秋亦旱，潭州尤甚，首种不入，冬不雨。临湘春大旱。常宁旱。

宋 乾道九年（公元 1173 年） 慈利春大旱。临湘五月久旱。荆湖北路大旱，无麦苗。潭州旱。永定县旱，无麦苗。

宋 淳熙元年（公元 1174 年） 湖南郡国旱，郴、桂为甚。岳州、临湘、益阳、宁乡、常宁旱。

宋 淳熙三年（公元 1176 年） 桃源旱，常德夏旱。

宋 淳熙四年（公元 1177 年） 湖南旱。

宋 淳熙五年（公元 1178 年） 衡州旱。

宋 淳熙六年（公元 1179 年） 潭、衡、永等州大旱，永州零陵、东安旱，劝民种麦。衡州郡七至九月不雨。

宋 淳熙七年（公元 1180 年） 湖南春旱，益阳、宁乡春旱。湖广诸道自四月不雨至九月，潭、衡、岳、永、江陵及临湘、常宁皆大旱。沅江、善化、东安旱。零陵秋大旱。

宋 淳熙九年（公元 1182 年） 湖南夏五月不雨至秋七月。

宋 嘉泰元年（公元 1201 年） 湘潭大旱。

宋 嘉泰二年（公元 1202 年） 湖南春旱至夏秋，灾情重。潭州、邵州、永州灾情尤重。益阳、沅江、南县、华容、湘阴、衡阳、常宁等地自春至秋旱。

宋 嘉泰三年（公元 1203 年） 临湘旱。

宋 开禧元年（公元 1205 年） 沅江大旱，二月亦旱。益阳、宁乡春夏大旱。澧州、鼎州及武陵、龙阳等地夏大旱。桃源、石门旱。

宋 开禧二年（公元 1206 年） 湖南旱。荆湖南北郡县旱。宁乡、常宁旱。辰州、沅州、靖州旱，命宣谕使赈恤。

宋 嘉定二年（公元 1209 年） 长沙秋七月大旱。湖南北路（湘北）旱。益阳、沅江、南县、华容、湘阴等旱。临湘大旱。沅州绥宁、卢阳、黔阳大旱无收，民饥多流亡。

宋 嘉定五年（公元 1212 年） 宜章旱。

宋 嘉定八年（公元 1215 年） 湖南大旱灾。五月大旱，草木枯，百泉竭，湘水一杯数十钱。澧州大旱。醴陵、常宁大燠。武冈夏大旱。

宋 嘉定十一年（公元 1218 年） 宁乡旱。

宋 嘉定十二年（公元 1219 年） 临湘旱。

宋 嘉定十五年（公元 1222 年） 临湘、华容、岳阳、平江五月不雨，旱。

宋 嘉定十六年（公元 1223 年） 永、道二州旱。岳州旱，五月不雨；大饥。

宋 嘉定十七年（公元 1224 年） 潭州旱。

宋 宝庆三年（公元 1227 年） 益阳、宁乡、临武旱。宜章春夏大旱。

宋 宝祐五年（公元 1257 年） 岳州旱。

宋　景定五年（公元 1264 年）　郴州、宜章大旱。

宋　咸淳元年（公元 1265 年）　宜章春旱。

元　元贞元年（公元 1295 年）　武冈大旱。

元　大德元年（公元 1297 年）　道州春三月旱。临武、武冈州大旱。衡阳、桂阳路旱。

元　大德二年（公元 1298 年）　湖南旱灾。常、澧、衡、潭、辰州、沅州、常宁、茶陵、宝庆等州五月皆旱。岳州、湘阴、湘潭五月大旱。桂阳、宝庆诸路皆大旱。

元　大德三年（公元 1299 年）　五月潭、岳、常、衡、辰州、沅州、澧州、武冈、桂阳、宝庆、沅陵、辰溪诸路旱。清泉五月旱，免其酒课夏税。潭、衡、郴诸路七月旱。茶陵、常宁、临武大旱。

元　大德五年（公元 1301 年）　常德、澧州九月旱。

元　大德九年（公元 1305 年）　道州夏五月旱。

元　大德十年（公元 1306 年）　辰州、沅州旱、虫并发，田园荒芜，岁饥。

元　延祐二年（公元 1315 年）　岳州旱。临武夏五月大旱。

元　延祐四年（公元 1317 年）　湘乡旱。

元　至治三年（公元 1323 年）　沅州大旱。

元　泰定元年（公元 1324 年）　岳州、华容、临湘等县正月旱。潭州五月旱。辰州大旱，所属县饥。湘阴遭大旱，延至次年造成大饥荒。

元　泰定二年（公元 1325 年）　茶陵、潭州及善化、永兴等夏五月大旱，河水断流。

元　天历元年（公元 1328 年）　潭州五月旱。

元　天历二年（公元 1329 年）　攸州旱。长沙、常德、辰州、澧州诸路十月旱。

元　至顺二年（公元 1331 年）　衡州路属县旱，蝗。

元　元统二年（公元 1334 年）　湖广旱。益阳正月不雨至八月，大旱。宁乡二至八月不雨，赤地千里，民以蕨根、麻根、芦苇根为食。永州旱，二月不雨至八月。湘乡旱。

元　至元元年（公元 1335 年）　沅州卢阳县大旱，饥。

元　至元二年（公元 1336 年）　桂阳（路）八月旱。

元　至正元年（公元 1341 年）　湖南夏旱。

元　至正二年（公元 1342 年）　耒阳、桂阳（路）旱。

元　至正三年（公元 1343 年）　宝庆路大旱。新宁大旱。

元　至正四年（公元 1344 年）　桂阳旱，正月不雨至八月。

元　至正五年（公元 1345 年）　桂阳（路）旱。

元　至正十二年（公元 1352 年）　辰州、永州大旱。

元　至正十三年（公元 1353 年）　永州、桂阳大旱。

元　至正十四年（公元 1354 年）　永州、宝庆大旱。宁乡、益阳大旱，米价暴涨，民大饥，多采芦，蕨为食，米贵如珠。

元　至正二十五年（公元 1365 年）　宁乡大旱。

明　洪武元年（公元 1368 年）　慈利大旱，人相食。安化大旱，自正月至九月不雨。史称“戊申大旱”。有民谣：“麻风细雨莫怨天，记住戊申那一年，正月开始断雨脚，九月中旬才阴天，田塍乾得节节断，青蛙口里吐青烟。”

明　洪武三年（公元 1370 年）　大庸大旱，饥民流离。宁乡旱。浏阳夏旱。

明　洪武四年（公元 1371 年）　宁乡大旱。慈利旱。

明　洪武十年（公元 1377 年）　慈利大旱。

明　洪武十一年（公元 1378 年）　安乡大旱。

明　洪武十五年（公元 1382 年）　浏阳大水后旱。

明　洪武二十二年（公元 1389 年）　宁乡旱。

明　永乐元年（公元 1403 年）　安乡、益阳大旱。

明　永乐八年（公元 1410 年）　浏阳大水后旱。

明　永乐十年（公元 1412 年）　湘阴十一月以旱灾免征粮一千八百二十余石。

明　永乐十二年（公元 1414 年）　湖南旱。沅江、善化旱成灾。

明　永乐十三年（公元 1415 年）　凤阳、苏州、浙江、湖广旱。益阳、宁乡旱。

明　永乐十五年（公元 1417 年）　浏阳旱。

明　洪熙元年（公元 1425 年）　醴陵大旱。

明　宣德元年（公元 1426 年）　湖广夏秋旱。善化夏大旱。益阳夏秋旱。

明　宣德二年（公元 1427 年）　湖广夏秋旱。善化夏秋大旱。攸县夏秋旱，伤田禾一千五百玖拾捌顷。宁乡、益阳旱。

明　宣德五年（公元 1430 年）　醴陵大旱。

明　宣德六年（公元 1431 年）　醴陵大旱。

明　宣德七年（公元 1432 年）　华容、安乡大旱。慈利夏大旱。

明　宣德八年（公元 1433 年）　湖广、江西、浙江等府旱。衡州府所属一州八县，永州府所属一州六县春夏久旱，陂塘干涸，禾稻焦枯。道州、桂阳州及永明、耒阳、安仁、临武、蓝山、衡山、酃县等夏秋旱。浏阳大旱。

明　宣德九年（公元 1434 年）　湖广、江西、浙江等府旱。道州、桂阳州、永明及耒阳、安仁、临武、蓝山、衡山、酃县等夏秋旱。慈利大旱，禾枯，秋无收。宁乡旱。

明　宣德十年（公元 1435 年）　慈利夏大旱，疫。

明　正统二年（公元 1437 年）　邵阳大旱。

明　正统三年（公元 1438 年）　湖广、浙江、江西九府旱。岳州八月不雨，禾稼枯槁，秋收无望。长沙、善化、浏阳旱。

明　正统四年（公元1439年）　临湘大旱。常德、襄阳、岳州三府所属州县，五月始久旱不雨，禾稻无收。

明　正统五年（公元1440年）　湖南夏秋旱。常德、岳州、长沙五至十月不雨。衡州、辰州、沅州六至八月不雨，田禾枯槁。益阳、沅江、宁乡、安化、湘乡、茶陵大旱。临武秋旱。

明　正统六年（公元1441年）　湖广、江西十五府州县春夏并旱。长沙、常德、衡州、岳州、辰州等府连年旱伤。浏阳、宁乡夏秋大旱，赤地千里。安仁旱。

明　正统七年（公元1442年）　湖广、江西府州县卫二十余大旱。

明　正统九年（公元1444年）　茶陵州大旱。

明　正统十年（公元1445年）　湖广夏旱。湖南旱灾。湘潭大旱。益阳、宁乡旱。

明　正统十一年（公元1446年）　湖广夏秋旱。浏阳、益阳夏秋旱。临武大旱。长沙六、七月不雨。

明　正统十二年（公元1447年）　山西湖广等七府夏旱。宝庆府大旱。岳州夏旱。

明　正统十三年（公元1448年）　湖广诸州夏秋旱。湖广各属大旱，免秋粮屯粮共四十万担。辰州等府大旱免粮。益阳旱。

明　正统十四年（公元1449年）　夏湖广旱。宝庆大旱。

明　景泰四年（公元1453年）　湖广数月不雨。

明　景泰六年（公元1455年）　江西、湖广共府三十三，州卫十五皆旱。湖广闰六月旱。

明　景泰七年（公元1456年）　湖广旱。安乡大旱。

明　天顺二年（公元1458年）　湖南旱。巴陵、沅江、辰州、慈利、益阳、宁乡大旱。长沙旱。醴陵五至九月不雨。

明　天顺三年（公元1459年）　泸溪、辰溪正月至八月不雨，赤地千里，种植几绝。

岳州、衡州、辰州、宝庆、常德等府所属州县五月亢旱无雨，秧苗枯槁。保靖五、六月不雨，禾稼枯槁。长沙、永州等府五月不雨至七月，民之饥殍者不可胜记。湘乡、宁乡五月中起一百一十五天不雨，田禾枯死，民饮水数里外。湖广旱，自五月旱至九月不雨。益阳夏秋大旱。醴陵、湘潭溪河断流，慈利民多饥死。溆浦大旱。

明　天顺五年（公元 1461 年）　资兴、兴宁大旱，大疫、虫食苗。

明　成化二年（公元 1466 年）　浏阳旱。

明　成化三年（公元 1467 年）　湖广、江西及南京十一卫旱。益阳、宁乡旱。

明　成化四年（公元 1468 年）　湖广春夏不雨，旱。宁乡旱。

明　成化五年（公元 1469 年）　慈利，夏大旱。

明　成化七年（公元 1471 年）　益阳、安化、湘乡大旱。宁乡秋旱。

明　成化十二年（公元 1476 年）　宁乡旱。

明　成化十三年（公元 1477 年）　湘阴旱。长沙、善化夏旱。

明　成化十五年（公元 1479 年）　湖广皆旱。武陵大旱。

明　成化二十年（公元 1484 年）　湖广五月大旱。

明　成化二十二年（公元 1486 年）　湖广旱。以旱灾免湖广各府州秋粮五十万三千余石。益阳、宁乡、安仁干旱。长沙诸府旱。

明　成化二十三年（公元 1487 年）　辰州、武陵、桃源、龙阳、沅江、祁阳、常宁大旱。

明　弘治元年（公元 1488 年）　湖广连旱，正月至九月不雨无苗，百物食尽。慈利正月至九月不雨。大庸二月至十月不雨，人相食。宁乡五至八月不雨，饥民积尸横道。溆浦、沅陵、辰溪六至九月无雨。辰州、澧州、岳州、临湘、益阳、沅江、浏阳、常德、汉寿、安乡、临澧、巴陵等大旱。

明　弘治三年（公元 1490 年）　湖广旱。益阳、宁乡旱。

明　弘治四年（公元 1491 年）　慈利五月大旱。祁东、祁阳旱。

明　弘治八年（公元 1495 年）　湖广、江西大旱。湖广廿府州属水旱相连。长沙、善化旱。益阳秋旱。

明　弘治九年（公元 1496 年）　酃县频年（弘治元年至九年）大旱。

明　弘治十一年（公元 1498 年）　浏阳旱，大饥。

明　正德元年（公元 1506 年）　浏阳旱。

明　正德二年（公元 1507 年）　湖南旱。衡州府、衡阳、清泉、衡山、常宁、酃县、夏旱。澧州、长沙府、益阳、安化、宁乡、湘乡旱。

明　正德三年（公元 1508 年）　湖南旱。浏阳大旱。益阳、宁乡旱。清泉夏旱。

明　正德四年（公元 1509 年）　湖南大旱。巴陵、临湘、平江、华容、湘阴、宝庆府、邵阳、益阳、沅江夏大旱。衡州、辰州府辰溪、沅陵夏旱。

明　正德六年（公元 1511 年）　益阳、宁乡旱。

明　正德七年（公元 1512 年）　沅江、益阳大旱。宁乡旱。

明　正德八年（公元 1513 年）　湖广大旱。益阳、宁乡大旱。

明　正德十年（公元 1515 年）　武冈州大旱，辰州旱。

明　正德十一年（公元 1516 年）　安乡大旱。

明　正德十二年（公元 1517 年）　靖州、宝庆府、祁阳、绥宁大旱。

明　正德十三年（公元 1518 年）　湖南大旱。辰州、沅陵、辰溪、益阳、宁乡、长沙府大旱。

明　正德十四年（公元 1519 年）　宝庆府大旱。

明　嘉靖元年（公元 1522 年）　湖广旱。长沙府连月不雨。浏阳旱。

明　嘉靖二年（公元 1523 年）　湖广大旱。华容、巴陵、岳阳、临湘、汨罗、湘阴、平江、益阳、沅江大旱，四月不雨至七月。沅州、辰州、靖州所属各县大旱，赤地千里，殍殣载道。澧州、武陵、龙阳、安乡、宁乡、湘乡大旱。长沙府连月不雨。桃源旱。

明　嘉靖三年（公元 1524 年）　慈利大旱。桃源旱。

明　嘉靖四年（公元 1525 年）　宝庆府夏秋大旱。邵阳……秋大旱。

明　嘉靖五年（公元 1526 年）　湖广大旱。善化六月不雨。桃源七月又旱。石门秋大旱。常德府、澧州各县、慈利、安福、沅江、宁乡、蓝山大旱。

明　嘉靖七年（公元 1528 年）　湖广大旱。郴州、临武大饥，人相食。常德府武陵、沅陵、安乡、宁乡、益阳、沅江、辰州大旱。桃源旱。善化六月不雨。

明　嘉靖十年（公元 1531 年）　郴州、宁乡大旱。永州旱。

明　嘉靖十一年（公元 1532 年）　湖广大旱。湘阴、益阳、宁乡、祁阳、临武大旱。以旱灾免湖广宝庆等府钱粮有差。

明　嘉靖十三年（公元 1534 年）　武陵、益阳、辰州府五、六月大旱，早晚禾无收，民多饿死。宁乡八月大旱。常德、辰州诸府先水后旱。巴陵、临湘旱。

明　嘉靖十四年（公元 1535 年）　龙阳六月大旱，田禾无收。

明　嘉靖十五年（公元 1536 年）　宁远大旱。

明　嘉靖十七年（公元 1538 年）　湖南大旱灾。宁乡、临湘、沅江、安乡、宜章等县有半年未雨者，禾苗尽槁。益阳春夏秋大旱九十余日。宜章夏秋旱，蝗，大饥。十一月旱蝗免湖广常德、岳州等府属州县税粮。

明　嘉靖十八年（公元 1539 年）　湖南大旱灾。宁乡自夏不雨至十二月。保靖、泸溪、辰州、浏阳、湘潭、永州府、祁阳大旱。益阳（大）旱。永顺荒大旱。靖州旱，蝗。“以旱、蝗免湖广……所属州县及靖州（绥宁）沔阳二卫保靖宣慰司税粮如例”。

明　嘉靖二十年（公元 1541 年）　安乡旱，平江夏旱。

明　嘉靖二十二年（公元 1543 年）　湖南夏旱，饥。益阳、宁乡大旱。永州夏旱。郴州五月不雨。

明　嘉靖二十三年（公元 1544 年）　湖广大旱，楚南诸郡尤甚，如岳州、澧州、辰州、辰溪等地，其中大旱有巴陵、临湘、华容、平江、澧州、安乡、石门、安福、沅陵、辰溪、慈利、长沙、善化、宁乡、浏阳、安化、醴陵、益阳、沅江、衡阳、常宁、酃县、安仁、蓝山、宜章等地。安乡二至五月不雨。衡州府各县春夏大旱，秧不能植，九至十一月又不雨。益阳四至七月不雨大旱，沅江、安化、宁乡等县尤甚。

明　嘉靖二十四年（公元 1545 年）　湖广旱。沅江夏大旱。岳州、益阳、宁乡夏旱。辰州府沅陵、辰溪、泸溪、永顺六月至次年正月不雨，民大饥。蓝山旱。

明　嘉靖二十五年（公元 1546 年）　沅州芷江大旱。浏阳旱。

明　嘉靖二十六年（公元 1547 年）　辰州、沅州大旱，民多饥死。沅陵、泸溪、辰溪、黔阳、麻阳大旱。

明　嘉靖二十九年（公元 1550 年）　辰州、辰溪大旱，武冈州七月旱，民大饥。

明　嘉靖三十年（公元 1551 年）　泸溪大旱。辰州、沅陵、辰溪秋旱。永顺秋旱，民大饥，巡府奏免租赋十分之六。

明　嘉靖三十一年（公元 1552 年）　永州、祁阳、祁东、邵阳夏旱。

明　嘉靖三十三年（公元 1554 年）　安乡旱。平江春大旱。

明　嘉靖三十四年（公元 1555 年）　武冈旱。

明　嘉靖三十五年（公元 1556 年）　安乡秋旱。

明　嘉靖三十七年（公元 1558 年）　宁乡旱凶荒。

明　嘉靖四十三年（公元 1564 年）　浏阳旱。

明　隆庆二年（公元 1568 年）　长沙府属十二州县大旱。湘乡、长沙、宁乡、善化、湘阴、益阳、安化、醴陵等大旱。

明　隆庆三年（公元 1569 年）　石门、慈利旱。

明　隆庆四年（公元 1570 年）　益阳、沅江、华容、湘阴、巴陵、岳阳、临湘、慈利大旱。浏阳、安乡、石门旱。澧州属三县旱，安福州县俱旱。岳州岳郡邑俱旱。

明　万历三年（公元 1575 年）　浏阳、宁乡、安乡、益阳旱。沅江大旱。

明　万历四年（公元 1576 年）　浏阳旱。

明　万历七年（公元 1579 年）　永州零陵夏旱。

明　万历十一年（公元 1583 年）　善化旱，长沙、宁乡、益阳、沅江大旱。

明　万历十二年（公元 1584 年）　浏阳旱。

明　万历十三年（公元 1585 年）　沅江大旱，饥。

明　万历十五年（公元 1587 年）　衡山旱。

明　万历十六年（公元 1588 年）　醴陵夏大旱，四至九月不雨。宝庆府、新化秋旱。武陵、龙阳、岳州巴陵、华容、湘阴、平江大旱。浏阳、桃源、益阳、沅江、浏阳、宁乡、宜章旱。

明　万历十七年（公元 1589 年）　浙江、湖广、江西大旱。宁乡夏秋旱。安化四至九月不雨。慈利五月大旱。湘乡、石门、安乡、安福、临湘、湘阴、平江、沅江、芷江、黔阳、晃州、麻阳、零陵、祁阳、东安、郴州、宜章、新化大旱无收。辰州、澧州、沅州皆大旱，田禾无收。长沙、善化、醴陵、益阳大旱。岳州、沅陵、永顺、泸溪旱。

明　万历十八年（公元 1590 年）　湖南旱灾。长沙府旱，宁乡四至九月不雨。辰州府属州县大旱。绥宁、湘潭、沅州大旱无收。临湘、益阳、安化、新化、泸溪、永顺、芷江、沅陵、辰溪、黔阳、麻阳、晃州大旱。

明　万历二十年（公元 1592 年）　安乡旱。

明　万历二十一年（公元 1593 年）　益阳、宁乡夏秋大旱。新化大旱，至秋不雨，民采蕨充食。沅江、耒阳、衡阳、衡山、酃县、常宁大旱。道州秋旱。

明　万历二十二年（公元 1594 年）　零陵、耒阳大旱。

明　万历二十三年（公元 1595 年）　慈利大旱。

明　万历二十六年（公元 1598 年）　沅江、武冈州大旱。

明　万历二十八年（公元 1600 年）　益阳大旱，春夏秋连旱，四至九月一百五十天无雨。沅江春旱。宁乡四月不雨，至九月乃雨。

明　万历二十九年（公元 1601 年）　沅江、宁乡夏大旱。安乡、华容旱，七月方雨。新化秋旱。益阳、永明大旱。

明　万历三十年（公元 1602 年）　零陵、江华大旱。永州六月大旱。

明　万历三十一年（公元 1603 年）　益阳、宁乡秋旱。

明　万历三十二年（公元 1604 年）　慈利春大旱。澧州、安乡、安福大旱。

明　万历三十三年（公元 1605 年）　澧州、石门、安福旱。慈利大旱。

明　万历三十四年（公元 1606 年）　岳州、常德等府冬大旱。

明　万历三十五年（公元 1607 年）　安化大旱。永明六月大旱。

明　万历三十六年（公元 1608 年）　沅江春旱。

明　万历三十七年（公元 1609 年）　湖广旱。

明　万历三十九年（公元 1611 年）　益阳、安化大旱。

明　万历四十年（公元 1612 年）　益阳连续六年大水、旱灾，损田禾，坏民居，死者载道。善化五月后不雨至九月雨。安化、宁乡、浏阳大旱，五月至八月不雨。

明　万历四十二年（公元 1614 年）　湖广大旱。益阳、沅江、华容、湘阴、岳阳大旱。

明　万历四十六年（公元 1618 年）　耒阳旱灾。

明　天启三年（公元 1623 年）　长沙府、安化、湘乡、湘阴、醴陵六七月大旱。

明　天启四年（公元 1624 年）　益阳、宁乡春旱。沅江、零陵夏大旱。衡阳、衡山、常宁、酃县、耒阳五月大旱。郴州、永兴、兴宁、资兴四月至七月无雨，江流俱绝，民采蕨根竹实以食。岳州等秋旱。醴陵、沅江、安仁、临武、东安大旱。

明　天启五年（公元 1625 年）　石门六月旱。浏阳大旱。

明　天启六年（公元 1626 年）　常宁大旱。

明　天启七年（公元 1627 年）　麻阳旱。

明　崇祯元年（公元 1628 年）　武陵、桃源秋，阅四月无雨，湖池俱涸。

明　崇祯二年（公元 1629 年）　慈利六月大旱。

明　崇祯三年（公元 1630 年）　东安、永明大旱。零陵夏六月大旱。

明　崇祯五年（公元 1632 年）　巴陵、华容、益阳、沅江、湘阴、平江、澧州、安福夏旱，松树皆枯，竹尽开花死。

明　崇祯六年（公元 1633 年）　沅江春三月不雨，播种违时，后又夏旱。沅江、巴陵、华容、湘阴夏旱。

明　崇祯七年（公元 1634 年）　岳州旱。

明　崇祯九年（公元 1636 年）　益阳、安化、沅江、宁乡大旱。

明　崇祯十年（公元 1637 年）　宁乡冬旱。

明　崇祯十二年（公元 1639 年）　辰州、沅陵、辰溪大旱。

明　崇祯十三年（公元 1640 年）　安化五至八月不雨大旱，又遇风灾，收成骤减。宁乡夏秋旱。辰州大旱，民食蒿蕨竹根俱尽，死者无数。临湘、沅陵大旱。浏阳旱，多殍，遍地劫掠。

明　崇祯十四年（公元 1641 年）　湖广旱。宁乡夏不雨至九月，虫食松林垂尽。辰州、沅陵、溆浦水后大旱。宝庆府郡旱潦，岁歉，人多流徙。

明　崇祯十五年（公元 1642 年）　湖南三至六月不雨大旱。益阳春、夏大旱。沅江先旱后水谷贵。宁乡夏大旱。长沙、善化三至六月不雨。湘乡、辰州、沅陵夏大旱。

明　崇祯十六年（公元 1643 年）　湖南大旱。安乡、安福半年不雨。宁乡夏秋百日不雨。辰州、沅陵、辰溪、泸溪三至八月不雨。醴陵大旱泉井尽绝。常德府龙阳、武陵“四至九月不雨，抵秋九月列暑如炎”。益阳特大干旱，赤地千里，原野如焚，饥疫载道。湘潭、湘乡、沅江、安化、耒阳、会同、衡州府、衡阳、衡山、酃县、安仁俱大旱。浏阳、慈利、常宁旱。

清　顺治元年（公元 1644 年）　湖南大旱。宁乡、醴陵、龙阳、益阳、沅江、汉寿、常宁、慈利大旱。浏阳夏旱。

清　顺治二年（公元 1645 年）　湖广十州县旱。长沙、湘阴、益阳夏大旱，宁乡夏旱。浏阳四月不雨至八月。永州九月旱。慈利、安化旱，大庸、沅陵大旱。

清　顺治三年（公元 1646 年）　兴宁四月大水后即苦旱至七月乃雨。巴陵、临湘、华容、湘阴、益阳、沅江五月不雨至九月。宁乡夏秋之交百日不雨。宝庆府郡邑大旱。长沙、湘乡、临湘、宁乡、沅陵、泸溪、辰溪、新化、常宁、零陵、永兴大旱。耒阳旱。

清　顺治四年（公元 1647 年）　沅陵、辰溪县春夏间亢旱。岳州府、平江、临湘、益阳、沅江、华容、湘阴夏大旱。慈利、泸溪、大庸夏大旱，民挖草根、剥树皮度命。

清　顺治五年（公元 1648 年）　泸溪、沅陵秋大旱，辰州入秋大旱，饥疫大作，饿死及病死者极众。

清　顺治六年（公元 1649 年）　慈利大旱。益阳、宁乡秋旱。大庸秋旱，迟稻无收。

清　顺治七年（公元 1650 年）　黔阳、麻阳县均大旱，永定秋旱迟稻无收。

清　顺治八年（公元 1651 年）　澧水大旱。永明、石门、安福、慈利六月大旱，兵荒交困，斗米千钱，饿死十之三。沅陵、辰溪、泸溪大旱、大饥，斗米银七钱，民多饥饿人相食。沅州各县大旱，民多饥死，道馑相望，人相食。永州大旱，斗米钱四千，饿死者五六百人。

清　顺治九年（公元 1652 年）　湖南大旱，大部份地区自四月至九月不雨，尤以长沙、宝庆、常德诸府及澧州所属各县为甚，旱迟二稻绝种，民多饿死。永州、零陵、祁阳夏大旱，饥，民食竹实，斗米钱四千，饥而死者众。平江、宁乡夏旱。泸溪、湘阴、华容、安化、沅江大旱。大庸大旱，颗粒无收，慈利民多远逃湖滨，辰州大旱，米价腾贵，民多饥死。湘乡大旱，禾稻绝种，斗米银四钱，竹结实，味甘可食。

清　顺治十年（公元 1653 年）　江南、湖广等处亢旱。湖南大旱灾，各州府、县皆灾。沅陵、泸溪、辰溪、衡阳、清泉、衡山、常宁、安仁、酃县、耒阳皆大旱，田业荒芜过半，临武旱。长沙府各县大旱，人相食。益阳大旱，从春二月至秋八月七个月不雨，城中热浪滚滚，农村晚稻颗粒无收。

清　顺治十二年（公元 1655 年）　湖广旱。澧州自上年十二月至是年七月不雨，禾俱枯死。澧州、桂阳州全境大旱。

清　顺治十三年（公元 1656 年）　大庸、浏阳大旱。沅陵旱。

清　顺治十四年（公元 1657 年）　醴陵、酃县、衡阳、清泉、安仁、耒阳大旱，耒阳收者十分之一。安乡、常宁、零陵旱。

清　顺治十五年（公元 1658 年）　澧州属县、麻阳县旱，后又连旱四年，饥民逃亡，饿死道途甚多。

清　顺治十六年（公元1659年）　安化夏秋大旱，颗粒无收。宁乡夏秋旱。靖州所属各县大旱，溪水断流，会同旱情最重，自四月上旬不雨八月方雨，赤地千里，颗粒无收。宝庆府四月不雨至秋七月，民大饥。通道秋大旱，饥民采蕨为食。浏阳、澧州、沅州麻阳旱。

清　顺治十七年（公元1660年）　麻阳旱。

清　顺治十八年（公元1661年）　大庸、辰州府所属各县大旱，麻阳、新化旱。

清　康熙元年（公元1662年）　衡州、永州、安乡、麻阳、安仁旱。浏阳五至八月不雨。

清　康熙二年（公元1663年）　安乡春夏旱。浏阳二至五月不雨。宁乡夏旱。麻阳旱。长沙、善化大旱。

清　康熙三年（公元1664年）　零陵、江华秋旱，晚稻薄收，岁歉，民食匮乏。

清　康熙四年（公元1665年）　长沙、善化、浏阳、益阳、湘乡、安化、衡州府、衡阳、衡山、常宁、安仁、桂阳、嘉禾、耒阳夏大旱。永州府各县夏旱，赤地焦土，禾麦无收，民多采竹实为食。宁乡、沅州麻阳旱。

清　康熙五年（公元1666年）　安仁大旱。安乡旱。桂阳州所属各县夏旱，麦禾无收。宁乡秋旱。衡州六月旱。

清　康熙六年（公元1667年）　辰州各县大旱。沅陵、泸溪、辰溪、宁乡大旱。衡阳、衡山、清泉、安仁、耒阳、酃县、常宁旱。益阳秋大旱。

清　康熙七年（公元1668年）　衡阳、清泉夏旱。

清　康熙八年（公元1669年）　常宁春夏旱。衡阳、清泉、衡山、安仁旱。

清　康熙九年（公元1670年）　衡阳、清泉、耒阳、安仁、酃县、衡山、龙阳旱。沅州西部大旱。攸县二月不雨至五月。

清　康熙十年（公元1671年）　湖南旱，蠲赋十分之二。邵阳、桂阳州所属各县、辰州所属各县夏旱。沅陵、辰溪、泸溪均夏旱，六至八月不雨，虫食禾。长沙、善化、宁乡、浏阳、常宁、衡山、安仁、慈利、益阳、沅江、华容、湘阴、岳阳、平江、临湘、湘乡、酃县、桂阳、汝城大旱。沅州、麻阳旱。宁乡村民汲水数里外。岳阳城南塔前出水如血，亢旱成灾，奏免地丁钱粮十之六。

清　康熙十一年（公元1672年）　益阳、桂阳自正月不雨至四月，桂阳夏复大旱。沅江、宁乡、澧州、安福、石门春旱。澧州春夏无雨水，田悉种黍粟，亦无收。

清　康熙十二年（公元1673年）　浏阳旱。慈利、岳州、巴陵、临湘、华容、湘阴、益阳、沅江夏大旱。

清　康熙十三年（公元1674年）　衡阳、清泉、常宁、酃县、衡山旱灾。桑植、大庸山村汲水亦竭。攸县、安仁、郴州各县、永兴、慈利、大庸、华容春至秋旱，慈利六月不雨至十月。

清　康熙十七年（公元1678年）　慈利，春至秋旱。安福自六月至十月无雨，溪涧尽龟坼。衡阳、清泉、永兴旱。

清　康熙十八年（公元1679年）　湖南各地旱灾严重。长沙、衡州、宝庆、岳州、常德、澧州等府全境夏秋俱旱。新化五月不雨至七月，大旱。辰州大旱，自五月二十四日至十月不雨，诸县皆大饥。湘西全境夏秋俱旱，自六月至十月无雨，溪涧龟坼，菱芡野菜觅采都尽，饿殍载路，流亡极众，民多饿死。大庸旱插中稻仅收十分之三，豆花杂物，一概绝种，澧州、石门六月至十月不雨，溪涧尽龟坼。益阳、安化、宁乡夏大旱。沅江（大）旱。浏阳、湘乡、华容、平江、临湘旱。

清　康熙十九年（公元1680年）　泸溪、辰溪、沅陵春夏大旱，民大饥，谷麦价腾，民多食蕨茹草。常宁、耒阳、安仁秋旱。

清　康熙二十年（公元1681年）　湖南旱灾。长沙府西北各县、永州各县、湘乡、衡山、邵阳、新化、安化夏秋大旱，谷昂贵。

清　康熙二十一年（公元1682年）　慈利元月至八月不雨，禾尽枯死，无收。辰州府大旱，自五月二十四日至十月不雨。麻阳大旱，平江夏旱。泸溪竹开花，花后枯旱，禾莠不实。

清　康熙二十三年（公元1684年）　澧州自上年十二月不雨，至七月禾槁死。华容六月旱。邵阳、新化、沅陵、泸溪秋大旱。衡阳、清泉、衡山、常宁、酃县、岳阳、临湘、平江、麻阳、安仁旱。

清　康熙二十四年（公元1685年）　华容、衡阳、清泉、衡山、常宁、酃县、永兴、安仁旱。

清　康熙二十五年（公元1686年）　华容、衡阳、清泉、衡山、常宁、酃县、安仁、耒阳旱灾。

清　康熙二十六年（公元1687年）　宝庆府各县、零陵大旱。永明大旱，五至六月不雨。

清　康熙二十七年（公元1688年）　华容、沅江旱，岳州大旱。宁乡插花旱。

清　康熙二十八年（公元1689年）　巴陵、华容、湘阴、临湘、益阳、沅江春旱，自上年八月至是年三月不雨，田未播种。安乡大旱，二月至七月不雨。大庸大旱，麦稻无收。

清　康熙二十九年（公元1690年）　衡阳、衡山、清泉、常宁、酃县、华容、耒阳、安仁旱。

清　康熙三十一年（公元1692年）　衡阳、衡山、常宁、酃县、祁东、祁阳夏大旱。宁乡夏秋有旱象。沅江、安仁、耒阳旱。

清　康熙三十二年（公元1693年）　平江、华容、沅江旱。

清　康熙三十四年（公元1695年）　茶陵州大旱。龙阳旱。

清　康熙三十五年（公元1696年）　湖南大旱灾。正月至五月不雨，大旱，农田分秧。民间大饥，采蕨根以食。益阳、湘乡、宝庆府、溆浦大旱。衡山、沅陵、辰溪旱。宁乡春夏大旱。安化六月旱。

清　康熙三十六年（公元1697年）　衡山、湘乡夏秋大旱，早晚稻无收。宝庆夏旱又秋旱，晚稻无收。

清　康熙三十七年（公元1698年）　永州旱饥，民以野菜充食。

清　康熙四十年（公元1701年）　嘉禾大旱。宜章春旱。

清　康熙四十一年（公元1702年）　郴州冬不雨至次年七月。宜章旱，正月不雨至六月。耒阳八月不雨至次年三月，下耕者十仅二三。湘乡、澧州、石门、永定、安福、安乡大旱。嘉禾旱。

清　康熙四十二年（公元1703年）　湖南旱灾，秋歉薄。资兴二月大旱，三月不能下种，西南北三乡尤甚，五月末旬始雨。永兴二月至五月末始雨，不能下种，民食蕨根苦莱蕉头石蒜。郴州、永兴、兴宁、长沙、善化、醴陵、攸县、新化、会同夏旱。安化、湘乡、酃县、衡阳、清泉、衡山、衡南、常宁、耒阳、安仁、宝庆府郡大旱。

清　康熙四十三年（公元 1704 年）　辰溪、龙阳大旱。武陵、桃源、泸溪、沅陵秋旱。

清　康熙四十四年（公元 1705 年）　临湘夏旱。

清　康熙四十五年（公元 1706 年）　湖南旱灾。慈利、泸溪、益阳、沅江、华容、湘乡、安化、新化夏大旱，自三月不雨至七月。辰州各县夏大旱，米谷腾贵，民多挖葛采蕨充食。宁乡六月大旱，无收。巴陵、临湘旱。

清　康熙四十六年（公元 1707 年）　湘阴春旱，饥，至三月（始）雨。益阳、沅江、华容、岳阳旱。

清　康熙四十七年（公元 1708 年）　湖南间被旱。

清　康熙五十一年（公元 1712 年）　耒阳大旱。湘阴大旱，田野皆赤，民饥乏食。澧州、安福、石门、桂阳旱。

清　康熙五十二年（公元 1713 年）　江华夏大旱。桂阳旱。湘阴大旱，田野皆赤。

清　康熙五十三年（公元 1714 年）　零陵、江华夏旱。巴陵、湘阴、益阳、沅江、华容大旱。临湘、桂阳旱。

清　康熙五十四年（公元 1715 年）　澧州、石门、安福、安乡五月旱。慈利大旱。宁乡、耒阳、桂阳旱。

清　康熙五十五年（公元 1716 年）　巴陵东乡水后复旱。益阳夏秋旱。

清　康熙五十七年（公元 1718 年）　华容、桂阳旱。

清　康熙五十八年（公元 1719 年）　会同夏大旱，池干藕根挖绝。靖州五月至七月皆亢旱，禾苗如萎草铺地，至八月二十八日方雨。宝庆府、新化大旱。岳州、桂阳旱。

清　康熙五十九年（公元 1720 年）　巴陵夏旱，宁乡秋旱。桂阳（今汝城）庚子、辛丑、壬寅连年（公元 1720—1722 年）旱、虫。

清　康熙六十年（公元 1721 年）　桂阳旱。

清　康熙六十一年（公元 1722 年）　慈利大旱。桂阳旱。

清　雍正二年（公元 1724 年）　慈利、大庸大旱。临武、桂阳州旱。岳州、岳阳、临湘、华容、平江秋旱。

清　雍正三年（公元 1725 年）　湘阴大旱。

清　雍正四年（公元 1726 年）　沅陵县夏大旱。

清　雍正五年（公元 1727 年）　耒阳旱。

清　雍正六年（公元 1728 年）　慈利大旱。辰溪、沅陵、泸溪、溆浦、沅江旱。

清　雍正七年（公元 1729 年）　湖南夏大旱，连年荒歉。岳阳、湘阴、平江、华容、临湘自六月至十月不雨，夏秋大旱。安乡、益阳、沅江、石门秋大旱。慈利、泸溪、宁乡秋旱，大饥。大庸、溆浦大旱。沅陵、辰州荒旱。

清　雍正十一年（公元 1733 年）　武陵旱灾。

清　雍正十二年（公元 1734 年）　安福夏旱，晚禾失收。

清　雍正十三年（公元 1735 年）　宁乡夏旱。岳州大旱，自五月不雨至七月中方雨。乾州五月不雨，秋七月禾尽槁。沅陵、辰溪、溆浦六月旱。

清　乾隆元年（公元 1736 年）　兴宁六月不雨至十二月始雨。

清　乾隆二年（公元 1737 年）　湘潭五月大旱。

清　乾隆三年（公元 1738 年）　安福大旱。桑植大旱，水田种木棉杂产有收。石门旱灾。

清　乾隆四年（公元 1739 年）　安乡大旱，四月不雨至九月始雨。石门、慈利秋大旱。

清　乾隆五年（公元 1740 年）　湘潭大旱。

清　乾隆七年（公元 1742 年）　株洲大旱。

清　乾隆八年（公元 1743 年）　沅江秋旱。

清　乾隆九年（公元 1744 年）　澧州、安福、石门、安乡、沅江春夏，六月乃雨，沅江、宁乡冬旱。

清　乾隆十年（公元 1745 年）　沅江自先年十月旱至是年五月初四，插栽后复旱。宁乡大旱，正月至五月不雨。湘阴三月不雨至八月。益阳春大旱，五月始雨。长沙、善化、湘乡大旱，池塘尽涸，溪涧断流，田有不苗者。武陵、桃源旱。

清　乾隆十一年（公元 1746 年）　桂阳旱。慈利春旱。湘阴自三月不雨至八月。长沙、武陵、桃源、龙阳、沅江夏大旱。

清　乾隆十二年（公元 1747 年）　衡阳、清泉旱。

清　乾隆十三年（公元 1748 年）　桂阳、汝城、临武大旱，井泉皆涸，田不能耕。

清　乾隆十四年（公元 1749 年）　桂阳旱。

清　乾隆十五年（公元 1750 年）　桂阳旱。

清　乾隆十六年（公元 1751 年）　湘阴大旱，自四月不雨至十二月。慈利、石门、醴陵、湘潭夏旱。沅江夏大旱，谷每石（银）一两。长沙、湘乡五月不雨至七月乃雨，早稻无收。善化五六月无雨，晚稻半收。益阳五月初九日大雨，此后无雨到秋边，日夜大南风，大旱。宁乡、衡阳、清泉旱。

清　乾隆十七年（公元 1752 年）　湘阴、善化、耒阳夏大旱，平江夏旱。益阳四月二十日涨水，禾尽淹后大旱。沅江、宁乡伏（插花）旱。

清　乾隆十八年（公元 1753 年）　黔阳大旱。安福夏旱。泸溪、沅陵夏秋旱。靖州秋旱。辰州各县夏秋大旱，虫害稼，民大饥，饥民有食佛粉者，辰溪尤甚。溆浦县饥民入山采薇蕨为食，至次年秋熟乃归，沅州芷江县夏秋旱，加虫灾，无收，民有食观音土者。

清　乾隆十九年（公元 1754 年）　桂阳州旱。

清　乾隆二十年（公元 1755 年）　安乡旱。嘉禾、宁乡大旱。

清　乾隆二十二年（公元 1757 年）　石门夏旱。沅陵、溆浦六月旱。宜章旱。

清　乾隆二十三年（公元 1758 年）　沅陵、溆浦四月旱。茶陵州旱。

清　乾隆二十四年（公元 1759 年）　华容大旱。永定、耒阳、常宁旱。宁乡秋旱。

清　乾隆二十五年（公元1760年）　湖南各州县旱。湘潭、宝庆府、常宁、零陵、祁阳、耒阳、东安、宁远、新田、安仁、永兴夏秋俱旱。汝城、桂阳旱，自五月至七月不雨。新化秋不雨。

清　乾隆二十九年（公元1764年）　桂阳州大旱。宁乡旱。攸县夏旱。

清　乾隆三十年（公元1765年）　桂阳、临武旱，大饥，民食蕉头、艾叶、葛根、蕨根、树皮延命，饿殍不计其数。

清　乾隆三十一年（公元1766年）　攸县夏旱三十天。

清　乾隆三十三年（公元1768年）　郴州春旱，先年九月至是年三月无雨。石门夏秋大旱。邵阳大旱，斗米四钱。

清　乾隆三十四年（公元1769年）　益阳大水后大旱。武陵六月初晴至九月，大旱，陡塘皆涸。保靖旱。

清　乾隆三十五年（公元1770年）　新化大旱。长沙九月不雨至次年三月。

清　乾隆三十六年（公元1771年）　益阳秋、冬旱，蔬菜贵。

清　乾隆三十八年（公元1773年）　靖州大旱，民多以蕨佐食。

清　乾隆四十年（公元1775年）　沅陵县大旱，饥，斗米千钱。

清　乾隆四十一年（公元1776年）　沅陵县大旱，饥，两载间斗米千钱，人食草木，米且尽。

清　乾隆四十二年（公元1777年）　湘潭夏秋旱。

清　乾隆四十三年（公元1778年）　湖南夏秋大旱，自六月至十月不雨，稻禾无收者十之八九。各地谷价腾贵，草木皆赤。民间多食水草、掘佛粉为食，卖妻卖子视为常事。所谓“戊戌灾”即为是年。龙阳、汉寿大旱，自四月不雨至秋七月，禾稼尽枯。安化五、六月大旱。益阳、沅江、华容、湘阴、平江、岳阳夏秋特大干旱。醴陵、衡阳、清泉、祁阳、东安、桂阳、零陵、汝城旱，六七月不雨，斗米钱四百余文。慈利旱，谷米昂贵，饿殍载道。靖州、会同、通道、芷江、辰溪大旱，草木皆赤，饿死无数，黔阳大旱，城内火。澧州、长沙、善化、宁乡、浏阳、湘乡、湘潭、安化、新化、城步、宝庆府大旱。邵阳大旱，斗粮八钱，饿殍相望。

清　乾隆四十四年（公元 1779 年）　乾州厅、凤凰厅继上年大旱后今夏秋继续大旱。新化夏秋大旱。安乡大旱，无麦禾。巴陵、芷江、华容、益阳、沅江、湘阴、岳阳旱。全省大饥，多挖岩蒜与蕨葛充食，民多逃川。

清　乾隆四十五年（公元 1780 年）　湖南旱，自九月不雨至次年三月。长沙、善化、湘乡、宝庆、新化、零陵、芷江等十五州县受灾，竹木皆枯。

清　乾隆四十六年（公元 1781 年）　长沙、善化、湘乡春旱。慈利春夏不雨，禾无收，谷价贵至每石二两银。

清　乾隆四十九年（公元 1784 年）　宁乡旱。

清　乾隆五十年（公元 1785 年）　湖南大旱。长沙、善化、安福、石门、零陵、祁阳、巴陵、澧州、益阳等四月不雨至七月，长沙、善化民间掘井车灌或以桶汲浇禾得收获。澧州、永定，慈利春夏不雨，麦稻失收，谷价贵至二两一石。攸县秋旱。辰州、华容、湘阴、沅江、安化、湘乡、武冈、道州、耒阳大旱。武陵、桃源、辰溪、临武旱。

清　乾隆五十一年（公元 1786 年）　攸县因大旱延迟到小满才下种，且无水移苗。江华夏旱，民采蕨根充饥。安乡、攸县、酃县、临武、永明、道州大旱。长沙、善化、湘乡、宁乡、常宁、汝城、桂阳州、郴州、永兴、宜章旱。

清　乾隆五十二年（公元 1787 年）　临武大旱。道州、永明、江华、宜章、永兴、郴州、汝城、桂阳旱。桂阳斗米银钱六百文，饥殍载途。

清　乾隆五十三年（公元 1788 年）　桂阳旱。

清　乾隆五十四年（公元 1789 年）　临武、汝城夏旱。耒阳旱。安仁、常宁春旱。

清　乾隆五十五年（公元 1790 年）　邵阳夏旱。

清　乾隆五十九年（公元 1794 年）　桂阳、临武春旱。

清　嘉庆三年（公元 1798 年）　耒阳旱。

清　嘉庆四年（公元 1799 年）　耒阳旱。

清　嘉庆五年（公元 1800 年）　湘乡四月至六月不雨。常宁夏旱。宁乡夏秋旱。醴陵、桂阳州、耒阳旱。临武大旱。益阳旱，低田半收。

清　嘉庆七年（公元1802年）　湖南大旱。永州、衡阳、平江、临湘、长沙、善化、湘乡四月至七月旱。沅陵、澧州、石门、安福、永定夏旱，田禾失收。武陵、桃源秋旱。龙阳、耒阳旱。

清　嘉庆八年（公元1803年）　安乡旱。

清　嘉庆十年（公元1805年）　会同县四月至七月大旱，禾苗枯槁，赤地千里。

清　嘉庆十二年（公元1807年）　湖南夏四月不雨至七月，各地大旱，田禾枯槁，随处一望，尽成赤地。桃源插秧后无雨七十二天，苗赤槁可燃。安化四月至七月不雨，县境普遍大旱，高低无收。永州旱，四月不雨至七、八月，得七、八月秋雨者，稻荪有获。武冈、城步六月旱，斗米六钱。芷江、宁乡、长沙、善化、宝庆、新化、湘乡、安化、邵阳、临武大旱。石门、安福、武陵、龙阳、巴陵、华容、临湘、平江、益阳、沅江、湘阴、湘潭、浏阳、醴陵、沅陵、辰溪、溆浦、衡阳、衡山、耒阳旱。桂阳州、永兴、嘉禾旱，次年饥，斗米钱七百零，民食草根树根。

清　嘉庆十三年（公元1808年）　清泉大旱。常宁夏旱。浏阳六、七月旱。

清　嘉庆十四年（公元1809年）　辰溪五、六月不雨，岁饥。浏阳六、七月旱。

清　嘉庆十五年（公元1810年）　湘潭夏旱。

清　嘉庆十六年（公元1811年）　龙阳、衡阳夏大旱。临湘夏旱歉收。安福自四月二十八日大旱至八月十六日始微雨，田禾失收。慈利五月至七月不雨。湘乡夏六月不雨，中稻半收。常德、石门、辰溪、麻阳、临湘、长沙、善化旱。

清　嘉庆十七年（公元1812年）　湘乡六月不雨。醴陵大旱，草木枯，百家渴。常德、衡山旱。

清　嘉庆十八年（公元1813年）　湖南自夏至秋，各县俱旱，高低失收。湘阴、长沙、善化、湘乡、衡阳、永州夏旱。汉寿自五月不雨至秋八月，高低无收。宁乡夏秋（大）旱一百八十天。沅陵县自六月至八月不雨，岁大歉。平江旱尤苦。辰溪、芷江、会同、麻阳县旱，无收，民多以薯叶为食。保靖既旱，且秋螟。慈利山地大旱。

清　嘉庆十九年（公元1814年）　长沙夏旱。石门夏大旱，河尽涸。乾州岁饥，夏秋不雨大旱。麻阳、沅陵、辰溪、溆浦县夏秋不雨，大旱，禾稼槁死，岁大歉。宁乡、耒阳、沅江旱，山乡薄收。慈利大旱，田、地半收。

清　嘉庆二十年（公元1815年）　郴州旱。长沙、善化夏旱，

清 嘉庆二十一年（公元 1816 年） 耒阳夏秋之交大旱，两次莳插，多有颗粒无收者，民不堪命。郴州四月至七月旱。湘乡五月至七月不雨，高岸田无收。醴陵六月旱，河水涸。城步六、七月旱，秋收甚歉。桂阳、汝城秋大旱。衡阳旱。清泉大旱。

清 嘉庆二十二年（公元 1817 年） 衡阳旱。

清 嘉庆二十三年（公元 1818 年） 麻阳旱。

清 嘉庆二十四年（公元 1819 年） 辰溪自五月初二至六月二十二日不雨，岁饥。石门六月旱。沅陵、芷江、麻阳、汝城大旱。临湘、乾州、凤凰、耒阳、桂阳、郴州旱，郴州江流几绝。

清 嘉庆二十五年（公元 1820 年） 平江夏大旱，西乡尤甚。辰溪、沅陵、麻阳夏大旱，田地荒芜，民以树皮为食度日。资兴夏大旱兼疫。湘乡夏四月不雨至七月。城步大旱，自五月不雨至七月。宝庆大旱，处暑后雨，歉收，大饥。永明、蓝山、安仁大旱，大疫。耒阳大旱，连年荒歉。临湘、浏阳、桂东旱。

清 道光元年（公元 1821 年） 石门自春月不雨至五月初三日始雨。慈利春初不雨至六月初始雨。武冈六月不雨至九月。沅陵、辰溪一带秋间不雨连三月，暑甚，无荞麦。湘乡、麻阳、桑植旱。

清 道光二年（公元 1822 年） 麻阳旱。安仁春无雨。桑植从夏至秋，百日无雨，田土龟裂，粮食失收，民多外逃乞食。

清 道光四年（公元 1824 年） 湘阴、长沙旱。

清 道光六年（公元 1826 年） 耒阳五月初六至六月二十六日不雨。新化秋旱。攸县干旱七十天。清泉、安仁大旱。长沙旱。

清 道光七年（公元 1827 年） 新化、清泉大旱。

清 道光八年（公元 1828 年） 益阳夏大旱。绥宁夏旱。衡山秋大旱。新化秋旱。湘乡冬无雨雪。耒阳自夏到秋无雨。醴陵大旱，夏秋冬三季无雨，田禾尽槁。衡阳自四月不雨至八月。保靖五月十八日大水后大旱，井泽俱涸，至次年四月后始获大雨。浏阳旱，宁乡夏秋旱一百八十天，长沙府大旱，自七月至次年二月十三日不雨。

清 道光九年（公元 1829 年） 保靖春旱，多种荞麦，四月得雨后栽种不过三分之一。澧州自二月至六月不雨。平江夏旱。

清　道光十年（公元 1830 年）　攸县大旱。保靖旱，米贵。

清　道光十一年（公元 1831 年）　临湘秋旱。安化西（部）县（域）旱。

清　道光十二年（公元 1832 年）　攸县大旱。

清　道光十三年（公元 1833 年）　湘乡冬无雨雪。零陵大旱。

清　道光十四年（公元 1834 年）　安仁大旱。巴陵旱。溆浦夏秋冬旱。湘乡冬无雨雪。慈利三月至八月初无雨，禾尽枯。

清　道光十五年（公元 1835 年）　湖南或自正月，或自四、五月始不雨至七、八、九月，普遍大旱。澧州、桑植、龙阳、安福、石门、安乡、临湘、平江、华容、湘阴、麻阳、醴陵、清泉、安化、长沙、善化、湘乡、宁乡、益阳、浏阳、邵阳、新化、衡山、常宁、安仁、汝城、桂阳、零陵、永明、耒阳皆大旱。安化大旱，禾无收。湘乡正月至七月不雨。益阳一月至五月不雨，普遍大旱，稻（谷）无收。麻阳县春连夏秋旱，稻禾俱枯，大饥且多疫。石门三月二十八日至八月九日不雨，禾尽槁。攸县自四月二十六至六月二十四大旱九十天，收二三成。宁乡夏旱，长沙、善化大旱，中晚稻歉收。邵阳夏旱，自四月不雨至七月。浏阳大旱五月不雨至七月。常宁自五月至七月十三日始雨。零陵、江华、蓝山等州县大旱，一般受旱一百二十天，受旱最长达一百六十天至二百天，成灾五、七分不等，岁大饥且多疫，永州斗米五百余钱。

清　道光十六年（公元 1836 年）　浏阳四月大旱，越六月二十二日，泉竭。耒阳夏旱九十余天，斗米千钱。晃州、芷江、益阳、沅江大旱。桂阳大旱，泉竭。醴陵、衡山旱。

清　道光十七年（公元 1837 年）　绥宁夏旱。

清　道光十九年（公元 1839 年）　湘乡秋旱，螟虫害稼，斗粒钱八百。衡山旱。

清　道光二十年（公元 1840 年）　宜章春旱。

清　道光二十二年（公元 1842 年）　湘乡秋旱。

清　道光二十五年（公元 1845 年）　永定从春至夏少雨，临秋又逢大干旱，禾苗大都枯死，农业歉收，斗米千钱，饥民遍地皆是。靖州、浏阳大旱。

清　道光二十六年（公元 1846 年）　善化夏旱，汝城、宜章夏旱，两月无雨。益阳夏（插花）旱。湘阴八月久旱。长沙、嘉禾大旱，九月至次年四月不雨，耕种失时。浏阳、湘乡、邵阳、衡山、桂阳旱。

清 道光二十七年（公元1847年） 长沙、善化上年九月不雨至四月乃雨，耕种失时。宁乡春旱。平江春旱，无水灌秧，苗尽枯死。湘乡、新化、乾州秋旱，螟害稼。永定六月至十月无雨，溪涧尽龟拆，菱苋野菜觅乎都尽，饿殍载道。浏阳、衡山、桂阳州旱。

清 道光二十九年（公元1849年） 平江夏旱。宁乡、益阳先涝后旱，民食草根尽，继食白泥，饿殍载道，时称“己酉大荒”。

清 道光三十年（公元1850年） 桂阳州、永顺夏旱。永兴夏旱，油麻等自夏至秋干旱一百二十天，百分之八十作物失收。汝城、桂阳六月旱，乏食、饿殍载道，秋冬间疫作，死亡尤众。

清 咸丰元年（公元1851年） 麻阳旱。桑植夏秋大旱。

清 咸丰二年（公元1852年） 桑植、澧州、安福夏秋大旱。武冈大旱，所属高沙旱灾严重，自五月至七月连续不雨，田土龟裂，禾苗枯萎，饮水亦极为缺乏，因取水困难，病渴者甚多。湘乡五月至七月不雨，大旱。新化大旱，六月不雨至七月。宁乡秋大旱。麻阳、邵阳、华容旱。安化县大旱，丰乐乡尤甚。

清 咸丰三年（公元1853年） 麻阳旱。

清 咸丰四年（公元1854年） 湘潭秋冬少雨大旱，四乡水竭，竹木、农作物枯死。善化旱。桂阳州北部久旱无雨。

清 咸丰五年（公元1855年） 安乡大旱。

清 咸丰六年（公元1856年） 宁乡夏大旱。巴陵夏秋旱。益阳夏秋大旱。武陵、桃源、龙阳旱。

清 咸丰七年（公元1857年） 安福、浏阳、兴宁夏旱。善化秋冬旱。桑植大旱。零陵旱。

清 咸丰八年（公元1858年） 临湘旱。

清 咸丰十一年（公元1861年） 浏阳八月旱。

清 同治元年（公元1862年） 永明、祁阳、江华、蓝山夏大饥，蓝山斗米价千钱，江华斗米钱八百。善化夏旱。安乡旱，禾已获，晚稻未登。晃州、芷江大旱。

清　同治二年（公元1863年）　平江、益阳、安福、麻阳夏旱。宁乡四月十六日晚大雨山洪，后始旱。沅州大旱。善化、长沙旱，不害稼。

清　同治三年（公元1864年）　善化、长沙秋旱。兴宁秋冬无雨，江井俱涸。安乡、湘乡冬久晴。安乡、麻阳旱。

清　同治四年（公元1865年）　保靖春旱。永顺春无雨，米贵。衡阳、湘乡前冬旱和春旱，正月不雨至夏五月乃雨。安乡春夏旱灾。绥宁四月旱。兴宁、资兴七月大旱。桂阳、汝城大旱。城步、东安、泸溪旱。

清　同治五年（公元1866年）　石门、邵阳、桂阳州春旱。绥宁五、六月旱。桂阳大旱。

清　同治六年（公元1867年）　桂阳夏旱。资兴夏大旱。永明夏旱饥。澧州夏秋之交，亢晴五十余日。湘乡秋冬旱。汝城旱。

清　同治七年（公元1868年）　兴宁、安福夏旱。绥宁七月旱。

清　同治九年（公元1870年）　桑植大旱。攸县旱。

清　同治十年（公元1871年）　浏阳县北夏旱。嘉禾夏旱。桂阳州夏大旱，自四月至六月不雨。平江、宁乡六月旱。

清　同治十一年（公元1872年）　善化秋冬旱。

清　同治十二年（公元1873年）　靖州春夏大旱。善化夏旱。湘乡夏秋大旱，秋谷歉收，又连冬旱。

清　同治十三年（公元1874年）　靖州、会同、绥宁春夏旱，民饥，斗米七百文。湘潭春夏连旱，灾民五万余。祁阳、祁东春夏大旱。桂阳州夏大旱。嘉禾四月至六月无雨。耒阳旱。湘乡大旱。零陵、宁远、道县大旱，田土开拆，河井干涸，禾苗枯萎。

清　光绪二年（公元1876年）　桃源东北乡旱。益阳上、中乡旱。

清　光绪三年（公元1877年）　慈利、永定四月至七月不雨，农业歉收，粮价陡涨。沅陵盛平乡五、六月无雨，歉收。花垣、泸溪旱。安乡大旱成灾。石门大旱七十二天。

清　光绪七年（公元1881年）　宜章近城南乡大旱，田禾尽槁。

清 光绪八年（公元 1882 年） 永定入春以来久旱无雨，农业歉收，普呈饥荒现象。宁乡夏大旱。耒阳自夏至秋无雨。桑植大旱，粮食歉收，灾民四出逃荒。澧县山乡旱。

清 光绪十二年（公元 1886 年） 宁远、嘉禾夏大旱，嘉禾五月初至六月无雨。新宁夏大旱，谷价腾踊，途有饿殍，西北乡尤甚。

清 光绪十三年（公元 1887 年） 嘉禾春旱，误秧期。蓝山夏旱。宜章大旱，大饥。

清 光绪十四年（公元 1888 年） 石门大旱，禾尽槁。华容旱。安乡旱，禾半收。

清 光绪十六年（公元 1890 年） 沅陵柳林镇大旱无收。

清 光绪十七年（公元 1891 年） 古丈荒旱。

清 光绪十八年（公元 1892 年） 古丈荒旱。

清 光绪十九年（公元 1893 年） 岳州久旱。

清 光绪二十年（公元 1894 年） 慈利六月大旱。溆浦县大旱。浏阳大旱，浏阳河水仅一桥板宽。

清 光绪二十一年（公元 1895 年） 湖南大旱。湘乡大旱，春插后五十天无雨，秋歉收，谷贵。攸县四月二十七日起大旱八十七天，收二三成。宁乡夏大旱，道林尤甚，除沿河田外，大部分中稻干死。湘潭夏旱，田土龟裂，灾民三万余。溆浦夏旱尤重，高田无收，遂饥。浏阳五月至九月无雨，大旱一百四十三天，逃荒者三万人。醴陵五月至九月无雨，早稻获十之三，晚稻皆赤，冬初流民四出，经过省城者万余。益阳、长沙、茶陵、衡山、清泉、耒阳、安仁、邵阳、新化大旱，有颗粒无收者。

清 光绪二十二年（公元 1896 年） 湘阴正月春旱。长沙、浏阳、醴陵、攸县、茶陵、邵阳春大旱，大都歉收，其甚者颗粒无收。安乡六月旱，七月大旱。湘潭、湘乡干旱，饥民群聚富家吃排饭。古丈虫荒旱。衡州府的衡山、耒阳、清泉发生旱灾，有的收成歉薄，有的颗粒无收。

清 光绪二十三年（公元 1897 年） 古丈大旱。嘉禾旱。永定干旱，秋虫成灾，酿成饥荒，斗米涨千钱。

清 光绪二十四年（公元 1898 年） 石门、慈利、古丈、泸溪夏旱，饥。沅陵县自五月至八月不雨，先两年皆歉收，是年又大旱，全县俱灾，岁大饥。湘阴、辰溪、溆浦县大旱。

清　光绪二十五年（公元1899年）　嘉禾旱。

清　光绪二十六年（公元1900年）　湖南旱灾。宝庆府各县四月至七月不雨，田土裂，损失大。武冈四月中起连旱百多天，田塘开坼，禾苗枯萎。蓝山五月至七月不雨，百谷无收。安乡、古丈、湘潭、桂阳夏大旱。永顺夏大旱，斗米千钱，葛蕨皆尽。花垣夏六月旱，田尽枯，河塘竭。醴陵秋大旱，南河断流。溆浦、嘉禾、沅陵、辰州、靖州大旱。

清　光绪二十七年（公元1901年）　嘉禾、桂阳春夏间旱，误莳秧期。宁乡六月至八月不雨，夏秋连旱，二伏酷热，赤日如火，原野若焚，田水烫人，游鱼亦毙。湘乡大旱。浏阳旱。

清　光绪二十八年（公元1902年）　宁远春夏旱，疫大作，县城为甚。浏阳旱。

清　光绪二十九年（公元1903年）　永定七月十三日至八月七日暴晴不雨，十一、十二月连晴冬旱。宜章赤石旱。

清　光绪三十年（公元1904年）　桂阳旱，自五月至七月少雨。永定自六月二十四日始，干旱四十四天。

清　光绪三十一年（公元1905年）　攸县、沅陵六月无雨，大旱。

清　光绪三十二年（公元1906年）　全省干旱。溆浦夏旱。衡州、耒阳五月初五水退后大旱，日酷风炎，麦豆无收，禾苗尽槁，民不聊生。攸县五月旱，秋冬又大旱一百一十天，仅收四五成。永定自八月二十二日至次年正月八日不雨，秋冬大旱。宁远、嘉禾、桂阳大旱。

清　光绪三十三年（公元1907年）　嘉禾、桂阳奇旱，自四月二十五日至八月二十八日不雨，饥馑视上年有加。永定夏秋干旱严重，秋种受阻。永州境内大旱，五月起，连续一百二十天不雨，颗粒无收，米贵如珠，啼饥之声四处皆闻，民挖食观音土充饥。

清　光绪三十四年（公元1908年）　浏阳七月旱。

清　宣统元年（公元1909年）　大范围干旱。与湖区大水同时，永顺、长沙、衡州、永州等地夏旱，遭虫害。

清　宣统二年（公元1910年）　宁乡插花性干旱。嘉禾夏大旱。永顺、桂阳夏旱。

民国　二年（公元1913年）　岳州秋旱，自六月二十六日至十月初二日九十三天总雨量只有四十二点一毫米，八月份仅有一天下了不达一毫米的雨，禾苗多枯萎，溪河断流，灾民饮水亦成困难，争水成风。浏阳八月旱，两个多月无雨，河水断流，人食草根树皮。

民国　三年（公元1914年）　永顺秋旱，旱灾之后，继以虫伤，田谷约少收十之七八。湘潭秋旱，禾苗死十之七，灾民以树皮、野菜充饥。祁阳、新化八、九月无雨，歉收，豆薯枯死。衡阳、常宁、衡山八、九月不雨，地势高处遭受酷旱，居民多以野菜瓜藤度日，禾苗既以大水歉收，豆薯等物又因秋旱干枯而死。攸县大旱，江河井泉干涸。

民国　五年（公元1916年）　溆浦七月大旱。零陵秋旱。

民国　六年（公元1917年）　古丈大旱。

民国　七年（公元1918年）　岳阳、临湘五月至七月少雨，苦旱，高田失收。宁乡六月插花性干旱，月山一带旱四十余天，北流干涸。

民国　九年（公元1920年）　四月至十月，岳阳、临湘少雨，山区旱灾尤甚，收成减产七成，平江自六月至九月百日无雨，到处一片焦土。益阳六月至八月六十天无雨，禾田一片枯焦。岳阳、临湘、平江、湘乡大旱。

民国　十年（公元1921年）　湖南各地发生严重旱灾，受灾饥民达二百万。入春后长期不雨，大部分地区早稻不能下种，夏秋以后，旱尤酷烈，禾苗大都枯死，早稻颗粒无收。五十多县减产，其中收获较多的三四成，少的一二成。灾民多采食野草苦菜充饥，饿殍者时有所闻。辰溪、溆浦、芷江、麻阳、晃县、安化、新化、宁乡、岳阳、临湘受灾严重，其次沅陵、凤凰、乾城、黔阳、绥宁、靖县、武冈、宝庆、平江、宜章、嘉禾、永兴、宁远、耒阳，再次为古丈、会同、永顺、保靖、龙山、大庸、永绥、桑植、新宁、茶陵、酃县、浏阳、湘乡、新田、祁阳、衡阳、安仁、桂东、资兴、通道等县。其中，保靖、永顺、龙山、桑植、永绥、古丈、安化、醴陵八县即有灾民一百一十八万，入秋后赤地千里；保靖、永顺、古丈等死亡尤众；邵阳大旱，死亡众；攸县三分之二地方受旱，灾民十余万；益阳春、夏、秋大旱；安化县境久旱失收，出境饥民二十余万；湘南灾民少则五六万，多则三四十万，至辰溪一地，灾民有连营数十里之骇闻；汉寿禾稻多槁，农田无收；桂阳大旱七十二天，县西北部普遍无收；湘乡、临湘等地入春后长期不雨，早稻不能下种；宁乡入春不雨，六月大旱，塘坝干涸，河水断流，中稻干死；湘潭夏旱数月不雨；宁远夏旱，井池枯竭；麻阳五月十二日起六十多天无雨，颗粒无收；宜章五月至七月无雨；大庸五月至八月久旱少雨，溪水断流，粮食歉收，逃荒者颇多，死以千计；岳阳五月至九月连旱五个月；沅陵五月至九月大旱，各溪断流，清浪滩不能通舟，收成不过十分之二。

民国　十一年（公元1922年）　宁乡七月亢旱。桂阳七十天无雨大旱。嘉禾贵贤乡七十余日不雨。全省秋冬旱，豆麦各粮收成减少。祁阳池塘枯竭，民乏饮水。宝庆连年旱灾，饿殍载道，灾情之重，为宝庆数十年罕见。

民国　十二年（公元 1923 年）　宁乡春旱，丘岗地都不能耕种。晃县大旱。湘潭旱，禾苗枯萎，买水荫禾。

民国　十三年（公元 1924 年）　是年大范围干旱。新田春初少雨，高陇旱荒。浏阳一个多月未雨，河水断流。宁乡五月旱。新化五月十四日至六月二十三日不雨。岳阳、临湘八月到十二月少雨，五个月雨量仅一百五十多毫米，高田灾害尤重，禾苗多枯死。武冈大旱大饥。

民国　十四年（公元 1925 年）　全省五月至九月大旱。由南向北，临武、嘉禾、桂阳、零陵、邵阳、衡阳、新化、城步、新宁、湘潭、宁乡、醴陵、长沙、沅陵、辰溪、晃县、通道、永绥、泸溪、永顺、大庸、慈利、桑植、保靖、湘阴、平江、岳阳、临湘、常德、桃源、益阳、沅江、临澧等地久旱不雨，禾稼枯槁，井泉枯竭，河道干裂，有到四十里远挑食水者。祁阳、宁远、衡山、安化、攸县、洪江、武冈、澧州、汉寿亦大旱。是年夏历乙丑年，史称“乙丑大旱”。岳阳四月二十五日至八月二十日久旱不雨，禾苗多干死，灾民饥饿难忍，岳阳荣家湾有个穷秀才，名叫荣盛光，年已七十六岁，全家均已饿死，感到心中万分悲惨，在岳阳楼的墙壁上题了一首绝命诗，题毕自缢而死。诗曰：“十年连遭九年荒，乙丑年间灾难当。草根树皮都吃尽，岳阳楼上自悬梁。”此外，史料具体记载还有：大庸二月至七月无雨，谷一石售钱拾八串；沅陵自二月至七月不雨；攸县自四月二十八日至九月二十九日大旱一百五十天；靖县四月至七月中旬无雨，稻谷减产八成，稻谷由常年每石一元增至十五元；浏阳五月至七月八十余日不雨，捞刀河断流，稻干枯无收，有数万人外逃，病饿死亡一千多人；武冈大旱大饥，从五月上旬到七月下旬没下大雨，粮价陡涨，仅清井塘范围内就饿死七十三人，流亡外地的数以万计；黔阳五月至八月不雨。益阳、沅江五月至九月不雨，草木皆枯，收成大减，其中益阳县灾民十万以上；桑植自入夏后数月不雨，田地一片焦赤，禾苗枯死；保靖入夏以来，连旱三月不见雨露，山中玉竹，田中禾苗，一概焦枯，秋收无望，新株树皮草叶，均已食尽，逃难者不绝；长沙夏旱，酷暑高温五十三天不雨；宝庆、新化久旱不雨，有到四十里远挑食水者；邵阳田旱，颗粒无收，米每石价银二十元；会同大旱三个月，民食树根、竹子花、观音土度日，饿死无数；宁乡大旱，七、八月滴雨未下，苗萎过半，林竹干死，饿殍载道。

民国　十五年（公元 1926 年）　是年大范围干旱。辰溪春旱。麻阳夏久旱不雨。邵阳、新化夏末秋初大旱。安化水后大旱，泉源绝，溪水断，禾枯槁。临湘、城步、临澧、慈利、沅陵、永绥旱。

民国　十六年（公元 1927 年）　桂阳五月后久旱不雨。宁乡插花性干旱，夏奇热，夜不能眠。宁乡、临湘、慈利、永绥、花垣、桂阳旱。

民国　十七年（公元 1928 年）　湖南四十九县苦旱，早稻麦杂粮均无收。宁乡春旱，无水下种，六月亢旱。酃县春耕失时，收获奇歉。邵阳大旱，春夏之交害虫遍起，收获较好者不及四成，秋后又旱，薯麦杂粮无收。岳阳、临湘、沅江、南县、安化夏旱，临湘因旱水稻受灾二十六万七千多亩，收成仅四成，岳阳县收成仅二三成。长沙大旱，七月雨量仅一毫米。浏阳大旱，禾苗枯槁。醴陵夏水灾后，苦旱，稻麦、杂粮均无收。道县、江华、东安、永明、蓝山夏秋大旱，收成十分之四，泉水皆涸，汲水远者十余里，近者二三里不等。永兴夏、秋、冬三季无雨，陇亩龟坼，山粮绝收。嘉禾、桂阳自六月起至次年五月大旱，赤地千里。桂阳、汝城、桂东自秋至冬，久旱不雨，玉米、红薯等杂粮百无一收。安仁、临武、嘉禾、桂东冬均旱，井涸塘干，泉源枯竭。临武田禾被干坏者约居其半。湘潭县秋冬连旱。攸县秋冬大旱。湘乡旱灾。南县、沅江因旱收获不及六成。安化仅及三成。绥宁旱，米价每升一千八百文，饿死二千余人。泸溪、花垣、吉首、龙山、凤凰、保靖、永顺旱。吉首受灾区域约为十分之六，山作杂粮皆干坏，凤凰收成仅十分之二三。

民国　十八年（公元 1929 年）　是年大范围春旱。湖南水、旱、虫、风交侵，各县多连遭数灾，灾情惨重。衡阳、祁阳、祁东自上年起至是年夏未雨，高埠平原尽成焦土，冬作衍期，秋粮未种，虫灾，垄亩辍耕者居半，皆成荒土，杂粮绝收，稻田辍耕，收获不过十分之三。吉首、凤凰、花垣、泸溪、永顺、龙山、华容、湘阴、益阳、宁乡、临澧、邵阳、衡阳、祁阳、祁东、城步、绥宁、永兴、嘉禾、桂阳春旱。湘西自治州遭春旱，农事失候，荒田不少，吉首、泸溪田亩坼裂，已耕种者不过十之二三。湘北华容、湘阴、临湘等地春旱，庄稼多枯萎，豆麦歉收，饥民有食树皮草根者。安化春夏苦旱，田荒土裂。桂阳春起至夏初，四个月未雨，气燥井涸泉枯。临武高田失耕。永兴正月至五月不雨，半数以上未下耕者。嘉禾自入春至夏初无雨，误耕期，岁大歉，为百年所仅见。零陵、道县、宁远、江华、东安、新田、永明、蓝山久旱不雨，收不过十分之三。慈利大旱。石门、浏阳旱。湘潭县五月至六月夏旱，死禾苗十五万亩，灾民十八万人。湘乡秋旱，田土龟坼，栽种失收。宜章入秋后，久旱无雨，气候反常。

民国　十九年（公元 1930 年）　祁阳六月中旬至七月下旬不雨。

民国　二十年（公元 1931 年）　攸县六月至七月大旱。桂阳七月旱。

民国　二十二年（公元 1933 年）　湖南大范围干旱。新化、湘乡、邵阳五月至六月不雨。宜章夏秋之交天气久晴达二月之久，禾苗枯槁，颗粒无收，草根树蕨薯殆尽。永兴夏秋连旱共达百日，各地半数失收。通道 、麻阳、芷江、晃县、靖县遭秋旱，禾苗枯萎，收成减半。华容秋旱成灾。浏阳八月秋旱。桑植旱灾。

民国二十三年（公元 1934 年）　湘、鄂、赣、皖等省旱灾严重。湖南特大旱，自夏迄秋久晴不雨，湘中、湘南赤地千里，川泽断流，稻菜尽枯，田多失收，民食艰难，旱情为六十年来罕见。衡阳、祁阳、常宁、资兴、酃县、新田、郴县、桂阳、宁远、新化、武冈、邵阳、晃县、芷江、湘潭、宁乡、醴陵、湘乡、华容、益阳、安化、临湘、岳阳、湘阴等四十余县灾情严重。是年岁逢甲戌，人称“甲戌大荒”。湖南大公报是年载文陈述：“全省五月至九月不雨（公历6月中旬初至11月上旬中），自南至北，稻禾枯死，草木干萎……”，“秋收无望，收获奇歉，树皮草根均已食尽，逃难者于路不绝，饿殍载道，情景十分凄惨。”据民国廿四年三月十一日湖南省赈灾委员会宣布：“上年湘省六十九县因亢旱成灾，饥毙一百一十余万人。……全省学校因灾停办一万九千七百五十一所。”

此外，史料具体记载还有：临武、资兴、嘉禾、桂阳入春后久晴不雨，夏秋俱旱，禾苗枯萎，溪坝断流；祁阳、宁远入春后久晴不雨，春夏秋冬四季连旱，耕种失时，普遍荒歉，夏谷石至五元，市中饥民成群；凤凰春夏间雨少晴多，插秧之田，不过四成，山地杂粮亦同归于尽，全县受灾田达三万三千八百亩；保靖自端午节后，两月云雨不见，野无青草，河溪断流，立秋后虫灾遍乡；慈利入夏后，烈日如焚，两月不雨，田龟裂，一片焦土，灾况奇重，收成仅十分之三弱；长沙夏秋不雨，灾民三十万人，饿死二千五百五十四人；通道、靖县夏秋大旱，受旱面积占总面积的百分之八十；华容、临湘、岳阳、平江、湘阴、益阳、安化夏秋久晴七十多天，山丘区诸县溪坝断流，禾苗枯萎，湖区奇热，稻田龟裂，区境农田收成大减；安化县领照逃荒者近三万，后蝗虫为害，损毁林木及农作物一万五千亩；武冈自夏迄秋久晴不雨，所有池塘涸竭，可耕之田不过十分之三；零陵、新田等县自夏迄冬，久晴不雨，民间多以草根槁叶为食，灾情严重；湘潭县五月至九月共一百一十天夏秋连旱，一百二十六万亩水稻干死十分之九，灾民数十万；湘乡县五月十三日起，五十多天无雨，水稻受旱九十万亩，损失稻谷四百五十余万担，红薯、高粱、花生受旱无收，因旱灾饥荒死亡二百余人；宁乡自六月起亢旱五十余日，水里小鱼因久晴曝晒多烫死；石门七月起大旱；攸县、酃县大旱，遍地皆赤，所收不过两三成；邵阳大旱，受灾农田达九十六万亩，灾民迫于饥馑，自杀者约四百余人。

民国　二十四年（公元1935年）　临湘、祁阳五月旱。湘乡五月至七月无大雨，中稻干死。浏阳旱。

民国　二十五年（公元1936年）　宜章夏旱，八月至十月大旱。慈利干旱三个月，一片焦土。

民国　二十六年（公元1937年）　桂阳秋旱。

民国　二十七年（公元1938年）　邵阳、常宁、酃县、桂阳、临武、资兴、汝城、嘉禾、道县、宁远自立春以来长期不雨，复兼秋旱。邵阳禾苗抽白，低洼之地秋收不过三分之一。常宁大部分田亩枯竭，山区红薯亦无法栽种，谷价每石涨至四元。桂阳插秧后七十二天无雨，田亩秋收有获者仅十之二三。临武禾苗尽皆黄萎。资兴赤地千里，颗粒无收，谷价每石四元六角。汝城土桥等地因旱，禾苗枯黄无收。嘉禾小街田一村逃荒八十多人，有三人遭饿死。道县、宁远颗粒无收三万亩。

宁乡春旱。新化夏旱一个多月。祁阳六月旱。

民国　二十八年（公元1939年）　宁乡夏旱四十多天。湘阴旱，入秋后复旱。醴陵大旱。攸县旱。

民国　二十九年（公元 1940 年）　浏阳春夏旱，秋后复旱。永顺、古丈、龙山夏旱，入秋复旱。宁乡夏奇热，夜不能眠，白天不敢到野外行走，中暑毙命者多，有插花性干旱。保靖四月至七月间干旱百余日，局部受灾严重，禾枯槁，秋收无望，全县减产一半以上。

新化秋旱。华容、湘阴、岳阳、临湘、平江等县秋季连晴少雨，干旱成灾，禾苗多枯萎，人、畜饮水困难。大庸全县十二个乡镇大部分秋大旱，禾苗枯死，田土龟裂。江华、蓝山秋后旱。桂阳八月三日至十月十五日连旱七十五天。

永兴旱。汝城旱，禾苗失收，农民生活无依靠，有六户将亲生儿女抵账。

民国　三十年（公元 1941 年）　保靖春雨少，入夏以来，干旱一月至二月不等，栽插者田土龟裂，杂粮亦干枯。湘潭县夏旱。宁乡夏旱月余，灾田二十二万五千亩，受灾人口二十八万。溆浦、麻阳、辰溪、新晃、通道等县夏大旱，麻阳县饥民多逃奔四川，通道县稻谷减收二成。石门六、七月大旱。醴陵旱，山田禾半槁，乞食者络绎于途，或食木叶草根，饿毙者极众。

民国　三十一年（公元 1942 年）　慈利七月至八月大旱，农民以野菜、糠粑、观音土充饥，饿死者众。石门八、九两月大旱，歉收。

民国　三十二年（公元 1943 年）　资兴春旱，秧田无水。桂阳、宜章秋冬连旱。武冈、临武大旱。

民国　三十三年（公元 1944 年）　湘潭县夏旱。宁乡五、六月旱四十多天，高田中稻多干死。桂阳、嘉禾、资兴夏秋旱，田裂禾枯，收成减半。

民国　三十四年（公元 1945 年）　湖南特大旱：四季干旱，几乎颗粒无收。春夏之际，大部分地区不雨五十二天，全省五十四县大旱。其中，湘潭至邵阳一带，田土尽皆开裂，民以树皮泥土充饥，饿死、胀毙及自尽者不计其数。湘乡特大旱，田土龟裂，灾民以树皮、草根、泥土充饥，饿死一百六十七人。道县、新田春夏不雨，大旱，民无饮水，颗粒无收，新田逃荒者不下三万，小孩饥疫死亡三千余人。桂阳、嘉禾春夏不雨五十四天，稻谷收入十之有三。沅陵、辰溪春夏连旱，高田全未下种，低田下种者亦无不枯槁，农民卖儿卖女不得一饱，全家男女老幼一齐饿死者触目皆是。平江春夏旱，收成只二成。祁东、祁阳春夏之际大旱，两县耕地面积五十九万一千余亩，受灾面积达五十七万七千余亩，据是年五月份统计，饿毙一千二百七十六人，因饥待救者达一十七万六千三百四十人，故全年死亡人数实无法统计。浏阳大旱，春夏秋三季缺雨，河水几乎断流，收不到五成。益阳由春至秋，各县少雨，酿成大旱，饥荒严重，南县稻谷收获不到五成。

永兴、资兴五月至七月少雨，各地一半以上减产。宁远入夏以来久晴不雨，田背龟裂，仓无储粒，野无青草，民以观音土为食，饿毙上万人。湘潭夏秋大旱七十六天，受灾八十一万亩，绝收二十四万亩，灾民四万余人。

民国　三十五年（公元 1946 年）　湖南区域性旱。醴陵上年天旱，入春后又无大雨，水尽涸，田不能下耕，农民日食草根糠粑，死之极众。大庸入春始旱不雨。湘潭、湘乡春旱，米价昂贵，每石高达五十六银圆，饥殍遍地，湘乡旱后疟疾流行，患者达二十万人，仅义安（今栗山）乡一带死亡三百多人。永州春夏大旱，民间以观音土充饥，尤以零陵、祁阳、道县等地最为严重，饥民遍野，饿毙者数千。浏阳大旱。长沙旱。宁乡前涝后旱。武冈连旱两月，池塘干涸，河水断流。

民国　三十六年（公元 1947 年）　大庸自春季以来少雨，有二分之一的山田未耕种，勉强插秧的田，禾苗枯槁，田土龟裂，秋收无望。宁乡夏天插花性干旱。湘潭县秋冬连旱，作物干死十之八九，井水干涸。宜章久旱无雨，禾苗旱死，农作物普遍歉收，大饥，民多饥色。

第三节　1950—2000 年的干旱灾害

1950 年　湖南轻旱。湖南南部 6 月中下旬至 7 月中下旬夏旱，湘北、湘西夏秋干旱。全省农作物成灾面积 35.4 万公顷，占当年播种面积的 9%。因灾减产粮食 1.755 亿千克。

湘西自治州的永顺县夏旱 30 余天，50%的稻田受灾。

岳阳市的岳阳、临湘、湘阴、平江等地，夏秋季节连晴少雨，农作物受旱面积 4.6 万公顷，粮食减产 2490 万千克。其中临湘 5～7 月旱，全县有 1.58 万公顷中稻脱水开坼，减产 3～5 成，有 3000 多公顷颗粒无收。

常德市夏秋干旱严重，成灾面积 2.2 万公顷。

衡阳市 6 月起，1 个多月少雨，干旱面积达 2.57 万公顷，减产 697.4 万千克。

6～7 月永州市的祁阳、东安、宁远、新田、道县 144 个乡遭受旱灾，死禾 1113 公顷，枯萎减产 2.56 万公顷。郴州市的永兴、嘉禾、桂阳、汝城 6～7 月干旱，干旱面积 3.91 万公顷，占耕地总面积的 19.1%，成灾面积 2.47 万公顷，占耕地总面积的 12.1%，粮食减产 477.22 万千克。

娄底市的新化 7 月旱，2 万公顷农田减产。

怀化市的新晃县 6 月底至 7 月 22 日没有下过大雨，受旱稻田 2447 公顷；7 月初黔阳县普遍出现旱情，受旱稻田面积达 4667 公顷；沅陵县 7～8 月久晴不雨，全县旱田 1765 公顷。

灾情发生后各地积极抗旱，仅岳阳市各县投入抗旱经费物质就达 110.47 万元。怀化市的黔阳县抢救面积达 3581.6 公顷，得到 8 成收成。

1951 年　湖南轻旱。尤以 7 月中旬至 9 月上旬的夏秋连旱为重。全省农作物成灾面积共 40.9 万公顷，占当年播种面积的 10%。因灾减产粮食 2.315 亿千克。

岳阳市受旱面积1.87万公顷，成灾1.02万公顷，绝收2000公顷，减产粮食958万千克，受灾人口9.2万，其中临湘县3～8月降雨量偏少5～6成，8月仅27毫米；华容、湘阴也发生了干旱。湘西自治州的古丈县受旱面积6000公顷；永顺县1/4稻田受旱；龙山县5月下旬至8月下旬，久晴不雨，稻田受旱面积达1.2万公顷；泸溪5～9月干旱，山田禾苗大部分旱死，杂粮除旱包谷有近6成收以外，大部分已枯死，棉花减产50%，个别地方饮水困难。大庸6～7月干旱，脱水开拆稻田4000公顷；桑植县7月大旱，全县3000公顷农作物受旱，占总面积的44%。怀化市7月17日至9月12日少雨，沅陵、溆浦、新晃、靖县、麻阳等县受灾较重，共干旱2.3万公顷，占稻田面积的20%。长沙市5～8月各月降水均偏少；浏阳县7～8月未下透雨，早稻旱死2100公顷。湘潭市的湘乡县发生了旱灾。株洲市的攸县5月初至6月上旬连旱30余天，7月上旬至9月中旬又连旱70余天，塘干河竭，饮水困难，1.5万公顷农田受旱；醴陵县8月初至9月上旬少雨，塘干溪断，1.7万公顷农田受旱。衡阳市夏旱，晚稻插秧后连续30多天无雨，虫害严重。永州市5～8月降水偏少1～6成。常德市6～8月降水偏少1～5成，全市干旱面积1.11万公顷，其中慈利县6月起连旱30余天。邵阳市8月20日至10月31日，73天内降水量仅为28.7毫米，双峰县7月中旬至9月中旬连旱50多天；新化7月至9月上旬连旱，全县受旱水田2.8万公顷，失收3100公顷，减产稻谷4370.5万千克，受灾旱土7900公顷，其中失收961公顷。郴州市的安仁、汝城、桂阳、嘉禾等县从7月初至8月初不雨，受旱面积3.282万公顷，占耕地面积15.1%；成灾面积2.165万公顷，占耕地面积10.02%，粮食减产1914.39万千克。

为抗旱救灾，怀化专署提出“抗旱如救火，保苗如保命”的口号，全区动员组织群众约3万人，大力抢救旱田，全区共灌溉面积近1.2万公顷，挽回了1780多万千克稻谷的损失。岳阳市投入了44.71万元抗旱经费。古丈县政府动员所有干部及一切力量进行抗旱。大庸县委和政府发动群众抗旱，整修山塘310口，坝218座，开沟189条，添置龙骨水车233张，挽回受旱面积3000公顷。

1952年　湖南是年属基本无旱年。湘西、湘南局部干旱，全省农作物成灾面积达14.4万公顷，占当年播种面积的2.8%，因灾减产粮食1.705亿千克。

湘西北的慈利县6月上中旬不雨，水田开拆，禾枯5300公顷。龙山县农田开拆7700公顷，全县受灾面积达29.5%，新成乡群众要到十余里远的山沟挑水为生。沅陵6月初至7月中旬，全县受旱稻田1.6万公顷，减产1480万千克，部分农民生活困难。

在湘南，永州市夏旱少雨，江华、道县等县8月下旬至9月中旬有秋旱。郴州市的永兴县脱水田1200公顷，其中枯苗7.9公顷，减产1.5万余千克，汝城、资兴两县有插花性干旱，全市受旱面积2.02万公顷，占耕地面积8.7%，成灾面积1.18万公顷，占耕地面积5.07%，粮食减产1477.55万千克。

1953年　湖南轻旱。大部分地区7月上旬至8月中旬发生夏旱，9月中旬至10月上旬发生秋旱。全省农作物受灾面积共64.4万公顷，占当年播种面积的11.8%，其中成灾面积47.4万公顷，因灾减产粮食6.305亿千克。

洞庭湖区6月下旬至8月上旬出现夏秋连旱：岳阳市6月28日至8月5日39天降雨

13.7毫米，有11个区遭旱灾；临湘县123个乡镇的24.9万人受旱，48.8%农田受损，35.7%的农田减产；湘阴县农田减产1.9万公顷，占总面积40.1%，有3000公顷绝收，干涸塘坝220多口（座）；平江县受旱面积9400公顷，占总面积21%，减产粮食870万千克。常德市5～7月少雨干旱，成灾面积1.3万公顷。

湘西自治州的泸溪县自6月下旬至8月上旬，干旱40余天，受旱面积3000公顷，部分溪水断流；凤凰县因干旱减产12.5%；吉首包谷受旱减产一半以上，少数地方颗粒无收；古丈县受旱224公顷，9公顷无收；麻阳县自农历五月中旬至七月上旬，持续50多天未雨，农作物大部分歉收，其中颗粒无收的达308公顷，减产5成的有130公顷；新晃县受旱面积4084公顷；怀化县受旱面积达1531公顷；辰溪受旱，减产4成以下的1220公顷，171公顷失收；沅陵县3300公顷稻田失收；靖县农作物成灾1900公顷；黔阳县受灾稻田2228公顷。

长沙、宁乡、浏阳伏秋旱40多天；株洲市的醴陵、攸县、茶陵等县夏秋旱，茶陵1万多公顷农田受灾；湘潭市7月至8月夏旱；娄底市夏旱40～50天，以新化县最严重，其受旱农田9764公顷，占总面积的18%，其中失收734公顷。湘南的衡阳市夏秋干旱，3.6万公顷农田受灾；永州市6月中旬普遍断雨，夏秋连旱70～80天，受旱6.7万公顷，成灾4万公顷；郴州市的安仁、桂阳、嘉禾、汝城、宜章、永兴等县夏旱，其中宜章县夏旱74天，142个乡受旱，永兴县133个乡中有106个乡受旱，其中严重的乡31个，减产40%～60%，全市受旱面积4.57万公顷，占耕地的19.9%，成灾面积3.85万公顷，占耕地的12.23%，粮食减产4253.53万千克。

1954年　湖南是年属基本无旱年。部分地区9～10月遭受秋旱，全省农作物受旱面积6.6万公顷，占当年播种面积的1.1%，其中成灾面积3.6万公顷，因灾减产粮食0.73亿千克。

衡阳市夏秋连旱，其中常宁6月起长达80天少雨，接着又遭秋旱，全县受旱面积7500公顷，杂粮作物减产（折谷）89.5万千克，个别地区还多次发生过山林、民居火灾；耒阳夏秋连旱58天，粮食减产525万千克。怀化市黔阳前秋干旱严重，有51%的乡发生旱灾，其中严重的有29个乡，8月下旬至9月下旬的35天，仅降雨20毫米。长沙市的浏阳8月21日至12月6日干旱持续108天。岳阳市大水过后大旱，其中湘阴县9月2日至10月5日干旱，粮食减产1250万千克，全县投入抗旱经费51.23万元。娄底市秋冬旱，新化县9～11月降水量52.2毫米，干死冬作物2800公顷。郴州市受旱成灾面积2.4万公顷，占10.16%，粮食减产3266.14万千克，其中安仁8月至11月上旬连续90天干旱，严重影响晚稻和秋收作物产量；桂阳9月13日至11月30日，78天只降雨38.5毫米；汝城104乡受旱；永兴、嘉禾两县也有干旱发生。

1955年　湖南轻旱。湘南3月上旬至5月下旬春旱，其他地区6月下旬至7月中旬夏旱，9月中旬至10月下旬秋旱，全省农作物受旱面积49.5万公顷，占当年播种面积的7.7%，其中成灾面积24.6万公顷，因灾减产粮食2.66亿千克。

郴州市春旱，到5月20日止，有1.1万公顷无水犁田，6700公顷稻田被改种杂粮。全市受旱面积1.69万公顷，占耕地的7.1%；成灾面积9600公顷，占耕地面积的4.0%，粮食减产 1356.5 万千克。衡阳市的常宁 4 月初至 5 月中旬不雨，出现数十年来未有的春旱现象。

麻阳县自 6 月中旬旱象露头，至 8 月 20 日止，共干田 7600 公顷，占全县稻田总面积的 44.7%；沅陵县 6 月 29 日至 7 月 25 日基本无雨，8000 公顷稻田受旱，8 月初至 9 月初，又久晴无雨，近 50 天降水量只 10 毫米，全县一半以上的农作物受旱，部分枯死无收；黔阳县夏旱，50%的乡受旱，其中严重的有 29 个乡，受旱 7330 公顷。湘西自治州 6 月底至 7 月下旬，相继发生旱象，水稻及旱粮作物干死不少，造成严重减产，以龙山、凤凰最严重，桑植 7 月大旱，全县水田脱水 2500 公顷，其中开拆 1100 公顷；张家界 7～8 月久晴不雨，稻田受旱 3800 公顷，开拆 1800 公顷。邵阳市出现了夏、秋干旱，受灾面积 3.7 万公顷，以隆回、洞口、武冈等县市为重。长沙市的浏阳 6 月 29 日至 8 月 17 日不雨，宝盖河断流；宁乡 6 月 13 日至 8 月 17 日连旱 64 天，825 公顷农田失收，很多地方饮水困难，山间竹木卷叶枯萎。娄底市的新化 6 月下旬至 8 月上旬，50 余天没下过大雨，85%的田土受旱；涟源受旱面积 9500 公顷，其中重灾 6800 公顷。

岳阳市从 8 月 28 日至 10 月 31 日，65 天降雨量仅 8.8 毫米，造成农作物大面积减产，临湘、华容俱旱。常德市 9～10 月少雨秋旱，成灾面积 4 万公顷。衡阳市的常宁等县遭受了 2 个月的秋旱。

1956 年　湖南是年属特大旱年。干旱到得早去得迟，受旱面积广、危害重，尤以湘西和湘南受灾最重。6 月中旬至 7 月底或 8 月上旬夏旱，8 月下旬至 10 月底又秋旱，局部夏秋连旱，全省农作物受旱面积 169.6 万公顷，占当年播种面积的 24.9%，其中成灾面积 88.3 万公顷。因灾减产粮食 14.57 亿千克。

湘西：湘西自治州遭受 70 多天夏旱。凤凰廖家桥一带田土龟裂，草木枯萎，全县 34 个乡受旱，1.3 万公顷稻田受灾，减产 12 万千克；泸溪受旱稻田 1 万公顷，山地杂粮几乎旱尽，全县减产 1800 万千克；花垣稻田受旱达 6.5 万公顷，其中龟裂的有 377 公顷，减产百分之五十以上的面积达 1900 公顷，包谷、红薯受旱面积达 659 公顷，减产量达 200 万千克；古丈受旱面积 360 公顷，粮食减产 18 万千克。怀化市 8～9 月久晴无雨，近 50 天降水量仅 10 毫米，沅陵、溆浦、会同、靖县、辰溪、麻阳等县连旱 60～100 多天，全市 26.7 万公顷稻田有 13.9 万公顷因旱不同程度减产，其中减产 50%以上的 3.3 万公顷，全市稻谷产量较上年减少 16433.5 万千克，春夏杂粮比上年减产 70%～80%，计 4000 万千克。

湘南：衡阳市夏秋干旱，从 6 月中旬起久晴不雨，少数地方断雨长达 180 天，全市受旱 13.3 万公顷。永州市 7～12 月雨量较常年同期偏少 3～8 成，受旱 10.2 万公顷，成灾 7.2 万公顷，减产粮食 12566 万千克。郴州市大旱，7～9 月总降水量 148.2 毫米，为常年同期的 42%；全市受灾面积近 8 万公顷，占耕地的 33.3%；成灾面积 6.1 万公顷，占耕地的 25.3%，粮食减产 8598.9 万千克。

湘北：岳阳、临湘、华容等县夏旱，4.6 万公顷农作物受灾，加之虫害，减产粮食 1695 万千克。常德夏旱，全市成灾面积 6.1 万公顷。8 月下旬至 10 月下旬，岳阳、华容、湘阴、平江遭受秋旱，5.9 万公顷农田受灾，减产粮食 4780 万千克。

湘中：长沙市 6 月中旬至 9 月底大旱，成灾面积 8.3 万公顷，其中浏阳 67 个乡，3.3

万公顷农田受灾，以永安、柏嘉为重；长沙38.9%的农户受灾，成灾面积1.7万公顷，失收2300公顷；宁乡中晚稻受损8万多公顷，失收近7000公顷，很多地方饮水要到几里外，甚至10多里外挑取，山间竹林大部分卷叶枯萎。湘潭市6～9月少雨，34个乡镇受旱，5.5万公顷稻田受旱，失收1700公顷，其中湘乡大旱，1.9万公顷稻田受旱，失收1500公顷，减产550万千克。娄底市的新化、涟源两县，6月9日至8月28日降水少，受旱灾面积4.9万公顷；双峰县有3800公顷禾苗枯萎，其中636公顷水田开白坼，786公顷开黑坼。邵阳市各县夏旱后又有严重秋旱：6月下旬至8月上旬，邵阳降水量37.5毫米，比常年偏少82%，9～10月降水量54.7毫米，又偏少61%，其中洞口县高沙、黄桥等地夏秋连旱130余天，武冈县6～10月降水量只有290.9毫米，比常年同期偏少53%，全市受旱面积15.5万公顷，成灾面积11.7万公顷，减产粮食1.35亿千克。

旱灾发生后，各地均组织了抗灾救灾：湘潭市、县政府组织40万个劳力，4万多条水车，38台抽水机日夜抗旱，拨粮44万千克、下拨赈灾款117.91万元，国家贷款41万元抗灾。岳阳市投入抗旱经费、物质140.91万元。麻阳抽调697人深入灾区指导抗旱，抗救稻田0.3万公顷，挽回粮食损失836万千克。

1957年　湖南是年属大旱年，湘北、湘中和湘南旱。6月中下旬至8月上中旬夏旱，8月下旬至10月秋旱，全省农作物受旱面积88.4万公顷，占当年播种面积的12.9%，其中成灾面积47.9万公顷，因灾减产粮食6.945亿千克。

湘北：湘阴夏旱，受灾面积1.9万公顷，成灾面积5700公顷，减产粮食6000万千克，受灾人口7.39万。岳阳、临湘、华容、平江秋旱，28.73万人受灾，受灾面积8.3万公顷，成灾面积2900公顷，减产粮食2720.5万千克，岳阳市全年投入抗旱经费物质242.62万元。常德市秋季大旱，8月10日至10月24日降雨量仅34.5毫米，全市成灾面积3.9万公顷。

湘中和湘南：长沙、浏阳、宁乡夏秋有旱，4.8万公顷农田成灾。攸县伏旱严重，全县三条河流，仅攸水有水，两万多口塘坝有50%已干涸，全县3万公顷晚稻，有5300公顷无法插下，已插下去的也有4700公顷开坼。湘潭市6月至8月，7.1万公顷稻田受旱，失收1.2万公顷；湘乡亦有旱灾。娄底市夏旱，新化伏旱40多天，42%的稻田受旱，其中有1500公顷禾苗枯萎；涟源减产粮食209万余千克。邵阳市6月23日雨季结束后有40～50天的夏旱，8月下旬开始，各地又相继出现持续60余天的秋旱，全市受旱面积12.1万公顷，成灾面积7.5万公顷，减产粮食1.088亿千克。衡阳市夏旱，一个半月无雨，衡阳、衡南，受旱面积达8.1万公顷。郴州市7月降雨量仅2毫米，桂阳县从6月30日至7月31日滴雨未下，嘉禾县6月初起干旱74天，汝城、安仁、宜章、资兴、永兴亦有不同程度干旱，全市受旱农田5.73万公顷，占耕地面积的23.8%，成灾面积1.77万公顷，占耕地面积的7.36%，粮食减产3346.65万千克。

1958年　湖南是年属基本无旱年。湘南、湘中部分地方夏秋少雨干旱，全省农作物受旱面积24.8万公顷，占当年播种面积的3.2%，其中成灾面积6.2万公顷，因灾减产粮食2.265亿千克。

郴州全年降水量897.1毫米，为1950年以来最少的一年。永兴春旱后，6月中旬又出现30天无雨，受旱7400公顷，占总面积30.2%，汝城、嘉禾、宜章俱旱，全市受旱面积3.27万公顷，占耕地面积的13.9%，成灾面积1.55万公顷，占耕地面积的6.56%，粮食减产3365.77万千克。

衡阳市的常宁、衡山干旱，衡山马迹乡靠从5里外挑河水抢救稻田。湘潭市7月至10月间有83天无雨。长沙7月下旬至9月初少雨，17个乡受灾，成灾1.6万公顷。

1959年 湖南是年属大旱年。全省大部分地区大旱。6月下旬至8月上旬夏旱，8月中旬或9月上旬至10月下旬秋旱，部分地区夏秋连旱，全省农作物受旱面积136.8万公顷，占当年播种面积的18.7%，其中成灾面积57.1万公顷，因灾减产粮食11.58亿千克。

湘西：湘西自治州夏秋干旱，河溪断流，水源干涸，共有4万公顷农田受灾，稻田受旱率达70%，其中凤凰县有25个大队饮水艰难；花垣、吉首县水源干涸，粮食产量受到影响；古丈县断龙乡遭受了百年未遇的大旱；龙山县591处水利工程几乎全部干涸；永顺县因大旱获救济拨款3.89万元。张家界市7～9月夏秋连旱，6.3万公顷农作物受灾，桑植夏秋旱；慈利3万公顷田地受重灾，粮食比上年减产4179.5万千克。怀化市的沅陵县连旱100天，受旱粮田面积占播种面积55%以上，粮食较上年减产3成；芷江县受旱作物1.8万公顷；通道县亦有近3000公顷稻田受旱，溪水断流；新晃县因灾减产粮食460万千克；辰溪、麻阳县大部分水库山塘干涸。

湘北：常德市7～10月上旬夏秋干旱，旱期一般70～80天，常德达100天，全市成灾面积17.3万公顷，仅石门县粮食减产达1500万千克。岳阳市6～10月夏秋连旱，华容7月2日至8月3日和8月15日至9月14日两段时间滴雨未下，岳阳6月18日至10月29日共134天未下透雨，干旱加虫害，使农作物受灾面积达15.7万公顷，其中8.5万公顷严重减产，1.2万公顷基本无收，减产粮食1.052亿千克。

湘中：长沙、宁乡夏秋干旱，浏阳秋旱，8.9万公顷水稻和2000公顷蔬菜受灾。湘潭市7～10月特大旱灾；湘乡7月5日至10月29日117天无雨；湘潭7月11日至10月28日110天无雨，全市组织20万人开渠挖井，引水灌田，坚持百日奋战，减少农业生产损失。娄底市的新化、双峰7月5日至8月4日夏旱31天，受旱面积1.6万公顷。邵阳市从7月初起普遍有1个月的夏旱，8月中旬后又有70余天的秋旱，受旱面积达9.3万公顷，隆回旱情最为严重，7月中旬至10月底，降水量较常年同期偏少57%，全县有一半以上的晚稻、秋杂作物受旱。

湘南：衡阳市从6月下旬开始，长时间无雨，旱情发展迅速，全市受旱面积达13.5万公顷，减产粮食10928万千克，其中祁东县7月5日至10月28日连旱百余天，71%的稻田严重减产。永州市7月5日至8月10日降雨量28.9毫米，9月1日至10月29日降雨量31.1毫米，二段干旱96天。郴州市的嘉禾县夏秋干旱，桂阳、安仁秋旱，安仁9月和10月降雨量仅41.6毫米，全市受旱面积2.92万公顷，占耕地总面积的12.8%，成灾面积1.57万公顷，占耕地总面积的6.86%，粮食减产2000.05万千克。

党政领导组织了抗旱救灾，如岳阳共投入抗旱救灾经费、物质达380.55万元。湖南还从1959年起开展飞机人工降雨试验，8月3～21日，以长沙为基地，先后飞行14次，对39处浓积云播撒催化剂，使21个县的122个公社降了雨，基本缓解了益阳、宁乡等县的旱情。

1960 年 湖南是年属特大干旱年。受旱县（市）占全省县（市）总数的四分之三。6 月中旬以后，大部分地区连续 40 余天未下透雨，6 月中旬至 7 月底夏旱，8 月中下旬至 10 月中旬秋旱。全省农作物受旱面积 198.7 万公顷，占当年播种面积的 25.7%，其中成灾面积达 83.7 万公顷，因灾减产粮食 20.6 亿千克。衡邵盆地、洞庭湖区、湘西中南部为重旱区。汉寿、新化、涟源、邵阳和邵东 5 个测站年降水量为 1950 年以来最低值。

衡邵盆地：衡阳市夏秋干旱，6 月初至 10 月中旬有 130 余天未下过一场透雨，全市受旱面积 17.6 万公顷，枯萎失收 1.5 万公顷，33.8%的水库和 46.5%的山塘干涸露底，46.5%的小河断流，因灾减产的面积达 15.8 万公顷，此外，因旱全市普遍遭虫灾，一季稻受害面积达 7.2 万公顷。邵阳市年降水量 919.8 毫米，为 1950 年以来最低，全市受旱面积 14.2 万公顷，成灾面积 9.8 万公顷，减产粮食 1.621 亿千克。

洞庭湖区：澧县 7～10 月特大干旱，常德、汉寿、临澧、石门大旱，其他县中旱，全市成灾面积 21.9 万公顷。岳阳市 7 月下旬至 10 月下旬夏秋连旱，期间降水量仅 22.9 毫米，临湘、华容、湘阴等县也干旱严重，全市 16.2 万公顷农作物受灾，成灾 10 万公顷，绝收 4500 公顷，粮食减产 1.279 亿千克。

湘西：怀化市的沅陵 7 月 24 日至 10 月 24 日 93 天降雨量 43.7 毫米，为特大干旱；麻阳 161 座水库、1729 口山塘干涸；通道受旱面积占水田总面积的 33.8%；溆浦受旱农作物面积 2.1 万公顷，减产粮食 1530 万千克。湘西自治州的泸溪、凤凰、花垣、古丈、永顺等县夏秋连旱，泸溪 7 月 14 日至 10 月 23 日，103 天内降水仅 71 毫米，全县溪、塘、库大部分干涸，农作物枯黄无收；古丈稻田受旱面积达 5900 公顷，减产 572.1 万千克；花垣县粮食产量降到 1950 年以来最低水平；永顺平均亩产仅 67 千克。张家界市的慈利县夏秋连旱 42 天；桑植县 440 多公顷晚稻和 1753 公顷的迟熟中稻受旱，其中开坼的有 385 公顷，脱水的 35 公顷，双季晚稻开坼的 105 公顷，脱水的 152 公顷。

其他地区：长沙市夏秋无雨，晚稻成灾 4.1 万公顷，失收 2500 公顷；浏阳干旱 112 天；宁乡因旱中稻亩产仅 145.5 千克，晚稻亩产仅 50 千克。株洲市的茶陵夏秋连旱 61 天，农作物大幅度减产。湘潭市夏秋连旱，5 月至 9 月少雨，8600 公顷农田受旱，其中 2000 公顷失收，湘乡亦旱。娄底全市夏秋干旱。永州市 4～6 月雨量较历年同期偏少 3～5 成，其中 6 月雨量偏少 6～8 成，全市受灾面积 9.3 万公顷，成灾面积 6.9 万公顷，粮食减产 1.167 亿千克。郴州全市夏旱，桂阳 40%的农作物受灾，安仁 6 月 11 日至 7 月 31 日连旱 52 天，7 月降雨仅 7.9 毫米，全市受旱面积 4.28 万公顷，占耕地的 19.2%，成灾面积 2.93 万公顷，占耕地的 13.17%，粮食减产 4324.56 万千克。

为抗旱湘潭市首次试验用火箭实施人工降雨获成功。岳阳各地投入抗旱经费、物质 642.21 万元。

1961 年 是年湖南大范围遭受干旱，属大旱年。6 月中旬至 7 月下旬夏旱，9 月中下旬至 10 月中旬秋旱，全省农作物受旱面积共 112.4 万公顷，占当年播种面积的 18.2%，其中成灾面积 69.9 万公顷，因灾减产粮食 9.455 亿千克。湘西灾害损失最重。

湘西、湘北：湘西自治州继上年大旱后又旱，凤凰县白岩等地稻田几乎颗粒无收；泸溪夏季雨少；永顺 6 月中旬开始旱象露头，全县有 670 公顷农田受灾，因饥饿，人口死亡率上升；泸溪、永顺粮食产量下降为 1950 年以来最低；花垣中稻、红薯、包谷、棉花、黄豆均受旱；古丈已插的稻田脱水62公顷；龙山遭受大旱，岩冲等地旱期内一个月不雨，为取水要往返两个小时之久。怀化市6月30日至10月20日，连续130余天没下大雨，受旱面积8.5万公顷，其中辰溪6月15日起干旱44天，9月4日起又旱47天，两次连旱91天；新晃减产粮食2500万千克；通道受旱面积占水田面积的23.4%；沅陵6至10月旱140余天，断溪流594条，绝大部分水库露底开裂，因旱未插稻田2700公顷，中稻受旱2.1万公顷；麻阳干涸山塘水库1678座，断流堰坝1583座。张家界市的桑植6月中下旬起连晴少雨，出现夏旱，全县有2000公顷农田受旱，其中水稻有1100公顷，减产3成以上的有1000公顷；大庸6月上旬末至8月中旬末，干旱60多天，稻田开拆8.1万公顷，遭受虫灾1500公顷。常德市的安乡、澧县、临澧夏旱，受旱面积20万公顷。岳阳市农作物受旱面积达11.55万公顷，其中减产50%左右的有7.3万公顷，绝收近4000公顷，仅粮食减产10350万千克。

湘中、湘南：湘乡大旱。娄底市北部夏旱，南部秋旱，涟源、新化旱情严重，新化1.6万公顷水田受旱，占全县水田的47%，其中开白拆、枯苗8000公顷，部分群众饮水困难。郴州市10月出现轻度秋旱，干旱面积1.62万公顷，占耕地的7.3%，成灾面积9400公顷，粮食减产634.55万千克。

为抗旱，岳阳市各地先后投入抗旱经费和物质463.26万元。张家界市抽调干部300余名，组织1.8万人，找水源500多处，动用抽水工具2500部、土农药0.7万千克，有效地缓解旱情及虫害的发展。怀化市发出抗旱紧急指示，政府拨款34.5万元，解决灾民生活困难，全市出动了24万群众，动用85862件提水工具，抗救了1.5万公顷稻田，占受旱面积的19.2%。

1962年　湖南轻旱。部分地区7月上中旬至7月底或8月上旬夏旱，以插花性干旱为主。全省农作物受旱面积31.3万公顷，占当年播种面积的5.1%，其中成灾面积13万公顷，因灾减产粮食1.62亿千克。

湘西自治州的永顺有插花性夏旱，6700公顷农田受旱；泸溪7月上旬至8月上旬，仅降水6.3毫米；古丈干旱枯死稻谷15公顷，脱水436公顷，开拆201公顷。怀化市的靖县7月初起，45天未雨，3400公顷农田受旱，成灾887公顷，减产粮食50万千克；黔阳县受旱面积1500公顷，其中减产三成以上的700公顷；新晃县受旱面积达5000公顷。常德市的安乡受旱面积9000公顷；澧县夏季缺水。岳阳市的湘阴、平江等地7月26日至9月28日旱，2.5万公顷农作物遭旱，其中减产近7000公顷，粮食减收1130万千克。长沙市的宁乡插花性干旱，受灾1800公顷。衡阳市部分地区夏、秋旱，受旱面积6.6万公顷，减粮5495万千克。郴州市各地7月基本无雨，全市受旱面积1.82万公顷，占耕地的8.19%，成灾面积1.04万公顷，占耕地的4.66%，粮食减产1745.23万千克。

为抗旱，岳阳市各地投入经费和物质99.57万元。

1963年　湖南遭受特大干旱。旱灾遍及76个县（市），全省农作物受旱面积150万公顷，占当年播种面积的23.9%，其中成灾面积113.4万公顷，因灾减产粮食18.8亿千克。其特点为：一是前冬雨水少，春雨量不足，雨季结束早，夏秋连旱长，全年降水量偏少。其中湘中、湘南有18个测站（安仁、桂阳、宜章、衡阳县、衡阳市、衡南、常宁、南岳山、隆回、新宁、邵阳县、长沙、湘潭、茶陵、炎陵、通道、桃江、湘阴）年降水量为1950年以来最少。二是受旱面积、成灾面积之大和减产粮食之多为历年少见。5月下旬湘中、湘南旱象露头，6月初蔓延至长沙、岳阳、芷江等地，不久就遍及全省，之后至9月下旬未下透雨，塘干井涸，67%的中小型水库干到死水位以下，7.77万个生产队饮水困难，湘南、湘中、湘东旱期长达250天，其中耒阳、安仁、永兴、茶陵、衡南、常宁县等地长达300天。

湘南：永州市从上年冬起，冬春夏三季特大连旱，旱期200多天，山泉枯竭，溪河断流，田地龟裂，全市干涸水库1136座，占92.6%；山塘9.31万口，占70%，受旱面积15.3万公顷，稻田成灾12万公顷，减产粮食1.67亿千克。郴州市春季少雨，夏秋冬连旱，7、8月降水量分别比同期偏少63%、86%，塘库干涸，溪河断流，赤地千里，百年罕见，全年受旱面积12.14万公顷，占耕地面积的64%，成灾面积7.64万公顷，占耕地的33.98%，粮食减产1.72亿千克，其中永兴县3356个生产队断了水流，2015个生产队没有水吃；桂阳县24740口塘、5100口井干涸，63.4%的水田受灾；汝城县184座水库、772口山塘除龙虎洞水库外，全部干涸，200多处大小河溪、山泉绝大部分断流；临武县130座水库干涸，526个生产队无水吃。衡阳市一首民谣形容是年干旱："去冬少雨雪，今春田开拆，夏至塘干尽，秋来饮水缺"，从上年12月到当年秋，降水稀少，雨季降水量比常年偏少4～6成，冬春夏秋四季连旱，不少地方塘干库尽，溪水断流，百年罕见。全市受旱面积22.6万公顷，减产粮食3.834亿千克，有些公社几百公顷农田颗粒无收，吃水要到几里以外的地方排队挑水，衡阳县有些靠泉水灌溉从不干旱的田都已干裂，衡东县杨林公社大元冲大队，有13处泉水历来源源不绝，但当年6月就有9处断流，7月中旬全部断流干涸。邵阳市从上年冬开始少雨，一直延续到是年秋，雨季内的降水总量只有300～350毫米，由于持续少雨干旱，溪河断流，塘库水尽，全市受旱面积16万公顷，成灾面积10万余公顷，减产粮食2.199亿千克。其中洞口除平溪河外，县内其他主要河流均已断流；绥宁干涸的水井多达13976口；新宁44座水库、1.5万余口山塘全部水尽见底，群众饮水困难，仅一渡水区，就有70多个生产队无水吃，有的要到7千米外的地方去挑水。

湘中：娄底市的新化267公顷水田因缺水未插上早稻，后因夏秋干旱又有1.7万公顷水田受灾，占水田的42%，全县15个公社受灾面积在70%以上，56个公社受灾面积30%～70%，98个生产队有60个无水抗旱；双峰县湄江河金井潭干涸见底，竹木干死40%，晚稻半数失收，红薯减产三分之二；涟源2.9万公顷中稻和一季早稻受旱1.4万公顷，其中干死5000公顷，红薯受旱1.1万公顷，其中干死近2000公顷，4667公顷晚稻中有2733公顷受旱。长沙市的浏阳从上年12月至当年2月雨量较常年偏少一半，6月3日至9月19日持续干旱108天，65个公社受灾；长沙夏秋干旱100天，2.7万公顷农田受灾，失收5000公顷；宁乡7～8月≥35℃的高温天数有36天，5万公顷农田受灾。株洲市由于长期干旱，田土龟裂，塘库干涸，溪水断流，农业减产，干旱严重程度为历年少见，其中醴陵春旱严重，6～9月仅降雨256.5毫米，较常年同期偏少近300毫米，铁河及其他溪流均先后断流，干涸山塘11200口；茶陵5～8月大旱103天，全县1.5万公顷农田受旱，早稻减产70%～80%，晚稻大部分失收；攸县1月至4月少雨，无水犁田，从7月21日至10月8日连旱80天，全县460个大队，5649个生产队受旱，除攸水外，其他大小河溪均断流，蓄水量为1050立方米的黄沙桥水库亦于8月干涸，有1192个生产队人畜饮水困难，全县受旱面积4.3万公顷，失收8000多公顷，减产粮食2700万千克；酃县（现为炎陵）1～10月降水量相当于历年同期的一半，中稻晚稻等均遭旱灾，造成严重减产甚至颗粒无收，全县6000多公顷田地受灾，占全县总耕地面积50%。湘潭市入夏近200天少雨大旱，近6000公顷绝收，湘乡县亦大旱。

湘西：怀化市的通道县受旱面积达5500公顷，占水田总面积的42.9%；黔阳县四季受旱；新晃县1～8月降雨仅566.9毫米，比干旱严重的1959年还少219.2毫米，全县稻田面积1.1万公顷，未插秧的有1500公顷，受旱面积3000公顷，脱水990公顷，开坼1891公顷，枯萎11公顷；会同县7～8月连旱67天，稻田开坼5000公顷，死苗873公顷；溆浦县6～8月大旱，9800公顷中稻因旱减产，近3000公顷失收；辰溪县7月13日至9月底，连旱70天；麻阳县春夏秋因旱成灾，政府发放救灾款13万元。湘西自治州的泸溪、凤凰县不同程度夏旱，凤凰县5月中旬至6月底春夏连旱，漾水沱一带受旱达73%。

湘北：常德、汉寿、安乡县6～7月、8月中旬至10月初，有78～98天的大旱或特大干旱，常德全市成灾面积4.8万公顷。岳阳市夏秋连旱，全市各地5月上旬至10月初干旱，12.7万公顷农作物受灾，6.9万公顷减产，8600公顷基本无收，仅粮食就减收1.025亿千克，其中华容干旱期间有1.7万人、830头耕牛饮水困难，有些生产队要到1.5千米以外挑水饮用；临湘早、中稻受旱达1.52万公顷，占总面积57%，5467公顷断了水源。

大灾之年，湘潭市全力抗旱，水利工程发挥了作用，灾年少荒。怀化市的黔阳县因大力抗旱，抢救稻田5467公顷，只有20.7%的田因旱减产。郴州市组织了6574名干部、41万劳力投入抗旱，投入抗旱资金4638万元，抗旱中筑拦河坝6662道，打井6025眼，开渠9389千米。岳阳各地投入抗旱经费和物质604.91万元，临湘县投入劳力6.5万个，机械324台，提水工具9448件，拦河筑坝2333处，开渠圳3508条，掏井3550处，解决了1.13万公顷稻田的缺水困难。

1964年　湖南轻旱。部分地区6月底至7月下旬夏旱20多天，8月初至10月上旬又秋旱50来天，全省农作物受旱面积55.3万公顷，占当年播种面积的8.1%，其中成灾面积23.8万公顷，因灾减产粮食2.08亿千克。

重灾区为岳阳、邵阳、衡阳和长沙等市。岳阳市的临湘、华容、岳阳、湘阴和钱粮湖、君山、屈原农场部分地方夏秋连旱，致使2.77万公顷农作物受灾，其中9600公顷遭受严重损失，5900公顷绝收，粮食减产2090万千克。邵阳市夏秋旱，夏旱约30天左右，旱期内雨量不足10毫米，秋旱多在40天以上，长的达60天，旱灾使水稻减产，红薯等秋杂作物歉收，其中邵阳县1/3的晚稻受灾，7300公顷红薯，干死的就有1700公顷。衡阳市有47161个生产队受夏旱影响，面积14.5万公顷，占实插面积的51.3%，8月上旬后发生秋旱，两次旱期100～120天。衡阳市农科所虽然水利条件较好，也有8.2%的双季晚稻减产80%以上；衡阳县夏秋旱期121天，部分公社受旱面积在70%以上，大胜公社12个生产队要到外地挑水吃；常宁夏旱31天，秋旱74天，全县受旱生产队占77%；衡南县严重受旱的生产队占87.5%。长沙市夏秋连旱，中稻受旱4.5万公顷，晚稻受灾

3.3万公顷，其中浏阳大旱，夏秋连旱106天，63个公社受旱，成灾近2万公顷；宁乡出现三段旱期，2.7万公顷受灾，成灾6000公顷；望城成灾2700公顷。湘潭市秋旱、湘乡大旱。娄底市夏秋旱，6月下旬或7月初开始夏旱，7月底结束，降水仅3～8毫米，8～10月又秋旱，双峰8月12日至10月15日65天内仅降水11.1毫米，3000公顷水田受旱，部分晚稻失收，9000公顷红薯减产。张家界市的慈利县夏秋连旱46天；桑植7月晴热少雨，全县共有5000公顷稻田受旱。怀化市6月底7月初开始干旱，持续25天左右，部分地区持续一个多月，全市受旱面积达7.4万公顷，占全市稻田总面积的32.5%，其中受旱面积占稻田面积40%以上的县有麻阳、新晃和芷江。湘西自治州的古丈县7月4日至24日，21天滴雨未下，全县稻田受旱1326公顷，其中裂口705公顷，旱地受灾295公顷，枯苗8公顷。永州市秋旱，耕地受灾6.4万公顷，减产粮食1643万千克。郴州市受旱面积2.44万公顷，占耕地面积的10.7%，成灾面积1.238万公顷，占耕地面积的5.43%，粮食减产2861.16万千克。

为抗旱岳阳市先后投入经费与物质110.13万元。怀化市投入抗旱的干部有8000人，劳力达50万人，抽水机1014台，水轮泵59台，出动水车11611架，拦溪筑坝29611座，共计抗救面积2.3万公顷，占受旱面积的30.7%。永州市干旱期间每天有60万劳动力，2万多架水车，250台抽水机，150台水轮泵，投入抗旱保苗和抢种。

1965年　湖南轻旱。湘西、湘北、湘中局部3～4月春旱。一些地区6月下旬或7月上旬至8月底或9月上旬先后出现夏秋干旱，全省农作物受旱面积34.3万公顷，占当年播种面积的4.7%，其中成灾面积13万公顷。

湘西自治州的古丈、永顺春旱较为严重，部分地区人畜饮水困难，永顺3533公顷冬泡田受旱，22座水库、山塘干涸；龙山夏旱，受旱严重的有21个公社197个大队，全县稻田受旱5299公顷。怀化市的沅陵县入春以后久晴无雨，大部分山塘、水库干涸，全县有1164个生产队无水犁田，秧田无水的521公顷，占15.7%，7月上旬有2254个生产队出现旱象，受旱面积1267公顷；黔阳县自6月下旬初断雨后，大部分地区80天未下过透雨，造成全县插花性旱灾，受灾稻田7113公顷，占总田数的30.9%。常德市的安乡5月春旱面积2.5万公顷，7月夏旱461公顷。岳阳市的临湘、华容、岳阳、君山农场秋旱，6667公顷农田受灾，3334公顷灾情严重，减产粮食52万千克。衡阳市的衡山3月春旱，有3972个生产队受旱，2487公顷田因缺水无法春耕，6月中旬后发生夏秋干旱，全县受旱面积4413公顷，减产29.7万千克；耒阳夏旱49天，秋旱55天；常宁夏旱近40天，受旱9260公顷，减产粮食350万千克；衡南夏秋少雨，红薯减产2～3成，棉花减产1成；祁阳7～8月晴热少雨，全县受旱面积3333公顷，减产粮食71万千克；祁东夏秋旱，受旱面积7667公顷，减产粮食225万千克。长沙县夏秋间出现两个旱期，1万公顷农田受灾，成灾2333公顷；望城成灾2133公顷；宁乡成灾7333公顷。株洲市茶陵县22个公社受夏旱。郴州市夏旱，6月26日断雨，7月降水量较常年偏少42%～86%，日最大蒸发量达14.3毫米，至7月底，郴州全区受旱面积4.14万公顷，占耕地面积的20.18%，成灾面积2.04万公顷，占耕地面积的8.77%，粮食减产5674.68万千克。其中永兴县7、8、9月降雨量分别比常年同期少86%、75%和67%，1～9月降雨量615.6毫米，比常年同期偏少49%，塘坝蓄水比1963年还少320万立方米，连1963年大旱年都没有干涸的溪流也干了。

1966 年　湖南轻旱。常德有春旱，全省 7 月中下旬至 8 月中旬夏旱；8 月下旬至 10 月上旬秋旱，部分地区夏秋连旱。全省农作物受旱面积 44.9 万公顷，占当年播种面积的 5.8%，其中成灾面积 17.6 万公顷。

湘北：常德市 3 月至 4 月中旬降水总量比常年偏少 4 成多；常德、汉寿、安乡、临澧、桃源夏秋出现特大干旱，全市受灾面积 4 万公顷。岳阳市夏秋旱，受旱面积 7 万公顷，其中 2 万公顷损失严重，7293 公顷绝收，仅粮食减产 5180 万千克，各地投入抗旱经费和物质 276.96 万元。

湘西：张家界市的慈利夏秋"百日大旱"，受灾耕地 3.9 万公顷，粮食比上年减产 3219 万千克；桑植夏秋干旱，5333 公顷稻田脱水开拆。湘西自治州的泸溪、永顺、古丈夏秋连旱 80 余天，泸溪 40%左右的稻田受旱；永顺农田禾苗受损，667 公顷颗粒无收；古丈 5733 公顷稻田，受旱占 65%，全县出动劳力 18000 人投入抗旱救灾；龙山秋旱严重。怀化市的沅陵、靖县、通道、新晃、黔阳、辰溪发生夏旱或夏秋连旱，通道 7 月中旬起连旱 90 天，这是该县 1949 年后最长的一次夏秋连旱，全市早中稻受灾面积 4.6 万公顷，失收 3933 公顷，减产 2.7 万公顷，晚稻受灾面积 7467 公顷，减产 5033 公顷，旱地受灾面积 3.2 万公顷，水库干涸 2 座，塘坝干涸 65 口。

湘中：湘潭市夏秋大旱。长沙市夏秋干旱，宁乡 8 月雨量仅 2.1 毫米，受灾 1.1 万公顷；长沙县受灾面积 2.9 万公顷；浏阳秋旱 55 天，受旱公社 18 个，成灾 4333 公顷。株洲市夏秋干旱，醴陵 8 月 15 日至 10 月 8 日仅降雨 2.8 毫米；茶陵受旱面积 1.6 万公顷，晚稻减产 24%。娄底市的涟源县发生秋旱，其他县夏秋连旱，双峰县 7 月 13 日起，88 天内降水 13.3 毫米，613 公顷晚稻干死，253 公顷红薯失收。邵阳市从 7 月中旬至 10 月上旬，夏秋连旱时间长达 3 个月，旱期内邵阳市区降水量仅 13.7 毫米，境内中稻受旱减产，有的地方晚稻插不下，旱土作物减产严重，据隆回县统计，6500 公顷中稻受旱，其中开拆的 3400 公顷；晚稻受旱 1390 公顷，开拆的 270 余公顷；旱土受灾 1340 公顷；绥宁县受灾面积 1600 余公顷，减产粮食 73 万千克。

湘南：衡阳市夏秋连旱持续 90 余天，衡阳 7 月 13 日至 10 月 10 日 90 天内降雨量仅为 7.9 毫米，全市受旱面积 5.6 万公顷，减产 2.6 亿千克。永州市自 7 月上旬后夏秋连旱 3 个多月，全市大部分县降水不足 100 毫米，较历年同期偏少 3～4 成，受旱稻田 2.6 万公顷，减产粮食 2951.5 万千克。郴州市各县秋旱，受旱面积 2.7 万公顷，成灾面积 2.04 万公顷，占耕地面积的 6.07%，粮食减产 2446.1 万千克，宜章饮水困难的有 347 个生产队。

1967 年　湖南是年属基本无旱年。湘中、湘北局部夏秋旱，湘南 9 月上旬至 10 月下旬秋旱，全省农作物受旱面积 19.2 万公顷，占当年播种面积的 2.5%，其中成灾面积 6.8 万公顷。

湘潭市的湘乡县大旱。长沙市的浏阳县夏秋连旱 98 天。岳阳市夏秋旱，华容、岳阳、钱粮湖农场、君山区因旱 3.9 万公顷农作物受灾，6133 公顷损失严重，2000 公顷绝收，粮食减产 1120 万千克，投入抗旱经费与物质 154.97 万元。

永州市秋旱。郴州市的桂阳县夏旱72天，秋旱44天，6667公顷农田减产；资兴、宜章、汝城、桂东县秋旱；全市受旱面积2.42万公顷，成灾面积1.27万公顷，占耕地面积的5.58%，粮食减产1728.35万千克。

1968年 湖南是年属基本无旱年，只有插花性夏秋干旱。湘北、湘中6月中旬至10月底夏秋旱，湘南秋旱。全省农作物受旱面积19.3万公顷，占当年播种面积的2.6%，其中成灾面积7.2万公顷。

岳阳市的华容县夏秋干旱严重，农作物受灾1.2万公顷，有3333公顷严重减产，仅粮食减收730万千克，全县投入抗旱经费和物质69.64万元；临湘秋旱，1.2万公顷农作物受灾，其中2000公顷严重减产，仅粮食减产350万千克，全县投入抗旱经费与物质47.7万元。

长沙市的宁乡夏秋间出现三段干旱，稻田受灾3333公顷；浏阳受旱公社32个；长沙受旱面积8533公顷。湘潭市的湘乡县大旱。邵阳市8月24日至10月30日68天降雨量仅23.7毫米。郴州市一半以上的县出现秋旱，全市受旱面积1.74万公顷，成灾面积0.94万公顷，占耕地面积的4.2%，粮食减产1357.5万千克。

1969年 湖南是年属基本无旱年，但部分地区有春旱，湘西北、湘西和湘中的部分地区8月底至10月上旬秋旱，郴州冬旱，全省农作物受旱面积18.2万公顷，占当年播种面积的2.5%，其中成灾面积6.3万公顷。

常德、郴州、邵阳、沅陵3月至4月中旬降雨量比常年偏少4～5成，出现春旱。

怀化市的靖县夏秋连续干旱60天，旱地作物减产50%；通道受旱面积达4133公顷，占当年水田总面积的32.3%。

常德市的石门县、张家界的慈利县有秋旱。长沙市的浏阳、宁乡县出现秋旱，2000公顷成灾，失收333公顷。娄底市有秋旱，双峰8月28日至10月12日，49天内仅降水22.9毫米，全市晚稻减产1亿千克。

郴州市的郴州、郴县、永兴、安仁、资兴、桂阳、临武、宜章8个县（市）出现冬旱，如永兴县11月21日至12月31日降水量仅3.0毫米，全市受旱面积2.96万公顷，成灾面积0.89万公顷，粮食减产1668.5万千克。

1970年 湖南是年属基本无旱年，但局部地区7月中旬至10月下旬少雨干旱，全省农作物受旱面积17.1万公顷，占当年播种面积的2.2%，成灾面积5.3万公顷。

郴州市的郴县和资兴7月中下旬至8月上旬出现轻度夏旱，全市受旱面积1.54万公顷，成灾面积0.798万公顷，占耕地面积的3.6%，粮食减产1004.5万千克。

岳阳市的华容、岳阳等地夏秋干旱，1.3万公顷农作物受旱，1333公顷旱情严重，仅粮食减收250万千克，岳阳市各地投入抗旱经费与物质达100.7万元。长沙市的浏阳夏秋连旱42天。

张家界市的慈利秋旱，9月21日至10月31日连旱41天。

1971年 湖南大旱。7月上旬至7月下旬或8月上旬夏旱，8月下旬至10月下旬秋旱，局部还有春旱和秋冬连旱。全省农作物受旱面积共133.1万公顷，占当年播种面积的16.5%，其中成灾面积70.4万公顷，因灾减产粮食23.69亿千克，是1950年后因旱灾减产粮食最多的一年。

湘北：常德市的常德、安乡、汉寿县出现70～92天的夏旱，成灾面积2.2万公顷。岳阳市夏秋特大干旱，6月22日至8月3日，43天降雨量38.9毫米，8月29日至10月24日57天降雨量36.9毫米，6.2万公顷农作物受旱，其中2.6万公顷严重减产，2393公顷绝收，减产粮食3650万千克，部分地方人畜饮水困难，各地投入抗旱经费和物质590.2万元。

湘西：湘西自治州的古丈、龙山等县夏旱，其中古丈5733公顷水稻田，开拆的就有3000公顷，旱地亦受影响；泸溪夏秋旱，受旱面积7867公顷。怀化市从7月初断雨以来，连续干旱到8月上旬，沅陵、麻阳、芷江、怀化等县旱情较重，持续时间较长，7月底全市稻田受旱面积达9.8万公顷，占稻田总面积的43%，旱土作物70%也遭到了旱灾的袭击，全市出动抗旱劳力40.4万人，排灌机械3534台，其他抗旱工具6.6万多件，堵溪筑坝24640处，抗救稻田2.4万公顷，使全市严重减产和失收的稻田减少到1.2万公顷。

湘中：长沙市的浏阳6月25日至10月28日夏秋连旱104天，66个公社受灾，成灾7000公顷；望城成灾5467公顷；市郊7～9月久晴不雨，出现死菜、死禾、死鱼、死果现象。株洲市的醴陵6月23日至8月3日、8月29日至10月27日夏秋两段干旱共102天，1.3万公顷稻田成灾。湘潭市59天不雨，35个公社受旱，干死晚稻7600公顷，湘乡县大旱。邵阳市除绥宁外，各地6月下旬中雨季结束后，先是1个多月的夏旱，接着又发生60～70天的秋旱，武冈34条溪河中有22条断流，11月至次年1月雨水连续偏少，秋旱冬干相连，这期间邵阳市区雨量72.1毫米，只有常年同期的42.8%，秋冬作物受灾，新宁67.8%的油菜受旱，全市6.3万公顷作物受灾，减产粮食7950万千克。

湘南：郴州市的郴州、桂东、资兴、汝城、临武、桂阳、安仁县3月降雨量比常年同期偏少67%以上，出现春旱，全市受旱面积2.018万公顷，成灾面积9500公顷，占耕地面积的4.27%，粮食减产1431.0万千克。永州市1～3月雨量偏少4～5成，6月下旬起，各地伏旱30～40天，9～11月雨量偏少4～8成，全市受旱面积6.5万公顷，成灾2.4万公顷，脱水开拆2.8万公顷，过白枯死苗7467公顷，为抗旱投入劳力18.73万人，水车4.43万条，动用机械1592台。衡阳市两段干旱95天，祁东夏旱后接秋冬连旱至次年2月，受旱稻田2万公顷，晚稻和越冬作物均受害严重。

1972年 湖南大旱。6月中下旬至9月中旬夏秋连旱，全省农作物受旱面积117.3万公顷，占当年播种面积的14%，其中成灾面积49.2万公顷，因灾减产粮食10.01亿千克，湖南西部地区受灾严重。

湘西：张家界市的慈利、桑植、大庸，5～9月先后出现夏旱、夏秋连旱，农作物受灾面积累计达4.8万公顷。其中，慈利县6月27日起夏旱34天，降雨量仅30毫米，8月1日后又连旱32天，全县2.7万公顷耕地受灾，粮食比上年减产1505万千克；桑植县夏秋连旱64天，澧水南岔水文站出现了最小流量6.35立方米/秒和最低枯水位257.21米，全县有561个大队严重缺水，有2060口山塘干涸，1500条山水溪、河坝断流，1万公顷农作物受灾，1333公顷稻田失收；大庸县夏秋干旱严重，全县43条较大溪河干断25条，县内除黄茅溪、东风两座水库外，其余水库全部干枯，所有山塘全部干涸，早、中稻受灾1万公顷，其中开拆7000公顷。湘西自治州6～8月普遍干旱70多天，全州受旱农田8.7万公顷，河溪70%断流，水库干涸88%，山塘几乎全部干涸，部分山寨饮水艰难，旱稻损失之重为历史上罕见。怀化市的芷江、怀化县雨季结束最早，6月15日至9月3日整整旱了71天，夏秋连旱期之长，为怀化历史上少见，其中芷江7～8月雨量只有23毫米，仅为历年平均值的7.6%，全年约有30%的水库、塘坝没有蓄满水，686座小一型和小二型水库干了665座，57000口山塘全干，大河水位下降，小溪基本断流，溆水、辰水比历年最枯水位还低，巫水与历年最低水位持平，渠水、潕水、酉水三条支流接近历年最枯水位，辰溪、麻阳5400条小溪，有5270条断流，靖县绝大多数大小溪流已断流，沅陵、辰溪、麻阳、会同和靖县有1045个生产队19668户89059人饮水发生困难。全市有318个公社遭受了不同程度的旱灾，总受旱面积11.5万公顷，占总农田面积的一半还多。一季早稻实插2.6万公顷，受旱达2.1万公顷，占80%，其中失收的6667公顷，减产3成以上的1万公顷；中稻实插10.3万公顷，受旱6.2万公顷，占60%，其中失收的2万公顷，减产3成以上的2.7万公顷；晚稻计划9万公顷，实际只完成6.6万公顷，已插下的晚稻又有1.5万公顷受旱。

湘北：常德市夏秋干旱，部份乡村缺饮水，全市干旱成灾面积6万公顷，其中桃源早稻失收2000公顷，中稻失收667公顷，晚稻失收3300公顷，棉花旱9000公顷，旱粮7000公顷。岳阳市夏秋连旱，临湘、华容、岳阳、汨罗灾情较重，全市11.4万公顷农作物受旱，其中4.4万公顷严重减产，1万公顷绝收，粮食减产9600万千克，全市有4座中型、69座小一型、837座小二型水库和86%的塘坝干涸，67%的溪河断流。

湘中：娄底市夏秋连旱，其中新化早、中稻1.9万公顷受旱，3333公顷失收，6667公顷歉收，原计划种晚稻3万公顷，因无水只插1.9万公顷，且枯死7333公顷，许多村饮水困难；涟源夏旱，早稻受灾1.2万公顷，开白坼4333公顷，中稻受灾1533公顷，晚稻受灾1.3万公顷，干死3.67公顷，开白坼3667公顷；双峰2.1万公顷作物受灾，108个水库干涸，26392个山塘无水，113个生产队缺饮水。长沙市夏大旱，成灾面积7万公顷，其中浏阳夏秋干旱持续110天，受灾公社66个；长沙县先为春旱，53公顷早稻未按期插秧，夏秋少雨，北山、福临等地旱期长达140多天，部分河水断流；望城溪涧断流，湖底开裂，茶亭乡部分社员远去2千米以外挑水；宁乡8月雨水特少，多数塘坝干涸，溪河断流；郊区蔬菜大面积垮叶、发黄、死藤，市场出现淡季。湘潭市6月起80天无雨，1.7万公顷晚稻受旱，2467公顷绝收；湘乡县干旱90多天，3万公顷稻田受旱，2.7万口塘干涸，减产粮食3265万千克。邵阳市6月30日雨季结束后出现了70余天的夏秋连旱，受旱面积11.6万公顷，成灾面积4.5万公顷，减产粮食1.34亿千克，7月上旬至9月上旬，邵阳市降水量59.0毫米，较常年偏少76%；隆回降水量70.2毫米，偏少71%，各地基本上是塘干库尽；绥宁18条小河、1850条小溪断流，不少地方缺饮水；新宁65个生产队饮水很困难。

湘南：郴州市的安仁、永兴、宜章、桂阳、资兴、汝城、郴州、临武出现轻度夏旱，全区受旱面积3.74万公顷，成灾面积1.39万公顷，占耕地的6.28%，粮食减产1505万千克。

旱灾发生后，怀化市抽调了部分干部，分赴旱情严重的 7 个县，投入 39 万人抗旱，出动各种排灌机械 6100 多台，水车 1.7 万多架，其他抗旱工具 20 多万件。据不完全统计，全市拦溪坝 46000 多处，开圳 10.2 万多条，架枧 897000 多处，找水源 5000 处，打井 7159 口，抢救 2.7 万公顷，占受旱面积的 24%。常德全市发动了 52 万多名劳力、调动电动机、柴油机 5100 多台，水车 5.5 万部，新建机埠 278 处，装机 712 台，投入工日 1280 万个，用于开渠打井拦河等，广辟水源，先后投入抗旱经费和物质 910.11 万元。新化县出动 14 万人，740 台机械，10200 条水车，46000 件其他工具，抗旱 2 个多月。

1973 年　湖南是年属基本无旱年，仅局地秋旱或秋冬旱。全省农作物受旱面积 12.6 万公顷，占当年播种面积的 1.5%，其中成灾面积 5.3 万公顷。

娄底秋旱明显，红薯受灾重。长沙市秋旱，望城县 1833 公顷农田成灾，浏阳县秋冬旱。湘西自治州秋冬旱，部分地方饮水困难。常德市的桃源秋冬旱，秋冬作物受旱达 50%～60%。

1974 年　湖南轻旱。湘中、湘南局部 3 月上旬至 4 月中下旬春旱，大部分地区 7 月中旬或 8 月中旬至 10 月中下旬夏秋旱，全省受旱农作物面积共 90.2 万公顷，占当年播种面积的 10.1%，其中成灾面积 35.9 万公顷，因灾减产粮食 5.6 亿千克。

湘北：岳阳市夏秋旱，8.7 万公顷农作物受灾，其中 1.6 万公顷严重减产，2460 公顷绝收，粮食减产 2005 万千克，投入抗旱经费和物质 688.3 万元。常德市出现 80 天左右的夏秋大旱，其中澧县出现百日大旱，全市干旱成灾面积 1.7 万公顷。张家界的慈利出现两段干旱 88 天，全县 3.1 万公顷田地受旱；大庸境内 102 座水库、塘坝干涸，55 个大队 298 个生产队人、畜饮水困难，晚稻受旱 5000 公顷，因灾减免农业税 20 万元。

湘西：湘西自治州的古丈秋旱明显，晚稻受旱 270 公顷，旱土受旱 533 公顷，秋种亦受影响；凤凰、泸溪秋冬干达百余天，部分地区饮水困难。怀化市芷江、沅陵出现特大干旱，全市受旱面积共计 5 万公顷，其中水田 3.5 万公顷，旱土 1.5 万公顷；麻阳干涸山塘 2388 口，小二型水库 144 座。

湘中：湘潭市的湘乡县大旱。长沙市夏秋干旱，晚稻受旱 5.5 万公顷，枯萎 1000 公顷，其中长沙郊区受灾 2800 公顷，晚稻脱水 107 公顷；浏阳秋旱成灾面积 4000 公顷；宁乡夏秋连旱，受灾 2.8 万公顷，成灾 1.5 万公顷。株洲市的茶陵秋旱 63 天，造成晚稻严重减产。娄底市春、秋干旱，其中双峰春旱明显，受旱面积 7333 公顷，8 月下旬至 11 月底降水仅 50.5 毫米，受旱面积近 2 万公顷，其中枯萎 2600 公顷，红薯减产严重；新化夏秋旱，减产粮食 3100 多万千克，晚稻、红薯受灾严重；涟源 7 月 16 日起，夏旱 26 天，降水仅 9.3 毫米，接着秋旱 100 多天，早稻受旱 1.3 万公顷，其中开白坼 5667 公顷，中稻受旱 1533 公顷，晚稻受旱 1.3 万公顷，其中开白坼 3667 公顷，失收 2133 公顷，减产稻谷 1490 万千克，红薯受灾 6600 公顷，减产 1.9 万千克。邵阳市立春后至 4 月中旬雨水特少，大部分地方无水翻田，延误了季节，雨季结束后，部分县出现夏旱，而且与秋旱、冬干相连，旱期长达 100 天以上，成灾面积 3.5 万余公顷，减产粮食 1.137 亿千克。

湘南：永州市 2～3 月雨量偏少 4～5 成，是 1950 年以来 50 年同期降水量最少的一年，7 月下旬后持续少雨，8～12 月秋冬连旱，全市干涸中型、小一型水库 42 处，小二型水库309处，山塘41175口，受旱面积3.5万公顷，成灾3.1万公顷，因旱晚稻失收1.5万公顷，减产粮食7260.35万千克，水力发电不及常年的1/4，全市872个生产队人、畜饮水困难。全市投入抗旱劳力23万人，救灾面积2.8万公顷。郴州市出现秋旱，桂阳、安仁、嘉禾7月底至10月下旬，出现夏秋连旱，资兴、临武、汝城9月降水量分别偏少89%、95%、73%，全市受旱面积1.61万公顷，成灾面积5100公顷，占耕地总面积的2.32%，粮食减产525.0万千克。

1975年 湖南是年属基本无旱年。湘西、湘南部分地区夏秋旱，全省农作物受旱面积共14.4万公顷，占当年播种面积的1.8%，其中成灾面积9.3万公顷，因灾减产粮食1.2亿千克。

湘西自治州的永顺、古丈夏秋旱，永顺减产3成以上的达4000公顷；古丈6月17日起44天内总雨量仅33毫米，而蒸发量高达239毫米，从8月起又遭秋旱44天，全县中稻受旱2035公顷，其中无收的717公顷，包谷受旱841公顷，其中无收的256公顷，三秋作物受旱659公顷，晚稻改种98公顷。怀化市受灾面积5.3万公顷，成灾面积为2.8万公顷，因灾减产粮食6542.8万千克，受灾人口45.9万，其中受旱最重的是芷江，该县受旱面积为1.5万公顷，成灾面积为8600公顷，受灾人口25.8万，因灾减产1700万千克；其次是新晃，农作物受旱面积4180公顷，失收面积1720公顷，减产粮食1149万千克。

郴州市的郴县夏旱、安仁夏秋连旱，全市受旱面积8770公顷，成灾面积4310公顷，粮食减产652.5万千克。永州市秋旱，受旱面积1.3万公顷，投入抗旱劳力4.76万人、水车1.55万条、机排1698台、电排381台。

7月，凤凰、沅陵两县出动6门高炮率先在湖南省开展了高炮人工降雨试验。

1976年 湖南是年属基本无旱年。部分地区7月中旬至8月上旬夏旱，8月中旬至9月下旬秋旱，全省农作物受旱面积17.8万公顷，占当年播种面积的2.1%，其中成灾面积6.4万公顷。因灾减产粮食1.0亿千克。

娄底市的双峰受旱面积1.8万公顷，其中开拆6667公顷，干死933公顷。郴州市旱灾面积0.52万公顷，成灾0.24万公顷，占耕地面积的1.09%，粮食减产372.5万千克。怀化市的沅陵6～8月降水量偏少，洪江8月中旬起连旱60天，旱期内降雨33.7毫米，全市受旱面积5333公顷，成灾面积833公顷，受灾人口0.15万，因灾减产288.9万千克。湘西自治州的龙山夏旱，7月下旬至8月底，旱四十多天，全县受旱面积2000公顷。

1977年 湖南是年属基本无旱年。湘南、湘中春旱，湘中局部夏旱，全省农作物受旱面积12.9万公顷，占当年播种面积的1.6%，其中成灾面积4.2万公顷，因灾减产粮食0.7亿千克。

郴州春旱，1～3月降雨偏少，全市279座中型水库蓄水只蓄了2.25亿立方米，占总量的51%，85970处塘坝蓄水量3300万立方米，仅占总蓄水量的18%，春收作物70%受旱。宜章、桂阳有100公顷秧田整好后缺水不能及时下种，6000公顷稻田无水翻耕，全市受旱面积1.348万公顷，成灾面积0.47万公顷，占耕地的2.25%，粮食减产516.7万千克。株洲市的攸县2～4月有680公顷受旱；茶陵有2000公顷待水整秧田；醴陵6333公顷农田受旱。

娄底市的双峰7月23日起35天内仅降水8.8毫米，至9月10日晚稻受旱面积达1.1万公顷，其中开白坼680公顷。湘潭市的湘乡大旱。

1978年　湖南大旱。全省严重干旱，年降水量达最少的测站数仅次于1963年。2～4月全省有54个县（市）春旱。7月上旬至10月夏秋连旱，湘中、湖区最重，旱灾遍及103个县市，全省许多大中型水库蓄水量下降至死水位以下，636处小一型、5728处小二型水库基本无水，131.7万口塘坝干涸，1.4万条溪涧断流，91.4万人饮水困难，早、中、晚稻及棉花、旱粮均严重减产。全省受旱农作物面积133.3万公顷，占当年播种面积的15.8%，其中成灾面积48.9万公顷，因灾减产粮食7.8亿千克。

湘西受灾严重：湘西自治州的泸溪是年度降雨量仅967毫米，为1950年以来最少，受旱作物1.1万公顷，其中枯苗3200公顷，夏秋间，稻田发生多种病虫害，面积达6920公顷；凤凰冬春夏连旱，1～4月总雨量仅186.9毫米，因无水犁田，稻田改种279公顷，接着夏旱38天，山塘干涸，溪河断流，全县受旱面积1.2万公顷，占总面积的68%，干旱期间有284个生产队饮水艰难。张家界市共有4.4万公顷农作物受灾，桑植从2月1日到4月25日的84天里，降雨量仅87.7毫米，比历年同期偏少64%，全县有1024个生产队秧田缺水，夏季出现两段干旱共42天，期间出现了两段共计16天的≥35℃的高温期，造成全县640个生产队15672户75968人缺水吃，有7100公顷稻田脱水，其中开坼4813公顷，枯苗失收840公顷；大庸入春后降雨少，7月中旬全县有144座水库、2364口山塘干涸，321个大队2298个生产队受旱，中稻受灾7333公顷，为抗旱实施高炮人工增雨作业50次；慈利伏旱连秋旱，全县3万公顷田地受灾，造成粮食减产676万千克，灾民达15万人。怀化市夏秋连旱，部分县还出现了春旱，7月份连续刮半个月的南风，最高气温达39℃，日均蒸发量达10.0毫米，干旱持续时间之长和影响范围之广超过1972年，辰溪、溆浦年雨量为1950年以来最少。全市307个公社普遍受灾，有36个公社从入春以来到10月中旬未下过透雨，连过去“有钱难买七月旱，天干三年吃饱饭”的高寒山区，也出现了较为严重的旱象。全市一次最大受旱面积达15.6万公顷，占耕地面积的60%，其中稻田受旱10.9万公顷，占总田面积的46%。全市有5.5万公顷稻田因旱减产，2.7万公顷失收；旱土作物受旱4.7万公顷，占旱土作物总面积的79%，其中减产的2.7万公顷，失收的9333公顷。全市有2214条溪河断流，1082座水库、4.7万口山塘和2449口水井干涸，人畜饮水困难的生产队有1923个，2.4万户，10万人。重灾区麻阳稻田遭旱6667公顷，其中颗粒无收的2933公顷，有131个自然村的井泉干涸。

湘北：常德出现春旱和夏秋干旱，汉寿、石门出现90多天的特大夏秋干旱，其余各县也有62～70天的干旱，全市受旱面积3.5万公顷，农作物减产，损失粮食1283万千克，2111个生产队、31665户、12.7万人吃水困难。岳阳市夏秋旱，临湘、华容、岳阳较严重，全市受旱水稻15.7万公顷，棉花2.5万公顷，红薯2.3万公顷，其他作物1.7万公顷，干涸重点内湖8个、中型水库1个、小一型水库27个、小二型水库160多个、塘坝8.94万多处，溪河断流1100多条，2300人饮水困难。

湘中：株洲市的攸县夏秋旱，全县30个公社458个大队，4184个生产队受旱，26座水库和8900口水塘干涸，1.3万公顷水田受旱，其中6600公顷开拆，1500公顷枯死，1933公顷红薯受旱，40%死苗，613公顷棉花严重卷叶，全县受灾面积1.7万公顷，成灾4340公顷，减产粮食288万千克。株洲市郊有6个公社，株洲县有34个公社受秋旱影响，晚稻减产面积4400公顷，失收面积2200公顷，减产粮食1240千克，棉花减产面积达500公顷，减产棉花19万千克，干涸小二型水库54个、塘坝7540个，溪河断流465条，有148个生产队人、畜饮水困难。湘潭市的湘乡县出现特大旱灾，6月起128天无雨；湘潭县早稻受旱3万公顷，晚稻受旱1.8万公顷。娄底市的双峰夏秋干旱明显，7月18日开白坼的稻田4000公顷，10月上旬晚稻开白坼7000多公顷，其中枯萎1258公顷，红薯严重减产。

湘南：永州市6月下旬断雨后形成夏秋连旱，全市264个公社受旱，面积8.5万公顷，成灾7.9万公顷，减产粮食5847.65万千克。郴州市7月的高温干旱，使多数山塘枯竭，溪河断流，部分生产队出现饮水困难，早、中稻4.2万公顷开拆，1万公顷枯萎，甚至死苗，旱土和经济作物大部分受旱，直到9月下旬还有2.67万公顷晚稻受旱。全市全年受旱面积6.87万公顷，成灾面积2.42万公顷，占耕地的11.6%，粮食减产5299.6万千克。

旱灾发生后，各地党政领导及时组织群众抗旱，如岳阳市共投入抗旱经费和物质924.11万元，组织61万多人、1万多部机械投入抗旱，堵坝1.8万多处，新开渠道300多千米；怀化地委组织7个工作组，深入到旱情严重的辰溪、麻阳、沅陵等7个县，投入抗旱劳力多达65万人，出动抽水机1.35万台、水车1.2万架，拦溪坝1.27万座，新开和整修渠道4600条，长6700千米，共抢救受旱稻田12.3万公顷，使中、晚稻减轻了损失。湘潭市是年还首次开展了高炮人工增雨作业，缓解了旱情。

1979年 湖南轻旱。1～5月冬春旱，湘西、湘北尤重；7月中下旬湘南夏旱；入秋后，大范围秋冬连旱。全省干涸中型水库35座、小型水库4779座、塘坝101万处，3011条溪河断流，2.1万多个生产队饮水困难。全省受旱农作物面积86.1万公顷，占当年播种面积的10.3%，其中成灾面积33.3万公顷，因灾减产粮食3.3亿千克。

湘西：张家界市的桑植县冬春连旱，至4月29日，县内2256处大小水利工程有698处干涸，计划蓄水2864万立方米，实际仅蓄498万立方米，占计划的17%，482个生产队、4.6万多人缺水喝，1445个生产队无水做秧田；9月25日后又出现了72天的秋冬连旱，期间降雨量仅16.4毫米，比历年同期平均值少159.8毫米，且10月气温偏高5.2℃，10～11月蒸发量比历年同期平均值多74.1毫米，全县有7250公顷农作物受灾，成灾面积3878公顷，有4926口水井、1426口山塘干涸，干死油菜苗903公顷、绿肥580公顷。怀化市的沅陵3～4月中旬降雨量比常年偏少59%。湘西自治州的凤凰、花垣、保靖等县春旱程度为历年少见，凤凰到6月止，早中稻插秧面积仅1.7万公顷，部分地方井水干涸，饮水艰难；花垣春旱期间，道二公社28个山塘、两个水库、48口水井几乎全部干涸，群众需到几十里外挑水，全公社拖拉机均到寨河运水，定量分到户；保靖春旱，到5月6日，稻田改种1530公顷，全县干田面积占62%，部分公社饮水十分艰难。

湘北：常德市春旱严重，秋旱明显，全市成灾面积3.6万公顷。岳阳市秋大旱，5.3万公顷农作物受灾，9333公顷减产，400公顷绝收，仅粮食就减产511万千克，旱情发生后，先后投入抗旱经费和物质422.41万元。

湘中：株洲市的攸县、茶陵、酃县等地夏秋旱，茶陵7月21日至8月14日和8月26日至10月31日两段干旱共92天，受灾面积6420公顷，失收2733公顷，减产205万千克。湘潭市的湘乡县大旱72天，有64个公社遭灾，减产3250万千克，县政府拨款8万元赈灾；湘潭县9月起3个月无雨，2.4万口塘干涸，河坝断流455处，3座小型水库无水，实施了人工增雨作业缓解旱情。

湘南：衡阳市7月2日至8月15日45天降雨量35.7毫米，9月8日至10月31日54天降雨量25.7毫米。永州市9月10日至次年1月10日秋冬干旱百天以上，全市6667公顷晚稻脱水致死，每亩减产50千克，油菜旱坏50%，库塘干涸80%。郴州市秋旱一般在30天左右，最长连续无降水日数达54天，有97个公社严重受旱，全区全年受旱农田3.76万公顷，成灾面积0.93万公顷，粮食减产6207.4万千克。其中永兴县有291个生产队从外队挑水吃；桂阳县9月27日至次年1月25日的120天内只降雨38.5毫米，是少见的秋冬连旱；宜章县干涸水库68座、山塘2035口、水井2391口，有407个生产队饮水困难。

1980年　湖南轻旱。湘南和湘中局部5月中旬至8月上中旬夏旱，湘南5月中旬、其他地区6月中旬断雨，进入少雨季节。据永州、郴州、衡阳、湘潭、娄底5市7月底统计：共有1106座小型水库和56万座塘坝干涸，2700多条溪河断流，3600多个生产队饮水困难。秋末冬初湘中、湘南大旱。全年受旱农作物面积65.7万公顷，占当年播种面积的8.3%，其中成灾面积25.8万公顷，因灾减产粮食5.6亿千克。

湘西：怀化市发生干旱，单季早稻和中稻受旱面积4.4万公顷，其中开拆的2.1万公顷、失收的3100公顷，8月下旬晚稻又受旱灾，全市晚稻脱水的2.3万公顷。

湘南：永州市夏秋受旱14.2万公顷，早、中稻7.5万公顷，其中脱水2.2万公顷、开黑拆2.5万公顷、开白拆1.8万公顷、枯萎1万公顷，旱粮3.7万公顷，经济作物2.9万公顷，晚稻秧田2467公顷，库塘蓄水61761万立方米，比计划蓄水少50%，水库、塘坝、溪河、井泉多干涸，禾稻枯萎，不少地方饮水困难。郴州市出现夏旱，塘库干涸，溪河断流，2931个生产队人、畜饮水困难，嘉禾、郴县、桂阳发生多起水利纠纷，导致人员伤亡。全市受旱面积18.6万公顷，其中早稻7.07万公顷，中稻0.2万公顷，晚稻3.2万公顷，旱土5.47万公顷。

湘中：娄底市春夏干旱。7月3日统计全市水稻受旱面积7.6万公顷，占早稻面积的53%，其中脱水面积5.9万公顷，开白拆2.2万公顷，双峰县3万公顷早、中稻中有2万公顷受旱、开拆6667公顷。株洲市夏旱两个月，市郊有1.6万公顷受旱，其中早稻9333公顷，晚稻4667公顷，旱土2000公顷；株洲县早稻受旱1.2万公顷，脱水6000公顷，开拆2527公顷，造成减产793公顷，棉花受旱2533公顷。湘潭市的湘乡大旱82天；湘潭县夏秋连旱，干死早稻3000公顷，3533公顷无法下插，早稻严重减产。全市组织51万劳力，2500台抽水机，1.5万部水车抗旱，同时实施高炮人工增雨作业，下拨赈灾款20.5万元，贷款150万元，拨粮10万千克，衣服、被子1万余件支援灾民。

1981年　湖南大旱。6月中旬至10月上旬，全省大范围发生严重夏秋干旱，尤以湘西、湘北旱情严重。全省农作物受旱面积110.8万公顷，占当年播种面积的13.8%，其中成灾面积56.8万公顷，因灾减产粮食11.1亿千克，减产棉花1500万千克，少插晚稻4.5万公顷，277万多人饮水困难。

湘西自治州夏秋大旱。花垣大旱90天，21个社镇遭受旱灾，稻田受旱8867公顷，占总稻田面积的89%，旱土受灾8300公顷，占百分之95%，稻田无收面积达4733公顷；吉首夏秋连旱持续81天，全县稻田实插6247公顷，枯死4629公顷，旱粮受灾3908公顷，基本无收2267公顷，867公顷经济作物基本无收的达261公顷，81条溪河断流76条，水库干涸17座，569口山塘干涸563口，由于稻田开拆，塘、库干涸，养殖业损失6.6万元；保靖夏秋特大旱，全县插水稻9150公顷，干死4027公顷，包谷受旱5591公顷，全县粮食总产比1980年减产59%，比大旱的1972年还少，全县56个水库干涸52个，山塘、溪河大部枯竭，部分社队饮水艰难；泸溪干旱期间最高气温≥35℃日数多达42天，全县1156个生产队，无水抗旱，740个生产队，5万余人饮水艰难，水稻受旱9200公顷，占水稻总面积的65%，其中5733公顷无收，经济作物受旱1000公顷，占78%；凤凰稻田受旱面积1.5万公顷，占整个稻田面积的83%，全县山地杂粮基本无收，有520个生产队，52951人饮水艰难；龙山7～12月总雨量277.7毫米，比同期平均值少6成，全县1.7万公顷稻田受旱达1.1万公顷，粮食损失约4000万千克；永顺稻田受旱4667公顷，旱土受旱1.8万公顷，粮食减产3050万千克。

张家界市出现夏秋干旱，造成4.2万公顷农作物受灾。桑植8月出现40.7℃的最高气温，全县有2231处山塘、水库干涸，大小溪沟1254条断流，6034口饮用水井断水，有915个生产队7.14万人饮水困难，1.3万公顷中稻受灾7927公顷，失收2167公顷。张家界106座水库干涸了28座，4018口山塘干了1945口，15条溪河断流5条，县内有388个生产队6384户人畜饮水相当困难，全县早稻受灾达1427公顷，干死171公顷，中稻受灾4822公顷，干死786公顷，晚稻受灾1522公顷，无水插秧468公顷，旱粮受灾1.1759万公顷，经济作物受灾2890公顷。

怀化市6月5日后陆续断雨，雨季结束比常年提早20多天，有的地方持续干旱达60多天，且酷热、蒸发大，每天蒸发量达10毫米左右，接近大旱的1972年，全市共有10.6万公顷稻田受旱，占稻田总面积的35.9%，旱情严重的县有麻阳、芷江、辰溪、新晃、沅陵、靖县、怀化，辰溪县内全部山塘和95%的溪流干涸，587个生产队饮水困难；靖县干涸小一型水库5座、小二型水库144座、山塘6929口，断溪涧257条，368个生产队饮水困难。旱情发生后，全市投入抗旱的劳力达60多万人，抗救面积达4万公顷。

常德市6月中旬初各地旱象即露头，7月常德、安乡、汉寿、桃源等地雨量均不足30毫米，常德仅6毫米，为本世纪30年代以来同期降水最少值，汉寿夏秋出现百日大旱，全县山区7条主要溪河断流，7275处塘坝干涸，80多口水井见底，87个村人畜饮水困难，全市成灾面积7.3万公顷。

岳阳市夏秋旱，12.254万公顷农作物受旱，6.896万公顷成灾，61座小一型水库、537座小二型水库、7万多处塘坝干涸，973条溪河断流，造成了2000多个生产队人、畜饮水困难，旱情严重的有临湘、岳阳、汨罗、平江等地。旱灾发生后，全市共投入抗旱经费和物质1363.87万元。

郴州市夏秋受旱面积4.18万公顷，成灾面积2.07万公顷，粮食减产2444万千克。

1982年　湖南轻旱。湘西局部地区春旱，湘西、湘北、湘南部分地区夏秋干旱，全省农作物受旱面积51.3万公顷，占当年播种面积的6.7%，其中成灾面积20.9万公顷，因灾减产粮食3.2亿千克。

湘西自治州保靖春旱，5月1～24日又出现晴热少雨天气，全县水田面积比上年减少3333公顷，改种467公顷，插秧季节推迟7～10天，水稻减产近2000万千克，桐油产量减少一半以上。

怀化市的芷江，3～4月中旬降水总量比常年偏少47%，靖县、通道、会同、黔阳、麻阳、新晃夏旱，辰溪县春夏连旱，有的稻田颗粒无收，全市稻田受旱面积达8万公顷，其中开拆3.7万公顷，枯萎9400公顷，死苗473公顷，全市投入抗旱劳力49万多人，抗救面积3.5万多公顷。

岳阳市部分地方夏秋干旱，受灾耕地4.3万公顷，1.1万公顷严重成灾，仅粮食减收685万千克，其中以临湘、华容旱情较重。

郴州市的郴州、安仁、桂阳、宜章出现插花性秋旱，全市受旱面积3.86万公顷，占耕地面积的17.57%，粮食减产3522.5万千克。

1983年　湖南轻旱。湘北春旱，湘中、湘西、湘南夏旱或夏秋旱。2681座中小水库和80.19万口塘坝干涸，8000多口井泉枯竭，8900多条溪涧断流，109.27万人饮水困难。全省农作物受旱面积65.5万公顷，占当年播种面积的8.5%，其中成灾面积23.4万公顷，因灾减产粮食5.4亿千克。

湘北春旱严重，岳阳、常德3月至4月中旬降水总量比常年偏少4成。岳阳市3月雨量仅20～30毫米，为1950年后同期最少值，致使2000公顷农田无水整田，占农田总量的36%，1333公顷田无水育秧。

娄底市春夏干旱，双峰、涟源最严重。双峰8月上旬止，25个小一型水库中有20个仅有半库水，5个仅有底子水，176个小二型水库中，56个仅有半库水，82个仅有底子水，29个干涸，23058个山塘枯竭，118条溪流断水，37个公社镇严重受旱，516个大队4439个生产队人畜饮水困难，全县晚稻受旱2.1万公顷，其中1万公顷开白拆，造成晚稻严重减产；涟源5～6月降水偏少3成，7月少5成，到8月初止，全县中稻、晚稻受旱面积1.7万公顷，其中脱水1.1万公顷，开拆6267公顷，枯萎1067公顷，因缺水有1733公顷晚稻未插下去，9333公顷红薯、1.4万公顷经济作物、3333公顷蔬菜严重受旱，部分地方人畜饮水困难。

郴州市的桂阳、嘉禾、安仁、郴州、汝城夏旱，全市有245个公社、2428个大队，22444个生产队受旱，干涸中型水库一座，小一型水库44座，小二型水库399座，塘坝60408个，溪河断流1302条（处），人畜饮水困难的生产队有2598个，受旱耕地9.4万公顷，成灾面积2.91万公顷，粮食减产15017万千克。

邵阳市夏秋连旱，20.5万公顷农田受旱，晚稻少插1.1万公顷，干涸水井13.2万口，损失粮食4400万千克。怀化市夏秋干旱，受旱面积9万公顷，旱情严重的辰溪当年粮食播种总面积3万公顷，受旱1.4万公顷，歉收6593公顷，大小溪流100条断流70条，山塘2789口全部干枯，大中小型水库176座，干涸145座，769个生产队62092人因旱缺口粮；麻阳小一型水库19座干涸8座，小二型水库141座干涸94座，山塘5956

口全部干涸，溪水887条，断流的198条，238个生产队饮水困难。

湘潭市从8月起，50天久晴不雨，农作物受旱4016公顷。全市出动2万多人，抽水机1237台，喷灌机132台全力抗旱。

1984年 湖南大旱。湘西、湘北、湘南春旱，上年11月至当年3月雨水偏少，湘西、湘北少4成，湘南少3成，到3月26日止，全省有4.1万公顷秧田不能翻耕。春旱后全省大部分地区又夏旱或夏秋连旱，全省有60多万人饮水困难，旱情以湘南最重。全省农作物受旱面积107.6万公顷，占当年播种面积的13.9%，其中成灾面积49.4万公顷，因灾减产粮食9.4亿千克。

湘西：湘西自治州的保靖3～4月降水偏少，出现春旱，水稻受灾面积215公顷，水力发电停产840小时，直接经济损失达2.75万元。张家界市夏秋连旱86天，期间总降雨量比历年同期偏少近5成，旱中稻受灾7333公顷，其中基本无收的1533公顷，旱粮受灾9333公顷，其中3667公顷基本无收，干涸山塘898口、水库7座，减产粮食2250万千克。怀化市7月初开始发生旱情，受旱面积最高时达9.2万公顷，其中水稻7万公顷，旱粮2.2万公顷，受旱稻田脱水3.4万公顷，开坼2.8万公顷，枯萎7653公顷，有5座小一型水库、89座小二型水库、1.78万处山塘干涸，907条小溪断流，有1107个生产队饮水发生困难。

湘北：岳阳市夏秋干旱，13.2万公顷农作物遭旱，其中6.5万公顷严重减产，4093公顷绝收，减产粮食5930万千克，旱情以临湘、华容、岳阳为重。常德市的澧县大部分水库干涸，溪河断流，饮水困难，损失30万元以上。益阳市除安化外，都出现了50天或两次连旱60天以上的夏旱，有2887公顷面积因无水无法插晚稻；旱期中各地7月中旬相继出现高温酷暑天气，7月雨量与蒸发之逆差多达150～200毫米，全市受旱面积达13万公顷，晚稻插后绝收的有2267公顷，损失粮食4220万千克。

湘中：娄底市夏秋干旱，其中双峰从6月底至8月下旬连续干旱56天，加之前期雨水偏少，使2333公顷晚稻无法及时插下，受旱晚稻2万公顷，其中失收3667公顷，损失稻谷2500万千克，红薯也受旱减产。株州市的茶陵县6月16日至8月24日，夏秋连旱69天，干旱最严重的时段是7月下旬到8月初的“双抢”期间，因耕田插秧缺水，全县比原计划少插晚稻1333公顷，全县总受旱面积1万公顷，其中，早稻近4667公顷，造成减产的有1433公顷，晚稻3267公顷，减产1867公顷，失收1380公顷，全县减产粮食1100余万千克，损失金额达21.8万元。

湘南：永州市5月下旬全市受灾耕地6.1万公顷，成灾3.7万公顷，减产粮食6077万千克，其中新田70座中小型水库，蓄水半库以上仅3处，1/4的人畜饮水困难，该县受旱面积早中稻5000公顷、经济作物4667公顷，枯萎死苗40%。郴州市夏旱，7月降雨量稀少，郴州仅7毫米，8月初全市水田受旱10.07万公顷，占水田总面积的56.7%，其中死苗1.87万公顷，5.2万公顷旱土作物全部受旱，其中死苗1.47万公顷，479座水库、58662座山塘干涸，1032条溪河断流，5192个村民小组饮水困难，全市因旱灾减产粮食1.5亿千克，有16.27万人缺口粮靠国家返销或救济，灾情最重的是宜章、郴县、汝城、郴州、临武、桂阳、嘉禾、永兴等县市，为战胜干旱，全市组织4613名干部和74万劳力抗旱，有7个县设立高炮点，开展了人工增雨抗灾。

1985 年　湖南春夏皆旱，局地春夏秋连旱，属特大干旱年。粮食作物失收 22 万公顷，经济作物失收 13.3 万公顷，10 万公顷早稻缺水未插。24 座中型水库、4548 座小型水库、108.8 万处塘坝干涸，1.1 万条溪河断流，226 万人饮水困难。全省农作物受旱面积 152.5 万公顷，占当年播种面积的 20.3%，其中成灾面积 79.5 万公顷，全年因灾减产粮食 14.0 亿千克。

娄底市春夏旱，5 月 20 日统计，全市由于干旱缺水尚有 5533 公顷早稻未插，中稻无水整田的 4000 公顷，经济作物受旱 1.6 万公顷。新化 2000 公顷烤烟干死 200 公顷，实插红薯是计划数的 1/5，因 5 月高温干热风危害，柑橘落花、落果率达 70%以上，减产 72%。7 月各地降水量比常年少 5～6 成，到 7 月底，有 7333 公顷晚稻田无水插秧，1 万公顷受旱，2667 公顷开拆，333 公顷禾苗枯萎，6 万多人、4 万多头牲畜饮水困难。

邵阳市从 3 月中旬至 11 月中旬，各地雨水持续偏少 3～4 成，春、夏、秋三季皆旱，尤其是 4 月中旬至 5 月下旬中，各地降水量比常年同期偏少 6～9 成，山塘水库蓄水不足，蓄水量最多的 4 月只有 5.4 亿立方米，不到设计蓄水能力的一半，到 7 月底止仅存水 1.68 亿立方米，14 座中型水库，只有两座能放水，其余只剩底水。有 38.99 万人饮水困难，政府曾先后出动 33 辆汽车为饮水困难的地方送水。全市有 1.3 万公顷早稻和 9000 余公顷中稻无水插秧，柑橘大量落果，落果率为 95%～98%，受旱农田 22.7 万公顷，成灾面积 19 万公顷，减产粮食 2.433 亿千克。

怀化市大部分地方春夏秋连旱，麻阳、怀化、芷江、黔阳和会同县年降水量为 1950 年以来最少，全市有 72 座小一型水库、564 座小二型水库和 5.2 万口山塘干涸，2270 条溪河断流，有 19 万人、9.7 万头牲畜饮水发生困难。全市受旱农田达 19 万公顷，因旱灾减产面积达 11 万公顷，其中失收 1.6 万公顷，损失粮食 17941 万千克。

永州市 5 月上中旬高温、低湿，平均气温 29.9℃，降水偏少 3～6 成，相对湿度 50%，伴有 4～5 级南风，致使柑橘花和幼果脱落，蜜柑减产 60%～70%。其后伏旱 50 天未下透雨，全市 377 个乡镇受旱，2283 口水井干涸，导致早稻受旱 15.62 万公顷，失收 6.1 万公顷。

湘西自治州的凤凰县夏秋两段干旱 116 天，干小一型水库 5 处、小二型水库 27 处、山塘 489 口，全县 31 个乡的 1.3 万公顷粮食作物受灾，失收 2746 公顷，损失产量 299.6 万千克。常德市夏秋干旱成灾面积 11.9 万公顷，石门等地 65 个乡人、畜饮水困难。岳阳市夏秋旱，12.1 万公顷农作物受旱，严重减产 6.4 万公顷，绝收 5047 公顷，41 座小一型水库干涸，长度 5 千米以上的溪河有 89 条断流，183 个村民小组饮水困难，各地投入抗旱经费和物质 1345.92 万元。

1986 年　湖南大旱。全省 3～5 月雨水偏少，5 月特少，长沙、常德为有记录以来所仅见，水库山塘多干涸，35 万人饮水困难。7 月中下旬至 10 月中旬，湘江流域、沅水上游、澧水下游、邵阳地区北部降水仅 50～100 毫米，比历年同期少 5～7 成。26 座中型水库干至死水位以下，4200 座小型水库干涸，1.1 万多条溪河断流，280 万人饮水困难。全省农作物受旱面积 120.5 万公顷，占当年播种面积的 16%，其中成灾面积 49.9 万公顷，全年因灾减产粮食 10.7 亿千克。

娄底市春夏秋旱明显，1～5 月各县降水量持续偏少，全市 8.2 万公顷早稻，脱水 2.3

万公顷，开拆9367公顷，禾苗枯萎1933公顷，原计划中稻1.6万公顷，仅插0.6万公顷。秋季降水偏少，全市有7万公顷农作物受旱，新化县红薯、烟草及秋播作物普遍受旱，柑橘严重落果；涟源县有16870口山塘、75座水库、1088口泉井干涸，两地401个村2604个组饮水困难；冷水江市3000多公顷作物受灾，其中300多公顷失收。

怀化市春夏秋连旱，从入春到10月，干旱时间长达180多天，12个县市普遍受旱，5月份就有3座中型水库、35座小一型水库、312座小二型水库和50%以上的山塘干涸，765条溪水断流，全市受灾农田达12万公顷，绝收9200公顷，少插晚稻2353公顷。7月至9月中旬降雨量比历年同期少80%，有的地方降雨量仅10毫米左右，山塘水库干涸，溪河断流，旱粮作物大部分干旱无收，晚稻和经济作物一片焦黄。全市5.6万公顷晚稻，成灾2.9万公顷，占51%。在此期间，有2190个村人、畜饮水极为困难。全市计划种植冬粮5.12万公顷，因秋旱实际只种下2.4万公顷，计划种油菜5.5万公顷，实际种下2.7万公顷，秋旱之重为历年来少见。

益阳市出现两段干旱，先是5月的夏旱，夏旱面积达3.2万公顷，26座小二型水库进入死水位，4370口山塘干涸，331条溪河断流，124个村民小组1.4万人饮水发生困难。后是8、9月的秋旱，秋旱影响全市140个乡镇，受旱面积9.4万公顷，其中晚稻6.3万公顷，有44座水库，13500多处山塘干涸，30多条溪河断流，有387个村民小组3.5万人饮水发生困难。年内全市共有200个乡镇、17.3万公顷耕地受旱，其中粮食作物受旱面积14.1万公顷，耗费抗旱资金572.6万元，全市因旱减产面积4.5万公顷，失收面积9600公顷，减产粮食0.86亿千克左右。

常德市夏秋旱，全市干旱成灾面积14.8万公顷，石门夏秋连旱75天，全县普遍受灾，人、畜饮水困难。岳阳市夏秋连旱，全市有228个乡镇2872个村受旱，农作物受旱13.8万公顷，占耕地总面积45.6%，其中晚稻10.4万公顷，经济作物4.5万公顷，干涸中型水库1座，小一型水库6座，小二型水库57座，山塘2.41万口，500条溪河断流，679个村饮水困难，旱情发生后，全市投入抗旱经费和物质1162.64万元。湘潭市7月22日起夏秋连旱91天，3个月内降水量只有30多毫米，16座小型水库，2.6万口塘干涸，5千米以上的溪河断流52条，7万公顷晚稻受旱，严重开拆脱水的达7000多公顷，晚稻平均空壳率达35.4%，严重减产，水利发电只完成年计划的65%，比上年少发电900万度。长沙市夏秋干旱。株洲市夏秋“百日特大旱”，受灾总面积9.5万公顷，减产5.1万公顷，失收2.5万公顷，小一型水库干32座，小二型水库干435座，溪河断流729条，干山塘80858口，由于长时间干旱，茶陵县人、畜饮水困难的生产队共2005个；攸县30个乡镇不同程度受旱，水库、山塘干涸，渔业损失50万千克；株洲县有484户1421人饮水困难，要用汽车到很远的地方拖饮用水，全县三个中型水库只蓄水175万立方米，为应蓄水的5%，小二型水库干涸76座，115条溪流断流，全县农业产值减少2500万元左右。衡阳市7～10月夏秋连旱，6.6万公顷农田受旱，开拆3.1万公顷，粮食减产1亿千克。永州全市11县（市）干旱，受旱耕地6.2万公顷，成灾2.2万公顷，减产粮食9430万千克。郴州市部分地区夏秋连旱，全市受旱面积8.54万公顷，成灾面积5.57万公顷，粮食减产1.2265亿千克，为郴州历史上大旱年景，干涸中型水库5座、小一、二型水库511座、塘坝5.28万处，溪河断流的2050处，6080个村饮水出现困难。

1987年 湖南轻旱。永州、郴州市去冬今春连旱，岳阳、株洲、娄底市部分夏秋旱，干涸中型水库17座，小一型水库212座，小二型水库2113座，塘坝73.8万处，6263条大小溪河断流，2万多个村民小组的147.3万人饮水困难。全省农作物受旱面积64.9万公顷，占当年播种面积的8.2%，其中成灾面积23.8万公顷，全年因灾减产粮食5.0亿千克。

永州市上年冬至本年春降水偏少，江华从上年8月22日至本年3月14日共205天雨水少，塘干井涸，无水育秧。

郴州市前有冬旱70多天，冬种作物绿肥、小麦、蚕豌豆和油菜受旱面积近5万公顷，干涸中型水库1座、小一型水库22座、小二型水库303座、山塘5.2万处，溪河断流500处，3000个村的109万人、44万头牲畜饮水出现困难，因冬干，开春后各种虫害骤增；后有夏旱或夏秋连旱，受旱农作物6.7万公顷，其中早、中稻4.28万公顷，旱土2.33万公顷，2111个村的22.6万人一度出现饮水困难。

株洲市的攸县3～4月降水偏少，部分农田不能翻耕，5、6月又因降水偏少，山塘水库蓄水严重不足，造成早稻后期缺水干旱，全县受旱面积6667公顷，开拆2000公顷，减产750万千克，8月上旬至9月中旬又少雨干旱，致使667公顷晚稻缺水未插，受旱面积达1.7万公顷，1.9万人饮水困难，有97座水库、10845口山塘、245条溪河干涸和断流，造成晚稻减产1000万千克；茶陵春夏连旱，5月21日至8月28日间最大日雨量12.3毫米，1.7万公顷农作物受灾；醴陵夏秋干旱，有1.5万公顷农作物受灾。

岳阳市夏秋干旱，农作物受旱5.7万公顷，严重减产1万公顷，绝收887公顷，其中粮食减收3440万千克。汨罗受旱田土就有2万公顷，有1.3万人饮水困难。旱情发生后，各地投入抗旱经费和物质634.5万元，投入劳力56.96万人，出动电动机泵4080台、水车9137部，其他抗旱工具2万多件，修渠道近200千米，筑坝1204处。

娄底市发生秋旱且旱情严重，双峰县农作物受旱3113公顷，其中447公顷失收，减产1560万千克；新化县2.1万公顷农作物受旱，23个小二型水库和15000个山塘干涸，40条溪河断流；冷水江市1000公顷晚稻、533公顷蔬菜受旱，损失稻谷50万千克，减产蔬菜20万千克。

1988年 湖南是年属大旱年。3～5月春旱，4月雨量特少，湘西、湘北比历史同期少6～8成，有36县（市）出现近30年来同期雨量最少值，澧水出现1949年以来最低水位，湘西自治州近30万人饮水困难，岳阳、常德、沅陵、安化3月至4月中旬降水总量比常年偏少5～6成。6～8月夏旱，6月湘南夏旱露头，郴州、永州两市降雨量比常年同期少6～8成，7月旱情迅速由南向北发展，到8月中旬已有103个县（市）受旱，629座小型水库、15.5万口山塘干涸，2459条溪河断流，193万人饮水困难，常德、湘西自治州、怀化、益阳、岳阳等市旱情最重。9月下旬至12月底秋冬连旱，有76个县（市）11、12月降雨量为近30年最少值。全省农作物受旱面积108.7万公顷，占当年播种面积的14.5%，其中成灾面积48.9万公顷，失收19.8万公顷，全年因灾减产粮食9.1亿千克。

岳阳市春旱，150个乡镇、2400个村、8.4万公顷农田受灾，6667公顷秧田干涸，部分人、畜饮水困难。

益阳市的安化、桃江春夏连旱，5.6万公顷农田受旱，仅安化就损失粮食3200万千克。湘西自治州的花垣、泸溪、古丈春夏连旱，吉首夏旱。全州受旱面积5.4万公顷，失收3267公顷，524个村饮水困难。其中花垣3～7月降水量430.1毫米，比历年同期偏少5成，35条主要溪河已干涸28条，46座水库、516个山塘，除卡棚、团结两库尚有部分水外，其他全部干涸，旱灾使全县粮食总产比上年减产1900万千克；泸溪春旱使18个乡镇受影响，因旱不能及时犁田，从而损失粮食300万千克；古丈1～4月，降水偏少，4月28日至5月4日连续7天出现高温、低湿、强日照天气，使正处开花、结果的柑橘，纷纷落花、落果，造成柑橘减产70%以上，7月中旬至8月中旬，降水少、气温高、蒸发大、日照多，使干旱加重；吉首夏旱，7月份降水偏少82%，14个乡镇及市区受灾，溪河断流242条，干山塘水库325口、水井833口，8月5日后实施了人工增雨作业，旱情得到一定程度缓解。

怀化春旱后接夏秋旱。春旱严重时山塘水库蓄水量只占有效库容量的59%，因而减少1.8万公顷早稻面积，有3.6万公顷早稻插的老化秧，有5333公顷天水田无水翻耕。7月1日至8月20日，全市平均降雨量仅89.2毫米，旱情遍及316个乡镇，占乡镇总数的94.3%。干涸水库690座、山塘29679口，总蓄水量下降到2.98亿立方米，能用于灌溉的仅0.98亿立方米。全市有2192条溪水断流，5505个村民小组饮水发生困难。全市粮食作物受旱面积17.3万公顷，占总播种面积的61.9%。柑橘因干旱高温造成落花、落果严重，减产50%。

娄底市春旱连夏旱，后又秋冬连旱，3～5月降水量比常年少3成，少插早、中稻2000公顷，迟插4667公顷。6月29日至8月20日降水量104.2毫米，干旱52天，全市水田受旱4.8万公顷，有6.3万人饮水困难，6.5万口山塘干涸，73条溪河断流，48处小型水库干到死水位。9月14日一次大雨后，又干旱到12月，秋冬连旱108天，全市有4.8万公顷越冬作物遭旱灾。

郴州市的宜章、永兴、临武、嘉禾、桂阳等地夏旱或夏秋连旱。全市受旱面积7.9万公顷，其中水田5.8万公顷，1785个村的17.5万人饮水发生困难，有5座小一型水库放干，79座小二型水库无水可放，2.81万处山塘干涸，522条溪河断流。株洲市的茶陵、醴陵夏秋旱，受旱总面积3.2万公顷，干枯小一型水库12个、小二型水库89个、山塘28000口，溪河断流63条。

邵阳市秋旱或秋冬连旱，其中，洞口9月15日至次年1月11日降水量仅88.9毫米，最大日雨量18.3毫米，有1.6万公顷农田受旱，损失32万元。

干旱发生后，各地积极抗旱。其中岳阳市出动劳力40万、8200多台抽水机抗旱，下拨经费和物质3643万元。华容、汨罗、湘阴、平江动用7门高炮，共作业26次，发射人工增雨炮弹1500余发，催化有效率达97%，中雨以上降水占56%，取得了明显的社会、经济效益，得到各级政府和广大干部群众的肯定。

1989年　湖南轻旱。局地发生春旱，邵阳、湘西自治州、郴州、怀化、衡阳夏秋旱，永州部分县夏秋冬连旱，各地干旱一般自6月下旬至8月中旬，尤以7月干旱严重，溪河断流，240万人饮水困难。全省农作物受旱面积75.4万公顷，占当年播种面积的9.7%，其中成灾面积29.2万公顷，全年因灾减产粮食5.3亿千克，棉花1230万千克。

永州市3月至4月中旬降水总量比常年偏少4成，江华等县遭受春旱，玉米、大豆部分受灾。双牌、道县、祁阳等地从6月上旬至12月底持续少雨6～8成，受旱面积达5.1万公顷。到12月，有85%的山塘水库干涸，88%的溪河断流，85万余人饮水困难。

岳阳市夏旱，234个乡、2530个村受灾，受旱面积达14.7万公顷。

湘西自治州的龙山、吉首、永顺、古丈、保靖夏旱，凤凰、花垣夏秋旱，全州受旱总面积为13.2万公顷。凤凰县31个乡镇均受干旱影响；花垣干涸水井594口、山塘246口、溪沟88条；龙山有37个村饮水发生困难；吉首244条溪河断流，197口山塘、711口水井枯竭；永顺30.8万人饮水发生困难；保靖县356个村，有143个村寨人、畜饮水发生困难，溪河干涸344条。郴州市的桂阳、嘉禾、郴州、永兴、资兴、临武、宜章、安仁出现夏旱或夏秋连旱，全市1204个村的11.79万人饮水发生困难，干涸水库104座，溪河断流1001条，受旱面积6.76万公顷，其中早稻0.87万公顷，晚稻3.62万公顷，旱土作物2.27万公顷。

怀化市的通道夏秋特大旱，全县上百条小溪断流，山泉干涸，山塘见底，水田干旱面积9400公顷，占水田总面积的75.2%，双季稻只完成计划的11.2%，中稻实插面积1.2万公顷，其中40公顷插了老龄秧，插后缺水的6000公顷，改种的基本无收，旱粮和经济作物严重减产。邵阳市绥宁、城步、新宁、洞口、武冈等地夏秋连旱，受旱面积达6.3万公顷。衡阳市7月3日至8月27日、9月6日至10月26日，两段干旱期间各降水39.6毫米和39.1毫米。

1990年　湖南出现全省性夏秋干旱，干旱持续时间长、影响范围广、灾害损失重，属大旱年。6～9月，全省有107个县（市、区），3375个乡镇受旱，有41座中型水库、781座小一型水库、5756座小二型水库基本无水，151.52万口山塘干涸，20681条溪河断流，767.8万人，572.2万头牲畜饮水困难，受旱严重的是永州、邵阳、衡阳等地。全省农作物受旱面积148.5万公顷，占当年播种面积的19%，其中成灾面积56.3万公顷，全年因灾减产粮食14.0亿千克。

湘西：湘西自治州的泸溪、花垣、龙山、凤凰夏旱，永顺、古丈、保靖、吉首秋旱，全州受旱总面积15.5万公顷，其中泸溪41.7%的早稻受旱，73.2%的晚稻受旱，红薯、黄豆、花生、辣椒、草烟减产60%～70%，全县1523处山塘水库已干涸957处，127条大小溪河已断流79条，5.92万人饮水困难；龙山县干涸水井6410个、山塘723口、水库45座，溪河断流563条，少发电69.6万千瓦小时，直接经济损失5126万元；永顺5座小一型、25座小二型水库、780口山塘、34条溪河干涸，9万多人、6万多头牲畜饮水困难，直接经济损失共2895万元；古丈1.5万人、2000头大牲畜饮水发生困难；保靖345条溪河干涸，6.8万人、2.3万头大牲畜饮水发生困难，全县因灾直接经济损失833万元；吉首除农作物受干旱影响外，林业受旱面积1733公顷，苗木死亡16公顷。张家界市夏秋干旱严重，农作物受灾面积7.8万公顷，19922座水库、山塘干涸、1317条溪流断流，其中慈利300多个村饮水困难，粮食减产6648.2万千克，棉花减产皮棉316.5万千克，烤烟、柑橘、杜仲、楠竹也严重受旱，30多家工厂企业因干旱缺电停产，全县经济损失1亿元；桑植46个乡镇552个村349546人受灾，因灾减产粮食3299.7万千克。怀化市大部分县7月降雨量为5～16毫米，旱情严重的有辰溪、麻阳、沅陵县，全市14.7

万公顷单季早、中稻，脱水受旱的3.3万公顷，1万公顷晚稻无水插秧；8月上旬末起，多数县连旱40余天，全市12个县308个乡、3433个村受旱，共1109条溪河断流，585处小二型水库、3.4万口山塘干涸，44.58万人、49.76万头牲畜饮水发生困难，15.1万公顷粮食作物受旱，占播种面积的49.5%，其中减产8.9万公顷，失收1.3万公顷，减产粮食6509.3万千克。

湘北：常德市秋旱，许多农作物受灾。岳阳市干旱造成8.56万公顷农作物受灾，4.33万公顷严重减产，5160公顷失收，仅粮食减收1.3亿千克；干涸大小水库950座、塘坝10.1万处，1787条溪河断流，4084万人、20.97万头牲畜饮水困难。

湘中：株洲市7月高温少雨，市郊10个乡78个村受旱面积2800公顷，120多公顷因缺水未插秧，蔬菜受旱533公顷，310口山塘干涸；立秋后出现中等强度秋旱，受灾总面积9.5万公顷，其中晚稻受旱8.2万公顷，全市有390座小二型水库、18400口山塘干涸，345条溪河断流，1283个村民组3.83万人饮水发生困难。娄底市夏旱接秋旱，7月3日断雨至7月28日止，全市3.2万公顷稻田脱水，开坼1.1万公顷，开白坼5533公顷，枯萎2087公顷。入秋后，全市受旱作物10.2万公顷，其中晚稻6.5万公顷，脱水1.9万公顷，开坼1.4万公顷，枯萎1.7万公顷。邵阳市夏、秋干旱，隆回、洞口、武冈、新宁和邵阳县的部分地方旱期长达100天，全市955座水库、23.46万口山塘干涸，农村170余万人饮水发生困难，13.72万公顷晚稻受灾。

湘南：郴州市的安仁、桂阳、资兴7月5日至25日滴雨未下，全市夏旱面积6.53万公顷，34座小二型水库干涸，368条溪河断流，716个村饮水发生困难；秋旱又使得5.3万公顷农作物受损，1447个村饮水一度困难，307座水库、4.05万口山塘干涸，538条溪河断流。永州全市夏秋旱，北部西部较重，全市共有4.7万公顷晚稻绝收，减产粮食2.8亿千克。衡阳市的衡南县受灾总面积4万公顷，损失粮食7200万千克，17条溪河断流，28960户饮水困难，损失金额1.24亿元；祁东县有11个区63个乡镇871个村受旱，因争水死2人、伤232人，受灾农田3.7万公顷，17个小一型水库、130个小二型水库、6.65万口山塘干涸，47条溪河断流。

灾情发生后，各地均积极组织抗旱，怀化市投入劳力12.27万人，出动抗旱机械设备15737台，投入抗旱资金1125.42万元；岳阳市投入抗旱经费和物质1088万元；各市州还开展了多次人工增雨作业，使旱情有所缓解。

1991年　湖南全省发生严重夏旱和秋旱，属大旱年。湘南、湘中分别从5月中旬末和6月中旬末进入干旱少雨季节，其特点是：前期降水不足，干旱发生早，持续时间长，旱期雨水特少，高温连晴天气多，日照强、蒸发大、旱情重。是年雨季少雨，降水仅及常年同期平均值的1/5，部分地方出现“空梅”现象，多数地方水库山塘尚处于“空腹”状态，旱期内连晴天气多，气温持续偏高，日照时间长，旱情急剧发展达2749个乡，94.3万公顷水稻受旱，220万人饮水困难，晚稻少插6.9万公顷，全省因夏旱造成经济损失13.5亿元。9月中旬至11月中旬，湘中、湘南、湘北继夏旱后，又出现秋旱，全省66.7万公顷冬作物和春粮受旱，近6.7万公顷油菜、绿肥因无水而无法种下，100多万人饮水困难。全省全年农作物受旱面积100.7万公顷，成灾面积44.7万公顷，全年因灾减产粮食11.0亿千克。

湘中：株洲市南部从5月中旬至8月上旬降水持续偏少，干旱时间长达78～92天，为特大干旱年，全市151个乡受旱，水稻受旱面积6.9万公顷，旱作2.6万公顷，脱水4.8万公顷，开拆1.6万公顷，过白1.2万公顷，枯萎3433公顷，1379条溪河断流，17.9万人饮水困难。娄底市6月22日起连旱38天，全市受旱面积2.3万公顷，水稻脱水9480公顷，蓄水4250万立方米，比上年少7452万立方米，431座小二型水库干涸，溪河断流136条，有1996个村民小组饮水困难；8月中旬后秋旱近2个月，142座水库、8.99万口山塘干涸，53条溪河断流，晚稻受旱4.3万公顷，开拆1.7万公顷，枯萎2400公顷，21.3万人饮水困难。邵阳市夏秋干旱，6月下旬初至7月底夏旱持续近40天，旱情来势凶猛，时值早稻抽穗扬花灌浆期，水利条件较差的地方造成了严重减产；8月中旬末，邵阳、新邵、邵东、隆回、邵阳县及城步，秋旱持续近2个月之久，大小溪河断流683条，56.24万人、29.1万头大牲畜饮水发生困难，全市共有360个乡镇受灾，受旱面积27万公顷，失收4.1万公顷，减产粮食4.67亿千克。

湘南：衡阳市的衡南、祁东夏旱，6月20日至7月30日，衡南降水22.7毫米（其中最大日雨量7.4毫米），受灾总面积3.4万公顷，抗旱耗资183.6万元，干涸鱼塘6000公顷，损失金额1.94亿元；祁东降水36.5毫米（其中最大日雨量11.2毫米），受灾总面积5万公顷，林业受灾59.5公顷，损失金额7856万元。郴州市夏旱或夏秋连旱，其中临武干旱长达74天，期间降雨量30.9毫米。全市250个乡镇、2704个村、16.78万公顷农作物遭受干旱。永州市7～9月，各地降水偏少3～9成，持续高温少雨且蒸发大，全市半数以上溪河断流，57%的中型水库、92%的小型水库、82.7%的山塘、71%的水井干枯见底，373个乡镇4653个村410万人受灾，232个乡镇1296个村人畜饮水困难，农作物受旱28.9万公顷，成灾10.1万公顷，其中4.7万公顷晚稻绝收，减产粮食2.8亿千克，农业产值减少8000万元。

湘北：岳阳市从9月27日至11月21日56天中降雨仅13.9毫米，农作物中以油菜影响最重，全市油菜受灾面积达10.3万公顷。

灾情发生后，娄底市出动抗旱劳力39万人，各式机泵14510台（14.40万马力），水车294万条用于抗旱；邵阳市投入抗旱劳力171.56万人，耗用抗旱经费5079.6万元；岳阳市组织1.2万名干部、65.8万劳力，开动各式机泵1.525万台，提水工具24.6万件，千方百计抢救受灾农作物。

1992年 湖南发生全省性夏秋冬三季连旱，属大旱年。干旱持续时间长，受旱范围广，灾情以湘中、湘南和湘西地区较为严重。全省7月上旬末至8月上旬降水稀少，从8月15日至11月30日近110天里，湖南省大部分地区降水在100毫米以下，比同期平均值少7～9成，出现了历史上少有的秋旱。全省有3144个乡镇受到干旱威胁，9月底全省有12座中型和3266座小型水库干涸、107.9万处塘坝枯竭，12702条溪河断流，384万人饮水困难。全省水利工程蓄水仅占蓄水量的15%，是有水文资料以来最少的一年，全省冬种面积比上年同期少66.7万公顷。全省农作物受旱面积109.1万公顷，成灾面积54.0万公顷，全年因灾减产粮食8.7亿千克。

湘北：岳阳市夏秋旱，全市有261个乡镇2906个村受旱，农作物受旱15.6万公顷，减产9000公顷，水稻脱水6.1万公顷，开拆过白4万公顷，干涸小一型水库24座、小二型水库521座、塘坝74040处，906条溪河断流。

湘西：湘西自治州夏旱、夏秋旱或夏秋冬连旱，干旱使全州2717口山塘干涸，244条溪河断流，2114口水井枯竭，26万人、23万头大牲畜发生饮水困难，全州受旱作物面积10万公顷，其中水稻3.6万公顷，玉米3561公顷，红薯4436公顷，经济作物2.6万公顷，旱粮2.1万公顷。吉首受灾农作物除水稻外，还有玉米、红薯，经济作物有烟叶、凉薯、辣椒、蔬菜等；古丈直接经济损失67万元；永顺7月21日至8月13日无雨，日平均蒸发量达8.9毫米，为永顺县有气象记录以来罕见，夏旱损失粮食4940万千克，15座小二型水库、121口山塘干涸、151条溪河断流；保靖夏秋干旱的直接经济损失500万元；泸溪夏秋冬干旱，7月21日至8月13日，降水量23.1毫米，蒸发200.5毫米，≥35℃的日数达20天，12座水库、264口山塘、305口水井干涸，造成近5万人、2万头大牲畜饮水发生困难，8月25日至12月24日秋冬旱，降水量较历年同期少56.3%，油菜、冬粮、经济作物和林业受旱；花垣秋冬连旱，全县90%的稻田开拆，应种小麦面积减少55%，油菜减少25%，45座大小水库都干到了死水位，因长期少水不能发电，40多家工厂停产，工业产值损失1200多万元。张家界市7月下旬到11月底的130多天时间里，降雨量仅133.8～147.3毫米，为历年同期的30%左右，其中7月22日至8月16日的26天里，全市滴雨未下，干旱使全市117个乡镇、1594个村受灾，农作物受旱面积达11.3万公顷，其中成灾8.2万公顷，绝收2.7万公顷，有708条溪河断流，53座水库、10493口山塘干涸，23.1万人及21.7万大牲畜饮水困难，个别地方水价高达3～5元一担，全市损失粮食7545万千克，减少经济收入6543万元，造成直接经济损失4235万元。怀化市从7月7日至8月13日出现夏旱，期间降雨量仅为0.4～23.7毫米，从8月15日开始发生秋旱，一直到11月30日秋旱仍未结束，100余天的秋旱期降雨量仅有55.3～122.1毫米，偏少6成以上，成为1950年以来怀化市最严重的秋旱。全市307个乡镇、2313个村、117.2万人遭受干旱威胁，有16座小一型水库、216座小二型水库、3.4万口山塘干涸，有2269条溪河断流，有3803个村民小组、31.62万人、26.51万头牲畜饮水困难，受旱农田达14.2万公顷，失收3.2万公顷，减产粮食7646.5万千克。

湘中：株洲市夏旱，造成株洲市郊区蔬菜种不下，存园菜早衰减产，虫情危害严重，致使市场蔬菜偏紧，价格偏高；醴陵夏旱使23个乡镇受灾，受灾总面积达9833公顷，8月7日起连旱58天，期间降水量只有27.2毫米，而蒸发量达324.8毫米，醴陵近30个乡镇、552个村受灾，晚稻受灾705公顷，经济作物受灾1254公顷。邵阳市夏秋冬特大旱，自7月10日至12月10日的150多天里，邵阳市境内的新邵、邵东、隆回、洞口和邵阳县降雨不足100毫米，最少的隆回仅60.6毫米，与历年同期比，偏少6成左右，全市有364个乡镇受旱，58.5万人、33.6万头牲畜饮、用水困难，粮食作物受旱面积25.9万公顷，减产面积15.7万公顷，失收面积4.3万公顷，减产粮食3.57亿千克，红薯、花生、辣椒、蔬菜、药材、柑橘等减产均很严重。湘潭市秋冬连旱，8月20日至12月10日，113天总降水量只有46.8毫米，偏少74.6%，全市119个乡镇1348个村受旱，70座水库、7.1万口塘干涸，380条溪河断流，有450个村饮水困难，经济损失3450万元。

湘南：衡阳市夏秋冬特大旱，农作物受灾19.7万公顷，187条溪河断流，干山塘19.08万口，其中祁东县农作物受灾5770公顷，减产2437公顷，失收3333公顷，干涸水库120个、山塘43000口、溪河14条，旱灾直接损失金额355万元。永州市夏秋大旱

80天，8月降水偏少8成左右，全市受旱18.2万公顷，晚稻10.4万公顷，经济作物5.9万公顷，减产粮食6000万千克，1169个村饮水困难，干涸水库206座、山塘48078口，溪河断流789条，损失3650万元；夏秋连旱接冬旱，全市冬季作物受旱13.1万公顷，1703个村、82.6万人饮水困难。郴州市秋冬旱，安仁长达121天，永兴、嘉禾、宜章、桂阳、临武干旱时间都在100天左右，全市211个乡镇的1633个村受旱，有444条溪河断流，2座小一型水库、117座小二型水库干涸，8.16万人和9.3万头牲畜饮水困难，最大受旱面积4.51万公顷，减产粮食4503万千克。

面对干旱，张家界市组织劳力51.9万人，各类抽水机3925台及其他抗旱工具，耗资1986万元投入抗旱，调拨抗旱柴油31.5万千克，组织下放抗旱贷款200多万元，拦河筑坝510座，开疏渠道318千米，取得了较好的社会、经济效益；衡阳市抗旱出动了人力156.1万人，抽水机2.8万台；怀化市组织了70.21万人抗旱；湘西自治州也出动柴油机和电排等工具以及大量劳力抗旱。各地还不失时机地开展了人工增雨作业，使灾害损失降到了最低限度。

1993年　湖南是年基本无旱。只有湘西自治州和怀化市南部春旱，全省农作物受旱面积17.1万公顷，成灾面积6.1万公顷，全年因灾减产粮食1亿千克。

湘西自治州发生春旱，吉首市3月30日至6月12日，降水量偏少57.3%，全市农作物受旱面积达1458公顷，其中水稻受旱面积达1155公顷；古丈4月降水偏少55%，5月偏少40%，到5月底，全县尚有1089公顷稻田未曾开犁，干死秧田2.1公顷，有708座山塘水库少水或无水，受旱人口2.75万，春旱延至6月上旬末才有所缓和；永顺3～5月降水量偏少，到6月初，全县8.6万人受灾，稻田受旱4200公顷，214户村民无水田播种，4000余户村民无水插秧，直接经济损失30万元。

怀化市3～5月春旱长达92天，南部的洪江、靖州、新晃等县较为严重，全市因春旱缺水，原计划双季早稻面积5.2万公顷，实际只插4.7万公顷。

1994年　湖南是年属基本无旱年，但湘西自治州、怀化、张家界等地发生春旱或春夏、夏秋连旱。全省农作物时段最大受旱面积12.0万公顷，成灾面积5.3万公顷，全年因灾减产粮食0.6亿千克。

湘西自治州先有暮春干旱，后有夏旱或夏秋连旱。5月中旬末，全州有5.3万公顷稻田缺水，古丈2333公顷稻田受旱，干涸水库5座、山塘530口，9100多人发生饮水困难；吉首夏旱，6月降水偏少72%，水稻受旱3316公顷、包谷受旱2400公顷、经济作物受旱1333公顷；永顺夏秋连旱，3万公顷农作物受旱，有484个村27.33万人受灾，直接经济损失5000万元。

怀化市有283个乡镇出现旱灾，有2347个村饮水困难，123座小型水库、11520处山塘干枯，647条溪河断流。旱情严重的沅陵，4～8月降雨量偏少近5成，其中6月份降雨量仅为54.6毫米，为历史最小值，全县14座小一型水库中的12座，113座小二型水库中的111座无水可放，911条大小溪流有532条断流，3.9万公顷农作物受旱，其中水稻2.2万公顷，占实插面积的74%，1400个村民小组10.5万人饮水发生严重困难，全县减产粮食2000万千克。

张家界市夏秋干旱大多在56天以上，全市66座水库、1659口山塘干涸，3862条溪河断流，105个乡镇的1110个村受灾，有21.5万人、20.7万头牲畜饮水困难，农作物受旱面积9.3万公顷（其中水稻2.8万公顷，旱粮4.2万公顷，经济作物2.3万公顷），损失粮食3012千克，直接经济损失5550万元。旱灾出现后，全市动员了40.32万群众投入抗旱，抗救农作物1.14万公顷。

1995年 湖南是年属轻旱年。7月3日至30日全省基本无雨，7月底14个地（州、市）的106个县（市）均遭受不同程度的夏旱。8月16日至10月2日，湘中地区出现严重秋旱，其中8月23日至9月22日有53个县市降水量在10毫米以下。旱期具有气温高、降水少、持续时间长、灾害损失重的特点，全省农作物受旱面积78.8万公顷（主要是晚稻，受旱面积达54%），成灾面积44.7万公顷，全年因灾减产粮食5.4亿千克。

湘西：怀化市7月3日雨季结束后连续30多天久晴无雨，其中会同38天时间仅降雨2.3毫米，最大日蒸发量达12.0毫米，8月下旬开始的秋旱持续到9月底至10月中旬才解除，全市的724条溪河断流，525座水库、7860口山塘干涸，有6284个村民小组的56.22万人及其28.04万头牲畜饮水发生困难。张家界市夏秋连旱，从7月14日起夏旱30多天，极端最高气温达40.7℃，全市13.5万公顷农作物受灾，其中绝收1.2万公顷，43万多人饮水困难；夏旱之后出现秋旱，8月23日后55天降雨量仅19.1毫米，致使水源严重短缺，干旱的影响延续到1996年，造成直接经济损失1.2亿元。湘西自治州的永顺县夏秋干旱，农作物受旱3万公顷，其中水稻受旱1.4万公顷，减产2233万千克；旱粮受旱8466公顷，减产1200万千克；经济作物受旱7673公顷，经济损失达400万元。

湘中：湘潭市7～9月干旱71天，降水量仅43.3毫米。株洲市进入7月份以来，出现了大面积严重干旱，全市有85个乡镇，3.5万公顷农作物受旱，其中水稻2万公顷，有5.7万公顷晚稻因缺水无法插下，供电也十分困难。邵阳市7月初雨季结束后，各地相继出现夏秋连旱，新宁6月28日至9月26日，91天雨量仅63.1毫米，比历年同期偏少80%，城步干旱85天，降雨量偏少78%，全市3万余公顷晚稻缺水插秧，插下的晚稻近1/3的稻田过白开坼，896条溪河断流，132座小型水库见底，22万人、17万头大牲畜饮水发生困难。

湘南：永州市夏秋干旱，全市11处水库、9.7万口山塘干涸，517条溪河断流，有289个村的18.5万人饮水困难，全市有18.5万公顷农作物受旱，其中晚稻10.7万公顷，开坼5.3万公顷，枯萎9333公顷。郴州市夏秋连旱，1座中型水库、25座小一型水库、220个小二型水库、5.3万处塘坝干涸，1179条溪河断流，全市223个乡镇的2175个村受干旱影响，成灾面积4.45万公顷，绝收的0.89万公顷，粮食减产8338.4万千克，并造成14.75万人、1.13万头大牲畜饮水困难，直接经济损失1.6亿元。

湘北：岳阳市7月中旬至9月下旬干旱，全市有96座小型水库、3.5万口山塘干涸，161条溪河断流，168个乡镇的2215个村受灾，受旱耕地面积16.8万公顷，其中水稻受灾8.1万公顷，有91万人、13.29万头牲畜饮水困难。

面对旱灾，各地积极抗灾，怀化市投入126.1万人，出动各式机泵3.11万台、水车1.35万条，拦河筑坝2472处，架枧99.9千米，抗旱抢救农作物6.8万公顷；邵阳市组织了82.9万人，使用机泵5万台（计58万马力）、水车等工具30余万件全力抗旱；岳阳市组织90多万劳力，开动各式机泵2.487万台、水车2.1万部，对11.7万公顷农田进行了有效灌溉。怀化、邵阳、岳阳、郴州等市还及时组织了高炮人工增雨作业，有效地减轻了干旱的损失。

1996年 湖南是年属基本无旱年，仅湘西局部有春旱，株洲发生夏秋旱，全省农作物受旱面积12.2万公顷，成灾面积4.3万公顷，全年因灾减产粮食1亿千克。

怀化市的沅陵、辰溪、溆浦、麻阳和通道等地4月1日至6月10日，降水偏少34%～43%，加之去冬以来水库山塘底水少，造成严重春旱，对春耕生产影响甚大，稻田无水翻耕，秧田无水扶苗，4000多公顷早中稻插秧推迟。湘西自治州的古丈县4～5月春旱，全县5633公顷稻田，因缺水有2107公顷未翻耕，翻耕后开拆的333公顷；泸溪3～4月春旱，其中4月份雨量偏少58.6%，全县有4667公顷稻田因缺水未翻耕，翻耕后又脱水干枯2000公顷，使当年的农业生产受到严重影响。

株洲市攸县发生夏秋旱，自6月下旬以来持续晴热，早稻出现了“高温逼熟”现象，“双抢”后一直晴热少雨，30个乡镇的1.6万公顷耕地受旱，其中5个乡镇、27个村的2.8万人饮水困难。

1997年 湖南轻旱。湘西、湘北夏秋干旱严重，全省农作物受旱面积33.9万公顷，成灾面积12.4万公顷，全年因灾减产粮食4.2亿千克。

湘西：怀化市7月下旬末雨季相继结束，各县出现夏秋干旱，其中辰溪县从7月中旬到9月底干旱期长达两个多月，降雨仅34毫米，全市受旱作物3.8万公顷，其中中稻受旱2万公顷，严重受旱1.1万公顷，晚稻受旱脱水1.1万公顷，开拆6200公顷，经济作物受旱5133公顷，成灾1733公顷，有15万人、20万牲畜饮水发生困难，经济损失1966万元。张家界市7月下旬至9月上旬，晴热少雨，大部份地区降水偏少5成以上，慈利8月9日至9月11日，34天降雨量仅6.8毫米，而蒸发量多达297.9毫米，干旱使全市38个乡镇835个村受灾，有12.39万人及3.43万头牲畜饮水困难，5万公顷农作物受灾，其中粮食作物3.7万公顷（稻田脱水2.1万公顷，枯萎1800公顷；旱粮作物受旱1.6万公顷，枯萎82.7公顷），水果受旱1.3万公顷，以上造成直接经济损失1.88亿元。湘西自治州的泸溪县夏秋旱，永顺、花垣县秋旱。泸溪6月26日至9月12日降水量仅33.9毫米，偏少80%，而同期蒸发量为392.3毫米，全县20条溪河断流，95座水库、1300口山塘干涸，19个乡镇受灾，有2.75万人发生饮水困难，灾害损失460万元；永顺、花垣两县有26个乡镇发生秋旱，6387公顷农作物受灾，减产粮食459万千克，经济作物也因旱减产100万千克，因无水发电，工业损失1000万元，花垣县有14个村发生饮水困难。

湘北：岳阳市7月15日至9月11日58天雨量仅24.4毫米，岳阳楼区绝大部分山塘干涸，6个村民组的960多户人、畜饮水困难，钱粮湖1万公顷农作物受旱，部分稻田开拆过白。常德市8月4日至9月23日，51天降水量17.2毫米，9个县（市区），200个乡镇遭受旱灾，420个小一型水库干涸，412条溪河断流。

干旱发生后，张家界市共出动19.1万人，动用各式机泵4100多台、其他抗旱工具1.8万件全力抗旱；常德市也出动了1.2万人，机械3.68台投入抗旱。气象部门还及时实施了人工增雨作业，旱情得到了缓解。

1998年 湖南是年属大旱年，常德有春旱。夏、秋季湘南发生特大干旱，其他地区中旱。郴州、永州、邵阳、衡阳、株洲等地，6月下旬末至7月中旬初，雨季相继结束，此后一直受副热带高压控制，加上厄尔尼诺现象滞后的影响，西太平洋和南海一带海域热带气旋活动很弱，热带风暴和台风难以形成和影响湖南，导致湖南南部区域长时间维持晴热高温天气，形成1950年以来最严重的夏秋连旱。部分县（市）旱情持续到1999年春夏，出现了罕见的夏秋冬春四季连旱，郴州市干旱之重为1950年以来之最，永州市处于历史第二位，株洲的炎陵特大夏秋连旱也破了历史记录。另外娄底、怀化、和湘潭也出现了旱情。全省农作物受旱面积70.4万公顷，成灾面积36.5万公顷，全年因灾减产粮食7.8亿千克，直接经济损失13.7亿元。

常德市的安乡、石门和常德鼎城区出现了严重的春旱，4月安乡降水量仅20.2毫米，最高气温36.8℃，创下历史同期降水最少、气温最高之记录，干旱历时30天左右，有1632个村民小组饮水困难，8.46万公顷农作物受灾。

湘南发生的夏秋干旱最为严重：郴州市雨季结束后连旱90～132天，为1950年以来干旱最重的年份，高温日数异常多，历年≥35℃的日数为30天，是年高达51天，全市11个县的251个乡镇、27600个村受旱，有399座水库、6.99万口山塘干涸，886条溪河断流，全市有46.43万人饮水发生困难，农作物成灾面积12.1万公顷，其中中、晚稻受灾10.5万公顷，枯萎死苗2934公顷，损失粮食1.9亿千克；2.4万公顷旱土作物受灾，其中枯萎死苗的8257公顷，减产0.53亿千克，1.9万公顷经济作物受灾，干旱造成直接经济损失6.1亿元，其中农业损失5.3亿元。永州市从7月至次年3月，连续9个月降水偏少，期间降水为345.1毫米，偏少6成，为历史记录最少值，出现了历史上罕见的夏秋冬春四季连旱，全市2030个村组的32.01万人饮水困难，609座水库、13.99万口山塘干涸，1476条溪河断流，林区多次出现火警火灾。衡阳市各县6月28日至10月30日，持续晴热干旱少雨116天，17.7万公顷农作物受灾。

株洲市6月下旬以后出现了44～50天的高温少雨天气，最高气温在38.5～39.9℃，茶陵、炎陵接近和超过历年最高记录，攸县、茶陵、炎陵出现45～61天的夏秋连旱，株洲、醴陵也出现连续20天基本无雨的旱情，干旱期间的降水比历年同期偏少5～10成，9月7日统计：全市6个县119个乡1100个村组受灾，104座水库无水可放，2.97万口山塘干涸，430条溪河断流，9.2万人、5.56万头牲畜饮水困难，11.6万公顷农作物受灾，其中水稻8.9万公顷，稻田开拆1.2万公顷，过白5133公顷，枯萎3367公顷。

邵阳市从7月至次年6月大旱，全市各月平均降水量均偏少，干旱时间之长、强度之大罕见，有8500公顷耕地未插下晚稻，已插的17.5万公顷晚稻中有12万公顷不同程度受到干旱危害，其中失收面积达2.6万公顷，减产粮食3.6亿千克。

怀化7月底相继结束雨季后，各地出现了35～60天不等的夏秋干旱，全市因旱受灾人口30余万，成灾人口10余万，3万余人饮水困难，农作物成灾面积0.63万公顷，绝收面积0.26万公顷，减产粮食5700万千克，农业直接经济损失8644万元。

旱情发生后，各级党政领导非常重视，全面部署抗旱救灾工作，省委常委秦光荣先后深入郴州等地察看灾情，慰问灾民。旱灾最重的郴州市，动员140余万劳力抗旱，共筑栏河坝1350座，开疏渠道4895千米，架枧59260米，使50余万人的饮水问题得到解决，挽救农作物5.3万公顷，募集救灾资金1679.2万元，财政下拨150万元，县乡配套资金400万元，重点解决人、畜饮水困难，实施了152个人、畜饮水工程，动用200多辆汽车，每天给灾区送水，较好地解决了灾区人、畜饮水问题。衡阳市为抗旱组织劳动力134万人，动用机械21.8万台，筑拦河坝613座，开疏渠道469千米。从8月4日至29日，气象部门共组织开展人工降雨作业142次，其中炮响雨落，降雨10毫米以上的有43次，影响区降雨10毫米以上的有98次，有效地缓解了旱情。

1999年　湖南是年属轻旱年。湘南出现了自1998年7月以来的夏秋冬春四季连旱，从上年7月至当年3月，郴州、永州、衡阳和邵阳降水量比历年同期偏少4～6成，为1950年以来同期最少，湘西、湘中部分地区春旱严重。至3月中旬末，全省有5.82万公顷秧田缺水，30万公顷稻田无水翻耕，全省农作物受旱面积37.2万公顷，成灾面积12万公顷，全年因灾减产粮食2.3亿千克。

永州上年7月至当年2月降水偏少，11.7万公顷农作物受旱，85.3万人饮水困难，至2月底库塘蓄水只有2.46亿立方米，不足1998年同期2成，春耕备耕难度大。

邵阳市从上年7月至当年5月中旬降水量653毫米，比历年同期偏少38%，为1950年以来历年同期最小值，因旱全市早稻栽插面积比计划面积少插3.7万公顷，不少稻田改种单季稻。

湘西自治州的保靖县冬干连春旱，永顺、古丈、泸溪、凤凰有春旱。保靖自上年11月至当年4月上旬，降水量一直偏少，特别是3月至4月上旬，降水总量仅45.8毫米，较历年同期少57%，全县部分水库、河流、山塘、水井干涸，农作物因干旱减少了种植面积；永顺2月1日至4月10日，降水量62.4毫米，偏少57.2%，致使冬季农作物受旱3.7万公顷，减产1375万千克，直接经济损失2750万元；泸溪3月至5月中旬，降水总量308毫米，偏少30%，全县127座上型水库、1320口山塘的蓄水量仅占计划蓄水的5.92%，因缺水3000公顷稻田未翻耕，已犁的7520公顷稻田先后有3907公顷脱水，其中开拆1760公顷；凤凰县31个乡镇均受春旱的严重影响。

怀化市的会同、靖州、通道县从上年11月至当年4月降雨量仅270毫米左右，比历年同期偏少4～5成，靖州5月底有350条河流断流，9座水库和1529座山塘干涸，17座水库处于死水位，通道有200公顷早稻未能插下，靖州、会同分别有7867公顷、8333公顷中稻田无法翻耕。

气象部门在年度天气趋势预报、春播天气趋势预报中提出了春旱的可能性和严重性，引起了各级党委政府的高度重视，采取了抗旱救灾措施。如怀化市面对春旱，一是适时改种，有5333公顷改种旱粮，1200公顷改种西瓜等经济作物；二是广辟水源，人工浇灌；三是采取人工增雨作业，缓解旱情。

2000年　湖南是年属轻旱年。3月至5月中旬湘西、湘北有春旱，湘西自治州、怀化、常德、岳阳市的部分县出现40～60天的干旱，全省11.7万公顷农作物遭受春旱，222个水库、4.8万口山塘干涸，285条溪河断流，一些地方人畜饮水困难，比上年同期少发电1446小时，直接经济损失达2000多万元。6～8月张家界、湘西自治州、怀化、湘潭、邵阳、永州、长沙、株洲、岳阳和娄底市因降水量偏少，出现旱情，其中澧水流域、资水上游较为严重。据7月30日的统计，全省有1490座小型水库、36.78万处山塘干涸，2801条溪河断流，有120个县市区、1943个乡镇遭受旱灾。其中受灾严重的有张家界的永定区、桑植、保靖、凤凰、泸溪、古丈、永顺、芷江、辰溪、沅陵、麻阳、临武、宜章等县。全省农作物受旱面积65.0万公顷，成灾面积23.1万公顷，全年因灾减产粮食4.7亿千克。

岳阳市出现冬春连旱、夏秋插花性干旱。1月上旬至4月中旬，冬春连旱，夏季仍有不少地方少雨，至7月25日全市水库塘坝总蓄水量比历年同期少18%，7座小一型、180座小二型水库、10500处塘坝干涸，214条溪河断流，全市有156个乡镇的13.5万公顷农田受灾，一些地方人、畜饮水困难，干旱还影响到水运、水电等行业遭受经济损失。

湘西的春夏干旱较为严重：张家界市出现了30年来最严重的春夏连旱，旱情从3月初至8月份，历时5个多月，全市春、夏季降水少、蒸发大，干旱使106座水库、1.25万处山塘干涸，101条溪河断流，全市101个乡镇的8.3万公顷农作物受灾，成灾4.9万公顷，绝收9833公顷，旱灾造成直接经济损失1.74亿元，其中农业直接经济损失1.33亿元，粮食损失6030万千克。怀化市发生春旱和夏旱，沅陵3月至4月中旬降水总量比常年偏少41%，沅陵、辰溪、麻阳、溆浦等县4～5月降水总量比历年同期偏少3～5成，时值早、中稻抢插时节，有3.3万公顷稻田无水翻耕，致使7267公顷早稻改种，2.7万公顷中稻由早、中熟改为晚熟，导致产量下降；该市6月底后又出现20余天晴热高温少雨天气，各地旱情发展迅速且日趋严重，全市有541条山溪断流，219座水库、11294处山塘干涸，281个乡镇的40.2%的耕地受旱，其中稻田受旱7.2万公顷，旱土作物受旱1.9万公顷，农作物干枯，全市有近3万人饮水困难，造成了800万元的经济损失。湘西自治州的龙山县出现春旱，凤凰县、吉首市出现春夏旱，保靖、花垣、古丈、泸溪县出现夏旱，永顺县出现春夏秋旱。龙山旱期内稻田发生干裂，适龄秧苗不能适时移栽，影响后期生长；永顺春旱造成8667公顷稻田无水翻耕，少发电6万多小时，直接经济损失达204.6万元，7月6日至8月18日降水量偏少4成，1.4万公顷水稻受夏旱，减产粮食230万千克，经济损失4340万元；凤凰春夏旱，春旱时降水量偏少近5成，全县有3000公顷水稻田缺水翻耕，已犁的稻田有2000公顷脱水，严重影响春耕生产和中稻的适时移栽，夏旱时31个乡镇受影响，受旱农作物面积达2.5万公顷，其中水稻1.2万公顷、旱粮7466公顷、经作5400公顷；吉首春夏旱期里降水量偏少5成，有3667公顷农作物受旱，水稻损失产量200万千克，旱粮减产500万千克，经济作物减产30万千克，干死树苗400万株，经济损失600万元；保靖县22座小型水库干涸，5667公顷稻田受旱，138个村民小组严重缺水，7.4万人、7.5头大牲畜发生饮水困难，减产粮食500万千克；花垣县6座小型水库、200口山塘干涸，100条溪河断流，1.9万公顷农作物受灾，成灾5833公顷，减产粮食300万千克，造成直接经济损失500万元；古丈有16个乡镇场的3613公顷水稻、5507公顷旱粮、4380公顷经济作物受旱，全县有7座小一型水库、36座小二水库、339口山塘干涸，有3.24万人、9000头牲畜发生饮水困难；泸溪19个乡镇的7787公顷水稻、4793公顷旱粮受夏旱影响。

湘潭市6月24日至7月28日出现插花性干旱，61个乡镇的5.3万公顷农作物受旱，其中水稻4.1万公顷，53座水库、3.52万处山塘干涸，212条溪河断流，有8.9万人饮水困难。

永州市7～8月降水持续偏少3～6成，造成全市夏旱，11个县（区）的172个乡镇受灾，489个村组的5.24万人饮水困难，35座水库、15200口山塘干涸，186条溪河断流，16.1万公顷耕地受旱，其中晚稻13.2万公顷，旱作2.9万公顷，无水翻耕2.3万公顷。

针对出现的旱情，张家界市政府多次部署抗旱工作，调度资金1800万元用于抗旱；湘潭市组织11.33万劳力、3000多台抽水机奋力抗旱；岳阳市直接用于抗旱的经费和物质达5500万元。气象部门组织各市（州）适时开展了人工增雨作业，共出动高炮117门、火箭增雨装置2架，作业857次，发射增雨炮弹26891发、增雨火箭弹13枚，使大部分农田缓解了旱情。

第三章　冷害与连阴雨

第一节　概　　述

冷害是农作物在生长期内，因温度偏低，影响作物正常生长，或者使作物生殖生长过程发生障碍，导致减产的农业气象灾害，也称低温冷害，是湖南的主要农业气象灾害之一。冷害障碍作物生理活动，严重时使作物组织遭到破坏。冷害对农作物的影响主要表现是：

1. 降低光合作用强度。以各种作物在24℃条件下的光合作用强度为100%计，在12℃条件下大豆的光合作用强度则为85%，水稻为81%，高粱为74%，玉米为62%。

2. 减少根系对养分的吸收。以24℃条件下作物根系对养分的吸收为100%计，在12℃时，水稻对铵态氮的吸收则为50%，磷为67%，钾为70%。

3. 影响养分的运转。冷害能妨碍光合产物和矿物质营养向生长器官输送，使正在生长的植物器官因养分不足而瘦小、退化或死亡。例如：水稻在幼穗生长期，茎秆向穗部输送养分受阻，花药组织向花粉输送碳水化合物不正常，会妨碍花粉的充实和花药的正常开裂、散粉。灌浆过程中，冷害不仅降低光合作用，碳水化合物的合成减少，并且阻碍光合产物向穗部输送。

冷害是一种累积效应，一旦出现，造成的灾情重、受灾范围大。在湖南，冷害在春、夏、秋季都可出现，受危害的农作物主要有水稻、玉米、大豆、棉花、油菜、果树、蔬菜等。根据冷害出现的不同季节，结合对水稻等主要农作物不同生育阶段的影响，将冷害分为“倒春寒”、“五月低温”和“寒露风”三种。此外，其他时段还可能遭受“连阴雨”带来的危害。

一、倒春寒

1. “倒春寒”的定义及危害

每年3月中旬至4月下旬，是湖南省双季早稻大面积播种、育秧、插秧和棉花播种、育苗、移栽以及油菜开花、结荚、壮籽及收割的重要农事季节。正常情况下这段时间的气温是逐渐回升的，但这时冷空气活动仍较频繁，如果遇到势力相当的暖湿气流，冷暖空气的交界面（气象学上称为锋面）在华南徘徊或静止，就会在江南形成长时间的低温阴雨天气，气温非但没有继续转暖反而比前期更冷，当达到一定程度时，就形成了“倒春寒”。《湖南省天气气候若干标准暂行规定》给“倒春寒”的定义是：3月中旬至4月下旬，旬平均气温（或连续两候的平均气温）低于该旬（或该两候）准平均值2度或以上，并比前旬（或前两候）要低，则该旬（或该两候）为倒春寒。倒春寒能造成水稻烂种烂秧，棉花烂种死苗，油菜授粉不足、结荚率降低、阴荚率升高，小麦赤霉病滋生和蔓延等现象，严重时可直接影响农业全年的收成。

2. “倒春寒”的时空分布特征

统计分析结果表明，湖南“倒春寒”出现的概率有北少南多的分布特征。湘中及其以北为40%～60%，湘南为60%～70%。湖南省南半部受“倒春寒”影响的机会明显多于北半部（见图3.1）。

全省各地从3月中旬到4月下旬每旬都可能出现“倒春寒”，但各地出现“倒春寒”的集中期有所不同。在湘北，有34%的“倒春寒”出现在4月下旬，位居第一，其次有30%和25%的“倒春寒”分别出现在3月下旬和4月中旬，位列第二和第三。在湘中，前三位顺序是3月下旬、4月下旬和4月中旬，其对应的“倒春寒”次数分别占该区“倒春寒”总次数的30%、29%和22%。在湘南，位居第一的是3月下旬27%，其次是4月中旬24%和4月下旬20%。

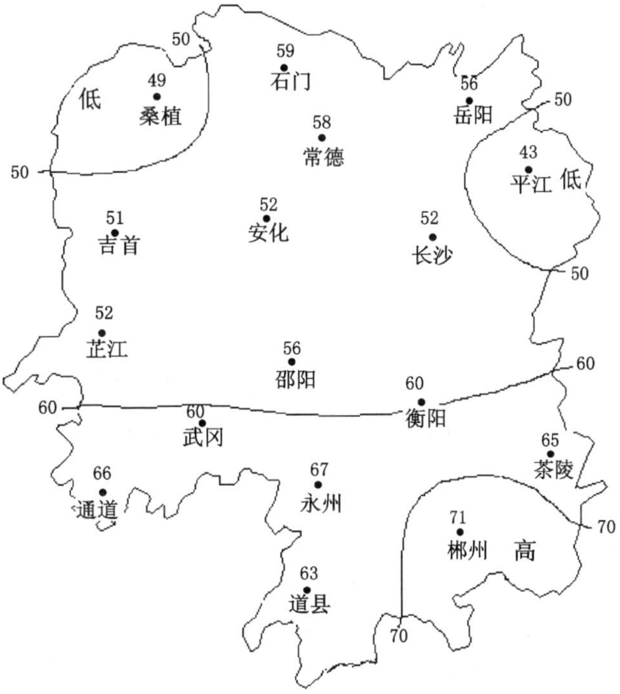

图3.1　“倒春寒”出现概率分布图（%）

一年出现两次“倒春寒”的情况也时有发生，且南部出现的年数明显多于北部。如1972年4月上旬全省出现了“倒春寒”，4月下旬湘中及其以南再次出现“倒春寒”；1980年3月中旬湘西南出现了“倒春寒”，到4月下旬全省又出现了一次“倒春寒”。同一地区一年出现两次“倒春寒”对作物的影响尤为严重。

连续多年出现“倒春寒”的现象也常常发生，而且湘南连续的年数远多于湘中和湘北。1987—1992年衡阳连续6年“倒春寒”；1982—1988年道县连续7年“倒春寒”；1965—1972年通道连续8年、1991—1999年永州连续9年、1982—1994年炎陵和郴州连续13年出现“倒春寒”。

从“倒春寒”出现的年际变化趋势来看，湖南北半部和南半部略有不同。北半部从60年代到80年代，站平均次数逐步减少，到90年代大幅度增加。南半部60年代到70年代，站平均次数明显增加，70年代到90年代略有增加。

评估“倒春寒”的强度应表现“倒春寒”对作物的影响程度。可考虑用三个因素来综合衡量“倒春寒”强度的大小：一是“倒春寒”出现时段，从3月中旬到4月下旬，时间越靠后对作物的影响越大；二是旬气温距平；三是本旬与前一旬的温差。后两项都是负值越大对作物的影响也越大。

“倒春寒”强度代码D可用下式表示：

$$D = D_d + D_{tj} + D_{\triangle t}$$

式中 D_d 为“倒春寒”出现时段代码，$D_d = \begin{cases} 1 & \text{（出现在3月中旬、下旬）} \\ 2 & \text{（出现在4月上旬、中旬）} \\ 3 & \text{（出现在4月下旬）} \end{cases}$

D_{tj}为旬气温距平代码，$D_{tj} = \begin{cases} 1 & (-2.0 \geqslant tj > -4.0) \\ 2 & (-4.0 \geqslant tj \geqslant -5.0) \\ 3 & (-5.0 > tj) \end{cases}$ （tj为旬气温距平，单位:℃）

$D_{\triangle t}$为本旬与前旬气温之差代码，$D_{\triangle t} = \begin{cases} 1 & (0℃ \geqslant \triangle t > -2.0) \\ 2 & (-2.0 \geqslant \triangle t \geqslant -4.0) \\ 3 & (-4.0 > \triangle t) \end{cases}$ （△t为本旬与前一旬气温之差值，单位:℃）

将代码 D_d、D_{tj}和 $D_{\triangle t}$带入 $D = D_d + D_{tj} + D_{\triangle t}$式，计算出强度代码 D。

$$D = \begin{cases} 3、4 & \text{轻度“倒春寒”} \\ 5、6 & \text{中等“倒春寒”} \\ 7、8、9 & \text{严重“倒春寒”} \end{cases}$$

计算统计1951—2000年湖南历次“倒春寒”强度后表明：湖南省北部轻度“倒春寒”多于南部，南部中等和严重程度的“倒春寒”多于北部。由此说明湘南受“倒春寒”影响较为严重。

“倒春寒”是大尺度天气系统产生的天气过程，一般情况下都是成片出现且有一定规模，影响范围较大。一次“倒春寒”过程的影响可以波及到全省或全省大部分地区。

3. 形成“倒春寒”的天气形势

普查1963年、1967年、1968年、1972年、1976年、1978年、1980年、1983年、1987年、1988年、1989年、1991年、1992年、1993年、1995年、1996年、1998年和1999年18例全省范围“倒春寒”的天气形势，发现历次“倒春寒”都经历了由华南静止锋生成到不断有新的冷空气从中路或东路加入静止锋中，使静止锋不断补充活力而长期存在的过程。可以认为，所有发生在湖南范围内的“倒春寒”都与华南静止锋有关，形成“倒春寒”的天气形势就是有利于春季华南静止锋生成和维持的天气形势。据研究，在高空500百帕欧亚中高纬度环流形势中，有“乌拉尔山阻塞高压型”、“平直西风型”和“两槽一脊型”等三种形势有利于春季华南静止锋的形成和维持。

4. 水稻防御“倒春寒”的措施

水稻防御“倒春寒”的措施主要有：

(1) 根据“倒春寒”的发生规律，科学地确定水稻种植，以避开其危害。

(2) 在“倒春寒”期间，对尚未播下的早稻种，注意听取天气预报，抓住“冷尾暖头”天气，抢在回暖前夕播种下泥。

(3) 大力推广旱育秧和应用软盘抛秧技术。水稻旱育秧，秧苗根系生长较旺盛，耐低温能力较强，成秧率较高，秧龄弹性较大。软盘抛秧后返青较快，有利于早稻早生快发，缩短返青期。3月下旬中期之前的水育秧应采取农膜覆盖，以提高秧田地温，同时，注意在气温回升后及时通风透气，防止晴天中午因温度过高而造成烧苗现象，并可减轻病虫害。

（4）合理进行水、肥管理。在育秧期间，注意采用以水调温的办法，做到“冷天满沟水，阴天半沟水，晴天排水”。同时，早稻谷种扎根扶针后要用有机肥催苗，三叶期施“送嫁肥”，提高秧苗素质。

二、五月低温

1. “五月低温”的定义及其危害

根据《湖南省天气气候若干标准暂行规定》，每年5月中、下旬，连续5天或以上日平均气温小于等于20℃时可称为“五月低温”。“五月低温”可使已成熟的小麦、油菜生芽发霉，棉花烂种死苗，早稻插秧后迟迟不能返青成活、分蘖发兜，导致季节推迟，产量降低。

2. “五月低温”的时空分布特征

统计结果表明，在湖南境内，“五月低温”出现概率分别为由东向西递增，东部、中部和西部“五月低温”出现的概率分别为21％、23％和37％。西部出现的概率明显高于东部（见图3.2）。

“五月低温”开始时间普遍集中在五月中旬，约占92％；五月下旬开始的“五月低温”只有8％。

一年内出现2次“五月低温”的情况也曾有发生，如1959年通道，1966年桑植、常德，1975年桑植，1984年安化，1992年武冈，1993年长沙都曾出现过2次“五月低温”。

“五月低温”也有连续多年出现的现象，1952—1956年芷江、1973—1977年通道分别连续5年出现“五月低温”，1955—1960年安化、1984—1989年通道、1988—1993年吉首分别连续6年出现“五月低温”，1957—1964年通道连续8年出现“五月低温”。

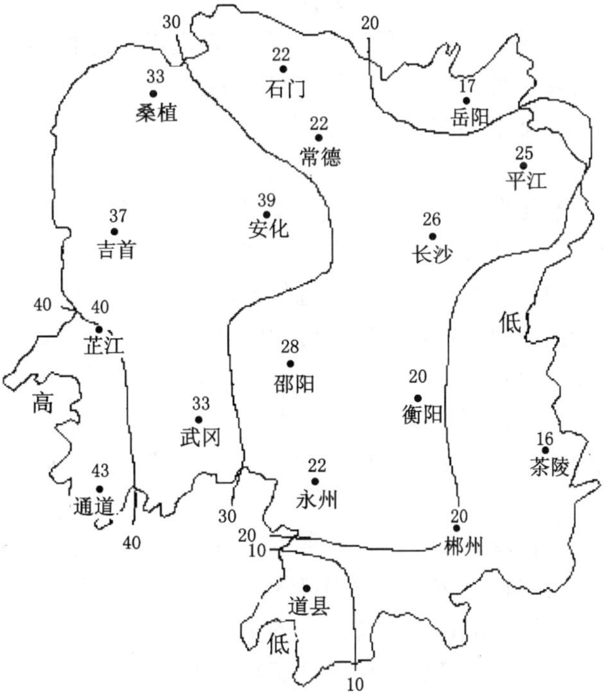

图3.2　“五月低温”出现概率分布图（％）

评估“五月低温”的强度可用“五月低温”过程的连续日数和过程平均气温来综合考虑。以W表示强度指数；D表示某次“五月低温”过程的连续日数，D越大对作物的影响越大；T表示某次“五月低温”过程的平均气温，T越小对作物的影响程度越深。建立下式可计算某次“五月低温”过程的强度指数：

$$W = D / T$$

式中W值越大表明“五月低温”的强度越强。若一年内出现多次“五月低温”，应分别计算各次“五月低温”的强度指数，然后相加，以其和作为当年“五月低温”的强度指数。并约定当：

$W>0.6$ 为严重“五月低温”

$0.6\geq W\geq 0.4$ 为中度“五月低温”

$W<0.4$ 为轻度“五月低温”。

计算并统计了1950—2000年历次“五月低温”的W值后发现，湖南严重、中度和轻度“五月低温”出现的比例分别为11%、31%和58%。进一步分析后发现，严重“五月低温”出现的比例西部大于中部和东部，且是东部的2倍，轻度“五月低温”出现的比例东部大于中部和西部。这再次说明湖南省西部受“五月低温”的影响远大于东部。

3. 形成“五月低温”的天气形势

据研究，“五月低温”发生的当天西风环流指数由高指数转为低指数，副热带高压脊线从北纬16.3°北抬到北纬18.6°，平均北抬2个多纬距。“五月低温”维持时，西风环流指数由低指数转为高指数，副高脊线位置平均北抬到北纬17.5°以北。“五月低温”结束时情况相反，西风环流指数由高指数转为低指数，副高脊线从北纬19.5°以北南退到北纬16.5°，平均南退3个多纬距。在700百帕高空天气图上，有91%的“五月低温”过程长江流域存在横切变。在地面天气图上，所有的“五月低温”过程华南地区都有锋面活动，其中82%的“五月低温”有华南静止锋与之相伴。所有的“五月低温”都是冷空气入侵的结果，其中绝大多数是东路或中路冷空气入侵的结果。

4. 水稻避抗“五月低温”的措施

（1）适时插秧，移栽日期不宜过早，以4月下旬为宜，并要注意选择较好的天气，尽量不要在气温低于15℃、风力大于3级的不利天气抛插秧苗。“立夏”以后抛插秧苗会因为分蘖期短，有效穗少，造成产量不高，季节也会因此推迟而影响晚稻生长发育。

（2）尽量选择中迟熟抗低温的早稻品种（组合）。早熟、特早熟品种的幼穗分化较早，抗低温能力也较弱，幼穗分化时如遇“五月低温”危害较大。热量条件充裕的地方尽量多选择中迟熟早稻品种，以避开或减轻“五月低温”对幼穗分化的影响。

（3）合理灌溉，以水调温。早稻返青分蘖期间如遇强寒潮天气，应适当深灌，用水保温防寒。对冷浸田、烂泥田，要开好排水沟，排干冷浸水，降低地下水位，提高田间泥温。

（4）露田中耕，提高泥温。待早稻分蘖到一定程度后，应注意及时排水晒田，并做好相应的中耕工作，以便提高泥温，促进根系生长，增加有效分蘖数。但如天气晴朗温度过高，则田间应适当保持一定的水层。

（5）及时增施一些热性肥料，如灰肥等，既能增肥又能增温，有利于禾苗早生快发，并增强其抗御能力。

三、寒露风

1. “寒露风”的定义及其危害

“寒露风”是出现在“寒露”节气前后的低温淫雨天气。根据《湖南省天气气候若干标准暂行规定》，每年9月，连续3天或以上日平均气温小于或等于20℃时，便可称为

"寒露风"。9 月份正值湖南省晚稻抽穗扬花阶段，"寒露风"可使正在扬花的晚稻生理机能衰退，抑制花粉粒的正常生长，即使授粉粒仍能完成发芽和受精，但是胚囊不能生长膨大，谷粒不能进一步发育而成为空壳，从而影响晚稻产量。

2. "寒露风"的时空分布特征

全省各地都有一些年份出现"寒露风"，其出现概率有北部高于南部、西部高于东部的特征（见图 3. 3）。

在湘西和湘北，9 月上、中、下三旬均可出现"寒露风"。在湘中和湘东南，"寒露风"只出现在 9 月中旬和下旬。就全省范围来看，出现在各旬的比例分别是上旬 7%，中旬 34%，下旬 59%。但是，从对作物影响程度来看，出现时段越靠前影响越严重。

根据定义，一次"寒露风"的连续时间至少为 3 天，但实际情况却往往多于 3 天，"寒露风"连续天数越长对作物的影响也越严重。统计了历次"寒露风"过程的最长连续时间，结果表明，湖南西部各站"寒露风"过程的最长连续时间均在 10 天以上，其中湘西南的通道和武冈为 16、17 天，而东部各站一般在 10 天以内，道县只有 5 天。这再次表明"寒露风"对湖南省西部的影响远大于东部。

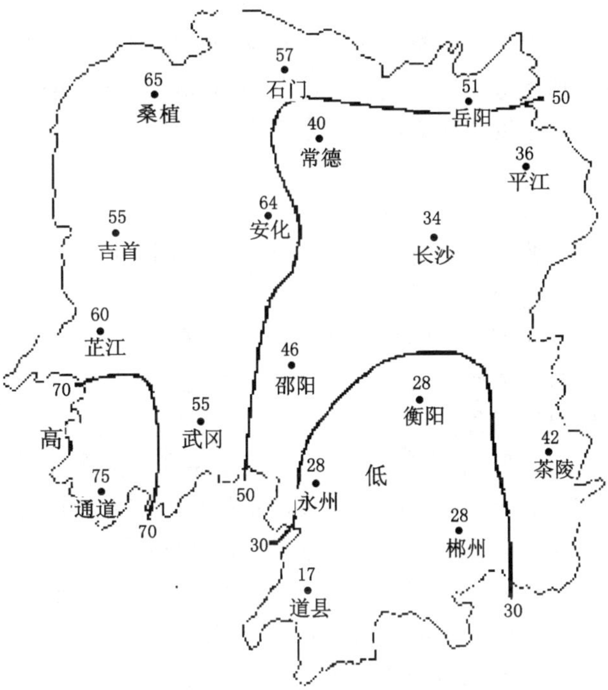

图 3. 3　"寒露风"出现概率分布图（%）

一年内出现 2 次以上"寒露风"过程的情况也常有发生，同一年内出现的"寒露风"过程越多，对作物的影响也越严重。统计表明，湘北和湘西同一年内出现多次"寒露风"的概率为 10%～28%，而湘中和湘东南只有 2%～9%。

连续多年出现"寒露风"的情况也常有发生。通道 1963—1974 年连续 12 年都有"寒露风"。石门、岳阳、安化 1967—1974 年连续 8 年，邵阳、永州、衡阳、郴州 1967—1972 年连续 6 年出现"寒露风"。连续 3～4 年出现寒露风的情况各地均有出现。

评估寒露风强度可综合考虑寒露风出现的时段、过程连续日数和过程平均气温三因素确定，用寒露风强度指数 H 来表示，并建立下式来计算某次寒露风过程的强度：

$$H = X \cdot D / T$$

式中 X 为"寒露风"出现时段代码，"寒露风"出现时段越靠前对作物的影响越大，因而设定当某次"寒露风"出现在 9 月上旬、中旬或下旬时，其 X 值分别为 1. 5、1 或 0. 5；

D 为某次"寒露风"过程的连续日数，连续日数越多对作物的影响越大；

T 为某次“寒露风”过程的平均气温，T 越小对作物的影响程度越深。

H 值越大，寒露风就越强。若一年内出现多次“寒露风”，应分别计算各次“寒露风”的强度指数，然后相加，以其和作为当年“寒露风”的强度指数。并约定当：

$H>0.4$	为严重“寒露风”
$0.4\geqslant H\geqslant 0.16$	为中度“寒露风”
$H<0.16$	为轻度“寒露风”

计算并统计了 1950—2000 年历次“寒露风”的 H 值，分析后发现：各地严重“寒露风”出现的比例是由西部向东部依次递减的，西部比东部多出几乎近 3 倍，而轻度“寒露风”则正好相反，其出现比例由西部向东部递增。中度“寒露风”在西部和中部占的比例较大，轻度“寒露风”在东部占的比例较大。这再次说明湖南省西部受寒露风的影响远大于东部。

3. 形成“寒露风”的天气形势

据普查，所有的“寒露风”过程都是由冷空气侵入造成的，其中 50%～65%的“寒露风”是由入秋后的第二或第三次强冷空气侵入的结果，有 98%的强冷空气过程当其前锋越过北纬 40 度时，锋后高压强度在 1025 百帕以上。

造成强冷空气过程的冷锋越过北纬 40°时，500 百帕高空天气图上环流形势有纬向型和经向型两种。

纬向型包括乌拉尔山阻塞高压型和纬向多波动型。乌拉尔山阻塞高压型在乌拉尔山附近有一稳定的阻塞高压，贝加尔湖和巴尔克什湖地区有一横槽，北纬 40～50°附近为一东西向锋区。当横槽转向南移时冷锋从中路或西路侵入湖南，形成强冷空气过程。纬向多波动型在欧亚中纬度地区有多个快速移动的槽脊东移，冷锋主要是由一对移动性槽脊发展沿脊前南下影响湖南，当冷高压较强时，就形成了强冷空气过程。

经向型包括一脊一槽、两脊一槽和两槽一脊三型。一脊一槽和两脊一槽型的特点是长波脊位于乌拉尔山附近，其东为一宽槽，冷槽沿脊前向南加深进入中国西北地区，冷空气从中路或西路侵入湖南。两槽一脊型的特点是，青藏高原西侧暖脊向北强烈发展，与中亚地区浅脊同位叠加，促使脊前中纬度锋区和低槽在两槽一脊形势下越过北纬 40 度，从西路或中路侵入湖南，形成强冷空气过程。

4. 水稻受害于“寒露风”的时期和特征

水稻生育期间，有三个对低温比较敏感的时期：

(1) 幼穗分化期（抽穗前 25～30 天），这个时期受低温影响，主要延迟抽穗。

(2) 花粉母细胞减数分裂的四分体期（抽穗前 10～15 天），这个时期对低温反应最为敏感，如遇低温，将影响花粉不能正常成熟，引起雄性不育。

(3) 抽穗开花期，这个时期遇低温，轻者出现包颈（稻穗不能完全抽出）、黑壳（谷粒颖壳形成黑班）现象，重者损害花器，柱头变黑，花粉部分不开裂或完全不开裂，不能正常受粉，使空壳率增多，甚至全穗都是空壳。

“寒露风”对水稻的危害，因品种和发育期不同而有差异。减数分裂及小孢子初期，一般当日平均气温低于 20℃或日最低气温≤17℃时，水稻生理活动受到障碍，造成谷粒畸形和空壳。低温强度增大，持续天数增长，危害明显加重。抽穗开花期，日平均气温持续三天以上低于 18～20℃时，粳稻受害；日平均气温持续三天以上低于 20～22℃时，籼稻、杂交稻受害；水稻抽穗开花期，遇短期低温有“闭花耐冷”的特点，如低温超过三天以上，则闭花耐冷对颖花的保护作用明显减弱。

5. 晚稻防御“寒露风”的措施

(1) 掌握“寒露风”发生的气候规律，开展“寒露风”农业气象预报，根据双季晚稻安全齐穗期，合理搭配早、晚稻品种，同时积极引进抗逆性强、丰产性能好的新品种组合。“寒露风”出现日期年际变化较大，最早、最晚出现日期可相差20余天。各地应根据天气预报，合理安排生产，力求在“寒露风”来临前促使水稻齐穗，将“寒露风”的影响降到最低。

(2) 改善田间小气候，增强抗御低温的能力。如采取日排夜灌，使土壤和株间温度相对提高，以减轻“寒露风”的危害。试验表明：在“寒露风”来临时，灌水的田间比没灌水的田间地温可提高1～2℃。也可喷洒化学保温剂，使稻田水面形成簿膜，以防止水分蒸发，达到保温的目的。

(3) 喷施叶面肥和根外追肥，可以弥补“寒露风”侵袭后根部吸收养分的不足，使植株及时得到养分。实验表明：在“寒露风”来临前一星期，喷施磷肥加人尿，结实率可提高13.5%，在“寒露风”来临前喷施也能提高结实率4%。还可喷施1.0%食盐、0.1%腐植酸钠、1.5%氯化钾、2%过磷酸钙、2%尿素等。

四、连阴雨

“连阴雨”是指连续几天到几十天阴雨的天气过程，也是湖南经常遭遇的农业气象灾害，春季连阴雨对水稻育秧不利，易造成烂秧，夏季和秋季出现的连阴雨对夏收和秋收不利，谷物不易晒干造成发芽霉烂。连阴雨期间可有短暂的晴天，降水强度不定。“连阴雨”影响农作物生长发育有三个方面：(1) 伴随“连阴雨”出现的寡照；(2) 伴随“连阴雨”出现的低温冷害或冻害；(3) 在“连阴雨”过程中当雨量较多或较强时所出现的渍涝或洪涝。在湖南春、夏、秋、冬各季均可能出现“连阴雨”天气。冬季“连阴雨”常和寒潮或冻害相联系，在“冻害”章节中再叙述。春、夏、秋季的“连阴雨”导致的渍涝或洪涝危害在“洪涝”章节中已有叙述。当“连阴雨”出现在特定时段达到“倒春寒”、“五月低温”或“寒露风”标准时本节前面已经叙述，这里所述的连阴雨灾害仅指因“连阴雨”产生的长期低温、寡照对农作物的不利影响。

春季连阴雨：湖南1950—2000年中有9年出现了春季连阴雨，平均约每5年出现1次。春季连阴雨对农作物的影响与“倒春寒”和“五月低温”类似。春季连阴雨的天气形势特征与“倒春寒”和“五月低温”基本一致，其防御措施同“倒春寒”和“五月低温”的防御措施。

夏季连阴雨：夏季连阴雨可造成早稻大雨洗花、空壳率高，或灌浆、乳熟不充分，千粒重下降，或收割期后延、收割后无法晾晒而霉变发芽等现象；还可使晚稻僵苗不发，分蘖缓慢，生长期延长；亦可使棉花落蕾落铃，出现病虫害。湖南1950—2000年中有9年出现了夏季连阴雨，平均约每5年出现1次。据研究，夏季连阴雨与副热带高压脊线位置有密切关系，当副热带高压脊线进入北纬17度至北纬23度区间后，一切有利于副热带高压稳定少变的形势配置，都是有利于夏季连阴雨出现的天气形势。

秋季连阴雨：秋季连阴雨可造成晚稻大雨洗花、空壳率高，或灌浆、乳熟不充分，千粒重下降，或收割期后延、收割后无法翻晒而发芽等现象，造成“丰产不丰收”的局面，也对柑橘的成熟、收摘和储藏有不利影响。湖南1950—2000年中有9年出现了秋季连阴雨，平均约每5年出现1次，多发时段为9月中旬到10月中旬，一般都能维持7天以上。秋季连阴雨是由于冷暖空气在湖南上空交汇，导致湖南生成高空切变线和地面准静止锋而形成的。开始时亚欧500百帕高空天气图上副热带高压脊线稳定在北纬20度附近，“588线”一般位于两广及福建上空，副热带高压西伸脊点一般在东经105～120度之间，亚洲北纬40°以南均为较平直的西风气流，小槽活动频繁，引导地面冷空气连续影响湖南，地面冷高压中心强度一般在1031～1060百帕之间，太弱时容易增暖变性，太强时又容易越过南岭而形成不了准静止锋，同时中国东部及南部沿海无台风活动。秋季连阴雨的预防措施如同“寒露风”。

第二节 1949年及以前的冷害与连阴雨灾害

秦 始皇帝九年（公元前238年） 湖南：四月寒，民有冻死者。

汉 中元六年（公元前144年） 衡山：七月晦。

汉 永元十四年（公元102年） 荆州：秋淫雨伤稼。

汉 永建二年（公元127年） 荆郡：夏四月淫雨伤稼。

汉 永建四年（公元129年） 司、隶、荆、豫、兖、冀……淫雨伤稼。

汉 永和四年（公元139年） 荆州淫雨伤稼，益阳、沅江淫雨伤稼。

汉 初平四年（公元193年） 常宁：六月寒风如冬时。

晋 永宁元年（公元301年） 荆州、义阳、岳阳、华容、湘阴、益阳、沅江：十月霖雨害伤禾稼。

宋 太平兴国二年（公元977年） 道州：春夏霖雨不止，平地水深二丈余。

宋 政和八年（公元1118年） 武陵：秋久雨，稻禾生芽。

宋 绍兴三年（公元1133年） 荆湖北路：三月连雨至五月，害蚕麦稻。

宋 绍兴四年（公元1134年） 荆湖北路郡县：四月连雨至五月坏圩田，害蚕麦稻。

临湘：四、五月淫雨，害蚕麦稼。

宋　开禧三年（公元 1207 年）　临湘：五月淫雨。

宋　嘉定六年（公元 1213 年）　临湘五月淫雨。

宋　嘉定十三年（公元 1220 年）　岳阳、临湘、华容、湘阴、益阳、沅江夏五月霖雨。

明　弘治七年（公元 1494 年）　永州：春，霖雨伤麦。

明　弘治八年（公元 1495 年）　永明：三月大雨，连月不休，秧苗皆没，二麦不登，老农谓之病春。

明　嘉靖六年（公元 1527 年）　浏阳：四月大雨雪。岳州：夏五月淫雨，洞庭湖大水。

明　嘉靖二十一年（公元 1542 年）　资兴：正月雨至四月。

明　嘉靖二十二年（公元 1543 年）　郴州：春积雨。春正月三十雨至四月。资兴：正月雨至四月。

明　隆庆五年（公元 1571 年）　沅江：春夏淫雨，大水至十一月方涸，田禾绝种。

明　万历十六年（公元 1588 年）　衡山：自三月初大雨百余日，……苗尽伤。邵阳、宝庆府、新化：春多淫山崩木仆。浏阳：六月恒雨。

明　万历十七年（公元 1589 年）　浏阳：三月淫雨不止。

明　万历二十三年（公元 1595 年）　绥宁：二月雪雹连旬，人畜冻毙。浏阳：三月雨大雪。

明　万历二十六年（公元 1598 年）　沅江：六月雨冰，九月上旬雨雪。

明　万历二十七年（公元 1599 年）　常德府、武陵、龙阳：淫雨，自五月至八月禾稼俱飘。

明　万历二十九年（公元 1601 年）　浏阳：三月大雪。大水无禾。沅江、新化：春淫雨。

明　万历四十二年（公元1614年）　资兴：正月雨至四月。

明　万历四十七年（公元1619年）　石门：夏淫雨为灾。

明　崇祯十二年（公元1639年）　浏阳：五月初七大淫雨至十九日止；

明　崇祯十三年（公元1640年）　安化：三至五月淫雨；

明　崇祯十五年（公元1642年）　邵阳、宝庆府郡、新化、新宁：夏淫雨大水，五月犹寒，谷豆不登，民大饥、岁歉。

清　顺治元年（公元1644年）　浏阳：五月淫雨。

清　顺治三年（公元1646年）　耒阳：四月至六月阴雨不息，疫气盛，蒸死者枕藉于道。

清　顺治四年（公元1647年）　湖南：全省除个别地区外，自春至夏，连续三个月淫雨不止，大水。益阳：春连雨百日。湘潭：淫雨三月至五月不止。酃县：自四月初至六月份阴雨不息。耒阳、安仁：自四月至五月阴雨不息……疫气盛行，死者枕藉于道。醴陵：淫雨，五至六月大疫，斗米千钱。宁乡：春夏之交连雨百日昼如晦……。

清　顺治六年（公元1649年）　浏阳：三月淫雨不止。

清　顺治九年（公元1652年）　零陵：春淫雨。

清　顺治十七年（公元1660年）　浏阳：闰七月淫雨。

清　顺治十八年（公元1661年）　辰州、沅陵：四月雪，孟秋又雪。

清　康熙二年（公元1663年）　浏阳、攸县、安乡：秋恒雨……。

清　康熙八年（公元1669年）　资兴：四月陨霜，高山雪；六月八面山又大雪。

清　康熙二十年（公元1681年）　永州、零陵：春淫雨。

清　康熙二十二年（公元1683年）　石门：春恒雨伤麦。澧州、安福、安乡、溆浦：春夏淫雨为灾。龙阳：淫雨竟岁损禾稼。

清　康熙二十五年（公元1686年）　安乡：秋雨苦多，收获未全。

清　康熙四十八年（公元 1709 年）　石门：四月淫雨伤麦。

清　康熙五十二年（公元 1713 年）　泸溪、沅陵：正月至五月淫雨。

清　康熙五十三年（公元 1714 年）　湘阴：春冰寒至二月不解。

清　康熙五十七年（公元 1718 年）　沅江：自六月至八月雨，是年薄收。

清　雍正八年（公元 1730 年）　岳州、临湘：三月至六月淫雨。泸溪：春夏寒，秧种三易。岳阳、华容、湘阴、平江、益阳、沅江：夏淫雨，自三月至六月雨不止，麦禾两伤。

清　乾隆元年（公元 1736 年）　澧州、安福、石门、安乡：春淫雨损苗。安乡半熟。

清　乾隆八年（公元 1743 年）　沅江：三月雨冰打死野凫无数。宁乡：春雨雪深数尺。

清　乾隆十三年（公元 1748 年）　湖南：全省除个别地区外，春夏淫雨损麦。石门、澧州、安福、安乡：春夏淫雨，秧麦俱损，补种，水泛低者，庐渚尽淹，失收，高者鼠耗遍野，食田禾……其年半收。

清　乾隆十七年（公元 1752 年）　祁阳、祁东：春淫雨；民大饥。

清　乾隆十八年（公元 1753 年）　资兴：春二月初十日雨至四月二十日始晴，秧苗大坏。

清　乾隆二十年（公元 1755 年）　长沙、善化、湘乡：自正月至五月雨不止。辰州、沅陵、溆浦：春积雨。

清　乾隆三十四年（公元 1769 年）　常德府、武陵：雨，自正月至五月。岳阳、华容、湘阴、益阳、沅江：春淫雨，正月大雨连旬……。岳阳、华容、湘阴、益阳：秋七月大雪，深尺许，时七月二十八日也。永州、零陵、祁阳、祁东：九月大雨雪，鱼鸟皆冻死。

清　乾隆五十一年（公元 1786 年）　岳阳、华容、湘阴、沅江、益阳：清明后大雪，三月十六、十七日积深二尺许，大饥。

清　乾隆六十年（公元 1795 年）　石门：六月淫雨。

清　嘉庆五年（公元 1800 年）　湖南：九月雪。岳州、平江、长沙、善化、晃州、湘阴、永州、湘乡：九月二十八日大雪，深尺许损稼。

清　嘉庆十三年（公元 1808 年）　邵阳：四月大雪深三尺。道州：四月初一日天降大雪，平地深尺许。郴州、宜章：四月初一日大雨雪。

清　嘉庆十四年（公元 1809 年）　城步：夏四月初一雨雪。

清　嘉庆十七年（公元 1812 年）　临武：秋冬之际大雪。

清　嘉庆十九年（公元 1814 年）　辰溪：三月大冻，桐无实。永明：春三月雪深数尺，无麦，永邑罕见（百年未有）。郴州、宜章：闰二月大雪无麦。

清　嘉庆二十年（公元 1815 年）　沅江：春阴雨连旬，秧苗播种数次。

清　嘉庆二十一年（公元 1816 年）　湖南：夏淫雨伤稼。

清　嘉庆二十三年（公元 1818 年）　道州：春阴雨连绵，自正月至五月。

清　道光元年（公元 1821 年）　湖南：夏淫雨甚寒，民多疫。武冈：九月淫雨，积旬大疫。

清　道光二年（公元 1822 年）　沅陵：元月雪至二月朔始止，尽一月仅三日晴。

清　道光五年（公元 1825 年）　祁阳：春大雪深六尺，夏淫雨甚寒，大水，民多疫。

清　道光十一年（公元 1831 年）　湘阴：淫雨自四月至六月。邵阳：九至十月淫雨不休。

清　道光十二年（公元 1832 年）　宁远：春淫雨浃月。桂阳州：春夏连月寒雨。沅陵：自九月至十二月雨雪连绵不止，米价骤贵，民多饥死 。

清　道光二十一年（公元 1841 年）　石门：二、三、四月阴雨不止，岁饥，谷价腾贵。慈利：春雨浃旬，民多劫掠。邵阳：三四月淫雨连旬。

清　道光二十五年（公元 1845 年）　邵阳：自立春至清明阴雨五十余日。

清　道光二十六年（公元 1846 年）　华容、善化：春，淫雨。

清　道光二十八年（公元 1848 年）　湖南：秋七月大雨至八月六日始霁，田禾尽偃，谷生芽蘖。入秋后大雨不止，滨湖围垸多溃，各地新谷登场，尽生芽蘖，有芽须长至三寸许者。

临湘：淫雨，自正月至七月不止。龙阳：大水，淫雨兼旬。慈利、石门：大雨潦连数月，百谷皆死。桃源、益阳、长沙、善化、邵阳：七月大雨兼旬，新谷登场尽生芽，始传焙谷之法。

平江、安化：自夏迄秋，淫雨害稼，田谷生芽，邑人创焙谷法，秋七月大雨至八月六日始霁。湘乡、新化、乾州夏秋霖雨弥月，禾偃泥中生芽，谷遂大贵。湘阴：八月大雨兼旬，田禾被淹，淫雨之害，晚谷尽发芽。宁乡：秋淫雨连旬，稻生芽，半收半腐。

清　道光二十九年（公元 1849 年）　湖南：自春至夏（三月至六月）沅水、澧水流域大雨连绵，数月不止。……致使这一广大地区，禾稼无收，谷价腾贵，各地饥民塞途，饿殍载道。

澧州：春月久雨，夏奇荒，谷价腾贵，石谷价钱三千七八百文，人民死者无算。安福：三至五月淫雨，岁歉大饥，斗米钱八百文，民食草木，饿殍载道。石门：自春至夏淫潦不开，大水，盐谷腾贵，饥民塞途，饿殍载道，至庚戌（公元 1850 年）春，尚多饿死者。临湘：自正月至七月淫雨大水。湘乡：春恒雨伤苗；……大饥，斗米千钱，贫农挨户索食，自三月至六月乃已。保靖：春夏苦雨，二麦无收大饥，五月饥荒，民间多食椿叶及剪草充饥者。桃源：夏淫雨六十日，邑民大饥，升米百钱，人多难给，死亡甚众。湘阴：夏淫雨阴晦，不见星日者数月，五月犹寒，溺病而死者无数。乾州：夏久雨不稍住，民大饥，斗米二千余。沅州、芷江：七月淫雨连旬，禾稻腐坏过半，次年米价昂贵，民大饥 。华容：水，淫雨数月。大庸：永定雨潦，大饥。

清　咸丰三年（公元 1853 年）　安福：六月阴雨浃旬，谷皆发芽。醴陵：六月淫雨，阴雨兼旬，时早稻亦获，中稻朽烂，四乡以数十万石计。安仁：六月大雨，淋漓二十余日，平地积水尺余，五谷被伤。

清　咸丰十年（公元 1860 年）　衡阳：三月北乡雨雪。耒阳：三月雨雪。邵阳：三月、闰三月、四月阴雨六十余日。

清　咸丰十一年（公元 1861 年）　宜章：春二月久雨。

清　同治元年（公元 1862 年）　保靖：春大凌，……夏三月至四月多雨 。乾州：四月久雨经旬。

清　同治三年（公元 1864 年）　汝城：四月起淫雨数月，斗米四百余文。

清　同治四年（公元 1865 年）　武冈：淫雨，自十二月至明年三月始息 。

清　同治七年（公元 1868 年）　武冈、芷江、麻阳、靖州、安福：秋淫雨伤稼。湘阴：八月大雨弥月，西水大涨，淹毙者千余人……谷已收者皆生芽。麻阳：秋雨过多，禾间生耳。靖州：八九月淫雨伤稼，田禾迟者尽遭浸烂。沅州、芷江：淫雨伤稼，次年米价昂长，斗米千钱。

清　同治八年（公元 1869 年）　湘阴：三月始淫雨二十余日。长沙府：入春以来，阴雨较多，五月后雨势更大连旬不息。湘乡：五月霖雨弥月……秋歉收。平江：秋多雨，田谷生芽。

清　同治十年（公元 1871 年）　宁乡：七月霖雨，谷芽怒生。

清　同治十一年（公元 1872 年）　湘乡：春大霖雨至夏五月，……秋歉收。浏阳：四月淫雨。龙阳：五月淫雨大水。湘潭：春夏霖雨。武冈：夏雨两月不止。

清　光绪三年（公元 1877 年）　新宁：夏四月淫雨连绵 。耒阳：七月淫雨伤稼。

清　光绪六年（公元 1880 年）　宁乡：仲夏，寒，可棉 。

清　光绪十五年（公元 1889 年）　花垣：秋七月苦雨三月，淹没民房禾稼，瘟疫死者数十人。

清　光绪十八年（公元 1892 年）　溆浦：七月一日雨雪，禾多青空。醴陵：八月寒，晚稻不实 。

民国　五年（公元 1916 年）　宁乡：八月初，淫雨兼旬，……大凌，为历史罕见。

民国　六年（公元 1917 年）　永顺：秋七月大雨数日，稻皆生芽。

民国　十一年（公元 1922 年）　宝庆：秋后，阴雨连绵蟊贼肆虐，累累嘉穗，秀而不实，悉成秕谷。

民国　十八年（公元 1929 年）　岳阳：早稻熟时，连续暴雨十多天，沿湖打捞谷芽。临湘：夏大水，淫雨，平原水深数尺，谷尽生芽，江水暴涨，沿河四十八汊一片汪洋，滨湖百余里，禾苗尽淹。华容：七月淫雨成灾，各垸渍水丈余，棉、稻尽没而禾穗浮于水面者，日蒸夜露，或发芽，或萎烂，旋又生虫，收成仅及十之四五。湘阴：夏，大水，久雨成潦，各垸田禾多被淹没。秋荞收割时，即开始大雪，割倒的荞麦来不及收回，冰冻在田……至十月才出现太阳，冰冻随解。南县：七月大雨，凡五昼夜，平地水深四五尺，全县垸田尽皆淹没。继复时雨时晴，渍水深达三丈，庐舍多在水中，禾穗生芽，收获不及五成。醴陵：八月淫雨害稼。

民国　十九年（公元 1930 年）　嘉禾：正月至二月复大雪；三月将晦大雨。衡阳：入春以来，淫雨数月，大水泛滥，种子漂浮过半，耕作愆期。

民国　二十年（公元 1931 年）　湖南：六月大雨兼旬……七月又连月淫雨至八月迄未休止，是年灾情之重，为数十年来所未见。岳阳：夏淫雨，……秋作全部失收。湘阴、衡山：六月，大雨兼旬，……七月又连月淫雨至八月，迄未休止。

民国　二十二年（公元 1933 年）　湖南：五、六、七月间，淫雨不止。益阳、衡阳：五、六、七月间，淫雨不止。

民国　二十四年（公元 1935 年）　湖南：六月下旬，连续淫雨两月……。石门：六月下旬阴雨连绵至七月三日，大雨倾盆不止。临湘、湘阴：六月下旬起，淫雨连绵两月……。

民国　二十七年（公元 1938 年）　益阳、沅江、宁乡：六月间淫雨成灾 。

民国　二十八年（公元 1939 年）　湖南：湘北春大雪，华容连下六天大雪，桃花山一带雪深尺余。

民国　三十二年（公元 1943 年）　醴陵：五月淫雨伤稼……晚稻收获时，淫雨兼旬，残余之穗化为泥淖。

民国　三十三年（公元 1944 年）　醴陵：九月淫雨为灾，秋淫雨四十余日。

第三节　1950—2000 年的冷害与连阴雨灾害

1950 年　长沙市出现春夏连阴雨，春播天气较差，郊区 5～6 月阴雨多，粮食减产 150 万千克。

娄底市出现秋季连阴雨，自 9 月 19 日起持续阴雨低温 9 天，对中稻收获、晾晒极为不利。9 月中、下旬，湘东地区出现“寒露风”。醴陵县 9 月中旬起连续阴雨 20 多天，晚稻多黑穗空秕，一般减产 4～5 成，严重者达 7 成。

1951 年　常德、怀化、株洲等地出现“倒春寒”天气。其中，常德市：3 月平均气温比常年偏低 1.3℃，4 月平均气温比常年偏低 2.2℃，4 月中旬出现“倒春寒”。怀化市：黔阳县 4 月上、中旬连续阴雨十多天，4 月中旬出现“倒春寒”，已下田种谷烂掉约 10%。株洲市：醴陵县 40 天春雨低温，4 月 18 日晚下雪，早稻烂秧，严重者达 67%；攸县 4 月 13 日起低温连阴雨，一般烂种为 15%～20%，严重者达 50%。

桑植县春雨多，春收作物霉烂和水稻烂秧死苗都很严重，二区小麦霉烂3万多千克，损失17%，水稻烂种烂秧2.9万多千克，占下种的17%以上。宁乡县入春后淫雨多，春播天气差，有烂秧现象。

娄底市出现“寒露风”天气，9月20日冷空气入侵，之后日平均气温降低到20℃以下，持续阴雨低温天气，影响中稻收获、晾晒。

1952年 醴陵县出现秋季连阴雨，9月中旬起连续阴雨20多天，晚稻多黑穗空秕。

1953年 长沙、常德、郴州等地出现倒春寒天气，其中，常德全地区春寒严重，日平均气温到4月15日才稳定通过10℃，4月中旬出现“倒春寒”。长沙市：宁乡县“倒春寒”，入春时天气暖和，尔后低温阴雨，春播天气差。郴州市：4月中旬平均气温12.4℃，比上旬低3.1℃，比多年平均低5.6℃，出现严重的“倒春寒”天气。

常德市出现秋季连阴雨：9月2～13日，10月10～21日，11月3～12日连续阴雨，冬季种植受影响。

1954年 郴州市：4月下旬出现“倒春寒”，4月13日至5月18日，嘉禾县连阴36天，烂秧率达40%。张家界市：桑植县春季低温阴雨，水稻烂秧烂种2万多千克。

长沙市出现“五月低温”：5月阴雨25天，最长连续阴雨9天，5月22～24日，连续3天日平均气温≤20℃，造成低温湿寒。

1955年 常德市：3月下旬和4月下旬分别出现两次“倒春寒”，3月、4月平均气温分别比常年偏低1.2℃，4月下旬低温阴雨时间长，早、中稻烂秧歉收。长沙市：3月下旬至4月初，出现“倒春寒”，4月中下旬又有“倒春寒”。郴州市：郴县3月下旬平均气温8.6℃，比历年同期低5.5℃，比3月中旬低4.9℃，出现严重“倒春寒”天气；安仁3月下旬至4月初，连续18天低温阴雨，出现“倒春寒”，对早稻播种育秧极为不利。桑植县春季阴雨多，3月份只有4个晴天，4月份只有9个晴天，有时雨中还夹有冰雹，全县烂种烂秧8万多千克，占下种的20%以上。湘潭市：4月，湘乡气温低，其中4月17～21日，气温多在10℃以下，为严重烂秧年。株洲市：插秧季节推迟10多天，醴陵县烂秧率在20%以上，攸县4000公顷早稻缺秧。4月中旬全省大部分地区低温连阴雨，祁东出现雨雪天气，烂秧烂种严重，祁东损失谷种50余万千克。

1956年 长沙市：3月下旬出现“倒春寒”天气。常德市：全区3月平均气温比常年偏低1.6℃，3月下旬出现“倒春寒”，早稻烂秧歉收。郴州市：安仁3月下旬至4月上旬有“倒春寒”，对水稻的播种育秧极为不利。

常德市：全区“五月低温”明显，早稻烂秧歉收。娄底市：5月12～18日出现“五月低温”，日平均温度最低为13.6℃，新化、涟源和双峰县的山区中稻分蘖迟缓，黑根死苗6600公顷。郴州市：安仁5月11～18日出现“五月低温”，影响早稻幼穗分化，造成减产。

1957 年　大庸县出现“倒春寒”天气，4 月播种育秧期间，受强寒潮侵袭，日平均气温最大降幅达 12℃，过程最低气温 7.9℃，过程持续 10 余天，全县烂种 12 万千克，同时补种 12.5 万千克，造成损失严重。

娄底、湘潭等地出现春季连阴雨，其中，5 月 1～8 日，娄底市出现为期 8 天的低温天气，影响中稻分蘖和幼穗分化，南特号空壳率达 30%。湘乡县 5 月久雨低温，1.8 万公顷早稻禾苗发黄，4333 公顷死苗。

全省 9 月下旬出现“寒露风”，长沙、岳阳、芷江等地连续 8 天以上日平均气温≤20℃，长沙晚稻空壳率达 58%，主要晚稻品种皆严重减产，红米冬粘品种几尽失收，自此籼稻良种取代原当家品种。娄底市：9 月 24 日，冷空气入侵，日平均气温降低到 20℃以下，阴雨低温天气持续 9 日，影响中稻收获、干燥，旱土作物红薯受灾减产 5 万千克。

1958 年　常德市：全区 5 月中旬出现“五月低温”，5 月平均气温较常年偏低 1.5℃，早稻、棉花受影响。长沙市：宁乡 5 月中旬出现“五月低温”。

长沙市：9 月受“寒露风”影响，晚稻空壳率较高。娄底市：9 月 17 日，冷空气入侵，持续阴雨低温天气 3 日。红薯受害不耐贮藏，烂薯 25 万千克。

1959 年　全省 5 月中旬出现“五月低温”，长期低温阴雨寡照，严重影响水稻分蘖、孕穗，部分地区空壳率最高者达 70%。其中，常德全地区出现“5 月寒”，月平均气温较常年偏低 1.6℃。娄底市早稻青森五号空壳率 70%，几乎失收，南特号空壳率 50%。

1960 年　桑植县 3 月中旬和 4 月中旬出现严重“倒春寒”，全县烂种烂秧十分严重，早稻烂种 68.2 万千克，占播种总量的 56%；中稻烂种 33 万千克，占播种总量的 22%；早包谷烂种 9.5 万千克，红薯烂种 174.3 万千克。大庸县 4 月中旬，“倒春寒”严重，11～15 日 5 天平均气温仅 10.8℃，日最低气温达 7.2℃，4 月 12 日平均气温仅 7.9℃，导致全县早、中稻烂种 200 万千克。常德全地区 4 月中旬“倒春寒”，4 月平均气温较常年偏低 1.4℃，低温阴雨 10 余天，早稻烂秧歉收。长沙市：4 月 8 日寒潮入侵，维持 7 天阴雨寡照天气，4 月中旬出现“倒春寒”，造成烂秧。全省大范围烂秧率达 20%～30%。

全省 5 月中旬出现“五月低温”，长期低温阴雨寡照，严重影响水稻分蘖、孕穗，部分地区空壳率最高达 70%。其中娄底市：5 月 18～24 日出现为期 7 天的“五月低温”，对早、中稻分蘖和幼穗分化影响很大，早稻南特号空壳率 40%，中稻万利灿空壳率 30%。

娄底市出现秋季连阴雨：受冷空气影响，自 9 月 30 日起持续阴雨低温 12 天，极端最低气温 5.9℃，双季晚稻空壳率达 50%，每公顷仅产 885 千克，比上年减产 54.2%，全市总产比上年减产 3232.5 万千克。

1962 年　郴州市出现“倒春寒”天气，3 月下旬平均气温 11.4℃，与历年同期相比偏低 2.1℃，比 3 月中旬偏低 3.9℃。

湘西自治州出现春季连阴雨，3 月上旬连续阴雨 6～8 天，4 月 4～12 日连续阴雨 9 天，5 月 24～31 日连续阴雨 8 天，大庸县全县烂谷种 32.5 万千克；桑植县 3 月 23 日播种的秧苗死苗率为 80%～100%，3 月底播种的秧苗死苗率在 45%～75%之间；泸溪县 4 月

4～12 日连续阴雨 9 天，5 月 1～8 日连续阴雨 8 天，5 月 10～19 日连续阴雨 10 天，部分地区烂秧率达 77%。长沙市 3 月 3～10 日连续阴雨 8 天，4 月 4～12 日连续阴雨 9 天，4 月 29 日至 5 月 8 日连续阴雨 10 天，5 月 10～18 日连续阴雨 9 天，长期低温寡照造成烂秧。涟源县 3 月 4～16 日连续阴雨 13 天，3 月 31 日至 4 月 13 日连续阴雨 14 天，4 月 29 日至 5 月 19 日连续阴雨 21 天，5 月 23～31 日连续阴雨 9 天，全县烂秧率一般在 40%，个别严重地区可达 90%。邵阳市：新邵县 3 月 3～17 日连续阴雨 15 天，4 月 4～12 日连续阴雨 9 天，4 月 28 日至 5 月 12 日连续阴雨 15 天，全县烂秧率为 50%～70%。

1963 年　全省于 3 月中旬和 4 月下旬先后出现“倒春寒”天气。其中，大庸县 4 月 16 日后，连续低温 8 天，4 月下旬出现“倒春寒”天气，早稻烂秧 30%，中稻烂秧 41%，全县早、中稻烂种 25 万千克，以新桥、教字垭烂种最严重。岳阳市 4 月下旬出现“倒春寒”，临湘县早稻秧田有 50%、中稻秧田 40%出现烂秧现象，烂秧率为 10%，全县早、中稻共补种 51 万千克。湘潭市 4 月下旬出现“倒春寒”，4 月 18～24 日出现寒潮，气温急剧下降，19～22 日的日平均气温都在 11℃以下，湘潭烂秧率在 20%～80%，韶山区早稻烂秧 40%，中稻烂秧 47%。株洲市 4 月下旬出现“倒春寒”，攸县烂秧率为 10%。衡阳县烂种 300 多万千克。邵阳县早稻死苗面积占总播面积的 28.1%。

1964 年　湖南省局部地区 4 月上旬出现“倒春寒”，3 月 25～28 日下泥的谷种一般烂掉 10%～20%。4 月 6～9 日，邵阳市受强冷空气影响，市区日平均气温由 24.6℃降至 7.6℃，日最低气温降至 5.7℃，早稻秧苗烂秧严重，一般露地秧烂秧率达 25%，严重的在 70%以上，邵东县烂秧率达 45%，新邵县早稻烂种 8 万千克，占 17.4%。4 月上旬，郴州市桂阳、临武连续低温阴雨，造成严重烂种烂秧，桂阳烂秧率达 40%，临武烂秧率达 30%，个别严重者达 100%。株洲市部分地方还下了冰雹，烂秧率达 15%左右，攸县烂种 15 万千克。衡南县烂种 45%。

桑植县 9 月下旬出现“寒露风”天气，9～10 月，多阴雨天气，10 月份雨日多达 22 天，为历史罕见，造成全县秋收困难，粮食霉烂严重，共霉烂稻谷 13.3 万千克、包谷 77.6 万千克，其他杂粮 21.6 万千克。

1965 年　全省各地于 3 月下旬和 4 月下旬先后出现“倒春寒”天气。其中，大庸县早稻烂种 10.3 万千克、中稻烂种 31 万千克，占总播种数的 10%。常德全地区 4 月平均气温较常年偏低 1.4℃，4 月下旬出现“倒春寒”，早稻烂秧歉收。岳阳市 3 月下旬和 4 月下旬分别出现两次“倒春寒”，使全市早稻烂秧严重，补种 402.5 万千克，其中临湘县烂种 46.5 万千克，占播种总量的 20%；华容县烂种 80 万千克，占播种总量的 25%；岳阳县烂种 100 万千克，占播种总量的 21%；湘阴县烂种 237 万千克，占播种总量的 48%；平江县烂种 62 万千克，占播种总量的 19%。宁乡县 4 月下旬出现“倒春寒”，普遍烂秧。醴陵县平均烂秧率为 20%，个别严重者达 100%。双峰县烂秧率为 30%。衡阳市 3 月下旬发生“倒春寒”，一般烂秧率 20%，衡阳县烂谷种 133 万千克，占总数的 32%；衡南县烂秧率为 28.8%；祁东县烂种 123 万千克，占总量的 43%，个别严重者烂秧率达 70%以上；常宁县烂种 43 万千克，占总量的 30%；祁阳县烂秧率为 40%，105 万千克种谷受损失。邵阳地区邵阳县早稻烂种 41.3 万千克，占总数的 32.8%；邵东县在 3 月中旬播种的烂秧率为 40%～50%，3 月底播种的烂秧率为 22.2%。

全省大部分地区于 9 月中旬和下旬分别出现两段“寒露风”天气，晚稻空壳严重，洞口空秕率一般 30%～40%，重者 80%，甚至失收，浙场 9 号等晚籼品种大多不勾头散籽，或包茎不出，因此淘汰，为粳稻型品种农垦 58 取代。娄底市：9 月 27 日冷空气入侵，日平均气温降低到 20℃以下，连续低温阴雨 3 天，晚稻空壳率 45%，单产较上年减产 43%，全区总减产 427 万千克。

1966 年　4 月上旬和中旬湖南省部分地区出现“倒春寒”，一般烂秧 30%，严重者 70%。其中，郴州、桂阳、临武、资兴、桂东、永兴在 3 月下旬出现了 10～11 天的连阴雨，4 月出现了 12～18 天的连阴雨，4 月中旬平均气温普遍比多年同期平均气温偏低 2℃以上，形成低温连阴雨和“倒春寒”天气，宜章烂种 51.9 万千克，安仁、汝城烂秧严重。醴陵县烂秧率为 40%，个别严重的达 90%。衡阳县烂种 174 万千克，占总数的 36.8%。常宁县烂秧率为 42%，损失谷种 132 万千克。祁阳县烂秧率 33%，损失谷种 100 万千克。江永县早、中稻烂种 20 万千克，占下种总数的 22%。

桑植县出现春季连阴雨：4 月 2～12 日，连续低温 9 天，阴雨 11 天，造成全县已播种的 36 万千克早稻种烂掉 11 万千克，烂秧率 31%；大庸县烂种 175.2 万千克，烂秧率为 26.9%。邵阳地区邵阳县 3 月初至 5 月底 92 天中阴雨 72 天，其中 3 月 5～13 日连续阴雨 9 天，3 月 21～31 日连续阴雨 11 天，4 月 3～18 日连续阴雨 16 天，4 月 20 日至 5 月 3 日连续阴雨 14 天，5 月 12～22 日连续阴雨 11 天，烂谷种 90.2 万千克，烂秧率 45%。

5 月 11～19 日，宁乡县出现“五月低温”，育秧期天气差。5 月 12～18 日，娄底市出现为期 7 天的“五月低温”，5 月 17 日平均气温最低为 15.9℃，极端最低气温为 14.0℃，新化县山区中稻黑根死苗 4600 公顷。

1967 年　4 月中旬，湖南全省出现“倒春寒”。其中，龙山县早稻烂种 9.9 万千克、中稻烂种 15 万千克；祁东烂种 35 万千克，早、中稻烂种率为 10%；衡山县烂种率为 40%；常宁县早稻烂种谷 101 万千克，烂种率为 36%，中稻烂种谷 22 万千克，烂种率为 24%；邵东县烂种 175 万千克，烂秧率为 63.2%，其中，各类秧田的烂秧率为：薄膜育秧 10%～20%，草子覆盖、压谷 30%～40%，水秧田 70%～80%。

9 月中旬全省出现“寒露风”天气，连续低温连阴雨 5～7 天，粳稻农垦 58 大量空壳，益阳、安乡、祁东等地尤为严重。常德市全区 9 月 10 日出现“寒露风”，晚稻严重受害，产生大量空壳而歉收。岳阳市出现了≤20℃的“寒露风”，给晚稻抽穗扬花带了不利影响，使当年晚稻空壳率明显增多。长沙市晚稻空壳率达 20%，部分达 50%。

1969 年　4 月上旬和下旬，湖南省部分地区出现倒春寒。4 月上旬，郴州市大部分县出现“倒春寒”，旬平均气温 11.5～14.1℃，比历年平均低 1.4～2.8℃，嘉禾、桂阳两县 3 日还下了冰粒或雪，造成严重的烂种烂秧。大庸县早稻烂秧率为 31%。祁东县早稻烂种 55 万千克。

娄底市出现“寒露风”天气，9 月 27 日冷空气入侵，平均气温降低到 20℃以下，连续阴雨低温13天，晚稻空壳率在30%以上，单产1718千克/公顷，比上年减产420千克，总产减产215万千克。

1970年 3月中旬和4月中旬，湖南省大部分地区出现“倒春寒”，全省平均烂秧率为14%，其中郴州市为25%，洞庭湖区为15%～18%。常德全地区春寒，3月平均气温比常年偏低2.6℃，3月中旬出现“倒春寒”。宁乡3月阴雨寡照，月平均气温偏低3.3℃，3月13日最低气温－0.2℃，3月中旬出现“倒春寒”。4月上旬郴州全地区出现“倒春寒”天气，旬气温距平值－2.3～－3.0℃，桂阳县从2月28日至4月1日的33天内，雨日达31天，全县早稻烂种烂秧50%～60%；安仁县低温阴雨，使播种期延迟半个月之久；宜章县早稻烂种38.4万千克。

1971年 长沙市出现春季连阴雨：宁乡4月13～19日连续7天低温阴雨天气，发生“烂秧一针深”现象。

9月30日，常德全地区出现强“寒露风”，造成晚稻大量空壳。

1972年 4月上旬和下旬，湖南全省出现“倒春寒”，全省平均烂秧率为24%。3月30日至4月2日，湘西土家族苗族自治州出现强寒潮，并伴有降雪，龙山最深积雪达5厘米，大安、洛塔等高寒山区雪深近50厘米，全州早稻烂种766万千克，油菜损失40%，其中龙山县早稻烂种152万千克，烂种率为59.8%；保靖县烂秧率为30%；古丈县烂种22万千克，占下泥总数的33.9%；花垣县烂种40万千克占总量的24%，个别严重的地区烂秧率为80%；泸溪县烂秧率为50%～60%，最严重的地区达76%；永顺县烂种死苗达180万千克。3月31日凌晨开始，湘乡县连续4小时干北风，气温下降，4月1～6日，连续阴雨夹冰粒，4月7日北风加大至6级以上，并伴有阵雨，4月1日至8日无日照，日平均气温在10℃以下，全县73个公社5388个大队受灾，平均烂秧率达59%，有1805个生产队烂秧率在70%以上，全部烂秧的有198个生产队，全县共烂种谷492万多千克。4月1～2日，桑植县出现了历史上罕见的春季强寒潮，伴6～7级大风，气温骤降，极端最低气温达0.3℃，同时大雪纷飞，最大积雪深度4厘米，全县早稻烂种死苗126万千克，占已播种总量的70%，红薯坏种127.4万千克，油菜受害1120公顷，占总面积的42.6%，雪压倒树木2万多根；4月1日中午12时27分至18时49分，大庸县普降大雪，积雪深6～15厘米，最低气温0℃左右，高寒山区气温－3～－4℃，4月1日14时的48小时降温达18.5℃，4月2～7日全县又连续阴雨低温，造成县内早稻烂种烂秧231.7万千克，占已播种总量的70%，同时全县3.07万公顷油菜损失40%，严重的损失达60%～70%，4000公顷蚕豆，损失40%。4月上旬，常德全地区“倒春寒”，月平均气温比常年偏低1.2℃，汉寿、安乡、常德等地4月1～2日降雪，已播早稻种谷烂掉45%以上，桃源县早稻烂秧49.2万公顷，占总面积的35.6%，汉寿县早稻种谷烂掉45%以上。4月上旬，郴州市旬平均气温在9.1～10.8℃之间，比上旬低4.2～7.4℃，比历年同期偏低4.2～6.3℃，全地区共烂种烂秧1144.35万千克，补种314.25万千克，全区烂种烂秧率高达45%以上，其中永兴县烂种165万千克；安仁县烂种173.4万千克，占浸种总量的52%；桂阳县烂种150万千克；资兴县也出现了大面积烂秧。岳阳市部分地区4

月上旬“倒春寒”，月初还下了两天雪，低温寒冷，使早稻烂秧严重，损失谷种400多万千克；湘阴县早稻烂种60万千克。益阳地区安化县一般烂秧30%～50%，补种3～4次，严重的烂秧80%，补种5～6次。长沙市4月1日风雪交加，2日出现1.8℃的最低气温，4月上旬出现“倒春寒”，烂秧严重。新晃县早稻烂种42万千克。衡阳地区衡山县烂谷种214.6万千克，占播种总量的53.3%；衡南县烂秧30%，严重的地区达69.2%；耒阳县烂种380万千克占播种量的45%；常宁县烂谷种425万千克，烂秧率为62%。邵阳地区洞口县早稻烂秧209万千克，烂秧率约为30%～40%；绥宁县烂谷种59万千克，占浸种总数的19.5%。祁阳县烂种480万千克，占浸种数的60%。

1973年　5月中旬全省出现“五月低温”，湘北尤为严重，桃江、华容等县早熟品种空壳率达70%，中熟品种空壳率达31%，隆回县空壳率为35%～60%。常德市出现五月寒，月平均气温比常年偏低1℃以上，中旬出现“五月低温”，低温阴雨时间长，早稻幼穗分化受影响。宁乡县5月14～22日出现“五月低温”，早稻叶黄尖枯，空壳秕谷很多。5月14～22日，娄底市出现为期9天的“五月低温”，日平均气温最低为15.6℃（出现在20日），极端最低气温为12.5℃（出现在18日），影响早稻幼穗分化，早熟品种空壳率为30%。5月17～23日，邵阳市出现“五月低温”天气，对早稻生长发育影响很大，境内2.26万公顷早熟早稻平均空壳率达52.4%，亩产不到150千克。

6月中下旬，常德市出现夏季连阴雨，早稻抽穗扬花受影响。6月12～25日，宁乡县连续阴雨，25日日雨量53毫米，大雨洗花，造成空壳秕谷很多。

1974年　9月17日，冷空气入侵湖南省，9月18～21日，连续4天低温阴雨，日平均气温降低到20℃以下，宁乡县等地出现“寒露风”。其中娄底市极端最低气温达4.8℃，晚稻空壳率30%，单产仅2400千克/公顷，比上年减产825千克/公顷，总产减产7247万千克。

1975年　常德市全区“5月寒”，5月平均气温比常年偏低1.8℃，中旬出现“五月低温”，造成早稻不发蔸，棉花死苗，农业歉收。隆回县5月12～21日连续阴雨10天，5月19～23日连续5天日平均气温≤20℃，早稻死苗1.1万公顷，其中2700公顷需要重插。

常德市出现秋季连阴雨，10月8～14日连续阴雨7天，10月23～29日连续阴雨7天，11月7～14日连续阴雨8天，对棉花有影响，农业歉收。

1976年　3月中旬和下旬，湖南全省出现“倒春寒”天气，全省平均烂秧率为26%，严重者70%，3月20日以前播种的早稻基本全部烂光，3月下旬播种的薄膜育秧约烂30%，露地育秧平均约烂50%，插秧季节推迟7～10天，油菜和小麦普遍推迟季节10天至半月。其中，3月18日寒潮侵入湘潭市，出现冰雪和低温阴雨，烂秧率约20%。耒阳县三月下旬下泥的种子基本烂光。邵阳地区“倒春寒”严重，武冈市早稻烂种烂秧损失种谷超过100万千克，原计划早稻面积2.53万公顷，实际只完成2.28万公顷，插秧期推迟7～10天。永州市全市早稻烂种1400万千克，占浸种数的37.2%，其中新田县早、中稻烂种、烂秧100万千克，占早、中稻下泥总数的44%；江永县早稻烂种108万千克，占早稻总播种量的40%。郴州市3月下旬全市出现“倒春寒”，该旬各县平均气温在8.1～9.6℃之间，比历年同期平均低3.6～5.1℃，都打破了各自历史同期最低值记录，该旬开始的连续降雨日数在10日以上，永兴、汝城、临武三县在20天以上，桂东最长连续降雨日数达27天，全市早稻烂种2001.5万千克，是1949年以来最严重的烂种烂秧年份，其中永兴县烂种烂秧251万千克，占总量的43%，补种161万千克；桂阳县损失谷种200万千克；耒阳县3月下旬下泥的种子基本上烂光；宜章县烂种200万千克；资兴市烂种138万千克。

1977年 4月28日至5月20日，湘潭市阴雨寡照，5月中旬出现“五月低温”，造成早稻僵苗，小麦、棉花、油菜黄叶黑根、死苗严重。常德全地区发生“5月寒”，中旬出现“五月低温”，长时间的低温阴雨，造成棉花死苗，早稻幼穗分化受影响，农业歉收。5月14～20日，娄底市出现“五月低温”，15日日平均温度为12.8℃，极端最低气温为9.9℃，影响早稻分蘖和幼穗分化，黑根死苗6700公顷，早稻空壳率40%，比上年每公顷减产533千克。

9月上旬和下旬，全省出现“寒露风”天气。晚稻空壳率湘北在30%以上，湘南在20%～30%，到9月下旬齐穗的只有40%。

1978年 受冷空气影响，4月20～23日全省日平均气温降至15℃以下，4月中下旬出现“倒春寒”，早稻烂秧死苗严重，幼穗分化时又遇低温阴雨，穗形畸变，结实率低。

1979年 4月上旬郴州市出现“倒春寒”天气，全市旬平均气温在11.7～13.6℃之间，比历年同期平均低2.3～3.2℃，比3月下旬低1.8～3.2℃，永兴县烂种45.19万千克，宜章县烂种50万千克。永州市芝山区4月上旬出现“倒春寒”，烂种39.2万千克，占早稻谷种5.6%；江永县烂种35万千克，占早稻谷种17.5%。

常德地区发生“5月寒”，中旬出现“五月低温”，早稻幼穗分化受影响，减产严重。5月中旬，岳阳全市出现“五月低温”，华容县5月12～17日，6天平均气温只有15.5℃，最低气温13.7℃，造成早稻分蘖迟缓，生长受到严重影响。5月13～18日，娄底市出现“五月低温”，影响中熟早稻分蘖。

9月中旬和下旬，全省出现“寒露风”天气，有15.5%的晚稻受害。其中，9月23～25日，湘潭市连续3天日平均气温低于20℃，极端最低气温13～15℃，使正在抽穗扬花的晚稻受害，晚稻空壳率高。醴陵市晚稻空壳率达28%～37%。

1980年 3月中旬和4月下旬，全省出现“倒春寒”天气，烂秧严重者达40%，早稻大插期比往年推迟7天左右，秧苗成活率只有60%左右，秧苗素质差，生长缓慢，4月下旬的秧苗比常年矮4～5厘米，少0.5～1片叶，不少苗枯尖、黄叶。其中，常德全区3月平均气温比常年偏低2.6℃，4月下旬出现“倒春寒”。湘潭市4月下旬出现“倒春寒”，早稻烂秧严重。耒阳县烂秧率为40%。邵阳市“春分”边出现的低温阴雨天气，使较早播种的早稻烂种较严重，邵东县共补种50.7万千克，后又遇上4月23～28日的“倒春寒”，早稻死苗严重，全县又补种 14.1 万千克。4 月下旬郴州市出现近 43 年最严重的“倒春寒”天气，旬平均气温只有 14.1～16.3℃，比常年同期偏低 4～5℃，比中旬偏低 2～3℃，早稻育秧受到严重影响，一是成秧率低，只有 60%左右；二是生长慢，4 月下旬的秧苗比常年矮 4～5 厘米，少 0.5～1 片叶；三是不少苗枯尖、黄叶，素质差，大插期比往年推迟 7 天左右，立夏前插的稻田仅占 1/3，类似这种情况在该区历史上从未有过，全区冻伤秧苗 107 公顷，烂种 87.9 万千克，桂阳县因秧苗差，插秧推迟 10 天。

7 月 30 日至 8 月 20 日全省大部分县市出现两段连续 7 天或 9 天的夏季连阴雨天气，个别县市连续阴雨最长 16 天。7 月 11 日至 8 月 20 日，41 天时间内全省各县市平均有 28 个雨日，个别县市最多达 34 个雨日。期间分别出现了三段连阴雨天气，连续阴雨造成全省气温异常偏低，7 月中旬各地平均气温为 25～27℃，其中湘西、湘北为历史上第二个低值年，8 月上、中旬平均气温为 24～26℃，比常年偏低 2～4℃。异常低温使早稻收获期延迟，晚稻僵苗不发，分蘖缓慢，生育期延迟，棉花落蕾落铃，病虫害严重。怀化市 3.3 万公顷中稻受到严重影响，空壳率高达 40%～50%，每公顷损失 750 千克，晚稻因低温阴雨实插面积比上年少 4700 公顷，且普遍推迟一个星期左右。郴州市早稻收获期延迟，晚稻僵苗不发，分蘖缓慢，生长期延长，棉花落铃严重，病虫害严重，红薯只长蔓，不长块茎，陡长严重。

9 月 22 日，娄底市出现了“寒露风”天气，晚稻空壳率达 30%，总产比上年减产 294 万千克。

1981 年　3 月 29 日至 4 月 9 日，邵阳市出现了“倒春寒”。邵东县早稻烂种 139 万千克，占总播种量的 20.2%，补种 119 万千克。邵阳县早稻出苗率低，最高的 80%，最低的只有 60%，有的出苗后迟迟不能扎根扶泥，倒芽露根严重。

5 月 11～15 日，娄底市出现了“五月低温”，13 日日平均气温为 14.5℃，极端最低气温为 13.2℃，影响早稻分蘖。5 月 11 日开始，安仁、耒阳、桂阳、汝城、桂东等县市出现了“五月低温”，桂东时间最长达 25 天，对早稻分蘖，幼穗分化极为不利，大田苗期生长比往年推迟 7～10 天，其中桂东早稻受害 631 公顷、中稻受害 563 公顷，损失中稻种子 10.1 万千克，黄洞、和平、寒口三个乡秧苗损失 70%以上。

9 月中旬，全省出现“寒露风”，湘北最低气温 14～15℃，湘南 16～17℃，全省 100 万公顷晚稻减产，部分失收。其中，常德全区 9 月 10 日出现“寒露风”，晚稻减产。岳阳市 9 月中旬出现“寒露风”，约比常年提早 10～15 天，致使农作物（特别是晚稻）产量减少，遭灾较重的君山农场因此减产稻谷 250 多万千克，棉花 12.5 万千克。娄底市 9 月 12 日出现“寒露风”，当年晚稻单产比上年减少 255 千克/公顷，总产比上年减少 2080 万千克。9 月 9 日至 16 日湘潭全市出现“寒露风”天气，比历年平均日期早 6～8 天，持续时间长，使晚稻空壳率达 10%左右，单产减少 750 千克/公顷。邵阳市 9 月 29 日出现“寒露风”，持续低温阴雨 9 天，最低气温达 9.7℃，其中邵阳县“立秋”后插的晚稻受害严重，全县有 3570 余公顷晚稻不能齐穗，杂交威优 6 号空壳率达 50%、“倒种春”湘矮早 9 号达 49%、“166—8 号”为 37%、杂交糯为 72%。

10 月，岳阳市出现秋季连阴雨，月雨日 21 天，15～22 日连续 8 天阴雨。至 11 月 25 日，全市仍有 1.3 万公顷晚稻没有收割，烂在田里。已收割的也大量烂在禾场上，仅钱粮湖七分场就烂晚稻40多万千克。另外棉花、红薯也烂了不少。还造成了秋种的油菜、蚕豆严重缺苗。

1982年 3月23日，强寒潮影响湖南，全省各地先后出现“倒春寒”天气，48小时内普遍降温15～20℃，极端最低气温湖南北半部1～2℃，南半部3～4℃，湘西北部分县市出现冰雹、冰粒或小雪，到3月底气温才稳定通过10℃。早稻播种推迟到3月底，较常年晚5～6天。大批早稻播种以后，又遇上4月3日的强冷空气和部分地区出现的“倒春寒”，早稻出现烂秧，3月23日以前播的烂种40%～80%。据统计全省早稻烂种6371万千克，占播种量的16%。其中，怀化市芷江、怀化、洪江、会同、靖州、通道六县（市）3月下旬至4月上旬出现了“倒春寒”天气，通道3月24日日平均气温较前日下降了9.4℃，极端最低气温由23日的17.6℃降至24日的5.5℃，25～27日连续3天日平均气温在5.0℃以下，怀化、会同极端最低气温只有1.5℃，是历史同期最强的寒潮天气，4月3日起连续阴雨12天，连续11天无日照，造成大面积早稻烂种，通道县烂种3.9万千克，黔阳县烂种105万千克，芷江县烂种583万千克，由于烂种延长了育秧期，推迟了插秧季节，对早稻生长极为不利。邵阳市3月下旬和4月上旬出现“倒春寒”，对早稻播种、红薯育苗等影响很大，隆回县烂早稻种谷99.9万千克，烂种率19.9%，因烂种全县补种65万千克；洞口县早稻烂种77.8万千克，烂种率为14%，红薯烂种40万千克，烂种率为17.4%；邵阳县在3月27日以前播种下泥的早稻种谷，烂种6.3万千克，烂种率高达79%；绥宁县3月24日以前播种下泥的早稻共烂种7000千克，黄豆烂苗37%，油菜普遍受低温冻害，海拔800米以上的冻害更为严重，已开花的全部冻死。永州市出现了“倒春寒”，3月24日至4月4日连续低温阴雨，早稻烂种664万千克，烂秧率为22.2%。郴州市出现“倒春寒”，3月下旬气温在48小时内骤降14.1～19.6℃，最低气温降至2.0～3.9℃，高寒山区还出现了冰冻，4月上旬又遇强冷空气影响，全地区9个县早稻烂种339万千克，其中宜章县烂种75.5万千克，永兴县烂种43.5万千克，资兴市烂种38万千克。

3月，桑植县出现春季连阴雨天气，特别是下旬冰雹频繁发生，4月16～22日和5月24～31日又分别各出现一段连阴雨天气，使春收作物受灾严重，全县累计损坏油菜138.6公顷，小麦519.7公顷，其他作物446.4公顷，总产减产达24%。岳阳市境内大部分地方3月28日至4月7日连续低温阴雨无日照，使下泥的早稻种子受到严重影响，烂芽率为60%。3月23～24日，湘潭市出现寒潮大风和连阴雨天气，48小时内湘潭、湘乡日平均气温下降16℃，25日极端最低气温湘乡为2.1℃，湘潭为2.6℃，从3月24日起连续5天平均气温在8℃以下，连续6天低温阴雨，4月16～25日再次出现连续10天阴雨，使该市秧苗平均受害率达29.7%。

9月上、中、下旬湖南省分别各受一次冷空气影响，中旬大部分地区出现“寒露风”，比常年提早15～20天，全省614万公顷正值抽穗的晚稻受害，占晚稻面积的41%，晚稻空壳率增加，据调查，威优六号空壳率为31%～49%，较上一年高9%～22%。这时期的红薯只长藤，吐丝的玉米秃顶多，棉花收晒受影响、质量差。其中，9月上中旬，桑植县基本维持阴雨天气，9月9～19日除14日外，日平均气温均低于20℃，“寒露风”天气明显偏早，严重影响杂交晚稻扬花、灌浆，使中稻、黄豆、包谷、绿豆等作物不能及时收割和晾晒，造成霉烂。岳阳全市各地9月气温低，雨量、雨日多，日照少，“寒露风”来得早，强度大，对晚稻抽穗扬花影响很大，棉花烂桃严重，其中汨罗市有1.5万公顷晚稻严重受灾，空壳率高达32.65%，秕谷率9.75%，棉花烂桃率一般在30%～40%，严重的达50%以上，低温阴雨还使玉米有杆无果，黄豆有荚无粒，红薯有藤无薯，棉花有桃无花。娄底市9月11日冷空气侵入，日平均气温降低到20℃以下，阴雨低温天气持续了11天，晚稻空壳率在40%以上，总产比上年减少1233万千克。湘潭市9月9日、9月26日全市出现“寒露风”，使杂交晚稻损失15%左右，常规稻损失10%左右。9月10～16日，黔阳、会同、靖州、通道四县出现了日平均气温低于20℃的“寒露风”天气，其中黔阳县出现有记载以来最早的秋寒，日平均气温低于20.0℃达7天，最低气温仅13.4℃，7900公顷晚稻抽穗扬花受到严重影响，稻谷减产约50万千克。邵阳市受强冷空气影响于9月中旬和下旬，分别出现两次“寒露风”，对晚稻抽穗扬花影响很大，其中邵东县杂交稻空壳率为48%，严重的达70%，常规稻空壳率为28%；隆回县平均空壳率为41.8%，全县减产粮食2650万千克；洞口县杂交晚稻空壳率为50.6%，常规稻为29.1%，全县减产粮食25.5万千克；邵阳县空壳率在35%～40%，严重的达80%以上，全县减产粮食1150万千克；武冈市杂交晚稻平均空壳率46.7%，常规晚稻为31.5%，全市损失稻谷795万千克；绥宁县450余公顷晚稻受影响，空壳率在35%左右，减产粮食16万千克。9月11～15日，郴州市受强冷空气影响，日平均气温连续5天低于20℃，“寒露风”比常年提早半个月以上出现，使正在抽穗的晚稻空秕率达30%～48%，总产减产1000万千克以上，其中耒阳市3.7万公顷晚稻受害8000公顷，安仁县受害面积1.8万公顷，永兴县受害面积9.3万公顷。

1983年　4月中旬和下旬，全省出现“倒春寒”，一般烂秧率在25%，安乡县、益阳市达60%～70%，插秧季节推迟。4月6～23日，岳阳市境内低温阴雨连绵，并两次受到强寒潮袭击，出现“倒春寒”，使早稻秧苗出叶速度慢，秧苗黄化、枯尖、麻叶现象普遍，并有死苗，蔬菜死苗缺蔸现象严重。

1984年　4月中旬和下旬湘南出现了“倒春寒”，郴州全区烂秧582.6万千克，占已播种谷的30%。

5月13～17日，全省大部分地区出现了“五月低温”，有183万公顷早稻僵苗不发，有效穗减少。其中娄底市日平均气温最低达17.8℃，极端最低气温为17.1℃，影响早稻分蘖。5月16～20日，郴州市出现“五月低温”，郴州、资兴连续5天日平均气温低于20℃，桂东日平均气温最低降至15℃，汝城早稻受害面积1万多公顷，减产37.5万千克。

9月，全省两次出现“寒露风”天气，第一次在11日前后，对正在抽穗开花的杂交稻早熟品种有一定影响，第二次在25日前后，这次对迟熟品种和因干旱而推迟季节的晚稻影响较大，据调查，每穗粒数平均减少11粒，空壳率增加8%，全省有319万公顷晚稻受影响，占晚稻总面积的21.6%。其中，9月10日常德市全区出现“寒露风”，晚稻减产。9月26日开始，娄底市持续5天低温阴雨，日平均气温降低到20℃以下，晚稻空壳率在40%以上，单产比上年减少600千克/公顷，总产比上年减少4983万千克。9月

11～15日、17～19日、26～29日，永州市接连三次达“寒露风”标准，低温阴雨造成晚稻病虫害达2万公顷以上。郴州市桂东、汝城等县9月中、下旬出现“寒露风”，造成晚稻减产，据抽点调查，晚稻在9月20日以前齐穗的，空秕率为21.4%，9月下旬齐穗的，空秕率达36.7%，9月底至10月初齐穗的，空秕率高达58%，10月3日以后齐穗的绝收。

1985年 3月上旬末出现了全省性的降雪过程，中旬湘南出现了“倒春寒”天气，使早稻育秧进度推迟，油菜苗架矮小，分枝少，生育期较常年推迟一个星期。

5月14～19日，慈利县出现“五月低温”，连续6天日平均气温低于20℃，使早稻僵苗不发，全县总产较上年减产18%。

1986年 4月下旬到5月初，部分地区出现了“倒春寒”，全省除郴州地区外，连续6天日平均气温在15℃以下，使得早稻大插时间推迟，已插的早稻有受冻死苗现象。娄底市4月底前移植的早稻死苗严重，需重插的有1973公顷，占已插面积的2.76%。湘潭市死苗9133公顷，占已插面积的9.6%。

1987年 3月下旬全省遭遇严重“倒春寒”。各县市旬平均气温较历年同期偏低3～4℃，湘北为1949年以后的第二低值年，早稻播种推迟，时间拉长。3月底前播种的早稻烂秧严重，成苗率低，一般烂秧率在20%以上，双峰、醴陵、江华、永兴严重烂秧者达40%～60%。其中，益阳市3月阴雨天气长达25天以上，上、中、下旬平均气温呈阶梯下降，尤其下旬平均气温比历年同期低4～5℃，接近历史极值，是较严重的“倒春寒”，早稻无法播种下泥，直到4月3日，日平均温度才稳定通过10℃，比常年推迟8～10天，4月11～13日又遇低温阴雨，日平均温度8℃左右，对扶针扎根不利，加上5月上旬又连续阴雨，插秧普遍推迟3～5天，移栽后，返青分蘖不利，分蘖始期比上年推迟，苗数比上年每亩少10万株、有效穗少5万穗。郴州市各县3月下旬平均气温为9.8～12.5℃，比常年同期偏低3℃左右，比上旬偏低1.6～2.5℃，3月23～29日，日平均气温低于11.0℃，无日照，大部分县市出现“倒春寒”，全区早稻共烂种255.5万千克，占总下种量的19.2%，早稻秧苗生长缓慢，秧苗素质差，大插期也比常年推迟5天左右，加上烂秧多，秧苗不足，早稻面积比上年减少4480公顷。

6月，郴州市出现夏季低温连阴雨，月雨日21天，6月5～10日为连续雨日；7日开始，出现连续3～4天日平均气温≤20℃的低温天气，除桂东、汝城县外其他各县为历年同期罕见；14～15日，全区日平均气温再次降到20℃以下。受其影响全地区有6.39万公顷早稻枯尖黄叶，占总面积的60%，其中严重的有1.46万公顷；中稻受灾面积2.09万公顷，占总面积的40%。

1988年 3月下半月，全省出现“倒春寒”，最低气温降至0～2℃，常德、益阳等地16、17日还降了雪，早稻播种推迟到4月初，江华、临武、宜章、桂东等县烂秧20%～30%，油菜亦普遍受害。15日强寒潮入侵后，怀化地区出现了半个月的阴雨低温天气，部分地区下了冰雹，下旬平均气温较历史同期偏低3～5℃，其中新晃、麻阳、会同、靖县、通道各县下旬平均气温创历史同期最低值，出现了严重“倒春寒”，造成油菜死苔、炸杆，全市油菜总产比上年减产940万千克，双季早稻推迟2～3天。3月15日至4月2日，郴州地区连续18～19天阴雨无日照，日平均气温低于11℃，3月下旬各县平均气温在7.1～8.8℃之间，比历年平均值偏低5℃左右，创历史同期最低值，出现了自1952年以来最严重的“倒春寒”，全区大部分早稻秧大播期推迟到4月1日以后，比正常大播期迟5天左右，大部分烤烟移栽期推迟到4月5日开始，较历年平均迟5天以上，全地区烂早稻种77.8万千克，占总播种量的6.9%，其中资兴、桂东两县播种于3月中旬的早稻烂秧率高达30%～40%。

5月10～14日，湖南省部分地区出现了“五月低温”天气，对早稻分蘖影响较大，僵苗不发，叶片发黄，大田有效穗数和最高苗数均低于上年，其中娄底市黑根死苗3300公顷。

株洲市出现夏季连阴雨，8月21日至9月12日连续阴雨23天，晚稻杂交制种不能正常受粉，有8成禾苗倒伏失收，蔬菜、速生菜、菜苗等损失也较大。

娄底市自9月30日起持续低温阴雨10天，出现了“寒露风”，日平均气温降到20℃以下，晚稻谷在稻田发芽，单产比上年减产322.5千克/公顷，总产减产3543万千克，中稻单产减产285千克/公顷，总产减产1826万千克。

1989年　4月下旬全省大部分地区出现了中等强度的“倒春寒”，早稻秧苗生长缓慢，素质差；棉花出苗率低，发病率高，死苗严重；对正在灌浆成熟的油菜也有不同程度的不利影响。

5月12～16日，邵阳市出现“五月低温”，其中洞口县在5月8～13日期间移栽的早稻，约有8%发生僵苗、死叶、根系变黑需要重插，正处出苗期的杂交中稻秧约有1.4万千克种子受到冷害，全县约有30%的农户需要补种。

9月1～7日，平江县出现秋季连阴雨，山区气温突降12℃，致使10个乡正在抽穗扬花的1667公顷水稻严重受灾，减产粮食431万千克。

1990年　3月25日至4月5日，衡阳市出现“倒春寒”，4月10～25日又遇连阴雨天气，早稻烂秧严重，平均烂种率为33.96%，其中3月24日前播种的烂种率高达65.8%～86.7%。3月25～28日，邵阳市日平均气温连续低于10℃，4月9～24日持续阴雨寡照，早稻烂种烂秧严重，其中邵东县早稻损失种谷73.4万千克（其中薄膜育秧烂种28.5万千克，烂种率14%，露天育秧烂种44.9万千克，烂种率32%）；隆回县损失种谷140万千克，烂种率达30%～40%，部分严重地方达50%以上，直接经济损失达1840余万元；洞口县早稻播种量240万千克，烂种60万千克，烂种率25%；邵阳县烂秧率31%；武冈市早稻播种326.7万千克，烂种100万千克左右，烂种率31%；绥宁县早稻播种1.35万千克，烂种0.41万千克，烂种率30%；新宁县烂种121.5千克，烂种率达49.5%，个别农户高达87.6%。

5月22～26日，娄底市出现了“五月低温”，日平均气温最低为15.6℃，极端最低气温为14.5℃，影响早稻幼穗分化，迟熟品种空壳率30%。

9月下旬，娄底市出现“寒露风”天气，造成晚稻空壳率达30%，晚稻单产比上年减

345千克/公顷，总产比上年减3383万千克。

1991年 3月下旬，全省受强寒潮影响，出现了明显的“倒春寒”天气。旬平均气温较历年同期偏低3～4℃，极端最低气温1～3℃，4月中旬，湘北地区出现第二次“倒春寒”，4月中旬到5月上旬，阴雨天气长达20多天，如此严重的低温冷害，近40年来虽然1951年、1960年曾出现过两次，但其强度均不如1991年。受其影响，早稻苗株矮小瘦弱，生长缓慢，大面积移栽推迟到5月中旬，比常年迟5～15天，烂秧率达30%，缺苗面积大，影响早稻计划面积的完成；棉花生长缓慢，立枯病、炭疽病发病率高，死苗率达20%；蔬菜烂种严重，生长缓慢，淡季比往年延长20天左右；油菜成熟推迟，籽粒欠饱满，产量降低。其中，益阳市自3月下旬到5月上旬，除4月上旬天气稍好外，其他旬都是“倒春寒”或春寒天气，其时间之长，程度之重，影响之大为历史罕见，早稻、棉花、蔬菜等农作物烂种、死苗严重，季节大大推迟，早稻单产比上年减少720千克/公顷。岳阳市3月下旬至4月中旬低温阴雨，造成早稻烂秧，春粮减产，全市2.6万公顷早稻秧田烂秧死苗的有1.44万公顷，占秧田总面积55%，共损失谷种25.7万千克，烂秧率在95%以上的有5500公顷，全市受灾油菜8.724万公顷，减产3268万千克，经济损失4537万元，春粮2.8万公顷，减产842万千克，经济损失3654万元。湘西土家族苗族自治州3月21～31日出现“倒春寒”天气，过程降温12.9～13.1℃，最低气温4.2～4.9℃，烂种55.2万千克，烂种率为12.7%～33.6%，最甚者达60%以上（泸溪县上堡乡），4月18日至5月8日，古丈、吉首两地出现连阴雨加低温冷害，吉首4月下旬平均气温较常年同期偏低2.9℃，5月上旬平均气温较常年同期偏低4.5℃，二县（市）烂种6.14万千克，烂种率为30%～58%。郴州市3月27日至4月2日阴雨寡照，日平均气温低于11℃，3月下旬全区的低海拔县出现了“倒春寒”，其中永兴、宜章、临武等县烂种烂秧损失谷种70万千克，占播种总量的10%，大播时间比常年迟5～7天。

5月初，邵阳市出现低温连阴雨天气，5月1～12日连续阴雨，绥宁县阴雨持续到15日，5月上旬各县市平均气温比常年偏低5℃左右，为有记录以来历史同期最低值，早稻秧苗移栽推迟3～5天，返青慢，中稻播种育秧受到严重影响，其中绥宁县中稻烂种6.2万千克，海拔较高的地方烂秧率高达50%；新宁县中稻烂种率41%，烂种2.79万千克，补种1.5万千克；城步县中稻烂种近6万千克，烂种率达17.4%。

5月17～21日，娄底市出现了“五月低温”天气，17日平均气温低达17.1℃，极端最低气温为15.3℃，影响早稻分蘖和幼穗分化。5月中旬，郴州市出现“五月低温”，全区连续6天日平均气温低于20℃，桂东县低温时段长达13天，全区早稻分蘖数减少，每公顷苗数比上年同期少12万株，一、二、三类苗分别为22.7%、45.9%、34.1%，全区僵苗面积1.24万公顷，蔬菜因低温阴雨受灾133公顷，夏菜比常年推迟10～15天上市，影响市场供应。

1992年 3月12日以后，全省出现了“倒春寒”天气，日平均气温小于10℃的持续阴雨天气长达14天，3月下旬，全省旬平均气温较常年偏低4～7℃，对农业的影响主要表现在三方面：(1) 春收作物减产，全省有46.67万公顷油菜和23.3万公顷大、小麦渍害严重，根系生长发育受影响，出现死株、死苗和倒伏，油菜授粉受抑，大、小麦幼穗分化受影响，空壳率增加，减产1～2成；（2）春播季节推迟，烂种死苗严重，早稻播种推迟，玉米、棉花、烤烟、西瓜、红薯、甘蔗播种育苗均比往年推迟；部分3月底播种的早稻烂种率达70%，永州市早稻出苗率只有67%；（3）桃李等水果落花落果严重，减产20%以上，茶叶较往年推迟10天制茶，春茶减产10%以上，高档名茶减产250吨。其中，益阳市3月气候异常，全区月平均气温7.7～8.1℃，比历年同期低3℃，是30多年来第四位低值年，3月下旬全区平均气温7.4～7.6℃，比历年同期低4～5℃，破历史最低记录，全区出现了严重“倒春寒”天气，全区早稻播种比上年推迟3～4天，安化已播的4600公顷地膜玉米平均烂种率为15%。3月16～27日，长沙市12天时间里雨量299.4毫米，达到洪涝标准，并出现了5天大到暴雨，平均气温6.2℃，极端最低气温3.5℃，日照仅1小时，造成春播经济作物死苗严重，如官渡乡110公顷辣椒死苗；船它乡因低温阴雨致使烤烟受渍，减少面积达15公顷。自3月下旬始，怀化市出现15天长期阴雨天气，下旬气温7.6～8.5℃，比历年同期偏低3.7～5.3℃，沅陵、芷江旬气温是自1955年以来的最低值，其他县市均打破历年记录，这次“倒春寒”造成地膜玉米大播期比原计划推迟10天以上，只完成播种计划的70%，同时3月上旬已播种的地膜玉米出苗不齐，一般缺苗20%～40%。3月下旬，郴州市各县旬平均气温在5.9～7.7℃之间，为有记录以来的最低值，全地区出现“倒春寒”天气，早稻大播期比上一年推迟4～5天，全地区烂种21.73万千克。

1993年　从3月底到4月中旬，低温阴雨天气长达十几天，其中4月上旬全省出现了“倒春寒”天气，造成秧苗生长缓慢，素质差，并有烂秧现象发生。其中，张家界市入春以来阴雨连绵，3～5月仅34天无雨，期间降水量达328.9毫米，气温偏低，4月上旬和中旬出现了“倒春寒”，造成全市4.3万公顷春粮受灾，成灾1400公顷，减产4665万千克；3.01万公顷油菜受灾，成灾2.63万公顷，绝收2.1万公顷；全市烤烟死苗，病虫害严重，棉花出苗率低；全市1万公顷蔬菜，受灾5800公顷，绝收3500公顷；这次“倒春寒”和长连阴雨天气导致全市直接经济损失达8775万元，有35万农民的生活在夏荒期间维持艰难。岳阳市3月14日受寒潮入侵后，持续10天低温寡照，部分地方出现了“倒春寒”，给春收作物后期生育、早稻播种、蔬菜生长发育带来了严重不利影响。

衡阳市出现春季连阴雨，其中耒阳市4月4～20日连续阴雨16天，早稻烂秧率为34.3%。

5月13～21日，全省出现了“五月低温”天气，5月27～31日湘中、湘南再次出现“五月低温”。两度“五月低温”使移栽后的早稻返青慢，发育推迟，分蘖始期比往年推迟5～7天，有效分蘖比往年减少30%左右，叶龄减少0.5～1叶，株矮1～2厘米，大田苗数少3～5万，全省僵苗面积达17.3万公顷；棉花在5月25日以前仅移栽50%，无论是苗床还是已移栽的棉花，死苗率达10%～20%，高脚苗、病弱苗、荒草苗均有出现，据临澧县调查，三类棉苗占56.9%，叶龄比上年同期少0.13叶。其中，益阳市整个5月以阴雨天气为主，月平均气温为19.0～19.6℃，比历年同期低1.2～1.8℃，雨日17～22天，比历年同期多1～5天，日照时数11～81小时，比历年同期少49～15小时，出现全市性“五月低温”，尤其以5月13～21日的低温阴雨影响最为严重，此时正值早稻分蘖关键时期，连续9天日平均气温≤20℃（益阳县平均气温仅17.0℃，日照0.6小时），使早稻分蘖比往年推迟10天左右，3.3万公顷早稻中有15%严重僵苗；南县0.3万公顷早稻严重翻秋；桃江县1万公顷早稻中僵苗达40%，其中严重僵苗的占20%，特别是油菜无法适时收获，损失20%～30%，棉花移栽比常年推迟5～6天。岳阳市大部分地方出现了严重的"五月低温"，5月13～19日全市连续6～9天日平均气温低于20.0℃，日极端最低气温仅14.0～14.6℃，且月日照时数比常年偏少2～5成，造成早稻大面积僵苗不发，分蘖迟缓，棉花出苗不齐不壮。娄底市5月13～19日出现"五月低温"，日平均气温最低为15.3℃，极端最低气温为14.3℃，影响早稻分蘖。湘潭市5月13～19日平均气温为17.3℃，降雨62.5毫米，无日照，5月23～27日平均气温为19.6℃，再次出现"五月低温"，两次"五月低温"严重影响早稻正常分蘖和幼穗分化，禾苗普遍出现叶少、苗少、苗矮现象，每公顷苗数比上年同期少30万株，约有10%以上僵苗。怀化市5月13～18日出现了"五月低温"，全市早稻幼穗分化期比上年推迟5～7天，僵苗迟发。5月下旬，宜章、桂东等县出现"五月低温"，早、中稻减产400万千克，烤烟减产10万千克，其他作物减产50万千克，柑橘落花落果率达98.6%，几乎绝收，直接经济损失600万元以上。

怀化市出现夏季连阴雨：6月17～22日，6月29日至7月7日，全市出现低温连阴雨，并伴有冰粒，海拔500～800米山区的杂交中稻抽穗扬花受到影响，据麻阳县调查，杂交中稻空壳率达40%～60%，133公顷杂交中稻受灾，其中绝收67公顷，减产35万千克。岳阳市各地6月17～23日、6月28日至7月8日、7月18日～27日连续阴雨，使早稻无法收割或收割后无法翻晒而发芽，据岳阳县筻口乡的调查，发芽现象一般在30%～40%，严重的达70%～80%，有的尚可作饲料，有的已完全不能用，连阴雨还影响秋菜播种。

1994年　7月14～29日，宜章、临武出现夏季连阴雨。宜章早稻受灾1.13万公顷，成灾0.57万公顷，减产700万千克，烤烟受灾0.12万公顷，成灾866公顷，旱土及经济作物受灾0.65万公顷，减产300万千克，直接经济损失1500万元；临武早稻受灾0.59万公顷，减产237万千克，经济损失200万元。

9月16日前后，湖南省大部分地区出现≤20℃的"寒露风"天气，较常年偏早10～13天，严重影响了晚稻的抽穗速度，稻穗短小，包茎现象严重，不能正常扬花授粉，空壳率高；棉花脱铃烂桃严重，诱发病虫害发生，导致棉花产量和质量下降。其中，娄底市从9月15日开始阴雨低温持续7天，日平均气温降低到20℃以下，娄底市气象局在6月12日作出的《晚稻适宜播种期预报》中已经指出当年"寒露风"偏早，向行署和农业部门建议选择早、中熟品种，避开"寒露风"危害，一定要在9月10日前安全齐穗，因而当9月15日"寒露风"出现时，晚稻已齐穗，避开了"寒露风"的危害，晚稻总产比上年还增加了2750万千克。

9月中旬至10月中旬，岳阳市大部分地方出现秋季连阴雨，其中10月6～19日连续阴雨14天，导致棉花严重烂桃烂花，品质低劣；影响晚稻收晒，乃至烂芽，仅岳阳县广兴州区就损失稻谷50万千克。

1995年　4月下旬，全省大部分地区出现"倒春寒"。4月全省雨日特多，各地月雨日为20～25天，绝大部分地区每旬雨日在7天以上，多者达9天，降水量多，日照异常偏少。4月下旬，常德、株洲、湘潭和郴州旬平均气温比常年偏低3℃，比中旬偏低1～2℃，“倒春寒”使早稻秧苗生长缓慢，出叶不齐，苗瘦并烂秧，成秧率仅70%，早稻移栽比上年推迟7～10天；油菜结荚受阻，粒重减轻，病害加重；棉花烂种死苗，生育期推迟；柑橘抽梢受阻。其中，岳阳市各地4月平均气温为15.2～15.8℃，日照仅26.6～67.7小时，临湘、湘阴、平江创历史同期日照最少记录，月雨日为历史同期最多年份，4月中旬和下旬出现“倒春寒”，给全市造成多达2000多万元的经济损失。

1996年 3月中旬开始，出现全省性的“倒春寒”天气。3月9日受强寒潮影响，全省有三分之一的地区出现雨夹雪天气，过程降温19℃左右，最低气温下降到2.6～－1℃。自3月9日到3月29日，日平均气温在10℃以下，时令重返冬季，并有连续4旬（3月中旬到4月中旬）的阴雨低温寡照天气。其中3月中旬旬平均气温8～10℃，比常年偏低2～3℃，比上旬低2～4℃，下旬旬平均气温7～9℃，比中旬低1℃，比常年偏低4～5℃，局部地区比常年偏低6℃，这是一次典型的“倒春寒”。尤其是3月下旬，旬平均气温湘西为历史同期最低值，其他地区为仅次于1992年的第2低值年，4月上旬旬平均气温比常年偏低3～4℃，中旬偏低1～2℃，稳定通过10℃日期全省在4月3～4日前后，雨日从3月8日至4月15日连续38天，日照特少。这种天气对早稻育秧十分不利，早稻水育秧较往年推迟5～7天，且烂根死苗严重，旱育秧烂秧严重的达50%～60%；油菜开花结荚受阻，烟叶出苗不齐，蔬菜烂根。据省民政厅统计，全省因低温冷害减产粮食1.268亿千克，农业经济损失24259万元，全省直接经济损失达65673万元。其中，张家界市出现“倒春寒”天气，3月15～28日连续14天日平均气温低于10℃，3月下旬永定区气温较常年同期偏低5℃以上，日照仅3.3小时，4月上旬平均气温又较常年同期偏低3℃，低温阴雨导致生产季节延迟7天左右，并使早稻秧苗差，还影响晚稻生产。益阳市3月中旬、下旬连续两旬“倒春寒”，3月8日寒潮入侵，3月10日最低气温仅0.4℃，之后，除4月3日、4日天气稍好外，至4月13日连续34天阴雨连绵，3月8日至4月13日37天中≥10℃的有效积温仅23.5℃，日照仅38.6小时，直到4月14日才稳定通过11.0℃，低温连阴雨严重影响早稻育秧，平均成秧率仅70%，比正常年偏低15%，按平均每亩大田用种量6千克计算，多损失早稻种子175万千克，直接经济损失350万元，且移栽季节比常年推迟5～7天；油菜部分花荚受冻，角果干缩，山丘地区产量明显偏低；春种蔬菜烂种死苗严重，全市烂掉蔬菜种子8000余千克，死掉菜苗1.5亿株，直接经济损失500多万元。岳阳市3月下旬出现“倒春寒”，3月中旬至4月中旬全市各地平均气温仅10.6～11.0℃，为历史记录最低值，极端最低气温仅0.0～3.2℃，稳定通过10℃的初日推迟3～12天，造成早稻烂秧率达21.8%，油菜开花结荚受阻，蔬菜播种期推迟1周，生长缓慢，上市迟、菜价贵。湘潭市从3月17日起出现日平均气温≤10℃的阴雨天气13天，极端最低温度仅3.2℃，连续11天无日照，4月上旬又持续低温阴雨，日照少，湿度大。怀化市3月下旬出现“倒春寒”，连续阴雨9天，平均气温7.5～8.5℃，比历年同期偏低4.2～5.0℃，为怀化市1950年以来的最低值年份，4月上旬又出现连续阴雨6～8天，日照为6.6～20.6小时，平均气温10.6～12.0℃，居1949年以来第三低值年，受其影响，水稻育秧比上年推迟6～8天，全市早稻播种推迟到4月15日才结束，秧苗普遍生长速度缓慢，叶片发黄，全市共烂种4.59万千克，占已播种的2.2%，后补种3.52万千克。邵阳市连续两旬出现“倒春寒”，3月中旬平均气温8.2～9.1℃，比常年偏低2～3℃，下旬平均气温7.2～8.5℃，较常年偏低5～6℃，4月上半月多阴雨，气温偏低3～4℃，形成自3月中旬以来的持久春寒天气，对农业生产极为不利，早稻播种时间推迟4～5天，并出现大面积的烂种烂秧，全市补种671万千克。永州市出现严重“倒春寒”，3月中旬至4月上旬平均气温偏低4.4℃，降水偏多4成，日照偏少8成，降温幅度大，低温阴雨日数多、持续时间长，3月9日至4月15日低温阴雨37天，对春播极为不利，全市烂种烂秧率达40%。郴州市3月中旬和下旬连续出现两次“倒春寒”，3月中旬至4月中旬出现长达30天的低温连阴雨，3月17日至4月15日，30天的积温仅292.2℃，平均气温9.7℃，最低4.0℃，雨日29天，日照20.9小时，稳定通过11℃的初日推迟至4月12日，是郴州有记录以来最迟的一年，受其影响，全市早稻烂秧率达到17%以上，共烂谷种94.018万千克，直接经济损失1000万元以上。

5月29日至6月10日，张家界市出现夏季连阴雨天气，气温比历年同期低2～3℃，日照仅5.7小时，使迟熟油菜、小麦和洋芋减产，全市油菜籽霉烂损失1100万千克，春粮损失1500万千克。

1997年 3月24日至4月14日，怀化市出现春季连阴雨，导致早稻播种期比常年推迟5～7天，加上时有大到暴雨冲刷，对早稻种芽扎根扶针、秧苗正常生长极为不利，露地秧翻根倒芽，薄膜秧田出现立枯病、绵腐病，全市早稻播种2323吨，烂种192吨，中稻播种2645吨，烂种116吨。

9月，湖南省分别于中旬和下旬出现了两次“寒露风”过程，过程降温一般都在10℃以上，日平均气温普遍降到17～19℃，日最低气温降到12～16℃，这次“寒露风”开始时间之早和结束时间之晚均居历史第二位，持续时间之长则排首位，受其影响全省晚稻总产减产3.5%，单产比上年减320千克/公顷。其中，岳阳市各县9月平均气温为20.6～22.3℃，大部分地方创当地历史同期最低记录，9月13日以后，全市出现三次低温过程并持续至月底，期间平江最低气温仅9.5℃，各地分别出现1～3次“寒露风”，如此大范围、长时间的“寒露风”，对秋作特别是晚稻抽穗扬花十分不利，据调查，“寒露风”前齐穗的结实率为78.1%，“寒露风”影响时齐穗的结实率仅有50%。9月13日，长沙市气温急骤下降，14～18日5天平均气温18.4℃，19～22日4天平均气温17.9℃，24～29日5天平均气温17.0℃，从13日至29日，除3天无降水，有26.8小时日照外，其他均为低温阴雨寡照天气，“寒露风”出现时间虽不算历史上最早年，但持续低温阴雨无日照时间是有记录以来罕见的，据市农业局统计，全市受灾面积达1.7万公顷，减产100万千克，其中宁乡县0.5～0.7万公顷迟熟组合品种有30%未能抽穗，晚稻空秕率较上年增加1成；望城县杂交迟熟品种和常规稻有1.67万公顷空壳30%～40%，13日抽穗的威优－46空壳率达44.7%。湘潭市9月13日平均气温下降至20.5℃，之后低温持续到9月30日，18天中有14天日平均气温低于20℃，日极端最低气温仅12.2℃，阴雨日长达11天，9月份平均气温之低，月降水（164.4毫米）之多，“寒露风”天气维持时间之长，均破当地气象资料记录。9月14～16日、18～19日邵阳市分别出现了两次“寒露风”天气，较常年提前5～6天，对晚稻抽穗扬花不利，迟熟晚稻单产不足3750千克/公顷，全市平均减产5%左右。9月中下旬，永州市出现了严重的“寒露风”天气，自9月14日起，相继出现两段很强的低温时段，形成9月平均气温各地偏低2.8～3.3℃，为当地历史同期最低值，全市晚稻全部受灾，减产粮食8.04万吨。9月14日起，郴州市出现连续3～7天日平均气温低于20℃的“寒露风”天气，比常年提早20天，使晚稻生理机能减退，抑制了花粉的正常发育，谷粒灌浆和乳熟受阻，处于抽穗扬花期的晚稻抽穗时间被延长，产生包颈现象，全市11.9万公顷晚稻平均每公顷比上年减少765千克，实际减产75000吨左右。9月13日，娄底市日平均气温降低到20℃以下，阴雨低温持续13天，由于娄底市气象局在6月5日发出的《晚稻适宜播种期预报》中已经指出当年“秋季寒露风将提前在9月10日左右出现，要躲开寒露风危害，选择早、中熟品种为主，杂交稻在9月8日安全齐穗，常规晚稻在9月12日前安全齐穗”，政府主管领导与农业部门采纳了气象部门的合理化建议，采取了有效的措施，当9月13日出现“寒露风”时，晚稻已安全齐穗，躲开了低温危害，每公顷晚稻反比上年增产360千克，总产增产3228万千克。

1998年　3月下旬全省出现“倒春寒”天气，3月19日受强寒潮影响，全省大幅度降温，日最低气温降为0～－1℃，部分地区还降了雪和冰雹。早稻播种推迟，油菜、蚕豆等春收作物也受较大影响。据统计，全省因“倒春寒”造成的直接经济损失约1.36亿元。流感等呼吸道和消化道传染病患病率急剧上升，在省儿童医院留观治疗的病儿较上年同期增长了80%，湘雅医院传染病病例增长20%。其中，张家界市3月中旬和下旬出现“倒春寒”，3月19日平均气温48小时降幅达12.7℃，日最低气温0.4℃，且伴随大风、冰雹和雨雪，最大风速17米/秒，最大冰雹直径8毫米，积雪深度3厘米，此次多灾并发，全市有75万人受灾，农作物受灾面积50万公顷，成灾3万公顷，油菜、小麦、马铃薯及奈李等遭重创，全市直接经济损失达4790万元。岳阳市3月下旬出现“倒春寒”，20～26日出现严重低温，期间平均气温3.7～4.5℃，日照0.0～8.0小时，并伴有大风、雨雪，造成早稻、玉米烂种烂芽，抑制春收作物开花结果，使鱼苗孵化成活率下降。长沙市3月中旬和下旬出现“倒春寒”，19～28日气温骤降，22日降冰雹，出现持续低温阴雨，给全市的农业生产造成严重损失，早育秧200多公顷受损，其中133公顷全部被毁，受冰雹袭击，全市小拱棚受损面积达24公顷，蔬菜大苗损失80万株，黄瓜死亡率达60%，个别地方达90%，豆角死亡率达80%，西葫芦、茄子死亡率达30%，早夏菜死亡面积达567公顷，损失400万元。湘西自治州3月20～25日出现“倒春寒”天气，3月20日，花垣、古丈、凤凰3县24小时降温14.2～15.3℃，最低气温达0.1～0.3℃，3县玉米、小麦、油菜、烟、茶等受灾1.8万公顷，因灾害造成经济损失达3900万元。3月20～27日，湘潭市连续8天低温阴雨，极端最低气温0.6℃，出现“倒春寒”，早稻播种期普遍较常年推迟7天左右，少量3月20日前播种的早稻出现烂种现象。

5月9～16日，岳阳市出现“五月低温”，致使各地早稻僵苗不发，分蘖很少，造成基本苗不足，严重影响早稻产量，加之洪涝危害，当年早稻单产比上年减产18.36%。

1999年　3月下旬全省大部分地区出现了“倒春寒”，加上湘南、湘西和湘中出现的严重冬干和春旱，农业生产受到一定影响。如凤凰全县31个乡镇的早种蔬菜和油菜均受影响；永州市早稻播种面积因“倒春寒”和春旱而减少了50%。

6月下旬至8月底，怀化市出现夏季连阴雨，阴雨日数达58天，长期低温阴雨寡照，对温光敏感的早、中熟杂交稻危害甚大，造成结实率下降，千粒重降低。据调查，溆浦县龙潭、两丫坪、水东3片14个乡镇，有4143公顷中稻受灾，成灾4071公顷，绝收1175公顷，减产1.1027万吨，杂交稻制种减产621吨，总损失约15000万元，两系和三系杂交稻制种减产7.03万千克，造成经济损失约150万元。另外，口蹄疫病毒大面积的滋生蔓延，各县投入人力、物力、财力处理5号病，共耗资约3800万元。

9月19～23日，湘潭市出现“寒露风”天气，连续4天日平均气温为20℃，极端最低气温为15℃，对正在抽穗扬花的迟熟品种造成明显影响，晚稻秕粒增加，结实率降低，产量下降。

2000年　9月上旬和下旬，湖南部分地区出现了≤20℃的“寒露风”天气，对正在抽穗的迟熟晚稻品种影响较大。10月11～28日湖南出现了历史少有的秋绵雨，对晚稻的成熟有严重影响，许多地方收割推迟，稻杆倒伏，穗上发芽，病虫害严重发生，单产大幅度降低，堆积在农舍中的稻谷因无法晒干而发芽、霉变，晚稻单产损失约在10%左右。其中，9月6～8日，湘潭市连续3天日平均气温≤20℃，极端最低气温17.1℃，这种特别早到的“寒露风”，对正值抽穗的中、迟熟晚稻品种造成不同程度的影响，尤其是部分迟熟品种，出现较明显的抽穗卡颈现象，使产量受到一定影响。9月上、中旬岳阳市大部分地方出现“寒露风”，对晚稻抽穗扬花影响很大，晚稻严重减产。9月10～13日，湘西自治州出现低温阴雨冷害，阴雨过程中的日平均气温≤20℃，对晚稻壮籽有一定影响。9月25日开始，怀化市出现了“寒露风”和秋季连阴雨天气，9月25日至10月6日，10月12～29日，分别出现两段连阴雨低温寡照天气，此时正值晚稻收割和油菜移栽的高峰，对秋收秋种农事活动极为不利，据溆浦、辰溪、芷江、鹤城、洪江、靖州等县（市、区）的调查报告：有1700公顷晚稻受阴雨影响而稻杆倒伏，穗上发芽，减产粮食960万千克；因稻田积水，无法整地，严重影响油菜的移栽进度，油菜有近30%死苗，全市油菜种植面积只完成计划的30%左右；洪江市、鹤城区有867公顷白菜烂心烂根；辰溪县有1600公顷油茶收不回，损失茶籽82.3万千克；连续低温阴雨造成棉花落花落铃；柑橘采收也受到影响。

第四章　冻　　害

第一节　概　　述

“冻害”是湖南冬季常见的一种气象灾害，不仅危害农业和林业生产，还对渔牧业、交通运输业、电力、通讯等产业乃至人民生活危害极大。它包括雪灾、霜冻、冰冻及严寒期几大类，其成因都与低温相关。严寒期常常是雪、霜、冻并发，冻害尤为严重，因此特列为一类加以说明。冻害程度除与天气寒冷程度及其持续时间、土壤温度、土壤湿度、下雪和积雪情况等气象因子有关外，还与植物的种类（如柑橘在极端最低气温≤－7℃时将遭受严重冻害）、生长状况、发育阶段以及与生产技术措施、施肥水平等有关。冻害程度常以叶片受冻的植株百分率或冻死的植株百分率表示。因地制宜的选育抗寒品种，利用地形小气候选择避冻区，适时播种，加强秋冬田间管理，采取防冻技术是农业生产防御冻害的有效措施。

湖南的冻害具有范围广、持续时间长、积冰厚、覆冰重等特点。全省性和全省大范围的冻害占42%；平丘地区的冰冻持续时间可达几十天，甚至2～3个月，如“1927年湘阴冬季大冰冻，湘江冻结，湾河一段，延续三月，至次年正月底始解冻，高山地区冰冻期更长”；积冰厚，如1982年2月7～14日冰冻，醴陵水口山林场海拔500米以上山地冰冻厚度一般10厘米，最厚达40厘米；覆冰重量也相当可观，1982年1～2月期间，南岳高山站在长1米、直径4毫米的电线上实测最大积冰重量为23016克，创全国雨凇、雾凇最大重量记录。

湖南的冻害记录最早可追溯到公元前，《湖南通志》载：“西汉元狩元年（公元前122年），常宁大雨雪，民多冻死”。从16世纪起至1949年的450年间记载虽有遗漏，但记载次数也逐渐增多而且较为详细，新中国成立后，只要有气象观测站的地方，每当冰冻出现，即有记载，很少遗漏，冻害资料记录更为详实（见表4.1）。

表4.1　湖南有冻害记录的年份

年　代	发生冻害的年份
公元前	122，37
1～14世纪	100，257，320，388，949，1018，1269，1275，1336，1340，1376，1379
15世纪	1454，1476，1482，1493，1495，1496

续表

年代	发生冻害的年份
16 世纪	1503，1504，1505，1510，1513，1523，1524，1527，1534，1535，1539，1550，1565，1582，1587，1595
17 世纪	1601，1602，1620，1621，1622，1624，1628，1629，1631，1638，1640，1647，1648，1649，1650，1652，1653，1660，1661，1669，1670，1683，1684，1685，1687，1690，1692，1700
18 世纪	1706，1711，1712，1714，1717，1718，1719，1723，1730，1742，1743，1744，1745，1746，1759，1769，1776，1786，1789，1790，1791，1796，1798，1800
19 世纪	1808，1811，1812，1813，1814，1815，1816，1821，1822，1824，1825，1827，1828，1829，1830，1831，1832，1834，1839，1841，1846，1847，1848，1849，1850，1854，1855，1856，1858，1859，1860，1861，1862，1863，1864，1865，1870，1871，1873，1877，1878，1881，1882，1885，1886，1887，1888，1891，1892，1895，1896，1897，1900
20 世纪	1905，1910，1911，1912，1914，1916，1917，1919，1920，1921，1922，1924，1925，1928，1929，1930，1931，1932，1933，1934，1937，1938，1939，1942，1943，1944，1945，1947，1948，1949，1950，1951，1952，1953，1954，1955，1956，1957，1958，1959，1960，1962，1964，1966，1967，1968，1969，1970，1971，1972，1974，1975，1976，1977，1978，1979，1980，1981，1982，1983，1984，1985，1987，1988，1989，1990，1991，1992，1993，1995，1996，1997，1998，1999，2000

注：由于冻害的发生时间都是在冬季，为便于统计分析，概述中图、表年份都是指是年年末到次年年初这段时间。（下同）

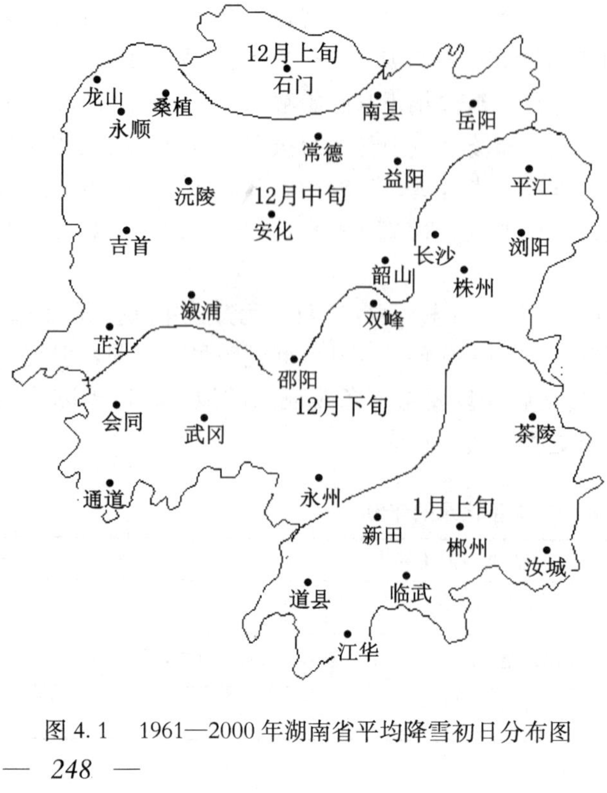

图 4.1　1961—2000 年湖南省平均降雪初日分布图

一、雪灾

“雪灾”主要是因暴雪形成大量固体降水堆积而成的冻害现象。“雪灾”往往因雪压过大、气温过低造成压坏、冻坏农作物，折断林木，危及交通安全，损坏通信设施等灾难。

湖南冬季遭遇强寒潮影响时，各地均可降雪。降雪期的年际差异和地区差异都较明显，有的年份降雪最早可在 11 月中、下旬，如长沙初雪最早在 11 月 7 日（1937 年）出现，衡阳在 11 月 20 日（1941 年）出现；终雪最晚可在 3 月份，但有的地区个别年份可推迟至 4 月才断雪，如常德最晚断雪在 4 月 13 日（1943 年），衡阳在 4 月 6 日（1941 年），邵阳在 4 月 11 日（2001 年）。就全省平均而言，从北到南的降雪初日分别在12月上旬到1月上旬（见图4.1）；降雪终止日期，南部地区在2月中下旬，其他地区在3月上旬（见图4.2、表4.2）。

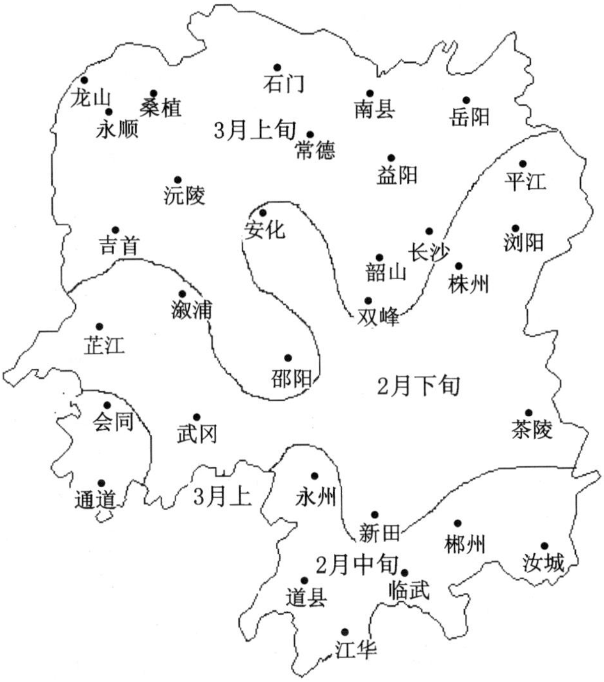

图4.2 1961—2000年湖南省平均降雪终日分布图

表4.2 湖南降雪和积雪年平均日数、起讫日期及最大积雪深度

项目 / 地名（纬度）	降雪					积雪			
	平均日数	平均起日 日/月	平均讫日 日/月	最早初雪日 日/月	最晚终雪日 日/月	平均日数	平均起日 日/月	平均讫日 日/月	最大积雪深度（厘米）及出现时间
岳阳（29°23′N）	13	14/12	7/3	11/11	13/4	7	4/1	10/2	23（1972.2.7）
常德（29°03′N）	15	13/12	9/3	11/11	5/4	7	5/1	14/2	21（1972.2.7）
沅江（28°51′N）	14	17/12	8/3	13/11	9/4	7	5/1	7/2	30（1972.2.7）
安化（28°23′N）	20	12/12	17/3	14/11	13/4	9	2/1	17/2	25（1974.2.1）
长沙（28°13′N）	13	26/12	28/2	16/11	2/4	7	7/1	9/2	30（1982.12.6）
衡阳（26°54′N）	9	29/12	24/2	17/11	25/3	4	12/1	3/2	19（1984.1.21）
邵阳（27°14′N）	13	20/12	28/2	16/11	11/4	5	13/1	10/2	16（1977.2.9）
永州（26°14′N）	9	26/12	21/2	16/11	26/3	3	14/1	2/2	14（1961.12.30）
郴州（25°48′N）	7	4/1	14/2	22/11	12/3	4	15/1	28/1	20（1975.12.14）
沅陵（28°28′N）	16	12/12	8/3	7/11	1/4	5	2/1	5/2	22（1977.2.9）
南岳（27°18′N）	22	30/11	21/3	1/11	3/5	28	18/12	6/3	41（1964.2.24）

注：资料取自1961—2000年

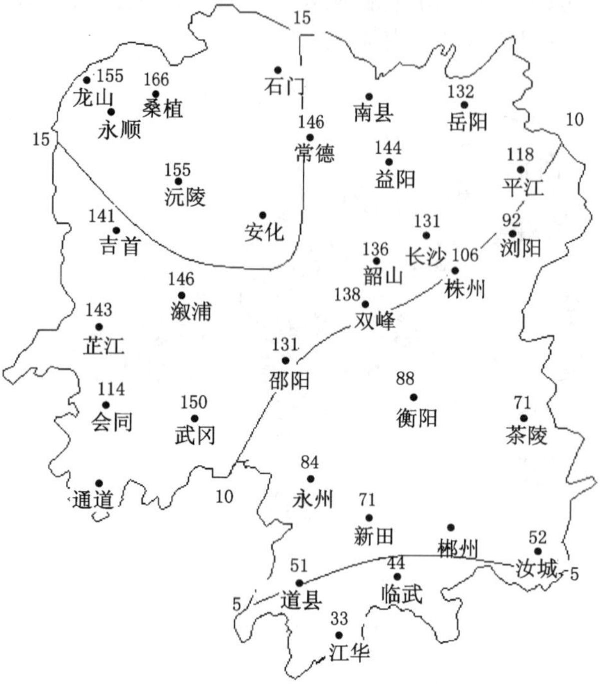

图 4.3　1961—2000 年湖南年平均降雪日数分布图
（单位：日）

湖南境内海拔 800 米以下地区平均降雪日数为 3～20 天，江华最少，安化最多（见图 4.3）；积雪日数为 0.9～8.6 天，南部少（江永最少），北部多（安化最多）。但在海拔 1200～1400 米的山区，一般年份降雪和积雪多在 17 天以上，最多年份有 60～70 天。积雪深度一般在 10 厘米以内，北部深，南部浅；迎风处积雪浅，背风处积雪深。

二、霜冻

“霜冻”是指生长季节里因土壤表面和植株体温降低到 0℃或 0℃以下而引起植物受害的一种农业气象灾害。根据霜冻发生的季节不同，常分为秋霜冻和春霜冻两种：秋霜冻又称早霜冻，是秋收作物尚未成熟时发生的霜冻，每年入秋后第一次出现的霜冻为初霜冻。春霜冻是发生在春播作物苗期、果树花期、越冬作物返青后的霜冻，春霜冻又称晚霜冻，每年开春后最后一次出现的霜冻为终霜冻。终霜冻发生得越晚，对作物的危害越大。

霜冻对作物的危害机理是：①在气温降到 0℃以下时，作物细胞间隙中的水分形成冰晶，细胞内原生质与液泡逐渐脱水，冰晶不断扩大，对细胞壁产生机械压力，当脱水和机械压力超过一定限度时，原生质就会发生不可逆的凝固，使细胞致死；②温度再继续下降，出现细胞内结冰，引起原生质凝固致死；③解冻时温度上升太快，细胞间隙中的冰融化成的水还没有来得及被原生质吸收就很快蒸发，原生质因缺水使植物干死。在一次降温过程中，作物是否遭受霜冻危害以及受害程度决定于作物的抗寒性、降温的速度、低温强度以及解冻时的升温快慢。此外，在低温条件下植株体内会出现铵的积累，危害植物的生理机能。

在相同的天气条件下，不同地块是否发生霜冻以及霜冻轻重与地形、地势、土壤等有密切关系。开阔迎风的山坡上部和山顶比山谷和平坦地段霜日要少，一般无霜期要长 20 天，而封闭的山谷、盆地霜日比开阔的山谷和平坦地段更多，无霜期要短 40 天左右。不同地区霜冻出现日数、对作物的危害程度差异较大，山的北坡迎冷风，少阳光，霜冻重，南坡背风向阳，霜冻轻，东坡和东南坡早晨首先照到阳光，植株体温变化剧烈，霜冻常常较重；靠近水体的地方，因为水的热容量大，霜冻较轻；疏松的土壤，热容量小，导热率低，使贴地气层温度迅速下降，作物遭受霜冻重，紧实潮湿的土壤则相反。

以 1961—2000 年湖南各站年平均霜日数作平面分布图，见图 4.4。从图可见，湖南年平均霜日数呈北多南少分布，湘中以北地区常年都在 20 天以上。霜的出现与地区高程关系密切，海拔高度越高，初霜期越早，终霜期越迟，霜日数越多，无霜期也越短。

三、冰冻

“冰冻”是空气中过冷却雨滴、毛毛雨滴或雾滴以及冻结雪附着在寒冷的电线、树木枝叶、房屋、农作物等近地面物体上形成的一种冻结物。“冰冻”是对雨凇、雾凇和冻结雪的总称。冰冻对农、林作物的影响主要是造成越冬作物植株和各种果树林木的机械损伤；雨凇、雾凇附着在电线上越积越厚，极大地增加了电线重量，可致压断电线、电杆，给电力输送和通信带来危害；地面形成深厚坚硬的冻结物，使得路面光滑，危及交通安全；还压垮房屋，冻坏管线，使人民生命财产和生活遭受损失。

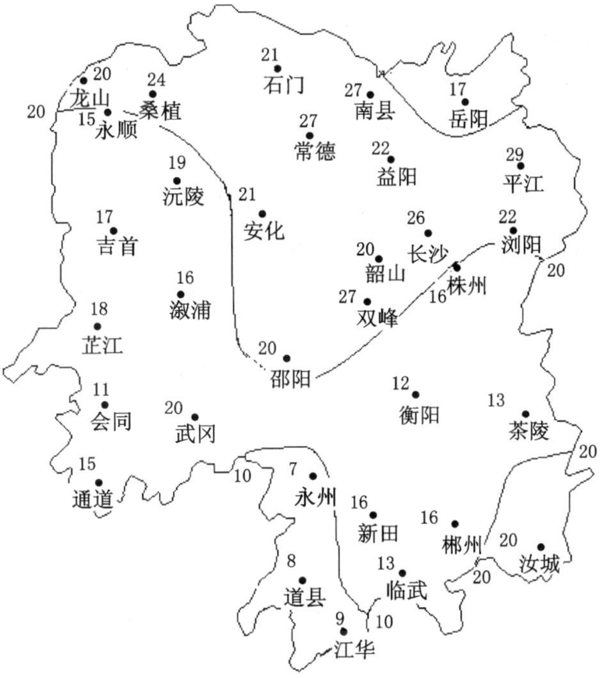

图 4.4　1961—2000 年湖南年平均霜日数分布图
（单位：日）

湖南冰冻出现次数在全国仅次于贵州省，其危害程度在冻害中居首位。湖南大部分地区的冻害以雨凇为主，见表 4.3，所以常把“雨凇”称为“冰冻”，它对农作物的危害不大，但对果木、林木、交通、供电、通信的影响和破坏甚大，如 1982 年 2 月上旬会同林区磨哨大队就因雨凇持续 7～8 天造成杉木林损失 34.5%。

表 4.3　湖南各种冰冻现象的出现频率（%）

地　名	雨　　凇	雨凇加冻结	雨凇加雾凇	雾　　凇	冻 结 雪
岳阳	53	27	0	7	13
常德	69	6	0	13	13
沅陵	77	0	0	14	9
长沙	80	20	0	0	0
芷江	51	0	0	45	3
邵阳	100	0	0	0	0
永州	100	0	0	0	0
郴州	60	0	0	30	10
南岳山	26	0	42	32	0

注：资料取自 1961—2000 年

通过研究1949年后湖南冰冻个例的气象资料，总结出冰冻的一些规律：

形成冰冻的天气形势　湖南的地形特点是东、南、西三面环山，山高一般在1000米以上，极有利于冷空气从东北方向侵入，并在境内滞留堆积，形成冷空气垫；而南来暖湿气流则受阻于南岭山脉，不易长驱直入，只能在冷空气垫上爬升，生成云雨，降下的雨滴经低层大气低温冷却成为过冷却水滴，在地面和物体上立即冻结起来形成雨凇。也就是说当近地层有冷空气侵入，地面气温降至≤－1℃，而上空有强烈的暖湿平流时，常常形成雨凇天气。

冰冻的强度及地理分布　冰冻从开始形成到消融的整个过程称为一次冰冻。冰冻的强度是以一次冰冻的持续时间长短来衡量的，根据《湖南省天气气候若干标准暂行规定》：

一次冰冻持续时间≤3天的为轻度冰冻；4～6天的为中等强度冰冻；≥7天的为强冰冻。

在1961—2000年中，湖南以持续1～3天的轻度冰冻过程出现次数最多，共计74次，占总次数的56%；中等强度的冰冻和强冰冻分别为24%和20%（见图4.5）。

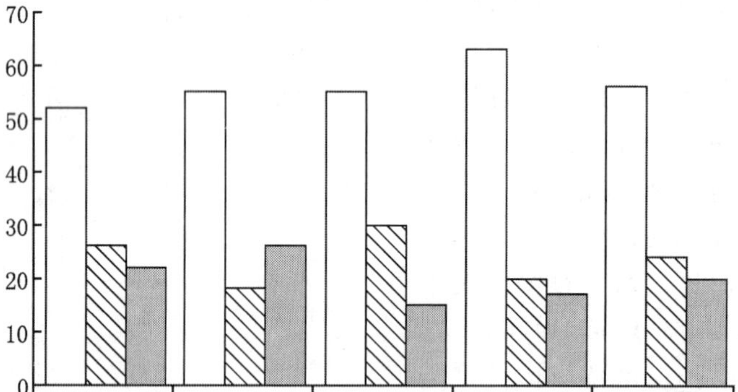

	1961-1970	1971-1980	1981-1990	1991-2000	1961-2000
□ 轻冰冻	52	55	55	63	56
▧ 中等冰冻	26	18	30	20	24
■ 强冰冻	22	26	15	17	20

图4.5　1961年—2000年各级冰冻过程出现的频率（%）

冰冻过程越强，影响的范围也越大，一般来说，持续1～3天的弱过程或过程发生的最初两天只能影响局部或部分地区；持续4～6天可影响50多个测站；如果过程持续7天或7天以上，几乎可影响全省。从冰冻的地理分布来看，在湘南、湘中大片丘陵地区和湘西谷地，一次冰冻持续的时间通常较短，不足5小时的占30%以上，在一天内消失的占60%～80%，湘北湖区和高山地区持续时间一般较长，持续一天以上的占40%。

湖南冰冻过程中的冰冻分布有两种形式：一种是零散分布，约占总过程次数的28.3%，这类过程主要是在形成冰冻的物理条件尚不够稳定的情况下出现，冰冻常分布在洞庭湖区、湘南山地和雪峰山区等地，维持时间很短，危害小；另一种为成片分布，是在形成冰冻的物理条件比较稳定的情况下出现，约占冰冻总次数的71.7%。据统计，成片的雨凇位于湘西地区（雪峰山附近或以西）、湘东地区（沿湘江流域）的比例分别占11.7%和5%，冰冻区位于湘北地区（以洞庭湖区为中心）和湘中、湘南地区的比例分别占16.7%、15%和23.3%。

冰冻最大冻结厚度大小一般与持续时间长短相关，持续时间长的较大，持续时间短的较小。冰冻最大冻结厚度的地理分布有北部比南部厚，东部比西部厚，湖区平原比山地厚的特点，湖南最大冰冻厚度除高山地区达100～200毫米外，以湘北湖区最大，长沙、常德、桑植一线以北以及永州市达50～70毫米，沅江最大达120毫米，湘中株洲曾达151毫米，其他都在30～50毫米，邵阳、郴州仅15毫米左右。

冰冻发生频率、分布规律、出现时间　湖南轻度冰冻几乎年年都有，中等强度以上的冰冻约为4年一遇，严重冰冻约6～7年出现一次。20世纪以来，湖南出现严重冰冻的年份有1905年、1916年、1927年、1929年、1954年、1957年、1964年、1969年、1971年、1972年、1974年、1976年、1979年、1991年、1994年等，其中，又以1916年、1929年、1954年、1963年、1968年、1976年、1994年最为严重。

冰冻发生的年频数（或日数）总的分布趋势是北少南多，山地多平原少。以北纬28度线为分界线，此线以南的湘南、湘中的频数（或日数）都比湘北多。但在北纬28度线以北，湖区平原比山地容易出现冰冻；而在北纬28度线以南的情况则相反，山地比丘陵地区容易形成冰冻。在南部山区中，又以北坡地区比南坡地区容易出现冰冻，尤其资兴、桂阳、城步等地是湖南的冰冻多发区。这些统计规律充分显示了地形对冰冻形成的影响。

冰冻的发生期可从11月中旬至次年3月下旬，前后将近5个月。在1951—2000年的记录中，出现最早的是11月16日（1976年，芷江），最迟的是4月2日（1974年，桂东）。从全省来看：洞庭湖区出现最早，终止最迟，发生期最长；湘西北则发生最迟、终止最早，从12月下旬至次年2月中旬，前后仅2个月，发生期最短；其他大部分地区可在12月上、中旬发生，2月下旬或3月上旬终止，前后3个月左右。冰冻现象以1月出现最多，2月次之，12月再次之；从各旬出现情况来看，则以1月下旬最多，1月上、中旬次之（见图4.6）。

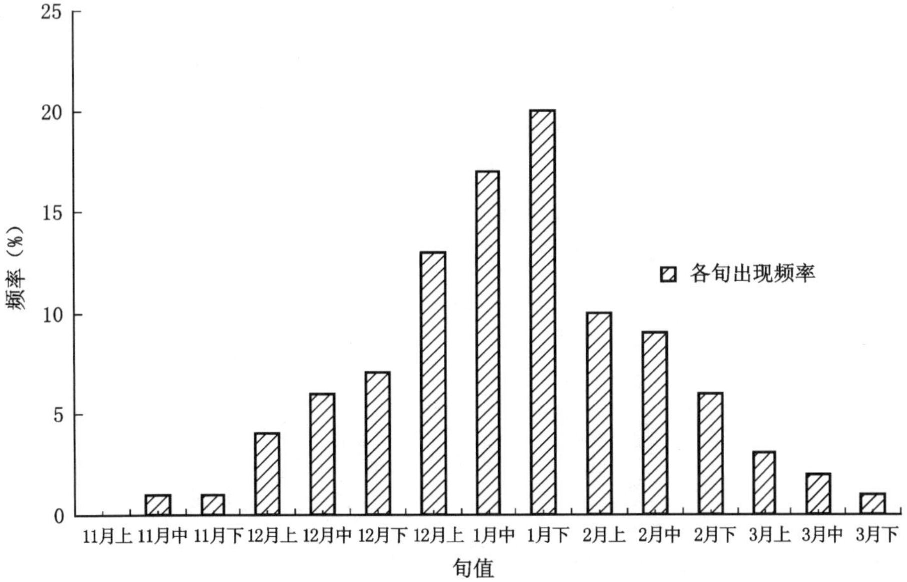

图4.6　各旬出现冰冻的频率（%）

四、严寒期

“严寒期”是指受强寒潮影响造成连续5天（或5天以上）日平均气温≤0℃的时段。严寒期内由于气温低，可能伴生暴雪、冰冻、水体结冰及霜冻等现象，容易引起严重冻害，给工农业生产和人民生活带来损失和影响。

湖南省1949年后共出现严寒期823站次，其中又以60年代、70年代严寒期的出现频率较高，占67%。从时间来看：严寒期最早出现在11月，最迟出现在3月。各地严寒期出现时段都以1月份频率最高，占总发生次数的47%，2月份次之，为30.9%。从地理分布来看：洞庭湖区出现最早，湘南终止最迟；全省除洞庭湖区外，境内海拔800米以下大部分地区的严寒期发生次数不足10次（见表4.4、图4.8）。

表4.4　不同海拔高度严寒期出现情况

站名（纬度）	海拔高度（米）	日平均气温≤0℃的连续日数各档次频率（%）			1961—2000年严寒期发生次数	最长一次严寒期连续日数（天）及出现时间
		5～7天	8～9天	≥10天		
绥宁（26°35′N）	310.3	75	25	0	4	9（1964.2.17）
通道（26°10′N）	397.5	83	17	0	6	9（1964.2.17）
龙山（29°28′N）	486.4	100	0	0	5	7（1969.1.29）
汝城（25°34′N）	608.3	78	22	0	9	9（1969.1.29）
桂东（26°05′N）	835.9	47	47	6	15	10（1993.1.15）
南岳（27°18′N）	1265.9	57	17	26	139	32（1989.1.11）

注：资料取至1961—2000年

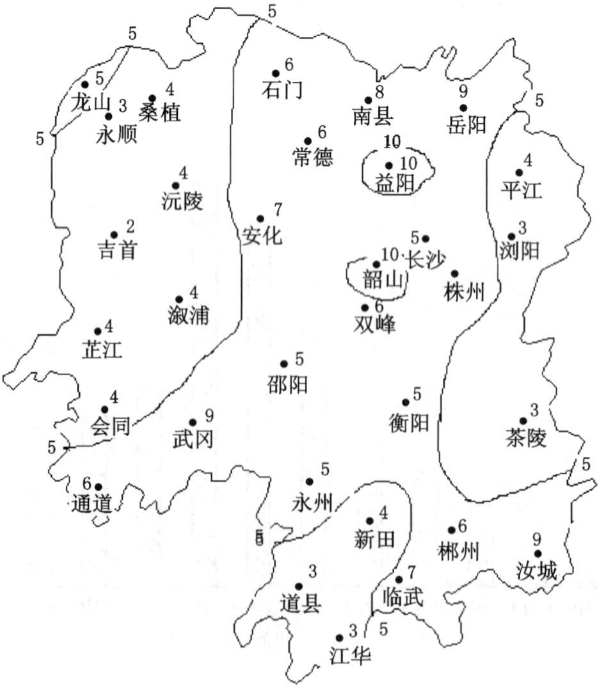

图4.8　1961—2000年各地严寒期出现的次数

根据湖南1961—2000年各站的资料统计：一次严寒期持续长达5～7天的发生频率最高，占总发生站次的72%，最长连续记录是32天（1988年冬，南岳山）（见表4.5）。

表4.5　湖南各地严寒期出现情况

地区＼持续时间	5天频率（%）	6天频率（%）	7天频率（%）	8～9天频率（%）	≥10天频率（%）	最长一次严寒期发生情况		
						日数	出现始日	地点
常德	51.2	7.0	14.0	27.9	0.0	9	1969.1.28	石门、澧县、临澧、安乡、桃源、汉寿、常德
岳阳	39.2	17.7	9.8	23.5	9.8	11	1966.12.25	临湘
益阳	53.2	8.6	8.5	23.4	6.4	10	1969.1.28	沅江、益阳
湘西州	25.7	48.6	17.0	8.6	0.0	8	1969.1.28	古丈、泸溪、凤凰
张家界	7.7	53.9	23.1	15.4	0.0	8	1969.1.28	张家界、慈利
怀化	29.8	31.9	25.5	12.8	0.0	9	1964.2.17	通道、靖县
邵阳	23.4	28.6	23.4	20.8	3.9	11	1964.2.16	邵东
娄底	25.0	45.0	15.0	15.0	0.0	9	1969.1.28	双峰
长沙	27.3	22.7	22.8	18.2	9.1	11	1964.2.16	宁乡
湘潭	43.5	17.4	21.8	13.0	4.4	10	1969.1.28	韶山
株州	31.6	31.6	21.1	15.8	0.0	9	1969.1.28	株洲、醴陵
衡阳	24.3	22.7	13.8	17.1	22.1	32	1989.1.11	南岳山
郴州	30.0	21.3	13.8	25.0	10.0	10	1964.2.17	安仁、桂阳、资兴、嘉禾
永州	35.9	46.2	2.6	12.8	2.6	10	1964.2.17	蓝山

注：根据湖南1961—2000年各站的资料统计

第二节　1949年及以前的霜、雪、严寒期、冰冻灾害

汉　元狩元年（公元前122年）　常宁大雨雪，民多冻死。

汉　建昭二年（公元前37年）　楚地十一月大雪，雪深五尺。

汉　永元十二年（公元100年）　荆州冬大雪，深五尺。

三国　吴太平二年（公元257年）　湖南春二月乙卯，雪、大寒。

晋　大兴三年（公元 320 年）　常宁二月大冰，木冰

晋　太元十三年（公元 388 年）　宁乡大雪，冰坚实，江河可渡。

后汉　乾祐二年（公元 949 年）　潭州十一月大雪盈四尺。

宋　天禧二年（公元 1018 年）　永州正月大雪，六昼夜方止，江溪鱼皆冻死。

宋　咸淳五年（公元 1269 年）　宝庆府十二月大雪，深四尺五寸。

宋　德祐元年（公元 1275 年）　湖南雨黑雪，雨粉针。

元　至元二年（公元 1336 年）　湖南雨粉针。

元　至元六年（公元 1340 年）　十二月宝庆府大雪，深四尺五寸。

明　洪武九年（公元 1376 年）　长江封冻。

明　洪武十二年（公元 1379 年）　湖南春雨雪经旬。

明　景泰五年（公元 1454 年）　衡州正月雨雪连绵，伤人甚多，牛畜冻死三万六千多头。

明　成化十二年（公元 1476 年）　益阳冬大雪，大寒。

明　成化十八年（公元 1482 年）　宁乡冬大雪，冰冻阅三月，坚硬数尺，路平如砥，无江河阻隔。

明　弘治六年（公元 1493 年）　湖南冬大雪，冻几三月，冰坚如石，厚数尺，路平坦，无复江河、沟壑之阻。益阳、安化、宁乡、湘乡、浏阳、衡州府、衡阳大雪，厚数尺，冻至三月。会同县大雪厚数尺，冰坚如石。衡南癸丑十月，邑中大冰，岁终方解。

明　弘治八年（公元 1495 年）　湘阴十二月雨雪。沅江冬雨雪雹，飞禽坠地。

明　弘治九年（公元 1496 年）　长沙十月雨雪。

明　弘治十六年（公元 1503 年）　祁阳江水冻合。

明　弘治十七年（公元 1504 年）　湖南正月初三，大雪深三尺。

明　弘治十八年（公元1505年）　湖南冻阅三月，坚厚数尺，路平如砥。益阳、安化、宁乡冬大雪冰冻，冰阅三月，坚厚数尺，无江河阻隔。

明　正德五年（公元1510年）　湘阴洞庭湖区冰河，人骑可行。

明　正德八年（公元1513年）　常德府武陵、沅江、龙阳十二月大雨雪，洞庭湖冰合，人骑可行。岳州、临湘、益阳、宁乡冬大雨雪、大冰冻，大寒异常。

明　嘉靖二年（公元1523年）　湖广十二月各县大风雪暴作，民冻死枕藉。

明　嘉靖三年（公元1524年）　宁乡大凌，树冰介。

明　嘉靖六年（公元1527年）　浏阳四月大雨雪。

明　嘉靖十三年（公元1534年）　宝庆府、新宁十一月雪，深三四尺。

明　嘉靖十四年（公元1535年）　宝庆府正月雪片中一孔五瓣，皆梅花状。新宁正月大雪。

明　嘉靖十八年（公元1539年）　宁乡十二月，雪雨连旬。

明　嘉靖二十九年（公元1550年）　安福冬大雪，竹木多冻死。

明　嘉靖四十四年（公元1565年）　湖南冬下雪日久，人畜冻死。宁乡、沅江冬冰雪，旬有五日不解。益阳冬雪冰。

明　万历十年（公元1582年）　各地大雪。

明　万历十五年（公元1587年）　善化春大凌。

明　万历二十三年（公元1595年）　绥宁二月雪雹连旬，人畜冻毙。浏阳三月大雪。

明　万历二十九年（公元1601年）　浏阳三月大雪。

明　万历三十年（公元1602年）　浏阳春大雪，民有僵死者。

明　万历四十八年（公元1620年）　安乡、临澧冬大雪四十日，直抵天启元年正月。常德府、沅江、汉寿龙阳冬雪堆城五十余日，冰雪坚厚，鹊兽死者枕藉，于次年正月十五始解冻。澧州冬至正二月大雪四十日，鱼多冻死，河可行车。

明　天启元年（公元 1621 年）　湖南冬大凌，正、二两月雪不断，平地积雪四五尺，洞庭冰结，人可步行。长沙、浏阳、宁乡、澧州、安乡、巴陵自先冬至正、二月，大雪四十日，池鱼冻死，长沙大桩桥刘宅，六人一夜冻毙。益阳、沅江、湘阴、临湘、岳阳、华容、平江……春雨雪，自正月至二月，平地积雪四五尺，洞庭冰合鱼多冻死，树木根枯，洞庭冰结，人马可行。安化春雪，大冰凌，池鱼多冻死。永顺府是年九月大雪，河冰，舟不通，盐踊贵，至每包价一两二钱，安福亦如此。

明　天启二年（公元 1622 年）　宁乡、益阳春大冰雪，池鱼多冻死。

明　天启四年（公元 1624 年）　宁乡、安化冬大凌。

明　崇祯元年（公元 1628 年）　武陵、湘阴、沅江十月骤雪，冰冻不解，鱼鸟皆冻死。长沙府各县、宁乡、益阳、安化冬大冷异常，池鱼多死。

明　崇祯二年（公元 1629 年）　浏阳春，雨冰。

明　崇祯四年（公元 1631 年）　浏阳春，大雪十七日。

明　崇祯十一年（公元 1638 年）　长沙、益阳、安化、宁乡、湘阴十二月大雪，冰厚尺许，木冰介，至次年正月望后不消。宝庆府、武冈十二月十九日雷震大雪。

明　崇祯十三年（公元 1640 年）　永定、郴州、兴宁积雪成冰，池冰坚数寸，经月始解，鸟兽冻死无数。

清　顺治四年（公元 1647 年）　长沙府正月积雪。

清　顺治五年（公元 1648 年）　安化、益阳、宁乡十一月大雪，木冰介，安化水冰合。湘潭冻饥者无数。

清　顺治六年（公元 1649 年）　长沙、宁乡、益阳、湘阴、安化冬大冰蔽江而下，划破民船。

清　顺治七年（公元 1650 年）　永州、江华入冬后大雪四十余日，民多冻死。

清　顺治九年（公元 1652 年）　浏阳正月大雪六七日。湘阴、湘乡冬大雪，河冻冰坚，舟楫不行，树皆冻死。衡州府衡阳、衡南、衡山、常宁、酃县（冬）严雪冱寒，有皲肤折趾者，有僵死涧壑者，未可胜数。

清 顺治十年（公元 1653 年） 入冬后，长江中、下游冬冷，严寒大冻。全省大雪，洞庭湖结冰，冬大雪冰坚舟楫不行。长沙、宁乡、湘乡凌冰两月不解，树皆折摧。武陵雪成砖，满地伤人。益阳雪凌。湘潭河冰坚不能行舟，树木冻死甚多。零陵冬大雪四十余日不止，民多冻死。

清 顺治十七年（公元 1660 年） 洞庭湖结冰。

清 顺治十八年（公元 1661 年） 辰州、沅陵四月雪。

清 康熙八年（公元 1669 年） 资兴四月陨霜，高山雪；六月八面山又大雪；兴宁冬腊月尽雨雪至次年闰二月。

清 康熙九年（公元 1670 年） 沅江春大雪。湘潭自十月二十八日迄十二月二十四日冻雪益剧，凝冰积素，填咽郊野。攸县冬大雪，深数尺，坚冰可渡马。宁乡、益阳冬积雪四五尺，奇寒，行者僵于途，河冰坚可渡，奇寒乏食。岳阳十二月大雪苦寒，洞庭冰合，舟楫不通。湘乡冬大雪，河冻冰坚，舟楫不行，柳梓柑橘诸树皆冻死。衡山冬大雪深数尺，六畜冻死，竹竿半活，江水冰合厚尺余，舟不行。耒阳冬大雪六十日，山中合抱大树尽被压死，大河结冰尺余。

清 康熙二十二年（公元 1683 年） 长沙、宁乡、湘阴、益阳、安化、桃江冬大凌木介，林木压断。城步栏牛峒大雪，城崩山裂。

清 康熙二十三年（公元 1684 年） 宁乡、沅江二月冻雨木冰。攸县二月初一至初三见冰。

清 康熙二十四年（公元 1685 年） 临武冬雪深三尺。

清 康熙二十六年（公元 1687 年） 沅江正月大寒，雨木介冰，门栏墙壁俱介冰。

清 康熙二十九年（公元 1690 年） 湖南十二月大雪积十余日，湖水冻合，人可步行。晃州、沅州、芷江冬大寒连旬，流水皆冰合，鱼鳖冻死，果木枯坏。宁乡冬冰冻。巴陵、益阳、沅江、湘阴、华容、岳阳、临湘、辰州、沅陵、泸溪等十一月二十九日大雪至十二月初五，雪深三尺，寒甚，冬十二月大雪十余日，洞庭湖冻合，人可步行。衡州府、衡山、衡南、常宁、酃县冬大雪，冰厚尺余，浚城濠。永州、永明、郴州、兴宁、永兴冬大雪数尺，永明江水冻合，潜鱼皆死，次年二月始释，溪涧绝流。

清 康熙三十一年（公元 1692 年） 祁阳冬十月雪。

清 康熙三十九年（公元 1700 年） 十二月二十四日，辰州、沅陵积雪万山，日暮，大雨雷电交作，继复飞雪，杂以冰雹。

清　康熙四十五年（公元 1706 年）　泸溪二月大雪，山中竹木尽折，桃李花冻死。

清　康熙五十年（公元 1711 年）　长沙府、宁乡、安化、湘阴、益阳冬冰坚可渡人马。

清　康熙五十二年（公元 1713 年）　湖南十二月大凌河冻。长沙十二月大冰，河冻，涝塘河骆驼嘴人马可行，两岸果树冻损严重。益阳、岳阳、湘阴十二月大凌河冻。湘乡冬大冻，涟水冰坚。

清　康熙五十三年（公元 1714 年）　湘阴春冰寒，正月至三月不解。湘乡冬大凌，河冰坚，人马可渡。

清　康熙五十六年（公元 1717 年）　零陵冬大凌。

清　康熙五十七年（公元 1718 年）　安乡、岳州冬大雪，平地数尺。

清　康熙五十八年（公元 1719 年）　桂阳州、嘉禾雨木冰。

清　雍正元年（公元 1723 年）　郴州、桂东、永兴、宜章、兴宁、桂阳、汝城正月各县大雪凡四旬，冰厚盈尺，树木多折，兴宁树木折倒大半。

清　雍正八年（公元 1730 年）　泸溪春初寒雪，秧种三次。

清　乾隆七年（公元 1742 年）　长沙十一、十二月大冰凌。宁乡、益阳冬大冰冻。湘阴冰冻，十二月冰坚至次年二月不开。

清　乾隆八年（公元 1743 年）　沅江大冰，树木多压坏。宁乡春雪深数尺。邵阳、武冈正月大冰，木折伤人，浮于地上者雪不盈寸。

清　乾隆九年（公元 1744 年）　郴州冬十一月大雪，樟橙橘桂皆枯。

清　乾隆十年（公元 1745 年）　湖南冬十一月大雪，深数尺，湖水尽冰。长沙、湘乡冬大雪，平地深数尺，花竹果木园蔬几尽。益阳、沅江、华容、湘阴、岳阳、平江、临湘等冬十一月大雪，平地深数尺，（洞庭）湖水尽冰。永兴冬大雪，樟橙橘桂无不凋枯。

清　乾隆十一年（公元 1746 年）　长沙府、益阳、安化、宁乡入冬后大雪，树木死者大半。

清 乾隆二十四年（公元 1759 年） 长沙、宁乡、益阳冬大河冰冻。永明大雪。

清 乾隆三十四年（公元 1769 年） 武陵大雪（十月）。沅江冬大雪，鱼鸟皆冻死。宁乡、益阳冬大雪，十月初四（日）落大雪，鱼虾冻死。零陵、祁阳九月大雨雪，鱼鸟皆冻死。

清 乾隆四十一年（公元 1776 年） 巴陵、益阳、沅江、华容、湘阴清明后十有一日大雪。

清 乾隆五十一年（公元 1786 年） 沅江、益阳、华容、巴陵、湘阴清明后大雪，三月十六、十七日积雪深二尺许。安化清明大雨雪。

清 乾隆五十三年（公元 1788 年） 芷江十二月大雪。

清 乾隆五十四年（公元 1789 年） 新宁、安仁、郴州十二月大雪，新宁雪深三尺，花皆六出，大如花萼。

清 乾隆五十五年（公元 1790 年） 巴陵、华容、湘阴、益阳、沅江十二月大雪，冰凌冱冻经旬不开。至廿三、廿四日，洞庭湖结冰。宜章十二月二十四日大雨雪。

清 乾隆五十六年（公元 1791 年） 湖南大凌。益阳、长沙、宁乡、平江、湘乡、永州、零陵冬大凌，池塘皆冻。

清 嘉庆元年（公元 1796 年） 益阳春有大雪（立春后十余日）。

清 嘉庆三年（公元 1798 年） 湖南冬大凌木介（冰）。长沙、宁乡、平江、湘乡、湘阴、零陵冬大凌，树木介冰。

清 嘉庆五年（公元 1800 年） 永明正月大雨雪，树木介。

长沙、益阳、沅江、宁乡、湘阴、岳阳、平江、湘乡、永州九月十八日，晃州九月二十八日大雪深尺许，损稼。

清 嘉庆十三年（公元 1808 年） 邵阳、道州、郴州、宜章、桂阳州四月初一大雪，道州深尺许，邵阳深三尺。

清 嘉庆十六年（公元 1811 年） 邵阳冬大雪，深五六尺。

清 嘉庆十七年（公元 1812 年） 临武秋冬之际大雪。

清　嘉庆十八年（公元 1813 年）　鄠县正月大雪，平地深数尺。

清　嘉庆十九年（公元 1814 年）　永州、祁阳正月大雪，永明三月雪深数尺，百年罕见。郴州、宜章闰二月大雪，无麦，雪深百年所未见。

清　嘉庆二十年（公元 1815 年）　平江冬十二月大凌。

清　嘉庆二十一年（公元 1816 年）　平江正月大凌。

清　道光元年（公元 1821 年）　湖南大雪深五尺。永州正月大雪，平地深五六尺。沅陵、辰溪一带十月十日始雨，十一日晨黄雾四塞，久之复大雪，深五余尺。宁乡冬雪深数尺，大小河流冰可渡。

清　道光二年（公元 1822 年）　沅陵县元月雪，至二月朔始止，一月才三日晴。宁乡、益阳冬雪深数尺，冰坚可渡。

清　道光四年（公元 1824 年）　湖南冬下雪特冷，人畜冻死。宁乡冬大冰雪，自十二月底至次年正月冻雨冰雪，相间一月之久。益阳冬大雪坚冰。安化冬县内连下大雪，自小除日（腊月二十四日）至次年二月始霁，深山独居（户）有全家冻毙者。

清　道光五年（公元 1825 年）　祁阳春大雪深六尺。宁乡十二月大雪，深数尺，河冰坚可渡。益阳冬大雪冰冻。

清　道光七年（公元 1827 年）　湖南冬大雪木介。湘乡冬大雪冰坚可履。

清　道光八年（公元 1828 年）　永州、祁阳正月大雪。

清　道光九年（公元 1829 年）　湖南冬大雪木介（冰）。宁乡冬大凌，树冰介。

清　道光十年（公元 1830 年）　湖南大雪，冰坚可渡。宁乡、益阳、岳州大雪，冰坚可渡。

清　道光十一年（公元 1831 年）　宁乡、善化、益阳、石门冬大雪，冻凌极坚，石门林木摧折过半。

清　道光十二年（公元 1832 年）　善化、宁乡、湘潭、湘乡冬大雪，冰厚尺许。邵阳腊月大雪，平地积二三尺，坚冰可行，春始霁。

清　道光十四年（公元 1834 年）　善化冬大凌。

清　道光十九年（公元1839年）　湘阴冬间大雪，深三尺，道路皆冰，久不解冻。

清　道光二十一年（公元1841年）　湖南冬下雪期长，特冷，人畜冻死。平江冬大凌，杉木多冻死，土石皆裂。益阳、宁乡冬冰冻。

清　道光二十六年（公元1846年）　益阳四月“西南乡大雪深数寸”。湘潭十二月大雪深二尺余。

清　道光二十七年（公元1847年）　武冈冬大雪数尺，凌不解，正月雪深二尺。平江冬大凌达四十九天，树木多冻死，土石皆裂。

清　道光二十八年（公元1848年）　桑植、临澧新正时有大冰冻，竹木多折。

清　道光二十九年（公元1849年）　益阳冬冰雪大。

清　道光三十年（公元1850年）　安福除日大雪夜冻，酒皆冻，逾旬始解。桑植冬大雪。

清　咸丰四年（公元1854年）　湘阴正月雨雪。

清　咸丰五年（公元1855年）　宁乡正月大风雪，河鱼多冻死。

清　咸丰六年（公元1856年）　宁乡雪深数尺。

清　咸丰八年（公元1858年）　安化冰雪厚尺许，水泽履坚。益阳冬冰冻。

清　咸丰九年（公元1859年）　酃县三月平铺大雪，连日霜。

清　咸丰十年（公元1860年）　永定正月连日冰、雨、雹交加，澧水河冰坚可行人，树木多冻折，少数家畜冻死。益阳正月大雪，深二尺余，冰厚三寸，池塘可行人。

衡阳、耒阳三月雨雪。

长沙十月九、十、十三、十四等日天气凝寒，雨霰交作。衡州、岳州、常德、澧州、郴州五府所属各县于十月十六、十七、十一月初九等日先后得沾瑞雪，平地随落随融，高阜积厚一二寸不等。

安化、龙阳、安乡、慈利、石门、桃源、澧州、平江、宁乡十二月大冰雪，河水冰坚可渡，树木鸟鹊冻死。善化、保靖冬大雪凌，树木压折者无算。平江平地雪深三尺，树木多冻死。澧州十二月二十七日雪后大凌不及地，高山平垠树木皆半折已死，人不胜寒。慈利冬十二月大雪冻，草木咸萎。保靖冬大雪凌，冰坚可渡，乡间树木鸟畜多冻死。

清　咸丰十一年（公元1861年）　醴陵正月兼旬大冻，木冰介，大树冻死。

善化、宁乡、益阳、临澧、湘阴、平江、临湘、湘乡、浏阳、桑植腊月大雪深四五尺，河水冰坚可渡，树木人畜多冻死。

清　同治元年（公元1862年）　保靖境内冬大凌，上年十二月二十七、八日大雪，坚冰厚三寸，池塘可行人，逾旬不解，树木多冻死，柑橘尤甚。善化冬大凌，竹木多折。

宁乡、武冈、益阳正月雪深二尺余，坚冰厚三寸，池塘可行，逾旬不解，树木多死。新宁、岳阳、平江、湘阴、临湘正月大凌，各县大雪，深达四五尺，河水冰坚，树木多冻死，人畜亦冻死不少。浏阳三月二十一日夜雪。

清　同治二年（公元1863年）　浏阳二月十二日，冻而雨，木介。宁乡、益阳各地冬凌。

清　同治三年（公元1864年）　安化正月大冰（冻），树木压折至伤人。宁乡正月大雪。善化正月大凌。湘乡春大凌，早熟作物失收。浏阳正月恒寒，十九日雪而雷。攸县正月河池皆冰，鱼多冰毙。兴宁正月大雪月余，冰厚盈尺，树木多折。

清　同治四年（公元1865年）　清泉正月大雨雪，木冰旬余乃介，蔬菜尽槁。邵阳、安仁正月江水冻结，可通往来。桂阳春大雪十余日，鸟兽草木冻死者半，鱼冻死自浮冰上。

湘阴十二月大雪。

清　同治九年（公元1870年）　宁乡二月西南山地雪数寸。安化二月廿七日雪深三尺。

清　同治十年（公元1871年）　桃源十一月数介，先寒而得冰，邑中树介最盛，大木倒折难以数计。

清　同治十二年（公元1873年）　湖南冬大凌。长沙、平江冬大凌。

清　光绪三年（公元1877年）　湖南冬冰寒，湖水皆冻，舟不能行，多冻死者，洞庭湖结冰。宁乡、益阳冻灾，雨雪旬日，河冰可渡。湘阴冬冰寒，湖水皆冻，舟不能行，多冻死者。耒阳十一月大雪，冰结半月余。宁乡十二月雨雪旬日，河冰可渡。

清　光绪四年（公元1878年）　湘潭正月树木结冰。

清　光绪七年（公元1881年）　宁乡、益阳春大雪凌，竹木多损，二月，地结厚冰。醴陵、永兴二月大冰凌。耒阳二月冰结十余天，山木大小摧折殆尽，江河直可履冰而渡。

永定是年冬，三岔冰凌雪冻成灾。

清 光绪八年（公元 1882 年） 嘉禾正月雨木冰，林木多折。

清 光绪十一年（公元 1885 年） 宜章正月大雪弥月，平地厚二尺，山溪水面皆冻合。

清 光绪十二年（公元 1886 年） 益阳冬大雪大冻，鸟兽冻毙其群。古丈县十二月大雪连降月余，山野积雪四五尺深。泸溪从十二月十三日至次年正月二十四日连降大雪，山谷雪深四五尺，行人陷入雪中，死者甚多。

清 光绪十三年（公元 1887 年） 宁乡冬大雪，冰冻月余，池塘河坝可行人畜。泸溪十二月大雪，平地雪深四五尺。新化、蓝山冬大雪半月，平地三四尺，冻饿死者无数。

清 光绪十四年（公元 1888 年） 长沙县一月初七大雪，雪深逾尺。

清 光绪十七年（公元 1891 年） 蓝山冬大雪。

清 光绪十八年（公元 1892 年） 宁远冬大雪，冰历月余，雀兔冻死者无数。

清 光绪二十一年（公元 1895 年） 溆浦雨雪积深二寸。

清 光绪二十二年（公元 1896 年） 益阳冬大冰凌，树枝压折几尽。

清 光绪二十三年（公元 1897 年） 宁乡正月十七日大雪，深尺许。永顺三月雪盈尺。

清 光绪二十六年（公元 1900 年） 宁乡正月木冰介，十一月大雪旬日，深尺余，结冰。

清 光绪三十一年（公元 1905 年） 永定一月二十四日下大雪，天气阴冷，北风劲吹至二月上旬，后又加大雪，树木多折断。

宁乡十一月大雪旬日，大冰冻，林木多冻折。益阳、沅江大冰凌，坚厚近尺，路无江河之隔。

清 宣统二年（公元 1910 年） 道州、桂阳州、嘉禾三月初三日大雪，深尺许。

新化十二月雪三尺深。

民国 元年（公元 1912 年） 岳阳、华容、临湘、平江、湘阴等地冬大冰冻达四十多天，树木冻死。

民国　三年（公元1914年）　宁乡、益阳十二月初大雪，徐家坳雪深二尺。

民国　五年（公元1916年）　益阳、宁乡各地冬大凌，历年罕见。长沙、岳阳等地连日冰冻，以致电杆被折坏，脱断电线数百副，电杆数十根，岳州至蒲圻电报不通。

民国　六年（公元1917年）　宁乡十一月底下雪，冰凌一个月，沩乌一带雪深尺余，塘冰三至四寸。

民国　八年（公元1919年）　宁乡十二月下雪二十多天，雪深二至三尺。

民国　九年（公元1920年）　宁乡十一月十一日下雪冻结，直至次年正月，停钟雪深二尺，檀树湾过渡不要船。

民国　十年（公元1921年）　新化十一月至十二月大冻，雪深三尺许，河冻断。

民国　十一年（公元1922年）　宁乡春大雪。

平江冬出现前所未有的大冰冻，山上竹木冻折甚多，物价猛涨，萝卜每斤价五十文，比上年肉价高出二文。

民国　十三年（公元1924年）　宁乡、益阳、古丈冬（大）雪，十一月至次年正月大雪大凌，局地雪深三尺。

民国　十四年（公元1925年）　宁乡冬大雪，成功塘一带雪深二至三尺。临湘、华容、岳阳、平江、资兴、临武十一月上旬开始，冰冻达四十多天，三尺围的树压断，竹木成片压倒，野兽入室找食物。

民国　十六年（公元1927年）　湘阴冬大冰冻，湘江冻结，湾河一段，轮船不动，延续三月，次年正月底始解。宁乡十一月下雪半月之久，有的地方雪深三尺多，十一月中雪凌至次年正月，冰厚尺余，东湖塘、夏铎铺一带雪深二至三尺，塘中结冰可过人，猪牛多冻死。益阳冬严寒冰冻，竹木凌死很多，水面可行大力车，油光凌，尺余厚。通道县大雪五十余日，江河冰冻，舟楫不通，孩童在水塘冰面上打陀螺。冬月至次年正月，岳阳、临湘、华容、资兴等县严寒冰冻，冰两个月，水上结冰尺余，江河封冻，猪牛多冻死。

民国　十八年（公元1929年）　益阳冬凝寒，竹木多冻死，江河水面可行车，从十月起一直到十二月才开天。临湘、湘阴秋谷收割时，即开始下雪，割倒的乔麦来不及收回，冰冻在田，冬作物大损，到十二月才出现太阳，冰冻逐解。宁乡冬至至次年初春，大雪大凌，沩山雪深四至五尺，花明楼雪深三尺，塘中可行人，野兽塘鱼死者多。湘北十一月中旬大冰冻，岳阳十一月三日一夜之间连下棉絮大雪，平地雪深两尺，屋、井、沟河全部封满，从湘阴磊石到岳阳九华山的洞庭湖面，冰厚达尺半，冻土达尺多深，可走车马。岳阳广兴州玉河乡，耕牛冻死一百一十头，占耕地总牛数三分之二，野鸭、天鹅冻死不少，冬作物全部冻死，铁路沿线电杆电线压断不少，电信中断，有三天未通电话，铁路停车。临湘、岳阳从腊月到正月（其中十二月九日到二十一日连雨成桐油凌）冰冻四十五天，塘水冻结一尺多厚，牛多冻死。常宁从十一月开始到次年二月三个多月，树木、楠竹冻死很多。湘潭、湘乡寒潮入侵，十二月十八日开始结冰，至次年二月连续不断，积雪盈尺，小河、池塘水面冰厚十七厘米，可行人，竹木冻死甚多，冰冻四十八天，从十一月起到过年的除夕才现日影。宁远、汝城、永兴、资兴、安仁十二月至正月十五日，大冰冻四十八天，池塘冰厚二尺，竹木断折百分之八十以上，高山所有的农户烧楼板、家具，牛死一半。

民国　十九年（公元 1930 年）　湖南一、二月奇寒，大雪冰冻，牲畜死亡，蔬菜枯萎，河湖亦冰，河水冰冻达二十多天，损坏船只百余号，水上交通完全断绝，电线被冻断，汽车停开，塘水结冰厚一尺七寸，舟人聚语，此次冰雪为灾，为四十年所仅见。长沙一、二月大冰冻，郊区蔬菜全冻坏，牧畜大批冻死，江河结冰，汽车停驶，水陆交通基本断绝。宁乡、石门、益阳一、二月奇寒，大风冰雪，人畜有冻死者，月山雪深二尺，麦田塘凌厚六到八寸，近四十年少有。华容雪深数尺，树多凌断。洞庭湖冰冻，可走牛车，冰冻二十多天。岳阳、平江、临湘塘水结冰一尺七寸，人畜有被冻死者；二月四日至十四日，城陵矶冰封江，冰层厚，范围广，解冻时大块浮冰飘流，木帆船遇难的很多，船民丧生甚众，物价飞涨，岳阳炭价高至八元，为炭价之新纪录。泸溪河水亦冰，交通断绝，人畜相继冻死。保靖、古丈、衡阳大雪冰冻，牲畜死亡，菜蔬枯萎，河水亦冰，损坏船只百余号，水上交通完全断绝，电线多被冻断，汽车悉数停开，资兴、汝城、临武一、二月奇寒，雪下接连四十九天。桂阳、嘉禾、耒阳大雪十余日，层冰盈尺，人畜相继冻死。

民国　二十年（公元 1931 年）　宁乡冬大凌，油光凌，冻死树木甚多。宁远自冬至春经三月犯寒践雪，哨兵有冻死者。

民国　二十一年（公元 1932 年）　宁乡冬雪凌一月，偕乐桥雪深尺余。

古丈、新化十二月大冻，雪深三尺许，冻断竹树甚多。

民国　二十二年（公元 1933 年）　宁乡冬雪凌，黄材、老粮仓雪深尺余，冰厚一尺。石门一月严寒大雪，为数十年所未有。醴陵一月十四日大雪，平地尺许。

民国　二十三年（公元 1934 年）　石门、益阳、宁乡冬雪凌，电线积冰约十厘米。

民国　二十六年（公元 1937 年）　宁乡、古丈冬雪凌，成功塘、涌泉山雪深一尺多，祖塔、东务山雪深二尺。

民国　二十七年（公元 1938 年）　宁乡冬雪凌，朱石桥雪深一尺多

民国　二十八年（公元 1939 年）　湘北春大雪，宁乡春雪凌，双凫铺塘冰六至七寸。华容连下六天大雪，桃花山一带，雪深尺余厚。

民国　三十一年（公元 1942 年）　宁乡、益阳冬雪凌。

民国　三十二年（公元 1943 年）　三月三日，湘北大雪，临湘连下通宵，平地雪深二尺，山沟雪深丈余。古丈清明下大雪，积雪三寸厚。宁乡冬雪凌，春收作物损失重，喻家坳雪深二尺，当年倒屋摔伤人甚多，森林死不少。益阳、岳阳冬大雪十多天。永兴十二月二十四至正月初，山地冰冻一个月，平地半个月，折树百分之六十以上，死牛甚多。

民国　三十三年（公元 1944 年）　资兴二月至三月冰冻四十多天，雪深尺许，树木多折。宁乡冬季复大雪大凌，崔坪雪深二尺，道林等地深一至二尺，倒屋摔伤人甚多，森林死不少。临湘、岳阳、华容冬下大雪十多天，临湘平地雪深二至三尺，树木多被压死。湘乡大冰冻，永丰雪深数尺。安化、新化冬雪深三尺。

民国　三十四年（公元 1945 年）　宁乡初春大雪。

民国　三十六年（公元 1947 年）　宁乡冬雪凌，杨林桥雪深二尺，冰厚近尺。

民国　三十七年（公元 1948 年）　宁乡、益阳冬油光凌。醴陵十二月冰冻近月，池塘结冰约二十厘米厚。

民国　三十八年（公元 1949 年）　宁乡冬冰冻。

第三节　1950—2000 年的霜、雪、严寒期、冰冻灾害

1950 年　湖南 2 月大冻。

1951 年　大庸 2 月奇寒，冻死耕牛甚多。

1952 年　冬至至次年春，新化冰雪 2 个多月，平地雪深 30 多厘米，塘面冰冻可行人，竹树冻断很多；衡阳 12 月冰冻，冻死果树 100 余株、牛 120 头、倒电杆 50 根、楠竹 5 万根、松杉树 2 万余株。

1953年　11月大庸县连续降大雪，从12月23日至1月13日，冰冻22天，冻死耕牛1348头，牲猪240头。慈利冰冻，部分柑、橙等果树被冻死。桑植县冰冻近1月，冻死耕牛942头。

1954年　12月下旬至1955年1月全省各地出现1929年以来罕见的大冰冻，最低气温达－8～－9℃，冰冻持续时间长，洞庭湖持续18～20天，湘中10～15天，湘南10天左右，南岳高山长达31天，电线覆冰厚度一般5～7厘米，沅江12厘米，南岳望日台120厘米，南岳山1米长的电线上覆冰最大重量为16.4千克，电力、通讯中断，全省交通受阻，水陆运输中断6～7天，全省油菜减产50%，绿肥损失40%，柑橘次年减产55%。具体情况如下：

常德市冬季大冰冻持续20天（1954年12月26日至次年1月14日），静水湖汉河港全部封冻，水面冰厚20～80厘米，冰上可走人推车，水陆交通停运，安乡水陆交通中断1个月，冻死猪牛，凌死树木不少，常德板门洲一桔园受冻致毁，屋上凌条有60厘米长，电线结冰5厘米厚，造成断线倒杆，通讯中断，乡村道路结冰20厘米厚，行走困难，吃水要用大锤破冰取水。

岳阳市12月下旬至次年2月上旬普降大雪，冰冻成灾，严寒时段（同时有冰冻）出现在1954年12月26日至1955年1月13日，洞庭湖封冻期达18～20天，平均气温－3℃，最低气温－9℃，电线积冰最大直径70多毫米，地面结“油凌”，江河湖泊封冻月余，行人、车马经过如履陆地，电力、通讯设备、航运船只、蔬菜、树木、冬季作物等受灾严重，冰冻灾害损失130万元，其中船只70万元。

益阳市自12月中旬起全区冰封雪盖，冻土盈尺，江湖冰封，大通湖竟可冰上行人，冻死牲畜及山林果木甚多，交通通信中断近月。

怀化市：12月中旬起沅陵、新晃、溆浦、辰溪、麻阳日平均气温降到0℃以下，最低气温为－5.8℃，出现了连续20天以上的强冰冻，部分县冰冻持续40天，竹、林折断，冻死耕牛，冻坏果树竹木无数，通讯电线冰固如蜡，动之则断，溪水冰合，行船困难。

邵阳市严重冰冻出现在12月上旬、下旬至1955年初，冰雪天气将近半月，大部分道路封冻，通讯中断，许多树木冻死或折断，有些池塘结冰后可行人，有的溪河也结冰，雪峰山区阻车达1个月，衡宝公路不能通车，油菜、小麦、蔬菜多冻萎，柑橘树冻死很多。

长沙市宁乡县12月上旬开始降雨夹雪，下旬出现冻雨，形成“油光凌”，25日强寒流南下，大风雪，沩山雪深1米，塘河封冻，竹木冻死40%，交通中断20天，此次大冻，历时24天，至1月6日才见消融，南橘几乎全被冻死。

湘潭市：湘潭、湘乡两县1954年冬冰冻，塘中可行人，交通阻塞，冰冻路滑，伤人甚多。

衡阳市：衡东县12月至次年1月冰冻，冻断树枝，广柑新梢多已冻坏，幼树损失较大，水塘均可行人；衡山县冻死柑橘4万余株，平均死亡率在50%以上；衡阳县全县通讯中断。

娄底市：12月26日至次年1月14日，持续20天严寒，极端最低气温达到－7.6℃，积雪11天，不能行走，柑橘受冻减产23.4%。

郴州市：资兴、永兴、桂阳、安仁12月27日到1955年1月中旬，冰冻20多天，山地冰冻在1个月以上，折竹木超过80%，死牛甚多，大地冰封，车船受阻，冬季作物及竹林、柑橘损失严重。

湘西自治州：1954年12月下旬至次年2月上旬，全州出现罕见的大冰冻，河溪、塘坝冰坚可行，树木鸟兽多冻死，交通阻塞，电讯中断，据桑植、龙山、古丈、泸溪四县统计，冻死耕牛2100余头。北部冰冻最严重，龙山县乌雅、大安等高寒山区，冻土深达0.3～0.7米。积雪1米有余，冻死耕牛146头，水坝一带从12月4日至2月初，冰冻50余天。

1955年 常德冬季大雪严寒，极端最低气温－12℃，最大雪深17厘米。

1956年 1月中旬末到下旬初强冷空气南下，造成大范围雨凇冰冻，临湘、安乡、醴陵、祁东冰冻5～8天，安乡积雪24天，临湘最低气温－16.3℃，长沙、宁乡最低气温－6.6℃，出现冰冻，衡东、衡南元月冰冻，部分油菜、萝卜冻死，衡东县柑橘幼苗多已裂皮。

2月，通道县大雪，冰冻40余日，油菜、麦类及山间野禽，冻死甚多。

1957年 1956年底至1957年初，湘西自治州、常德地区冬雪频繁，积雪日达24天，最大雪深14厘米，常德、凤凰、澧县、慈利等地出现了中等强度冰冻。

长沙、岳阳、娄底、衡阳1月中、下旬出现大雪和严重冰冻，供电、电讯线路多处中断，林木受损，长沙最低气温－8.4℃。衡阳县电话线上雨凇直径6～7厘米，全县线路不通，持续4天之久；衡东草市电话线大批压断，1.25千克枝条上积冰5千克；衡南三塘附近断电线3根，树木数根。

宁乡、邵阳、武冈、永兴、汝城2月上旬和3月中旬出现风雪和严重冰冻天气，地势较高的山区，道路封冻，车辆停驶，通讯中断。

1958年 宁乡1月底和2月两度出现冰冻。

1959年 醴陵1月7～10日冰冻。

1960年 1月22～26日，醴陵、茶陵、湘阴、宁乡、衡南、常宁、耒阳、衡阳出现较强冰冻，压垮大量树木和部分电线、电杆。

醴陵12月18～19日又出现雨凇冰冻，电线损坏较多。

1962年 邵阳市冬季各县冰冻，年底至次年正月，雪深70多厘米，压断竹子无数。

1964年 全省2月份出现大范围的冰雪天气，平均积雪15～20厘米，山地深30多厘米，常德最低气温－9.9℃；雨凇冰冻一般持续5～6天，其中湘西自治州2月上旬至下旬，冰冻20余天，高寒山区达1个多月，造成通讯、交通中断，牲畜大批冻伤、冻死。具体情况如下：

湘西大庸县2月8～25日冰冻18天，其中有11天下雪，累计降雪量31.9毫米，平地雪厚15厘米，过程平均气温0.4℃，最低气温－4.1℃。据不完全统计，大庸县内冻死耕牛256头，猪120多头，压坏松、杉树、楠竹30多万株，仅双溪桥公社患麻疹、重感冒的就有200多人，儿童死亡30人。

常德2月出现严重冰冻，其中桃源最大雪深达24厘米。

长沙市：浏阳2月8日及2月17～21日冰冻，冻死耕牛300多头，部分电杆折断；宁乡2月16日大风雪，冰冻10天，水塘冰封可行人；长沙电话线上冰厚为1厘米左右，池塘冰厚6.2厘米，冰冻持续12天，市内交通受严重影响。

岳阳市2月8～13日、16～21日冰凌成灾，江河湖泊冻结，地面结“油凌”，冰凌压断压倒供电线、电话线、电杆等，严重影响了供电、交通、邮电通讯运行，临湘雨凇冰冻持续10天，华容河封冰3天。

怀化市靖州、通道、会同、芷江、怀化2月9～13日，2月16～27日相继冰冻，最低气温－3.8～－5.4℃，最大积雪深度6～10厘米，冻死山羊、野猪、鸟类无数，高山冰冻维持30～40天，全市冻死耕牛2000多头，冻死树苗，冻坏油菜、小麦，春收作物受损，交通中断，怀化至麻阳汽车停开3天。

邵阳市2月中旬至下旬中期各地出现10天以上的冰雪天气，冰冻持续天数一般超过5天，通讯中断，交通受阻，隆回、邵阳、武冈、绥宁、城步5县（市）共冻死耕牛2019头。

娄底市冬季大雪，连续3次冰冻，主要时段在2月4日、9～12日、16～20日，极端最低气温为零下5.2℃，新化2月9～20日冰冻7天，大熊山、田坪、上团积雪30多厘米深，天龙山冰雪半个多月，冻死耕牛600多头；双峰县2月9～28日冰冻持续20多天，九峰山从12月20日起冰雪持续76天，无法下田干活，蔬菜、早春作物冻死大半，电线冻断较多，公路停运；涟源2月17～20日冰冻3天，冻死耕牛389头。

衡阳市2月8～11日、17～25日遍地冰封，维持9天，常宁、衡山、衡南、祁东、南岳较为严重，池塘、水库封冻，地面积雪最大深度达14厘米，这次冰冻对春收作物、经济作物，林业生产等带来严重威胁，冻死耕牛837头、牲猪406头，倒房172间，中断交通，汽车曾一度停开，跌死9人、跌伤20人、冻病交加而死201人，损失春收作物5849.5公顷，冻死林木307公顷，作物遭受冻害面积6869.5公顷。

郴州市2月出现大冰冻，全区冻死耕牛2000多头，汽车停开7天，永兴、汝城、嘉禾、桂阳、临武、宜章冰冻严重，桂阳雨凇冰冻持续19天，森林遭损害，电话线结冰、断杆达30%，冬种作物受害，压房倒屋，山区雪深50厘米，交通受阻3～5天。

1966年　醴陵12月25～27日冰冻。常德、长沙、临湘、涟源12月至1967年1月冰冻，电线积冰，冬作物受害，涟源古塘公社古塔庵堂里冻死1个小孩。

1967年　1月6～9日涟源降雪3天，龙山谭家岭积雪1米，竹、树压断许多，孙家桥公路冰冻不能行走。

浏阳2月冰冻3天，春收作物受损，柑橘叶脱落。

12月涟源龙山下雪10多天，积雪30多厘米深，电线结冰5厘米，冻死树、竹不少。

1968年 1月12～17日双峰下雪，14～22日冰冻，黄巢山、九峰山、山斗公社、猪婆山冰冻压断树竹和电线。新化春节前横阳、大石、天门冰冻5～6天，公路上不能行车。

1969年 全省大部分地区1～2月出现自1954年以来最严重的冰冻，湘北、湘南雨凇冰冻达20天，其他地区10天以上，2月14日开始的一次冰冻，个别地方长达半个月。湘西自治州、桑植、常德、岳阳、怀化、长沙、宁乡、邵阳、娄底、郴州等市（县）1月26～31日和2月13～27日受两次强寒潮影响，出现了冰冻，油菜受冻减产40%，严重的达50%，小麦苗部分被冻死，减产30%～40%，柚子、柑橘枝叶冻枯，部分冻死，邮电线路断线，交通中断。其中岳阳地区从上年12月至当年2月出现了自1954年以来少见的严重冰冻：华容县冰冻26天；临湘县1月31日最低温度为－18.1℃，为湖南有气温记载以来的最低记录，内河湖泊结冰，人可行，压断压倒供电、通讯线路、电杆众多，冻死竹木、果树、作物无数，公路多处停运2～3天。还有祁东县冻死耕牛1500多头，仅次于1931年。隆回县小沙江1月初冰冻，倒、断电杆40多根，通讯、交通中断。

1970年 1月5～8日，新化冰冻不能行车，新化双林冻死树木7万多株，公路上不能行车，水车冰冻半个月，压死竹子8万根；文田、春家、大田电线压断一部份，山中冰冻不能行人。醴陵1月冰冻6天，其中4～7日连冻4天。

1月29～31日，浏阳冰冻3天，农作物受损。

1971年 2月3～8日，辰溪县连续6天冰冻积雪，气温由0.3℃降至－1.8℃，最低气温为－3.0℃，最大积雪深度为2厘米，交通受阻，全县80%的柑橘树被冻死。

12月21～25日，常德、岳阳、宁乡因雨凇长途电话广播线大批压断，电杆倒塌，供电线路中断，部分竹木被压断，冬作物70%～80%受冻。

1972年 上年12月下旬至当年2月上旬大范围下雪并雨凇冰冻，湘北尤重。岳阳、娄底雪深均在20厘米以上，创当地历史极值，冻死耕牛、牲猪，压断压倒电杆、竹木甚多，各县班车停运2～10天，临湘2月7日雪深27厘米，岳阳2月9日最低温度－11.4℃。

湘西自治州1月下旬至2月上旬，出现冰冻，造成电讯、交通中断，作物、牲畜冻死、冻伤。

2月2～12日醴陵、慈利、临澧、邵阳、长沙、资兴、桂东连降大雪，并伴有中等强度的冰冻，冻死树木，危害作物，影响通讯，中断交通。

3月30日至4月2日湘西自治州再次出现强寒潮，并伴有降雪，龙山最深积雪达5厘米，大安、洛塔等高寒山区雪深约30厘米，全州早稻烂种766万千克，油菜损失40%，给全州农业生产造成巨大的损失，因雪深压倒茅屋3栋，冻死耕牛120头，压折树木190余根。

1974 年 1 月中、下旬湘西自治州、常德、岳阳、邵阳、娄底、黔阳、湘潭、长沙、郴州、零陵、衡阳等地出现冰冻天气，长沙、衡阳电线积冰严重，压断压倒高压线、电话线，通讯供电线路受到影响，冻死耕牛及冬播作物。其中衡阳 1 月 29 日至 2 月 2 日冰冻，电线结冰围径一般 4～5 厘米，最大达 15 厘米，冰冻严重的有常宁县扳桥、莲塘及衡南县双林、花桥一带，全区因冰冻倒电杆 469 根，断线 667 处，冻坏树木 39 万根（南部较多），死耕牛 119 头；衡山因严重冰冻死牛 71 头、死猪 4 头，冻坏楠竹 24 万余根、杉木 1.72 万余根、广柑树 340 根、倒房子 2 间；南岳山气象站测得电线积冰厚达 1.2 米，一根 1 米长电线覆冰重量达 16.368 千克，造成损失林木面积 7000 公顷，南岳林场折断电杆 300 余根，9 个工区电话中断，经济损失 1 万元以上。

1975 年 11 月 24～28 日，郴州、零陵、祁东霜冻严重，最低气温 -1.8℃，甘蔗、红薯大面积冻坏。

12 月 7～8 日，全省大部分地区普降初雪，9～13 日省内南半部、湘西部分地区出现雨凇冰冻，靖县、郴州、茶陵、汝城、桂东、酃县、道县、宜章、南岳电线积冰厚度有达 40 厘米者，郴州积雪深达 20 厘米。对通讯、供电和工农业生产造成一定影响。

12 月 14～15 日，湘西重霜冻，黔阳至靖县电话线被冻断。

1976 年 上年 12 月 15 日至是年 1 月 9 日，各地连晴重霜，湘南尤重，零陵油橄榄全部冻死，江永甘蔗大面积冻坏。

1 月下旬全省大部分地区普降大雪，部分地区有冰冻发生。

3 月中旬强寒潮南下影响湖南，气温骤降，最低气温接近 0℃，有 78 个县（市）下了雪，八面山积雪达 14 厘米，其他如慈利等地也有 3～4 厘米，对播种较早的早稻和春收作物影响较大，造成严重的烂种现象。

11 月 15～16 日，全省有近 50 个县（市）下了雪，40 余个县市出现了初霜。

1977 年 上年 12 月底至是年 2 月全省出现了历史罕见的低温严寒大雪天气，洞庭湖区和澧水流域以降雪冰冻为主，其他地区以雨凇为主，全省冻死耕牛 7 万余头，大、小麦冻坏达 50%，油菜 60%，绿肥 20%，柑橘 80%，柑橘产量比上年减少 7 成。具体情况如下：

湘西自治州 1 月 27 日至 2 月 2 日，大雪冰冻，造成交通阻塞，林、果木受冻，农、林业受损。全州 3 万多亩柑橘冻死 50%以上，其中泸溪受害最重，受其影响，1977 年全州仅产柑橘 650.95 吨，比上年减产 73.5%。大庸 1 月下旬至 2 月初出现了冰冻严寒天气，过程极端最低气温慈利、桑植、大庸各县都在 -10℃以下，为历史罕见，樟、棕、乌桕以及大部分柑橘和篷竹被冻死，损失惨重，酉水河流大部分水面和澧水河流边缘水面结冰。

常德地区 1 月中下旬大雪、雾凇、奇寒，汉寿、临澧、澧县、桃源 1 月 25～31 日大雪低温，造成死牛 1009 头，死猪 3267 多头，死羊 300 余只，冻坏机器 217 台，冻坏水利工程 21 处，冻死果木 50 万株（柑橘 90%），压倒房屋 518 间，翻车 4 辆。

岳阳市自上年 12 月下旬至是年 2 月大雪冰冻，岳阳雪深达 17 厘米，最低气温达 -

9.4℃，致使油菜、蚕豆等冬作物严重受冻，交通、通讯中断。

怀化市1月27日至2月3日发生大雪冰冻，北部维持8天，气温降到-13.0℃；中部也维持了8天，气温降至-11.5℃，最大积雪深度5厘米；南部维持11天，气温降至-7.3℃，靖州县积雪达10厘米。2月8～9日再次降大雪，沅陵县8日最大雪深达27厘米，十分罕见，气温降至-5.0℃，大雪冰冻对耕牛和柑橘树的损害极为严重，全市共死亡耕牛15220头，是近15年来死牛最多的一个冬季，柑橘树遭受的冻害是毁灭性的，全市1万公顷柑橘园受冻害的柑橘树达565.1万株，占94.2%，其中洪江市1月27日至2月4日连续9天大冰冻，县城安江雪深达11厘米，极端最低气温-11.1℃，是该县有气象记录以来的最低气温。

湘潭市湘乡县1月下旬因冰冻导致交通阻塞3天。

娄底市1月底至2月初发生了近百年最严重的冰冻，1月27日至2月3日冰冻7天，极端最低气温为-12.1℃，雪深11厘米，柑橘树冻死90%。

邵阳市自上年12月底至是年2月上旬境内各地多次出现冰冻，尤以1月底的冰冻最为严重，极端最低气温普遍在-8.0℃以下，以邵东县的-12.1℃为最低，为该地新中国建立以来的最低值；邵阳市区至各县（市）的长途电话，因倒杆断线均有中断；隆回、洞口、邵阳、武冈、绥宁、新宁、城步7县（市）5976公顷柑橘，有5607公顷遭到不同程度的冻害，其中148公顷被冻死，当年境内柑橘产量比上年减产45%，减产最严重的新邵、邵东、隆回、邵阳等县及邵阳市区，比1976年减产74%～98%，武冈市的油菜、绿肥减产30%～35%，并冻死耕牛1293头，占该市耕牛总头数的3%。

郴州市从1976年12月下旬到是年2月中旬各县陆续出现冰冻和降雪天气，以冰冻为主，极端最低气温降至-6～-8℃，平均冰冻天数20天左右，最长冰冻天数达53天（永兴县大布江的茅坪、七甲），全市冻死耕牛5160头、牲猪2883头，冻死甘蔗种3.725万千克；供电融冰最多的（9～10次）是茶陵通往桂东的线路，35千伏的线路有8条断了横杆；长沙通往郴州的通讯中断，全部改为无线载波通讯，全区倒电线杆1385根，有近100个公社电话中断；郴州7个矿山的水管被冻裂83吨；宜章县被冰雪压倒房屋12栋，冻死果木48635株（主要是蜜橘）；宜章、资兴、汝城、桂东等县的交通中断。

1978年 醴陵1月16～18日冰冻。

1979年 1月11～15日，安乡雨凇冰冻；1月14～15日，醴陵雨凇冰冻。

2月1日双峰、娄底、新化极端最低气温为-5～-8℃，柑橘叶枝受冻。

1980年 益阳1月28～29日大雪，最大积雪深度8厘米，最低气温-6.4℃。1月31日娄底、双峰、新化、冷水江、涟源极端最低气温为-5.2～-8.3℃，柑橘枝叶受冻。

宁乡4月12日西部500米以上山地出现冰冻。

1981年 1月17～19日，湘乡白田、东山、虞塘等地高山地区过程降雪68.4毫米，其中18日降雪38.1毫米，并出现冰冻，致使货车停开，客运班车停开的有25%，翻车3辆，幸无伤亡，农作物受灾1330公顷。

1月下旬凤凰、花垣、吉首、古丈、澧县、醴陵等地出现中到重度冰冻，导致交通阻塞，通讯中断，树木冻死无数。

1982年　1月底湖南湘西、湘北近50个县（市）出现冰冻，持续2～3天，2月4日又一次冷空气南下，湘西、湘北、湘中普降大雪，湘南冰冻加剧，海拔500米以上的山区冰冻持续到2月17日。冰雪期间，日平均气温多为1～3℃，极端最低气温0～－3℃。湘西、湘北积雪深度多为10～20厘米，凤凰2月10日最大积雪深度为31厘米，创当地积雪深度记录。2月上旬会同县林区雨凇持续7～8天，磨哨大队杉木林损失34.5%。湘中、湘南的冰冻严重，南岳高山站，在1米长、直径4毫米的电线上实测最大积冰重量23.016千克，创当地雨、雾凇最大重量记录，居全国之冠。据统计，郴州、益阳、邵阳、常德、湘潭5个地区因冻害死亡21人、伤142人，死耕牛27776头，压倒房屋8374间，损失住房2726间。郴州、益阳地区因冻造成的经济损失为6427万元。全省11个地区有43万公顷森林受灾（全省当年有林地7269.3万公顷），损失木材资源609万立方米，受损的主要原因是覆冰负荷过重折断树木造成机械损伤，罕见的雨凇使海拔600～900米地带的80%以上的树木受损，大批楠竹被压断。省管的通讯、电力一、二级线路，受到严重威胁，湘西雪后冰冻致使载波通讯无法开通，电线积冰严重，通讯、电力中断，有6个地（市）32县的农村电话网受冰冻影响，倒断电杆4922根，损失导线612.7千米，农话设备维修费用达44.61万元。

3月24～26日桑植县出现寒潮，48小时降温14.7℃，最低温度1.8℃，高山出现冰冻，全县农作物受害：油菜1398公顷、小麦520公顷、其他作物446公顷，油菜减产40%左右、小麦减产30%左右。

1983年　1月7日开始受冷空气侵袭出现冰雪天气，给益阳交通、电力、农业生产和人民生活都带来了影响，南县、桃江县死耕牛1573头，是历史上死牛较多的一年，对农田耕作造成了一定影响。

12月28～31日，全省骤降大雪，永兴最大积雪深度为21厘米，有32个县（市）最大积雪深度超过历史同期的最大值，有6个县超过年极值，由于积雪深度过大，对公交、电力、通讯等部门带来较大的损失。

1984年　受强冷空气影响，从1月15日开始，全省先后出现冰冻和降雪天气，维持半月之久，有99个县（市）出现冰冻，一般冰冻日数5～15天，城步最长21天。湘南海拔600米以上的山区冰冻持续22天，湘中、湘北一带积雪深度在10厘米以上，沅江、邵东最大积雪深度为22厘米，个别山区谷地深达30多厘米，有3个县（市）超过历史极值。这次冰雪天气过程湘南以冰冻为主，湘中、湘北以积雪为主，湘西南和湘东南为严重冰冻年，湘西北、湘东北为轻冰冻年，其他地区为中等冰冻年。湘南一带冰冻严重，维持时间长，线路融冰是近几年最多的一年，电网线路共融冰219次，耗电200多万度，直接经济损失300多万元。道路封冻影响交通，大量旅客受阻，1月份全省公路客车压班12524个班次，受阻旅客101.2万人，行车事故也增多，1月19日长沙——益阳的公路上翻车18辆。

1985 年　12 月 6 日、18 日出现两次明显的冷空气过程，全省降温明显，大部分地区出现冰雪天气，冰冻一般维持 3～4 天。冰冻时间出现早，湘北、湘中大部分地区是有资料以来冰冻出现最早的一年。电线积冰最大直径以长沙的 37 毫米为最大，其次是湘潭的 28 毫米。冰雪给交通运输带来一定损失。据省交通厅资料：12 月 9～11 日全省公路共压班 4563 车次，造成滞留旅客 37 万人，经济损失 47 万余元。铁路京广线长沙段 13 个车站的通讯电线冻断，部分道岔呆滞，有几处钢轨出现裂痕，岳阳钢轨断裂 8 处。越冬作物受害，临湘冻后重霜，50%以上的油菜、小麦、蚕豆和 91.4%的柑橘受冻，蔬菜、楠竹亦多受损，电讯交通中断。

1987 年　2 月 20～22 日，新化、洞口冰冻伤稼。

郴州 11 月 27～29 日出现大范围、大幅度的降温、冰雪天气，过程降温幅度 28.9℃，最低气温降至 -3℃，并出现降雪、冰冻，积雪深度平地 2 厘米，冰冻直径最大 13 毫米，是该区冰冻出现时间的第二早年，比常年早 10～13 天。由于冰雪天气来得突然，资兴市滁口乡两位进山砍柴的青年被大雪冰冻封在深山，冻饿而死。全地区 1.3 万公顷来不及收获的红薯受冻害，蔬菜受冻害面积 0.1 万公顷，绿肥 0.3 万公顷，油菜 0.73 万公顷，冻死耕牛 52 头，停开班车 86 次，10%的林、果树苗木受到冻害。

1988 年　2 月中下旬至 3 月上旬，新化、冷水江、攸县、双峰、汨罗、株洲、醴陵、桂东、临武等地山区冰冻，汨罗玉池山区封冻达 20 天，损竹木，伤稼，冻死耕牛，中断电讯交通。

3 月 15～16 日常德积雪 4 厘米，并有耕牛冻死。

1989 年　全省 1 月 11～13 日，17～19 日大部分地方降大到暴雪，积雪深度 1～29 厘米，其中新化、新邵、株洲市、会同、汉寿、临湘、黔阳等地突破 30 年同期最大值，除怀化地区北部和常德外，其他地区均出现了轻到中等强度的冰冻，油菜、蔬菜受冻，交通受阻，车辆被迫停开，通讯线路受到危害。据省民政厅统计 1 月中旬的两次大雪和冰冻，全省有 43 个县市 1182 个乡镇受灾，部分地区受灾严重，冰压垮住房 43272 间，死 5 人，伤 36 人，重伤 17 人，倒塌高、低压电杆 67914 根，损失柑橘 29.5 万株，经济损失 1 亿多元。

1990 年　受寒潮影响全省 1 月 30 日至 2 月 2 日出现雨、雪、冰冻天气，有 28 个县市出现大雪，积雪深度 5～10 厘米，攸县最大 13 厘米，有 90 个县市发生轻度或中等强度冰冻，积冰厚度一般为 5～12 毫米，给越冬作物及树木造成冻害，油菜、蔬菜受冻面积达 50%～60%，柑橘、茶叶落叶率达 20%～30%。大雪冰冻使交通事故增加，公路客车停开 2～3 天，部分山区长达 7～11 天，春运工作受到影响，铁路京广线北线至长沙的客车有 8 列晚点，在衡阳区间停开 5 小时。株洲地区 1 月底至 2 月初，受东路冷空气扩散南下影响，1 月 30～31 日市区各地普降雨雪，2 月 2 日出现冰冻天气。株洲市雪深 9 厘米，其他各县 3～5 厘米。①火车站反映，这次大雪仅次于 1984 年。钢轨全部被雪覆盖，造成火车、汽车全部晚点（当然也有上游的连锁反映）。货车基本停开，影响春运 2～3 天，其损失无法计算。组织有关人员1400～1500人打扫冰雪，于2月4日业务恢复正常。②据汽车站调查，冰冻使汽车运输高峰期损失大，全市三天共停开客车1000余次，损失折合25万元，但未造成事故。③市郊区有680公顷蔬菜不同程度受影响，其中莴笋本可正常上市，而被冻坏，上市的大叶青下部1～2片叶受冻坏，以至大白菜，萝卜等冻伤，据统计有50万千克上市蔬菜受影响，损失约占20%～25%，折合约20万元左右。另外，因降雪蔬菜被雪覆盖2～3天不能出园，影响正常上市。

1991年　12月25～29日受寒潮南下影响，出现了全省性的冰雪严寒天气，长沙、湘潭、株洲地区北部月极端最低气温达－10～－12℃，为历年同期最低值，积雪深度大于10厘米。大部分地区出现中等强度冰冻，蔬菜、柑橘幼树受害较重，全省共有20多万公顷柑橘受冻，其中2.7万公顷遭受严重冻害面临死树毁园，柑橘受冻面积达95%，部分地方冻死率为50%。岳阳、益阳、零陵、邵阳、湘西自治州5个地市73.5%的油菜受冻。收集了几个市的具体情况如下：

株洲市从12月23日起受寒潮的影响，气温连续下降，过程降温15.5℃。29日最低气温－11.5℃，超过有记录以来的极值。25日20时11分开始积冰，持续3天，雨凇最大直径为8毫米。全区27日普降大雪，最大积雪深度为18厘米，攸县12厘米，为1954年以来同期最高记录。此次低温、大雪天气异常寒冷，是本市少见的。大雪、冰冻不仅给人们生活带来不便，而且给工农业生产造成直接经济损失达几十万元。但由于灾前预报准确，服务及时，各有关单位采取了必要措施，所以未造成大范围的损失。

娄底市12月29日极端最低气温为－9.2℃，双峰为－11.7℃，涟源为－9.6℃，新化为－8.5℃，冷水江为－8.2℃，全市柑橘受冰冻后减产92.2%，其中涟源减产99.7%。涟源市园艺场温州蜜橘37563株冻死76.9%，保留老叶株不足100株，1991年总产750吨，1992年完全失收。

岳阳市12月25～28日连续冰冻，电线积冰最大直径7毫米，临湘最低气温－11℃，湘阴－10.7℃。冰冻造成部分地区汽车停开，107国道岳阳段翻车37辆，岳阳北门渡口、城陵矶渡口停渡2天，部分水管冻裂，行人滑倒骨折多人，3333公顷柑橘、66.67万公顷油菜受灾，损失100多万元。

邵阳市受强冷空气影响，12月25～31日出现大雪和冰冻天气。各地最大积雪深度9～15厘米，极端最低气温为－4.3～－10.0℃。大雪、冰冻期间，部分交通受阻，邵阳市汽车运输总公司客运线路停开128条，压班1826个。冬季作物受冻严重，蔬菜上市量减半，菜价提升1～2倍。林业受灾面积1.65万公顷，成灾面积1700公顷。柑橘冻害面积3.77万公顷，占柑橘总面积的91.4%。直接经济损失291.12万元。

1992年　隆回县小沙江镇（高寒山区）3月16～24日出现严重冰冻，屋顶、树木、楠竹、电线、电杆上所结雨凇厚度达5～8厘米。倒塌房屋91间，死2人，农作物受灾面积880余公顷，林业受灾面积2万公顷，供电线路断线340处，倒塌电杆128根，直接经济损失350万元。

1993年　1月14～15日受强冷空气影响，全省普降大雪，最大积雪深度19厘米，武冈、常宁等地积雪深度达历史最大值；雪后，邵阳、郴州、零陵、株洲以及衡阳等地区的部分县市出现了轻冰冻天气，3.3万公顷柑橘受冻，部分山区交通、通讯一度受到影响。

11月18～23日，受强寒潮影响，全省大幅度降温，出现了雨、霜、雪天气，部分高山地区还出现了雨凇，全省提前进入冬季，22日出现初雪，初雪日比历年平均日期提前20天左右，过程降温达15～20℃，极端最低气温达历史同期最低值。

1995年 1月1～3日，受寒潮影响全省普遍出现降雪天气，湘中以北出现大到暴雪，积雪深度达10～40厘米，有74个县（市）出现积雪。临澧、澧县、张家界、华容、岳阳、平江、桃江、益阳等地积雪深度超过历年极值，给交通、通讯、林业、电力造成一定影响，张家界、常德、益阳等地受灾较重。

1996年 1月7～28日，全省出现长时间的雨、雪、冰冻天气，1月上旬有47个县（市），中旬有53个县（市），下旬有9县（市）积雪，最大积雪深度13～20厘米，海拔1000米以上的山区达35厘米。这次过程对林业、农业、通讯、交通、电力设备的危害最为显著。

2月16日晚强寒潮入侵，出现全省性的雨雪冰冻天气，并维持到2月23日。其间48小时降温20℃左右，过程降温25～30℃，最低气温达－3～－4℃，并出现连续3天（17～19日）日平均气温低于0℃的天气，湘北以雪害为主，湘南则雪害、冻害兼有，油菜受害比例达70%以上，地势较高处林木受损严重，通讯、供电、交通中断，有些城市供水设备冻坏而停水，交通事故增加，医院反映摔伤和上呼吸道感染的病人增多，大部分家庭采暖开支急增。其中郴州2月17～26日受强寒潮影响，过程降温25.9℃，最大积雪深度11厘米，过程雨雪总量83.4毫米，雨凇最大直径5毫米。全市11个县（市、区）251个乡镇有50万户310万人受灾，特重灾民18万多人，因灾死亡1人。雪压倒房屋112户，损坏房屋13224间，冻死大牲畜2746头，倒电力、通信电杆2833根，累计停电34小时，因冰雪翻车18台，郴州至桂东公路交通中断15天，宜章、汝城境内交通出现中断，最长达10天，中断通信累计200小时，直接经济损失1.2897亿元。

据省民政厅统计，1月、2月两次雨、雪、冰冻灾害导致全省倒塌房屋4600间，损坏房屋21.5万间，死亡大牲畜1.77万头，直接经济损失2.3926亿元，其中农业直接经济损失1.3522亿元。

1997年 全省1月下旬前期出现雨雪天气，2月上旬前期更是大雪纷飞，地势较高的山区还伴有冰冻，怀化地区及湘西自治州的古丈等地油菜遭轻度雪害。由于雨雪期间路面结冰，各地均有不同程度的交通事故发生，仅长沙地区就发生百余起，造成人员伤亡，医院反映摔伤病人明显增多。

1998年 元月中旬岳阳、长沙、益阳、衡阳普降暴雪，厚厚的积雪使交通、电力、邮电、通讯、建筑及工、农业受到严重影响，据统计这次雪灾经济损失近亿元。

3月19～21日，株洲市出现强寒潮天气，24小时降温20℃以上，最低气温降至0.8℃，为同期最低值，21～22日还下了雪，严重危害早播。据调查，株洲市早稻始播期比 1997 年推迟 5 天。

3 月 20～25 日花垣、古丈、凤凰三县出现强寒潮，玉米、小麦、油菜、烟、茶等受灾总面积 1.8 万公顷，损失木材 5300 立方米，这次灾害造成经济损失为 3900 万元。

1999 年　1 月 11～12 日，受弱冷空气和高空暖湿气流影响，湘西自治州、株洲遭受较强的大雪、冰冻袭击，交通、电力、工、农业生产都受到一定影响。其中，株洲市于元月 11 日 8 时至 12 日降暴雪，24 小时降雪量 15.8 毫米，最大积雪深度 8 厘米，降雪主要集中在 11 日下午至傍晚。11 日下午，因雪大路滑造成交通事故 25 起，因此出动 300 多名交警上路疏导车辆，才避免了大的交通事故发生。火车晚点，火车站滞留旅客增多。6 条供电线路、2 个变电站出现故障，电业局及时组织了几十人顶着大雪进行抢修。蔬菜价格普遍上涨。估计株州市此次灾害损失为 50 万余元。

12 月 21～27 日，永州、郴州受寒潮影响出现较长的霜冻天气，11 县（市）改写历史同期最低记录，低温强度大，时间长，造成严重冻害，橙类、蔬菜受冻严重，柑橘、蜜柚、脐橙等果树有 90%受到不同程度的冻害，造成 2000 年橘柚类水果大幅度减产。

2000 年　1 月 11～12 日，张家界市受强冷空气和高空暖湿气流共同影响，大部分地区降大到暴雪，积雪深度普遍在 7 厘米以上，高寒山区达 15 厘米以上，并出现电线积冰和冰凌，阔叶树木普遍断枝弯腰，高压电线和通讯线路部分压断，致使通讯和交通部分中断，全市经济损失达 130 多万元。

1 月 25 日至 2 月 5 日，北方强冷空气南下，气温急剧下降，衡阳、永州、株洲、湘西自治州等地相继出现降雪和冰冻天气，最大积雪深度达 15 厘米。由于积雪较深，冰冻较厚，对交通、通讯、供电造成了较严重的影响，油菜、果树不同程度冻伤。

第五章　大风与冰雹

第一节　概　　述

一、大风灾害

大风的定义与分类　《地面气象观测规范》中将瞬时风速≥17 米/秒（或目测风力≥8 级）的风称为大风。大风是湖南常见的灾害性天气现象，各地一年四季均可发生。

大风的形成、分布与天气条件和地理因素密切相关，湖南的大风按照成因可分为三类：即雷雨大风（包括飑和龙卷风）；冷锋后偏北大风；热低压大风或副热带高压边缘偏南大风。其中以雷雨大风出现较多，以龙卷风的破坏力最大，冷锋后偏北大风影响范围最广。

1. 局地雷雨大风、飑和龙卷风

在晴热天气，特别是盛夏高温时节，由于地面受热强烈，空气对流旺盛，积云迅速发展成积雨云，继续发展成雷暴系统（亦称雷暴、雷暴单体）时即会雷鸣电闪，风雨交加，形成局地性雷雨大风。雷暴一般出现于春末到秋初，以夏季最多。雷暴开始时多发生于山地与丘陵，范围较小，但受中、高空气流的引导，会沿山脉、河谷移动，影响范围常呈带状，可持续几小时，影响一县以至数县。在雷暴中心区内，由于雷雨云的强烈扰动，风向常常多变。雷雨大风多出现于午后至傍晚，对于局部地区影响时间较短，一般只几分钟到一二十分钟即消失，但瞬间风力较大，一般达 8～9 级，最大可达 12 级，且常伴随冰雹同时出现，因而是湖南成灾最多的一种大风。

飑（或称飑线）为若干排列成行的雷暴单体或雷暴群组成的狭窄强对流天气带。飑在湖南各地都可见到。它过境时风向突变、风速激增、气温骤降，常伴有雷暴、阵雨，甚至冰雹与龙卷。它影响时间不长，范围不大，但由于风力一般可达 10 级以上，多会造成灾害。

龙卷风简称“龙卷”，系自积雨云中下伸的漏斗状云体，是一种破坏力极强的小尺度涡旋状风暴，常伴有大雨、雷电和冰雹。湖南 4～8 月期间偶有发生，下午至傍晚出现的几率较大，洞庭湖区出现的机会较多，在南县大通湖一带和安乡、常德蒿子港、汉寿、西湖、澧县、桃源剪市等地，平均 2～3 年就有一次；湘南、湘东等一些地区偶尔也会出现，湘西则少见。龙卷风来势凶猛，风力一般在 9～12 级，破坏力极大。如 1983 年 4 月 27 日，一个龙卷扫荡了湘阴、汨罗至平江西部宽不到 2 千米、长约 50 千米的地面，仅湘阴县就毁坏房屋 2.405 万间，毁坏林木 566.5 公顷，直接经济损失达 1271.1 万元，还伤亡 83 人。

2. 冷锋后偏北大风

冷锋后偏北大风是指由于寒潮或强冷空气的侵入，导致气压梯度骤然加大而形成的偏北大风。此类大风通常影响范围较广，持续时间较长，常可造成舟船翻沉，树倒屋损，禾苗倒伏等严重灾害，给工农业生产与交通运输以及人民生命财产带来严重损失。湖南的冷锋后偏北大风主要发生在冬春季，以洞庭湖区和四水下游以及湘江河谷地带为最多，湘中、湘东和湘南平原、丘陵地区次之，而且风力一般较湖区小 1～2 级，湘西和湘南山地较少出现。寒潮大风出现的范围较广，往往在数小时内就可以自北向南或自西向东扫过全省，风力可达 8～9 级，湖区可达 10 级，危害极大。如 1966 年 2 月 21 日湖南出现 10 级大风，15 个县市受灾，双峰、衡山、祁东为重，双峰倒屋 508 间，死 1 人，祁东毁房 1.5 万多间，湘乡壶天、月山两区遭大风袭击，1.68 万间房屋被掀顶，倒屋 1573 间，打死 14 人，伤 38 人。

3. 热低压大风或副热带高压边缘大风

春末夏初，暖空气势力增强，地面天气图上出现西南暖低压，并向北推进形成西南倒槽，湖南处在其中或者附近，这时如果北方有冷空气插入，西南倒槽东部地区气压梯度会不断增强，形成偏南大风。或者盛夏期间，当大陆变性高压东移加强，并入副热带高压，致使副热带高压势力增强西伸，湖南各地正处于副热带高压边缘，气压梯度增大，因而形成大范围偏南大风。偏南大风出现的次数远少于冷锋后偏北大风，常出现在湖区或湘中一带。

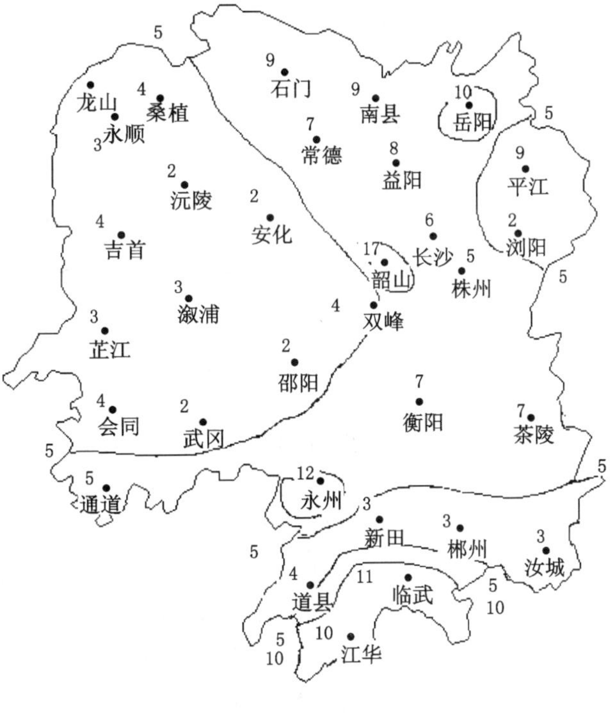

图 5.1　湖南大风日数分布图（单位：天/年）

湖南大风天气出现规律　根据湖南 1961—2000 年 40 年气象资料统计，湖南年平均大风日数以韶山、永州、临武、江华及岳阳等地最多，可达 10 天以上；其次为洞庭湖地区和湘江河谷地带的大部分地区，为 5～10 天；其余地区大多不足 5 天。以幕阜山地、南岭山地和湘西北局部山地较少，龙山最少，年平均大风日数仅 1 天（见图 5.1）。南岳山高耸于湘江谷地之上，年大风日数竟有 104 天之多。

大风全年都可出现，但以春、夏居多，秋、冬较少。洞庭湖区及湘江流域大风日数以春季最多，约占全年的 35％～40％；湘西山地和平江、邵阳等丘陵山地大风日数以夏季最多，约占全年的40%～50%；全省秋冬季大风日数较少，多在20%以下。全省97个测站统计可知4月大风最多，可达100站次，其次是7月较多，9月至次年2月（冬半年）大风较少（见图5.2）。

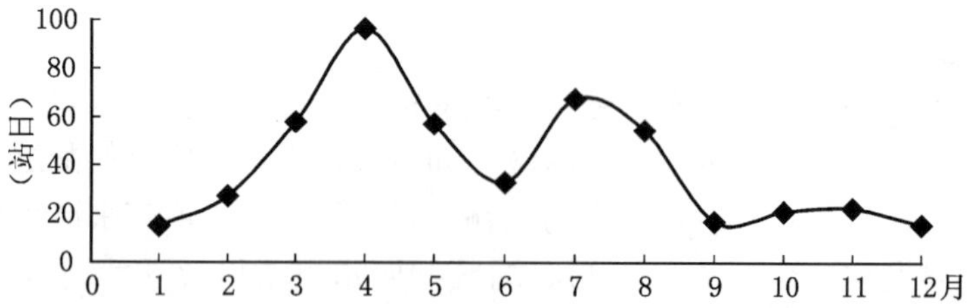

图5.2　湖南各月大风出现站日图

大风在一天中的任何时候均可能出现，但不同季节出现情况也略有不同：春、秋季以前半夜和上午出现较多，夏季以白天出现较多，晚上出现较少，尤以午夜至清晨出现最少；冬季则以下午和后半夜两段时间出现较多。图5.3列出了湖南盛夏白天（8～20时）雷雨大风各时次所占百分比，15时开始频数陡增，17时达到峰值，19时之后频数锐减，可见热力条件是形成雷雨大风的重要因素。

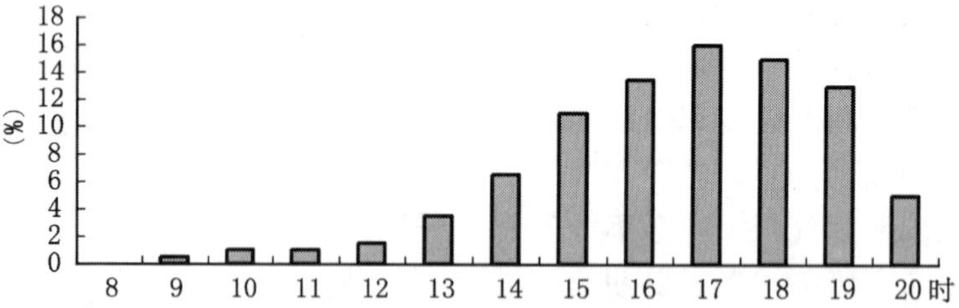

图5.3　盛夏白天（8～20时）雷雨大风出现频率

一次大风过程持续时间不等，短的仅几分钟，也有持续一两天的。据岳阳大风资料统计，持续1小时以内的占37%，1～5小时的占30%，5～12小时的占23%，12小时以上的只占10%。湖区的大风持续时间最长的可达2天，如1961年9月28～30日的一次强冷空气大风，持续了47小时35分；1964年4月上旬一次寒潮大风，也持续了43小时23分。一般而言，冬春及秋末，伴随寒潮而来的大风持续时间较长；而在夏季，多系局地性热力影响发生的雷雨大风，持续时间较短。各地一次雷雨大风持续时间差别较大，衡阳最长的达85分钟，而通道最长的才7.7分钟，如由积雨云单体产生的雷雨大风，持续时间一般为几分钟。

湖南各地年极大风速，多在20米/秒以上，最大可达40米/秒，其风向多为偏北大风，而在湘中的衡邵一带和湘西南偏南大风较多。

湖南大风灾害特点　与全国各省相比较，湖南属风资源相对贫乏区，平均风速不大，大风次数也不算多，但大风灾害是湖南主要气象灾害之一，它具有以下特点：

1. 大风出现时常伴随冰雹、雷电、暴雨、龙卷，尤其是大风夹冰雹的情况十分频繁，有时甚至发生全省范围的强对流性天气，给人民生命财产造成较严重的损失。如1992年4月18～21日，受偏南暖湿气流影响，出现了历史上罕见的大范围强对流天气，雷雨大风、冰雹和暴雨自北向南波及省内50多个县（市），有24个县（市）出现大风，最大风速23米/秒，有17个县（市）出现冰雹，最大冰雹直径5厘米。受其影响全省有50个县（市）的223个乡受灾，死亡109人，倒房5.2万间，损房38.98万间，直接经济损失达5亿元。查阅近3000年的灾害记载中，湖南有大风灾害记载的共222年，单纯出现大风灾害的年份只有51年，占大风灾害记载年的23%，而大风夹冰雹灾害记载有171年，占77%（见表5.1）。此外，除了大风夹冰雹次数较多外，雷雨大风、龙卷风也不少，据1951—2000年大风灾害资料统计，50年中湖南共出现大风灾害525次，大风夹冰雹灾害次数占50%，雷雨大风占18%，龙卷风65次，占12%。龙卷风影响范围虽较小，但破坏力却很大。如1979年4月17日午后，石门县官渡公社双龙大队出现龙卷风夹冰雹，经临澧至常德，历时1.5小时，所经之处拔树倒屋，共死亡59人，局部地方出现“三光八绝”：即屋瓦打光、作物吹光、电杆倒光，麦、豆、油菜、油茶、绿肥、荞麦、蔬菜、烤烟绝种。

表5.1　湖南史料记载大风灾害年数

世　纪	单纯大风灾害年	大风夹冰雹灾害年	合　计
公元前	2	0	2
1～10	1	1	2
11～15	8	1	9
16	6	10	16
17	10	17	27
18	7	15	22
19	9	43	52
20	8	84	92
合　计	51	171	222

2. 大风灾害一年四季均可发生，但以春夏居多，秋冬较少。湖南1951年—2000年50年大风记录中，发生在春季（3～5月）的占52%；夏季（6～8月）占40%；秋季（9～11月）只占5%；冬季（12月至次年2月）最少，仅占3%。从大风种类上看，春季以冰雹大风为主，夏季以雷雨大风为主，寒潮大风主要出现在11月和冬季。各月大风灾害记载中，以4月最多，占23%；其次是5月，占18%；3月、7月和8月分别占11%、17%和15%；6月占8%；12月最少，50年大风灾害记载中仅1次；1月和11月各发生2次。可见春季大风灾害居首位，占半数以上，尤以4月为盛，92%的大风灾害集中在春夏两季。

3. 风灾的分布与地理特征密切相关，湖南各地均有遭大风袭击成灾的情况，洞庭湖区，尤其是岳阳，几乎年年均有风灾发生，也是湖南风灾损失最重的区域，株洲、衡阳、娄底、长沙等地区为风灾次多区。这是因为湖南地势三面环山，北部低平，四水河谷多呈南北或东北－－西南走向，有利于冷空气入侵。冷空气南下后，洞庭湖区首当其冲。滨湖平原和水面摩擦力小，风力较其他地区明显偏大，加之湖区洪涝频繁，翻船溃垸时有发生。如1952年9月24日18时起，南洞庭湖区8～9级大风，风暴中心在湘阴、沅江、益阳一带。由于当时湖区水位很高，风大浪高，浪头翻过堤顶，几小时内溃垸20多个，造成2100多人死亡，灾情惨重。大风遇山脉、丘陵阻挡，风速迅速减小，而河谷一带由于狭管效应，会使风速加大，南北向的湘江河谷地带对于风的狭管效应特别显著，是一个多风灾区，岳阳、常德、韶山，以及衡山至祁阳的湘江中游地区平均二年左右可出现一次风灾。沅水中上游和湘东、湘南丘陵山地则较少，平均6～7年或以上才出现一次。

二、冰雹灾害

冰雹的定义 冰雹简称“雹”，它是一种坚硬的球状、锥状或形状不规则的固态降水，由多层透明和不透明相间的冰层包裹着一个不透明的雹核而成。冰雹降自发展强烈的积雨云中，这种云又称“冰雹云”，其厚度大，含水量多，上升气流强。冰雹的大小差异较大，直径一般大于5毫米，最大雹块直径可达十几厘米。雹块越大，下落速度和破坏力也越大。如直径3厘米的雹块质量为13克，降速可达25米/秒，会给农作物造成很大的灾害。冰雹维持时间不长，多为几分钟到几十分钟。降雹范围一般不大，为长几千米到几十千米，宽几十米到几千米的狭长地带。但冷涡等天气扰动所伴随的降雹，可以不连续地出现在很大范围内。冰雹通常伴随着狂风暴雨而来，冰雹下降时以特大的动能碰撞地物，能毁坏庄稼、果园、房屋，甚至打伤打死人畜，是一种严重的自然灾害。

湖南冰雹灾害特点 就全国来说湖南为少雹地区，历年降雹不多，因此年际差异不大。但从湖南省资料综合分析，年际的周期变化比较明显，一般2～3年有一个短周期，11年左右有一个长周期，而且长周期变化的高值年份正好是2～4月太阳黑子数高值年的次年。

由于冰雹云单体直径一般只有一二十千米，而其中形成冰雹的强烈上升气流区域更小，冰雹云常成带状排列，因此雹击区呈一狭长带状，所以有“雹打一条线”的谚语，如常德地区1979年4月17日一次大冰雹，宽度5～10千米，全长为150余千米。冰雹移动路径依天气形势、季节和地形不同而有变化。据湖南较大范围冰雹统计分析，冰雹发生多从湘西北开始，然后沿山脉、河流向东、东南和南移动。其中往东次数最多，占出现总次数的41%，往东南占35%，往南占24%。

湖南降雹一般密度不大，但也有较密的。如1973年4月10日在隆回县的一块秧田里，0.1平方米的范围内有107个雹洞，地面皆白；1985年5月1日花垣县风雹成灾，冰雹大小若包谷粒，0.1平方米达到180粒。一般而言，地上积雹稀散，积雹厚度1～3厘米，罕见的可达10～17厘米，个别的如1986年4月10日靖县的二凉亭园艺场的坡地冰雹层竟达67厘米厚。降雹持续时间一般很短，有70%以上的降雹过程只有几分钟到十几分钟，但也有长达40分钟，甚至1小时以上的，如常德曾出现过两次延续1小时以上的冰雹。

湖南雹粒一般直径在5毫米左右，与全国比较属小冰雹区。通常冰雹形状不一，块状、棒状、颗粒状都有，以颗粒状最多，小的只有黄豆、玉米粒大，但也有大小如蚕豆、拇指、鸡蛋、拳头的大冰雹，古丈县1960年5月3日凌晨发生的冰雹，最大的一个有3.65千克重；1958年4月6日，蓝山冰雹，大者直径达20厘米。

冰雹灾害的分布虽受地理影响很大，但湖南各地都出现过冰雹灾害。其地理分布有湘西多于湘东、湘北多于湘南、高山多于平地的特点。冰雹几乎年年都出现，只是范围大小和灾害轻重不同而已。据多年资料统计，出现冰雹频次以雪峰山脉两侧及武陵山地区较多，沅陵、芷江、吉首等地几乎年年都有，有的年份可出现 2～3 次冰雹灾害，麻阳 1992 年出现过 9 次，是全省有冰雹记录最多的一年。常德、安化、武冈一带及桑植、张家界、石门、长沙等地平均每年有 1～2 次，个别年份可达 4～5 次。其他各地平均每年少于一次，南岭山地的江永、嘉禾、汝城等地出现机率较少。

据 1961 年—2000 年的气象资料分析，降雹测站最多的年份是 1988 年，全省有 81 个测站降了冰雹，最少的是 1999 年，仅有 2 个测站降了冰雹，多年平均出现测站数为 37 个。从冰雹出现站次分析，湖南平均每年出现冰雹 64 站次，出现最多的年份为 217 站次（1988 年），出现最少的年份为 2 站次（1999 年）。

从每年全省出现冰雹的站次数、受灾面积和损坏房屋三方面进行全省冰雹灾害年评价，用下式表示：

$$B = M + S + Z$$

式中，M 为当年全省冰雹总站次数代码，S 为当年全省遭受冰雹灾害的总面积代码，Z 为当年全省被冰雹损坏的房屋数代码，B 为是年冰雹灾害年评价代码。

表 5.2　雹年评价代码

项目代码	3	2	1
M：降雹站次	＞72 站次	35～72 站次	＜35 站次
S：受灾面积	＞1.7 万公顷	0.2～1.7 万公顷	＜0.2 万公顷
Z：损坏房屋	＞2 万间	0.06～2 万间	＜0.06 万间

M、S 和 Z 可从表 5.2 中读出，然后求出 B。

并规定：$B \geqslant 8$ 为重雹年；$7 \geqslant B \geqslant 5$ 为一般雹年；$B \leqslant 4$ 为轻雹年。

按照以上标准对照 1961 年—2000 年，重雹年有：1964、1973、1976、1979、1980、1981、1983、1985、1986、1987、1991、1992、1994、1998 等 14 年；

一般雹年有：1965、1967、1969、1970、1972、1974、1975、1977、1978、1982、1988、1989、1990、1993、1995、1996、1997 等 17 年；

轻雹年有：1961、1962、1963、1966、1968、1971、1984、1999、2000 等 9 年。

冰雹天气出现的一般规律　根据湖南省 1961 年—2000 年的历史气象资料统计分析，发现冰雹天气有如下规律：

1. 冰雹的出现频率总的分布趋势是西北多，东南少，并由西北向东南递减。

各地年平均冰雹日数在 0.1～2.3 天之间，湘西年平均雹日数大多在 1.0 天以上，其中特别是位于武陵山北部的桑植、张家界及位于西部边缘的吉首等地，是湖南省主要多雹的地区，年平均雹日超过 1.5 天，最多年份可达 5～6 天。海拔 1000 米以上的高山年平均雹日可达 2～4 天。由西往东，随着地势逐渐降低，雹日显著减少，湘中大多为 0.5～1 天，尤其位于九嶷山、衡山和阳明山以南广大湘东南丘陵山地，成为湖南省主要少雹地区，其年平均雹日在 0.4 天以下，江华更少，仅 0.2 天（见图 5.4）。

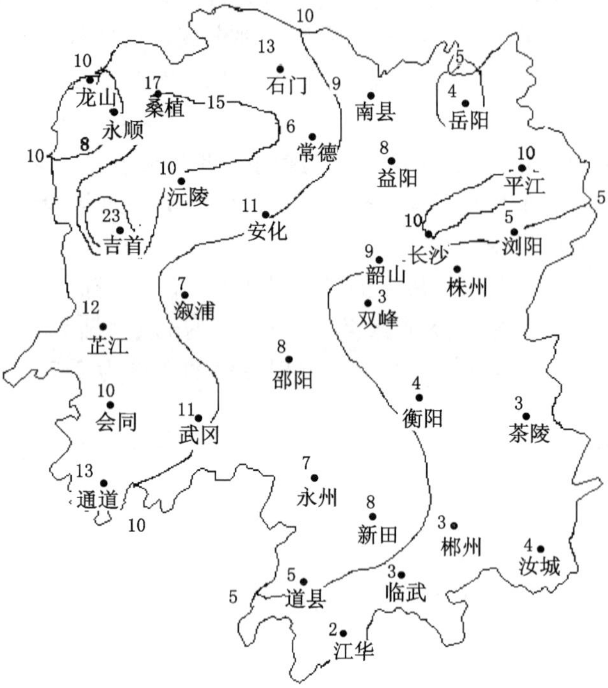

图 5.4　湖南冰雹出现日数分布图（单位：0.1 天/年）

2. 湖南降雹季节性明显，冰雹大多出现于春季。

一年中以 1～4 月冰雹出现最多，占总冰雹次数的 97%，秋季的 9、10、11 月冰雹最少，1949 年后很少出现。造成这种明显的季节性差异原因，主要是因为降雹与副热带急流、极锋急流及其锋系位置的季节变化有密切的关系。春季它们位于长江流域附近，造成湖南春季多雹。整个长江流域都属于春雹区。根据全省 97 个气象站气象资料统计，季节分布上，湖南各地春雹占全年冰雹总数的 60%，冬季占 39%，夏季只占 1%，秋季几乎未出现过冰雹。

月际分布上，一年中以 3 月冰雹最多，出现频率占年总数的 43%，12 月云贵高原雹区扩展至湘西，但频率很小，只占年总数的 1%，1 月份雹区已迅速扩展至全省各地，但频率仍不大，只占年总数的 6%，2 月份冰雹出现频率增多，占年总数的 32%，而常德、南县、平江、邵阳占年总数的 40%～50%，但湘南有些地方出现频率则较低，几乎不出现。3、4 月雹日占年总数的 59%，5～8 月，雹日已大幅度减少，分别只占年总数的 1%～2%（见图 5.5）。

3. 冰雹的日变化也十分明显，多在午后至傍晚出现。

春季降雹主要集中在午后至傍晚，以 16 时出现次数最多，出现频率达 12.6%。说明春季降雹与热力作用有明显的关系。

图 5.6 绘出了湖南春季一天中各时次降雹出现的频率。

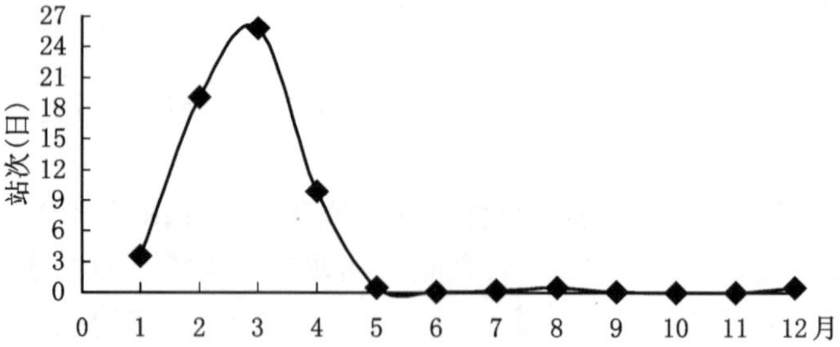

图 5.5　湖南全省冰雹出现站次年变化

冰雹灾害的预防　随着科学技术的发展，人工防雹消雹已变成一项切实可行的人工影

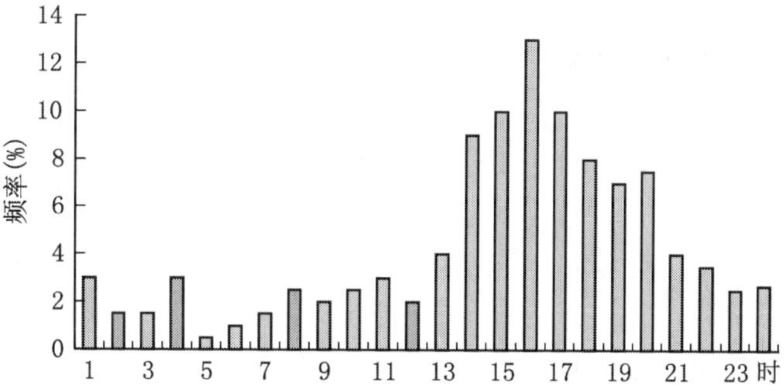

图 5.6　春季冰雹出现时间的频率

响天气技术，即在冰雹云中加入催化剂，增加人工雹胚去争夺云中的水分，雹胚没有足够的水分，冰雹就长不大，促使其“早产”、“早落”，从源头上预防冰雹。中国各级人工影响天气机构中都建立有防雹作业指挥系统，它重点包括监测与预报、通信与网络、决策与作业三个方面，大致内容如下：

1. 监测预报　监测与预报是防雹作业指挥系统必不可少的重要内容。目前湖南气象观测台站已有 97 个，并有卫星云图、雷达、自动气象站、闪电定位等多种现代化设备，而且多普勒雷达能基本覆盖全省，是探测雹暴的有效工具，这些设备能密切监视天气的变化，对强对流天气进行监测与跟踪。还要有能对上述气象监测资料快速处理、加工、分析、判定的天气预报专家系统，滚动输出中期、短期、短时天气预报产品，预报人员综合各种信息，就可作出较准确的判定。

2. 通信网络　由于冰雹云是在很短时间内形成的，防雹作业对时效性要求很高。通信网络必不可少，要求能快捷、准确、畅通地在各级气象机构、空域管制部门、人工影响天气作业基地之间传递各种气象、作业信息和指令，保证防雹作业需要。

3. 决策作业　决策是根据监测、预报信息，并结合长期积累的实践经验，综合判定冰雹天气过程可能影响的区域，立即指令该区域防雹作业点，进行人工消雹作业。

第二节　1949 年及以前的大风与冰雹灾害

周　孝王六年（公元前 886 年）　荆州：冰雹。

秦　始皇帝二十八年（公元前 219 年）　岳阳：（秦）始皇浮江至湘山（今岳阳君山）遇大风而还。

汉　景帝二年（公元前 155 年）　秋八月衡山雨雹，大者五寸，入地二尺许。

汉　景帝七年（公元前150年）　四月衡山雨雹，大者八寸。

汉　建元二年（公元前139年）　洞庭龙卷。

汉　河平二年（公元前27年）　四月楚国雨雹，大如斧（掌），蜚鸟死。

唐　景龙元年（公元707年）　正月永州大风，发屋拔木。七月郴州大风毁屋拔树。

宋　乾德二年（公元964年）　七月邵阳雨雹伤稼。

宋　天禧元年（公元1018年）　正月，永州大风，发屋拔木，数日止。

宋　天圣元年（公元1023年）　二月沅江龙卷风。

宋　靖康元年（公元1126年）　五月宁乡忽天晦，黑云四十余丈，风啸毁屋拔木。

宋　绍兴二十三年（公元1153年）　岳州：大风拔树。

宋　淳熙三年（公元1176年）　宁乡：大风拔木、毁屋。

元　至正十九年（公元1359年）　洞庭湖：群龙（龙卷风）怒雨。

元　至正二十七年（公元1367年）　二月乙丑，零陵城中昼晦如夜，鸡栖于埘，人掌灯而食，既而大雨雹，逾时方明。

明　正统七年（公元1442年）　衡山：南岳庙忽迅雷烈风交作，白昼晦冥及霁，去旧基半里。酃县：七月十九日，天气晴朗，忽大风雨雷电，遂焚其炎陵旁古杉。

明　景泰三年（公元1452年）　永明：怪风拔木坏屋，雨雹大如鸡子。

明　成化十三年（公元1477年）　春，湖广大雨冰雹，牛死无数。

明　弘治元年（公元1488年）　湖广雨雹大如鸡子，击毙三人，并坏公私庐舍禾稼。

明　弘治九年（公元1496年）　四月丁酉，桃源雨冰雹，平地五寸，夏麦尽烂。十月，长沙雨雹。

明　正德四年（公元1509年）　浏阳：雹杀禾。

明　正德六年（公元 1511 年）　春二月一日夜，酃县忽大风雨，走石扬沙树多拔，屋瓦皆裂。

明　正德八年（公元 1513 年）　四月，常德府武陵、沅江、龙阳：大风雨，雹骤作，吹倒民居牌坊，屋瓦如飞，江舟多覆。

明　正德十三年（公元 1518 年）　四月壬午，衡州府衡阳、清泉、衡山、常宁、酃县：疾风迅雷，雨雹大如鹅子，棱利如刀，碎屋断树木如剪。四月，善化：雨雹，大者如鸡子，如砖石，城野屋瓦尽坏，山岭崩裂百处。四月，益阳：天有挂龙（龙卷风）。

明　嘉靖元年（公元 1522 年）　七月浏阳风雷雹大作。

明　嘉靖五年（公元 1526 年）　三月，安化：雷雹大如鸡卵，破民居，伤物产。县内刮大风，下冰雹。

明　嘉靖十三年（公元 1534 年）　衡州：大风，舟揭空中，大木斯拔。

明　嘉靖十五年（公元 1536 年）　二月二十七日，安仁忽大风起自西北，拔树破屋，雨雹大如鸡卵，沟洫皆盈，大饥。五月，衡阳暴风，自柿江起经城西石塘过回雁峰南渡头，拔树破屋，揭大龙舟入空中三四丈，掷下皆碎，大雨雹。

明　嘉靖二十二年（公元 1543 年）　三月，耒阳大雨雹。大风，拔木裂瓦。

明　嘉靖二十五年（公元 1546 年）　浏阳：雹伤稼，大风拔木。

明　嘉靖二十九年（公元 1550 年）　洞庭湖：五龙下卷波涛，上涌云气。

明　隆庆六年（公元 1572 年）　三月，黔阳雨雹如卵，油菜、麦苗被毁甚多。

明　万历四年（公元 1576 年）　三月，安乡大雪雹，风雹损苗。

明　万历六年（公元 1578 年）　浏阳：雨雹。

明　万历十年（公元 1582 年）　二月，浏阳：昼晦，大风拔木。三月，安化：雷雹又雪，雹大如球，坏屋。三月，浏阳、湘乡：乌云斗暗，大雨倾盆，狂风大作，拔树毁屋；春三月十四又昼晦如夜，大风拔木折屋。益阳：大雨大风，拔木拆屋。

明　万历十二年（公元 1584 年）　春正月初四，江华：大风雨雹，大者如升，小者如拳，击损民居甚众。

湘潭：大风连四昼夜，熟稻皆伏田中。

明　万历十三年（公元 1585 年）　夏，宁乡雹大如指。

明　万历十四年（公元 1586 年）　七月，麻阳县西风为灾，稻青不实。

明　万历十五年（公元 1587 年）　五月，浏阳暴风霾飘损民居，有压死者。醴陵大风，拔木扬沙，揭巨舟于空中，居民压死其众。新化：暴风损坏禾苗无收成。

明　万历十六年（公元 1588 年）　是年，湘乡天雨黑子如谷。春，洞庭湖风作，覆溺者四十余艘。七月，浏阳大风三日，禾尽折。七月十四日起，安化、湘潭、湘乡：大风连刮四昼夜，吹拔熟稻于泥中。宝庆府、新化：秋风历，五谷不登。

明　万历二十三年（公元 1595 年）　二月，绥宁雪雹连旬，人畜冻毙。

明　万历三十年（公元 1602 年）　安化：雷雹大如球，破伤民居物产。

明　万历三十四年（公元 1606 年）　七月九日，新化雹大如鸡蛋，四谷皆坠。

明　万历三十五年（公元 1607 年）　三月，沅州雨雹，大如鸡卵，自泸阳县岩田至波州，沿路民居及山中树木尽毁。桂东大风损稼。

明　万历三十八年（公元 1610 年）　二月二十七日夜，新化雨雪黑色，又雨雹大如鸡蛋，江水皆黑。

明　万历四十三年（公元 1615 年）　桂阳州、蓝山：春雨雹，蓝山大风雨雹，雹大如拳，拔树坏屋，击死马牛，兼大风拔树，漂没民居，死不知所在者八九人。

明　万历四十六年（公元 1618 年）　九月，武陵、龙阳大风雹，雹如碗大。武冈大风雨，雹大如碗，渐成雪砖，平地水涌三尺。

明　天启三年（公元 1623 年）　二月，安化：雹，继而旱；长沙、湘乡、湘阴雨雹。九月，醴陵西北怪风起，凡物吹上半天。

明　天启四年（公元 1624 年）　六月初七日，溆浦县黑风自北起，掀天震地，大雹如鸡卵，途人颠仆，房屋破毁，自午至申方止。

明　天启六年（公元 1626 年）　六月，宁乡大风拔木。

明　天启七年（公元 1627 年）　乾州：吉首镇溪所大雨雹。

明　崇祯元年（公元 1628 年）　会同：雨雹，大如鹅卵，物触之无不死者。

明　崇祯二年（公元 1629 年）　春，浏阳雨冰。四月，永顺、桑植宣慰司：昼晦，雨雹大如掌，小如鸡卵，入地深尺余，坏苗。

明　崇祯三年（公元 1630 年）　二月，会同县：风、雹、雪、雨交加，春作失收，秧苗腐烂。耕牛死亡大半，民食山果野菜，饥病交加，死亡无数。

明　崇祯六年（公元 1633 年）　元宵夜道州大风，墙倾瓦飞，城头垛砖飘扬里许。四月初九日，溆浦县骤风猛雨，内有雪雹如珠，吹瓦如叶。四月浏阳飓风作，城内灾数百家。六月，宁乡大风拔木，文塔上原灌莽丛生，未可剪伐，至是烈风拔之，虬枝满城如舞。八月初九日，沅江大雨烈风。

明　崇祯七年（公元 1634 年）　二月十二日，长沙、善化：大风雨，冰如指大，后降黑雨。春二月，澧州、安乡：大风雨雹，雹巨如拳，小如粟，烈风拔树，疾雷击人。三月二十八日，湘阴大热，下午大风雨雹如桂圆，大小不一，顷刻遍地，雹心一点白如粉，冷浸入骨。

明　崇祯八年（公元 1635 年）　邵阳：春大风，吹去青龙桥屋数十间。

明　崇祯九年（公元 1636 年）　六月，湘乡大雨雹。七月，安化雹大如鱼目，击死牲畜。

明　崇祯十年（公元 1637 年）　澧州雹，损人畜禾苗。

明　崇祯十一年（公元 1638 年）　长沙、善化、浏阳：三月大风雹。澧州：大风雨雹，损人畜禾苗。

明　崇祯十二年（公元 1639 年）　武岗高沙市：大风拔木，江水起立见底，人有为风所吹者，高数百丈而坠。

明　崇祯十三年（公元 1640 年）　五至八月，安化境大旱，又遇风灾，收成骤减。

明　崇祯十四年（公元 1641 年）　春，宁乡：大雨雹。

明　崇祯十五年（公元 1642 年）　三月三日，会同冰雹如鹅卵，约重半斤十两，打毙人物无数。

明　崇祯十六年（公元1643年）　元月初一，湘乡大雨雹。浏阳：恒风，数次火灾。六月朔，湘乡大雨雹，湘潭昼晦，沙雹四塞；乾州雨雹大如牛，小如斗，毁伤墙屋，击毙人畜。六月十六日，永兴大雨雹。

清　顺治元年（公元1644年）　二月十三日午时，城步降大雪雹，百里屋瓦皆裂，一雹如斗，落教场等处，大如鸡蛋，小如枣粟。

清　顺治二年（公元1645年）　四月，慈利大风拔屋。

清　顺治三年（公元1646年）　三月，浏阳：大风，雨雹白而甚冷。初夏，永明：大雨雹；湘潭：大风拔木，雨雹大如鸡子。五月，澧州：狂风大作，关山古松千株尽拔；鄷县：大风扬沙走石，屋瓦皆飞，大树拔起，房屋倾倒不可胜计。

清　顺治四年（公元1647年）　零陵：正月，大风拔木；四月，雹伤麦。湖南春三月大风雷雨，毁屋拔木。

清　顺治八年（公元1651年）　二月，靖州大风拔树。三月，衡山雹。靖州、会同、通道：大风拔木。六月，新田雨雹，其坚如石。七月，浏阳雨雹。

清　顺治十年（公元1653年）　春季湖南多风雹，普遍歉收。长沙、善化大风、雨雹。会同县春遭风雹。益阳冰雹、大风、雪灾。四月，常德府之武陵大风折大木，禾稼俱损。五月，浏阳雨雹，行人伞尽损。

清　顺治十一年（公元1654年）　二月，岳州洞庭湖上飓风大作，损坏船只百艘，时清朝军队由武昌乘船开往长沙去镇压农民，因风大在岳受阻。

顺治十五年（公元1658年）　二月六日夜，益阳、宁乡：雨雹如卵，色玄（黑）；沅江：雨（大）雹。三月，慈利大风掘屋骤雨盈。澧州：数日大风拔树，骤雨盈衢，鸟忽不见。浏阳：大风偃禾。

清　顺治十六年（公元1659年）　闰三月十一日，攸县雨雹大如卵。

清　顺治十七年（公元1660年）　三月，资兴：大雨雹。

清　顺治十八年（公元1661年）　三月，邵阳：大雨雹。

清　康熙元年（公元1662年）　五月，新化：雨雹，屋上的瓦片打碎很多，树木折断。

清　康熙四年（公元 1665 年）　二月，浏阳县：东黄潭洞大风拔木，压损僧房。长沙、善化、湘乡：大风拔木。

清　康熙八年（公元 1669 年）　四月十四日，沅江烈风拔木覆舟。

清　康熙九年（公元 1670 年）　攸县：大风拔木。五月二十五日，澧州大风冰雹，古木大半倾拔。

清　康熙十七年（公元 1678 年）　宁乡：大风拔木，毁物。永州、零陵：二月雨雹，大风拔木。

清　康熙十九年（公元 1680 年）　五月五日，新化、邵阳雹大作，瓦多碎，牛有折角者。

清　康熙二十年（公元 1681 年）　三月，零陵雨雹，春淫雨；

清　康熙二十一年（公元 1682 年）　三月初八，零陵雨雹，如弹子大。

清　康熙二十二年（公元 1683 年）　五月，城步栏牛峒雨雪成块。

清　康熙二十五年（公元 1686 年）　四月，湘乡、衡山大风拔木，湘乡坏屋。六月，巴陵大风拔木。安乡禾熟时狂风三日，几无遗穗。九月十三日，泸溪风雷大作，白日昼如夜，下冰雹。

清　康熙二十六年（公元 1687 年）　四月，衡山、湘乡大风拔木、坏屋。

清　康熙三十二年（公元 1693 年）　二月，沅江雨雹。

清　康熙三十四年（公元 1695 年）　四月，永明飓风至，雨雹大如卵，发屋拔木，鸟兽皆死。

清　康熙三十七年（公元 1698 年）　一月，醴陵暴风，损坏民房无数。

清　康熙三十八年（公元 1699 年）　三月初十日，会同县大风拔木，虽五六之围者，皆连根掣起。

清　康熙四十四年（公元 1705 年）　秋七月，益阳大雨雹。

清　康熙四十五年（公元 1706 年）　六月二十六日，澧州大风，拔树伐屋。

清　康熙四十六年（公元1707年）　四月，永州雹，麦无收。

清　康熙四十八年（公元1709年）　八月，洞庭湖上狂风，沉船无数，澧洲考船十三只，约载二百余人，突遭巨浪汹涌，沉溺无影。

清　康熙五十一年（公元1712年）　二月十五日，泸溪雷电大作，大雨、冰雹齐下。八月二十九日，江华大风，晚稻之早者，十获二三，迟者皆化谷壳。

清　康熙五十六年（公元1717年）　二月二十九日，泸溪猪屎洞、洞丫、桑头等乡烈风雷雨，雪雹大如碗。三月十五日，安乡狂风拔树倾屋。三月中旬，大庸大风拔树，毁坏房屋。

清　康熙五十七年（公元1718年）　益阳：大风拔木，雨雹如卵。

清　康熙六十年（公元1721年）　四月二十一日申刻，泸溪大风雷雨，屋瓦飘至空中如燕雀，河中桅折船覆。

清　雍正二年（公元1724年）　六月，醴陵冰雹损禾。

清　雍正三年（公元1725年）　七月，洞庭湖大风暴，武陵客舡遭风，沉于湖。

清　雍正七年（公元1729年）　三月十二日，华容县西南隅，云色绀红，声殷殷然，大风至屋瓦若蝶舞空中，捕署坍塌倾倒，民舍少有完全者，少顷，雨雹大如弹丸，横远约二里许，豆麦具损。四月，湘潭大雨雹。六月，益阳雨冰雹，屋瓦皆破。

清　雍正十年（公元1732年）　三月二十八日，黔阳县大风，吹损学宫椽栋、寺观公廨，民居多有颓者。四月初八，资兴雨雹。

清　雍正十三年（公元1735年）　八月，桂东寒口至下东溪雨雹害稼。

清　乾隆元年（公元1736年）　四月，湘潭大雨雹。

清　乾隆三年（公元1738年）　正月，绥宁雪雹，大如卵，民房俱伤，牛畜多毙。

清　乾隆五年（公元1740年）　三月，新化雨雹大如鸡卵，屋瓦多碎，禽鸟亦伤。

清　乾隆六年（公元1741年）　三月，桂阳大风雹，飞石拔树，苎麻尽毁；汝城大风雹，瓦石皆飞，拔树抑木，苎麻尽毁。

清　乾隆七年（公元 1742 年）　四月，湘潭大雨雹。

清　乾隆八年（公元 1743 年）　三月，益阳雹；沅江、龙阳大风坏屋；沅江雨雹打死野凫无数。六月初六夜，益阳龙卷风烈，风雨异常，木拔禾偃，击舟多覆，有猪圈拔起空中去半里许坠者。

清　乾隆十四年（公元 1749 年）　三月，郴州、资兴：晦日，风雹大作。

清　乾隆十五年（公元 1750 年）　三月，湘潭大风拔木。

清　乾隆十九年（公元 1754 年）　夏，嘉禾大雨雹伤稼。四月初五，郴州雨雹。

清　乾隆二十二年（公元 1757 年）　三月，宝庆府雨雹，屋瓦俱飞，大如弹丸。

清　乾隆二十八年（公元 1763 年）　三月，溆浦县大风拔木，破坏民居，岩门有舟吹至树梢。五月，宁乡雨雹。

清　乾隆二十九年（公元 1764 年）　七月，郴州雨雹，伤西、永二乡伤禾稼，杀池鱼。

清　乾隆三十一年（公元 1766 年）　五月二十六日未末申初，益阳雷鸣合闪，乌风黑雨，下雪雹似桂圆。

清　乾隆三十四年（公元 1769 年）　四月，芷江大风拔木，北城楼圮压死一人九马。六月十八日未时，益阳狂风冰雹，深山树木折断。

清　乾隆三十九年（公元 1774 年）　七月，郴州大雨雹，伤禾稼，池鱼尽毙。

清　乾隆四十二年（公元 1777 年）　四月，宁乡雹大如卵。

清　乾隆四十三年（公元 1778 年）　十二月，益阳雨后狂风，晚稻无收。

清　乾隆四十五年（公元 1780 年）　芷江县东部，大冰雹如鸡卵，榆树湾、黄岩等地桐、茶、果皆受损。

清　乾隆四十九年（公元 1784 年）　二月二十八日，新田雨雹。

清　乾隆五十年（公元 1785 年）　攸县种谷下泥时降雹，大如鸡卵。益阳夏大雨雹，苗坏。临武夏五月大雨雹坏苗。芷江雹如鸡卵。新田：江坪、黄岩一带降雹，桐茶果木皆枯。

清　乾隆五十一年（公元1786年）　攸县：大冰雹致使烂秧。六月，沅江、益阳：雨雹，大者如鸡卵。

清　乾隆五十二年（公元1787年）　三月初十，益阳（下）雪雹，处处秧皆烂。

清　乾隆五十四年（公元1789年）　六月十二日，益阳发西风暴，吹倒无数屋宇，大树连根拔起，雪雹风雨吓人。

清　乾隆五十六年（公元1791年）　宜章：永平乡大雨雹

清　乾隆五十八年（公元1793年）　二月，绥宁下雹，大者重五六两，房屋瓦片多打碎。

七月二十三日辰时，巴陵城南龙卷风，湖中片云堕涌，自西坳而东旋，绕地下苍茫隐露，突出白色一缕，已而洪涛喷薄，烟雾迷离，转瞬豁然。

清　乾隆五十九年（公元1794年）　益阳、沅江：北风两月不息，民屋多坏。五月，澧州北乡大风雨雹，拔树倒屋损禾。七月，攸县：雹。

清　嘉庆三年（公元1798年）　春二月二十九日，宜章邝溪、保雷风拔木。

清　嘉庆六年（公元1801年）　三月初一，益阳大北风，资江中翻船无数，陆上拔树毁屋。

清　嘉庆七年（公元1802年）　六月初十日，沅陵县大风，屋瓦起空中，大木尽拔，墙壁多倾圮，是时不雨积旬，田苗悉槁。七月二日，沅陵县西乡雨雪珠如蚕豆大。

清　嘉庆八年（公元1803年）　七月，新化大风，潮水铺有扮桶（用于收割水稻的大木桶，上口约五尺见方，深约一尺五寸。下同）被风卷起，良久乃落。

清　嘉庆九年（公元1804年）　春正月二十二，宜章雨雹，大小不一，碎之中皆深碧色颇损庄稼。六月，道州大风，吹倒古树屋舍无数。

清　嘉庆十年（公元1805年）　通道县：大风雨雹拔木。沅江：七月初午夜狂风暴雨。

清　嘉庆十五年（公元1810年）　三月十二日，永州黄甲村飓风拔巨树四十余株，十三日雨雹。

六月十六日夜，沅江龙卷风自西南来，烟雾迷漫，风雷迅发，石矶垸堤柳多拔至空中。冲倒城隍庙墙和民房二十余家。

清　嘉庆十六年（公元 1811 年）　夏，湘阴：大风拔树拆屋。

清　嘉庆十七年（公元 1812 年）　新田：二月雨雹，古木皆折；三月又大风雹，树木多折，芝麻麦尽偃。通道县：三月十九日，大风雨雹，古木尽折。

清　嘉庆十九年（公元 1814 年）　邵阳隆回：雨雹。

清　嘉庆二十二年（公元 1817 年）　二月二十二日垂晚，巴陵县城陵矶陡起风暴，一时人力难施，沉溺粮艘十七只，并淹死运丁水手男女数百人。

三月，宝庆雨雹，大如弹丸。三月二十日新化雨雹大如弹丸，房屋瓦片俱飞。

清　嘉庆二十三年（公元 1818 年）　二月，岳阳大风坏粮艘。

春三月，酃县大风拔木，雹大如卵，屋瓦皆裂。三月十三日夜，新宁雨雹，大如弹丸。

七月，宁乡、湘潭界雹打三十里，损屋坏稼。

清　嘉庆二十五年（公元 1820 年）　七月，浏阳雹伤稼，大风拔木；湘潭大风，杨梅州船厂有舟吹至锦湾屋上，压毙三人，江面船舶多沉覆。

衡山：七月大风拆屋，瓦石乱飞，岳后田心马迹桥等雨雹伤稼；十月十五日雨黑谷，外坚而滑，破之，中有实如米，黄白色，味辛涩，不可食。

清　道光元年（公元 1821 年）　保靖：春雨雹。花垣、永绥：大雨雹。

清　道光二年（公元 1822 年）　三月，衡阳大风雨雹，岁大熟。三月朔日，衡阳清泉大雨雹。四月九日，华容大风，邑东观音寺玉兰树为风所拔，山中古树多被风吹折。

清　道光三年（公元 1823 年）　三月二十八日，湘潭大风拔木。

清　道光七年（公元 1827 年）　邵阳：大雨雹。

清　道光八年（公元 1828 年）　三月，邵阳大雨雹，大风拔木毁屋无数。四月二十日，保靖雨雹。

清　道光十年（公元 1830 年）　隆回：雨雹。冬，耒阳大雨雹。四月，湘阴大风拔古树一株，根尽出。

清　道光十一年（公元1831年）　四月，邵阳怪风起，自西而南摧巨木，吹庐舍至半里外。七月，益阳雨雹伤稼。

清　道光十二年（公元1832年）　八月，湘阴大风三日夜，损树木。

清　道光十三年（公元1833年）　三月，邵阳南乡雨雹。夏四月，资兴兴宁大风雨雹，拔木损稼。

清　道光十六年（公元1836年）　春，安福雨雹，数十里麦尽压死，坏屋；桂东雨雹，大如拳。三月，益阳雨冰。

夏四月，乾州东北黑云风骤起，下冰雹。

清　道光十七年（公元1837年）　湖南大风，江湖沉船无数。酃县二月暴风拔木。邵阳：东乡三溪里雨雹。

清　道光十八年（公元1838年）　长沙：大雨雹。浏阳：三月雨雹。

清　道光十九年（公元1839年）　慈利：六月二十九日大雨雹。

清　道光二十年（公元1840年）　嘉禾：大风拔木。

清　道光二十三年（公元1843年）　四月，邵阳、新化：大雨雹，折树损麦。

清　道光二十四年（公元1844年）　二月二十六日，沅陵县雨雹，大如拳，杀菽麦。益阳春雨雹，伤树木人畜。

三月，永绥大风坏民居三百余家。

四月，邵阳南乡雨雹。四月十九日，泸溪下大冰雹，从西南而来，历时一小时才止。

清　道光二十五年（公元1845年）　浏阳：七月雹；八月恒风损稼。

清　道光二十六年（公元1846年）　三月十四日夜，会同县雨雹，约重八九两，触坏树木无数。三月十九日，靖州由二里（今大堡子乡及坳上大开一带）大雨雹，大者如卵，内有水草，打伤油树瓦屋无数。

四月初二，安化雨雹，坏民居物产，常安、兰沙、樟溪尤甚。武陵：雹伤稼。四月，益阳大风拔树，坏民庐无算。

六月三十日，澧州大风雨，毁屋拔树，其大合三人抱者，根株悉拔，或两折如锯断。

秋，浏阳恒风伤稼。

清　道光二十七年（公元1847年）　二月，汝城、桂阳、常宁雨雹，大如拳。四月十二日，宁乡雨雹。五月，湘潭大风拔木。七月，湘阴大风卷东门城河小船篷，飞民家屋脊。益阳：大风拔树。

清　道光二十九年（公元 1849 年）　三月，邵阳万安都雨雹损秧。

清　道光三十年（公元 1850 年）　三月桑植大雪，人潮溪、百户峪遭冰雹袭击，冰雹大者重七斤，打死耕牛两头，春收作物损失严重。嘉禾：三月大风拔木。三月初八日，麻阳县大雨雹，损坏民屋、秧麦无数。

六月，益阳大雨雹。

冬月某日，道州忽大风由西北过东南，吹折大树。

清　咸丰元年（公元 1851 年）　四月二十日，攸县怪风大作，屋瓦皆飞。

清　咸丰三年（公元 1853 年）　正月二十五日，益阳昼晦，冰雹交至。

三月，常宁大雨雹，损秧麦。三月十八日安化、宁乡大雨雹，如桃、李实，秧麦受灾。

嘉禾：大风雨震电，城东山裂，水涌。善化：二月初四日东乡大风折树毙人，秋大风。

清　咸丰四年（公元 1854 年）　四月，邵阳东乡烈风雨雹。四月十二日，宁乡烈风拔木，雨雹，色红，且水涨山崩。益阳洪涝、大风、雹皆有。四月十四日，靖州大雨雹。

六月，靖州雨冰块，大者半斤有余。安化六月雨雹，击牛羊有死者。

清　咸丰五年（公元 1855 年）　二月：浏阳大风拔木，坏民居。永兴：大风自金陵乡起，由西而东，当冲数十里，大木皆拔。

三月，沅陵、泸溪雨雹如拳。永州：三月大雨雹。湘乡：三月大风成灾，拔木坏屋，又大雨雹。绥宁：下大冰块，大者重三四两，房屋多损破，风烈拔树。芷江县：三月十二日大雨雹，打毁西乡民户屋宇无数，五里牌、竹坪埔等处尤甚，乌鸦、喜鹊亦有被雹击毙者，过后取雹视之，棱角峭厉，大者如球，小者如卵，中有鸡翎草须之类。会同县：三月十六日午时大雨雹，重约一二斤，自牛栏坳至小河一带触伤人物无数。醴陵：三月十七未时有烈风暴雨从西北来，雹大如卵，密如织，纵六七十里，横二十余里，木拔屋坏，毙男女数十人。武冈：三月十七日大雨雹，树折枝，屋瓦皆碎。湘乡大雨雹。邵阳尚贤温和里大雨雹。

四月：平江大风雨雹。七月：桑植大风损稼。

清　咸丰六年（公元 1856 年）　正月，大庸雨雹，树林多折。

三月初，祁阳邑大雨雹，东境尤甚，坏民居无算，人畜有压死者，三日内积物相望。三月，益阳、祁阳大风雨雹；浏阳大风雨雹如卷，伤苗麦，坏屋庐，果木皆折。沅州、芷江三月雹，秧畦尽损，屋瓦破碎，果木无一存者。

四月，湘乡、花垣大雨雹。

五月二十四日，泸溪大冰雹，田禾受损，有的全遭毁没。

清　咸丰七年（公元 1857 年）　三月，邵阳东乡雨雹，暴风折大木，圮民居。黔阳县大雨雹，坠地如砖，所过处人畜击毙，室宇摧，林木拔。

四月初十，攸县雨雹大如鸡卵。

五月，攸县大风拔木。

清　咸丰八年（公元 1858 年）　正月，浏阳上元大雨雹，积逾尺。八月二十五日夜，浏阳县南大雨雹，大如卵。

清　咸丰九年（公元 1859 年）　浏阳：正月雨雹。

清　咸丰十年（公元 1860 年）　正月，永定雨雹，树木多折。

四月，永绥、湘阴大雨雹。安仁：狂风，瓦石皆飞。

清　咸丰十一年（公元 1861 年）　四月，保靖大雨雹。四月，邵阳怪风自西而南，摧巨木庐舍至半里外。

武陵：五月七日大风暴雨，坏屋覆舟，溺死百余人；六月，大风，府学大成门圮。

夏，善化大风拔木。

清　同治元年（公元 1862 年）　三月，武冈青龙团大风雹，坏民舍数十家，十围古树折腰拔根；临湘大风雨雹，拔木坏屋无算。三月八日，安化雨雹，菜园俱毁。三月二十三日，慈利下冰雹大如鸡卵，屋瓦多损；桑植冰雹成灾。三月二十三日夜，保靖大雪雷雨雹，狂风大作，树多拔根，茅屋多吹穿，荞麦损坏尤多。三月二十六日夜，浏阳雨雹。

四月，花垣、嘉禾、永绥大雨雹，烈风拔木。

清　同治二年（公元 1863 年）　二月二十八日，宁乡雨雹。

清　同治三年（公元 1864 年）　二月，善化大雨雹。二月二十八日，宁乡大风震瓦屋，雨雹大者如卵。

三月，巴陵、湘阴、临湘大风，瓦石皆飞，坏民舍无算。三月初三，浏阳雨雹。

四月，益阳大风拔树，坏民庐无算。四月二十日申时，安化大风雨雹，坏民屋物。

七月，安化又大风折屋，瓦石俱飞。桂东、常宁：大风坏屋拔木。

清　同治四年（公元 1865 年）　正月十五日夜，平江大风雨雹。

二月十八日，宁乡雹大如卵石。

三月，益阳、祁阳大风雨雹；浏阳大风雨雹如卷，伤苗麦，坏屋庐，果木皆折；耒阳大风拔木，掀瓦无算；桂阳雹大如杯，大风拔木坏屋，兼大雪十余日；安仁风雹拔木树，折民舍吹瓦如飞；零陵大风拔木，一屋吹去数里，雹大如卵。三月初十，宁乡大雨雹，雨黑色。三月初十夜半，资兴大风雨雹，百余里瓦裂皆飞，拔古木树株无数。三月十一日，浏阳日色赤甚，夜大风雨雹拔木，破民庐。三月十一日戌刻，平江狂风自南来，拔木坏屋无数。

三月二十日夜，湘阴大风拔木。巴陵大风拔木坏屋。

八月，桂东大风拔木。湘乡暴风成灾。酃县大风飞沙走石，十围树亦拔。

清　同治五年（公元 1866 年）　三月，湘乡雨雹如豆。三月十九日夜安化大风西起，拔木，揭民居，覆舟。

五月，长沙、善化大风拔木，坏屋，覆舟。五月二十六日，湘潭大风拔树，掀屋盖，江河覆舟。

六月，城步长安营附近一带下大冰雹，及地皆化黑水。

清　同治六年（公元 1867 年）　三月，浏阳雨雹，大风拔木。三月初十夜，宁乡大雨雹，大风拔木，揭民屋。零陵北乡雨雹。四月，桂阳西乡大风雹。五月，湘潭大风毁屋，江河覆舟，湘乡二十八都雨雹。

宁乡：五月十四日大风拔树；六月初大风拔树；八月东乡大风雹伤禾稼甚多。

清　同治七年（公元 1868 年）　湘阴：二月二十七日、三月初三日、闰四月初一日均出现雨雹。浏阳：三月县西雨雹，四月再雨雹。

三月十八日，澧州冰雹如盏如砖，损屋，坏豆麦；石门大雨雹。

三月二十五日，慈利冰雹，大如茶杯，小如鸡蛋，又大风大雨，房屋多损，树木折断，豆、麦损失严重，五都、县城一带更甚。

闰四月，保靖大风拔木损屋。

六月十六日，沅陵县邑东乡怡溪雨雹损禾。

七月二十八日，靖州大雨雹，自铺口龙凤村至铜罗田，坏瓦无数；会同县兼有冰雹。

清　同治八年（公元 1869 年）　正月，益阳狂风拔树，雨雹大如男拳。二月，江华雹大如拳，坏屋瓦。

四月，长沙、善化大风拔木。四月二十六日，安化大风拔木。七月，安化大风拔木。

七月初旬资兴北乡雨雹，伤稼甚多。

清　同治九年（公元 1870 年）　二月，攸县西北乡大风雷雨雹。二月二十五日，芷江县大风雹，龙津桥亭尽被吹塌，惟中八角亭及两岸数椽仅存。二月二十五日辰时，平江大雨雹，雹自湘阴来，由桥墩入境，经琅洞山，横宽四五里，大如鸭卵，碎瓦房甚多。

二月二十七日安化大雨雹。三月朔，安化复雨雹。

四月，邵阳东乡大风拔木毁屋，民有压死者。

五月，益阳狂风大作，坏民房，伤禾稼，损失严重。

八月二日，邵阳洪仁里雨雹损谷。

清　同治十年（公元 1871 年）　三月，澧州冰雹损屋，坏豆麦。十月朔，湘潭大风过市毁店。

清　同治十一年（公元 1872 年）　三月，武冈大雨雹，雹大如鸡卵，庐舍亭庙多倾倒，瓦碎。四月，靖州大雨雹，茶树摧折甚多。

清　同治十二年（公元 1873 年）　四月，永明大雨雹。五月初，零陵雨雹。

清　同治十三年（公元 1874 年）　二月，永顺雨雹。十月，桂阳州雨雹。

清　光绪元年（公元 1875 年）　靖州：三月十二日，中洞六团大雨雹；四月初四、初八、初九，靖州皆大雨雹。宁乡：五月雹大如指；六月廿九日大风拔木；七月初四雨雹，大风拔木；七月初八大雨雹。

七月初四，新宁雨雹大如雉子，伤禾稻及瓜蔬。

清　光绪四年（公元 1878 年）　四月，蓝山大风雨雹，拔木倒屋。桂阳州风灾。嘉禾风灾，从桃岭起，平面板，新谢家，勉养坊等村拔木倒崇庙祠山亭，瓦椽有卷去三百步远者。四月十五日，长沙：雨雹，大风拔木。

清　光绪六年（公元 1880 年）　二月，永明大雨雹。益阳：雹灾。

三月，宁乡大风，古木多折。三月八日，衡山大风，古木多折。

清　光绪七年（公元 1881 年）　三月二十日，宁乡雨雹，大如鸡卵，碎屋瓦，击伤人面。六月，益阳雹降民异。

清　光绪十年（公元 1884 年）　三月二十一日，宁乡麻山、雪林塘一带，雨雹如鸡卵，碎屋瓦，击伤人命。

清　光绪十一年（公元 1885 年）　正月，嘉禾大风拔木。

清　光绪十三年（公元 1887 年）　四月，沅陵大风雨雹，古树皆拔，鸟速（从）水星阁屋顶飞堕江边。

清　光绪十四年（公元 1888 年）　六月，宁乡雹如指头。七月，湘潭大风，沿湘江毁屋数十栋。

清　光绪十五年（公元 1889 年）　六月，蓝山大风雹，雹圆如杯，块如掌，伤人畜禾稼。

清 光绪十六年（公元1890年） 三月初一，溆浦县大雨雹，大如拇指，间有大者如鸡卵，摧残树木叶殆尽。三月初四，安化大雨雹，破民居。沅陵县宣平乡黑风从东南起，雹如卵，瓦屋树木皆破碎，六畜多被击死。

四月，安化复大风，飞瓦折木。

九月，安乡大风拔树，屋瓦飞，河舟覆。

清 光绪十七年（公元1891年） 三月，桃源大风雨雹摧瓦断椽，坏屋无数，伤人畜，毙山禽。三月初四上午，沅陵县第三都（今火场乡一带）骤降冰雹，雹如碗大，形似眼，外似眶、中似珠，酸子界、大北厢、马头山等地瓦屋尽破，树木无枝叶。

十月，湘潭大风，居民数十户被毁。

清 光绪二十年（公元1894年） 四月，道县大雹，灾延城乡，坏屋瓦，死伤人畜，毁作物。芷江县洞下场一带冰雹，大粒如鸡卵，屋瓦庄稼损失严重。

清 光绪二十一年（公元1895年） 三月二十一日，花垣暴风骤雨，浦市清吉坪数人合抱大树尽被吹倒，墙垣倾倒甚多，冰雹大如拳。

清 光绪二十七年（公元1901年） 三月二十六日，花垣、永顺、泸溪雹如卵，损物甚多，夏六月岁歉斗米千钱。

五月十五日，湘潭狂风拔树，城内古树全部被拔。

十月三十日，巴陵、湘阴大风，湖上舟覆，湖北难民死者九十六人。

清 光绪二十八年（公元1902年） 三月某日，花垣天黑暗，冰雹如卵，中有花心，坏物损石大风拔树，半时许。永绥：三月雨雹如卵，坏屋损稼，大风拔树。嘉禾：春，大风拔木倒屋。

清 光绪二十九年（公元1903年） 三月，湘潭：龙卷风，县城窑湾倒屋甚多，江面覆舟四五十条。四月，嘉禾：大风雷雹，富东乡诧山诸村落附近包公亭倒，压死农民二人。

清 光绪三十年（公元1904年） 二月二十二日，益阳：龙卷风，沿河垸清风寺被吹倒。三月，醴陵：大风雨雹，拔大木，坏庐舍无算。

清 光绪三十一年（公元1905年） 三月，醴陵大风雨雹，拔树坏庐舍无算。溆浦大风摧折屋树。湘潭：春雨雹损苗，道林大风拔树，秋大风覆舟。

清 光绪三十二年（公元1906年） 四月，永绥雨雹如鸡卵，坏屋伤人畜。四月二十一日，花垣雪雹如卵，人畜遇之皆伤，民屋有坏者，一时许乃止。

清　光绪三十三年（公元1907年）　二月，溆浦县大风卷地，拔合抱古木，倒无数屋宇。

五月，嘉禾大风雹，富乐乡南诧洞亭因风雹倒，压死过路挑盐者二人。

十一月，华容大风雷雨，下雹如鸡蛋大，将桃花山一带屋瓦打烂无数，持续约半小时。

清　光绪三十四年（公元1908年）　三月，常德大风，沉船数十艘，拔树不计其数。

八月初九，平江雨雹，大者如鸡卵，质坚白。

清　宣统元年（公元1909年）　夏五月，永顺雨雹大如棋子。

清　宣统二年（公元1910年）　三月初五，嘉禾富乐乡儒峰诸村大雨雹，一颗重三四斤，遭者屋圮牛毙。

清　宣统三年（公元1911年）　三月，新化下团冰雹，冰块大如手掌；溆浦大风雹，桐茶树、油菜、大小麦俱损。

五月，宁乡南田坪刮大西风，两人抱围的大树被刮倒。

民国　元年（公元1912年）　二月，嘉禾坦平区石富冲村大风拔树，雨雹大如鹅卵，沿途鸟兽有击死者；桂阳大雹子如蛋大；桑植冰雹成灾。

十一月间，岳阳北风大作，湖中浪涌如山，九马嘴一带，帆船多被吹折，覆没者不少，城陵矶倒屋伤人无数。

民国　二年（公元1913年）　三月，宁乡降雹大如枣；芷江板山一带雨夹雹，油麦尽损。

民国　三年（公元1914年）　三、四、五、九月，益阳水灾、雹灾、风灾。

三月，宁乡停钟和白马桥分别下鸡蛋和酒杯大冰雹；湘阴赛头一带下冰雹，有蚕豆大，禾苗被打坏者较多。三月二十九日，新化大风、冰雹，秧多受灾，人畜伤亡，拔树毁屋；溆浦县大风、雨雹，树拔屋倒，林鸟多毙，人亦有被击死者，油菜、大小麦及秋禾未收者俱无收。四月二日，攸县雪雹，大如鸭蛋。

五月，醴陵冰雹，鸡蛋大小，坏屋无数。

八月，新化又大风，一人围的梨树被吹倒。

民国　四年（公元1915年）　四月朔，桂阳大雨雹。六月，宁乡南田坪冰雹酒杯大，坏屋伤人。

民国　五年（公元1916年）　三月，花垣、永绥冰雹大如弹丸，打坏民房百余间，被伤居民不知凡几，田禾损失尤重；溆浦亦有雹伤油菜、大小麦；新化冰雹大者一斤多，房屋受损，秧田遭灾；浏阳龙伏雨雹成灾。

四月十五日，醴陵：偏南大风，九成房屋吹烂。

民国　六年（公元 1917 年）　宁乡：铁冲龙卷风，拔树毁屋，八尺围大树被大风刮倒。

民国　七年（公元 1918 年）　三月初九，宁乡刮大西风，吹烂房屋很多。

四月二十七日，宁乡下梅子大的冰雹，伤人和作物。

七月，新化：冰雹大如鸡蛋。

民国　八年（公元 1919 年）　四月，宁乡白马桥冰雹如姆指，资福大风，坏屋甚多。

民国　九年（公元 1920 年）　二月中，宁乡城郊大风吹烂很多屋，伤人甚多。

三月，临湘忠防乡大风雷，吹倒房屋很多，一人合抱的枫树被拦腰吹断。

四月十七日，泸溪大风倒树，屋瓦多飞起。

六月某日，株洲荷塘铺天气闷热，出大太阳，午后突然起大风，吹倒一根四五人围的大枫树，尔后落冰雹，大的茶碗大，打烂许多屋上的明瓦，下完冰雹后，立即转晴。

民国　十一年（公元 1922 年）　四月二十六日下午，大庸天气突变，黑云蔽空，飓风嘶吼，飞砂走石，吹倒房屋、树木无数。

七月，宁远大风，自北至南，屋瓦皆震，大树摧折。

十月，湘乡大风倒屋甚多。

民国　十二年（公元 1923 年）　宁乡三月白马桥一带发大北风，吹烂很多房屋。

民国　十三年（公元 1924 年）　二月二十九日，永兴：红星、高亭、油麻降特大冰雹，地面积雹深五至七寸，一般蚕豆大。

三、四月，涟源下冰雹，成块状；益阳雨雹如蛋；古丈冰雹有鸡蛋大，泽土库、狗儿岩、蜡洞一带尤重。

民国　十四年（公元 1925 年）　宜章：大雨雹，巨者重十四两。

民国　十五年（公元 1926 年）　二月二十五日，宁远大风，发屋折木，历时半小时而止。

民国　十六年（公元 1927 年）　三月，桂阳、嘉禾大雨雹。桑植冰雹成灾。三月二十日，华容西风为灾，冰雹有指头大，大树拔倒，瓦如飞燕，风灾中心在梅田湖易家嘴，倒屋无算，关公庙和操军的南岳庙也被吹倒了。

民国　十七年（公元 1928 年）　四月，永兴马田降雹蚕豆大，种谷被打进泥，损失较重。七月十九日，永兴：大风吹倒房屋多处。

民国　十八年（公元 1929 年）　三月，宁乡石家湾、万寿山刮大西风，刮倒大树，毁坏不少屋；醴陵：偏南大风，倒屋折树；湘阴、安化大风。三月十日，益阳：昼霾，大风从西北来，拔木毁墙，屋瓦飞起。

四月十九日，宁乡县城大风夹以冰雹，拔树伐屋。四月二十一日午前十时，保靖狂风撼大树，伴大雨雹，地底如泉涌，损失杂粮无数。四月，益阳：冰雹大风。

六月，宁乡回龙铺大风拔屋。六月初旬，沅陵敬平乡暴风陡起，雹降如块，房屋牲畜多受伤，禾苗亦受损伤。

八月，长沙县飓风为灾，毁房屋千余栋，江面翻船数十只，死亡二百多人。

十一月，宁乡：崔坪、巷子口大北风拔树伐屋。

民国　十九年（公元 1930 年）　三月，临湘：横铺狂风大作，风从东至西达白泥湖，一棵二人抱围的大树连根拔起，小牛被吹下港，当风之屋全倒，狂风约吹了半个小时；汝城：北乡大风拔木飞石。三月二十五日夜，宁乡：大风拔屋，第二联合学校（即云山学校）倾一室，压毙学生二人。

四月，湘乡永丰风雹，大如卵，折树；邵阳降雪雹；永兴红星大风冰雹，从东南方来，倒树倒屋不少；邵阳暴风疾雨，油菜、豆麦被打断茎杆不能结实，秧苗打下泥中并有冻死者。四月初七，嘉禾大雨雹，坦平、石桥二区农地成灾。

七月，宁乡大风，云山一人抱围的树也被刮出。

民国　二十年（公元 1931 年）　三月，宁乡涌泉山冰雹大如手指头，龙山大风拔树伐屋。

四月一日，醴陵雨雹，贺家桥一带早稻烂种过半。

四月二十一日，宁乡：暴风，县城屋瓦飞扬，檀木桥、岱子山倒屋伤人畜。四五月，新化：大风冰雹，拔树毁屋，击死牲畜。五月，湘乡：狂风。

六月二十五日，湘潭：大风，杨梅洲至石咀脑一带翻沉船只二十余只，溺死人命甚多。

八月二十日，宁乡龙田、直田、官山下冰雹，据传最大的有十斤，打烂屋和击伤人很多。

九月，宁乡直田发大风，毁屋数百间，一人抱围的大树被拔出。

民国　二十一年（公元 1932 年）　春，芷江县新店坪一带大降冰雹，形如鸡卵，居民瓦屋、树木皆毁，毙耕牛二十余头。三月二十九日午后，保靖：仙仁、涂乍两地疾风暴雨，冰雹骤降，大如鸡蛋，届熟之麦子、烟茎、蔬菜等一并涤毁无存。

四月二十日，湘潭：县城大风，屋倾舟覆。

七月五日下午，湘潭城区又大风，飞沙走石，屋瓦乱飘，江面翻船，水手被淹死。

民国　二十二年（公元 1933 年）　一月二十一日上午，岳阳城陵矶江面刮大风，吹沉一艘渡船，淹毙四十余人。

春，嘉禾雹灾；桑植冰雹；凤凰、辰溪、永明、新田、宁远风雹。三月，新化：大风吹倒房屋，五尺围的大树被吹倒。三月二十七日，宁乡：暴风，城中屋瓦飞扬，县西檀木桥、岱子山诸处屋倾损人畜。

四月，桂阳：暴风，倾屋伤人畜。四月初八，资兴：渡头下大冰雹伴大风大雨，雹大如碗，一尺五寸直径的古松从中间折断，死伤各一人。

五月初，晃县遭雹灾，扶罗等地雹大如拳，茅舍卷空，菜麦俱粉，兽死郊外，鸟丧林中，三千多户无以为生；出夏边，喻家坳中稻被酒杯大的冰雹打死四成。

八月二十四日，保靖：烈风冰雹，拔树倒屋。

冬日，永兴：风暴、冰雹交加，拔木毁屋。

民国　二十三年（公元 1934 年）　二月，道县：雹灾，麦、豆、菜花失收。安仁：朝阳、荷树一带雹灾。春，临湘：大北风，猖暴异常，倒屋折树，白羊田有一座四丈高的石头“贞节牌坊”被吹倒。

三月，湘潭：大风，损失甚巨。醴陵：偏北大风，倒屋无数。三四月间，临湘路口铺大风雹，两人抱围大树连根拔起，扮桶吹挂树上，倒屋甚多，压死二人。四月八日，永兴：先锋、坪田圩、悦来圩大雹伴有大风。四月中旬，新化：大风冰雹，庄稼受灾，吹倒房屋，人畜伤亡。

五月，宁乡：黄材大风刮屋；汝城：大风折树甚多。

民国　二十四年（公元 1935 年）　清明边，新邵陈家坊大风，千年古树被吹倒。三月十二日，宁乡突发大风，风灾为二十年来罕见。

三四月间，宁乡巷子口至沙田下冰雹，酒杯到鸡蛋大，相传重的近十斤。

四月，邵东大冰雹。株洲风灾，大风拔树，房屋倒塌，风走向是从长沙至龙头铺，宋家桥至浏阳，龙头铺一棵直径一尺多的樟树连根拔起，吹过一河塘。

七月，洞庭湖上突刮大东南风，坏船很多，由岳阳开往华容的大木帆船被风打翻，淹死九十多名学生。宁乡万寿山下大手指大的冰雹，雷雨大风伐屋，打死两人。

八月十五日上午九时，大北风将洞庭湖上船只刮沉很多，直到傍晚，风才转小。

九月，醴陵：偏北风损稼。

民国　二十五年（公元 1936 年）　三月下旬，冷水江大风冰雹，雹大如鸡蛋，倒树不少。

四月，宁乡：大风伐屋拔树，流沙河打死两人。四月十九日，湘乡永丰、测水暴风，飞沙走石，倒电杆，拔树伐屋。

六月二十五日，自益阳经宁乡涌泉山、大成桥下姆指大的冰雹，中稻损失大。

民国　二十六年（公元 1937 年）　三四月间，宁乡：官山一带下鸡蛋大的冰雹，相传最大的近十斤。

五月初四，华容三封寺：上午非常热，突然从北方起乌云，顷刻大雷雨，下冰雹，大的鸡蛋大，小的指头大，屋瓦打烂，持续一小时。

六月，平江：一天中午虹桥突起大北风，打雷下冰雹，雹如鸡蛋大，持续几分钟。

七月，新化：大风冰雹，雹大如鸡蛋，吹倒不少树木。

民国　二十七年（公元 1938 年）　三月三日，岳阳广兴州刮大西北风，拔树倒屋甚多，醴陵亦有大风拔木害稼，祁阳大风拔树。

三月十一日，宁乡：石家湾、杨林桥刮西南大风、下冰雹。

四月，宁乡：东务山大风。四月二十七日，新化：冰雹，大的四斤多一块，麦子受灾。

六月间，邵阳：飓风吹倒房屋数十栋，死伤九十余人，损失约万余元。六月二十九日午后，浏阳：飓风拔树，坏房屋。

七月，宁乡：洪龙山、石家湾大风。

九月，宁乡：油麻田等地大风，拔树伐屋。

民国　二十八年（公元 1939 年）　二月，宁乡沩乌大风伐屋。三月，道县风灾，拔树伐屋。

插田时，衡阳原国丰公社降冰雹鸡蛋大，同时，大北风吹倒二尺多直径的大树；衡山原东湖公社平田大队神皇庙大风吹倒三至四尺围大松树三棵，连根拔起两棵。

四月初，资兴下冰雹、大雨，秧苗大都损坏，尤以烟坪下江的百筱一带严重，树木枝叶不存，鸟兽多被打死。

六月二十一日下午五时，大庸天南乡大风成灾，大树连根拔起，毁民房十余栋，余家山一带下冰雹，飓风影响宽约二里。

七月，永兴原前进公社桃李大队下冰雹，比鸡蛋大，损失严重。

民国　二十九年（公元 1940 年）　三月十三日，益阳风烈，雷雨大风拔木。

四月间，邵阳和安等十三乡发暴风，沉没民船甚多。新邵大风，二人围的大树被吹倒，吹倒房屋多处。新化四月冰雹，大如鸡蛋。

民国　三十年（公元 1941 年）　三月二十九日，宁乡大风拔树竹、伐屋，并打伤多人。七月，宁乡下冰雹手指大。九月，湘潭降雨雹，击毁稻禾。

民国　三十一年（公元 1942 年）　三月初一，宁乡：大西风伐屋拔树，南田坪、三仙坳二三人抱围的树被拔出，死伤一些人。常宁：水口、烟洲大风，大泉村有一栋双青砖墙被冰雹、大风打倒。三月，醴陵大雨雹。

四月十五日晚上，岳阳广兴州突降冰雹，大如鸡蛋，屋上之瓦被打烂，油菜打成光杆。

民国　三十二年（公元 1943 年）　春，华容西北部降大冰雹，将梅田湖的豆麦打得贴地断折。三月十一日，长沙：寒潮大风侵袭，湘江粮船沉没四十一艘，半沉或船身受损十四艘，其他货船损坏六十余艘。

四月，宁乡朱石桥、沩乌下酒杯大的冰雹，损稻。

夏四至六月，岳阳广兴州下了几次冰雹，其中一次在晚上，降大雷阵雨，夹杂冰雹，雹大如酒杯，打坏庄稼不少。

十二月二十八日，汝城大坪乡大坳村，大风大雨，南面来的人上不了山，有一妇人被大风刮走，踪影不见。

民国　三十三年（公元 1944 年）　四月十七日，华容大风冰雹，自北向南，由东山长罔庙一线到三封寺白马庙，雹有大拇指粗，冰雹将毛家渡两条大水牛打死，还打死一个国民党士兵。

八月九日，平江突然刮大北风，屋倒树折，当风处的禾蔸多被刮起，天岳关石头碉堡被吹倒了上面一截。

民国　三十四年（公元 1945 年）　三月某日，株洲天气闷热，十九时左右突然起风，风力逐渐加大，继之倾盆大雨，雷电交加，吹得房屋震动一片乱响，人们吓得藏到各处，时间持续三小时左右，后经查看，株洲龙头铺，贺家拔段，宋家桥、宾家冲一带，均遭龙卷风袭击，龙头铺一颗水桶大的樟树，连根拔起后，吹过一口鱼塘，东元冲枫树桥有棵四五人围的大枫树被雷击成两半后，枝干吹过了几丘田，以后枫树桥就没有枫树了，许多房屋吹去了屋顶，路上到处是断树枝，灾情严重。道县雹灾，西乡春作三万余亩被打，颗粒无收。

四月，祁阳：两次风雹损农作。四月十四日，新化大风冰雹。四月十七日，宜章遭风雹，大平乡遭风灾，里田、平和等乡骤雨冰雹，全县遭灾死亡五百二十七人，伤病及受害九千六百八十五人，其他损失甚多。

五月，龙卷风袭击株洲龙头铺，宋家桥一带，大风拔树，房屋倒塌不少，损失惨重。五月二十一日下午五时许，大庸大坪区天昏地暗，大风吹拔大树，吹毁房屋十余栋，损失（当时法币）数千万元；枫香岗乡公所前后折大树二株，房屋被毁大半；余家山一带下冰雹击毙小牛二头。

六月，华容三封寺突然在下午二时刮西北大风，夹着算盘珠子大的冰雹，打坏了屋瓦；洞庭湖亦同时发生大风暴。六月十四日，宁乡瓦子坪大风，一人抱围的大树拔出三株。

九月三十日至十月二日，桂东连发狂风，雨日不息，成熟稻谷打落殆尽，损失奇重，被虫风雨损失面积六万亩，占稻谷面积的三分之二。

民国　三十五年（公元 1946 年）　清明节（三月初四）前后，永兴、宜章、资兴降雹，大如鹅蛋，打坏荞麦，瓦毁梁折，生物尽毁，鸟兽血肉横飞，树枝被打下许多，与民国廿八年灾情相似。新化：冰雹，雹大如茶杯。

三月二十二日晚十时十分，株洲：大南风毁屋十余栋，伤三人。

三月二十九日上午八时，洞庭湖刮大北风，下暴雨，吹倒君山上的朗吟亭，岳阳鹿角在对湖打湖草的农民淹死三十多人。四月初，宁乡朱良桥大风，大树连根拔出，中稻重插。

四月二十三日下午，平江嘉义大风成灾。

五月，湘潭县：狂风袭击易家湾，倒屋一百六十二栋，死八人，伤八十六人。

七月十五日，洞庭湖九马嘴处，大风吹翻一货船，船上二男一女拥抱桅杆待救，幸被鹿角来的岳阳救生船发现救起。

八月二十一日，溆浦县风雹成灾，多数农作物被毁，饥荒遍及全县。

九月十三日晚，桂东大风、雹雨大作，屋顶瓦片被毁极多，县城北面狮形岭上两人围的大树被大风连根拔起。

民国　三十六年（公元 1947 年）　二月，衡阳县大风成灾，醒狮的桓心、东田吹倒屋一百间，茅屋一百五十间。

三月，岳阳公田姜氏祠堂被大暴风吹倒，沿风路上，倒屋甚多，已插下的禾苗全部吹散漂浮，重插后延误季节而减产。三月底，常宁东升大队下冰雹，最大的手指大，稻谷打掉六成。

六月初七，宁乡万寿山刮西南大风，伐屋。

九月，宁乡沙田、木家一带大风伐屋，刮倒一古树。九月十五日晚，岳阳岳郡联立中学从平江运校具返岳的牌筏，行至鹿角湖面，突遇飓风巨浪，将牌冲毁，木料飘散，校具全部损失，价值（时价）六千万元，学校无法按时开学。

民国　三十七年（公元 1948 年）　三月二十九日，湘乡大风灾。

五月初七，滨湖一带遭受到六十年来所未见的暴风，从上午七时半刮到下午二时，屋摧木拔，船覆牌翻，人畜漂流，死亡甚众，财物损失无法统计，仅岳阳地区倒房二千八百六十二栋，沉没帆船十艘，竹牌十二架，死亡二百一十人，伤二十人；湘阴铁角嘴，四人合围的大树被吹倒；临湘长塘亦因大风倒屋拔树，造成灾害。五月，湘潭城区十八总至河口大风，翻船二艘，倒屋三百多栋，湘乡亦遭风灾。

六月，华容三封寺降大冰雹，有算盘子大，屋瓦被打烂。

七月初八，大风吹毁宁乡油麻田很多屋，打死十多人，草冲两人抱围的大树被刮倒。

十二月二十四日夜，资兴黄草下大雹，经历半小时左右，大的有饭钵子大，三斤多重，打破瓦椽后继而砸穿楼板。

民国　三十八年（公元 1949 年）　三月某日中午，岳阳广兴州突刮暴风，风向自西南向转东北向，房屋树木损坏甚多，此风径宽约百余米，将柞树栏四根大松树中的一根最大的松树连根拔起，此树直径接近二米，四人合抱，倒房压死一人，雷击死一人。三月，衡南刮大风，田里的禾都吹光了，倒了很多树和房子，连两人围的大树都吹倒了；茅市区大桥乡洪头村发大旋风，稻草都卷到天上去了；华容三封寺降雨雹，雹如蚕豆大，打烂秧苗无算。

夏某日，岳阳筻口发生龙卷风，乌云下吊，宽约五十米，所经之处倒屋甚多，仅筻口街上就倒了十多间，当时是白天，但特别昏暗，风过即晴朗。

九月，祁阳：冰雹损油菜。

第三节　1950—2000年的大风与冰雹灾害

1950年　4月4日，湘乡白田一带冰雹如豆。

4月19日，道县文安镇风雹灾，吹倒房屋29栋，死亡3人。

4月下旬，大部分县出现了风雹灾害，受灾面积910公顷。

5月16日，安乡出现龙卷风，倒树毁屋，死亡24人。

5月20日，涟源：冰雹。

6月，双峰：冰雹。

8月16、22、25日，岳阳县九区杨林街连续遭狂风暴雨袭击，大部分棉花被吹倒。

1951年　5月中旬，龙山里耶、大达等遭冰雹危害，毁房174间，打伤2人，稻种及春收作物损失严重。

5月25日晚上，岳阳县粤东乡庙后村遭受冰雹袭击，不少农作物被雹打坏。平江县献冲、托莲、低坪、沙坪等乡遭暴风袭击，献冲乡一带有113间房屋损坏，压死耕牛1头，托莲乡一农户房屋被吹倒，全家8口人，7人受伤，1个孕妇被打死。

6月，新化田坪金星二队降冰雹，一般如手指头大小，大的如鸡卵，红薯被打光。

1952年　2月3日，芷江县大洪山、白水滩及碧涌、马塘等地两次降雹，大如茶杯，油麦损失殆尽。城步兰蓉一带下雹，大如指头，打坏油菜、小麦，同时发生雷雨大风，揭屋瓦。

3月26日，安化县思游一带降冰雹，春收作物损失近半。

4月6日，隆回县龙拱、立新、横板桥，洞口县黄桥、石江等地下午降雹，同时出现大风，雹如鸡蛋，大的如碗口，8338户计35705人受灾，伤8人，伤牛2头，冰雹伴降暴雨，冲坏山塘34口。祁东洪堰、金桥、官夏、高岭、赤溪等地冰雹伤稼。

4月30日，衡阳县四区松山等11个乡，雹如鸡蛋，使众人受灾，倒屋116间，压死2人，伤12人。祁东县洪堰、金桥、官夏（官山）、高岭、赤汇等乡受灾面积46.2公顷。衡山县4个区6个乡损坏谷种4000千克。

4～5月，湘潭县6个区遭大风袭击，倒屋453间，死6人；湘乡亦遭大风灾；宁乡发生大风夹冰雹，损失大。

7月，新化下冰雹，雹大如鸡蛋。

9月24日18时起，南洞庭湖区9级大风，同时伴有大雨，湘阴古培塘车站仓库墙被风吹倒，屋前的一口扮桶被风吹跑，湘阴、沅江、益阳一带风涌浪高，正逢当地秋汛高水位之时，浪头翻过堤顶，几小时之内溃垸26个，淹没农田1.5万公顷，死亡2100多人。

1953年　1月15日，凤凰县两林被大风吹倒茅屋5栋。湘乡大风灾。

3月，宁乡大风吹倒屋10间，死4人；该月20日前后，涟源大风刮倒2～3人围的大树。

4月28日20时许，狂风暴雨从龙山县西南向东北袭击，并间冰雹，大如桐子，小如拇指，历时半小时，风雹所过之处，春收作物荡然无存，全县倒房285间，吹倒大树338根。

5月3日、12日前后，涟源大风、冰雹，拔树毁屋；新化冰雹，雹大如拇指；长沙黄花等地风雹，66公顷稻田受灾，倒房25间，伤5人。

8月6日，龙山县北部又遭狂风骤雨，倒房屋41间，包谷大部倒毁。

1954年　4月3日，新化下冰雹，大的一个有2千克重。

4月中旬，蓝山、宁远、东安等县局部出现冰雹灾害；长沙发生大风冰雹，冰雹重的有1千克，23个乡受灾，垮房1266间，死1人，伤42人。

宁乡：4月大风毁屋甚多；5月5日、13日、20日、24日，各地降冰雹，大的一个重5千克，击坏房屋、牲畜，黄材最严重。

5月，衡阳县出现大风，金溪公社有一棵2～2.3米围的大树被大风吹倒。5月22日下午，湘乡大风成灾，倒屋2603间，死1人，伤11人。

6月下旬，衡东大风，石桥、新开、鹤岭等乡吹倒房屋30间，打伤3人、牛1头，损失农具、家具约3万元。

8月，宁乡万寿山降雹，地面皆白。永兴、汝城、嘉禾、桂阳等县降冰雹，大如蚕豆，打坏禾苗甚多，打坏房屋174间，受灾面积67公顷。资兴鲤鱼江因8～9级大风，刮倒房屋1间。

1955年　2月19日，沅江大风，在离县城10千米处翻船，死7人。

3月，醴陵冰雹如鸡卵，损稼。3月12日，衡南大风坏屋，县气象站百叶箱顶板被吹落。

4月，新化冰雹，雹大如鸡蛋，上团发生偏北大风，吹倒很多古树，乡政府围墙被风吹倒；衡山、衡东、常宁3县冰雹造成严重烂秧：常宁县烂秧田658公顷，谷种47.75万千克；衡东草市秧损失20%。4月10日，湘乡东山区遭冰雹袭击，雹大的如鸡蛋，小的如蚕豆，伤19人，伤牛28头，猪2头，小麦108公顷收成减半，油菜、蚕豆被打死，损失早稻种谷约1.6万千克。

4月13日17时，湘潭市区暴风骤雨加冰雹，雹大者如球，重达2千克，倒屋69栋，死2人；湘潭易俗河大风成灾，倒屋192间，死8人。4月13～14日，长沙发生大风大雨冰雹，拔树，损房17074间，死11人，重伤42人，轻伤72人，冰雹大者重1千克。4月15日，醴陵又大风冰雹，雹粒大者重250克，倒屋拔树。4月中旬，衡南发生雹灾；攸县冰雹伤稼。

5月5日，新晃县遭受了一次较大冰雹灾害，8个乡受灾，打烂房屋12栋；双峰县出现大风冰雹，倒屋伤麦。5月新化出现大风，吹倒很多古树。

6月9日19时48分至58分及20时16分至20分，岳阳县城关出现雷雨大风，风速40米/秒，风向南西南，使驻岳阳港的全省最大贮木集材场木簰全部打散，部分吹上了岸；城区倒房、倒杆断线甚多；鹿角沉船1艘，岳阳港封港；筻口区仅1个乡房屋倒塌37栋，死亡1人，伤16人，死大牲畜4头，倒大树数十根，并将放在河岸上的一只渔船吹过十几米远的河面毁为两段。

7月，永兴三塘北芹村大风冰雹，雹体大如鸡蛋，稻谷、屋瓦损失不少，倒古树甚多，损房垛2处。

8月10日，慈利县26个乡受雹灾，粮食减产25.2万千克。常德西洞庭湖出现10级大风，死1人，伤9人。

10月，资兴出现龙卷风，掀起屋顶，吹倒树木，两人合抱粗的大树被连根拔起。

1956年　3月，新化出现大风，一人围大树被吹断；湘潭也遭风灾。3月18日，岳阳出现大风，打沉岳阳港内大小船只71艘，死7人，倒塌部分房屋。同日芷江县出现大风，瞬间风速20米/秒，据县民政科调查，岩桥乡完全小学被大风吹倒新建教室1栋（3间），压死学生1人，重伤3人，轻伤4人，罗旧、大龙、禾梨坳一带还降了冰雹，毁树严重。3月19日晚，临湘降冰雹，造成一定损失。

4月，新化下了冰雹，雹大如鸡蛋；宁乡冰雹大者重0.5千克；武冈法新发生大风冰雹，折古树，掀屋顶，烂屋瓦。

5月，城步县和平、西岩一带下雹，大的如鸡蛋，地皆白，油菜、小麦打光。5月下旬，祁东、常宁雨雹齐下，风雷俱发，油菜、小麦打光。

7月初，宁乡出现大风，倒屋441间，损屋2760间，死4人，伤16人。湘潭7月也遭风灾。

7月26日下午3～4时，浏阳刮大风半小时，高坪乡263户受灾，坏屋688间，吹倒大树40余株，永和、沿溪倒房8间。

8月11日，长沙发生风雹，倒屋2197间，死1人，伤35人。该日18时，湘潭市区出现龙卷风，市区及湘潭县黄荆坪、盐埠、响塘、泉塘子等12个乡遭风灾，倒屋2569间，死35人，伤247人。12日17时，易家湾又出现大风，机瓦厂工地棚倒塌死2人，伤数十人。

1957年　4月9日晚上，道县遭暴雨、冰雹袭击，损失严重。4月10日，怀化城关镇大风吹倒房屋1栋，打死4人。

4月21日，常宁县鹅院供销社干部拾来一颗冰雹，称之有6千克重，打在秧田里，孔有箩筐大，鹅院乡秧田受害30公顷，损谷种8315千克，小麦130公顷，豌豆13公顷。23日，平江冰雹大如蚕豆，三阳农场及附近农作物受灾。24日，浏阳集里等27个乡受狂风、冰雹、暴雨袭击，16993户受灾，坏屋56392间，死1人，伤13人。衡东出现了7级以上的大风和雷暴雨，草市柑橘部分花朵被打落；茶陵吹倒房4栋11间。

4月，祁东连遭3次冰雹灾，毁屋垮塘坝损禾稼，有6个乡受灾，受灾13065户，严重的有河洲、樟木、粮市……，河洲乡金钱村9.2公顷麦子被冰雹打坏，全部绝收。零陵、东安局部也发生冰雹灾害。衡南出现大风，农场附近茅屋和小瓦屋被毁数处。

5月10日，浏阳大风倒屋2间，死伤各1人。11日，溆浦县19个乡遭受风雹袭击，损失油菜籽、大小麦39.8万千克，秧谷种2250千克，倒塌房屋44栋，死2人，伤12

人。5月，暴风雨袭击了湘潭县石潭、马托、叠福、易俗河等14个乡镇，倒屋2780间，死13人，伤45人，毁禾苗2.3万公顷。

6月4日，平江三阳农场有25株板栗树被大风连根拔起，禾苗、平术、屋瓦受损。

6月11日下午3时，狂风、暴雨夹冰雹袭击桑植县五道水、芭茅溪、猫子垭、沙地坪、金藏等乡，冰雹大如杏桃，最大的有拳头大，受灾田土面积123公顷，打坏瓦屋24间，伤7人，打伤耕牛14头。6月，安乡出现龙卷风，毁屋倒树。

7月，南县出现龙卷风，将红堰湖水吸起摔出300米以外。

1958年　2月11日，岳阳发生大风，港内沉木船1艘，死亡1人，伤3人。

3月23日，岳阳又发生大风，沉船3艘，死亡1人。

3月24日和4月20日，怀化市受到两次雹灾，芷江、新晃县受灾较重，据统计，有油菜1013公顷，大麦232公顷，小麦475公顷受灾，损失早稻种子26445.5千克，中稻种子33734千克。

3月25日上午10时左右，祁东出现龙卷风，自步云桥经官家嘴、黄土铺到马渡桥一线，宽约250～800米，5分钟内倒屋359间，掀屋顶4549间，死亡4人，伤82人，吹倒小学2座，压死耕牛5头、猪8头，毁秧田10.5公顷，损失谷种6500千克，导致10公顷春荞、13公顷麦子减产30%，总计损失人民币9万元。26日，双峰出现大风冰雹，损失谷种16万多千克，坏春收作物1万余公顷。3月，宁乡下了冰雹，最大直径10厘米，秧苗损失大。

4月1日，洞口县黄桥、石江镇等地共14163户遭风雹灾害，损坏房屋1733座，倒塌20座，打伤耕牛102头，伤177人，吹倒古树300余株，受灾区小麦、油菜损失严重。

4月5日晚，衡南、衡山、衡阳县均下冰雹，损失种子7.6万千克，其他春收农作物也遭不同程度的损失。4月6日，蓝山冰雹，大者粒径20厘米。

4月20日晚，衡南县遭大风暴雨灾害，铁市乡某农民家因房屋倒塌，1人被压死，自己头部受伤，另东江镇、白水社、茅市乡也遭到了损失。21日，武冈、新宁县境内发生冰雹，伴有雷雨大风，最大风力10级，倒房1020间，死22人，伤238人，油菜、小麦和早稻秧苗损失严重。

4月24日，望城县被暴风吹倒房屋1.6万间，死伤20多人。同日，平江思村乡大风吹倒房屋62间，死2人，伤58人，春收作物、秧田不同程度地受损。

4月，邵阳地区多次冰雹，损失种谷150余万千克，3.8万公顷小麦和油菜受害。

5月正当禾苗转青时，凤凰两林乡遭一次冰雹袭击，秧苗打死，房子打烂，树枝折断。

6月，宁乡出现旋风，吹烂很多屋。

7月16日，祁东发生大风，吹折树木，个别瓦屋被掀起，水稻普遍倒伏。

7月27～28日，衡阳、衡南、祁东出现大风暴雨。

1959年　2月7日，浏阳北乡下雹，龙伏新开等地打烂许多屋。

芷江县：2月15、17、18日，三次降冰雹，大粒重15克。

3月26日，南县被暴风雨袭击毁民房5059间，伤194人，死6人。新化出现大风冰雹，山洪并发，吹倒房屋数十间，伤害人畜。衡阳县遭大风冰雹袭击，损失约 50 万元之多。

5 月 4 日 17 时 30 分，洪江市突然遭受龙卷风和冰雹（大者鹅蛋大小）的袭击，持续一个多小时，此次灾害倒房 61 栋，死亡 8 人，伤 70 人，打烂船 54 艘，供电设施、电话线路遭破坏，损失人民币近 100 万元。

5 月 21 日，岳阳、湘阴发生大风，岳阳城区电线大部分吹断，沉木船 2 艘，湘阴濠河渡口码头淹死学生 5 人。

6 月 4 日，永顺石堤西遭受雷雨大风、冰雹袭击，损失房屋 152 间，农作物 60 公顷，打伤 6 人，打死耕牛 3 头。

6 月 8 日，华容发生 8 级大风，倒房 395 间，死 1 人，伤 48 人。

7 月 2 日 15 时 10 分，常宁突起 8 级阵性西风，持续 10 分钟，倒塌房屋 10 间，打伤 12 人，打死 5 人，倒禾苗 2670 公顷，倒牲口仓库 1 座。同日祁东出现 7 级偏北风，河洲乡倒伏禾苗 451 公顷，倒房 59 间，损失人民币约 2.5 万元。

7 月 25 日，衡东发生大风，吹倒民房。7 月，宁乡雷雨大风为害。祁东县河洲、归阳一带下雨夹冰雹，雹如鸡卵，被雹打断或倒伏禾苗 1340.6 公顷，造成电路故障烧房 11 间。湘潭市区出现龙卷风，毁屋 2989 栋，全倒 314 栋，翻船 48 只，死 13 人，伤 415 人。

8 月 20 日下午，湘潭部分地区遭大风袭击，刮烂房屋 1471 栋，倒 161 间，死 3 人，伤 16 人，死牲猪 11 头。

8 月 23 日下午，衡山发生狂风暴雨，最大风力约 8 级，屋顶瓦被吹掉无数，衣食大队电话机被雷电击坏。

1960 年　2 月 21～22 日，岳阳钱粮湖出现 8～9 级大风，倒塌房屋 143 间，伤 3 人。

3 月，宁乡下冰雹如手指大，早稻秧受损 70%～80%；芷江县境北部、东部降雹，大粒如柿，木叶溪、五郎溪等地秧田损失严重。

4 月 25 日，临湘大风倒屋，伤亡人畜。

5 月 2～3 日，出现大范围大风冰雹。湘西古丈县：2 日深夜风雹延至 3 日凌晨，最大冰雹粒重 3.5 千克，伤 3 人，倒塌房屋 3461 栋，损失瓦 1890 万片，损失粮食共计 3.8 万千克，蔬菜 115 万千克，损坏桐茶 700 公顷，打伤 3 人。花垣县：2 日晚北部骤降冰雹，袭击了三角岩、团结、长乐及花垣镇，打坏秧田 92.5 公顷，损失谷种 5 万余千克，玉米受灾 1497 公顷，小麦受灾 1035 公顷，其中 190 公顷绝收，其他作物亦受损，房屋损坏 3994 栋，倒塌 47 栋，打伤 7 人，死 1 人。保靖、古丈及永顺南部：5 月 3 日遭受历史上罕见的大范围冰雹雷雨、狂风袭击，冰雹大如鸡蛋，个别重量达 3.65 千克，每平方米 225 至 315 颗，地面积雹厚达 16.5 厘米，损坏作物 1 万公顷，其中保靖尤为严重，全县受灾 0.8 万公顷，春收作物损失 240 万千克，吹倒房屋 110 栋，刮坏或打烂房屋 6353 栋，伤 30 人。沅陵县：冰雹来势猛，密度大，持续 5 分钟，太常乡捡到一个冰雹重约 7.7 千克，全县 137 个村受灾，受灾农作物 1267 公顷，伤 246 人，死伤牲畜 77 头。华容：5 月 3 日出现龙卷风，东南部一带遭灾，倒塌房屋 5000 多间，死亡 14 人，伤 338 人。长沙：5 月 3 日受暴风雨袭击，倒房 89 间，伤 19 人，湘江翻船 16 条。宜章：5 月初风灾，损失苎麻 1.3 公顷，倒房 200 多间。

5月17日大风，常德、岳阳、南县、安乡、华容等地风力11级，毁屋伤人：安乡死伤153人；华容死12人，伤338人，倒塌房屋1.23万间，损坏农具家具10多万件，早稻受灾3000公顷（含渍灾），还伤亡一批牲畜；岳阳、湘阴港沉船3艘，死亡28人，部分房屋倒塌，湘阴倒塌房屋1019间，死7人，淹死6人；南县、沅江吹倒民宅6.68万间，伤1700人，死59人，2万公顷农田受损。

6月28日，宁乡大风，4人围的古树被拔出。

7月9日，衡山、衡南、耒阳、宁远发生9级大风。江永县出现龙卷风。

8月3日，黔阳雷雨大风，倒屋折树毁电线。

8月27～28日，资兴冰雹损失早稻谷种2万多千克。

1961年 3月22日晚，邵阳县东南部山地下雹，以五丰铺至水田、白仓、新建及塘田市等地的冰雹为大，损坏油菜、麦子及屋瓦。

4月3～7日湘中以南部分地方发生风雹灾害。3日，耒阳发生大风，吹倒二中茅厂棚一间，建筑公司、木材加工厂草房被吹坏一部分。4日，湘西南降雹：祁东全县遇雹，蒋家桥已下泥的秧打烂8.7公顷，损失谷种9000千克，春收作物损失70%左右；黔阳下冰雹，最大雹粒直径2.4厘米，毁房损稼；洞口县4日下午北部降雹，以桐山、山门受灾最重，雹粒大的如鸡蛋，春收作物50%受损，损坏民房308栋。5日，茶陵出现9级大风夹冰雹，倒房255间，死2人，伤3人，损春苗。7日下午，洞口县遭雹灾，东部地区损失粮食约30万千克。

8月24～27日，湘中湘南出现大风冰雹。其中，8月24日16时，株洲发生雷雨和9级大风，湘江发生翻船事故，造成人员伤亡；湘潭县出现大风，花石、留田、龙口等15个乡毁屋12349间，倒屋1150间，死2人，伤515人；8月27日，涟源出现大风；嘉禾出现大雷雨冰雹，花溪、广发等5个乡受灾，雷击死1人，伤7人；资兴出现风灾倒塌房屋360间，死1人，伤6人。

1962年 4月2日、5日，双峰出现大风吹倒房屋。4月4日，临湘出现20米/秒的雷雨大风，吹倒树。

4月17日1时13分至8时30分，岳阳最大风力12级，洞庭湖打沉打坏大小船只32艘，伤亡6人，倒塌房屋100多间，损失化肥、粮食等物。同日衡山出现大风，致使衡山开往攸县的汽船在沙头沉溺，全船100多人死亡60多人。

4月22日18时，花垣县吉卫普降冰雹，地面积雹16.5厘米，雹大如桐子，打伤5人，损坏房屋446间，春收作物350公顷受损。4月，芷江县梨溪口、大冲口一带降雹，大如酒杯，油麦尽毁。

5月28日，汝城县土桥公社永安、坳背发生龙卷风，吹倒大树木600多株，有的连根拔起，有两个十二三岁的小孩被卷上空中约6～10米高，30～40米远，落在田中，满身泥沙，但未跌伤。一头大水牛和一块重50多千克的大石头被风卷起一米多高，大风卷走稻禾甚多。

6月23日，湘阴城南公社至金龙公社一线，雷雨大风倒塌房33间。

7月29日晚，岳阳10级雷雨大风，翻船134艘，死1人，伤4人。7月30日20时

20 分至 21 时 20 分岳阳又发生雷雨大风，岳阳港内外打沉、打坏船只 110 艘，死 1 人，伤亡 4 人，损失达 42 万元。7 月 31 日，衡南发生大风，最大风速 20 米/秒，吹倒 1 棵大树，1 栋茅屋。耒阳县建筑公司木材加工厂被大风吹倒茅棚房子 1 间。

8 月 7 日，衡阳县刮 8 级大风，附近稻田发生倒伏。衡阳市发生 9 级大风，造成解放路高压线碰绞短路。

8 月 11 日，涟源发生大风，最大风速 24 米/秒。

8 月 18 日夜，耒阳大风吹倒气象观测场围栏杆，吹坏百叶箱门，梁家村吹倒树一棵。

8 月 26 日 17 时，桑植县官地坪、马合口乡的 13 个村遭 11 级大风、暴雨夹冰雹袭击，冰雹大的如鸡卵，吹断树木 5 万多株，打坏农作物 210 公顷，打坏瓦屋 405 间，打伤 4 人。

秋天，宁乡吹大北风，毛公桥、井冲、道林毁屋很多。

1963 年　3 月 12 日，宁乡大风冰雹。3 月 14 日，宁乡又发生西南大风坏屋，3 人围的树被刮倒。

3 月 26 日 7 时 12 分，通道县出现大风，最大风速 24 米/秒，临口、中团一带大松树被刮断拔起，房屋被揭顶，菁芜州曹家冲吹倒大树数百株，70 多户房顶被掀翻。

3 月底大风冰雹，保靖县黄连、比耳、马王一带遭受大风、冰雹袭击，仅大坝大队打烂房屋 200 栋，30 公顷小麦受损，拾到断穗 1000 余千克。花垣县道二、茶洞、猫儿等公社遭风雹袭击，打烂房屋 184 栋，108 公顷麦子无收，449 公顷包谷改种。

4 月 6 日，宁乡冰雹如手指大，秧遭损。

4 月 26 日晚，泸溪县良家潭、八十坪公社下冰雹，持续 2 小时，一般大如鸡蛋，最大如碗口，并伴随狂风骤雨，据不完全统计，毁坏作物 370 公顷，树木 4 万余株，吹倒房屋 189 栋，伤 12 人，伤牲畜 8 头。

5 月 7 日，桂阳县大风冰雹损稼，9 个公社 45 个大队损毁小麦、杂粮面积 467 公顷。5 月 8 日 0 时 30 分至 1 时，新晃县出现雷雨大风，方家屯公社损坏房屋 165 栋，其中倒塌 14 栋，打伤 10 人，打坏秧田，损失谷种 1255 千克，打坏油菜 30 公顷。5 月 9～12 日，祁东县连遭大风，倒房 64 间，死 6 人，伤 37 人。5 月 12 日晚，衡东县大浦区发生大风，刮倒房屋 48 间，吹破房屋 354 间，压死 1 人，压伤 12 人，共计损失 1. 18 万元。

6 月 27 日，涟源出现大风，最大风速 28 米/秒。

7 月 29～31 日，浏阳永和出现暴风冰雹，1. 53 米合围的板栗树被连根拔出，倒屋 85 间，损坏果树 286 株。7 月 30 日 15 时至 16 时，株洲姚家坝出现雷雨大风同时降冰雹，风力达 9 级以上，造成倒屋 16 栋（其中粮仓 2 栋），损失 20 多万元，打伤 20 多人。

8 月 25 日下午，鄘县气象站出现东北大风，最大风速 34 米/秒，站房玻璃窗吹走 6 扇，厕所房顶上的瓦及附近屋顶和房顶茅草也被吹掉一部份，造成损失，气象站一株直径 23 厘米的桐树也被拦腰吹断。8 月 27 日，耒阳出现大风，气象站观测场侧面一棵橘子树被吹倒。

9 月 4 日 17 时，衡阳县六塘公社的木瓜、六塘、干盛等 4 个大队突然遭受暴风袭击，倒房 36 间、压伤 5 人，另在洪市区和金兰区，也发生不同程度风灾，有 160 间房屋被揭顶。

1964年 2月9日、3月28日，黔阳降雹、损屋伤稼。

3月31日，湘南发生大风冰雹。其中衡南降雹，损屋伤稼；汝城县田庄、南洞的春收作物、早稻秧苗、住房损失过半，有牛被打死；临武县汾市两个粮食仓库刮走屋顶，打湿粮食9万千克，倒房4间，打伤4人，打坏早稻谷种；宜章、资兴县也打坏民房与春收作物。

4月2～6日，湘西、湘西北、衡、邵等地37县市受8～10级大风袭击，部分地方伴降冰雹，其中大庸、慈利、华容、平江、衡山、衡阳市等地受害较重。详情如下：4月2日，龙山县里耶等地雨中夹雹，大如鸡蛋，全公社12个大队受灾，316栋房屋受损，6人受伤，打坏仓库19栋，53.4公顷荞豆受灾。古丈：2日、5日晚全县遭10级大风和暴雨冰雹（直径约10厘米）袭击，有21个大队受灾严重，打坏麦子76.8公顷，损坏茶山65.3公顷，房屋308栋，吹断树木700根。道县2日出现风雹，风力达10级以上，雹大如蛋，房屋、古树、春收作物尽损，粮食损失1.5万余千克，伤32人。3日，新化大风冰雹，雹大如鸡蛋。3～5日，衡阳地区遭受暴风袭击，少数地区还降了雹，5日风力达8～10级，全区有44个公社受灾，倒屋1307间、坏房23730间，损坏秧苗156.6公顷、种子4.6万千克，吹倒春收作物2571.6公顷，死11人、伤148人，死牛18头、猪15头。慈利县：5日20时40分全县普遭大风雷雨和冰雹袭击，其中县城西北部第五区的5个公社灾情最重，阵风达20米/秒，冰雹最大有鸡蛋大，全县有19个公社受灾，吹倒房屋259间，伤15人，吹倒春粮1602.7公顷，油菜654.5公顷，断树5128根，打坏家具107件。5日桑植县出现雷雨大风夹冰雹，官地坪、马合口、人潮溪、芙蓉桥等5个公社有217户房屋揭瓦，吹倒房屋9间，吹断树木37382株，有47公顷春收作物和55.5公顷油菜倒伏，打伤1人。大庸县：5日17时左右，大部分地方降冰雹，伴随狂风暴雨，风力8～9级，重灾区最大风力达10级，冰雹最大直径有碗口大，约10厘米，全县有枫香岗、城郊、四都坪、谢家垭、沙堤等12个公社3532户受灾，重灾592户，共吹倒房屋635间，打伤294人，重伤30人，死伤耕牛16头、猪12头，县委当晚召开电话会议，派出两个调查组下乡慰问，拨救灾救济款8900元。5～6日，双峰发生大风，倒屋308间，死24人。6日：华容因大风损失稻种27万千克，倒塌房屋164栋，死亡2人，伤111人；湘阴发生12级大风，淹死打湖草的9人，倒塌一些房屋；平江发生9级大风，倒塌房屋474间；宁乡发生大风雨，倒屋698间，死1人，伤7人。

4月7日，株洲县高和、老君潭部分地方下了冰雹，烂种30万千克，占总数15%左右。

4月22日，永兴县柏林公社礼堂被大风吹倒，死亡2人。

4月28日，醴陵出现10级大风，毁屋。

湘潭县：4月、5月、7月先后出现3次大风，共倒屋2151间，死1人，伤82人。

7月24日，宁乡道林、坝塘、双江口遭大风袭击，倒屋12471间，死13人、伤178人。

7月26日，醴陵发生冰雹伤稼。

8月7日晚，桑植县人潮溪公社刮大风下大雨，水稻和包谷几乎全被吹倒，五道水公社苦竹坝、茶叶坪、杨家坪、高家坪4个大队刮大风下冰雹，冰雹大的有茶杯大，水稻和包谷吹倒后又被冰雹打断。8月8日，涟源发生大风。

8 月 23 日，花垣县雅酉 19 个生产队遭受大风冰雹袭击，受灾 250 户，损坏水稻 48 公顷。

9 月 5 日下午，祁阳潘家埠、下马渡等部分地区遭受风灾，14 个公社受到不同程度损失，伤 12 人，损坏房屋 855 间，吹倒果树及风景树 150 株，损坏其他生活资料价值 7 万余元。

1965 年　2 月 21～22 日，岳阳市受寒潮大风（伴有冰雹）袭击，春收作物受损。

3 月 15 日，衡阳县出现 8 级大风，集兵滩区钩头峰林场倒屋一幢，金溪区隆兴公社斗山大队倒房 1 间，伤小孩 1 名。

3 月下旬，资兴县黄草公社因冰雹打坏、冻死早稻秧 20 多公顷。

宁乡：3 月大风，倒屋压死 4 人；3 月下旬和 4 月上旬，冰雹如手指大；4 月大风，毁屋很多。

4 月，怀化发生冰雹灾害，最大直径 2.4 厘米，石门、盈口公社交界处赵家山、犀牛村的 3 公顷秧田受损。

5 月 8～13 日，湘中发生大风灾害。8 日风雹灾情：湘潭县日华、中路铺、柱塘铺、茶园铺、长岭铺、石潭坝、荷塘等 8 个公社倒屋 1300 多间，死 27 人，伤 374 人；祁阳黄泥塘公社黄泥塘大队被大风吹倒房屋 2 间。8～9 日，株洲出现大风，先后持续约半小时，风向西南，最大风力估计在 10 级以上（月形山气象站在 23 时 42 分开始持续约 15 分钟），并伴有雷阵雨，渌口及西南方地区还下了约鸡蛋大小冰雹，9 日 12 时 14 分至 14 时 32 分又出现了大雷阵雨，13 时 23 分至 29 分出现了 8 级雷雨大风，株醴公路白关路段吹断 5 根 11 米长的水泥电杆，铁路沿线有的大树被吹倒覆盖路轨，造成停车 20 分钟，少数木船被风吹撞坏，有的工厂（如桥梁厂）生产短时停顿，全市共 8 个公社、2 个镇、1 个茶场、1 个区的 66 个大队和 2 个居委会的 2498 户受灾，倒房 7272 间，打伤 105 人，打死 11 人。其中以伞铺公社受灾最重，受灾 19 个大队，倒房 296 间，打伤 62 人，打死 8 人。5 月 13 日 17 时左右，株州风特大，湘江翻船 6 只，损失粮食 2.5 万多千克。

5 月 20 日 19 时，大庸县受强冷空气侵袭，大风并伴大雷阵雨、冰雹半小时，最大风力 10 级，县城郊区最大冰雹直径 4 厘米，平地积雹 13 厘米深，二、三、四区的 7 个公社受灾最重，县委派干部深入灾区慰问，发放救济款 4100 元。

5 月 24 日，湘阴、汨罗大风，伴有冰雹、暴雨，自湘阴南湖，洞庭、鹤龙湖、城关、长仑到汨罗白水、新市一线，宽约 20 千米，自西向东相继成灾，最大风力 12 级，最大雹径 3 厘米，仅汨罗新市倒塌房屋 30 间，湘阴杂粮厂仓库墙面倒塌，城郊砖瓦厂损失红砖万余元。

6 月，湘潭县柱塘、荷塘又遭风灾，倒屋 111 间，死 1 人，灾情发生后，地县领导及时带领干部和医务人员赴灾区救援，拨款 4 万元，粮食 3000 万千克，木材 150 立方米，南竹 1000 根赈灾。

7 月 4 日傍晚，狂风吹倒祁阳县文明铺公社峦山大队第十队房 2 间，打破瓦片 1 万块。

7 月 21 日 18 时 36 分至 19 时 25 分，岳阳发生偏西雷雨大风，最大风力 12 级，岳阳港内损坏木船 50 艘，外港 10 艘。

7月25日19时50分，衡阳市出现大风，吹歪了5根电杆。

7月29日下午，湘阴发生9级大风，樟树港沉1艘装石灰船，濠河打坏2只装水泥船。

8月11日中午，祁阳白鹤公社井塘大队旋风刮坏住房31间，打伤5人。

8月17～18日，桑植县被大风吹倒稻谷110公顷、包谷666公顷、树400根、房屋7间。

8月26日，双峰发生大风、冰雹，2万公顷农作物受害，吹坏房屋数处。

8月27日20时08分至21时03分衡阳市遭风雹袭击，东北风24米/秒，冰雹最大直径3厘米，市造纸厂倒400平方米草房1栋，损失近6000元，市酒精厂倒仓库1栋，损失94744元，第四中学围墙倒塌100多米，西湖公社建设大队第二生产队蔬菜被打坏2.7公顷。同日，桂东县降冰雹，寒口公社稻田受灾26公顷，减产3.75万千克，蔬菜几乎被打光。

11月24日晚，黔阳县硖洲公社新庄垅一带降冰雹，部分蔬菜被毁。

12月24日夜间，衡山出现大风，南岳完小门前吹倒10棵樟树，并压坏电杆1根，部队营房被大风吹倒2栋，压伤9人。

1966年 2月21日湖南出现10级寒潮大风，15个县市受灾，双峰、衡山、祁东为重，双峰倒屋508间，死1人，祁东毁房1.5万多间，湘乡壶天、月山两区遭大风袭击，16800间房屋被掀顶，倒屋1573间，打死14人，伤38人。

3月17日晚10时，湘乡出现大风，吹烂房屋28900间，倒屋720间，打死3人，伤38人。3月18日，安化县将军公社一带出现大风，拔树毁屋。

4月3日，桂阳降雹，最大雹重达1.6千克，打伤404人，重伤31人，伤耕牛41头；汝城因冰雹伤17人，倒塌房屋79间，损坏1800间，打死牛4头；嘉禾县损失粮食17.75万千克，打死2人，伤11人，直接经济损失11.7万元；宜章县因大风冰雹倒房9间，伤3人，农田受灾142公顷，减产粮食15万千克。4月4日，泸溪、凤凰受冰雹袭击，春收作物受灾40余公顷。

4月15～18日，岳阳市频发西北大风，最大风力8级，并出现了少见的黄沙天气使早稻烂秧，全市烂秧30%，后补种600万千克。17日，新晃县林冲、禾滩、步头降、李树、沙湾、鱼市、中寨、米贝、扶罗等地连降冰雹，打烂房屋104栋，损失农作物1133公顷。18日，桂东县四都、新坊、寨前出现7～8级大风，伴有冰雹，大冰雹500多克重，打死1人，打伤3人；同日，永兴县大风吹倒树3000多棵，吹坏某村20多家的屋顶，打死3人，伤10人，打坏小麦70公顷。

4月23日，花垣长乐、吉卫、董马库遭受大风冰雹袭击，112公顷包谷失收。

4月，宁乡冰雹如蚕豆大，损秧严重，麻山等地大风拔树坏屋，春收作物严重受损。

5月6日晚上，湘阴12级大风，使新泉、南湖区的6个公社受灾，损坏房屋4937间，倒塌房屋299间，致伤76人。5月6～7日，益阳、沅江雷雨大风，益阳、沅江、湘阴瞬间风速达40米/秒，伤亡损失严重。5月7日，大风袭击沅江县西南部，倒屋翻船，伤182人。

6月21日，醴陵大障、泗汾等地雹大如鸡蛋，坏屋毁树损稼。

1967 年　3 月 27 日，衡阳冰雹伤秧。3 月 27～29 日，平江出现雷雨大风，部分地方并伴有冰雹，使 583 公顷春收作物受灾减产 3 成左右，67 公顷早稻秧约 3.26 万千克种籽因灾损失 40%。攸县：3 月 28、30 日出现大风冰雹，雹如鸡卵，毁屋损稼倒电杆。

4 月 1 日前后，麻阳县大风数日，瓦片飞飘，竹子坳、碰溪源等山地松树枝折断，有的连根拔起，叶落根断。4 月 2 日，城步县 5 个砍柴人因大风致死。

4 月 30 日，一场狂风暴雨袭击了岳阳县步仙、洞渭、筻口、新墙等地区，风力达 10 级以上，降雨 66.9 毫米，新墙、步仙等地还下了冰雹，因灾损坏房屋 1500 多间，倒塌房屋 250 间，压死 1 人，伤 11 人，压死大牲畜 5 头。5 月 1 日，汨罗发生 9 级大风和大雨，倒塌房屋 479 间，压伤 18 人。5 月 1～4 日，湘南发生冰雹大风：新田县降雹 15 分钟，大如酒杯，房屋尽损，作物尽没，重伤 2 人，秧苗损失 50%，春收作物无收；宜章县天塘公社满塘大队被大风吹坏房屋 3 栋；郴州坳上、良田公社下冰雹，大的有鸡蛋大，38 粒/平方米，苏目头大队群众住房屋顶几乎全部打烂，小麦损失 30%～40%，秧苗被打坏 40%～50%；桂阳县下冰雹大如碗，地面积雹厚数寸，毁树木死鸟兽，并打死 1 人；5 月 3 日下午，武冈县邓家铺出现雷雨大风伴冰雹，秧苗、油麦等受损，倒屋 14 间，死 1 人，伤 8 人；5 月 4 日，隆回县紫阳区遭受风、雹袭击，倒房 33 座，损坏 1245 座，伤 32 人，死 2 人，有的地方地面积雹 30 厘米以上，树枝打光，飞禽走兽也有伤亡。

5 月上旬，洞口县先后 4 次降雹，并伴雷雨大风，使 280 个村受灾，损失油菜、小麦 10 万千克，因倒房死 1 人，伤 2 人。5 月 11 日，湘潭、湘乡遭大风袭击，所经之处飞沙走石，瓦片茅草横飞，1082 户受灾，吹烂房屋 1280 间，倒屋 492 间，打死 20 人，伤 380 人。5 月中旬，洞口县长铺又发生风雹，倒屋 10 座，打死 5 岁小孩 1 个。

6 月上半月，新化出现大风、冰雹，雹大如鸡蛋，大风吹倒房屋数处，伤亡 1 人。

7 月 25 日 16～18 时，汨罗县黄市公社红旗、红花、团结、集中 4 个大队遭龙卷风袭击，倒房屋 71 间，死亡 4 人，压伤 20 人，摔坏扮桶 25 只，风车 2 部，中稻严重减产，经济损失 5.6 万元。

8 月，隆回小沙江下雹，龙坪受影响较大，中稻大部分受损。

1968 年　3 月 23 日，攸县出现雷雨大风夹冰雹，毁屋瓦。

5 月 9～12 日，祁东县洪桥、双桥、过水坪 3 个区被风吹倒房屋 64 间，压死和雷电打死 6 人、伤 37 人，损粮 2250 千克，死猪 5 头，经济损失价值 7.5 万元。5 月 13 日，衡阳市大风大雨，沉船 1 艘，死 1 人，损失硫酸镁 5 吨，另有 4 艘小船因沉没而损失稻谷 4329 千克。

5 月 16 日，醴陵 9 级烈风，毁屋；同日宁乡大西风倒屋 400 余间，伤 20 余人。

6 月 9～12 日，衡山南岳的白果区，被大风吹倒房屋 8 间，损房 38 间，其他生活、生产用具 200 件，计价值 1 万元。

8 月 8 日 12 时左右，常宁县上安、六图、太阳、超英、平安、下安、松铂、西塘等地区发生大风、大雨、大雹现象，冰雹最大者似鸡蛋，损坏 4 间房屋，田中稻谷也受很大损失。

8 月 19 日，大庸县西部遭大风袭击，最大风力 12 级（40 米/秒），县粮运八中队停车房被吹倒，打烂汽车 3 台，东门桥油库房被吹倒。8 月，衡阳市发生 6 次大风，最大风速达28米/秒，受灾的有岳屏、郦湖、东阳、茶山、湘江公社及城市3个区，全市受灾113户，因灾死亡7人、重伤7人，倒塌房屋136间，房屋揭顶984间，损失达11488元。

1969年 3月15日，新晃县中寨、贡溪等地降雹，损失农作物面积207公顷，打坏房屋73栋。

3月25日，新晃潕水沿岸受雹灾，损失农作物158公顷。

3月20日16时左右开始，洞口县的石柱七岭山附近发生冰雹，之后经大溪、樟木、市塘、岩山、塘湾，过花桥的龙江、书元，直插隆回县，此后，影响范围扩大，横扫横板桥、六都寨、荷香桥、滩头、周旺5个区，尔后进入邵阳县的梽木山、红旗、岩口铺，直至九公桥止，快出洞口县境时，大风达10级以上，雹粒小的似蚕豆，大的如鸡蛋，严重地区地面积雹有15厘米厚，坑洼地厚达30厘米以上。隆回县倒房145座，损坏7811座，倒塌国家和集体仓库19座，因大风倒屋压死3人，伤137人，有12276户受灾。

4月4日，双峰大风发生冰雹，吹倒房屋数百，伤亡人数过百。

4月28日，新化大风，吹倒房屋数处。

5月3～5日，湖南出现大风冰雹。5月3～4日，永顺遭受大风冰雹（大如鸡蛋）袭击，吹断树7000余根，楠竹1000余株，其他春收作物亦受损；5月4日，双峰县甘棠至青树坪出现大风冰雹，倒屋636间，因灾死亡7人，伤94人，损坏庄稼；5月5日，新晃县米贝、中寨、贡溪受雹灾，损失农作物290公顷。

5月9日、11日，宁乡大风冰雹，雹最重2.85千克，2388户受灾，因灾死亡3人，伤131人（重伤47人），倒屋368间，损坏4408间。

6月7日，永兴县油麻公社高城、五岭大队受龙卷风袭击，倒房17栋，伤3人，损失29万元。6月，醴陵洪源雹如鸡蛋，损坏庄稼。

1970年 3月12日下午，始于慈利、石门下雹，然后发展到永顺、沅陵、泸溪、凤凰、麻阳、沅陵、辰溪、怀化、会同、通道、邵阳、邵东、隆回、零陵、常德、汉寿、沅江、益阳、桃江、澧县、华容、岳阳、湘阴等地，这场风雹对油菜、蚕豆等春收作物造成较大损失。

4月1日，芷江县南部诸公社降雹，最大重550克，冷水溪、萝卜田、梨溪口、杨公庙、洞下场、禾梨坳、晓坪、水宽等9公社，损失瓦屋297间，秧田7.6公顷，受伤9人。宜章县因冰雹损失早稻谷种1.8万千克，小麦等春收作物27公顷受灾。

4月10日，郴州地区发生大风冰雹灾害，其中资兴县何家山、州门司、坪石等公社倒房23间，损坏1947间，伤68人，损失早稻种3.7万千克，65公顷秧田被毁；汝城县文明公社出现大冰雹，200多公顷农田受灾，打伤74人，其中重伤6人，打坏房屋4000余间，倒房16间，打伤耕牛37头，打死1头。4月，醴陵降雹，雹大如鸡蛋，损稻苗过半。

5月27日，澧县复兴龙卷风毁屋拔树。

6月17日22时48分至23时07分，岳阳出现8级西北大风，岳阳港内打坏船只19艘，货物损失约200万元，淹死小孩2人。

7月4日，衡南出现8级大风和雷雨，折树断电杆损坏庄稼。

7月31日14时，宁乡郊区综合农场等地狂风暴雨，毁屋1753间，倒35间，吹折梨树3万多株，刮断的高压电线击死成鱼30多万尾。

1971年　4月29日20时至21时30分，靖县大风冰雹，新厂公社新厂、金星两大队毁坏仓库6间，雨湿稻谷509万千克，部分油菜小麦被打坏，吹倒树木1500株。

5月1日，涟源大风、冰雹，雹大1～1.5千克，拔树毁屋，伤数人。

7月12日傍晚发生雷雨大风：宁乡8332间房屋被揭顶，死1人，伤32人；湘乡东郊、白田、虞塘、城关五区遭雷雨大风袭击，倒房494间，死4人，伤104人，市郊区亦受灾，死2人；20时，湘潭县花石、留田、黄荆坪遭暴风雨夹冰雹袭击，倒屋1855间，死12人；益阳县欧江岔、泉交河、泞湖、笔架山、白石塘5个公社遭受10级大风袭击，吹倒房屋1760间，压死1人，伤148人。

7月16日下午，从汨罗的三江公社至平江的时丰公社一带突发风雹，最大风力11～12级，冰雹最大直径3厘米，三江公社未收割的早稻损失25万多千克，时丰公社27.2公顷早稻基本失收，损坏房屋1300多间，部分房屋倒塌。

7月31日，桃江县遭受大风袭击，吹倒房屋889间，死24人。8月1日，双峰大风，吹倒房屋数处。

8月9日，醴陵东北部大风，倒屋拔树，八步桥公社雷击死亡4人。

8月下旬，新化冰雹，雹大3厘米左右。8月，资兴县因大风吹倒电杆，死1人。

1972年　1月17日、5月6日，沅陵县洞庭溪、麻溪铺、凉水井区遭受两次冰雹袭击，11个公社84个大队受灾。

3月22日，龙山县辽叶、召市等公社遭受冰雹袭击，损失春收作物30公顷，房屋220间；泸溪县白羊溪、小庄、潭溪、永兴场等公社遭受冰雹袭击，早稻秧田损失70%。

3月29日下午，麻阳县文昌阁、拖冲、尧市等地遭受严重雹灾，打坏房屋1436栋，倒塌56栋，打伤38人，打坏秧田61公顷，损失种子11万多千克，打坏小麦150公顷，油菜334公顷。3月31日，岳阳港被大风打沉2艘载重为103吨的木船。3月，通道县独坡公社遭受雹灾，最大雹重900克，油菜麦子和早稻被打坏，树杆打断，骆团大队0.5公顷多秧田被打光，4公顷多油菜无收。

4月17～18日，永兴、桂阳、汝城、嘉禾、宜章、资兴等县降冰雹，59个公社200多个生产队受灾，早稻秧田被打坏0.52万公顷，损失稻种61.3万千克，受灾早稻禾苗211公顷，受灾旱土作物0.21万公顷，损坏房屋3059间，倒塌房屋727间，伤63人，死亡3人（宜章1人、资兴2人），嘉禾县90%的苎麻受灾损坏，资兴矿务局东风矿2根高压电杆被大风吹断。4月桂阳3次冰雹，大者直径9厘米，重0.7千克，伤27人。4月17～19日，新化、冷江发生大风冰雹和暴雨，冰雹大的1千克重，拔树毁屋，人畜伤亡甚多，破坏严重。

5月4～5日，新化、双峰大风冰雹，大风吹倒房屋甚多。5月5日，邵阳发生冰雹：18时前后，武冈市荆竹的部分地方风力达10～12级，冰雹大的如鸡蛋，地面皆白；晚上1～2时，洞口县的高沙、桥头、竹市等7个区遭灾，因倒房死5人，伤77人，死伤耕牛13头，猪17头，农作物受灾面积近6700公顷。

5月8日，新化、冷江、涟源、双峰大风冰雹，雹大如鸡蛋，大风拔树毁屋，人畜伤亡甚多；慈利县境内部分地方遭冰雹袭击，冰雹一般有饭碗大，最大形似顿钵（估计重约7.5～10千克），为县内历史罕见，全县有12个公社78个大队受灾，打坏房屋1540间，打死1人，伤161人，死耕牛96头，死伤牲畜79头，早稻受损528公顷，春收作物受损1350公顷，棉花受损132.7公顷，红苕、马铃薯损失1332万千克，包谷、黄豆受损1520公顷。

5月14日，新化大风，吹倒房屋，伤亡数人。

5月，醴陵、双峰雷雨大风冰雹，双峰伤17人，倒屋毁稼，马尾松枝折断。

6月29日，大风致使桑植县芙蓉桥、珠玑塔、南岔、城关镇等6个公社（镇）81个大队312个生产队受灾，大风刮倒稻谷245公顷，包谷320公顷，吹倒电杆10根，烧坏变压器1台，造成停电5小时，吹倒仓库1栋，伤5人。

8月5日下午，长沙发生大风冰雹，倒屋97间，死1人，伤14人，卷走稻谷2.31万千克；涟源出现大风，最大风速28米/秒；零陵蔡家铺机场附近出现大于40米/秒的雷雨大风，雷达天线断2根，吹倒车库10间，压坏汽车3部，倒房10间，死1人，伤2人。

8月25日17时，花垣县猫儿公社受冰雹袭击，冰雹下降十分稠密，一片枫树叶中有几处被冰雹击穿，最大直径4厘米，稻谷、房屋等受到一定损失。

8月，桂东县桥头公社雷雨冰雹，雷击死1人。

1973年 春夏两季全省有43县（市）先后受冰雹大风袭击，汉寿、南县、临澧、桃源、邵东、平江、岳阳均3次受灾。详情如下：

3月31日至4月2日，嘉禾、桂阳、桂东、汝城、临武大风冰雹，共死12人。嘉禾：3月31日出现大风，最大风速32米/秒，并伴有暴雨，受其影响，珠泉、盘江、袁家等5个公社64个大队打伤70余人，打死7人，吹倒房屋283栋，打坏秧田26公顷，损坏谷种9.5万千克，打坏春收作物208公顷，损失粮食32.5万千克。桂阳县：荷叶、方元，流丰、四里发生冰雹灾害，共损失谷种20.7万千克，春收作物471公顷，损失粮食151万千克，烤叶104.8公顷，草籽48公顷，倒房屋467间。宜章因大风冰雹倒房34间。临武沙田降雹，大雹重4千克，地面积雹深10厘米。汝城南洞公社出现8级大风和冰雹（最大直径5厘米），致使11.5公顷秧田、2.35万千克谷种损坏，冲走耕牛5头，打坏房屋108间。

4月5日，新化下了冰雹，农作物受灾严重，冰雹密度大，“平地一片白”。攸县、祁东：冰雹毁屋伤稼。4月7日，新化又下了冰雹，雹大如拇指。

4月10～11日，邵阳——城步、长沙——株洲、醴陵——祁东、洞庭湖区、蓝山等县（市）发生大风冰雹。4月10日，冰雹从洞口县的树林始，横扫隆回县南部，然后影响邵阳县的黄亭市、小溪市和邵阳市郊的檀江、面铺、雨溪桥等地，这次冰雹下得密，在隆回县立新的一块秧田里，0.1平方米的范围内有107个雹洞，地面皆白。隆回县7500公顷农作物受灾，倒屋25座，伤2人。邵东县渡头桥、仙槎桥、棠下桥、流光岭、廉桥、佘田桥等地因冰雹袭击，打坏秧田550余公顷，油麦7.6万公顷。新化、冷江、涟源发生大风冰雹，雹大如小鸡蛋，大风毁屋数处，伤亡数人。新宁县金峰、白沙、一渡水部分地方因风雹，倒房9座，死1人。城步县中溪倒屋2座，死1人，伤2人。10日23时，浏阳出现冰雹并9级大风，由镇头经跃龙、普迹、金江、官桥、葛家、青草、牛石、大瑶、山下、文家市、岩前等地，范围长达75千米，宽15千米，殃及29个公社、362个大队，冰雹如鸡蛋大，大的直径10厘米，平均每0.1平方米内有20个左右，持续15～20分钟，打烂房屋533间，死3人，伤37人，损坏作物近670公顷，损失早稻种44.5万千克，红薯种20.5万千克。10日23时40分至11日4时，株洲降水41.3毫米，风力7～8级，阵风10级，风向西北，冰雹大的如鸡蛋，主要受灾是马家河公社的新马、万丰，高塘等5个大队和朱亭、古岳峰、龙头铺区的明照乡公社，以及市电厂、桥梁厂、航运公司等单位，共死亡11人，重伤44人，轻伤30人，打死牲猪46头，伤36头，伤亡耕牛4头，倒房766间，损坏早稻秧田136.6公顷，下泥秧苗种谷143200千克，冲垮塘坝5处，吹倒电杆366根，围墙90米，吹翻帆船3条，渔船1条，造成部份通讯、供电中断。醴陵县毁屋1.3万间。4月11日，岳阳出现9级大风，岳阳港打坏木船20艘，伤1人，损失21万元。同日平江县安定、长田、思村、卢洞等公社吹毁房屋200多间。湘阴县杨林寨、躲风亭公社4月中旬连续2次遭狂风袭击，倒房173间，死亡1人，伤44人。

4月15～16日，涟源、新化大风、冰雹，冰雹大的50多克，吹倒房屋多处，伤害人畜。

4月22～24日，长沙、岳阳、华容、宁乡、双峰、平江、醴陵、衡山、桑植、涟源雷雨大风，其中涟源、双峰大风达11级，雹如鸡蛋，毁屋上千间，伤亡百余人。桑植县：24日17时，西莲公社突遭大风和冰雹袭击，持续时间1小时左右，全公社9个大队受灾，损失早、中稻稻种1000千克，春收作物损失0.5万～1万千克，伤2人，打死耕牛1头，吹倒树木350多根。长沙：24日晚暴风雨，倒屋1710间，死2人，伤93人。宁乡：24日夜大风，风速25米/秒，倒屋1942间，死3人，伤53人。零陵：遭受风雹灾害，损坏房屋845栋，损失小麦12.5万千克，稻种600千克，折断果木4508株。

6月15日，新化大风冰雹，雹大如拇指，损坏一些瓦房。

6月27日晚，桑植县五道水区下冰雹，有532.5公顷田地受灾，其中造成失收170.5公顷，光猫子垭公社就有受灾农作物292公顷，其中117.5公顷失收。

7月6日17时，花垣县长乐、窝勺、麻栗场、排吾等5个公社发生雷雨大风冰雹，有3508户受灾，吹倒房屋10栋，损失瓦31万多块，吹倒包谷376公顷，冰雹打断17.5公顷，共减产16.5万千克，损失稻谷60公顷，吹倒大树160根，长乐有棵两人合抱粗的古树亦被吹倒。

7月9日，平江浊水公社农科站出现龙卷风，持续10分钟，卷走1.13公顷早稻，破坏一丘晚稻秧苗。

7月16日，嘉禾县广发、坦平公社遭受雷雨大风冰雹袭击，冰雹直径2～3厘米，受其影响倒房6间，打伤6人。7月17日14时至15时40分，平江县大桥、三阳、浊水等公社遭偏南大风暴雨袭击，128公顷早稻受灾，损失稻谷9.1万千克，损坏房屋542间，倒塌房屋40间，伤6人。7月18日凌晨，凤凰县刮大风40分钟，百年大树连根拔起或折为两段，两林的叉河、禾当等9个大队遭大风冰雹袭击，吹倒房屋19栋，损失旱粮30公顷，打伤社员3人；同日宁乡发生大风冰雹，雹重250克；同日18时，桑植县猫子垭公社出现大风冰雹，持续半小时，有6个大队受灾，冰雹最大形如鸡蛋，九拐弯一株2尺大的松树被风拔起百米远，折断各种树木100多立方米，打坏包谷10多公顷，高粱2公顷，共损失粮食1.5万多千克。7月19日，花垣县茶洞、龙潭一带遭冰雹袭击，打掉桐子18.5万多千克，有471户受灾，伤害耕牛17头，吹倒树907株；同日醴陵、祁东、攸县下了冰雹，攸县石羊塘雹重1.25千克，毁屋拔树伤稼；该日邵东县降雹，受灾面积2600余公顷，伤亡20人；武冈朱溪、荆竹等地降雹，伴有雷雨和10级以上大风。7月19～20日，新化发生大风冰雹，雹大100克，吹倒房屋数处，伤亡10多人。

7月19日、8月8日、9日下午，怀化市遭受大风冰雹袭击。麻阳郭公坪，靖州大堡子，新晃中寨、米贝、碧朗、鱼市、禾滩，通道县播阳、独坡、黄土、临口、双江、马垅等共15个公社、36个大队遭到大风、冰雹袭击，时间几分钟至二十分钟不等，共损失稻谷148.92万千克，打坏晚稻36公顷，旱粮作物88公顷，经济作物28.5公顷，其中棉花3.8公顷，摧毁房屋521栋，折断树木2.5万株，茶树23公顷，受轻伤7人。

7月23日，岳阳发生雷雨大风，最大风力9级，岳阳港内沉船11艘，船员6人受伤，受潮大米9.58万千克，损失尿素2.6万千克及煤炭、柴油、瓷器等。同日嘉禾县普满公社出现冰雹，最大直径5～6厘米，打伤早稻40多公顷，棉花、蔬菜损失严重。

8月5日下午，临湘聂市公社降冰雹打伤社员24人，部分农作物受损。

8月7日，涟源发生大风，最大风速24米/秒，8月9～10日，又发生大风，两人围大树被吹倒。

8月8日16时15～32分，岳阳县熊市公社有2个大队遭受龙卷风袭击，风力12级，涉及长约5千米，宽约1千米的范围。直径1米的古树连根拔起，倒塌房屋14间，死亡2人，伤12人。同日，临湘县新建渔场和江南部分大队发生9级大风和雷雨，倒屋27栋，死2人、伤17人。该日下午，武冈县杨柳、法新等地降雹，地面一片白，有400余公顷庄稼受损。

8月8日与11日，古丈先后两次受冰雹、大风危害，冰雹最大直径10厘米，高峰公社一带最严重，地面堆积6厘米厚，有4个公社受灾，早中稻损失88公顷，包谷72.6公顷，打坏房屋7栋，死1人，伤1人。

8月10日，临湘、湘阴、岳阳、黄盖湖等地遭受大风雷雨冰雹袭击，一吨重的渔船被卷起，倒、坏房屋400多栋，如临湘新建渔场渔民住房吹倒27户，损坏63户，江南公社一个14岁女孩被风吹落水而淹死。慈利县西边的“五七”林场3个工区遭冰雹大风袭击，坡地积雹20厘米厚，大的冰雹有鸡蛋大，阵风8级以上，打坏房屋14处计42间，一棵两人围的大枫树被风拔起又吹走3米多远，损坏中、晚稻3.2公顷、包谷14公顷、红薯2公顷、黄豆1.1公顷、茶叶6.7公顷、幼林6.7公顷，药材1.2公顷受损70%，损失粮食15500千克。

8月11日17时23～56分，大庸县城出现“龙卷风”，最大风力34米/秒，17时53分至6时03分，县内普降冰雹，并伴有雷阵雨，受灾最重的是沙堤公社和城郊公社部分大队及永红镇大部分地方，大风吹倒房屋12栋87间，吹倒革新灶烟囱10个，打坏房屋10间，打死1人，伤23人，直接经济损失达13.4616万元。同日，安乡出现大风，坏屋1700多栋，毁树2.3万株；岳阳出现大风，仅老港芦苇场、鹿角公社倒塌房屋13间，损坏68间，伤8人；长沙下午发生偏西大风，冰雹如乒乓球大。

8月17日下午长沙发生偏南大风，倒屋129间，伤6人。

1974 年　2 月 22 日，衡山、临澧、湘乡、岳阳、湘阴等县市出现 9 级寒潮大风。下午至晚上，岳阳港打沉木船 1 艘，船上大米受损，省贮木场加工车间因大风起火烧毁机械和木材等物。湘阴倒电杆 129 根，电话中断 12 小时。

4 月 12～14 日，张家界、岳阳、常德地区各县出现雷雨大风，局部出现龙卷风夹冰雹。其中华容县：4 月 12 日 7 时许，雷雨大风，新建、梅田、鲇市、万庾、操军 5 个公社受灾，倒房 331 间，伤 16 人；大庸县：4 月 12 日晚和 14 日 14 时 33～51 分，雷雨大风并普降冰雹，风力达 10 级，县城最大风速 22 米/秒，冰雹最大如鸡蛋，受灾严重的有青安、三家馆、三坪、官坪、沙堤、邢家巷等公社的绝大部分大队；君山农场：12 日 22 时 30 分前后遭受大风雷雨袭击，最大风力 12 级，5 个分场受灾，倒房 317 间，死亡 2 人，伤 44 人；平江：4 月 13 日 11 时 45～53 分，爽口、加义、谢江、长寿、黄金 5 个公社发生雷雨大风，最大风力 10 级以上，在长约 4 千米，宽约 2.5 千米的地带倒房 487 间，死 4 人，伤 33 人，倒电杆 62 根，吹倒许多 1 米围径大树，加义坝塘大队杨树生产队 1 株 4.8 米围径古枫被连根拔起，33.3 公顷春收作物全部倒伏；桑植县：14 日 13 时，陈家河区的上河溪、蹇家坡、岩屋口、河口 4 个公社 16 个大队遭冰雹袭击，时间长达 20 多分钟，有 50 公顷小麦被打成乱麻，53 公顷多洋芋被打坏了苗，损失早稻 5000 多千克，中稻 2450 多千克。

4 月 17 日 17 时，龙山县西南部坡脚公社一带降冰雹，密度大，地面白了一层，全公社 5 个大队的早稻秧苗受损，3.4 万千克早稻种损失 30％～40％。

5 月 30 日 6～7 时，花垣县遭大风袭击，全县 861 个大队受灾，吹倒包谷 2075 公顷，其中吹断至无收的 274 公顷。

7 月 17 日 17 时，桑植县内五道水、八大公山、猫子垭、凉水口、樵子弯、谷罗山、汨湖、大木塘、岩屋口、蹇家坡、河口、官地坪、竹叶坪等地刮 8 级大风，并下冰雹，持续 30～40 分钟，雹大如鸡蛋，积雹 2 厘米厚，有 1060 多公顷农作物受损，蹇家坡中学 72 间房屋瓦片吹落一半以上，吹倒农户房屋 73 间，有 1034 根树被吹断，老村丰岩生产队一头水牛被吹下坎摔死。

8 月 6 日，武冈龙卷风夹冰雹，拔树毁屋伤人损稼。

1975 年　4 月 6 日，衡南雷雨大风、冰雹，雹大如鸡蛋，倒屋毁苗，死 1 人。

4 月 16～17 日，株洲、茶陵、祁东、江华、祁阳大风。16 日，株洲出现大风，城关附近下了冰雹（直径 5 厘米），平水公社高压电线被吹断，吹倒房屋 287 间，仓库两栋，礼堂一栋，机房倒了 16 间，损失农机件 600 余件，牛栏被吹倒 12 间，倒屋压死 2 人、压伤 26 人，压死耕牛 1 头、牲畜 4 头，损失茶油 103.5 千克，严塘倒屋 42 间，压伤 5 人。同日祁东、江华出现大风，祁阳遭风暴袭击，最大风力 11 级，6215 户受灾，倒房 775 间，死 32 人、伤 603 人，坏秧苗 146 公顷，农作物 443.6 公顷，毁山塘、河堤、渡槽 18 处。17 日，茶陵出现雷雨大风冰雹，拔树倒屋伤稼，因灾共死亡 40 人。

6 月 3 日，涟源出现雷雨和 10 级大风，吹倒房屋数百间，伤亡 10 多人。

7 月 5 日，南县发生雷雨和 10 级大风、冰雹，倒屋拔树，死 1 人。

7 月 23～25 日南县、宁乡、湘潭发生雷雨大风冰雹，雹径 5 厘米，地面皆白，伤稼倒屋，宁乡死 3 人，湘潭翻船死 3 人。

7月30日吉首、花垣、龙山、古丈发生10级狂风冰雹，共毁树2.3万株。其中，龙山县大部分地区受8级大风影响，最大10级，里耶公社受灾最重，公社打米场房屋被吹倒，压死2人、伤4人，损失瓦30万块、石灰1.25万千克、桐子1万千克，吹倒包谷60余公顷；吉首县己略公社强风吹倒房屋6栋、吹坏107间，全县包谷受损面积440公顷，其中完全无收302公顷，树木吹倒13200株，老农说这是60多年来所未见的大风，己略夯坨大队一棵高24米，围径2.8米，根茎长5.9米的百年大树连根拔起，全公社茅草盖的房屋几乎都被大风卷走；新晃县波州、沙湾、大湾罗、方家屯、鱼市受暴风雨袭击，中心风力超过10级，刮倒房屋932栋，塌房压死1人，打伤16人。

8月26日，益阳出现龙卷风，倒屋伤人。

8月27日16时50分左右，浏阳县永安公社和长沙县谷塘公社的一部分出现10～11级大风，永安公社的红旗、桂花、石段、永明、株陵、里仁、礼耕8个生产队死亡3人，伤82人，损坏房屋956间，其中倒塌63间，损失达25.5万元。

8月29日15时，浏阳古港地区发生雷雨大风，倒屋3处，压伤2人。

11月22日，寒潮大风影响了40多县市。

11月24日，临湘出现9级大风，翻船3艘，损坏房屋众多。

1976年　3月底至4月上旬，郴州、衡阳等11个地区的38个县（市）先后遭受雹灾，全省倒房2205间，损失春粮9.35万千克、油菜293.5万千克、秧田1.13万公顷、谷种1039.5万千克，因灾死亡33人、伤226人。

4月12日，凤凰县木江坪遭大风袭击，极大风速每秒23米，吹倒房屋27栋，山坡上100多根大树连根拔起，实为历史所罕见。

4月17日，永州发生大风冰雹15～40分钟，冰雹最大有0.7千克，零陵地区损失谷种26万千克、春收作物854公顷、烤烟370公顷、薄膜10090千克、红薯种1.5万千克、蔬菜114公顷、草籽93公顷，倒房4间，伤12人。衡山、衡南、桂阳出现大风和冰雹(大者如鸡蛋)，伤春苗甚剧。

4月22日，强寒流入侵，全省68个县（市）出现7级以上大风，韶山、平江、湘乡均达12级，韶山最大风速39米/秒，据龙山、永顺、保靖、花垣、泸溪、凤凰、桃源、南县、沅江、益阳、桃江、安化、宁乡、岳阳、临湘、平江、汨罗、汉寿、安乡、华容、常德、湘阴、会同、沅陵、溆浦、新邵、邵阳、湘乡、衡山、祁东、祁阳、零陵、东安、宁远、蓝山、新田、双牌、湘潭等38县市统计，共死亡63人，倒屋1.35万间，毁树、损屋、倒电杆甚多，使5.9万公顷春作物受损。其中，南县倒塌房2350间，翻船108只，伤109人；永顺县14时遭9级大风危害，个别地方出现冰雹大如鸡蛋，铺地3厘米多厚，西米、羊峰、列夕等公社受灾严重，列夕公社损失稻种5500千克，春荞、小麦亦遭危害；古丈县15时31分出现9级大风，全县吹断树木400余株，17时下了冰雹，部分秧田受损；泸溪县16时狂风骤雨，电闪雷鸣，从辰溪开往泸溪的一只机帆船途中遇狂风，船身摇晃，使数桶煤油落于河中，抢救中淹死1位职工，陆地吹倒树木，围墙等，估计这次损失达1万元以上；凤凰县17时出现9级雷雨大风，全县吹倒房屋27栋，其中腊尔山区就吹倒了20栋，阿拉一带有的茅屋被大风抬走半里远，茶田吹翻屋瓦2万余块；保靖县出现9级大风并降冰雹，16个公社受灾，以比耳、拔茅等尤为严重，全县倒房屋74间，压死 1 人、伤 3 人，吹断树 17000 余根，屋瓦吹翻 180 多万块，冰雹打坏秧田 21 公顷，损失稻种 5350 千克、薯种 7.5 万余千克、小麦 370 公顷、油菜 71 公顷、包谷 372 公顷；花垣县受雷雨大风袭击，仅民乐公社就吹倒房屋 13 栋，压伤 6 人，折断树木 200 余根，损失小麦 7 公顷；龙山县里耶公社下了冰雹并伴有狂风，历时 30～40 分钟，八面山高山观测站观测到冰雹最大直径 4.5 厘米，重量 11.4 克，全县受灾面积 588 公顷，伤 3 人，打死耕牛 2 头、猪 5 头；新化出现大风，吹倒房屋多处，吹断树木上千株，大的达 0.7～1 米围径；湘潭出现大风：湘乡阵风达 12 级，毁坏房屋 67086 间，倒屋 1923 间，伤 28 人；韶山瞬时最大风速达 39 米/秒。同日岳阳全市先后有 91 个公社（分场）吹坏房屋 8.58 万间，倒 5390 万间，死亡 11 人，伤 152 人，死大牲畜 276 头，损坏小麦、油菜春收作物 13533 公顷，吹坏秧苗 91.8 公顷，损坏农田动力机械 45 台，大件农具 2707 件，大件家具 4958 件，打沉损坏船只 29 艘，有的地方电杆被吹倒，大树连根拔起。其中岳阳港内外打沉打坏船只 25 艘，死亡 8 人；岳阳县友爱公社幸福大队五七学校礼堂倒塌，死亡 2 人，伤 51 人，城区地委机关围墙倒塌压死学生 1 人；湘阴吹坏房屋 2.91 万间，伤 84 人，损坏农用机械 40 台，农用船 11 艘；汨罗多处堤垸水库大坝被风浪打坏，部分房屋倒塌，城关镇一个工棚被大风卷到空中，压断输电线停电 2 天；临湘、平江亦房屋倒塌，人员受伤，虹桥区大风时还下了冰雹和雪。

4 月 24 日，君山农场遭受了龙卷风袭击。同日 19 时，黔阳县发生雷雨大风，县酒厂围墙被吹倒，压死 1 人，县委大院围墙被吹倒 100 余米。

4 月 27 日，醴陵黄达咀 9 级大风夹冰雹，雹大如鸡卵，倒房 2000 余间。

5 月 2 日，桂东新坊公社龙溪大队出现大风冰雹，受灾稻田 100 公顷，倒河堤 550 米。

5 月 31 日至 6 月 1 日，益阳大风，间有龙卷风和冰雹，倒房伤人损稼。

7 月 17 日，临湘、益阳、湘潭、汨罗、醴陵出现 8 级以上雷雨大风夹冰雹，倒房屋伤人害稼，益阳、汨罗各死 1 人，汨罗还吹断高压电杆，磊石堤垸部分受损。

8 月 6 日，益阳县沙头乡一新村受龙卷风袭击，倒房屋 11 间，村小学 40 张课桌被卷走无下落，径围 30 余厘米的柳树连根拔起 20 余棵。

1977 年　3 月 22～23 日、29 日，4 月 13、16、23 日，平江、华容、湘阴、临湘、岳阳部分地方遭受 8～10 级狂风、龙卷风、暴雨、冰雹袭击。岳阳全市有 85 个公社、749 个大队受灾，死亡 5 人，伤 153 人，吹翻大小船只 131 艘，死亡大牲畜 318 头，吹倒房屋 1.62 万间、损坏 3.67 万间，损坏大型农具 5580 多件、大件家具 3.41 万多件，吹断电杆 851 根，直接经济损失 330 多万元。

4 月 13 日 5～6 时，沅陵、辰溪、溆浦、麻阳、芷江 5 县 50 个公社遭受大风、暴雨、冰雹的袭击，其中以溆浦的低庄、花桥、麻阳水、观音阁、祖市殿、木溪、均坪 7 个公社，芷江的土桥、新建、梨溪口 3 个公社，麻阳的石羊哨、板栗树、谷达坡、栗坪 4 个公社和辰溪的方田等公社受灾最重，这次大风、暴雨和冰雹共摧垮房屋 40 栋，打坏房屋 9793 栋，死亡 2 人，伤 603 人，打伤耕牛 186 头，打死羊 19 只，毁坏早稻秧田 554 公顷，打坏油菜 739 公顷，打坏草子留种苗 461 公顷，冲坏春播旱粮、经济作物 70 公顷，冲垮山塘 1 座，冲走木材 5640 立方米。其中，溆浦县最大的冰雹重 3 千克多，元均坪公社茶场被冰雹打死3只羊，毁农作物2333公顷，打烂房屋960栋，伤567人，猪牛159头，打死山羊19头；辰溪县反映冰雹象鸡蛋、烂豆腐块一样掉下来，一老年社员外出护秧，被冰雹击中头部进了医院。4月13日17时，华容出现龙卷风夹冰雹，倒屋拔树毁电杆，伤人畜。同日安乡亦遭风雹袭击。

4月14日，邵阳市境内出现了一次影响范围很大的风雹过程，冰雹源自洞口县西部，穿过隆回县，扫过邵阳县北部，进入邵东县的西南地区。隆回、邵阳、邵东县共倒房135座又228间，受损房4255座又540间，伤274人，死35人，受损作物2600余公顷。新化也发生大风冰雹，雹大如菜碗，倒屋数百，伤亡百余人。

4月中旬，郴州先后发生冰雹大风（10日永兴，14～15日嘉禾、桂阳、桂东），受灾之地早稻秧被毁殆尽，最大冰雹有酒杯大，大风吹倒房6间、坏1341间，打伤4人，冲走谷种1.02万千克，春收作物113公顷受灾，冲走粮食3.5万千克，损坏早稻秧田27公顷，倒树19580株，毁菜1.3公顷，影响十几个公社。

4月16日，益阳县沙头乡陈婆洲供销社遭龙卷风袭击，300余平方米的屋顶大红瓦和90余根屋檩及椽皮全被卷走，且大部分无下落。

4月22日17～24时，洞口县石柱断断续续刮了几个小时的大风，吹倒130余公顷油麦，1000余座房屋受损。4月23日，安乡、双丰县遭风雹袭击。4月23日至24日，保靖县发生大风雹，全县损坏小麦101公顷、包谷133公顷、黄豆73公顷，打坏房屋177户、瓦25.7万块，压死耕牛4头，吹倒大小树1.5万根，雹打伤35人。24日深夜，洞口县又遭风雹灾害，有4个区共6587户受灾，伤6人，死3人，860余公顷农作物受损。

4月24日和5月16日，新晃县步头降、波州、大湾罗、方家屯两次遭受雹灾，有16个大队、27个生产队受害，损失粮食作物8.7公顷，油菜74.6公顷，毁坏秧田19公顷，打坏房屋206栋。

4月26日20时，芷江县突遭10级大风、暴雨和冰雹的袭击，其中严重的有城镇、垅坪、竹坪铺、晓坪、罗卜田、土桥、新建、新店坪、上坪9个公社，由于暴风雨冰雹迅猛，摧毁力很强，共损坏房屋4928栋，打死3人，打伤72人，冲坏春收粮食作物185公顷，油菜105.5公顷，草子留种田40公顷，秧田26公顷，损失谷种2.85万多千克，水湿粮食120.65万千克，水泥50吨，各种化肥490吨，共折人民币135.3万元。

5月6日，祁东遭受风雹袭击，雹径最大46毫米，因灾死3人。

6月8日，武冈市境内发生大风、冰雹和暴雨，持续约40分钟，倒屋6座，伤3人，部分早稻、经济作物受灾减产。洞口县石背傍晚遭大风灾害，倒房15座又18间，损坏房屋8座又41间，伤17人，死伤猪牛12头，45%的早稻遭灾。

6月28日中午，邵阳县的东田、黄荆、湾塘等地遭大风袭击，倒塌房屋27间，损坏34间，53人受伤，死猪5头，牛1头，家禽数百羽。

8月24日17时，龙山县的三元公社竹园大队天际呈红色，倾刻狂风骤雨，天降冰雹，几分钟铺地3厘米多厚，损失迟熟早稻2万余千克。

9月5日，临湘、湘阴、汨罗部分地方遭到9～10级狂风袭击，湘阴、汨罗局部下了冰雹，使20个公社，83个大队受灾，损坏房屋5149间，倒房1745间，死亡4人，伤91人，死伤大牲畜124头，坏大件农具438件，农用船28只，损失稻谷17.68万千克。9月6日，攸县遭受风雹袭击。

10月28日17时，湘乡县壶天、棋梓桥两地冰雹成灾，晚稻受损1173公顷。黔阳县洗马、塘湾公社之间的8个大队发生大风、冰雹灾害，雹径10～30毫米，损失稻谷17万千克。

1978年　1月15日，桂阳发生大风冰雹，倒屋2栋。

3月29日9时左右，岳阳刮起10级北风，伴有冰雹，7个区受灾，吹坏房屋890间，伤数十人。3月底，南县、岳阳、临湘、平江、益阳、桃江、湘阴、龙山、永顺、邵阳县、常宁、耒阳、东安、零陵、桂阳、嘉禾、汝城、宁远等18县降雹，间有大风，一般降雹几分钟或十几分钟，最长30分钟，雹大如豆，常宁雹重达1.35千克，地面皆白，坏树折树伤稼。

4月上、中旬，隆回、洞口、邵东、邵阳县、常宁、双峰、湘潭、湘乡、株州、宁乡、祁东、衡山、桃江先后发生大风、冰雹灾害。其中，4月10日15时，湘乡、湘潭部分地方大雨冰雹成灾，雹大者如鸡蛋，湘乡有25个公社受灾，损坏秧田1381公顷，种谷100多万千克，草籽种田968公顷，蚕豆810公顷，死2人；4月10日18时10～25分大风冰雹袭击了株洲县朱亭区、古岳峰区和农科所等处，冰雹约有玉米花大小，风力8级以上，共打坏房屋800多间，倒房屋8间，打伤1人，180公顷小麦和373公顷油菜倒伏断枝，造成减产，1200多公顷绿肥被打坏无法留种，早稻秧苗、茶叶、黄豆、果树、饲料、蔬菜等受到不同程度损失，吹倒部份电杆，造成电话、广播一时中断；4月15日，邵阳市郊和隆回、邵阳两县遭受特大冰雹袭击，冰雹最大的重2.7千克，野外青蛙、山蛇、野兔、飞鸟和鱼苗被打死无数，雹灾使10人致死，29人受伤，倒塌房屋1.92万间；涟源因风雹倒房数栋，吹烂数百；宁乡、祁东地面积雹13厘米，折树损稼伤人。

5月9日，祁阳出现雷雨大风，风力10级，半小时之内降雨185毫米，倒屋151间，损屋近5000间，倒电杆42根。

5月10日19时许，平江县谢江公社突然狂风、暴雨、冰雹交加，历时2小时，致使损坏房屋547间，倒32间。

5月30日，宁远发生龙卷风，将一怀抱小孩之男青年卷起摔出20多米远，坏树折树伤人甚多。

7月19日12时30分至40分，株洲县马家河公社的东风、月塘等6个大队发生了一次雷雨大风冰雹，风力达8级以上，雹大约似鸡蛋，受灾面积方园10千米。

7月中下旬，临湘、常宁、祁阳、桂东、零陵、新田、黔阳雷雨大风间有冰雹，拔树倒屋伤人。其中，7月25日19时30分至20时临湘出现大风，长安公社集庄大队风力10级，倒房屋1间，死亡1人；7月27日，黔阳县竹山园、溪边、安江、长碛一带出现雷雨和9级大风（24米/秒），吹倒大树26株，雷电伤害7人，电话线折断多处。

9月上旬，南县、湘阴雷雨大风间有冰雹。

10月26～27日，宁乡、常德、澧县、桃源、安乡、汉寿、益阳、祁东遭受8～10级大风，倒屋拔树损稼伤人畜。其中，祁东死1人；常德沉机帆船4艘，损失甚巨；宁乡县因大风吹坏房屋2258间，吹倒房屋44间，打死12人，打伤17人，死耕牛1头、牲猪2头。

1979年 1月28日早上7时46～52分，大庸县城降冰雹，最大直径7毫米，铺地一层。

3月11～13日，沅江出现7级大风伴冰雹，损坏油菜12.5%。

3月23日，新田、桂东、桂阳大风冰雹伤稼坏屋。

3月29日至4月1日，华容、南县、常德、汉寿、桃源、益阳、汨罗、湘阴、平江、长沙、湘潭、湘乡、涟源、桂阳等地雷雨大风间冰雹，倒屋断树折电杆坏秧苗伤人畜。其中，29日11时56分至12时45分，株洲出现大风，极大风速25米/秒；29日20时至30日凌晨4时，临湘、岳阳、湘阴等部分地方遭狂风暴雨袭击，最大风力达10级，有的地方下了冰雹，华容实测最大雹重达1.05千克，损坏房屋4万多间，倒塌房屋9264间，死亡57人，伤482人，死亡大牲畜731头，损坏油菜14833公顷，蚕豆7600公顷，吹断高压、通讯电杆734根，树木12.8万根，吹坏船只42条，水利工地工棚217个，大型农机具2247件，经济损失400多万元（其中湘阴最大风速为30米/秒，翻船42艘，死2人）；31日，湘潭、湘乡出现雷雨大风冰雹，倒屋断树折电杆，坏秧苗，伤人畜；4月1日，桂阳出现大风冰雹，全县打坏早稻秧78.4公顷，损失谷种7.95万千克、薯种10万千克、烤烟484.7公顷、小麦440公顷，损坏薄膜2500千克，倒房吹瓦不知其数。

4月12日16时20分，株洲发生大风，风速22米/秒，同日还有益阳、桃江、溆浦、涟源、株洲、双峰、武冈、衡阳等地发生8级以上大风，武冈最大风速33米/秒，南县、沅江、宁乡等地发生大风冰雹，灾害导致倒屋、翻船、死伤人畜、损春作甚多。其中宁乡全县倒塌房屋1139间，吹烂房屋456间，伤人22人、死2人，损坏农作物油菜147公顷、麦子67公顷；沅江死2人；溆浦死3人；武冈死1人；娄底全区大风吹倒屋数百，伤人数十。

4月17日，常德、石门、澧县、汉寿、益阳、浏阳出现龙卷风夹冰雹，共死59人。其中，临澧县局部地方出现“三光八绝”，即屋瓦打光、作物吹光、电杆倒光，麦、豆、油菜、油茶、绿肥、荞麦、蔬菜、烤烟绝种；益阳全县被大风吹烂房屋10623间、倒899间，伤92人，死3人；浏阳县沙市、路口、淳口3个公社发生西南大风，风力10级，共有14个大队受灾，吹倒民房47间，集体用房23间，死亡2人，伤16头耕牛，损失10万元左右。

4月25日18时许，南县、华容、临湘、汨罗、岳阳县黄盖湖农场部分地方大风并局部降冰雹，平地积雹3～7厘米，雹径大者5厘米，坏屋损稼伤人畜。华容受灾最重：受灾春收作物4340公顷、绿肥3053公顷、早稻秧苗1973公顷、已插早稻576公顷，损失粮食800多万千克，损坏房屋1591栋，伤490人，直接经济损失382.9万元。

6月1日，新化出现大风、冰雹。

6月9日18～19时，大庸县出现大风，县城风速达17米/秒，桥头、高溪、官坪等7个公社受灾，吹倒树木2万根，房屋9栋，吹倒官坪渡槽大拱架1个，损失木材180立方米。

7月20日，益阳大风冰雹。益阳羊舞岭乡七里桥村遭龙卷风袭击，梓山村水库一艘载重2.5吨的木船被吹起20余米高后抛到百米以外，一台5吨多重的机器被风卷得翻滚几次。

7月26日，醴陵、安仁、永兴、汝城出现大风冰雹，地上积冰雹6～10厘米厚，蛇、鸟被打死，接近收割的早稻损失约25万千克，棉花、红薯、蔬菜损失严重。

7月27日，会同发生大风、冰雹。同日13时18～30分，大庸县下了冰雹，阳湖坪公社降雹40分钟，雹大如鸡蛋，全社水稻受灾128公顷，棉花受灾128公顷。

8月7日15时，凤凰县城出现雷雨大风，极大风速26米/秒，城郊公社农机站新建厂房东面墙被吹倒，县广播局施工房的油毡屋顶被大风掀掉并打伤3人。

8月9日，靖县、洞口、南县出现大风冰雹。其中，南县死2人；靖县风速达28米/秒，飞山、坳上两个公社冰雹最大直径有4～5厘米，共砸烂民房494栋，其中倒塌11栋，击死1人、伤10人，田中稻穗被打落30%～40%。8月9～10日，湘阴、汨罗、华容、岳阳部分地方遭受8至10级大风暴雨袭击，个别地方下了冰雹，吹坏房屋17815间，倒房1177间，死亡1人，伤59人，吹倒吹断水泥电杆1158根、电话线杆1500多根，损坏高压线2.52万米，打坏船只18艘，损失木材250立方米，直接经济损失450多万元，并导致10日下午16次特快列车在岳阳县黄秀桥因暴风雨看不清前进方向而停车16分钟。

1980年　2月29日，株洲县粟山坝、上茶、下茶、罗岭等9个大队遭风雹灾害，油菜、小麦、绿肥严重受损，吹断水泥电杆31根，倒粱山坝大礼堂1栋和住房7间，死1人。同日湘潭、攸县发生雷雨大风夹冰雹，最大雹重350克，地面皆白，损稼毁屋倒电杆，攸县有棵1.3米围粗的樟树被大风吹倒。

3月4日12时40分至13时，汝城县城关、附城、泉水、南洞、土桥、永丰等18个公社遭大风，最大风速38米/秒，为汝城站风速记录的极大值，吹倒房屋1189间，压死2人，县城机关及气象站等十一个单位的围墙被刮倒，气象站观测场围栏、木制观测平台全被吹倒。同日江华亦发生风雹，局地冰雹粒径8毫米，碗口粗大树被吹倒。

3月29日，醴陵遭受风雹灾害。

4月5日17时左右，溆浦县的水溢、谭家湾公社和辰溪县的板桥公社遭到冰雹和狂风暴雨袭击，房屋被打烂，古树连根拨起，160栋（484间）住房被冰雹打烂或狂风吹倒，7人被冰雹打伤，辰溪板桥乡1只渔船被大风吹上岸并撞死1人。该日19时30分至21时30分，新化县北部地区降冰雹伴大风暴雨，冰雹从琅塘区的横溪、荣华公社开始，向东至白溪区鹅溪公社后加强，经圳上区株梓公社、圳上公社，到山溪公社止，影响面积达60平方千米左右，冰雹一般卫生丸大小，大者如鸡蛋，共冲毁田土3.4公顷，损失稻谷3.2万千克、黄豆0.8万千克、薯种0.95万千克，另有53公顷小麦、10公顷大麦、59公顷油菜、23公顷草子、37公顷幼林受灾，冲走木材15立方米，打死耕牛1头，经济损失11.2万多元，死1人。

4月8日，宁乡西南山区出现暴雨、冰雹，雹大如鸡蛋，地面积雹10厘米，打烂房屋64间，油菜、小麦、苦荞、红薯、白术药材等受损严重；东安亦发生风雹灾害。

4月12日，宁乡发生大风、冰雹。

4月13日，汨罗、湘阴、株洲县、韶山、涟源、邵东、衡阳市、沅陵等地遭受风雹灾害。汨罗、湘阴被大风分别吹倒房1293间和740多间，秧苗受损；株洲县风速达31米/秒，朱亭、淦田、雷打石、三门等公社共倒房60间，吹倒油菜200公顷，倒树4500根，烂秧12.5万千克，打死打伤各1人，停泊在河西船厂码头的一艘200吨的挖泥船撞坏沉没，还有数条小机动船吹翻；衡东米河及衡南江口等地共翻机动拖船6艘。

4月21日13时至13时30分，临武县武沅、花塘、城关、武水、土地、同益、汾市等公社的32个大队遭受10级大风和雹灾，雹大如鸡蛋，且密度大，有张牛皮菜叶被打穿60个洞，大风连根拔起直径70厘米的枫树，倒房105间，压死4人、伤29人，损失粮食1.8万千克，损坏各种农机具、家具3646件，冲坏早稻秧苗88公顷，损失谷种1.5万千克，旱粮及经济作物受损330公顷，吹断电杆254根，吹倒围墙600米。同日江永亦遭受风雹灾害。

4月25日，桑植县各地普遭大风夹冰雹袭击，最大雹重188克，积雹厚的13～17厘米，全县0.68万多公顷粮油作物受灾，其中失收0.18万公顷，损失包谷0.23万公顷、黄豆0.07万公顷、薯种35.5万千克、经济作物203公顷、秧田545公顷，烂稻种67.5万千克。

4月，大风雹袭击了湘潭县姜畲、中路铺、花石、青山桥等24个公社，倒屋1250间，死3人，伤27人。

5月3日，东安发生10级狂风、雷雨夹冰雹，大雹粒直径7～8厘米，屋树禾稼损失甚多。蓝山、宁远亦遭受风雹灾害。

5月14日，安化遭受风雹灾害。

6月22日，株洲城区地方性雷雨大风，风速最大29米/秒，县气象站附近4株直径18厘米的大树被吹断。

6月26日，岳阳发生大风，港内4艘轮船损坏，港外打翻船只11艘。该日12时10分，邵阳、新化下了冰雹，大如手指。

7月22日，衡阳地区遭12级大风夹冰雹袭击，倒屋7000多间，倒电杆1600多根，死11人，禾稻及其他杂物伤害甚多，其中衡阳、衡南、祁东等县灾情较重。

7月27日，株洲城区发生雷雨大风，风速20米/秒，县城南门吹倒电话线杆7根，沈潭、新华大队吹倒高压电杆39根，吹烂屋54间。该日15时15～30分，永兴油麻公社在长10千米宽4千米的范围内出现10级大风，倒房6间，受损500多户，伤18人，吹倒电杆25根，树木200多株，损失稻禾16公顷，稻谷1万多千克。同日双峰遭受大风冰雹损失也较重。

8月27日，江永出现大风，直径30厘米的苦楝树连根拔起，合抱大树折断。

1981年　3月24日，华容大风、冰雹，倒屋损稼。

3月29日至4月8日，嘉禾、桂阳、郴县、汝城、宜章、临武等县先后出现冰雹大风天气，冰雹最大的重1.5千克，最大风力12级，灾害造成这些县倒住房1078间（栋），损坏4085间，5个学校受损，倒电杆1618根，死32人，伤573人，损失苎麻423公顷，春收粮食作物1422公顷，毁早稻秧田957公顷，损失谷种109.3万千克，油菜受灾3479公顷，烤烟634公顷，绿肥651公顷，油茶140公顷，蔬菜等其他经济作物382公顷，损失红薯种37150千克，折断树木竹子不计其数。这个期间还有：4月6日，醴陵冰雹伤稼；4月8日0时34～35分，新化荣华公社部分地区降冰雹，雹粒如卫生丸大，荣华鱼果场气象哨一温度表被砸坏，一些柑橘和蔬菜被砸落叶。

4月10日11时30～34分，新化炉观区的炉观、滑石、石新、青山四公社及同口、南源、游空等地的部分村庄降雹，雹粒如蚕豆大小，对水稻秧苗及小麦作物稍有损害。

5月2日，冷空气入侵湖南，7级以上大风席卷全省，汨罗最大风速达40米/秒，部分地方伴有暴雨、冰雹，华容、临湘、双峰、祁东、桂阳、汨罗、安化、江华等39个县市受灾，倒屋1.78万间，死95人，秧苗、果木、油菜损失严重，柘溪电站因大风倒树压断高压线导致湘中供电中断。其中岳阳：10～16时境内各县区场最大风力12级，倒塌房屋5986间，压死6人，伤80人，压死大牲畜66头，损坏大型农具家具1.88万件，损坏农作物10560公顷，吹倒电杆1555根，吹断竹木23万多根，直接经济损失300万多元。娄底：11时左右全区出现大风，最大风速各地均在23米/秒左右，部分地区并降冰雹，新化损失8万千克早稻种谷，447公顷已移栽的禾苗卷叶死苗，损失红薯12.5万千克，7公顷左右已插薯苗被冻死，467公顷小麦损失严重，367公顷油菜被折断，倒塌房屋55间，吹坏80栋；涟源县200多公顷早稻要重插，小麦、油菜、蚕豆受损，损失粮食135多万千克，倒塌房屋551间，吹坏33028间，打坏家具3665件，吹断吹倒电线杆1615根，吹走木桥3座，死猪18头，伤81头，计经济损失130余万元，死2人，伤18人；双峰县有4000多公顷早稻需要重栽，30%的油菜茎杆被吹断，吹倒房屋115间，吹坏6790间，断电线杆10多根，倒树408株，断竹笋10万余根，伤耕牛68头、猪78头，伤3人。凤凰：12～15时出现大风，风速达24米/秒，县城乌云翻滚，尘烟弥漫，被大风吹倒的大树压坏县铁器厂的房屋，1人受伤，县修配厂2栋13间盖油毡的厂房被大风抬起1米多高，腊尔山区还降了冰雹，仅南华山林场被大风吹断树200余根，其中2人围不住的达25根，损失达8万余元，房屋普遍被吹倒，全县大风吹坏油菜1321公顷。宁乡：大风吹破房屋13570间，倒塌378间，打死1人，打伤7人，损坏家具861件、农具91件、木料200多立方米，共损失21万多元。隆回、洞口两县：下午一般风力9～10级，洞口县风速达25米/秒，两个县直接被风吹致死13人，死猪牛10头，倒塌房屋86座计256间，损坏早稻秧苗307公顷、早稻田8000公顷、中稻秧田900公顷、油菜4400余公顷、麦子3500公顷。嘉禾、桂阳：发生风雹灾害伴有暴雨，冰雹最大直径4.5厘米，极大风速24米/秒，倒房114间，伤32人，死亡2人，毁厂房1栋，学校2栋，桥12座，损坏房屋1587间，打坏早稻2847公顷，中稻秧田102公顷受灾，损失谷种37807千克，烤烟1758.5公顷、黄豆669公顷受灾，砸毁春收作物705公顷，刮倒电站线杆185根，高压电杆25根。

5月9日下午6时30分左右，受锋前暖区对流天气的影响，浏阳杨花公社下了短时冰雹，并伴随8级以上雷雨大风，持续时间5～8分钟，雹粒直径大的8～10厘米，降雹路径长达10多千米，计有5个大队31个生产队300多户社员受灾，打烂房屋1207间，损失瓦片88万片，损坏早稻14.8公顷，大部分油菜、树木及果木枝叶被打断击落，幸无人畜伤亡。

6月22日14时30分，平江金龙公社出现9级大风，倒塌房屋33间，金坪小学房屋倒塌，死亡学生1人，伤8人。

1982年　3月5日，桂阳降雹大如鸡蛋，倒屋伤稼。

3月17～22日，龙山县湾塘、兴隆等公社25个大队受冰雹危害，油菜受损257公顷，有2034户屋瓦被打烂，损失瓦55万块，兴隆公社267公顷油菜有100公顷损失一半以上。

3月下旬，华容、醴陵出现7～8级寒潮大风。其中华容3月23日出现7级大风并伴有雪和冰雹，使112个大队受灾，受灾农作物6667公顷，损失粮食97.5万多千克，倒塌房屋71间，直接经济损失170多万元。

4月2日晚上至3日凌晨，岳阳市部分地方发生风雹，倒塌房屋273间，747公顷蚕豆、340公顷早稻秧田严重受灾，蚕豆减产17.8万千克，早稻秧烂种4.75万千克，经济损失125.42万元。4月3日下午汨罗县弼时、白塘公社大风8～10级，倒房屋26间，重伤1人，吹坏部分春收作物。

5月9日16时35分左右，资兴县下了冰雹，西起木根桥公社铁厂大队，东至青市公社豪园大队，长35千米，南北宽1～2.5千米，面积约80平方千米的地区受灾，最大冰雹直径30毫米，最大积雹厚度10～13厘米，最大瞬间风速38米/秒，全县公交厂矿损失33.8万元，倒工厂车间3890平方米及4个仓库820平方米，倒房180间，伤69人，其中重伤11人，倒电杆180根，损坏变压器4台，损林木1.1万根，损坏早、中稻400公顷、蔬菜105公顷、果树27公顷、烤烟85公顷。

5月12日，平江出现雷雨大风，南江公社青峰大队倒房28间，受伤2人。5月12～13日汨罗出现8～9级大风，早稻受损2.4万公顷，其中2万公顷倒伏卷叶，已割油菜被风吹走，损失菜籽1.4万千克，新塘公社倒房屋16间。

6月1日，临武、宜章、汝城出现风雹灾害，风速达23米/秒，临武麦市公社吹倒凉亭一座，打死1人，伤6人，一小孩被大风吹进水塘淹死，倒电杆21根，倒住房138间(栋)，早稻受灾215公顷，中稻53公顷。

6月21日15时，花垣遭受大风冰雹袭击，风速达23米/秒，全县25936户受灾，受灾总面积5854公顷，其中吹倒包谷3473公顷，其他方面亦损失不小。

11月5日，道县、宁远、新田遭受风雹灾害，风力10级，雹粒最大直径7～8厘米，地面积雹10～13厘米，倒房539间，死19人，伤227人，毁晚稻867公顷。同日21时45分到22时5分嘉禾12个大队受风雹灾害，倒房427间，打死2人、重伤15人、轻伤47人，稻田受灾535.7公顷，损失粮食104.3万千克。

1983年　是年自1月31日古丈、泸溪最早见雹，至9月5日双峰最晚终雹，全省共有78县市累计出现184站次冰雹，尤以4月雹灾最多最重。具体为：

3月24～25日，怀化“南六县”的91个公社先后降雹20分钟左右，积雹3厘米厚，最大直径70毫米，降雹面积60%以上，打毁谷种0.78万千克、烤烟375公顷、油菜173公顷、蔬菜1556公顷，损失油菜子3万千克、春粮6.5万千克。

4月3～4日、8～10日、13～15日、24～28日，省内先后出现冰雹、大风，据《湖南日报》5月1日报导：“4月风雹之灾遍及77县，死亡180多人，倒屋6万多间，损早稻秧苗2万余公顷，毁春收作物9000多公顷，春粮减产1亿千克。湘阴、汨罗、益阳、新化、平江、长沙受灾最重。”相关情况分别记述如下：

4月3～4日，冷锋南下影响出现冰雹天气，永兴、桂阳、郴县、桂东、汝城、宜章、嘉禾7个县103个乡镇受雹灾（伴有暴雨），冰雹最大直径12毫米，受灾早稻秧田4114公顷，损失谷种186.7万千克，鱼苗182万尾，倒塌房屋386间，死亡6人，伤29人，春收农作物受灾面积3704公顷，烤烟受灾1384公顷，交通中断最长时间14天，停电3

天，中断通讯 5 小时，郴州至桂东，以及永兴县 12 个乡镇交通通信一度受阻。

4 月 6～21 日，衡南先后 5 次大风冰雹倒屋害稼。

4 月 8 日晚，隆回、洞口、邵阳县共 7 个区降雹，其中隆回县的北山，洞口县的黄桥和邵阳县的小溪市受灾最重，隆回县 3665 户受灾，倒屋 17 座，伤 3 人，受灾面积近 700 公顷，倒电杆 14 根；4 月 10 日凌晨，武冈市、新宁县遭风雹袭击，武冈市死伤 7 人，其中因雷击致死 2 人，受灾面积近 1500 公顷，倒断各类电杆 79 根，新宁县倒屋 14 座，受损房屋 2467 座，受损秧田 285 公顷。

4 月 13 日 21 时 30 分至 22 时 10 分，新化县乌石、游穴、东岭、白沙、滑石、青山、燎原及奉穴公社部分地区降雹，雹粒直径 1～2 厘米，密度较大，查一秧田 0.1 平方米范围内有雹眼 48 个，降雹区损失早稻秧苗约 13%。4 月 14 日 20 时至次日 7 时，岳阳辖区部分社队遭受 8～9 级大风和暴雨冰雹袭击，先后有 34 个公社受灾，如岳阳县中州、友爱、许市、鹿角、北港等 14 个公社损坏房屋 1246 间，倒塌房屋 562 间，伤 27 人，死伤大牲畜 48 头，受灾春收作物 6766.7 公顷，早稻秧田 329.1 公顷，减产粮食 123 万千克，油菜籽 81.5 万千克。4 月 14 日 21 时至 15 日 15 时，慈利县出现大风，最大风力 7 级以上，导致全县春收作物大面积倒伏，损失春粮 294 万千克、春油 115 万千克。4 月 15 日 2 时 55 分开始华容县出现大风，持续 9 小时，使隆西、幸福等 5 个公社的棉苗、蚕豆、油菜倒伏，倒塌房屋 24 栋。

4 月 24～28 日出现的风雹几乎席卷了全省。4 月 25 日，张家界市出现大风冰雹，其中大庸县教字垭、桥头、兴隆、罗水、中湖、禹溪、温塘、王家坪、双溪桥遭风雹袭击，县城冰雹最大直径 22 毫米，雷雨时阵风 7 级以上，稻田受灾 203 公顷，旱粮受灾 103 公顷，其他经济作物受灾 1090 公顷，大风吹倒树木 18430 根，损失粮食 27.5 万千克，大风吹倒民房 14 栋 55 间，6062 间民房受损，5 人受伤；慈利县出现大风，全县损坏房屋 639 栋 990 间，受伤 1 人，吹倒树木 3400 株，损失小麦 500 万千克、油菜 150 万千克，造成经济损失 360 万元。

4 月 25、26 日下午，湘西自治州都出现了大风冰雹，据州农办统计：这两次风雹全州 214 个公社 43.3674 万人受灾，打烂房屋 23478 栋 7.0194 万间，其中倒塌 288 栋 833 间、猪牛栏 7601 间，因灾死亡 5 人，轻伤 611 人，重伤 49 人，损坏稻田 5401 公顷、种子 291.2 万千克、油菜 1.54 万公顷、包谷 5100 公顷、洋芋 7230.4 公顷、其他 2160 公顷，吹断林木 806974 根、果树 108693 根、油桐 40064 公顷，估计损失达数千万元，以吉首、龙山、花垣受灾最重。4 月 25 日 18 时 30 分，吉首市遭受风雹灾害，倒塌房屋 77 栋，死 2 人，受伤 134 人，其他农作物受灾惨重，万溶江乡有水泥电杆被吹断，该乡兔岩五队有栋新起砖房被狂风拦腰截断，其家 3 人被压，1 人重伤，小庄 1.3 米直径的枫树被大风吹断，小溪桥水泥电杆上端 4 根直立的扁钢被大风吹折弯曲成 90 度，一位农民被大风吹走 100 多米远摔伤；龙山县普遍受大风冰雹危害，最严重的是石羔、贾市、咱果等公社，雹击秧田 957 公顷，油菜 3179 公顷……，全县死 2 人，重伤 4 人，损失粮食 307.15 万千克，经济损失 356.18 万元；花垣县受大风冰雹危害，倒房屋 70 栋，压伤 9 人，雹击秧田 795 公顷，损失谷种 35 万余千克，大小麦 812 公顷，油菜 8088 公顷，黄豆 1560 公顷；25 日 15 时 30 分至 20 时，凤凰县出现大风冰雹，风速达 24 米/秒，全县 12 个公社受灾，以腊尔山、阿拉区尤为严重，吹坏房屋 140 栋，伤 3 人，雹击秧田 153 余公顷，麦子

67余公顷，估计灾害损失达15万余元。

岳阳市部分地方遭狂风、暴雨、冰雹袭击（含4月27日龙卷风），先后损坏房屋8.2万间、倒塌2.5万间，因灾死亡107人、伤2340人，死伤耕牛981头（死118头）、牲猪7564头（死2410头），损坏春收作物34.1公顷、早稻秧田7333.3公顷、棉花等经济作物9266.7公顷、楠竹1093.3公顷，损失现粮199万千克，冲垮桥梁91座、水利设施780处，吹断电杆1.47万根，损坏变压器电动机和其他设备4667台（件）。4月27日16时5～40分，一个强烈的龙卷风扫荡了湘阴、汨罗、平江部分地区，影响了长50余千米，宽不到2千米的范围。灾害中心在湘阴的樟树、安静、金龙公社，经汨罗的川山、黄柏公社进入平江粟山公社至天口山消失。该龙卷风在湘江边响岭附近生成，漏斗状云体先插入湘江，而后在樟树公社白海一队将围径3.15米的百年古樟拔地而起，许多枝叶不知去向。龙卷风总体向东偏北方向疾进，将地物残件抛向龙卷风前进方向左侧，最远抛至15米开外，并使地物呈毁灭性破坏。该龙卷至湘阴板塘向家坪橘园山坡将大量泥沙、杂物抛下，污染了75米宽的橘园，严重污染宽度21米（可视为龙卷中心口宽直径），被污橘枝上沾不少杂草、破布、黄泥沙痕迹，被污染与未被污染的橘枝叶间界限很分明。龙卷越过此山坡时，将坡下一重约150千克的农用铁蒲滚带过橘林山顶，掉到秧田中，深约1米以上。安静公社板塘大队11万伏高压电杆被卷离原地6米，金龙50千伏安变压器被搬离10多米远。龙卷风还将300平方米的一口山塘之水连带塘中0.5千克重的鱼抛到50米外的牛棚边。龙卷在离开湘江进入樟树公社白梅二队时将一农民旋离原地30余米，掉入泥田而幸存，据他讲："自己不知怎的就上了天，只觉天旋地转，冰雹咚咚打在头上、身上有感觉。"金龙公社金沙大队2名学生被卷离300多米远摔死。龙卷将汨罗县沙溪公社"永安古塔"（高17米，共11层）旋去8层，据目击者称每块重150～250千克重的麻石象纸片一样浮在空中缓缓下落。龙卷途经之地普降暴雨、冰雹，大的直径10厘米，重约0.6千克，降雹宽度在龙卷两侧各40千米左右，但主要降于龙卷前进方左侧后方约10千米宽范围内，降雹密度：120～157个/平方米，又主要密集于湘阴县境内。龙卷所到之处，树干被旋扭呈麻花状。1995年11月《中国气象报》把此龙卷风列为20世纪全球十大风灾之一。仅湘阴县就有37个公社受灾，灾情严重的18个公社，共毁坏房屋2.405万间，其中重毁3633间，伤亡83人。安静公社龙潭大队书院塘队40户住房遭毁，一社员全家7口，死亡6人。损坏秧苗田2611.4公顷，损坏春收作物5390.1公顷，毁坏林木566.5公顷，计103.6万株，损坏农机具和大件家具3.9599万件、粮食22.25万千克，全县直接经济损失达1271.1万元。灾发当天下午，湘阴县领导立即组织干部和群众紧急行动救灾，次日凌晨岳阳地区党政领导率先到县指导救灾，紧接着省领导相继赶赴灾区视察灾情。长沙市拨救灾款10万元，钢材指标100吨，木材指标700立方米，楠竹指标1万根，长沙红十字会还送来0.8万元现金、粮票4万余千克、衣服几大车。同时，县内外有200多个部门、团体和许多人士共捐款5.52万元、粮票9.12万千克及衣物等近10万件，省政府下拨救灾款100万元。4月28日上午，地、县气象局派人赶赴重灾区安静公社龙塘大队书院垸调查，所见状况不亚于强烈地震景象，死者存尸于地，树木竹枝普遍呈麻花状旋扭，显现罕见的龙卷风灾后景象，第二天又增派科学考察组对灾区进行了10天考察，之后写出了科学考察报告。

益阳市：4月26～28日遭受了3次大风和2次冰雹的袭击，风力9～11级，益阳缝纫机厂公路边 2 棵围径 67 厘米的大樟树被连根拔起，特别是 4 月 27 日下午，狂风暴雨夹着冰雹横扫了安化梅城、江南、仙溪、大福，桃江马迹塘、杉树仑及益阳县泥家潭、仓水铺、欧江岔、兰溪等地区，全区伤亡 701 人（死 8 人，重伤 31 人），倒塌房屋 445 间、损坏 17560 间，直接经济损失 6000 万元以上。

怀化市：4 月 25～28 日，溆浦、辰溪、麻阳、怀化、新晃、芷江、沅陵、会同等 8 个县市相继遭到罕见的大风冰雹袭击，全市因灾毁坏房屋 737 栋又 3032 间、损坏 37088 栋又 1362 间，因灾死亡 26 人、伤 634 人，打死耕牛 29 头、伤 76 头，损坏秧田 3311.6 公顷，损失谷种 225.9 万千克，损失大小麦 4037 公顷、油菜 10684 公顷、油茶 2208 公顷、树苗 12 公顷、棉花 20 公顷、蔬菜 100 公顷、草籽 133 公顷、苎麻 17 公顷、烤烟 20 公顷。其中 27 日遭灾县市风速达 29～34 米/秒，28 日下午大风暴雨持续两个半小时，新晃县波州公社花草溪大队一栋牛栏，被大风卷入空中，掉落后砸坏社员住房；麻阳县潭家寨公社龙溪大队一棵 4 人围抱大树被刮倒，压垮房屋 3 栋，打死 1 人，伤 2 人；溆浦县金家洞水库枫林渡槽被大风吹断 70 米，另创 5 处裂缝。27 日新晃、溆浦等县冰雹一般有鸡蛋大小，大的有碗口粗，直径 115 毫米，最大的重 17.5 千克，新晃县大罗湾公社高寨大队小学上课时，鸡蛋大的冰雹从天而降，穿瓦而过，打伤了上课的学生，师生慌忙躲入地板下面，7 分钟后冰雹停止，校内操坪满满堆积了 13～17 厘米厚冰雹，当地社员屋顶瓦片约有 80%～90%被砸碎。怀化市凉亭坳公社小学倒塌教室 4 间，师生受伤 14 人，死亡 1 人……。重灾发生后，全市投入救灾工作的地、县、社干部有 2219 名，地区机关直属单位组织了 40 个工作组 148 人，由地委行署 4 位领导和 37 名部、办、局负责同志带领，深入重灾区，将医药、粮食、救济款、化肥等用专车送往重灾区救济灾民，带领灾民抗灾救灾，重新恢复生产。

株洲市：4 月 25 日 14 时 28 分，雷暴之后出现大风，最大风速 18 米/秒，10 分钟平均最大风速 15.0 米/秒，20 时后又出现 9 级左右偏西大风，全市共有 22 个工厂受大风雷雨袭击，造成停电、停产，损失共达 25.6 万元，有化工厂、钢厂等因灾突然停电，影响产值几十万元，据航管站反映，有湘阴水运公司的机船拖 2 艘木船装运农药，行至株洲遇大风被打沉，10 吨农药受损，共损失 27332 元，并污染了湘江。

湘潭市：4 月 25 日下午和晚上，先后两次出现雷雨大风，最大风速达 26 米/秒。湘潭县有 42 个乡镇受灾，灾情严重的有双板桥、黄荆坪、方上桥 、易俗河等 15 个乡镇，倒屋 2114 间，死 1 人，伤 10 人，27 个乡镇通讯线路中断，1000 公顷农作物受损，1700 公顷秧田受影响；湘乡县遭雷雨大风袭击，545 个大队，192 所中小学遭灾，死 7 人，伤 150 人。

长沙市：4 月 27 日，宁乡县出现大风冰雹，全县共吹烂打破房屋 11513 间，倒房 4374 间，打伤 9 人，打死耕牛 3 头，伤 3 头，打死打伤牲猪 21 头，损失秧苗 2270 公顷、绿肥 1360 公顷、小麦 567 公顷、油菜 2433 公顷。

娄底市：4 月 25～29 日，全区受冰雹、雷雨大风的频繁袭击，遍及全区 247 个公社 338533 户受灾，占农户整数的 41%，大风所至，不少百年古树被拦腰吹断，电线杆、房屋被推倒，因灾死亡 38 人、伤 774 人，打死牛 36 头、猪 814 头，倒塌房屋 3385 间、损坏 285623 间，110 所学校因校舍受损被迫停课，刮倒电话线杆 2822 根、高压电线杆 1652 根，吹倒树木 130.7 万株、楠竹 197.1 万株，损坏春粮作物 2.4 万公顷、经济作物 1.5 万公顷、早稻秧苗 0.9 万公顷、红薯苗 0.3 万公顷，共损失粮食 2551 万千克，各种财物折价 4385.9 万元。其中 25 日下午，涟源县城测得最大风速 22 米/秒，白马、杨家滩严重受害，大桥、白马公社下了冰雹，雹粒大如杨梅果。26 日，双峰县洪山、龙田、杏子等地及冷水江、娄底出现大风，洪山还下了冰雹。4 月 27 日下午，新化、涟源、冷水江出现雷雨大风和冰雹，冷水江市最大风速达 28 米/秒。冰雹源自怀化，一路经新化游穴区的东岭、南源区的小洋、田坪、涟源县的漆树、古塘、石陶、伏口、七星、仙洞、双江入宁乡，另一路经琅塘、白溪、圳上、炉观至横阳。新化境内最大冰雹有 1～2 千克，其他地方鸭蛋大小者甚多，甚密，1 平方米秧田内测得雹眼 53 个，其中 10 厘米以上的有 12 个，最大孔径 15 厘米。4 月 28 日上午，娄底全区发生偏北大风，最大风速为 21 米/秒，新化、涟源降雹伴暴雨，冰雹起自新化的田坪、吉庆，入涟源后，一支经古塘、四古与梅塘北部入桂花到桥头河止，另一支从四古南下经岛石往芙蓉公社、涟源大桥公社，雹粒一般有鸡蛋大，最大的有茶杯大。4 月 29 日，涟源、娄底、双峰等地出现偏北大风，涟源石陶和伏口两公社部分地区降雪。

邵阳市：4 月 25 日傍晚和 27 日凌晨，隆回县小沙江地区下雹，伴有 8～9 级大风，因灾死亡 1 人，伤 7 人，受灾面积近 700 公顷。4 月 25 日下午和 27 日下午，邵东县出现雷雨大风，伴有少量冰雹，瞬时最大风速 26 米/秒，倒房毁屋，因灾死亡 9 人、伤 20 人。4 月 27～28 日，新邵县两次遭受雷雨大风危害，全县倒屋 218 户，因灾死亡 2 人、伤 46 人，小麦、油菜等作物受害。4 月 28 日，洞口县遭受风灾，倒屋 15 座，因灾死亡 2 人、伤 2 人，近 7000 公顷农作物受到不同程度的损失。

5 月 11 日下午，涟源、冷水江市遭受风雹灾害，风速达 25 米/秒，冰雹直径达 35 毫米。

5 月 12 日 14 时 40 分，花垣县道二乡的者仁、接溪、登高、道二、扛派、美惹 6 个村受冰雹大风袭击，冰雹大如茶球，风力 9～10 级，大风吹倒房屋 1 栋 3 间，吹倒猪、牛栏 37 个，损坏房屋 300 多栋，瓦片约 15 万块，吹倒大树 32 根，损失木材 50 立方米，27 公顷玉米受灾。同日 15 时 30 分，凤凰县茨岩、新场、林峰、廖家桥等乡 7 个大队遭 9 级大风袭击，造成 1 人死亡、伤 4 人，倒塌房屋 3 栋，倒树 6 根、电线杆 1 根，7 个受灾大队的社员住房 70%受损，春收作物、油菜、麦子受损严重。

5 月 14 日 21 时以后，娄底全区出现偏北大风，冷水江市最大风速为 28 米/秒，其余各地都在 18 米/秒以上，涟源四古和龙塘公社局部地区降冰雹，新化局部地区有暴雨，部分地区损失较大，如涟源四古公社倒房 35 间、损坏 4350 间，死猪 2 头，287 公顷小麦被吹倒，313 公顷早稻禾苗被吹断。同日傍晚，武冈市发生雷雨大风，倒屋 82 座，倒电杆 167 根，伤 10 人，受灾面积 2700 公顷。

5 月中旬，茶陵、攸县发生大风灾害。

5 月 24 日，湘潭县青山桥、花石等 24 个乡遭大风袭击，倒塌房屋 2144 间，死 12 人，伤 160 人，县政府拨救灾款 29.04 万元，伤员医疗费 4.8 万元救灾。

6 月 1 日，临湘发生大风灾害，最大风速 24 米/秒。

8 月 7～9 日，娄底、邵阳地区局部出现雷雨、大风、冰雹。其中，8 月 7 日 16 时左右，双峰县东北部地区出现雷雨大风，测水公社之星辉、乐业、大坪、全坝、云亭 5 个大队受灾严重，倒屋 42 间，坏 156 间。8 日 16 时左右，双峰县钟岭公社的高桥、大托、石龙、大坝、下泥、群楼、东桥、双泉8个大队，印塘公社的四安、杨柳、岳家、吴安4个大队与朝阳公社的岩泉大队受大风袭击，钟岭公社并降暴雨，损失较严重，如钟岭公社倒屋75间，损失树木1000多株、稻谷1.75万千克、青瓦150余万片，死猪16头，经济损失共6万余元，并伤1人。印塘公社倒屋16间，倒电线杆66根。8月8日，洞口县的古楼，新宁县的温塘、高桥、安山、烟村、肖市、碧田等地发生雷雨大风和冰雹。8月9日，新宁县城及其附近发生雷雨大风，瞬时最大风速20米/秒，全县有7945户受灾，农作物受灾面积1232公顷。

8月13日下午，岳阳、云溪北区发生风雹灾害，北区文桥、陆城乡和岳阳中洲垸部分地方遭受8级大风、暴雨和冰雹的袭击，损坏房屋388间，倒塌房屋86间，伤3人，倒电杆7根，坏树木281根，损坏农作物1027公顷。

8月26日14时50分至15时50分，凤凰县阿拉、都里两公社降冰雹，致使5个大队正值成熟期的95公顷稻田受灾，损失粮食21.55万千克。该日16时30分，涟源县北部山区降雹，以柏树、古塘两公社的16个大队受灾最严重，雹粒大的如鸡蛋，以扁圆形为主，密度较大，古塘公社麦塘大队测得0.1平方米有雹粒84个，两公社统计受灾中稻有72公顷，损失稻谷30万千克，受灾玉米20公顷、红薯62公顷、蔬菜24公顷、荞麦2.5公顷、晚稻33公顷、其他作物9.2公顷，打坏瓦22万片。同日18时至19时40分，新邵县龙溪铺、新田铺、严塘、坪上、陈家坊等地，出现冰雹和雷雨大风，倒屋26座，死7人，伤26人。8月27日，临湘遭大风冰雹袭击，倒屋损稼。

9月5日13时30分至14时，双峰县永丰镇、灯塔、沙田、梓门公社约10平方千米范围受大风袭击，并伴有蚕豆大小的雹粒，造成一定损失，如灯塔公社打断电话线，使往邵阳、娄底、怀化的电话线路一度中断，梓门公社部分屋顶被吹坏，蔬菜叶片被打烂。

1984年　8月13日17～18时，湘阴县东塘公社出现雷雨和10级大风，倒房屋188间，吹倒树木500余株、电杆141根，重伤2人。同日安乡出现雷雨和9级大风，毁屋、倒树、损稼伤人畜。

8月30日，湘阴又发生大风暴雨，毁山塘、公路，倒屋损稼，死5人，伤11人。

1985年　自2月4日至8月6日全省共有86县次遭雹灾。

2月4～9日，桂东、汝城、永州发生大风冰雹灾害。

4月9～10日，受中层切变和地面倒槽锋生影响，出现冰雹、雷雨大风天气，洞口、邵阳、隆回、武冈、祁东、衡南等48县市大风，其中30个县市并降冰雹，全省共死70人（其中衡南县死7人）。其中，9日17时42分，会同县突降冰雹，冰雹大的重达800克，18时14分出现大风，风速达22米/秒，这次风雹灾害毁坏房屋2697栋，伤36人，若水乡围径3.59米的黄连树被风吹倒，广坪乡直径95.5厘米的百年古枫树（高约35米）被风吹拦腰折断，会同县此次风灾直接经济损失达150万元；9日傍晚，邵东、洞口、邵阳、武冈、绥宁、新宁等部分地方出现飑线天气过程，洞口县城风速达24米/秒，邵阳县城风速超过40米/秒，绥宁县长铺镇18米/秒，飑线经过之地，雹随风至，雹大如鸡蛋，洞口县石背乡双竹村有人称得一个雹重0.9千克，邵阳市境内187个乡（镇）受灾，倒塌房屋4853间，死23人，伤637人，死牛8头、猪83头，洞口、邵阳、武冈3县折断电杆 1972 根；4 月 10 日，桂东、汝城、嘉禾、宜章 4 县发生风雹灾害，倒塌房屋 1340 间，伤 20 人，死耕牛 119 头、猪 491 头，倒电杆 57 根，折断竹木 835 万余根，损失 113 万余元；4 月 10 日 16 时 30～50 分，靖县遭风雹袭击，风力 9～10 级，雹径达 20 毫米，地面积雹厚达 5 厘米，共打烂秧田 197 公顷，毁坏油菜 157 公顷、蔬菜 67 公顷，柑橘受损 52 公顷，损坏房屋 419 栋，死亡 1 人。

4 月 22 日 9 时至 9 时 50 分，慈利县三合口乡降冰雹，关岩、战马等 16 个村的 2510 人受灾，雹灾损坏房屋 1976 间，毁坏经济作物 115.7 公顷、粮食作物 68.2 公顷，损失粮食 4 万余千克，直接经济损失 24 万余元。同日 19 时，永顺县泽家区的对山、和平乡及县城一带出现 10 级大风和雷雨、冰雹，这场风雹灾殃及 31 个村庄，摧毁房屋 7 栋，损失瓦片 28.7 万块，吹毁牛栏猪圈 119 个，8 所学校受损，倒塌宿舍、教室 16 间，8 名学生受伤，重伤 3 人，风灾造成 16 公顷小麦和 7 公顷油菜无收，损坏水稻秧苗 6 公顷，刮断果树 240 根、风景林 97 根，损失用材林 16000 余根，风灾造成损失 22 万余元。

4 月 25 日下午，临湘出现 9 级大风，壁山乡倒房 13 间，伤 9 人。

5 月 1～4 日，湘西自治州、常德、益阳部分县市出现大风冰雹。其中，5 月 1 日 16 时 20～40 分，花垣县麻栗场、窝勺、雅乔、道二、懂马库、长乐等 6 个乡的 17 个组风雹成灾，最大风力 10 级，冰雹一般为包谷粒大，密度达 1800 粒/平方米，这场风雹造成 3 人受伤，损坏房屋 2093 栋 2723 间，倒塌房屋 5 栋 13 间，秧田受灾 6.5 公顷，损失谷种 323.5 千克，450 公顷玉米受灾，油菜、小麦损失 78 公顷，折断树木 687 根，吹倒电线杆 41 根；5 月 4 日晚，桑植县官地坪区遭大风袭击，最大风力 8～9 级，为该区历史罕见，全区 8 人受伤，1 人重伤，吹垮房屋 4 栋 12 间，烤烟房 23 个，吹断各种树木 2.7 万多根，吹倒电杆 123 根；桃源县八公桥半小时积雹 10 厘米；常德地区因灾死亡 15 人，伤 319 人。

5 月 5～6 日，汨罗县城及古仑、白水、沙溪、黄柏、新市等乡因雷雨大风倒房 57 间。

5 月 9 日 19～23 时，浏阳北乡区遭受大风冰雹袭击，大风持续 2 个多小时，冰雹下了半小时，雹如鸡蛋大，涉及龙伏、赤马、沙市、路口、山团等 5 个乡 41 个村的 2900 多农户受灾。大风吹破了 2400 多户房子，其中 42 户倒房 77 间，有 143 公顷烤烟被冰雹打坏，其中 30 公顷需要改种，电杆被吹断 20 多根，这次灾害造成的直接或间接损失 30 万元以上。

7 月 18 日，邵阳县皇安寺乡，绥宁县长铺镇、黄土坑乡，新宁县的白云、洞头、马头桥、碧田、丰田等乡发生雷雨大风冰雹。7 月 19 日，麻阳县隆家堡乡、吕家坪镇 6 个村落冰雹，有的鸡蛋大，有的枣子大，持续时间 12 分钟，有 15 公顷稻田受灾，岩门、绿溪口两个乡遭受龙卷风袭击，风力 10 级左右，持续时间 40 分钟，损坏房屋 1082 间，摧断树木 600 立方米，电杆 347 根，损坏变压器 3 台，水稻受灾面积 115 公顷。

7 月 20～25 日，岳阳市各地先后遭受暴风雨袭击，最大风力达 12 级，市境有 200 多个乡镇（分场）受灾，损坏房屋 1.29 万间，倒塌 7860 间，死亡 5 人，伤 589 人，死耕牛 347 头、牲猪 1205 头，农作物成灾 22667 公顷，减产粮食 4000 万千克、棉花 13.8 万千克、苎麻、黄麻 9.2 万千克，损失现粮 19.55 万千克，吹断电杆 1981 根，树木 1.82 万根，打坏大小船只 85 艘。其中 7 月 20 日 4 时，湘阴大风 8～10 级，持续约 20 分钟，破坏范围宽约 1 千米，长约 15 千米，赛头、杨林寨、民新、白泥湖等乡，倒房屋 170 间，重伤 12 人，农作物受灾 1333 公顷，湘阴县政府招待所附近的东湖大堤上有 15 根万伏高压电杆被狂风折成三节，一座 30 米高的万伏高压铁塔被狂风弯曲变形，还有华容南山乡水产村有 2 栋结构优良的新楼房被狂风连基掀翻，其中一根半吨多重的水泥挑梁被抛出 50 多米远。

7 月 23 日，湘潭县荷塘乡遭大风冰雹袭击，4 个村 500 多户受灾；双峰县全境受西南大风影响，金溪乡进步村受灾，倒塌房屋 8 栋，倒电线杆 15 根，伤 3 人；新化县横阳、吉庆、田坪、南源、白溪五区的部分地区受雷雨大风和冰雹袭击，影响 12 个乡的 103 个村，风力 8～10 级，最大雹粒如鸡蛋，早、中稻及红薯等 1608 公顷农作物受灾，减产粮食 170 万千克，损坏房屋 1495 栋，倒塌房屋 87 栋，竹木受损，死猪 5 头，经济损失 150 万元，死 5 人，伤 37 人；邵阳县新建、塘渡口、黄塘、下花桥等 6 个乡出现雷雨大风和冰雹，风力达 10～11 级，倒房 134 间，死 1 人，伤 45 人。

7 月 31 日，隆回县三阁司乡等地发生大风、冰雹。

8 月 6 日，新田、永州、茶陵发生大风、冰雹。

9 月 1 日 18 时 22 分至 19 时 22 分，桑植县出现雷雨大风，县城风速达 33 米/秒，历史罕见，县内东起五里桥、北起洪家关、西至永顺边界一带受灾，损失 1.5 万元。

9 月 9～12 日，平江有 8 个乡 92 个村受暴风袭击，风力 8～10 级，损坏房屋 3512 间，倒房屋 184 间，伤 4 人，死亡牲猪 12 头。

9 月 25 日，岳阳市部分地方遭受暴风袭击，受损房屋 3.3 万间，倒房屋 9518 间，因灾死亡 40 人、伤 592 人，死亡耕牛 98 头、猪、羊 383 头。

1986 年　全年出现灾害性大风 105 县次，冰雹 91 县次。

4 月 10 日，自北向南 50 余县市出现大风、冰雹（计有 24 县市下了冰雹，43 县市刮了大风），经统计，这次过程导致 6 万余公顷农田受害，倒屋 6273 间，死 43 人，死牲畜 1531 头，倒电杆 3119 根。现将灾情严重地区的情况分述如下：

娄底地区灾情最重，14 时 10 分，强风雹由雪峰山进入新化县境内，然后向东横扫娄底全区，经冷水江的岩口、铎山，进入涟源县境内的兰田、荷叶、青烟，然后分成两路：东路经湖泉、斗笠山，进入娄底市的百亩、石井、涟滨、大科，直指湘乡县的棋梓、新铺和双峰县东北部的溪口、杏子、铃山一线，南路经杨家滩影响双峰县西部和南部的山斗、钟岭、锁石、十竹、湄水、马鞍一线，各地降雹时间为 15～20 分钟，来势十分迅猛。例如：10 日 14 时 43～50 分涟源县兰田镇发生雹灾，此时天昏地暗，狂风怒吼，雨如瓢泼，雹粒陡泻，最大雹粒直径达 57 毫米，密度为每 2260 个/平方米，最大风速 31 米/秒；娄底市最大雹粒直径 110 毫米，最大重量 2.4 千克；冷水江市托山乡大风 11 级，最大冰雹直径 80 毫米。这次风雹波及全区，灾后统计，全区死 12 人，打坏 4733 公顷早稻秧苗，占总面积的 50%，早稻谷种损失 2500 万千克，造成经济损失 8200 万元。其中新化的娘家、游家、柘古、南源、燎原、四都、科头，冷水江市的托山、岩口、渣渡，涟源的兰田镇、荷叶、马头山、毛坪、杨家滩，娄底市的百亩、古井、涟滨、大科，双峰县的山斗、锁石、溪口等乡镇受灾严重，尤以涟源县和娄底市为甚，仅涟源县就死 7 人，伤 983 人，损坏房屋 20313 间，倒塌房屋 2186 间，6867 公顷农作物受灾，死牛 4 头、猪 160 头，倒电线杆455根，断线19.9千米，兰田镇因灾停电，商店停业，交通中断，27家工厂停工，成都到北京的62次列车被迫晚点24分钟。

邵阳市灾情严重，雷雨大风和冰雹袭击了境内大部分地方，共有1286间房屋倒塌，622人受伤，7人死亡，26000公顷农作物被毁，直接经济损失1000万余元，其中邵东、隆回、洞口、邵阳县及邵阳市郊区受灾较重。

浏阳县沙市、古港、官渡3个区出现大风，全县倒塌房屋231间，损坏3150间，损失烤烟20多公顷，低压线吹断4千米，伤42人、死13人，直接损失达60万元。

泸溪县15时30分天气突变，电闪雷鸣、狂风大作，并伴有冰雹，约持续15分钟之久，冰雹最大直径2.5厘米，浦市、浦阳受冰雹大风袭击损失惨重，两个乡镇早稻田受灾107公顷，损失谷种1.75万～2万千克，油菜受损88公顷、麦子44公顷、蚕豆45公顷、蔬菜35公顷、柑橘147公顷、西瓜苗5.3公顷、花生2公顷、梨子17公顷，大风吹倒电杆2根。

湘潭市部分地区出现大风、暴雨夹冰雹，最大风速25米/秒以上，持续半个多小时，湘乡的崇山、谷水、新铺、棋梓、潭市和湘潭县的歇马、霞岭等地为雹灾中心，全市遭冰雹袭击的有76所中小学，70个乡镇，倒屋630间，死3人，重伤359人，死伤牲畜425头，0.65万公顷秧田及小麦、豆类、油菜等受损。

该日16时左右，怀化市溆浦、靖县、怀化、会同县和地区二凉亭园艺场遭受严重冰雹袭击，会同县瞬时最大风速18米/秒，靖县瞬时最大风速20米/秒，冰雹持续时间达7分钟之久，最大冰雹直径达25毫米，重100克，下雹时狂风大作，暴雨倾泻，历时45分钟，雹层达5厘米厚，严重的二凉亭园艺场冰雹层竟达67厘米厚，四县共损坏房屋1117栋、倒塌8栋，折断电杆170根、树1万多株，损坏渡槽一座，毁坏森林140公顷，损失秧田84公顷、油菜500公顷、大小麦85公顷、蔬菜91公顷、西瓜123公顷、柑橘60公顷、茶叶64公顷，死伤耕牛16头，重伤4人，死亡2人，损失金额计156.22万元。

此外，衡阳市和安乡县俱受损严重，衡阳雹粒最重的达400克，株洲市的南区、靠近南区的市郊、白关区、朱亭部份地区和醴陵市也遭受了大风冰雹灾害。

4月19日19～20时，郴县栖凤渡、太平、廖王坪、五里牌等乡镇降冰雹，狂风10级，倒房192间，死6人。

4月22～24日，醴陵雷雨大风损屋。

4月24～25日，华容、岳阳、安乡大风、冰雹，毁屋倒树伤人畜。

5月11日，华容、岳阳部分地方遭受10级狂风、暴雨、冰雹袭击，使15个乡镇、45个村，损坏房屋6252间，倒房716间，伤53人，吹断电杆83根，损坏低压线6000多米，农作物受灾1620公顷，其中1333公顷刚插的早稻被冰雹摧残，难以返青，刚割下的油菜被狂风卷走或被冰雹打坏，损失菜籽约4.824万千克。

5月12日07～12时，慈利县的甘堰、通津铺、三合口、东岳观、庄塌、三官寺等7个乡镇遭受大风冰雹的袭击，损坏房屋6732间，其中倒塌19间，死1人，伤17人，死牲畜36头，农作物受灾2267公顷，吹断电杆、广播杆186根，造成经济损失78万余元。

6月4日，醴陵出现雷雨大风，10分钟平均风速12.7米/秒，有4人被雷电击死，由于大风、雷暴中断通讯48小时，外运醴陵支公司被大风吹烂外贸仓库一栋，市二轻局两栋宿舍楼顶共用电视机天线以及彩电等被击坏，直接经济损失近万元。

6月31日7时50分，新化县枫林、白塘乡降雹，风力达11级，雹粒大如鸡蛋，损坏房屋841栋，倒塌6栋，农作物受灾208公顷，折断树、竹1700株，倒电力线杆35根。

7月1～5日，安化、常德、衡东、衡阳、双牌、涟源、双峰、桂东、隆回、怀化、麻阳、新化等均遭大风袭击，其中衡阳、双牌、新化、怀化灾情较重。如7月3日，大风袭击怀化市区，风速36米/秒，市内30个单位受损，倒房20余间，大树连根拔起，电杆吹倒无数，损失120余万元。

7月12至21日临湘、华容、湘阴、汨罗、平江部分地区遭受11级大风和暴雨袭击，使59个乡镇544个村受灾，损坏房屋9372间，倒房3640间，死亡3人，伤27人。

7月21日，醴陵大风损屋。

7月31日，辰溪县21个乡镇遭受雷雨大风袭击，打死2人，重伤4人。同日麻阳县遭受雷雨大风袭击，瞬时风速达30米/秒，使县内13个乡镇177个村14315户遭受不同程度的灾害。该日16时28分，凤凰县城郊至廖家桥一带遭大风袭击，最大风速达30米/秒，风灾造成6人受伤，损坏房屋10栋，倒塌房屋4栋，农作物受灾557公顷，吹倒树木3000余株，草烟损失3万千克计人民币6.2万元，吹坏晒烟棚400个，倒伏电线杆45根，通讯设备也遭到较大程度的破坏，这场风灾造成的经济损失达97.75万元。

8月又有25个县市先后多次受雷雨大风、冰雹袭击：

8月2日，醴陵发生大风损屋。

8月7日晚，龙山县城郊、红岩溪、水田、召市等乡镇自北向南遭大风袭击，并伴有强雷暴，19时51分瞬时风速达24米/秒，整个过程持续了近2个小时，水田乡山区还下了冰雹，狂风导致2人受伤，倒塌房屋17栋，损坏房屋3485间，倒塌烤烟厂8栋、瓦厂8栋，倒塌猪牛栏167间，水稻受灾86公顷，减产16.5万千克，包谷1517公顷，减产123.8万千克，烤烟受损面积124公顷，减产4.54万千克，倒、断树木85645根，风灾导致全县停电2小时，这次灾害共造成损失达200万元。

8月8日16时15分，浏阳城关镇太平桥乡、乌龙乡发生雷雨大风、冰雹，持续时间约5分钟，城关地区有5个单位受灾，损失50万元左右，其中北岭花炮厂损失约20万元，太平桥乡、乌龙乡9个村268户农户受灾，吹破房屋8562间，太平乡花炮厂吹破房屋214间，吹倒电杆18根，吹断1根，吹倒40棵松树，死1人、伤2人。同日18时，湘潭县响塘、和平乡及市东北郊遭大风袭击，吹坏房屋42间，倒基建工棚3处，伤3人，毁经济作物67公顷，湘潭矿业学院和师范学院受灾，有的房屋被掀顶，矿院毁树179株，最大树围1.5米。

8月10日，嘉禾县钟水乡出现10级大风和冰雹，雹径达3厘米，历时3～5分钟，因灾死亡1人、伤3人，损坏房屋1080间、倒塌67间，损坏油茶623公顷、果林40公顷、苎麻45公顷，倒电杆78根，停电120小时，倒通信电杆48根，直接经济损失26万元。

8月14～15日，全省有14个县市受风雹灾害，双峰、长沙、邵东、耒阳损失较重。其中，15日15～16时，双峰县龙田乡保丰村、大塘村和东华乡土桥村降雹，损坏房屋200间，倒塌房屋1间，倒电力线杆24根、电话线杆4根，竹木和农作物有少量损失，因灾伤3人；15日傍晚，长沙县金井、福临、路口3个区的10个乡发生雷雨大风，因灾死亡 2 人、伤 5 人，损坏房屋 27.6 万间、倒塌 55 间，死牛 1 头、猪 1 头，冲毁水利设施 15 处，倒杆 306 根，损失花生 1000 千克，损坏中学 1 所，联校 1 所，小学 4 所，经济损失 300 多万元。

1987 年　3 月 6 日，长沙、岳阳、平江、浏阳、东安；3 月中旬，邵阳、洞口、新宁、隆回、城步、绥宁、新邵、双峰、醴陵、安化、衡山、衡阳、衡东、祁阳、祁东、新田、宁远、道县、桂东、永兴；3 月下旬，临湘、新田、宁远、城步、桂阳、汝城、宜章、沅江；5 月初，岳阳、娄底；10 月中旬，株洲、洞口、隆回、新邵、邵阳、邵东、双峰均出现了雷雨大风、冰雹，每次过程俱毁树、坏屋、倒电杆、伤人畜，因灾共死亡 30 人。

3 月 6 日，长沙县大风，金井区重伤 7 人，损坏房屋 12092 间，倒塌房屋 94 间，2737 户受灾，受灾单位 43 个，其中学校 27 所，商店 7 个，企事业单位 9 个，损失 108.5 万元。

3 月 6～21 日，岳阳市境内 9 个乡 60 个村遭受风雹灾害，损坏房屋 1.55 万间，倒房屋 299 间，伤 36 人，死耕牛 14 头、猪 7 头，损坏 40 千伏变压器 1 台，大型农具、家具 838 件，损失化肥农药 10.5 吨，现粮 2.3 万千克，吹倒、断电杆 334 根，农作物受灾 163.3 公顷。

3 月 13 日、15 日、18 日和 4 月 25 日，邵阳市各地先后遭受雹灾，灾情以后两次为重，冰雹最大直径 50 毫米，并伴有 8 级以上大风，共倒房 577 座又 649 间，436 人受伤，12 人死亡，死伤猪牛 1449 头，吹倒电杆 2332 根，各类农作物受灾面积超过 13000 公顷。

3 月 18 日，零陵地区南部县区遭受风雹，同时普降大到暴雨，倒房 1149 间，死 8 人，伤 93 人，经济损失 600 万元。同日晚间，娄底市新化县的杨木洲、琅塘、荣华、金凤 4 个乡镇与双峰县青树坪镇、单家井乡降雹，新化县最大冰雹直径 10 厘米以上，最大重量 0.5 千克左右，全县损坏房屋 1256 栋，受灾农作物 80 公顷，另有 27 公顷柑橘、47 公顷茶叶受损，经济损失约 65 万余元；双峰县有 283 公顷农作物受灾，其中油菜 217 公顷，烤烟 13 公顷，有 2000 多公顷绿肥被打断 90%，青树坪镇房顶上的玻璃瓦几乎全部被打碎，经济损失约 4.5 万元。同日 22 时至 23 时 30 分，株洲醴陵市范围内均出现大风，最大风速 20 米/秒，刮倒气象局围墙 15 米，陶瓷厂被刮坏屋面，淋坏了陶瓷坯，损失约 1000 元。

3 月 23 日 20 时 45～ 47 分，醴陵市区、市郊出现冰雹，大的直径 10～13 毫米，小的 6～7 毫米，郊区附近的蔬菜及绿肥叶面有蚕豆大的孔洞，对其发育有一定的影响。

3 月 24、25 日，临湘出现 8 级大风并有降雪，贺畈乡 3 个村倒塌房屋 20 余间。

4 月中旬至 10 月中旬华容共发生雷雨大风、冰雹 10 次，死 1 人。

4 月 21 日 10 时，靖州县藕团乡高营村发生大风、雹、雨，最大雹径 10 厘米，塘保寨民房十有八九被风揭顶，塘龙寨一带牛被活活砸死，秧谷全被击入泥中。

4 月 23 日傍晚至 24 日晨，一场大风、暴雨、冰雹过程先后影响湘西、湘北和湘中，各州（市）遭受灾害情况分述如下：

23 日 18 时，吉首市出现大风、冰雹、暴雨，自西向东横扫全市，瞬时风速达 25 米/秒，冰雹最大直径 70 毫米，风雹致 3 人死亡、伤 85 人，倒塌房屋 152 间，损坏 1501 间，打死牛 4 头、伤 151 头，猪死 5 头，羊死 2 只，家禽死 255 只，风雹造成 500 公顷秧田、400 多公顷包谷、332 公顷蔬菜受灾，倒电杆、通讯杆 211 根，40 多公顷老麻园的头麻被打成光杆，67 公顷麻苗被打坏，油菜受灾 1084.5 公顷（其中无收的 273 公顷），180 多公顷大小麦基本无收，175 公顷柑橘也受灾严重，经委所属 22 个工厂各种损失计 200 多万元，整个吉首市灾害损失达 1000 多万元。泸溪县普遍遭受大风、暴雨和冰雹袭击，最大风力 11 级，冰雹大者如成人拳头大，全县倒塌房屋 37 间，损毁房屋 4824 间、猪牛栏 1993 间，损坏仓库 154 间，打烂屋瓦 382 万块，大风吹断各种树木 189037 株，其中果树 10656 株，吹倒电杆 358 根，打坏电话机 14 部，农作物受灾达 733 公顷，全县受灾损失达 458.8 万元。凤凰县遭受大风、暴雨、冰雹灾害，风速为 28 米/秒，最大一颗冰雹重达 560 克，其中两林、柳薄、米粮、腊尔山、禾库、板畔、麻冲、落潮井、阿拉、官庄等 10 个乡镇受灾严重，造成人员 7 死 85 伤，死牛 11 头、猪 31 头、山羊 25 只，毁坏房屋 13500 间，倒塌房屋 165 栋，农作物受灾 5000 公顷，打坏果树、油桐、油茶、茶叶等经济林造成损失 5 万余元，倒电杆 9 根，损坏变压器 40 台，造成停电 24 小时，通讯断线 63 处，中断通讯 24 小时，总共造成 1200 万元的经济损失。18 时 05～25 分，花垣县雅酉乡、排碧乡、麻栗场镇、民乐镇、猫儿乡的 41 个村遭雷雨大风和冰雹袭击，造成人员 2 死 22 伤，倒塌房屋 2 栋 5 间，损坏房屋 907 栋，农作物总受灾面积为 500 公顷，直接经济损失 37 万元。

23～24 日，怀化北部四县出现雷雨大风和冰雹：23 日 19 时～24 日 3 时，沅陵县城、凉水井、乌宿、麻溪铺遭受风雹、暴雨袭击，降雨 82.0 毫米，雹大的重约 0.25 千克，凉水井镇风力 9 级，狂风、暴雨持续 1 小时左右，造成死亡 2 人，伤 59 人，吹倒房屋 803 栋，农田受灾近 3000 余公顷，经济损失 553 万元。23 日 20 时至 24 日 2 时，辰溪县发生大风、冰雹、暴雨，最大雹径 11 毫米，最大风速 22 米/秒，有 8 个乡镇受灾，损坏房屋 340 栋，433 公顷稻田和 410 公顷油菜受灾，损失总金额 64.8 万元。溆浦县死 4 人、伤 14 人，损房 4691 栋，农田受灾近 1 万公顷。23 日 20～23 时，麻阳县出现狂风、暴雨，风力 8～11 级，全县死 2 人、伤 18 人，倒房 6655 间、死耕牛 29 头，直接经济损失 326.4 万元。

23～24 日娄底出现大风、冰雹：23 日 22 时 15 分到 24 日 2 时 30 分，新化县洋溪、白溪、圳上、琅塘、横阳 5 个区 16 个乡镇的 123 个村受冰雹、大风袭击，最大风力 10 级左右，最大的如蚕豆，破坏性大，尤以坪山、圳上、枫林、永胜、建茶、双源、双泉、中一、飞跃、戴冠等村受灾严重，圳上镇电影院 840 平方米的红砖影剧厅被推倒，桌椅全部损坏，双江村一棵围抱 1.26 米的板栗树被连根拔起，全县房屋受损 24560 间，其中倒塌 176 间，死 1 人，伤 12 人，死牛 2 头，死猪 19 头，损失粮食 78.5 万千克，经济损失共约 253 万元。24 日 1 时许，冷水江市中连、同兴、梓龙、渣渡、托山和城区共 6 个乡镇 41 个村受冰雹、大风袭击，最大冰雹直径 3.5 毫米，风力 8 级，全市损坏房屋 100 间，小春作物与蔬菜共 667 公顷左右受灾减产，雷击死牛 2 头，猪 1 头，托山乡石湾煤矿、梓龙乡杨新煤矿、渣渡乡锑品厂的电力线被大风吹断，停电停产 3 天，经济损失约 10 万元。24 日零时至 6 时，涟源县 18 个乡的 321 个村受冰雹、大风和暴雨袭击，一般冰雹直径 5～10 毫米，最大风力 8～9 级，全县作物受灾 2272 公顷，折断竹木 10 万株，死猪 7 头，倒电力线杆 189 根，经济损失约 450 万元，以四古区受灾最重。

23～24日，益阳遭遇飑线导致全区性大灾。以安化县为例：实测偏北风力25米/秒，局部32米/秒，在狂风、暴雨夹冰雹袭击下有815个村受灾，伤亡41人，一株列入国家级重点保护的八百多年树龄的古桐（其高69米，胸径5米）被连根拔起，各种物资，农作物损失严重，折合人民币1100万元。

24日1时至1时40分，华容发生8～9级大风，胜峰、万庾、宋市、鲇市、操军5个乡镇受灾，倒房屋536间。

4月25日16时30分至17时，醴陵市枧头乡莲塘、茅用、狮万3个村遭遇大风、冰雹，瞬时最大风速22米/秒，这次灾害损失总金额约6.3万元左右。同日17时，涟源县伏口区大桥乡的思久、肖家、先锋、和平等村降雹，最大雹块0.5千克多重，损坏秧苗13公顷。同日双峰全境出现7～8级大风，石牛区的马安、石牛、树山、乔亭等乡降雹，雹粒大的如拇指，倒塌房屋2间。4月25～26日，零陵地区中北部县区遭受风雹，死2人，伤66人，坏房5483间，倒房685间，通讯倒杆60根，高压倒杆21根，停电5小时，早稻秧苗受灾462.4公顷，损失谷种2万千克，柑橘落花2000公顷，减产30%～50%，经济损失728万元。

5月1日，岳阳、娄底出现大风灾害。其中，临湘县江南、源潭乡大风11级，倒电杆50根、树木2000余株、房屋108间，死亡1人。该日3～5时，华容出现9～10级偏北大风，集成、南山、景港等6个乡镇受灾，倒房屋272间，伤28人，倒断电杆52根、树木3000余根。该日14时15分，涟源县龙山林场出现雷雨大风和冰雹，最大雹粒如鸡蛋，最大堆积厚度12厘米，损坏房屋120间，倒塌1间，0.7公顷稻谷秧苗、333公顷林木、133公顷苗木受灾，计经济损失8.8万元，以荆竹坪受灾最重。

5月24～26日醴陵出现3次大风，废旧公司仓库两间房子的瓦被吹坏，洲坪乡荷塘村砖厂吹倒房1间，吹坏3间。24日12时，慈利县熊家庄遭10级大风袭击，直接损失5万元。25日0～3时，慈利县熊家庄乡的白岩塔、黄金塔等8个村又出现大风，最大风力达10级以上，为该地几十年来所未有，造成倒塌房屋18栋，房屋受损1017间，倒伏小麦258.4公顷，有332公顷玉米和25公顷苎麻拦腰折断，刮倒树木7000多棵，经济损失23.87万余元。

8月10日19时20分，娄底市万宝乡受冰雹、大风袭击，冰雹历时17分钟，最大颗粒重50克，大风历时45分钟，最大风力9～10级，1人受伤，经济损失3万余元。

8月22日3时，大庸市（县级）部分区、乡遭狂风危害，造成直接经济损失110万元。

8月23日，醴陵市上坪乡发生8～9级大风，影响8个村，重伤3人，损坏房屋4500间，倒塌房屋13间，倒杆34根，这次灾害损失总金额22.75万元。

8月28日7～10时，华容景港、鲇市、操军、宋市、洪山头、万庾6个乡镇发生雷雨大风，风力7～8级，倒房屋103间，伤25人。

10月13日13时12～15分，醴陵马家河乡最大风速20米/秒，损坏房屋4间。同日傍晚，双峰县全境雷雨大风，最大风力10～11级，甘棠区公所天井内5株泡桐树被连根拔起，死1人，伤32人，损坏房屋8875间、倒塌805间，农作物受灾10884公顷，死猪248头，倒各类电线杆1164根，甘棠、青树、花门3个区损失最重。

1988 年　2 月 2 日、28 日城步降雹，地面皆白，损油菜。

2 月 28 日至 3 月 3 日，嘉禾、桂阳、桂东出现冰雹，群众反映最大直径 5 厘米，受灾农作物 1247 公顷，其中蔬菜 93 公顷，损失 2.5 万千克，油菜 67 公顷，减产 0.65 万千克，嘉禾随冰雹出现雷击，死亡 1 人，重伤 3 人，轻伤 7 人，烤烟受灾 3.3 公顷。

3 月 14～17 日，临澧、石门、常德、益阳、醴陵、桃江、湘阴、长沙、祁阳、祁东、沅陵、资兴、桂东雷雨大风夹冰雹，吹倒了房屋，损坏了农作物。此外，14 日 16 时 38～42 分，株洲出现大风，风速 19 米/秒，损坏房屋 3 间，造漆厂成品仓库被大风袭击，吹烂石棉瓦、损坏房屋；17 日，汝城出现龙卷风，毁坏 400 多户房屋和 6 个小学校舍。

4 月 14 日下午，湘阴濠河、安静等乡出现大风，吹坏房屋 874 间，倒房屋 124 间，春收作物受灾 7580 公顷，成灾 5767 公顷。

5 月 18 日，澧县龙卷风坏屋伤人损稼。

6 月 28 日 20 时 0～20 分，耒阳市的磨形、余庆、哲桥等地发生雷雨大风，由西南向北移去，阵风达 8～9 级，倾盆大雨约半小时，损坏房屋 860 间，倒塌茅房杂屋 240 间，受灾总面积 267 公顷，损失金额 35 万元。

7 月 2 日，湘阴出现雷雨大风，损稼折树木断电杆甚多。

7 月 10 日 19 时 04～17 分，祁东县大部分地区出现雷雨大风，县城最大风速 28 米/秒，归阳、河洲一带风力超过 12 级，倒塌民房 424 间，有 21 户房屋倒光，5672 间不同程度受损，3 人重伤，死牲畜 54 头，损失粮食 20.5 万余千克，300 多公顷蔬菜受损，1767 公顷早稻受害，倒树木 1500 余株，电杆 131 根，全部经济损失估计在 100 万元以上。7 月 10～12 日，零陵地区各县及资兴县自北向南出现了雷雨大风，风力达 9 级以上，资兴、蓝山还下了冰雹，雷击死亡 5 人，其中新田死 1 人，大风过处，席卷一空。7 月 11 日，长沙县出现大风、暴雨，金井、观佳、双江、脱甲 4 个乡损坏房屋 1978 间，倒塌房屋 52 间，早稻受灾 633 公顷，吹坏学校 5 所，冲坏晚稻秧苗 10 公顷。同日桃江也发生雷雨大风，因灾死亡 2 人。

7 月 19 日，嘉禾出现雷雨大风，因灾死亡 1 人。7 月 20 日，祁阳出现暴风雨，全县倒屋 400 多间。7 月 21 日，慈利出现龙卷风，倒屋断树，死 1 人。

7 月 26 日，株洲出现雷雨大风，最大风速 24 米/秒，株洲市百货公司批发部因受雷雨大风影响，雨水淋湿商品，损失约 2600 多元。同日，醴陵亦出现雷雨大风造成灾害。

8 月 5 日，汨罗磊石乡和湘阴沙田乡遭受 10 级左右大风袭击，并伴有冰雹，损坏房屋 782 间，倒房屋 76 间，打坏大件家具 500 多件，吹倒大树 400 多株，电杆 47 根，打坏变压器、电动机、柴油机 8 台，损失粮食 2.5 万千克，西瓜 2 万千克，棉花受灾 113 公顷，直接经济损失 43 万元。同日，资兴、永兴两县发生雹灾，伴有大风暴雨，成灾面积 1806 公顷，损失粮食 554 万千克，冲毁房屋 42 间，打坏房屋 203 间，直接经济损失 123.7 万元。同日 20 时 30 分，耒阳市新市镇水东、大兴龙村和高炉乡的高潮、弯里等村出现 9～10 级大风，倒塌房屋 102 间，损坏房屋 130 多间，死亡 1 人，伤数十人，损坏树木 1500 多株，稻田 86 公顷多，直接经济损失 20 万元以上。8 月 6 日 3 时 10 分左右，冷水江市出现大风，最大 10 分钟平均风速 15 米/秒，金竹山的杨桥、杨沅、恒心、麻柒桥、坪塘、太中、当正等 7 个村风灾较大，约有 750 户被大风吹烂瓦 10 万片，吹断风景林 4000 株，吹倒木电杆 9 根，市耐火厂有一个面积 1680 平方米的铝合金棚被大风吹垮，经济损失约5万元。

8月9日14时28分至17时26分，株洲出现大风暴雨，最大风速21米/秒，春风百货商店雨水淋湿淹没商品，损失约4000余元。醴陵亦有雷雨大风成灾。

8月15日株洲发生雷雨大风，风速达18米/秒，株洲冶炼厂等单位损失1.9万元。

1989年 2月23日，安乡出现大风、冰雹。

4月3日，江永、道县、资兴、嘉禾、桂阳、桂东等县出现大风雹灾，冰雹直径20～60毫米，受灾乡镇29个，倒塌房屋24间，损坏房屋563间，农作物受灾面积2667公顷，损失种子7.8万千克，吹折竹木5380株。

4月27日21时30分至23时30分，汨罗市、屈原农场出现龙卷风，西起屈原一分场，经五、六、七分场至汨罗楚塘、范家园、黄市乡，宽约500米，所经之地拔树毁屋，据受灾现场判断，当时风力达12级，并伴有暴雨，共损坏房屋2501间，倒房屋1433间，压死15人，伤386人，死大牲畜847头，春收作物受灾4000公顷，损失春粮1.15万千克，倒电杆784根，断电线103.5千米，灾损金额1564万元。

5月10日，沅陵、黔阳、新晃县发生大风灾害，其中，沅陵县新城遭受龙卷风袭击，将几十千克重的水泥瓦卷到空中数十米，飞越60米远后，破窗而入，将气象局门窗钢条打弯5根，县城和凉水井乡有23棵参天古树被连根拔倒，凉水井乡吹坏房屋10栋，倒塌房屋6栋，死亡2人，重伤1人；黔阳县托口镇出现龙卷风，吹坏屋瓦5万余片，吹断高压电杆1根、倒20根，损失尿素527.5千克；新晃县11个乡镇遭受暴雨、大风、冰雹袭击，农作物受损737.5公顷，冲毁河堤965处，冲垮桥梁24座，倒塌房屋23栋，受伤11人，直接经济损失500万元。5月10～13日，还有安化、江永、宁远、花垣出现大风、冰雹，其中，11日0时56分至4时10分，花垣县西北部发生大风、冰雹、暴雨，最大风力为10级，冰雹普遍如茶球大，最大如桐球（直径3～4厘米），有15个乡镇受灾，造成4人受伤，倒塌房屋6栋20间、损坏287栋844间，通讯倒杆30根，断线1500处，折断树木58745根，农业受灾3374.4公顷，失收988.4公顷，灾害损失计253.3万元。

7月16日，茶陵发生龙卷风灾害。

8月7日，靖州县素有“狭谷大风”之称的恳山口乡10个村寨遭受大风灾害，灯塔村3棵几百年的松柏被大风吹倒，吹倒房屋5栋16间，吹烂屋瓦10万块，倒伏中稻67公顷，减产10万千克。

8月10日12时30分至14时，涟源市遭受冰雹、雷雨大风袭击，冰雹最大的有拇指粗，塘湾乡的内外集坪、集合、礼湾、左湾、塘湾、峡山、株木等8个村受灾，共损坏青瓦80万片，椽皮5万丈（1丈=10/3米），打烂家具75件，仅内外集合二村，吹断屋前后树木4500株，倒塌房屋75间，作物受灾191公顷，死猪2头，伤1人，经济损失80万元。

8月还有安化、石门、桃源、汉寿、常德市、醴陵、城步、绥宁遭受风雹灾害，俱倒屋折树损稼、毁电路、伤人畜，共因灾死亡29人。其中常德、城步还遭遇了龙卷风灾害。

1990年 3月23～25日，桑植县瑞塔铺乡8个村遭雷雨大风、冰雹袭击，春收作物受灾近400公顷，损失粮食产量25.5万千克，大风折断林木1975根。3月23～24日，桂阳、嘉禾、宜章、资兴、郴县、永兴等6个县的87个乡镇受到大风冰雹袭击，最大风速24米/秒，资兴降雹最大直径有7厘米。3月24日，道县出现雷雨大风、冰雹，雹粒直径30毫米，连带4月3日风、雹灾情统计，造成4240间房屋受损，倒塌房屋2461间，因灾死亡2人，伤52人，受灾农作物面积1.277万公顷，损失谷种120.585万千克，打坏果树1.3万株，打烂育秧塑料膜1吨，吹倒电线杆359根，15条线路停电1天。

4月3日，湘阴城关出现7级大风，部分供电线路、红砖坯受损。同日3～4时，耒阳市上架乡文冲村、磨形乡石余村出现雷雨和西北大风，死1人，重伤3人，倒塌房屋20间，经济损失15万元。同日永州、冷水滩、双牌、新田、宁远、道县、蓝山7县区遭受风雹灾害，风力达8～9级，降雹20分钟左右，雹径达90毫米，死6人，伤17人，倒房1663间，打坏秧田1.5万公顷，损失稻种94.4万千克，毁烤烟3000多公顷、春粮1100公顷，直接经济损失3250万元。同日还有桂阳、嘉禾、宜章、资兴、郴县、永兴等县受到大风冰雹袭击。

4月7日14时24～34分，新化县吉庆、华山、南山、邓家、青石乡等地遭受冰雹袭击，冰雹直径约20毫米，风力5～6级，受灾总面积370公顷，经济损失15万元。

4月28～29日，永顺县首车、万坪、石堤3个区遭受大风冰雹灾害，风力约10级，冰雹大如鸡蛋，因灾6人受伤，倒塌房屋2栋，损坏房屋211栋，折断树木2094根，农作物受灾总面积164公顷，灾害造成损失共计100万元。

5月10日，衡东县白莲乡狂风大作，鸡蛋大小的冰雹损坏房屋285栋，倒塌房屋5间，受灾总面积63公顷，倒树1720株，滑坡塌方11处，损失金额10万元。

5月11日17时40分，岳阳渭洞乡竹塘村发生10级以上大风，一棵围径3米多的古树拦腰吹断，倒塌房屋4间。同日新化县局部出现大风冰雹天气，县城测得最大风速17米/秒，影响区域内遭受一定损失。

5月13日，新化县局部出现大风、冰雹天气，县城测得风速18米/秒，南源区柘古乡青山村下了冰雹，冰雹最大的有拇指大，降雹时间4～5分钟，影响范围5千米左右，给县城关镇附近的房屋、树木等造成一定损失，损坏房屋260余间，倒塌5间，倒树1540根，倒电杆45根，伤4人，其中重伤2人，蔬菜受灾30公顷，大风将2根1米多围的梧桐树连根拔起，城关镇工农村40米高的铁塔被吹倒，据统计损失达25万元。同日，平江梅仙镇出现大风（飑线），沿106国道至汽车站长约2千米，宽200米范围，吹倒树木，房屋受损，一铺面大门被风吹走10多米远，一木货架被吹走100多米远。同日13～15时，桑植县蹇家坡、细沙坪、八大公山等10个乡71个村出现大风、冰雹，造成农作物受灾2750公顷，大风折断树木2340株。同日15时6分，永顺县万坪区的毛坝乡、杉木乡遭大风、冰雹袭击，受灾面积约10平方千米，风速达21米/秒，冰雹最大直径30毫米，6头耕牛受伤，损坏房屋180间，折断树木130株，农作物受灾233公顷，其中失收67公顷，灾害造成直接经济损失约80万元。同日17～18时，花垣县排碧乡的黄岩村、排碧村、下半坡村、上半坡村约5平方千米面积受中等强度大风冰雹危害，致使1人轻伤，损失屋瓦5万片，133公顷农作物受灾，倒树1480根，折断20根，损失木材50立方米，总共造成损失12万元。同日吉首市矮寨镇8个村遭受大风、冰雹袭击，最大风速17米/秒，冰雹最大直径60毫米，农作物受灾237公顷。同日18时许，泸溪县长坪、李家田、洗溪3个乡镇遭大风、冰雹袭击，最大风力为9级，冰雹最大30毫米，密度极大，铺地平均7厘米厚，持续时间约20分钟，风、雹造成6人受伤，倒塌房屋1栋，树木折断17公顷，农作物受灾面积200余公顷，因灾造成损失约30万元。同日18～19时，凤凰县腊尔山区的米良、禾库、两林、腊尔山、林峰等乡镇遭受冰雹、大风袭击，风速达21米/秒，降雹持续15分钟左右，冰雹平均重量为20克，风、雹致使1栋3间房屋倒塌，3栋9间被损，184公顷农作物受灾。

5月16日2～3时，涟源市杨家滩镇遭受雷雨大风灾害，伤亡3人，倒塌房屋3间，共计经济损失13.5万元。

6月27日16时至29日5时，岳阳、汨罗、平江先后发生大风、冰雹，最大风力达12级，使12个乡镇受灾，损坏房屋4497间，倒房843间，伤24人，死大牲畜32头，农作物受灾3700公顷，倒电杆277根，树木2.5万根，其中汨罗灾害最甚。

7月21、26日，株洲、醴陵出现两次雷雨大风袭击，风速分别为22米/秒和19米/秒，26日还降了冰雹，其直径5毫米，受灾面积1300公顷，倒屋10间，伤42人。

7月25～28日，永兴、郴县、安仁先后出现飑线大风天气，瞬间风速30米/秒，受伤225人，其中重伤58人，损坏房屋1550多间，倒塌980多间，倒电杆982根，最长停电时间51小时，打死猪、牛250头，刮断竹木5万余棵。

7月26日15～16时，涟源北部山区遭受短时雷雨大风、冰雹危害，风力达8级，最大冰雹有鸽蛋大，公路旁的树木被大风折断，古树被连根拔起，房屋被吹烂。

7月27日18～20时，慈利县自西向东遭雷雨大风、冰雹袭击，雷雨时阵风17米/秒以上，全县14个乡镇受灾，损坏房屋1314间，倒塌175间，伤12人，重伤3人，农作物受灾2.1万公顷，成灾1.32万公顷，绝收0.23万公顷，损失粮食250多万千克，经济作物受灾630万公顷，倒电杆97根，毁坏林木3887根，这次灾害经济损失达570万元。同日，醴陵、株洲发生龙卷风，醴陵死1人。27～28日，株洲县群丰、砖桥、龙潭、三门及醴陵市坝头洲等7个乡受灾，死3人，伤572人，倒民房1122间，坏屋3499间，直接经济损失519.2万元。其时还有衡南县出现了龙卷风夹冰雹，雹大如鸡蛋，损失甚巨，死2人。28日，汨罗出现了10级大风和暴雨。同日15时20分，汨罗三江乡出现龙卷风，影响面宽约300米，长约5千米，经过了5个村，把3米围径古樟树连根拔起，倒房屋81间，伤8人，损坏输电线路、农作物等，直接经济损失25万元。

7月29日，南县出现龙卷风，倒屋伤人甚多，一青年被风从二楼窗口卷出，飞掷30米外摔伤。

8月5日17时50分至19时10分，凤凰县腊尔山区、山江、城郊、阿拉等14个乡镇先后遭受大风、冰雹袭击，最大风速22米/秒，冰雹最大直径15毫米，密度极大，全县有7人受伤，倒塌房屋11栋31间，倒塌猪牛栏39间，损坏烤烟棚202个，吹掉屋瓦113.85万片，吹断树木7347根，农作物受灾1106公顷，直接经济损失354万元。

8月7日16时，慈利县出现特大风暴，阵风达10级，有7个乡镇受灾，大风毁坏房屋3106间，倒塌241间，死亡2人，伤10人，毁坏树木11550棵，倒电杆204根，损坏粮食作物0.4万公顷，损失粮食350余万千克，经济作物受灾0.2万公顷，这次风灾造成经济损失393万元。同日19～20时，桑植县四方溪、竹叶坪、大木塘等12个乡出现大风、冰雹，使1400公顷粮食作物受灾，大风折断成材树木3153根。同日19时50分至20时10分，华容、岳阳县、钱粮湖农场部分地区发生雷雨大风（飑线），风力10级以上，损坏房屋 9101 间，倒房屋 1865 间，507 人无家可归，死亡 3 人，伤 559 人，死大牲畜 183 头，农作物受灾 3400 公顷，断树木 4.3 万根，倒电杆 150 根，打坏水泥船 2 艘，经济损失约 1020 万元。

11 月 2 日下午，武冈市的荆竹、田家渡乡（镇）出现雷雨大风，风力 10 级以上，倒塌房屋 299 间，损坏房屋 7643 间，死 2 人，重伤 19 人，轻伤 34 人，死猪 84 头，倒电杆 50 根，损失库存粮食 13.06 万千克，损坏大型家具及农机具 1019 件。

11 月 8 日 23 时 13 分至 9 日 1 时 38 分，岳阳发生寒潮大风，风力达 9 级，岳阳港沉船 2 艘，损失粮食 6 万千克，还有部分渔船被风浪打坏，岳阳市区已内酰胺建设工地电杆被吹倒，工棚被揭顶。

1991 年　3 月 7 日下午至夜间，全省普遍遭受大风、冰雹、暴雨袭击，湘西自治州、怀化、张家界市及华容、茶陵、耒阳、安仁、城步县灾害严重，灾情分述如下：

7 日 14 时 43 分起，湘西自治州的花垣县 8 个乡镇受灾，损坏屋瓦 17 万片，受灾农作物 3400 公顷，灾害总损失 45 万元。同日 15 时 21 分开始，保靖县 16 个乡镇降雹并伴 9 级大风，冰雹最大直径 50 毫米，地面积雹 7 厘米，800 间房屋受损，倒塌房屋 1 栋，死牛 1 头，鸭子 152 只，农作物受灾 4877 公顷，经济损失约 500 万元。17 时，龙山县南部 7 个乡镇遭冰雹、大风袭击，冰雹最大直径 37 毫米，最大重量 100 克，持续时间近 30 分钟，损坏房屋 2298 栋，损失瓦片 170 万块，死羊 2 头，电力断线 4 处，停电 50 小时，折断树木（果苗木）70.5 万根（株），农作物受灾 1323 公顷，灾害总损失 92 万元。17 时 52 分开始，泸溪县 14 个乡镇受冰雹、大风袭击，冰雹最大直径 60 毫米，重为 650 克，平均重 52.8 克，灾害造成 37 人轻伤，死伤耕牛 254 头，打死家禽 65 只，损坏房屋 11807 栋，折断树木 210 株，电力断线 2 处，停电 18 小时，农作物受灾 5533 公顷，灾害总损失达 480 余万元。17 时 36 分开始，永顺县狂风、大雨、冰雹持续了 20 分钟，冰雹最大直径 46 毫米，全县 30 个乡镇受灾，12 人受伤，打死耕牛 4 头，打伤 559 头，打死鸡鸭 1234 只，损坏房屋 97000 间，打碎瓦片 2843 万块，折断树木 67000 根，电力断线 151 处，停电 48 小时，通讯断线 4 处，中断通讯 4 小时，农作物受灾 6400 公顷，灾害造成损失达 800 万元。

7 日 16 时 30 分至 17 时，17 时 50 分至 18 时 30 分和 24 时至 8 日 1 时，怀化市麻阳、通道、沅陵、新晃、溆浦、芷江、黔阳等县先后遭冰雹、大风（或龙卷风）和暴雨的袭击，冰雹最大直径为 45 毫米，最大重量为 20 克，瞬时最大风速 20 米/秒，全市有 63 个乡镇受灾，死亡 1 人、伤 439 人，倒塌房屋 1550 间，损坏房屋 94856 间，打死耕牛 10 头，损失粮食 2000 多吨，冬种作物受灾 900 公顷，油菜 6000 公顷，倒电杆 205 根，毁林木 158 公顷，损坏学校 239 所，34200 余名学生不能上课，全市共计经济损失 2554 万元。

7 日 18 时至 19 时 40 分，张家界市境内暴风骤起，冰雹铺天盖地，仅 18 时 10～25 分，地面积雹厚度达 17 厘米深，雹体一般为拇指大，最大雹重 156 克，这次冰雹造成全市 73 个乡镇严重受灾，油菜成灾近 2 万公顷，绝收 1.3 万公顷，粮食作物成灾 1.3 万公顷，绝收 0.7 万公顷，粮食作物减产 1750 万千克，全市因冰雹损坏房屋 25780 间，伤亡 39 人，其中死亡 1 人，直接经济损失 3000 万元。其中永定区近 1 万公顷油菜，有 0.5 万公顷绝收，经济损失 1000 万元，该区新桥镇丁家庄村 34 公顷油菜全部被冰雹打成光杆；

慈利县溪口区所辖6个乡镇3000公顷油菜，有1533公顷失收。

7日19时20～40分，华容县发生大风、冰雹，东山、南山、洪山头、塔市驿等乡镇60个村受灾，农作物受灾8267公顷。7日22～23时，茶陵县思聪、米江、界首、下东、城关、马江、枣市、腰陂等19个乡（镇）场出现雷雨大风，最大风速达26米/秒，河谷风力达11级，损坏房屋86508栋，倒塌房屋6590栋，致伤人员403人，死亡41人，经济损失达2550.8万元。7日22时，耒阳市上架乡、夏塘镇、浔江乡出现雷雨大风，局部阵风8～9级，持续20分钟，造成1人死亡，伤30人，倒塌房屋20间，杉树竹林受灾2.5公顷，死牲畜25头，经济损失150万元。安仁县也发生冰雹大风，倒塌房屋1764间，有178户无家可归，打伤村民200余人，砸死耕牛116头，倒电杆300余根，50公顷烤烟和1.5公顷油菜被毁，直接经济损失1150万元。城步县局部风力10级以上，柳寨乡和清源乡两地降冰雹，冰雹大的达0.6千克，损坏房屋1380间，倒塌房屋248间，油菜、小麦等作物损失严重，因倒房死亡2人，重伤3人，灾害损失达160万元。

3月26～30日，衡东县连续大雨冰雹，大浦、德圳、红岩等18个乡死2人，伤5人，倒塌房屋244间，受灾总面积800公顷，烂种烂秧0.9万千克，死牲畜23头，经济损失97万元。3月27日4时25分，株洲大障、泗汾、八里坳、株洲县气象局等地区20多个乡镇出现雷雨大风冰雹，冰雹直径达2厘米，伴有6～7级大风，1333公顷杂交早稻秧田受灾。

4月20日，东洞庭湖区及湘中局部地区出现雷雨大风冰雹，岳阳最大风速31米/秒，溆浦县冰雹直径达50毫米，岳阳县、钱粮湖农场、华容、溆浦、湘乡等县受重灾。其中，华容县有8个乡镇受灾，死亡16人，受伤920余人，死亡牲畜30000多头，倒塌房屋1270栋3740余间，损坏房屋4000多间，吹倒高低压电杆5000根，吹倒树木10万多株，农作物成灾面积2500公顷，减产粮食74.25万千克，直接经济损失5000万元；钱粮湖农场7个乡镇受灾，死亡36人，死亡牲畜2700头，倒塌房屋1978间，损坏输电线路39.2千米、通讯线路145千米，750公顷农作物成灾，减产粮食11.25万千克，直接经济损失1500万元。

5月18日，怀化市溆浦等县区遭受风、雹袭击，12时05分在鹤城区西北方向电闪雷鸣，13时30分雷雨交加，天昏地暗，瞬时风速达22米/秒以上，风雹所到之处房屋倒塌，大树连根拔起，瓦砖木片乱飞，维持约30分钟，这次风灾是由芷江罗旧镇刮起，途经怀化石门、黄金坳、泸阳、铜湾、铜顶、溆浦县两丫坪、小横垅、龙潭等，共有31个乡镇及怀化市23个机关厂矿受灾，有3690栋房屋受到破坏，其中倒塌121栋，因灾死亡5人，伤28人，农作物损失共14737公顷，吹垮小一型水槽二处计150米，吹倒高压线杆371根、通讯线杆150余根，造成直接经济损失801.3万元，灾情发生后，地委、行署和受灾县的县委、县政府及时发动和组织灾区广大群众开展救灾斗争，深入抗灾第一线的干部达2000多人，同时下拨了一批救灾物资。同日15时20～40分，岳阳县荆州乡燎原村突发雷雨大风、冰雹，最大风力10级，最大雹径30毫米，成灾范围宽约2千米，长约6千米，损坏房屋1580间，倒房屋400间，死亡2人，伤24人，农作物受灾67公顷，断树木2万株，倒电杆112根，直接经济损失约71万元。湘乡市也遭受了雷雨大风袭击，最大风力10级，以育段、花坪、仁厚乡损失最严重，倒屋1150间，死2人，伤124人，死牛65头，猪260头。同日18时，双峰县龙田乡、同意乡周复村等地遭受大风灾害，最大风力 8～9 级，伤 2 人，损坏房屋 120 间，倒塌房屋 11 间，折断树木 150 根，倒电杆 9 根，损失 5 万元左右。5 月 18～20 日，浏阳的大围、张坊、官渡、古港、永和、城郊、大瑶、北圣等 29 个乡镇遭受雷雨大风、冰雹袭击，倒房 82 间，损坏房屋 6 万余间，吹倒电杆 70 余根，致使大圣、达浒等 12 个乡电话中断，损失禾苗 6700 公顷，蔬菜 2000 公顷，幼成林果树 4000 万棵以上，10 所小学停课，关口乡出口花炮厂内原材料和半成品全部报废，损失 8.2 万元，全县直接损失约 5600 万元。

5 月 22 日，望城县中部出现大风、冰雹、暴雨，造成轻伤 17 人，倒塌房屋 317 间，受灾总面积 4700 公顷，成灾总面积 2700 公顷，死猪死牛 145 头。

6 月 5 日 18 时许，耒阳市发生雷雨大风，持续 10 分钟，泗门洲镇重伤 3 人，损坏房屋 2000 间，倒塌房屋 116 间，损失现粮 16 吨，受灾总面积 7.3 公顷，倒断树 167 公顷，吹倒电杆 112 根，中断通讯 72 小时，损失金额 80 万元。同日 18 时 30 分，衡东县发生雷雨大风、冰雹，持续 10 分钟，冰雹最大直径 20 毫米，最大风力 10 级，石滩乡死 1 人，损坏房屋 1380 间，倒塌房屋 95 间，受灾总面积 267 公顷，倒断树 1600 株，倒电杆 50 根，断电线 10 千米。19 时 0～30 分，衡阳县发生雷雨大风，风力 8 级以上，持续 15～20 分钟，渣江、洪市等 14 个乡受灾，死 2 人，伤 84 人，损坏房屋 6500 间，倒塌房屋 238 间，受灾总面积 1.5 万公顷，死牲畜 28 头，林木受灾 5 万株，倒电杆 22 根，经济损失 297 万元。20 时，衡南县出现大风、冰雹，泉溪区、古城乡持续 40 分钟，最大冰雹直径 6 厘米，最大风力 28 米/秒，死 2 人，伤 15 人，损坏房屋 300 间，倒塌房屋 117 间，受灾总面积 233 公顷，树林受害 1333 公顷，柑橘落花落果率 20%，倒电杆 39 根，停电 48 小时。

6 月 24 日 17 时起，永顺县 23 个乡镇遭冰雹、大风袭击，冰雹最大直径 8 厘米，最大重量 450 克，最大风力 9 级，灾害造成 12 人受伤，倒塌房屋 12 栋，损坏房屋 563 栋，打死耕牛 3 头，倒断树 11 万根，倒电杆 17 根，农作物 5300 公顷，经济损失达 500 万元。18 时 41 分，保靖县 14 个乡镇受大风、冰雹袭击，最大风力 8 级，冰雹最大直径 25 毫米，持续 8 分钟，损坏房屋 810 间，倒断树木 1108 根，农作物受灾 2733 公顷。

7 月 19 日，湖南处于副热带高压控制下，持续高温，当日最高气温达 39℃以上，下午受 7 号台风外围影响，局部地区发生强对流天气。16 时 32～43 分，株洲市区及园艺场等地出现雷雨大风。19 时 10 分左右，衡南县三塘镇、柞市乡、冠市乡、车江镇、茶市镇出现大风、冰雹，持续了 15 分钟，大风 11 级，冰雹最大直径 6 厘米，因灾死 17 人，伤 193 人，损坏房屋 2150 间，倒塌房屋 601 间，损失现粮 155 吨，受灾农作物总面积 567 公顷，森林受灾 320 公顷，死牲畜 6 头，毁小水电站 1 座，毁泵站 2 座，倒电杆 307 根，断电线 22 处，停电 72 小时，倒通讯杆 110 根，中断通讯 48 小时，损失金额 3600 万元。该日宜章县还出现了龙卷风，2 个乡受灾，重伤 1 人，轻伤 7 人，损坏房屋 718 间，倒塌 27 间，倒电杆 28 根。

8 月 24 日 19～20 时，新化县洋溪、白塘、新塘、汝溪、城关、北渡、枫林、科头、维山、温塘等 11 个乡镇出现了罕见的雷雨大风、冰雹，该县西南的天龙山脉北侧，是冰雹发生的主要路径，这次灾害主要集中在北渡、白塘、汝溪三乡，经调查，在该三个乡的交界处，形成了一条长达 6 千米，宽约 2 千米的冰雹密集区，冰雹入地深度达 6 厘米，最大冰雹直径为 10 厘米，致使在露天的人受冰雹击伤，如汝溪乡江溪村一人头部被冰雹打伤，在医院缝了7针，全县共重伤8人，轻伤20人，打死猪牛110头，家禽1300头，损坏房屋3.1万间，倒塌房屋210间，农作物受灾3400公顷，吹倒树木7.5万根，吹倒电杆310根，损失粮食650万千克，直接经济损失达700万元。

8月26日21时至22时10分，衡山县受飑线影响出现大风冰雹，风力达10级，持续80分钟，最大冰雹直径35毫米，过程雨量大于50毫米，东湖镇损坏房屋405间，受灾总面积18公顷，倒断树1.45万株，倒电杆255根，倒通讯杆117根，经济损失20万元。

8月31日17～19时，绥宁县李西镇遭大风袭击，目测风力达8级，大风伴着雷阵雨，使未成熟的中稻大面积倒伏，减产粮食80万千克。

1992年 3月19日，隆回县苗田乡、黄金井乡遭冰雹袭击，倒塌房屋1间，死1人，经济损失3万余元。

4月5日，安仁、永兴、宜章3个县的16个乡镇受风、雹灾害，受灾秧田面积1420公顷，成灾1231公顷，种子损失15万千克，油菜受害1428公顷，夏收作物受灾1667公顷，受损烤烟61公顷，损坏房屋1200间，轻伤1人。

4月18～21日，受偏南暖湿气流影响，出现了罕见的大范围强对流天气，雷雨大风、冰雹和暴雨自北向南波及全省大部分地区，有24个县（市）出现大风，最大风速23米/秒，有17个县（市）出现冰雹，最大冰雹直径5厘米。受其影响全省有50个县（市）223个乡受灾，死亡109人，倒房5.2万间，损房38.98万间，无家可归者3.6万人，23万公顷农作物受灾，加上大量邮电、通讯、水利等基础设施被损，直接经济损失5亿元。各地灾情分述如下：

18日，永兴、资兴出现冰雹，最大的重达250克，因灾死亡2人，重伤9人，损坏房屋7500间，倒塌住房51间，农作物受灾面积1152公顷，成灾面积959公顷，森林受灾面积1200公顷，倒通信电杆110根，中断通信72小时，直接经济损失1051万元。

20日17～18时，凤凰县大部分地区遭大风（或龙卷风）、冰雹袭击，新场乡风灾最重，12级风持续了7分钟，冰雹大如鸡蛋，下了20分钟，因灾死亡5人，伤21人，倒塌房屋348栋、损坏1350间，死牛5头、猪55头、家禽100只，倒断树木48万根，倒输电、通讯杆176根，4000公顷农田有半数失收，损坏生活用品17590件，直接经济损失达650万元。

20日19时，湘西泸溪县石榴坪、浦市等10个乡镇遭暴雨、大风、冰雹袭击，最大风力7～8级，冰雹大如鸭蛋，直径10毫米，每平方米875粒，持续时间13分钟，灾害造成4人轻伤，损坏房屋屋181间，农作物受灾1267公顷，灾害经济损失90万元。

20日晚20时至次日5时许，常德市安乡县、澧县、临澧县、鼎城区、汉寿县等7个（区）县相继出现了一场罕见的龙卷风、冰雹和暴雨、雷电袭击，灾区风力达8～10级，降雹持续10～20分钟，冰雹直径10～20毫米，最大80毫米，并伴随有50～90毫米的降水，此次灾害死亡6人，重伤323人，轻伤950人，损坏房屋12.85万间、倒塌1.55万间，农作物受灾7.6万公顷，死亡耕牛42头、牲猪757头，直接经济损失9000万元。

20日23时至21日3时，张家界遭受风雹袭击，风力7～8级，下冰雹40分钟，最大雹重0.85千克，直径达8厘米，野外蛇、兔打死甚多，全市34个乡镇受灾，损坏房屋21580间、倒塌1324间，全部倒光的39户，倒断电杆175根，直接经济损失5400多万元。

20日，怀化市辰溪、溆浦、麻阳、芷江等县遭受冰雹、雷雨、暴风袭击，此次灾害使4个县的78个乡镇受灾，风雹所到之处，房屋被吹倒，屋瓦被打碎，大树被连根拔起，农作物倒伏，可谓“百年不遇”。20日18时，辰溪县遭雷雨大风及冰雹袭击，冰雹最大直径约50毫米，风力达8级，损坏油菜1343公顷、减产700吨，毁坏小麦1020公顷、减产183吨，毁坏已插早稻1507公顷。20日19时至21日10时，溆浦县风速达30米/秒，持续约20分钟，冰雹最大直径40毫米，因灾死亡22人，伤2225人。麻阳县风速达16米/秒，冰雹最大直径170毫米。怀化全市损失349吨谷种，使6600公顷农田插栽季节后延20来天。

20日22时至21日5时，新化县84个乡镇普遍遭受大风、冰雹和暴雨袭击，风力8级以上，气象局测得冰雹最大直径达35毫米，持续了30分钟之久，受灾严重的有南源、燎源、城关、洋柒、水车、横阳、琅塘、炉观、游穴9个区（镇）42个乡（镇），全县损坏房屋4530间，倒塌356间，损失木材400立方米，死猪10头，春收作物和经济作物损失严重，其中豆类653公顷、马铃薯1503公顷、花生51公顷、西瓜92公顷、烤烟61公顷、蘑芋120公顷、地膜玉米200公顷，2台变压器被雷击坏，这次灾害损失达1400万元左右。

20～21日，长沙全市范围出现大风冰雹，大风持续10分钟，最大21米/秒，冰雹最大直径30毫米，损坏房屋1700间，倒塌房屋25间，损坏油菜800多公顷、早稻秧苗447公顷、蔬菜烟叶380公顷。20日，浏阳镇头区、城郊区10个乡遭受冰雹灾害，共190公顷农作物受灾，其中28公顷早稻秧田和47公顷其他秧苗损失严重，直接经济损失250万元，普迹乡受灾特别严重，损坏房屋8037间，中、小学因灾停课1～2天，全乡经济损失58.8万元。

21日，岳阳市出现雷雨大风冰雹，全市10个县（区、农场）123个乡镇倒塌房8000余间，死55人，伤1921人，沉船4艘，农作物成灾16793公顷、绝收1327公顷，倒断电杆3446根，毁坏树木32.89万株，损失大型农机具891件，大件家具2.43万件，直接经济损失约1.2亿元。钱粮湖农场遭受了龙卷风灾害，受灾最重：倒房1863间，死36人，伤708人，倒杆断线，农作物遭灾，直接经济损失1700万元。灾害发生后，中共中央、国务院领导打来电话询问灾情，省、市领导亲临灾区组织救灾，先后对灾区发放救灾款125万元，保险理赔款100万元，华容县县直机关捐献救灾款26.8万元。

21日0～1时，湘潭市部分乡镇遭龙卷风、冰雹和雷雨大风袭击，持续40分钟，中心风力达12级，冰雹最大粒重1.23千克，最大直径200毫米，湘乡的栗山、横铺，湘潭县的黄荆坪、锦石等68个乡镇受灾，毁坏经济作物和蔬菜2.2万公顷，倒屋8028间，死9人，伤787人，死大牲畜1501头，吹断电杆1980根，直接损失达3900多万元。

21日23时至22日1时，涟源市出现雷雨大风，局部下了冰雹，23时43分风向突变，风速达18米/秒，至23时52分，风速逐渐减小。据三甲乡龙民村村民反映，当时天昏地暗，狂风大作，雷雨冰雹交加，冰雹有鸡蛋大一个，风力有8级。全市37个乡镇受灾，以荷叶、白马、杨家滩、山塘等区受灾严重，打烂大型家具3500多件，打死打伤牲畜1500多头，其中耕牛11头，因灾死亡1人，伤51人，损坏房屋89429间、倒塌908间，受灾农田8800公顷，吹倒树木28.7万根，吹断楠竹23.5万根，吹倒电杆89根，灾害损失 2320 万元。

21 日双峰县木柿镇、沙塘乡、洪山镇、龙田乡的部分村降雹，雹粒如蚕豆大小，最大风速 19 米/秒，因灾死 2 人，伤 57 人，倒塌房屋 10000 间，农作物受灾 7000 公顷，折断树或竹 85 万根，死牛、猪 1950 头，毁公路 7 千米，灾害损失 1000 万元。

21 日，零陵地区 10 县（区）遭受风雹灾害，最大风力 9 级，最大雹径 50 毫米，死 1 人，伤 86 人，坏房 8000 余间，1 万公顷作物受灾。

21 日 22 时至 22 日 1 时，受强对流天气影响，衡山县发生冰雹和雷雨大风灾害，福田乡最大冰雹达 335 克，损坏房屋 2. 89 万多间，损坏稻田秧苗 633 公顷，造成直接经济损失达 340 万元。21 日午夜、22 日 6 时左右衡阳县金溪区出现冰雹，最大直径 10 厘米，持续 40 分钟，损坏房屋 1. 09 万间，农作物受灾 354 公顷，经济损失 100 万元。22 日 11 时 45～55 分，祁东县白地等 14 个乡镇雷雨大风冰雹，持续 10 分钟，最大风力 9 级，损坏房屋 350 间，倒塌房屋 30 间，农作物受灾 20 公顷，毁渠道 12. 71 千米，经济损失 61. 2 万元。

21 日，桂东出现大风冰雹，最大风力 12 级，冰雹最大直径 40 毫米，影响 9 个乡，因灾重伤 3 人，损坏房屋 8600 间，倒塌 232 间，直接经济损失 250 万元。

5 月 1 日，衡山县 7 个乡遭受雷雨大风，过程持续 20 分钟，最大风力 10 级，损坏房屋 2100 间，倒塌房屋 57 间，死牲畜 2 头，经济损失 125 万元。

5 月 1 日、6 日，祁东县出现冰雹、大风，最大冰雹直径 13 毫米，最大风力 11 级，伤 88 人，损坏房屋 2786 间、倒塌 218 间，农田受灾 238 公顷、成灾 193 公顷、绝收 11. 5 公顷，死牲畜 25 头，垮山塘 102 口，毁渡槽 110 米，毁公路 1. 2 千米，倒电杆 276 根，经济损失 131 万元。

5 月 6 日，衡阳市区、市郊、衡南等地出现雷雨、大风、冰雹，当日 13 时积雨云压顶，天空昏暗，电闪雷鸣，13 时 13 分风向突变，风速剧增达 20 米/秒以上，13 时 18 分阵雨、冰雹同降，大风持续 4 分钟，冰雹持续 3 分钟，灾害致死 1 人，伤 122 人，损坏房屋 7600 间，倒塌 491 间，农田受灾 7. 3 万公顷，倒电杆 1800 根，停电 5 小时，倒通讯杆 5 根，经济损失 1000 万元。

5 月 7 日，嘉禾、临武出现冰雹，最大直径 25 毫米，风力 10 级，因灾伤 46 人，损坏房屋 600 多间、倒塌 52 间，粮食作物受灾 2470 公顷，成灾 400 公顷，烤烟受灾 907 公顷，蔬菜受灾 87 公顷，直接经济损失 110 万元。

8 月 5 日，城步县永丰、花桥 2 个村受冰雹袭击，冰雹最大重量 0. 2 千克，水稻成灾面积 230 余公顷，减产粮食 23. 1 万千克。

8 月 15 日 16 时，保靖县清水乡的白果、门前、踏湖、牙坝、供堡、那冲、花交、白屋等遭大风（或龙卷风）、冰雹袭击，风力达 12 级，冰雹直径 22 毫米，持续 10 分钟，灾害造成 262 栋房屋受损，农田受灾 485. 3 公顷，森林受灾 213 公顷（倒断树 2200 株），经济损失 53. 3 万元。同日 17 时 01～14 分，花垣县花垣镇 18 个村及周围 5 千米范围遭大风、冰雹灾害，致 1 人死亡、5 人受伤，倒塌房屋 12 栋 28 间，损坏房屋 120 栋 230 间，倒、断树 8500 株，吹倒围墙 3000 米，吹倒电线杆 5 根，停电 36 小时，倒通讯杆 35 根，中断通讯 24 小时，中断交通 1. 5 小时，农作物受灾 134 公顷，经济损失 80 万元。

1993年　3月13日16时，新化白溪出现大风冰雹，风速达22米/秒，冰雹直径5～10毫米，持续10～20分钟。当时一艘载有70余人、人货混装的机帆船正在资水航行，大风导致翻船，当场死亡3人，4人失踪，直接经济损失8万元。同日17时55分至18时04分，泸溪县上堡、武溪、兴隆场、洗溪等7个乡镇受冰雹、大风危害，持续9分钟，最大风力8级，冰雹最大直径30毫米，灾害损坏10402间房屋，吹倒猪牛栏450间，农作物成灾760.6公顷，吹倒电杆11根，造成经济损失45万元。

3月14日17时，郴县的华塘、鲁塘、保和、月峰、岗脚5个乡发生龙卷风、冰雹，最大风力11级，冰雹最大直径40毫米，农作物受灾面积267公顷、成灾200公顷，损坏房屋1680间、倒塌220间，伤5人，倒通信电杆187根，直接经济损失70万元。

3月28日，城步县31个乡镇受雹灾，农作物受灾面积5300余公顷，倒塌房屋160间，死耕牛149头，打断林、竹700万根。

4月23日，株洲县受中层切变线和地面冷锋的影响发生强对流天气，县内西部地区出现雷雨大风，莲塘坳、上云桥、凉江、沙陵陂、钟佳桥、城关等乡镇出现冰雹，莲塘坳乡受灾最重，冰雹如鸡蛋大，估计风力9级以上，大树被连根拔倒，倒屋1226间，造成332人无家可归，死3人，油菜减产达70%，经济损失达930万元。

4月24日，洞口古楼等6个乡镇和绥宁梅坪等5个乡镇出现冰雹，伤86人，死牛3头，损房2256座，打坏油菜、药材、土豆等农作物1570余公顷，经济损失1097万元。

4月27日，湘西自治州遭受大风冰雹袭击。17时20～55分，凤凰县木江坪、桥溪口乡一带20个村遭冰雹袭击，最大的冰雹重2.1千克，冰雹重伤5人、轻伤134人，损坏房屋3225栋9675间，砸毁瓦2815.2万片，打死猪牛247头，农作物受灾725公顷，其中打坏秧田116公顷，损失稻种27880千克，损毁油菜278公顷、晒烟278公顷、玉米53公顷，经济损失200余万元。17时45分至18时30分，泸溪县遭冰雹大风袭击，最大冰雹直径80毫米，最大风力7级，持续45分钟，小章、解放岩、浦市、兴隆场等4个乡镇受灾严重，致11人重伤、48人轻伤，损坏房屋12840间，打死牛2头、伤35头，打死羊25只，农田受灾597.4公顷，森林受灾447公顷，灾害经济损失132万元。19时30分至20时，麻阳、溆浦两县11个乡镇遭受雷雨大风、冰雹灾害，最大雹径50毫米，风力达11级，持续约5分钟，倒塌房屋37栋、损坏3585间，重伤3人，死亡1人，农作物受灾792.4公顷、成灾22.4公顷，折断树木11360根，垮山塘165口，倒电杆518根，击坏变电器3台，经济损失188万元。

4月28日，耒阳市洲陂、马水乡出现雷雨大风、冰雹，持续约20分钟，重伤7人，轻伤21人，倒塌房屋58间，烤烟受灾17公顷，断树、竹30根，损失金额30万元。

5月1日凌晨，湘阴东塘乡6个村雷雨大风致灾，损、倒房屋45间，倒电杆27根。

6月27日，邵东出现雷雨和9级大风，持续15分钟，倒塌房屋205间、损坏11020间，1人被大风刮进水库溺死，倒电杆80余根，县城停电24小时，经济损失290万元。

6月30日，因地面冷锋过境，永兴出现雷雨大风天气，碧塘乡同心村马安塘组被大风刮倒房屋4间，损坏9间，致重伤2人，轻伤11人。

11月15日21时50分，古丈县古阳镇、城关乡、双溪乡、高望界林场等地受冰雹、大风袭击，最大风力8级，最大雹径15毫米，持续时间5分钟，造成23栋房屋被损，2333公顷农作物受灾，有2处停电15小时，中断通讯18小时，灾害造成80万元损失。

1994年 4月7日，邵阳市郊部分乡镇遭大风、冰雹袭击，毁坏早稻秧田190余公顷，春收作物130余公顷，倒塌房屋54间，砸伤4人，直接经济损失115.5万元。4月8日零时10分，娄底市出现9级大风，零时15分开始雷雨交加，市印刷厂锅炉烟囱及食堂小烟囱倒塌，打烂住房1间，轻伤1人，娄底市汽车制造股份有限公司倒围墙40余米，倒房6间，吹翻简易工棚20余处，乐坪街吹倒风景树40余棵，吹断树木30根，经济损失100万元左右。

4月19日，受高空低槽和地面冷锋的影响，湘西自治州、岳阳、怀化、娄底市等地遭受大风、冰雹灾害，各地灾情分述如下：

19日16时40分—18时30分，湘西自治州泸溪县白羊溪、石榴坪、小章等3个乡遭强风冰雹袭击，最大风力7级，最大雹径40毫米，降雹约10分钟，风雹造成2630间房屋受损，500公顷农田成灾，直接经济损失55万元。18～20时，永顺县列夕乡、王村镇等地遭受大风冰雹袭击，风力9级，最大雹径80毫米，下了30分钟，因灾致伤4人，倒塌房屋17栋，损坏房屋5700间，打死耕牛5头、猪30头，倒电杆30根、通讯杆41根，倒断树2500株（百年大树倒5株），损失苗木225公顷，农作物受灾1800公顷，灾害经济损失350余万元。19时，古丈县高望界林场、高峰乡、双溪乡、默戎镇、罗依溪镇等地受大风、冰雹灾害，最大风力8级，冰雹最大直径达80毫米，重1千克，持续15分钟，致1人死亡、21人轻伤，倒塌房屋12栋、损坏2304间，打死耕牛5头、猪31头，农作物受灾234公顷。

19日20时，岳阳谈岑区出现雷雨大风、冰雹，倒塌房屋9780间，347公顷早稻秧田与500公顷春收作物受灾，损坏变压器34台和1座电视差转台。

19日，怀化市溆浦县发生狂风、暴雨，最大风速25米/秒，有的楼房整个上层被吹翻，全县26个乡镇受灾，死2人、重伤177人，轻伤109人，损坏房屋61256间，农田受灾3262公顷，森林受灾158公顷，吹断树木19250根，吹倒电杆3700根，停电20小时，损失6200万元。辰溪县12个乡镇遭受雷雨大风、冰雹灾害，损坏房屋1235栋，仙人湾12所学校被吹倒。该日17时，麻阳县谷达坡、栗坪、兰里等14个乡镇出现龙卷风、冰雹，冰雹最大直径6～7厘米，最大风速25米/秒，持续31分钟，当时一团漆黑，飞砂走石，房屋瓦片、树木枝叶、鸡鸭鹅吹得满天飞，死6人，重伤84人，轻伤1379人，损坏民房25908间，农田受灾15139公顷，毁坏水利设施55处，吹倒电杆93根，全县损失4016万元。

19～20日，娄底市新化县出现大风冰雹，风速达22米/秒，致使全县通讯线路中断，共有29个乡（镇）受灾，灾情特别严重的有游家、炉观、西河等区镇，因灾死亡8人，伤285人，损坏房屋8898间，倒塌房屋468间，农作物受灾总面积2900公顷，损坏秧田77公顷，损失谷种12.4吨，损坏大件农机具440多件、大件家具1950件，720名学生因学校损坏而停课，死牛猪52头，吹倒电杆136根，吹断电线45千米，通讯断线268千米。

4月22日，郴州市（现北湖区）出现风、雹灾害；4月30日，嘉禾县出现风雹灾害，最大雹径20毫米，风力8级。这两次灾害统计：郴州市损坏房屋100间、倒塌16间，轻伤1人，751公顷农田受灾、成灾224公顷，冲走鱼19.34万尾，森林受灾667公顷。

4月30日傍晚，大风、冰雹席卷了洞口、武冈的部分乡镇，风力达12级，最大雹径

4 厘米，持续 10～20 分钟，摧毁农作物近 1100 公顷，吹倒树木 5000 余株，毁坏房屋 3640 间，重伤 1 人，直接经济损失 448 万元。5 月 1 日，君山、建新农场、岳阳楼区、岳阳县发生风、雹、雷雨，尤其是该日 5 时，龙卷风夹冰雹（大如鹅卵）袭击了岳阳县公田区至步仙区的狭长地带，当时风力 12 级，沿线 6 个乡镇倒塌、损坏房屋 1800 余间，死 3 人，伤 39 人，死牲畜 480 头，400 公顷作物、80 公顷林果受损，倒电杆 280 根，断电线 1.6 万米，直接经济损失约 570 万元，其中以岳阳县杨林乡龙村（花果园）受灾最重：在约 4 平方千米区域内损坏房屋 1250 间、倒塌 725 间，受灾农作物 40 公顷，死亡 3 人，伤 38 人，死耕牛 15 头，倒杆 145 根，停电 144 小时，经济损失 200 万元。5 月 1 日 8 时 40 分至 9 时 50 分，泸溪上堡、武溪、洗溪、浦市等乡镇遭受雷雨大风和冰雹袭击，持续约 30 分钟，风力达 8 级，最大冰雹直径 40 毫米，造成 1 人轻伤，倒塌房屋 4 栋，损坏房屋 30 间，倒断树 1 万余根，倒电线杆 10 根，断线 30 处，早稻秧受灾 8 公顷，油菜受灾 30 公顷，灾害总损失 240 万元。

5 月 2 日下午 3 时许，耒阳市东湾、大市、江头、芭蕉、新市、辽田、三架、哲桥、亮源、浔江等 10 个乡镇遭受龙卷风和冰雹袭击，风力 11 级，持续 10 多分钟，最大雹径 30 厘米，重 2.5 千克，因灾死 2 人、伤 47 人，倒塌房屋 5040 间，有 359 户无家可归，损失大件家具 8900 件、农机具 360 件，488 公顷农作物受灾，其中 371 公顷秧田损失谷种 1.58 万千克，死牛 168 头，折断电杆 64 根，倒通讯杆 349 根，直接经济损失 1200 万元。

5 月 13 日 15 时 12 分，平江部分地方出现雷雨大风，致使 20 个乡受灾，倒房 2300 间，210 户无家可归，重伤 9 人，城关镇 16 家企业厂房、设备受损而停产。

7 月 3 日，嘉禾出现风雹灾害；7 月 10 日，宜章出现风、雹灾害，最大风力 9 级，最大冰雹直径 34 毫米，这两次灾害统计：共损坏房屋 529 间，倒房 28 间，因灾死亡 5 人，轻伤 2 人，农田受灾 8487 公顷，成灾 6020 公顷，减产 12650 吨，经济损失 660 万元。

7 月 11 日，受高空槽和台风倒槽共同影响，湘北、湘中出现了大风天气。该日 16 时开始，常德市出现 8～9 级大风，下午常德的鼎城区、西洞庭农场，安乡县的安生、安文、安化、安昌、安尤乡，汉寿县的罐头咀、文未、鸭子港、洲口、坡头、围堤湖、西竺山乡先后出现了龙卷风，全市共有 25 个乡镇受灾，倒塌房屋无家可归的 1047 人，直接经济损失 6965 万元。同日邵东及邵阳市郊出现雷雨大风，风速达 30 米/秒，重伤 2 人，轻伤 7 人，直接经济损失达 229 万元。同日下午涟源市发生雷雨大风，风速 17 米/秒，致使受伤 43 人，倒塌房屋 585 间，1700 公顷农田受灾，死猪 26 头，经济损失 2153 万元。15 时 11～15 分，双峰县出现雷雨大风，气象站测得最大风速 19 米/秒，使杏子、梓门、石牛、永丰、印塘、青树等 6 个乡镇严重受灾，损坏房屋 1016 间，倒塌房屋 95 间，轻伤 10 人，受灾农田总面积 1000 公顷，吹断树木 5 万株，死牛 13 头，烧毁变压器 2 个，停电 48 小时，灾害损失 580 万元。

7 月 19 日 16 时 50 分至 19 时，浏阳普迹镇 7 个村发生龙卷风，1 人死亡，2 人重伤，2 人轻伤，32 间房屋受不同程度损坏，倒塌房屋 4 户，通讯与供电中断，损失 6 万元以上。

7 月 20 日 16 时 30 分至 17 时 10 分，湘阴玉华乡受龙卷风、雷雨袭击，该乡长湖等 9 个村受灾，倒房屋 113 间，死亡 1 人，重伤 2 人，死大牲畜 80 头，直接经济损失约 45 万元。

7月25日、26日，汨罗遭受雷雨大风袭击，白水镇风力达10级，镇内11个村倒房屋58间，伤3人，该镇境内铁路中断运行1.5小时，直接经济损失280多万元。

9月3日，桂东出现大风冰雹，最大雹径20毫米，风力7～8级，845户受灾，316公顷农作物成灾，减产粮食17.6万千克。

1995年 3月16日晚上开始，受北方强冷空气影响，常德市大部分地区遭受8级以上大风袭击，全市72个乡镇受灾，死亡1人，重伤581人，轻伤1200人，损坏房屋50148间，倒塌房屋1650间，吹倒吹断林木18300根，死牛2头、猪180头，油菜受灾绝收2663公顷，减产20万千克，造成直接经济损失2351万元。

4月8～9日，宜章、嘉禾发生风雹灾害，最大雹径30毫米，阵风9级，损坏房屋352间、倒塌30间，受灾农田586公顷，损失早稻种2300千克，中断通信96小时，直接经济损失90万元。

4月10日晚、4月13日23时30分至14日12时、15日上午、22日15时30分至17时，怀化、芷江、黔阳、沅陵、溆浦、洪江等6个县（市）遭受大风、冰雹和暴雨的袭击，最大雹径12厘米，重达2.6千克，密度为500粒/平方米，同时伴有7～10级大风和暴雨，有的地方持续1个小时。共有59个乡镇受灾，死亡4人，重伤16人，轻伤74人，损坏房屋51260间、倒塌718间，农作物受灾8400公顷，倒断电杆547根，线路7万余米，损坏渠道76处，这几次灾害造成经济损失达9680万元。其中芷江县受灾最严重：4月10日晚最大风速23米/秒，最大雹径12厘米，有12个乡镇受灾，损坏房屋2375间、倒塌253间，死亡2人，重伤7人，打死大牲畜26头，农作物受灾3440公顷，供电线路和通讯设施遭受严重破坏，损失达2060万元。此外4月13日，怀化市中方、排楼等乡镇遭大风冰雹袭击，冰雹最大重量1000克，地上平均厚度15厘米，损坏房屋4096栋，经济损失3689万元。

4月25日，花垣县茶洞、雅桥、排吾、麻栗场、董马库、排碧、排料等乡镇受冰雹袭击并伴有7级大风，冰雹直径20毫米，持续20分钟，损坏房屋305间，倒塌房屋64栋，农作物受灾7352公顷，森林受灾157公顷，经济损失总额为151.4万元。

5月25日下午，邵东出现局地雷雨大风，风力达9级，持续10余分钟，损坏房屋5300间、倒塌380间，农作物受灾150余公顷，直接经济损失80多万元。

5月31日下午，长沙处于副热带高压边缘高温、高湿气流控制之下，地面有弱冷空气南下影响，长沙县黄兴镇双坪、新乐、兰园、兰田、新冲子等村发生了雷雨大风天气。长沙轴承厂锻造分厂及附近（南北长约5千米，东西宽约1千米）地区遭受重灾：14时30分开始狂风大作，大雨倾盆，瓦片横飞，4～5米外看不见人，白茫茫一片，风力达10～11级，持续约1小时，吹倒该厂桐树（大的直径约70厘米）30多株，兰园村一个四岁女孩被卷入水塘淹死，损失约300万元。同日湘潭市郊下摄司一带也发生雷雨大风，倒树倒屋，通讯线路中断，停水停电，直接经济损失约78万元。还有衡阳、常宁、南岳、衡山、衡东部分地方遭受龙卷风、冰雹、暴雨袭击，有38个乡镇受灾，成灾人口2.24万。

6月上旬，临湘白羊镇多次受雷雨大风、冰雹袭击，倒房1215间，通讯设备全部中断，早稻867公顷、一季稻267公顷受灾。

8月21日19时20分，株洲市郊龙头铺、明照至东区出现雷雨大风，吹倒一根电杆，一位农民路过踏线触电死亡，明照乡、面粉厂、戴家岭一带许多工棚、临时商店的石棉瓦屋顶被掀，路旁的树木折断，市气象局院内一棵 30 厘米直径、高 10 多米的大树从离地 1.5 米处折断，另一棵直径 40 厘米的大树被连根拔出。

1996 年　4 月 18 日 20 时左右，娄底市区雷鸣电闪，风雨交加，风速达 18.1 米/秒，茶园乡受灾严重：毁坏 67 公顷水果基地，50 多公顷秧田受损，经济损失 210 万元。

4 月 30 日 15 时，会同县遭雷雨大风、冰雹袭击，最大冰雹直径 25 毫米，全县 26 个乡镇均受灾，损坏民房 1205 栋，农作物受灾 4150 公顷。同日新晃县凉伞乡遭雷雨大风、冰雹袭击，风力 8 级，最大冰雹直径 20 毫米，伤 10 人。

6 月 2 日，岳阳君山农场遭受龙卷风袭击，直径约 40 厘米的大树被折断、扭曲。

6 月 13 日 16 时许，耒阳市出现雷雨大风冰雹，持续约 20 分钟，最大雹径 7 毫米，风力 9～10 级，黄市镇因灾死 1 人、伤 4 人，倒房屋 23 间，断竹子 850 根，经济损失 100 万元。

7 月 10 日 16 时 30 分，常宁县出现飑，最大风力 12 级，持续 10 分钟，兰江乡灾害严重：伤 99 人，损坏房屋 98 间，农作物受灾 600 公顷，倒断树 2100 根，毁渡槽 105 米，倒电杆 16 根，经济损失 250 万元。

7 月 19 日 18 时 30 分至 19 时，邵东县局部遭龙卷风袭击，死 4 人，重伤 19 人，损坏房屋 13510 间、倒塌 960 间，直接经济损失 1500 余万元。

8 月 6 日傍晚，湘乡市毛田乡霞落村遭飑线袭击，并伴有雷雨和少量冰雹，持续约 15 分钟，损坏房屋 120 间，树木 1200 多株，断电杆 40 多根，造成该村停电 12 天。

1997 年　4 月 3 日零时 30 分，娄底市发生冰雹、大风，冰雹下了 5 分钟，直径约 1 厘米，经实地调查，冰雹除对蚕豆尖及部分蔬菜有影响外，对其他作物影响不大，全市 194 个村受到影响，其中大科、百亩、石井乡损失较严重，因倒房损失大家具 121 件，死亡 1 人，伤 2 人，损坏房屋 2500 间，倒塌 65 间，农作物受灾 1400 公顷，经济损失 358 万元。同日洞口县桐山乡发生风、雹灾害，时间约 5 分钟，经济损失 100 万元。

4 月 17 日，邵阳县北部 10 个乡镇遭雷雨大风袭击，风力 9 级，持续 8 分钟，吹倒房屋 502 间，砸死 6 人，重伤 12 人，直接经济损失 2870 万元。同日，新宁县巡田乡出现大风，并伴小冰雹，倒塌房屋 21 间，死 2 人，直接经济损失 150 万元。

4 月 29 日 12～14 时，娄底市出现暴雨、冰雹、局部大风，据群众反映还有龙卷风，石井、杉山、小碧、西阳等乡灾情严重，其中受伤 6 人，损坏房屋 2800 间，倒塌 34 间，农作物受灾 400 公顷，死鸡 300 只，灾害经济损失 62 万元。同日，耒阳市雷雨大风，肥田乡伤 1 人，倒塌房屋 46 间，农田受灾 33 公顷，经济损失 200 万元。

5 月 5 日 14 时许，临湘县长塘镇、岳阳县西塘、公田、甘田镇受龙卷风袭击，风力达 10 级。长塘镇有湖湾等 4 个村受灾：倒房屋 36 间，死大牲畜 21 头，断电杆 4 根，损失粮食 1.5 万千克。西塘镇的茨木等 7 个村及镇办果场共 300 多户受灾，倒房屋 50 间，100 公顷果树、600 公顷春收作物受损。

5 月 8 日 8 时 30 分，长江松阳湖段风云突变，骤起 7 级以上大风，浪高 2 米，一艘满载 195 吨榨菜的云阳货轮“江城 116 号”沉没，幸无人员伤亡。

5月11日7时30分左右，汨罗市出现狂风、暴雨（风力8级，夹冰雹），白水、天井、川山等7个乡镇受灾严重：倒房726栋，伤75人，通讯设备和线路严重受损，导致12个乡镇企业被迫停产。同日14～17时，华容县团洲、幸福、汪洋、滋口、插旗、南山、终南、三封寺7个乡受雷雨大风（8级）袭击，使8.5万人受灾。14～19时，麻阳县郭公坪、石羊哨两个乡镇遭受大风、冰雹灾害，最大冰雹直径20毫米，风力达11级，损坏房屋3470间，农作物受灾243公顷，倒电杆156根，8个地方停电，因灾造成经济损失355.5万元。14时45分至次日凌晨2时，钱粮湖农场出现大风，中心风力达10级以上，四、六、八分场12个大队和1个较大的场办企业受灾严重：倒房屋212间，摧毁轮窑1座，伤26人，通信、电力线路和交通全部中断。15时58分，岳阳楼区出现9级大风，并伴有雷雨，使城区及郊区均受到较大损失，仅岳阳窗纱总厂倒房2栋20多间，伤1人，压坏电器、大型家具等损失10多万元。18时50分，屈原农场河市镇荻湖、三联等村遭受了雷雨大风（8级）袭击。20～22时，平江县12个乡亦受到暴风雨袭击，尤以瓮江、伍市、何家、浯口4个乡为重，全县直接经济损失达2000余万元。长沙县金井镇受雷雨大风、冰雹两次袭击，全镇受伤7人，部分屋面全部卷走，配电线路及设备全被烧坏，21个村电力中断，金井邮局机房渍水，微机损坏，电力、电讯损失达50万元，制鞋厂10吨成品被雨淋湿，损失60万元，燃具厂、茶厂、金龙铸造厂也损失惨重，乡镇企业损失达60万元以上，金井中学、农科小学和涧山小学被迫停课，总经济损失达500万元以上。

5月15日，邵东县6乡镇出现雷雨大风，风力8级，倒房580间，死1人，重伤7人，直接经济损失250万元。同日18时15分至20时，衡阳市区、市郊出现雷雨大风，最大风速23.3米/秒，断树30株。

6月6日12时30分至13时10分，安乡县遭受龙卷风袭击，县城风速达18米/秒，持续40分钟，死亡1人，轻伤67人，损坏房屋5815间，倒塌690间，吹倒树木10万根，吹倒电杆（含邮电）1200根，断线15万米，损坏家具5700件，其中电视、冰箱360件，损坏变压器30台，直接经济损失1936万元。

6月24日17时，桑植县出现大风，最大风速19米/秒，持续12分钟，官地坪、苦竹坪、廖家村、五道水等地受灾，官地坪同时还遭受了冰雹袭击，持续近1小时，风、雹使全市农作物受灾近1000公顷，30栋房屋受损。

7月28日15时30分，株洲市突发大风，倾刻雷雨交加，15时40分开始下了2分钟的冰雹（冰雹直径为1厘米，范围小），大风摧毁8个交通指挥亭的遮阳伞，刮倒两块巨幅广告牌，总经济损失几千万元。

8月1日，邵东县大部分地方出现8级大风，倒塌、损坏民房460间，3000人无家可归，560公顷农作物受灾，直接经济损失660万元。

9月1日16时50分，花垣排料乡5个村遭受雷雨大风和冰雹灾害，最大风力9级，冰雹最大直径2厘米，持续10分钟，致使1人死亡，3人受伤，损坏房屋225间，倒断树11根、电杆13根，停电36小时，农作物受灾208.2公顷，其中水稻146公顷，致减产18万千克，玉米受灾11公顷，减产6000千克，灾害经济损失187.993万元。

9月9日14时30分至15时，溆浦县均坪、思蒙、统溪河、葛竹坪等4个乡镇遭大风、冰雹危害，最大冰雹直径50毫米，思蒙乡管子垅村9组一棵围径3米的大古树被吹倒，因灾死亡4人，重伤15人，轻伤37人，损坏房屋1520间，水稻受灾619公顷，减产粮食86万千克，断电杆17根，停电24小时，中断通讯15小时，经济损失300万元。

10月19日17时，湘乡市白田镇五星、高丰、高冲3个村在长约5千米、宽约0.5千米的地带自北向南遭飑线袭击，出现雷雨大风和冰雹，风力达10级，雹大者如拳头，也有棒状的，长约20厘米，持续约20分钟，3个村伤50人，毁屋179间，吹断树木150株，倒电杆210根。同日韶山市大坪乡亦遭雷雨大风袭击，造成较大经济损失。

1998年　2月13日，洞口渣坪乡降冰雹20分钟，最大雹径8厘米，损坏房屋200多间。同日16时至17时10分，衡阳市出现龙卷风与冰雹，最大雹径5毫米，过程雨量45毫米。

3月8日，受高空槽和地面冷空气影响，临武县出现8级大风和冰雹，最大雹径50毫米，持续30分钟，28人因灾受伤，损坏房屋206间、倒塌16间，打坏烤烟苗12.5公顷，蔬菜21公顷，死亡大牲畜106头，直接经济损失30万元以上。

3月19日3时43分至19时06分，岳阳市岳阳楼区等地受8级寒潮大风侵袭，吹垮吹烂蔬菜大棚，冻死黄瓜、茄子、辣椒等夏菜80公顷，损失300多万元。同日，张家界市出现大风冰雹，风速17米/秒，最大雹径8毫米，积雹深度3厘米，全市损坏房屋216间、倒塌54间，农作物受灾5万公顷、成灾3万公顷，油菜、小麦、马铃薯及奈李等遭重创，直接经济损失达4790万元。3月19日18时34分至19时33分，20日20时38～44分，新化县部分地区出现了8级大风，因维持时间短，预报服务准确，没有造成大的损失。

3月22日，长沙全市范围出现冰雹，加上19～28日的持续低温、阴雨，给全市农业生产造成严重损失，旱育秧200多公顷受损，其中133公顷全部被毁，全市水泥钢架大棚、竹架大棚的棚膜遭冰雹袭击损坏达210卡，小拱棚受损面积达24公顷，蔬菜大苗损失80万株，黄瓜、豆角、西葫芦、茄子等早夏菜死亡面积达567公顷，损失400万元，800多户计4000多间房屋瓦片受损，倒塌房屋5间，有7家大型机砖厂砖坯受损。

4月1日5时至6时30分，衡南县出现8级大风，因服务及时，无明显灾情。

4月10～11日，受高空低槽、中低层切变和地面冷空气共同影响，造成局地强对流天气，湘西、湘中出现大风冰雹。其中，10日20时至11日1时，凤凰县落潮井、阿拉、廖家桥等13个乡镇遭大风、冰雹袭击，风力8级以上，最大冰雹直径60毫米，灾害造成1人受伤，房屋倒塌7栋9间，损坏480间，受灾油菜387公顷、小麦40公顷、猕猴桃10公顷，损失稻种600千克，倒断树1600株，许多大树被连根拔起，造成经济损失91.6万元。11日1时22分至20时，娄底市区、西阳、杉山、万宝、大科等地出现大风冰雹，最大冰雹直径6毫米，风速达29.8米/秒，屋顶上的瓦被大风吹走，树枝被折断，大树连根拔起，伤1人，损坏房屋653间、倒塌152间，农作物受灾152公顷，经济损失148万元。11日15时，湘乡市水府庙库区出现龙卷风，毛田，棋梓、壶天、翻江等15个乡镇出现冰雹和雷雨大风，百年大树被连根拔起，水库内覆舟28艘，溺死11人，全市统计，共倒屋2000多间，死14人，伤25人。11日18时，衡南县出现龙卷风，鸡笼、泉湖镇死1人，伤15人，损坏房屋3000间、倒塌170间。同日，新邵县北部受大风、暴雨、冰雹袭击，伤12人，损坏房屋708间、倒塌307间，经济损失210余万元；洞口县部分乡镇出现8级大风，倒塌民房17座，经济损失200万元；衡阳市区大风持续193分钟，风速达20米/秒，衡阳市西渡、祁东、衡南死4人，损坏房屋3000间，倒塌房屋1640间，农作物受灾15万公顷，成灾5.7万公顷。

4月23日，受强盛的西南暖湿气流影响，湘北、湘中出现雷雨大风天气。其中，16～18时，常德市9县（区、市）211个乡镇遭受雷雨大风、冰雹灾害袭击，风力达10级，持续近2小时，因灾死亡14人，重伤1689人，轻伤11815人，损坏房屋82622间、倒塌9675间，农作物受灾20万公顷、成灾14万公顷、绝收3.4万公顷，倒杆16638根，中断交通1小时，停电10小时，经济损失5.98亿元。18～20时，临湘、华容、岳阳受雷雨大风、冰雹袭击，岳阳楼区最大风力10级，临湘冰雹最大直径12毫米，其中华容倒房屋234间，倒蔬菜大棚700个，断树木8100株，断光缆11处；临湘倒房20间，死亡1人，伤5人；岳阳市起重电磁厂有54户职工房屋被揭顶，面积达2000多平方米，损失20多万元，大风还吹翻5艘正在岳阳南湖夜游观光的游船，所幸5名船主和49名游客全部获救。21时25～35分，泸溪县小章、永兴场、潭溪3个乡镇遭冰雹、大风袭击，风力8级，最大冰雹直径40毫米，风、雹造成3000余间房屋受损，损坏屋瓦20多万片，465公顷作物受灾，经济损失20万元。同日，株洲市淦田、堂市、王十万3个乡出现了冰雹、雷雨、龙卷风强对流天气，摧毁秧苗120公顷，110户农户房倒屋揭顶，13个厂房被吹毁，堂市煤矿厂房和高压线、围墙被毁，停产2个月，损失20万元，朱亭机械厂3000平方米屋顶被掀，损失5万元，淦田冶炼厂400平方米车间被吹倒，13个学校屋顶、窗玻璃损坏而无法上课，吹倒电杆287根，湘江翻船5艘，16人受伤，折断树枝不计其数，农业损失500万元，总的损失1500万元，由于市气象台对本次过程提前两天就做了预报和服务，所以减少了损失，收到了较好的社会效益。

5月7日21时20分，岳阳钱粮湖农场受龙卷风袭击，风力10级以上，持续20分钟，有5个分场（镇）受灾，倒房屋136栋377间，死亡2人，伤131人，400多人无家可归。

5月14日0时至1时30分，凤凰县黄岭乡、茨岩乡共10个村遭冰雹袭击，受灾秧田52.5公顷、成熟油菜43公顷、烟苗60公顷、玉米87公顷、其他经济作物97公顷，灾害经济损失约150万元。

5月中旬，岳阳三荷乡迎丰村受龙卷风袭击，倒房8间，断电杆10余根。

1999年　4月11日上午，邵阳县塘渡口镇出现雷雨大风，经邵阳市区至邵东止，整个过程近30分钟，邵阳市气象观测站测得最大风速21.0米/秒，大祥区檀江、江北等乡镇受灾最重，倒塌房屋372间，死亡3人，经济损失6200万元。同日17时40分，通道县甘溪乡的溪脑、洞雷等6个村遭受龙卷风袭击，持续时间30分钟，最大风力达11级，毁坏房屋178间，刮倒电杆10根，停电24小时，直接经济损失8.5万元。

4月23日15～17时，桑植县出现10级左右狂风，特别是马合口乡所辖7个村风灾损失惨重，全县吹倒房屋1551间，农作物受灾54.2公顷，经济损失357万元。同日16时左右，保靖县黄连、马王、拔茅、比耳、隆头、仙仁、阳朝、大妥、复兴、梅花、迁陵、龙溪、昂洞等13个乡镇遭受强风雹和暴雨袭击，风速达27米/秒，降雹8分钟，最大雹径43毫米，造成1人死亡，损坏房屋15080间，受灾农作物5600公顷（其中绝收2400公顷）、柑橘1400公顷、蔬菜700公顷，损坏高压电线58千米，经济损失达5014

万元。同日 18 时左右，古丈县茄通、河西、罗依溪、高望界林场等 4 个乡镇遭强风雹袭击，风力 8 级，冰雹最大直径 30 毫米，持续约 30 分钟，损毁房屋 354 间，倒电杆 2 根，停电 24 小时，农作物受灾 511 公顷。同日 18 时许，华容操军镇受雷雨大风袭击，持续 2 个多小时，使 31 个村倒房屋 755 间，伤 30 人，受灾作物 1187 公顷，倒断电杆 300 根，断树木 5000 株，损失 340.6 万元。

4 月 24 日 21 时 15～18 分，平江雷雨大风，风力达 10 级，有大洲、梅仙等 10 个乡受灾，倒房屋 860 间，伤 300 多人。

5 月 9～10 日，5 月 18 日 19～20 时，慈利县的东岳观、桑植县的龙潭坪镇、凉水口乡等 7 个乡镇所辖的 23 个村先后遭受暴风雨和冰雹袭击，造成 25 人无家可归，农作物受灾 1.101 万公顷，其中绝收 65.2 公顷，直接经济损失 1300 多万元。

7 月 8 日，衡阳市受中低层切变线影响出现雷雨大风，风速 17.8 米/秒，持续 1 分钟。

7 月 25 日 16 时 20 分，会同县王家坪的小洪、前进、利溪、胜利等村遭受龙卷风袭击，风力达 12 级，持续 5 分钟，伴有冰雹（直径 20～30 毫米），毁坏房屋 320 栋，刮倒树木 1200 株，毁坏楠竹 2 万余根，直接经济损失 28 万余元。

7 月 31 日，娄底市出现大风，百亩、石井乡受灾，屋瓦被大风吹走，数百株大树被风拦腰折断或连根拔起，给两乡造成较大损失。

8 月 2 日 17 时 29 分，衡阳市受中低层切变线影响，出现大风、阵雨，大风持续 1 分钟，最大风速 19.0 米/秒。

8 月 9 日 17～19 时，麻阳、溆浦两县遭受雷雨大风侵袭，最大风速达 20.6 米/秒，麻阳县受灾较重，粮食作物受灾 3500 公顷，成灾 2000 公顷，即将成熟的中稻受损 3500 公顷，树木被刮断 1.2 万株，刮倒电杆 18 根，停电 11 小时，造成经济损失 3500 万元。

8 月 16 日 16 时，桑植县出现 10 级左右大风成灾。

2000 年　4 月 10 日 5 时 13～22 分，岳阳楼区突发 7 级大风，长江三江口城陵矶港两条驳船相撞，船体受损，直接经济损失 2 万多元。

4 月 14 日，冷水江市出现大风，最大风速 21 米/秒，由于预报和服务情况较好，未造成重大损失。

6 月 1 日 15 时 55 分～17 时，常德市澧县、津市、安乡先后遭受雷雨大风、冰雹袭击，最大风力 10 级，持续近半小时，并下了冰雹，其最大直径 20 毫米，因灾造成 1 人死亡，30 人受伤，澧县损坏房屋 1090 间、倒塌 265 间，倒断树木 19800 根，电力、通讯倒杆 300 根，经济损失 385 万元。

6 月 10 日 12 时 06 分，岳阳市区出现大风，一艘载客 26 人的游艇遇大风浪沉没，造成 9 人死亡，其社会影响和经济损失很大。

6 月 16 日 19 时，张家界市慈利县零阳镇胜利、大星、克西等村遭冰雹袭击，持续 12 分钟，冰雹大的如鸡蛋，玉米叶被打成麻绒，棉花苗打成光杆，村民住房瓦片打得粉碎，玉米减产 90%。

6 月 20～21 日，冷水江市出现大风，最大风速 18 米/秒，全市损坏房屋 30 间、倒塌 1 间，农作物受灾 13 公顷、成灾 6.7 公顷，经济损失 3 万元左右。

6月30日12时20分，慈利县金坪乡龙溪、汤溪两村遭龙卷风和冰雹袭击，持续1小时，0.7～1米围径的大树被连根拔起，有的齐腰折断，房屋瓦片被风卷起，玉米被吹倒趴地，造成2人重伤，4人轻伤，直接经济损失150万元。

7月1日15时30～37分，湘阴发生雷雨大风，因灾损坏房屋8160间，倒房屋530间，死亡2人，伤36人，死亡大牲畜475头，农作物受灾8667公顷，成灾6000公顷，倒电力杆、电讯电杆1760根，断线228千米，损失1630万元。

7月18日15时30分左右，怀化市鹤城区遭受了历史上罕见的雷雨大风和冰雹袭击，最大冰雹直径达6.8毫米，瞬时风速达19米/秒，外资企业正大公司车间瓦顶被掀，打湿原材料损失60余万元，电信局倒电杆7根，断线7处，击坏电话机200余台，电力公司造成大面积停电1小时30分，损失电26万千瓦小时，共造成经济损失270万元。

9月5日下午，邵阳县五丰铺等9个乡镇受雷雨大风袭击，最大风速27米/秒，持续近20分钟，倒塌房屋207间，砸死1人，经济损失1650万元。同日衡阳市发生雷雨大风，最大风速17.0米/秒，持续1分钟。5日傍晚至6日夜间，会同县王家坪、金子岩等乡镇先后遭受了雷雨大风及冰雹袭击，风力在8级以上，共损坏房屋116栋432间，吹倒房屋22栋，吹断电杆10根，损坏线路850米，稻谷倒伏233公顷，共造成经济损失300多万元。

第六章 雷　　击

第一节 概　　述

一、雷击的定义

雷电是自然大气中强烈的放电现象，俗称闪电，一般发生于雷雨云（又称雷暴云、积雨云）中。闪电可分为云际闪和云地闪（或地闪），而对人类造成雷击灾害的主要是云地闪，俗称“落地雷”。如果落地雷击中建筑物、树木或人畜，就会造成建筑物、树木的破坏或人畜的死亡。人们称这种自然灾害现象为“雷击”。

雷电是一种瞬时放电过程，其过程持续一般不到一秒钟，而峰值电流可达数万安培，甚至超过十万安培，闪电在回击阶段，对地放电的电流峰值瞬时功率可达 10^{11} 瓦特以上，在这一瞬间，闪电通路上会造成强热效应，能使空气温度瞬时升到30000℃以上，能量以热能、机械能（包括冲击波、声波）及电磁能（包括光能）等方式骤然散发出来，其形象颇为壮观，所以雷电在气象学上又称为雷暴，雷暴是气象观测记录项目之一。

自然界中的雷电，一般是在强对流云中产生，中低空有不稳定能量存在，常伴随大雨、冰雹出现。在现代，随着科学技术的发展，雷电造成的国民经济损失也日益增多，这不仅表现为遭遇雷击的次数增多，还表现在每次雷击灾害的直接经济损失有日益升高的趋势，如某些尖端设备、计算机系统一经雷击，造成的经济损失就十分严重。

雷击灾害可分为直接雷害和间接雷害。直接雷害是雷击点直接由云地闪引起的雷害，可导致人员伤亡、物体燃烧、爆炸、腐蚀、变形和其他因强电流、电磁力（电动力）、高气压冲击波引起的结构性破坏。这类破坏一般都留下十分明显的痕迹。间接雷害，就一次雷击而言，由于脉冲放电，使占有很宽频带的强脉冲电流通过主通道，这个强电流脉冲必然会产生电磁效应，造成电磁辐射，这些电磁现象作用在电气系统上就可能造成永久性破坏或扰乱正常工作，还可能产生火花；在易燃易爆环境中因电气系统受破坏还可能引发更为强大的能量介入（如电源短路），导致更大的灾害发生。

二、雷击的特点

根据湖南省气象资料分析，雷击现象一般发生在4～9月间，以4月和7～8月为多，其他月份也曾出现。春季雷击多发生于夜间，夏季则多发生于下午至傍晚。在一年中，湖南省最早的雷击现象于1975年2月4日出现在洞口县和邵阳县，最晚的雷击现象于1993年11月出现在岳阳。通常雷击出现后，轻者击断电杆、树木等，重者击毙人畜，毁坏电器设备，引起火灾。

雷击灾害一般具有局域性、分散性、突发性、瞬时性的特点。雷击一般山区多于湖洲平原，城镇多于农村。一个地区邻近的两个乡，雷暴出现情况也会大不相同。如岳阳地区在湖南省内虽处于相对少雷暴区域，但岳阳楼区沿洞庭湖区是雷击频发处，其中又以城陵矶至七里山洞庭氮肥厂、洞庭纺织厂一带和北门制药厂、化肥厂以及城中心区为雷击较集中地段，这与水陆交界，引雷条件及强雷电多自湖面登陆密切相关。山地中以平江的幕阜山区、三阳区、加义区、临湘桃林、长塘、岳阳县筻口、沙南等地雷击相对较多。

湖南的雷击事件记载始于公元404年（东晋元兴三年）：是年“永安皇后至巴陵（今岳阳），将设仪导入宫，天雷震，人马俱殪（死）”。明朝以后历史记载有所增加。雷击灾害常给人们生命财产造成巨大损失，1950年以来，各县遭雷击数百起，电器、建筑物、电杆线路、仓库等受损众多。如1987年3月10日，湘阴县红麻仓库雷击起火，烧毁红麻23046千克，直接经济损失22.8万元；1992年4月21日晚，岳阳北门化肥厂雷击变压器，停电、停产，损失几十万元；1994年8月17日，雷击使城陵矶冷库电脑程控系统损坏，经济损失10余万元……等等。城市的发展，高层建筑物增多，工业民用电器剧增，各种管线纵横交错，加之防雷装置的建设和检定、维护跟不上，雷击灾害有与日俱增趋势。

根据1950年以来的调查材料，湖南省几乎每年都有雷击现象发生，但雷击出现次数的多少以及损害程度的大小各年都不相同，以1973年雷暴最频繁，出现雷击灾害也最多，全省共发生雷击灾害44起，遭受3次以上雷击的地方有常德、汉寿、邵阳、洞口、新宁、新邵、零陵等地。其中洞口和新宁达7次之多。这年因雷击死57人、伤162人。尤其是7月就有12天出现了雷击灾害，造成38人死亡，120人受伤。

三、雷暴强度的分布

一个地区的雷电活动强度取决于雷闪频数，即用1000平方千米范围内一年发生的雷电闪击数评价雷电活动的强度，这可借助于“闪电定位仪”等装备测试获得。该项资料以往缺乏，但气象观测有多年雷暴的完整记载，对于建筑物防雷，通常用雷暴日数表示雷电活动强度。大量统计资料表明，一个地区的雷闪频数与雷暴日数成线性关系，所以某地的雷电活动强度，也可用“年平均雷暴日数”表示。

雷暴出现与地理条件关系密切，与全国各省相比，湖南属雷电活动较频繁的区域，高于西北地区和长江以北地区，低于北纬23度以南地区。

从湖南1961—2000年的气象资料看，各地“年平均雷暴日数”在36～72天之间，安乡最少，汝城最多。总体而言，雷暴日数分布湘南多于湘北，山地多于丘陵，丘陵多于平原，湖区最少，不到50天；湘中及湘西北大多为50～60天；湘西南大部、湘东南、罗霄山、九嶷山等湘南边缘山地达60天以上（见图6.1）。

在一年中，各月均可出现雷暴。2～6月的雷暴与冷空气活动有关，常成带状自北往南推进，以夜间到清晨出现较多；7～8月多为热对流性雷暴，范围小，呈点状分布，常

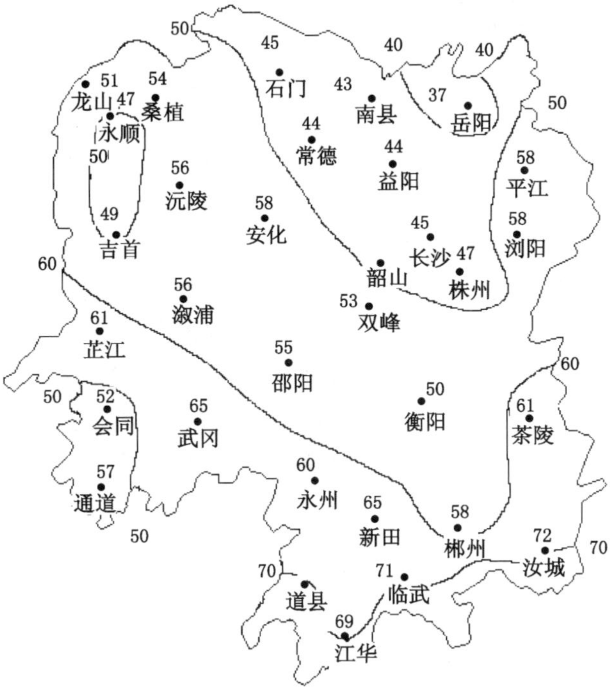

图 6.1 湖南年雷暴日数分布图（单位：天）

自西往东或沿山脉、河谷移动，主要出现在晴天的午后到黄昏。全年以 3～8 月出现较多，尤以 8 月为最多，这时各地雷暴日一般每月达 10 天，其次是 7 月可达 9 天。9 月至次年 2 月雷暴较少（见图 6.2）。

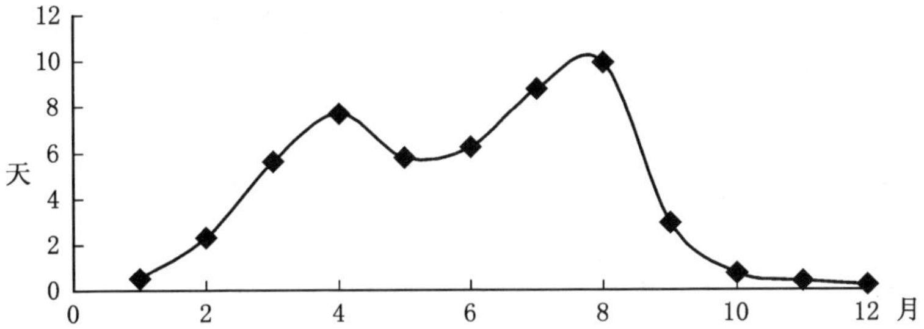

图 6.2 湖南雷暴日数的年变化

雷暴过程的持续时间各不相同，有时可达几小时，有时仅闻雷一声。就全年雷暴出现平均持续时间而言，湖南各地都在 1 小时左右，但连续最长的可达 6～7 小时。常德 1954 年 8 月 30 日一次雷暴连续达 8 小时 40 分钟之久。一般白天的雷暴过程持续时间较短，夜间较长。

四、雷击灾害是可防御的

由于雷击会给人类带来灾害，人类很早就与雷害进行斗争。18世纪中叶著名科学家富兰克林、M·B·罗蒙诺索夫、L·B·黎赫曼等通过大量实验建立了雷电学说，认为雷击是云层中大量阴电荷和阳电荷迅速中和而产生的现象，并且创立了避雷理论，发明了避雷针。当今时代防雷工作的重要性、迫切性、复杂性大大增加，人类不断加强对建筑物尤其是高层建筑物防雷装置的建设和维护，使雷电防御工作从防护直接雷击发展到了系统防护，努力将雷击灾害的损失降到最小。而且人类防御雷击灾害已从消极避雷转而开始积极防雷，目前湖南防灾减灾气象预警系统及其配套工程正在建设中，建成后，将构成覆盖全省的中尺度灾害性天气监测网，有利于提高短时灾害性天气预报的精确度，特别对突发性山洪、雷电、冰雹等灾害性天气的预警能力大为增强。一方面强对流性天气、雷阵雨是可预测预报的，随着科学技术的发展，预报准确率也大大提高，人们可以按照天气预报提前做好防灾准备；另一方面人类已大胆进行了控制和利用雷电的一些尝试，还进行了用人工影响对流云的实验方法来抑制闪电的发生，将来人类一定会驾驭和控制雷电，并且利用雷电造福于人类。

第二节　1949年及以前的雷击灾害

晋　元兴三年（公元404年）　永安皇后至巴陵，将设仪导入宫，天雷震，人马俱殪。

后周　显德元年（公元954年）　醴陵玉仙观山门中旧有田二万顷，久为山石闭塞，七月十七日夜，雷暴劈开，其路复通。

宋　大中祥符八年（公元1015年）　春二月十六日，华容雷震老子祠白虎神像。

宋　嘉祐五年（公元1060年）　宁乡雷多迅猛，击死者众。

明　正统六年（公元1441年）　十月十六日昏时，江永天净如洗，忽电四起，西北雷震，鸡犬惊鸣。

明　正统七年（公元1442年）　衡山风雷暴至南岳（嶽）新庙，自徙半里许；南岳（嶽）庙忽迅雷雨烈风交作，白昼晦冥，及霁，去旧基半里。七月十九日，鄜县天气晴朗，忽风雨雷电，遂焚其炎陵旁古杉。

明　正德十一年（公元1516年）　八月，华容大雷电，击死致仕训导谢文衡。

明　嘉靖六年（公元 1527 年）　雷击岳阳楼柱。

明　嘉靖二十一年（公元 1542 年）　安仁县北二十里，地名滩子头，七月忽雷击死一人。

明　万历二十四年（公元 1596 年）　酃县大雷雨火光遍十余里。

明　万历三十年（公元 1602 年）　宁乡多雷击古木。

明　崇祯元年（公元 1628 年）　春，桃源大震电，燕子岩崩。

明　崇祯二年（公元 1629 年）　衡阳，三月三日夜暴风雷，桂王寝殿震圮。

明　崇祯七年（公元 1634 年）　澧州，疾雷击人。

明　崇祯十六年（公元 1643 年）　安化，雷击县堂柱及中柱，劈龙亭。

清　顺治八年（公元 1651 年）　三月十二日夜，衡山大雷雹：击碎飞来船石。六月初六日，邵阳大雷震东山寺下居民墙，压死十六人，皆有黑迹，髭发俱焦。

清　康熙六年（公元 1667 年）　七月，衡南、衡阳雷震，衡阳县仪门两壁柱为碎，蠲免钱粮十分之三。

清　康熙十三年（公元 1674 年）　冬十月（二十五日），衡山炎蒸大作，迅雷疾电，梨杏皆花，竹笋成林，有长至丈余者。

清　康熙三十八年（公元 1699 年）　十月立冬前四天，沅陵、辰溪大雷电，雪雹。

清　康熙四十三年（公元 1704 年）　五月，益阳雷震文庙殿柱。

清　乾隆六年（公元 1741 年）　六月，祁阳雷击龙王庙古樟，有蛇死。

清　乾隆二十八年（公元 1763 年）　三月，宝庆雷震府学大成门四柱，斧迹朗然。

清　乾隆五十三年（公元 1788 年）　七月，岳州天鼓鸣，十五日夜，月色皎然，一更后，殷殷似雷动，北方移时，天渐昏响，渐近渐大，如千万磨砻声，城中惊扰，三更始静。

清　乾隆五十四年（公元 1789 年）　三月十四日夜，大雨倾注，雷震岳州文昌阁柱，雷火自阁顶寻隙而入，绕阁砰訇击柱，柱碎如粉。

清　道光八年（公元 1828 年）　三月，祁阳雷击毙四人。

清　道光二十一年（公元 1841 年）　邵阳雷震东乡刘艾氏宅后古槐，烟三日不绝。

清　道光二十六年（公元 1846 年）　正月，沅陵县雷击，城南毁一角。五月，永定雷震县城南门楼，波及附近民房，倒塌甚多。六月二十一日下午五时，大庸余家山一带雷电击死耕牛两头。

清　咸丰十年（公元 1860 年）　安仁雷击考棚号舍及西厢房屋，砖瓦坠地。

清　同治五年（公元 1866 年）　十二月初八夜，湘阴雷电竞夜。腊月，平江雷电。

清　同治九年（公元 1870 年）　八月三日，邵阳雷震南乡廖家桥，击捕虾蟆者三人，剖腹劈背，屍俱黑。

清　光绪二年（公元 1876 年）　五月十五日，衡山雷火焚大庙正殿，顷刻间瓦石俱碎。

民国　二十八年（公元 1939 年）　大庸天南乡（今大坪）余家山六月二十一日傍晚时雷击，死耕牛二头。

民国　三十三年（公元 1944 年）　四月十七日，华容雷击死一人，水牛二头。

民国　三十四年（公元 1945 年）　古历三月间，株洲天气闷热，十九时左右，东元冲枫树桥有棵四五人围的大枫树被雷击成两半后，枝干吹过了几丘田，以后枫树桥就没有枫树了。

民国　三十五年（公元 1946 年）　夏，岳阳县大云山真君殿附近大雷电，击死耕牛九头。资兴七里洞街上，雷击将一小孩从楼上打倒在楼下，脸部被烧黑。

民国　三十八年（公元 1949 年）　三月某日中午，岳阳广兴州雷打死一人，并伴有暴风。

第三节　1950—2000 年的雷击灾害

1950 年　5 月，新化县横阳赵家山雷击毙 1 人。

1952 年　3 月，新化县圳上镇雷击毙 1 人。

1954 年　4 月，邵东县范家山新民村雷击毙 1 人。

1956 年　新邵雀塘乡枫林村雷击坏电线杆 10 根。3 月 19 日晚，临湘桃林雷击，损坏电杆 13 根。3 月 30 日，雷暴击坏武冈市到城步县通讯线路两根，城内各机关电话的保险装置大部分被烧坏。

1957 年　醴陵泗汾农场雷击，烧坏晚稻 25 平方米。

1958 年　3 月 17 日，浏阳雷击，将气象站附近一古树击倒。

4 月 18 日，隆回桃花镇雷击死 1 人。

春，新邵潭府电话机被雷击坏。夏，新邵陈家坊乔石滩雷击死 1 人。

6 月，新化县毛坪公社雷击死 1 人，圳上打坏电话机，一电线杆被劈成两半。邵东县农科所雷击死牛 1 头，牛栏墙被击坏。6 月 6 日 17 时 08 分，通道县雷暴打死一小孩。

7 月 25 日，郴州雷击电厂。7 月 25 日下午祁东河洲、归阳雷击毁房，死 1 人，伤 16 人。7 月，新邵严塘雷击死 1 人。

8 月，资兴县碑记公社大坪大队洞头生产队被雷击死 1 人。

10 月，新化吉庆陆家排遭雷击，打断了电线杆，烧坏电线。

1960 年　3 月，新化圳上雷击坏 1 棵树。3 月 30 日，溆浦麻阳公社雷击死 2 人，伤 6 人。

5 月 3 日，长沙市区遭雷雨袭击，雷电击死 2 人。

5 月 20 日，桃江八三煤矿雷击死 3 人，电路着火烧屋 1 栋。

7 月 11 日，桃江雷击毁气象站电话 1 台，伤 1 人。7 月，湘乡大雷电，青山公社击死 5 分田禾苗。

1962 年　新化县大熊山雷击死 1 人。3 月，邵东县农科所附近雷击烧坏电线杆 11 根。

1963 年　是年，新化圳上松木冲雷击死 1 人。

4 月，邵东佘田桥区邮电支局雷击坏密皮器 7 部，并烧坏总机。4 月 16 日 18 时 02 分至 19 时 24 分，桑植县城发生雷击，县气象站附近击死 1 人。

5 月 18 日，湘阴长仑区供销社一营业员被雷击死。

6 月，新邵潭溪公社厚里大队雷击死 2 人。6 月 27 日，涟源县兰田镇内大雷击，坏房屋 3 栋，毙 2 人。

7 月，邵东范家山红旗大队雷击死 1 人。

1964 年　是年资兴县黄草水运站一工人被雷击死亡。新化城关镇受雷击，一中死 1 人，伤 9 人，铁厂死 1 人。洞口县雷击死 3 人。

3月，新邵花桥公社红旗大队观音桥下雷击死1人。

4月，邵东毛荷殿公社石井大队，雷击断古老大柏树1棵，高楼公社高楼大队坏电线杆12根。4月3日晚，慈利县柳林铺公社茶庵大队发生雷击，烧毁大樟树1株。4月5～6日湘阴南湖区因雷击起火烧屋3间。4月23日，宁乡城郊樟树大队雷打死1人。

6月9日5时30分，强雷暴在双峰县气象站天顶掠过，站内值班员在发报时被击倒，测站东北方50米处之居民被击死2人，东华公社和车站电话机被击坏。

7月，常德篙子港雷击伤6人。

8月，湘乡大雷电，击死龙洞公社谷阳大队1名社员。8月29日晚，湘阴县气象站南面的500米处有3根直径为15厘米电杆被雷击劈开。

1965年　是年资兴县廖市公社廖市大队围墙生产队1名社员犁田时被雷击死亡。桂东县原县公安局的屋顶被雷击，打伤3人。春，新化县雷击死1名工人、击坏电线杆6根。

4月，湘乡月山公社发生雷击，有人致死。

7月5日晚，湘阴大众公社1名社员在路上行走时被雷击死。

8月17日18时44分至19时24分，桑植县城发生雷击，击死1人，击死猪2头。秋季，1个放牛小孩被雷击死亡。

1966年　是年邵东檀山铺公社吴塘大队至毛坪姜家，雷击坏高压电线杆20余根，毛坪公社雷击死2人，伤1人，坏古树1棵。汝城县大坪公社被雷击死3人。夏，新邵潭府公社大江边大队雷击死1人。

6月，凤凰阿拉雷击死1人，伤5人。

7月7日，凤凰又雷击死3人，伤5人。

1967年　3月27～29日，平江虹桥公社因雷击死亡2人。5月，新化县供销社遭雷击，坏开关3个，电表1个，毁电线5处。

8月9日，醴陵被雷打死4青年。

8月29日午后，浏阳张家塝一次雷击将出集体工的18名社员全部击倒在地，其中8人重度昏迷。

1968年　春，新化燎原区上渡公社龙举大队一户遭雷击，死3人。邵东廉桥区邮电支局遭雷击，分线箱内一组线被烧毁。新邵冶炼厂遭雷击，烧坏变压器2台。

4月，新邵陈家坊区开电话会时遭雷击，打坏耳机并将1人抛出3米多远。

5月，新邵潭府公社大江边大队第三生产队雷击死1人，巨口铺公社中门前大队1棵大树被雷击，死麻雀无数，迎光公社击坏电线杆16根。邵东火厂坪公社大队插红薯时雷击死1人，佘田桥公社社部墙壁被击坏。

1969年　是年新化大熊山公社电话总机被雷击坏。

6月，新邵陈家坊区电信支局电话总机被雷击坏。

7月，新邵龙溪铺公社麻冲大队雷击死1人。邵东县农科所雷击坏变压器。7月15日23时，大庸县城发生雷击，县气象站电话、广播、照明设施全被击坏；汝城县大坪公社被雷击死亡1人。

8月，新邵潭府公社大江边雷击坏大树1棵。

1970年　3月12日，慈利县宝莲17队雷击死、伤各1人。

5月1日，醴陵均楚公社刘湾大队被雷暴击死正在插秧的社员2人，击倒9人。5月，新化：南源区委机关附近一家居民遭雷击，死2人，伤1人。邵东：县城内雷击坏电话机一批，县武装部“五七”农场击死猪2头。新邵：花桥公社石坑大队遭雷击，坏电线杆数根。5月下旬巨口铺公社石板桥大队雷击死1人。

1971年　4月，新化：白湾公社所在地遭雷击，坏电线杆、校舍、民房。邵东：茶子山公社龙仙大队雷击死1人。牛马司公社杨柳大队击坏电线杆5根。

5月1日，醴陵被雷暴击死2人，击倒9人。5月，邵东：多处遭雷击，县农科所死猪4头，张家庄坏变压器1部，播音喇叭数百个，死伤各1人。新邵：多雷击灾害，夹溪板子大队一次击死3人；新田铺、陈家桥断电线杆12根，太芝庙新和大队死1人；龙山林场红卫区捞底石生产队队长在打电话时被击死，电话总机被击坏。

6月，新邵：南源公社食品站遭雷击，电线被烧断，房西北角的墙被击坏。慈利县：宝莲2队电线杆被击坏。

7月10日下午5时30分，大庸县城区雷雨时发生雷击，击死县农场职工家属1人。

7月12日下午大雷雨，湘乡击死3人。汝城县，大坪公社被雷击死亡2人，伤多人。

7月16日，临武县被雷击死4人，伤1人。

1972年　4月，邵东堡面前公社雷温大队被雷击死1人，猪婆山林场烧坏电线40多米。

5月4日，洞口县：石柱和大塘两地，下午因雷击致死3人。醴陵：雷电击死3人，花垣：茶洞小寨死伤4人。

5月11日，平江梅仙雷击死1人。

6月10日，新晃天雷林场雷击死3人，坏电杆12根。

6月13日，郴州高峰水库雷击死7人，伤11人。

6月24日，慈利县柳林雷击烧毁一丘棉田。

6月29日，慈利县柳林一队又雷击死1人，伤5人。

7月14日，汝城县大坪公社评屋雷击死亡1人，伤13人。

8月6日中午，平江恩溪公社下雷阵雨，雷击死伤各2人。8月，桂东县桥头公社被雷击死亡1人。

1973年　常德、汉寿、邵阳、新邵、零陵雷击3次以上，洞口、新宁多达7次。

3月31日，武冈市的新东乡雷击致死1人。

4月，新邵严塘革命大队石碾生产队保管室被雷击坏，佘田桥击坏广播喇叭数百个，死1人伤2人。4月11日凌晨，新宁县雷击致死1人，回龙寺邮电支局毁坏载波机1部。

5月，邵东火厂坪幸福大队受雷击，死伤各1人。5月31日，邵东野鸡坪公社严塘大队雷击死1人，杨桥公社井泉大队伤5人。

6月18日，邵东扶锡公社雷击死1人；6月19日，邵东陈家桥公社光裕堂大队击死1人。6月，邵东周官桥公社雷击坏广播喇叭130个，范家山公社范家大队死1人，牛马司小学死1人，伤5人，板桥公社蔡家大队伤5人，坏房屋1栋。

7月新邵陈家坊公社谭龙大队击死2人，湾泥公社硖江大队死1人，伤2人。7月6～7日，宁乡雷击伤28人，击伤牛7条，猪1头。

7月10日，汉寿雷击死3人。7月11日，澧县沈家坝击死5人。

7月13日，祁东县大同、洪丰雷击死5人。

7月16日12时34分至13时22分，平江县城关和爽口公社下雷阵雨，因雷击烧坏变压器4台，打坏电话机6部，广播喇叭600多个，房屋1栋，打伤19人，打死耕牛11头；临湘：14～15时因雷击打死1人，伤6人。

7月19日，邵东县城下午因雷击死亡2人，伤6人，输电线路上击坏磁瓶19个；蒋禾桥公社雷击死3人，伤2人；仙槎桥区奇农大队伤2人；团山公社伤5人，死1人，坏广播喇叭50多个。武冈市：雷击致死3人；醴陵县：泗汾击死2人。

7月23日，双峰：双乔公社南塘大队一农民犁田时，人和牛被击死田间；宁乡：流沙河雷击毙1人、击伤23人，还击伤12头猪、2头牛，瓦子坪公社优家生产队在谷场收谷时，一个巨雷将20多人全击昏在地，死1人。7月25日，临湘雷击死1人，坏电器甚多。7月26日，浏阳沩山雷打死3人，打伤18人，打死猪3头。7月27日，岳阳云溪雷击死1人，坏电器甚多。

8月5日，临湘聂市公社朱贝大队邓家生产队一社员在晒谷场上被雷击而死。

8月11日17时23～56分，大庸县永定镇出现雷雨、大风，雷电击死1人，伤23人，造成直接经济损失13万多元。8月中旬，邵东：汪塘公社胜利大队和驻马桥公社三联大队受雷击，各死1人，团山公社中和大队死2人；新邵：扶锡公社藏云大队死1人。8月18日，武冈市的朱溪雷击致死2人，伤2人。

8月28日下午，平江浊水公社新源大队枫树铺的小路上被雷打死2个行人。

9月5日，汉寿雷击又死2人。

1974年　7月13日，湘乡大雷雨，击坏广播设备、电话机、收音机无数。

1975年　2月4日，邵阳、洞口、湘潭遭雷击，其中湘潭死3人。

4月25日，雷电击死湘乡青山公社1名正在插秧的杨姓男子。

5月13日，常宁因雷击死2人。

7月13日，邵阳因雷击死伤12人。

8月7日，湘潭因雷击死3人。

8月24、26日，零陵因雷击各死1人。

1976年　6月24日，双峰印田与龙田出现大雷雨，印田公社雷击死1人，龙田新铺大队雷击死 2 人。

1977 年　4 月 13 日下午，隆回县的丁山，有 3 人在抢水犁田被雷击伤。

6 月 15 日，武冈市的荆竹雷击致死 2 人。

1978 年　3 月 31 日，常宁汗泉、板桥、尖田一带雷击，损坏广播器材和变压器 2 台，击死 2 人，伤 8 人。

4 月 10 日，祁东雷击死 4 人。

6 月 19 日，祁东又雷击死 1 人，伤 5 人。

7 月 16 日，临武县武水公社红旗大队二十三生产队 1 妇女被雷击死亡。

7 月 20 日，常宁东山雷击死 2 人。

9 月 6 日，南县乌咀、中鱼口乡雷击死 2 人，烧屋 2 栋。

1979 年　2 月，湘乡新阳雷电击死 1 人。

6 月 4 日，华容雷击死 1 人；桑植：全县普降强雷雨，官地坪击死 1 人、伤 5 人。

1980 年　4 月 19 日，醴陵雷电击死 1 人。

5 月 31 日 8～10 时前后，会同县团河公社栗木坳、向阳、岩头公社溪口、广坪公社广坪等地遭受雷暴袭击，团河公社栗木小学一民办教师被雷电击死，另有 3 人被击昏，向阳有 3 人遭雷击伤，岩头公社溪口遭雷击死亡 1 人，广坪公社邮电所电话总机一度瘫痪，电话电灯线路烧坏，电表烧坏，房屋部分摧毁，损失 200～300 元。

6 月 13 日中午，新田县骥村陆和悦家遭雷击，死 3 人，伤 1 人。

6 月 23 日，醴陵王坊公社中学雷击死 1 人，雷暴致残 1 人。

6 月 26 日 12 时 10 分，新化维山公社水口学校东南侧一木质楼房正中支柱被雷击劈下一大块，楼上、楼下相近教室内的学生全部震倒，死 4 人，伤 9 人。同日，桑植雷击死 1 人。

7 月 27 日，醴陵被雷击死 4 名青年妇女，击伤 3 人。

8 月 12 日，岳阳市区城西洞庭湖边雷击死船民 1 人。

8 月 26 日 19 时，洪江市黔城公社莲塘大队第一、二生产队被雷暴击死 3 人，伤 16 人。

1981 年　3 月 22 日 20 时 50 分，韶山气象站及韶山火车站附近发生雷击，击坏电话机 24 部，电视机 4 台，击坏气象站风向风速计 1 部，电传保险盒 1 只，专用电话机 2 部。

3 月 29 日，汝城县县中队驻地被雷击坏电视机、电表，该县城电话机被雷击坏 46 台。

4 月 10 日，罗山大队田心生产队 1 名孕妇被雷击死亡。

5 月 2 日下午，洞口县因雷击致死 2 人，死耕牛 1 头。

1982 年　7 月 14 日，汝城县大坪公社评屋雷击死亡 1 人，伤 13 人。

7月17～18日，临湘县定湖村被雷击毁变压器1台，烧房屋3间，一对夫妇一死一伤。

1983年 4月8日傍晚，洞口县秀丰的三元村被雷击致死1人。4月9日17时30分，武冈市法相岩的双圳被雷击，死2人，伤3人；21时，邵东县板桥的烟塘因雷击致死1人。

4月14日，汨罗智丰公社双春大队第三生产队雷击打死2名社员，伤2人。

4月19～20日，醴陵遭受雷击，损电器。

4月25日14时28分，株洲出现雷暴，后出现大风，全市共有22个工厂受袭击，造成停电、停产等损失达25.61万元。

4月28日，华容雷击死1人。

5月29日，平江大坪村雷击死少年1人。5月30日，临湘雷击死1人。

6月23日，醴陵雷击死1人。

6月26日下午，桑植县内发生雷击，击坏变压器3台，击死1人。

1984年 3月20日21时，湘乡泉塘乡宣花大队遭受雷击，重伤1人，轻伤1人，损坏房屋3间；醴陵王坊乡上冲村被火球状雷电击死2人，伤1人，高桥乡黄谷村雷击死1人，渌江乡碧山村雷击伤5人，还击死牲畜2头。

4月3日9时36～45分，湘乡育段乡大平大队发生雷击，该大队一个14岁女孩在田埂上被雷击丧命。同日，湘乡湖山乡雷击伤一对夫妇。

4月8日，因雷击，临湘11万伏变电站烧坏高压开关柜4个，停电12天，经济损失5万多元。

7月4日、11日，桂阳燕塘、古楼雷击，死3人，烧屋1栋。

8月29日，白羊田雷击死1人，重伤1人。

9月5日，永兴县碧塘乡塘下村一带5个自然村遭雷击，死亡4人，伤6人。

1985年 2月5日，醴陵雷击坏变压器、电话机等。

7月1日，安仁县坪上乡一在家妇女及一粉刷墙壁的男性村民被雷击死亡。

7月3日，桂阳县方元乡被雷击死亡2人，城关镇东塔岭雷击死1人。

8月20日，汨罗新市白塘雷击死4人，重伤1人，屈原农场堆山嘴雷击伤3人。

1986年 4月10日，醴陵雷击损坏市花炮厂变压器。

4月25日7时30分和9时左右，在溆浦县观音阁、双井、低庄等发生一次罕见雷击灾害，被雷击死7人，伤10人。这次雷击的出事地点为小盆地，周围山地比较矮，盆地内风速和湿度较大，历来为多雷区，加之此地居民多不懂防雷和安全用电知识，死亡的7人中有5人是在电灯和开关下被雷击死的，另外两人因被雨淋湿，又没采取防雷措施而遭受其害。

6月4日，醴陵雷击死4人，其中板杉瓷泥死2人，枧头洲荆潭和王坊各击死1人，因雷击中断了醴陵至浏阳、萍乡、阳三石的电话线3条，中断通讯48小时。

7月2日，醴陵县城遭受雷击死1人，重伤2人，轻伤6人，还击烂教室、寝室等；枫林白眉冲死1人，重伤8人，轻伤28人。7月3日，隆回县桃花坪乡集材村遭雷击，雷电将一村民房顶击穿一个大洞，另一户被雷击致死1人，该村塑料厂变压器被击坏，直接经济损失1000元；桂阳县方元乡被雷击死亡2人，城关镇东塔岭雷击死1人。

7月20日14时许，辰溪县柿溪乡遭雷击死3人，伤4人，打坏电动机、电话机各1台。

8月19日11时左右，在古丈县高望界乡岩托村供销社对面的一座空屋内有35人躲雨，随着电闪雷鸣，突然一个碗大的红色火球蹿入屋内旋转，当场击死5人，击伤18人。同时距此屋15米外的另一间屋内也被雷击死1人。

1987年　3月7日，醴陵枫林白眉小学雷击毁电器设备。

3月9日，汨罗白水、铜盆各击坏变压器1台。3月10日，湘阴雷击起火，烧毁红麻库。

3月22日，韶山、汝城均遭受雷击，损坏电器设备。

5月24～26日，株洲县南阳桥乡山旺村雷击损坏电视机1台。

6月6日2时许，岳阳市化纤厂遭雷击，打坏电视机3部，收录机4台及其他家用电器多部。

7月22日，大庸县罗塔平乡雷击死1人。

10月10日，醴陵县王坊雷击起火，烧屋1栋。10月11日，溆浦县大漫雷击死1人。

10月13日，新邵县城遭受雷击，损坏电器和财物。

1988年　2月28日，嘉禾县因雷击死亡1人，轻伤2人。

3月15日，沅陵遭受雷击，损坏变压器。3月16日夜晚，岳阳市工矿产品公司被雷击坏电冰箱1部。

5月21日，泸溪发生雷电击坏变压器事件。

7月10日，祁阳、蓝山同遭雷击，各死1人。7月10～12日，零陵地区5人遭雷击死亡。7月11日，汨罗纺织厂雷击损坏家用电器多部。

8月15日，株洲发生雷击坏变压器事件。

8月21日，黔阳雷击坏电器。

9月3日，会同雷击坏电器，黄茅乡伤2人。

1989年　4月3日，岳阳电厂遭雷击损坏设备2部，损失5万余元。

4月10日，宜章县因雷击死亡1人，伤1人。4月11日，汨罗被雷击坏电器。

5月10日，沅陵官庄、凉水井被雷击坏电器，击死2人。

5月13日，宁远大界被雷击坏电器，击死2人。

8月7日，安化黄家台被雷击坏电器，击死2人。

8月9日，城步被雷击坏电器。

8月13日，慈利被雷击坏电器。

8月27日，石门、桃源皆发生雷击，损坏电器。

9月1日，洞庭苎麻纺织厂、岳阳市化工机械厂多户职工家用电器遭雷击损坏。

1990年 2月18日，邵阳市区出现雷击，邵阳电厂么石110KV变电站、石桥35KV变电站停电7小时，损失电量2万千瓦小时，直接经济损失2.4万元，间接损失48万元。

3月24日，道县被雷击死3人。

6月14日，凤凰三拱桥被雷击坏电器。

6月16日，郴州市区被雷击坏电器。

6月21日，邵阳县塘田镇中心完小遭雷击，学校教学楼上的窗户、水泥板、墙壁、水泥梁柱不同程度受损，教学楼顶部被击穿，有一直径约1.5米的圆形大洞，对应的下方教室有多处雷击痕迹，正在上学的学生受伤26人，死亡2人，室内电线全部被烧毁，部分教学仪器、家用电器设备损坏，直接经济损失2万余元。

8月7日16时许，慈利县江垭镇遭受雷击，6所配电房被击坏，并击死耕牛2头；傍晚，桑植县细沙坪村发生雷击，击死村民1人，竹叶坪乡竹叶坪村也遇雷击，击死耕牛1头。

9月22日，岳阳市肉联厂、岳阳市轻工业机械化厂、洞庭氮肥厂多名职工的家用电器遭雷击而损坏。

1991年 3月7日晚，岳阳市区遭雷击，位于南湖大道的国际大厦损失1万多元；7日18时至8日晚，慈利县溪口镇遭受雷击，邮电支局电视转播台被击坏，电话通讯中断。

4月13日，岳阳县湖管局遭受雷击，打坏职工电视机17部。

8月31日，绥宁县李西镇雷击致死3人。

1992年 4月5日，岳阳市区发生雷击，岳阳电厂损坏变压器1台，开关1个，估计经济损失10多万元。

4月20日晚，强雷击使得岳阳城陵矶粮库供电线路中断。4月21日零时至1时，湘潭市部分乡镇遭受雷击，击毁变压器40台，湘乡栗山乡雷击坏电视机187台；早晨，岳阳市被雷击，打坏交通银行无线通讯设备1台，电话机1部，还打坏化肥厂变压器1台，停产半天，直接损失数十万元。

1993年 3月27日5时，岳阳云溪区遭受雷击，损坏岳阳化工厂水厂通讯设备，损失1万多元。3月28日，岳阳造纸厂设备被雷击毁，损失20多万元。

4月30日，岳阳市氮肥厂配电车间遭受雷击，损失数十万元。

7月6日，岳阳造纸厂电视台因雷击打坏通讯设备一套，损失价值约4万元。

9月16日，华能岳阳电厂、岳阳市制药一厂供电线路因雷电起火，损失100多万元。

11月16日晚，岳阳大成装饰公司被雷击坏变压器，造成两相断路，马达烧坏，停产3天；鹰山石化厂区综合车间落下一个“滚雷”（即球状闪电），使相距100多米远的仪表损坏，直接损失8万多元。

1994年 8月14日17时，湘乡出现雷雨，东郊乡王塘村3组一村民在水塘边被雷击死；19 时，湘潭县石鼓乡欧冲村一村民因屋破接漏时被雷击死。

8 月 17 日 19 时左右，岳阳市钢球厂有 5 部彩色电视机被雷击坏。

8 月 18 日，岳阳云溪区境内，107 国道上一加油站遭雷击，击坏电脑系统及建筑物等；该日 17 时，岳阳潼溪乡多处被雷击，其中村民 2 人被雷击伤，有一家 3 间房屋因雷击起火燃烧，还有 1 亩田晚稻被烧灼；该日傍晚，岳阳造纸厂及洞庭苎麻纺织厂遭雷击，损坏通讯设备 1 套，击坏变压器 3 台，家用电器 7 部，岳阳电厂雷击打死 1 名烧煤工人。

8 月 31 日 17 时，永定区沅古坪办事组五乡一镇连续发生震耳欲聋的炸雷，谢家垭、湖田垭、王家坪 3 个乡遭受严重雷击，造成 4 人死亡，伤 15 人，部分农户房屋及电器设备被击坏，雷电还烧毁照明线路约 1000 米，这次雷击直接经济损失 5 万元。

1995 年　4 月 15 日，新化县城关镇园株岭变电站遭雷击起火，造成直接经济损失 150 万元，城关镇停电约 60 小时以上；韶山市永义乡永家村一户因雷击电线起火，烧毁房屋 3 间、打稻机 1 台；银田乡被雷击坏变压器多台。

5 月 31 日下午，湘潭市内电机厂、湘潭钢铁厂、电厂、化纤厂被雷击坏变压器、电屏柜、程控电话机房等，经济损失 50 多万元。

6 月 11 日晚，岳阳市城陵矶冷库遭雷击，损坏计算机、电话机，损失 0.8 万多元。

1996 年　桑植县洪家关乡洪家关村发生雷击，该村毛家峪组一村民在耕田时被雷击中，人和耕牛一并死亡。

6 月 2 日，岳阳市区强雷电使岳阳市肉联厂、轮胎厂多台机械设备受损、市工程公司受伤 1 人，有多部彩电受损。

7 月 14 日 17 时 15 分，岳阳云溪岳阳化工厂热电分厂受强雷电影响主变压器跳闸，并有 4 个分厂开关跳闸，停电 3～4 分钟，造成原料报废，直接损失 60 多万元。

1997 年　4 月 3 日，洞口县桐山乡雷击致死 2 人。

6 月 6 日，平江雷击死亡 2 人。

8 月 16 日，岳阳市区岳阳财产保险公司雷电击坏空调机、发电机等物，损失 2 万多元。

9 月 1 日 12 时 52 分，岳阳云溪长岭炼油化工厂遭雷击，击坏 12000 千瓦汽轮发电机（购价 600 多万元），其修复费用 100 多万元，雷击使电系统受损，全厂电源中断，停电 8 分钟，造成了严重经济损失。

10 月 19 日下午 5 时 10 分，韶山市大坪乡出现雷雨、大风，雷电击毁电视机 49 台、电冰箱 14 台、变压器 4 台。

1998 年　3 月 6 日早晨，岳阳楼东南侧一棵 30 多年的泡桐树被雷击坏；上午，湘阴县车马乡风雨雷电交加，该乡同庆学校 10 多个学生正在上学路上，随着一声雷鸣，4 个学生应声倒在地上，其中 1 人经抢救无效死亡。

3 月 26 日 17 时 40 分，平江梅仙镇下白村何家组一村民家因雷电起火，烧毁房屋 2 间。

4月11日15时，湘乡市西北部出现雷雨大风，雷击死2人。

4月23日，岳阳市农校汽车修配厂因雷电引起线路车间起火，烧坏电焊机、钻床、升降机、烤房等，损失3万多元。

4月30日，岳阳造纸厂原料处遭雷击，打坏进口计算机和10多部家用电器。

6月16日，岳阳楼区财产保险公司遭受雷击，损坏6台微机，经济损失12万多元。

7月24日，岳阳市工商银行北环路分理处遭受雷击，损坏电脑终端、调制解调器、传感器等，使当天不能正常营业，有几百万元进出账款不能到位，损失2万多元。

1999年 6月4日16时20分，醴陵市发生雷击电线，并引起鞭炮起火，王仙镇泗汾村被雷击死8人，重伤1人。

7月5日，岳阳云溪区长岭炼油化工厂成品灌区电子楼遭雷击，截入电流烧坏电路，使电子楼仪器仪表损坏，经济损失约70多万元。

2000年 4月8日，岳阳楼区岳阳市磷肥厂遭雷击，使电路短路，变压器烧坏报废，仅该变压器损失达7万元左右，还造成了停电停水等，影响正常生产近20天。

6月4日，辰溪县东南部出现强对流天气，11时34分，黄溪镇供销社被雷击中，8台电视机同时被击坏，直接经济损失近8万元。

6月22日6时，花垣县上空阴云密布，伴随着一声巨响，一团火光从天而降，直接击中该县境内湖南三立集团的高压线，导致该公司的两台变压器起火，造成全厂停电停工，直接损失100万元，间接损失1350万元。

7月4日3时至4时半，双峰县荷叶镇象神村出现雷击，一村民与其子在自家房屋平顶上收拾晾晒的豆角，当场被雷击死，其子重伤。

7月29日18时，湘潭市江麓聚富新村第四栋遭雷击，击崩该栋新楼房东南屋角，击坏住宅区20余家电视机，湘潭化纤厂被雷击坏1台价值90多万元的USTER—Ⅲ型条干仪，市自来水公司被雷击坏水位仪1台、强度仪1台。

8月5日，湘潭市中心血站被雷击坏3台计算机、电源继电器及小程控机。

8月中旬，花垣、冷水江、溆浦、凤凰县先后发生雷击，花垣县在8月12日发生的雷击中有6人死亡，冷水江、溆浦、凤凰县也有5人在雷击中死亡。

8月15日，溆浦县中部受强对流天气影响，卢峰镇中林村、水东镇黑岩村于13时遭受雷击，一个看守西瓜的棚内击死2人，重伤4人，轻伤6人。

9月5日16时10分，花垣县遭受雷击，一村民在回家途中被雷击身亡，县气象局房顶隔热板被雷击穿4个洞，围栏被击坏1米多，同时击坏电脑1部、电话机4部。

第七章　大　　雾

第一节　概　　述

一、大雾定义及其对人类的影响

大雾是指在近地面气层中悬浮有大量的水汽凝结物使水平能见度降低到 1 千米以下的自然现象。雾里的水汽凝结物称为雾滴，浓雾时每立方厘米可达 500 多个雾滴，湖南的雾滴多为小水滴，能反射各种波长的光，因此，雾常呈乳白色，雾里水平能见度很低（可至 0 米）。

大雾对人类社会的危害相当严重，大雾形成的恶劣能见度对交通运输影响甚大，特别是对航空和高速公路运输，经常引发严重交通事故。据统计，高速公路上因大雾等恶劣天气造成的交通事故，大约占总事故的 25%；国内航班不能正常起降的原因有 78%是大雾的影响；1958—1974 年间航海船舶的碰撞事故中有 70%是发生在雾天。另外，被人类活动污染了的城市或工矿区的雾中含有各种酸、碱、盐、胺、苯等重金属微粒以及灰尘和病源微生物，这些物质可伤害树木和农作物，被吸入人体后可危害人们的健康。大雾还是输电网络的破坏者，雾不仅是因为潮湿，更因其中含有的多种化学腐蚀剂，易使输电设备绝缘性能下降，导致短路和跳闸，造成大面积停电。

二、湖南大雾的分类及其形成的天气形势特点

根据湖南大雾形成的物理机制和《气象学》原理，将大雾分为辐射雾、平流蒸发雾、冷锋雾和其他雾 4 种，他们各自占大雾总数的比例如表 7. 1。

表 7. 1　各类雾占大雾总数的比例

类　别	辐 射 雾	平流蒸发雾	冷 锋 雾	其 他 雾
比例（%）	70. 7	19. 9	8. 4	0. 1

辐射雾　辐射雾是由于地面辐射冷却，使近地面气层温度降低到露点以下，造成水气凝结而形成的大雾。它一般在后半夜至清晨这段时间形成，日出前达到最大强度，以后随着气温的增高和乱流的增强渐渐减弱，直至消散。它有明显的日变化规律，只要天气形势

稳定，可以接连几天连续出现。它的形成一般要求夜间（特别是后半夜）晴朗无云、微风和近地面层层结稳定。另外，处于城市或水面的下风方、潮湿的山谷、洼地或盆地等地形地势均有利于大雾的形成，而且这些地方所形成的大雾也要比其他地方的浓。

辐射雾形成的天气形势有弱大陆高压（脊）型和西路小高压型两种。

弱大陆高压（脊）型：在500百帕高空天气图上，东亚为一槽一脊或两槽一脊，沿海大槽深厚稳定，地面为正在减弱变性的大陆高压控制，有时表现为鞍形场或均压场，随着气团不断变性，增温增湿达到一定程度时，受夜间辐射冷却影响可在后半夜至清晨形成大雾。

西路小高压型：在500百帕高空天气图上，东亚中低纬度为波动形势，在四川有低槽东出，引导地面小高压（即小股冷空气）从四川东移影响湖南省。由于湖南省前期处在高空槽前时已有降水出现，地面湿度已经较大，而四川小高压的强度较弱，降温降湿作用均不明显，当高空槽过后天气转晴的夜间至清晨这段时间内，容易形成大雾。由于这种环流形势下天气系统移动较快，天空状况变化较大，故这类大雾多不具有连续性，但因湿度较大，其浓度也往往较大，造成的危害也较严重。该型多出现在冬、春之交或秋、冬之交的季节里。

平流蒸发雾　本类大雾是平流雾和蒸发雾的合称。平流雾是暖湿空气流经冷的下垫面时逐渐冷却形成的大雾。蒸发雾是由于雨滴蒸发使空气湿度增大而形成的大雾。在湖南，由于这两种大雾往往在某些天气形势下同时生成，难以区分，故将其合称为平流蒸发雾。平流蒸发雾多出现在冬、春之交或秋、冬之交。他生成的时间没有明显的日变化规律，一天之内任何时间均可出现。他持续的时间较长，有时可长达一天以上。他的厚度较大，往往有几百米厚甚至和低云连在一起。这种雾对航空运输和环境质量影响较大。

平流蒸发雾主要在华南静止锋北抬的天气形势下形成：在500百帕高空天气图上，环流形势较平直且多小波动活动，地面在湘南或湘中有减弱的静止锋维持，锋后变性冷高压主体已东移（或出海），静止锋呈缓慢北抬之势。其次是在静止锋锋生时形成：湖南处在已出海的变性高压后部的倒槽之中，伴随着锋生的明显加强，出现降水而形成了大雾。

冷锋雾　冷锋雾是指在冷锋附近生成的大雾。由于在锋前暖区里，近地层大气中的水汽和尘埃较为充沛，若有冷锋在夜间至清晨这段时间过境，在夜间辐射冷却和冷暖空气混合的共同作用下，就会沿锋线生成一条雾带，这条雾带随冷锋而来，跟冷锋而去，对于某个固定的地点来说，持续时间不长，来去匆匆是他的特点。

冷锋雾的生成离不开冷锋，但不是所有的冷锋都能生成大雾。一般来说，500百帕中纬度有低槽东移，地面锋后冷高压的强度应为中等偏弱，路径应为中路偏东或东路，锋面坡度较小，锋前应有弱的倒槽或鞍形场，湿度较大，14时锋面位置应在30°N附近，这样才可能于后半夜至清晨影响湖南。

其他雾　这类雾包括降雪雾、化雪雾、上坡雾、湖滨平流雾，这些雾只生成在特殊的地形、特殊的天气背景下，出现的机率很少，占大雾总数不到1%。

三、湖南大雾特征

大雾的时空分布　湖南省地貌植被丰富多样，具有亚热带湿润季风气候特征，有利于大雾的生成和维持。省内大雾最多的地方是南岳山，据南岳气象站（海拔1265.9米）观测记载，其多年平均雾日为252天，多者达281天（1970年），春季里每月雾日在25天左右，有时一月之内天天有雾。安化县1983年出现雾日158天，几乎每2天就会有1天出现大雾。

根据2000年以前的气象记录统计（不含高山站），全省各地多年平均雾日为30天，最多53天（1951年），最少21天（1988年）。其分布态势是：东西两厢山区多于中部平丘盆地，北部多于南部。东西两厢的幕阜、武功、武陵和雪峰等山区年平均雾日多在30天以上，其他地区多在30天以下，其中湘南南部在10天以内。可以看出，各地年平均大雾日数的多寡首先与地形、地势有关，其次与纬度也有关系（见图7.1）。

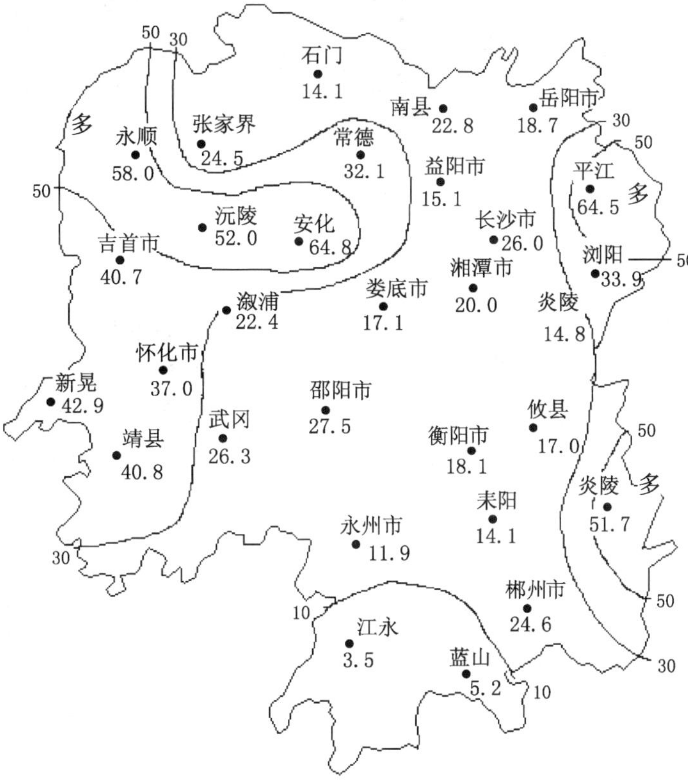

图7.1　湖南省年平均雾日分布图

湖南大雾的月际变化比较明显，每年的11、12月和1月是多雾的时段，这段时间平均每月有3～4个雾日，2、3、4、5和10月平均每月有2～3个雾日，6、7、8和9月平均每月只有1～2个雾日。与月际间的平均气温变化趋势基本相反（见图7.2）。

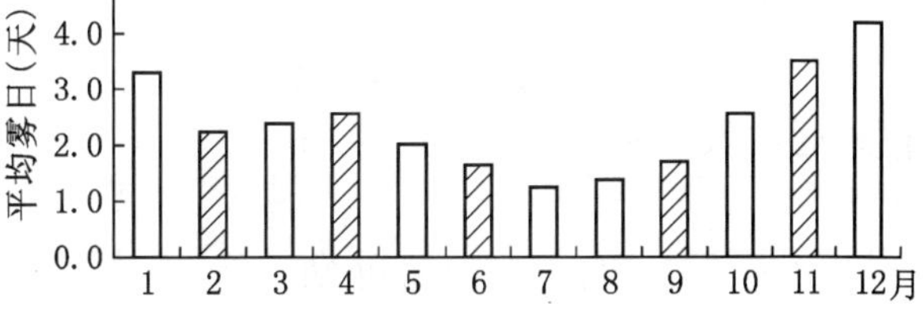

图7.2　湖南省各月平均雾日

大雾的过程特征　受大雾影响的行业特别关心大雾多从何时开始，何时结束，一次大雾过程能持续多长时间。为了揭示这方面的规律，选择长沙（大托铺）、邵东、怀化、靖州、耒阳等军队气象台站的观测资料和常德的资料，共收集到4963个大雾过程的详细记录，经统计分析，结果见图7.3～7.5。由图7.3～7.5可知，一日内任何时候都可能有大雾生成，但生成时间主要集中在上午10

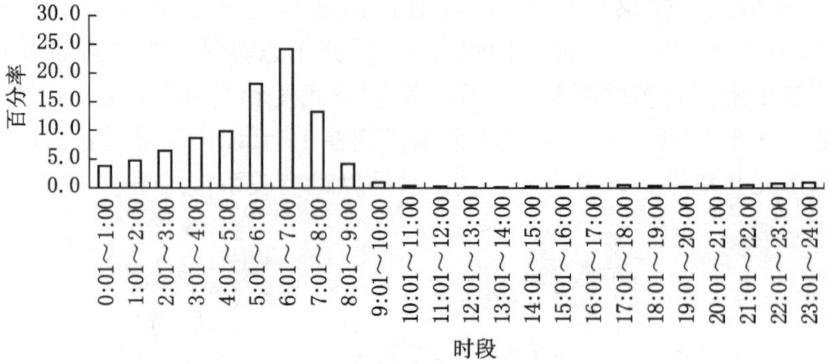

图7.3　大雾生成于各时段的百分率

时以前，10时以前生成的占大雾总数的94%，其中集中在3～8时时段的占大雾总数的74%，集中在5～7时时段的占大雾总数的42%。处于湖区的常德，大雾开始的时间较晚；处于湘西山区的怀化和靖州，大雾开始的时间较早。冬季大雾开始的时间较晚，初夏和初秋大雾开始的时间较早。

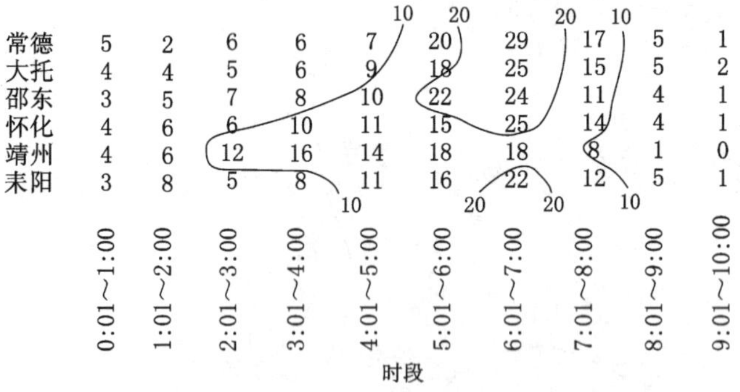

图7.4　各地10点以前各时段生成大雾的百分率

由图7.6、图7.7可知，湖南大雾可以在一日内的任何一个时段结束，但主要集中在5～13时，这段时间内结束的占大雾总数的93%，其中集中在7～11时的占大雾总数的75%，集中在8～10时的占大雾总数的47%。1、2月和11、12月大雾结束的较晚，5、6、7、8月大雾结束的较早。不同地区的大雾在结束时间上差异不大。

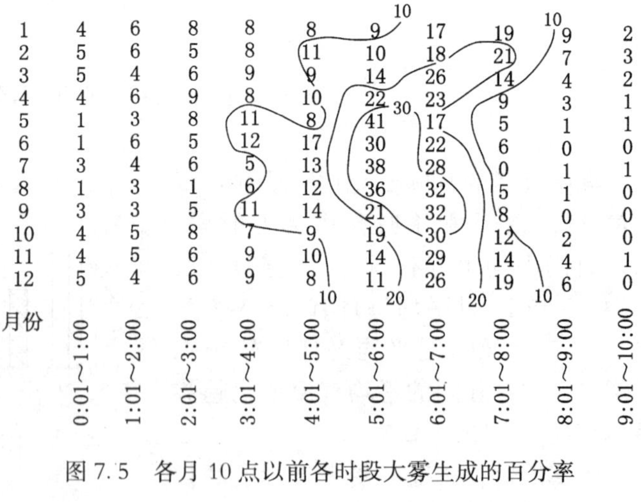

图7.5　各月10点以前各时段大雾生成的百分率

由表7.2和图7.8和可知，各地大雾过程的平均持续时间以靖州最长（4小时45分），常德最短（3小时28分），在1、2月

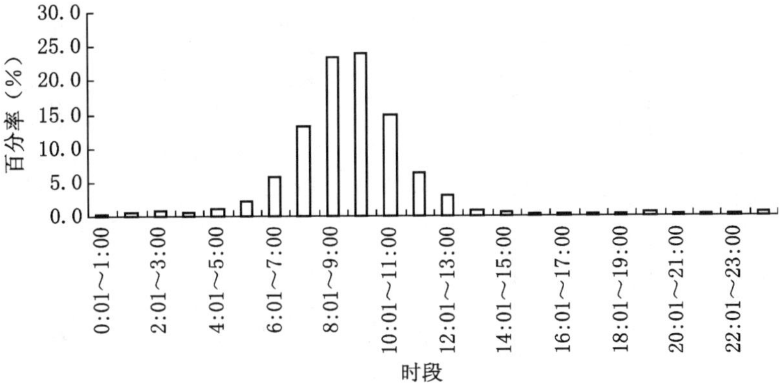

图 7.6 大雾结束于各时段的百分率

和 12 月，各地的大雾一般都能持续 4 小时以上，而 5、6、7、8 月各地的大雾一般在 3 小时以内，其中 7 月常德和长沙，8 月邵东和耒阳平均在 2 小时以内。最短的一次大雾仅维持了 3 分钟，1982 年 4 月 24 日出现在耒阳。最长的一次大雾持续了 326 小时，于 1990 年 2 月 20 日至 3 月 5 日出现在南岳山，另外，1995 年 1 月 5～7 日，花垣县 1 次大雾持续了 58.6 小时，为高山站之外持续时间最长的大雾过程。

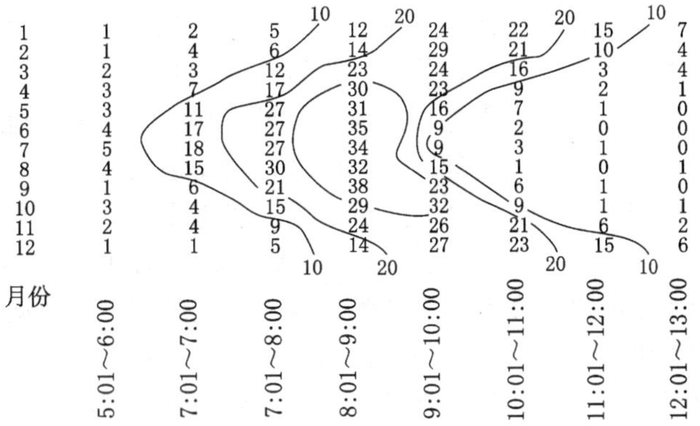

图 7.7 各月 5～13 时内大雾结束于各时段的百分率

表 7.2 各地大雾持续时间

测站名	平均时间	最长时间	出现日期	最短时间	出现日期
常德	3 小时 28 分	29 小时 15 分	1987 年 11 月 20 日	11 分	1977 年 5 月 27 日
大托	3 小时 45 分	30 小时 45 分	1997 年 3 月 26 日	5 分	1987 年 2 月 14 日
邵东	3 小时 40 分	35 小时 30 分	2000 年 5 月 7 日	9 分	1989 年 3 月 23 日
怀化	4 小时 25 分	33 小时 34 分	1985 年 11 月 17 日	10 分	1985 年 4 月 7 日
靖州	4 小时 45 分	18 小时 45 分	1993 年 9 月 23 日	12 分	1985 年 9 月 2 日
耒阳	3 小时 39 分	18 小时	1981 年 2 月 18 日	3 分	1982 年 4 月 24 日

大雾的强度 大雾的强度应能直接反映大雾的危害程度。大雾的危害程度不仅表现在大雾持续时间的长短上，更为重要的是表现在大雾的浓度上。大雾的浓度原指单位体积内

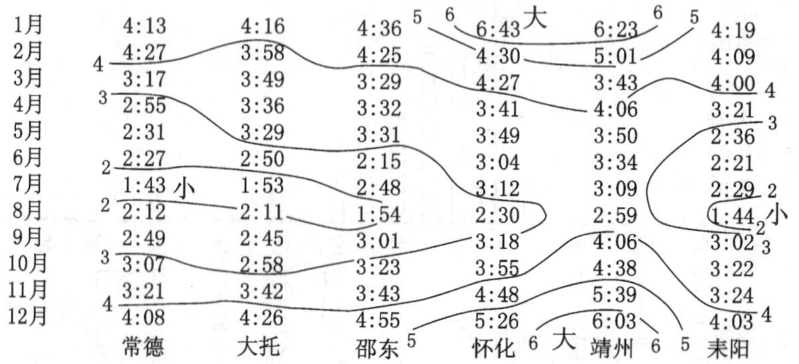

图 7.8　各地各月大雾平均持续时间

的雾滴个数，雾滴个数越多，能见度越低。一次大雾过程，从开始到结束，其能见度在不停地变化着，每次大雾过程都有一个能见度的最低值，这个值出现的时候，就是该次大雾浓度最大的时候，也是其危害最严重的时候，这个值越小、持续时间越长危害的程度也越大。因此，用大雾过程的最低能见度来衡量大雾的强度不但可行而且方便。

目前，大雾的危害主要体现在对交通的影响上：在航空运输方面，当出现大雾时，一般应关闭机场；在江河航运方面，当出现大雾时，船只应就地停航并鸣笛亮灯；在公路运输方面，当水平能见度低于 50 米时，应局部或全部关闭高速公路，禁止车辆上路行驶；当水平能见度在 50～100 米之间时，汽车应开启雾灯、防眩目镜光灯、识宽灯和尾灯，时速不得超过 40 千米/小时；当水平能见度在 100～200 米之间时，汽车应开启雾灯、防眩目镜光灯、识宽灯和尾灯，时速不得超过 60 千米/小时；当水平能见度在 200～500 米之间时，汽车应开启防眩目镜光灯、识宽灯和尾灯，时速不得超过 80 千米/小时。依据这些规定，我们将大雾强度分为三级，水平能见度在 1000～500 米时为一般大雾，500～50 米时为浓雾，≤50 米时为重雾。按照这个标准，使用湖南境内军队气象台站的观测资料进行统计分析，结果如图 7.9。

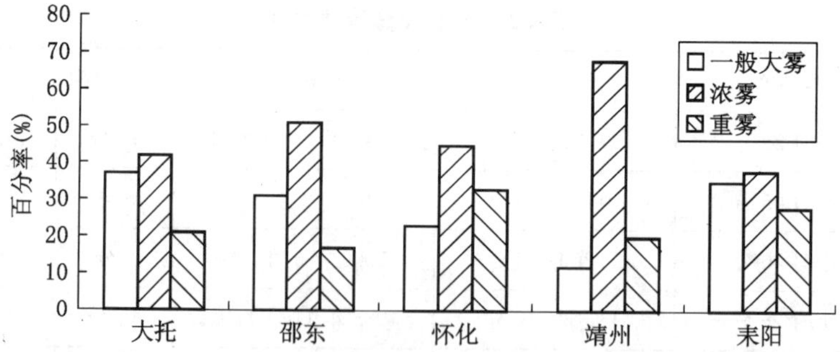

图 7.9　各地各种大雾强度的百分率

由图 7.9、图 7.10 和图 7.11 可以看出，怀化重雾最多占全年雾日 3 成以上，各月中除 3、4、8 月在 2 成以下外，其余各月均在 2 成以上，1 月份在 5 成以上，也就是说，怀化每年 1 月有一半以上的大雾最低能见度在 50 米以下；其次是耒阳，除 6、7、8、9 四个

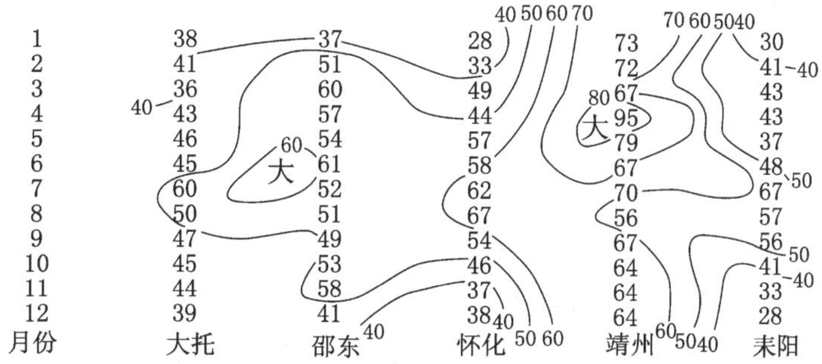

图 7.10　各地各月浓雾占总雾日的百分比

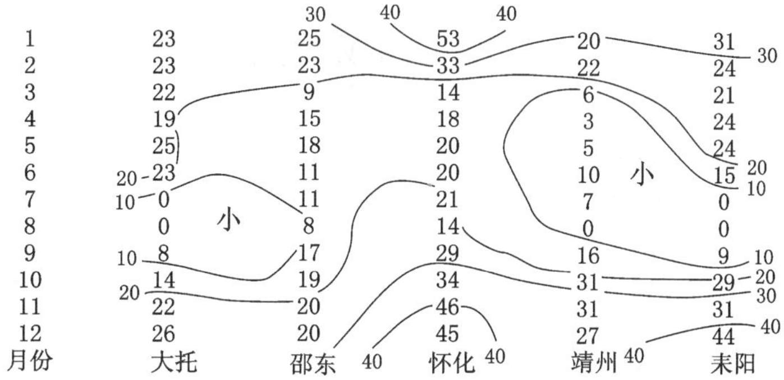

图 7.11　各地各月重雾占总雾日的百分比

月在 2 成以下外，其余各月全部在 2 成以上，12 月占 4 成多。1、2 月和 11、12 月，各地重雾均在 2 成以上，是防范雾害的重要时段。浓雾以靖州为最，靖州全年有 5 成以上的雾为浓雾，其 4 月份甚至达到 9 成以上。其次是邵东，邵东全年除 1、9、12 月外其余各月均在 5 成以上。

四、雾害的防御与人工消雾

因为大雾主要危害交通安全和加剧低层大气的污染，所以防御雾害应从以下三方面着手：

（1）不断提高对大雾天气的预报准确率，当预报有大雾发生时，及时通过各种新闻媒体发布大雾预警信号，让人们有所警觉，提前采取防御措施。

（2）在大雾天气里，要严格交通管制，按照公路、铁路、航空、水上航运的管理规定，及时关闭高速公路、航空港和码头。各种交通工具的驾驶人员在大雾中行驶时必须小心谨慎，克服侥幸心理，严格遵守交通规则。

（3）加强环境保护，尽量减少有害气体、物质的排放，不断提高大气环境质量，减轻大雾对输电线路和人体的危害。

气象工作者在掌握了大雾的规律后，不但能准确预报大雾的出现，还可以使用现代科学方法进行人工消雾。首先要把大雾分为冷雾和暖雾两种，冷雾是温度在 0℃ 以下的雾，暖雾是温度在 0℃ 以上的雾。对于冷雾，一般采用飞机撒播干冰或在地面喷洒液态丙烷或液态氮，使冷雾中大量增加凝结核，促使雾滴碰并迅速长大成雨滴降落，从而达到消雾的目的。对于暖雾，一般采用车载热力消雾系统，发动机喷出650℃的高温气体，形成高温区，随着热气流的扩散，雾滴很快蒸发。用这些方法可以很快消除机场、港口、高速公路、河道或城市上空的大雾，经济效益相当可观。

第二节　1949年及以前的大雾灾害

后唐　天成四年（公元929年）　潭州：大雾四塞。

明　正统五年（公元1440年）　永州：大雾，昼晦三日。

明　嘉靖元年（公元1522年）　湖南：春正月丁卯正午皆雾四塞。永州：春正月丁卯正午昏雾四塞。

明　崇祯八年（公元1635年）　湖南：正月日光摩荡，不时黄雾四塞。善化：正月日光摩荡，不时黄雾四塞。

清　嘉庆十三年（公元1808年）　永州：九月丁亥有浓雾如墨，作炊烟气。

清　嘉庆十四年（公元1809年）　长沙府：九月十三日夜浓雾如墨，作炊烟气，长沙居民惊以为火绕市，群走讙呼达旦。

清　道光元年（公元1821年）　湖南：十月十一日黄雾四塞，……。沅陵：十月十一日晨黄雾四塞久之，……。

清　道光十八年（公元1838年）　湖南：三月初十昼晦如夜。

清　道光二十七年（公元1847年）　慈利：除夕大雾。

清　同治五年（公元1866年）　湘阴：夏，……黄雾弥天；

清　同治八年（公元1869年）　醴陵：春二月庚午昼晦，是为二月二十八日辰刻，初疑雨至，既而云气滃郁，天气惨淡，昏黑如夜，室中秉烛乃可辨人，逾时始开朗，亦无大风雨。

第三节 1950—2000 年的大雾灾害

1951 年 1 月 1 日，湘中出现大面积大雾，影响水陆交通。

1 月 3～4 日，湘中及以北出现大面积大雾，影响水陆交通。

2 月 14 日，湘中出现大面积大雾，影响水陆交通。

2 月 22 日，湘中出现大面积大雾，影响水陆交通。

5 月 9 日，湘北、湘中出现大面积大雾，影响水陆交通。

9 月 26 日，湘中和湘南出现大面积大雾，影响水陆交通。

9 月 30 日，湘南和湘中的部分地区出现大雾，影响当地的水陆交通。

10 月 24 日，湘中出现大面积大雾，影响水陆交通。

10 月 28～30 日，湘中和湘南连续 3 天出现大面积大雾，影响水陆交通。

11 月 9 日，湘中和湘南出现大面积大雾，影响水陆交通。

11 月 12～13 日，湘中和湘南出现大面积大雾，影响水陆交通。

11 月 25 日，湘中和湘南的部分地区出现大雾，影响当地的水陆交通。

12 月 7～8 日，湘中和湘南连续 2 天出现大面积大雾，影响水陆交通。

12 月 10～12 日，湘中和湘南连续 3 天出现大面积大雾，影响水陆交通。

1952 年 1 月 3 日，湘南、湘中和湘北部分地区出现大面积大雾，影响当地的水陆交通。

1 月 8 日，湘中、湘南和湘北的部分地区出现大面积大雾，影响当地的水陆交通。

1 月 17～19 日，湘南、湘中和湘北的部分地区连续 3 天出现大面积大雾，影响当地的水陆交通。

1 月 21 日，湘中、湘南出现大面积大雾，影响水陆交通。

2 月 21 日，湘中和湘南、湘北的部分地区出现大雾，影响当地的水陆交通。

3 月 22 日，湘中和湘南出现大面积大雾，影响水陆交通。

4 月 4 日，湘中和湘南出现大面积大雾，影响水陆交通。

11 月 2～5 日，湘中、湘南和湘西部分地区连续 4 天出现大面积大雾，影响当地的水陆交通。

11 月 9 日，湘南出现大面积大雾，影响水陆交通。

12 月 10～12 日，湘西、湘中和湘南连续 3 天出现大面积大雾，影响水陆交通。

12 月 14 日，湘南和湘北出现大面积大雾，影响水陆交通。

12 月 21 日，湘西和湘北部分地区出现成片大雾，影响当地的水陆交通。

12 月 23 日，湘中和湘南出现大面积大雾，影响水陆交通。

12 月 31 日，湘西、湘南和湘中出现大面积大雾，影响水陆交通。

1953 年 1 月 1 日，湘中和湘南出现大面积大雾，影响水陆交通和航空运输。

1月6日，湘西、湘中和湘南出现大面积大雾，影响水陆交通和航空运输。

3月1日，湘西、湘中和湘南出现大面积大雾，影响水陆交通和航空运输。

3月6日，湘西和湘中出现大面积大雾，影响水陆交通和航空运输。

4月10日，湘西和湘中出现大面积大雾，影响水陆交通和航空运输。

5月7日，湘中、湘南和湘西的部分地区出现成片大雾，影响当地水陆交通和航空运输。

10月23日，湘西和湘中出现大面积大雾，影响水陆交通和航空运输。

11月29～30日，湘西、湘中和湘南连续2天出现大面积大雾，影响水陆交通和航空运输。

12月11～13日，湘西、湘中和湘南连续3天出现大面积大雾，影响水陆交通和航空运输。

12月26日，湘西、湘中和湘北部分地区出现成片大雾，影响当地水陆交通和航空运输。

1954年 1月31日，湘西、湘中和湘南的部分地区出现成片大雾，影响当地的水陆交通和航空运输。

2月1日和9日，湘西、湘南和湘北的部分地区分别出现成片大雾，影响当地的水陆交通。

4月11～12日，湘西、湘北和湘中的部分地区连续2天出现成片大雾，影响当地的水陆交通和航空运输。

6月6日，湘南和湘西的部分地区出现成片大雾，影响当地的水陆交通。

10月24日，湘西、湘中和湘南的部分地区出现成片大雾，影响当地的水陆交通和航空运输。

11月18日，湘西、湘中和湘南的部分地区出现成片大雾，影响当地的水陆交通和航空运输。

1955年 2月15日，湘西、湘中和湘南部分地区出现成片大雾，影响当地的水陆交通和航空运输。

2月27日，全省大部分地区出现大雾，影响水陆交通和航空运输。

3月11日，湘中、湘北的部分地区和湘西出现成片大雾，影响当地的水陆交通。

3月15日，湘中和湘西北部出现大面积大雾，影响水陆交通和航空运输。

5月4日，湘西和湘南的部分地区出现成片大雾，影响当地的水陆交通。

5月8日，全省大部分地区出现大雾，影响水陆交通和航空运输。

6月10日，湘中和湘西北出现大面积大雾，影响水陆交通和航空运输。

11月12～13日，湘南、湘西的部分地区和湘中连续2天出现成片大雾，影响当地的水陆交通和航空运输。

11月21～23日，湘西、湘中和湘南的部分地区连续2～3天出现成片大雾，影响当地的水陆交通和航空运输。

11月25～26日，湘西和湘南部分地区连续2天出现成片大雾，影响当地的水陆交通。

12月3日，湘西和衡邵盆地出现大面积大雾，影响当地的水陆交通。

12月7日，湘西、湘中出现大面积大雾，影响水陆交通和航空运输。

12月10日，湘西、湘中和湘南的部分地区出现成片大雾，影响当地的水陆交通和航空运输。

12月13日，湘西、湘中和湘南的部分地区出现成片大雾，影响当地的水陆交通和航空运输。

12月21日，湘西、湘中和湘南的部分地区出现成片大雾，影响当地的水陆交通和航空运输。

12月27日，湘中和湘西北部出现成片大雾，影响当地的水陆交通和航空运输。

12月28日，湘西、湘中和湘南的部分地区出现成片大雾，影响当地的水陆交通和航空运输。

1956年 1月24日、26日，湘西、湘中分别出现大面积大雾，影响水陆交通和航空运输。

2月7～8日，全省大部分地区出现大雾，其中湘西和湘北连续2天大雾，影响水陆交通和航空运输。

2月24日，湘中和湘西北部出现成片大雾，影响水陆交通和航空运输。

4月24日，湘西和湘中部分地区出现成片大雾，影响当地的水陆交通。

5月1～2日，全省大部分地区出现大雾，其中湘西北部连续2天出现成片大雾，影响水陆交通。

5月24日，湘中和湘西北部出现大面积大雾，影响水陆交通和航空运输。

1957年 1月18～19日，湘西、湘北和湘中出现大雾，其中湘西和湘北连续2天出现大面积大雾，影响水陆交通。

11月17日，湘西和湘中的部分地区出现成片大雾，影响当地的水陆交通。

12月15日，全省大部分地区出现大雾，影响水陆交通和航空运输。

12月16日，湘西和湘南出现大面积大雾，影响水陆交通。

12月23日，湘西和湘北出现大面积大雾，影响水陆交通和航空运输。

12月24日，湘南和湘西的部分地区出现成片大雾，影响当地的水陆交通。

12月31日，湘西、湘中和湘南出现大面积大雾，影响水陆交通和航空运输。

1958年 3月18日，湘西和湘中的部分地区出现成片大雾，影响当地的水陆交通。

4月3日，湖南省东部出现大面积大雾，影响当地的水陆交通和航空运输。

4月14日，湘西及湘中部分地区出现成片大雾，影响当地的水陆交通和航空运输。

9月21日，湖南省西部出现大面积大雾，影响当地的水陆交通。

10月29日，湘西和湘中的部分地区出现成片大雾，影响当地的水陆交通和航空运输。

11月23～24日，湘西和湘南的部分地区出现成片大雾，影响当地的水陆交通。

12月2日，湘西及湘中和湘南的部分地区出现成片大雾，影响当地水陆交通和航空运输。

12月20日，湘西及湘中和湘南的部分地区出现成片大雾，影响当地的水陆交通和航空运输。

12月26日，湖南省东部的大部分地区出现成片大雾，影响当地的水陆交通和航空运输。

12月27日，湖南省西部出现大面积大雾，影响水陆交通。

1959年　1月30日，湘中以北大部分地区出现成片大雾，影响当地水陆交通和航空运输。

3月2日，湘西及湘中和湘南的部分地区出现成片大雾，影响当地的水陆交通。

3月25日，湘西和湘南的部分地区出现成片大雾，影响当地的水陆交通。

4月4日，湘西和湘南的部分地区出现成片大雾，影响当地的水陆交通。

4月8日，湘西和湘北及湘中的部分地区出现成片大雾，影响当地水陆交通和航空运输。

8月15日，湘西、湘中和湘南的部分地区出现成片大雾，影响当地水陆交通和航空运输。

11月28～29日，湖南省西部和东部山区分别连续2天出现大面积大雾，影响当地的水陆交通。

12月3日，湘中和湘西部分地区出现成片大雾，影响当地的水陆交通。

1960年　1月1日，受500百帕槽后西北气流和地面西路高压脊的影响，湖南省西部和东部山区出现大面积大雾，影响水陆交通。

1月2日，受500百帕槽后西北气流和地面西路高压脊的影响，湘西、湘中和湘南的部分地区出现成片大雾，影响当地的水陆交通。

1月11日，受500百帕小波动和地面四川小高压东出的影响，湘西、湘中和湘南部分地区出现成片大雾，影响当地的水陆交通。

1月31日，受500百帕小波动和地面锋前均压场的影响，全省除湘南外其余大部分地区出现大面积大雾，影响水陆交通和航空运输。

2月2日，受500百帕槽后西北气流和地面弱大陆高压的影响，湘西、湘中和洞庭湖的部分地区出现成片大雾，影响当地的水陆交通和航空运输。

2月5日，受500百帕槽后西北气流和地面弱大陆高压的影响，湘中和湘西、湘南的部分地区出现成片大雾，影响当地的水陆交通。

2月21日，受500百帕槽后西北气流和地面大陆高压底部均压场的影响，湘西、湘中和湘南的部分地区出现成片大雾，影响当地的水陆交通和航空运输。

5月10日，湘西、湘中和湘南的部分地区出现成片大雾，影响当地的水陆交通。

10月27日，受500百帕沿海大槽和地面中路高压的影响，湖南省西部和东部山区出现大面积大雾，影响当地的水陆交通。

10月30日，受500百帕中纬槽和地面均压场的影响，湘西和湘中出现大面积大雾，影响水陆交通和航空运输。

12 月 2 日，受 500 百帕沿海槽和地面鞍型场的影响，湘西、湘中和湘南出现大面积大雾，影响水陆交通。

12 月 4 日，受 500 百帕槽后西北气流和地面均压场的影响，东部山区和湘西南部出现大面积大雾，影响水陆交通。

12 月 9～10 日，受 500 百帕槽后西北气流和地面西路高压的影响，湘西、湘中和湘南的部分地区连续 2 天出现成片大雾，影响水陆交通和航空运输。

12 月 12 日，受 500 百帕槽后西北气流和地面弱大陆高压前部均压场的影响，洞庭湖区、湘西和湘中出现大面积大雾，影响水陆交通和航空运输。

1961 年　1 月 25 日，受 500 百帕槽后西北气流和地面大陆高压的影响，洞庭湖区、湘中和湘南、湘西的部分地区出现成片大雾，影响水陆交通和航空运输。

1 月 26 日，受 500 百帕槽后西北气流和地面弱高压脊的影响，湘西和湘中、湘南的部分地区出现成片大雾，影响水陆交通。

4 月 6 日，受 500 百帕槽后西北气流和地面弱高压脊的影响，湘中及其以北的大部分地区出现成片大雾，影响水陆交通和航空运输。

12 月 6 日，受 500 百帕槽后西北气流和地面大陆高压的影响，湘西、湘中和湘南的部分地区出现成片大雾，影响当地的水陆交通和航空运输。

12 月 10 日，受 500 百帕槽后西北气流和地面大陆高压的影响，湘中及其以北出现大面积大雾，影响水陆交通和航空运输。

12 月 11 日，500 百帕气流平直，地面为鞍型场，湘中和湘西南部及洞庭湖部分地区出现成片大雾，影响水陆交通。

1962 年　1 月 4 日，受 500 百帕槽后西北气流和地面均压场的影响，湖南省东部山区的部分地区和湘西出现成片大雾，影响当地的水陆交通。

1 月 11 日　受 500 百帕槽后西北气流和地面鞍型场的影响，湖南省东部山区和湘西出现大面积大雾，影响当地的水陆交通。

3 月 15 日，受 500 百帕槽后西北气流和地面均压场的影响，湖南省东部山区和湘西南出现大面积大雾，影响当地的水陆交通。

4 月 25 日，500 百帕为一槽一脊，地面为大陆高压控制，湖南省东西两厢的山区地带及湘南部分地区出现成片大雾，影响当地的水陆交通。

10 月 22 日，500 百帕为两槽一脊，地面为鞍型场，湖南省东西两厢的山区地带出现成片大雾，影响当地的水陆交通和航空运输。

11 月 11 日，500 百帕为两槽一脊，地面为弱高压脊，湖南省东西两厢的山区地带出现成片大雾，影响当地的水陆交通。

12 月 2 日，500 百帕为一槽一脊，地面为大陆高压，湖南省东西两厢的山区地带出现成片大雾，影响当地的水陆交通。

12 月 9 日，500 百帕为两槽一脊，地面为鞍型场，湘西和东部边缘山区的部分地区出现成片大雾，影响当地的水陆交通。

1963年 1月2日，500百帕为两槽一脊，地面为大陆高压，湖南省东西两厢的山区地带出现成片大雾，影响当地的水陆交通和航空运输。

1月5日，500百帕为两槽一脊，地面为大陆高压，东部山区和湘西的部分地区出现成片大雾，影响当地的水陆交通和航空运输。

2月24日，500百帕为两槽一脊，地面为大陆高压，湘西、湘中和湘南的部分地区出现成片大雾，影响当地的水陆交通。

3月16日，500百帕为两槽一脊，地面为大陆高压，湖南省东西两厢的山区地带出现成片大雾，影响水陆交通。

3月21日，500百帕为两槽一脊，地面为鞍型场，洞庭湖区、湘中和湘西的部分地区出现成片大雾，影响水陆交通和航空运输。

3月22日，500百帕为两槽一脊，地面为均压场，湖南省东部山区、雪峰山区和湘南的部分地区出现成片大雾，影响当地的水陆交通。

10月29日，500百帕为两槽一脊，地面为大陆高压，湘西和洞庭湖区出现成片大雾，影响水陆交通。

10月30日，500百帕为两槽一脊，地面为大陆高压，全省大部分地区出现大雾，影响水陆交通和航空运输。

11月20日，500百帕为两槽一脊，地面为均压场，湖南省东西两厢的山区地带和湘南部分地区出现成片大雾，影响当地的水陆交通。

11月21日，500百帕为一槽一脊，地面为均压场，湖南省东西两厢的山区地带出现成片大雾，影响当地的水陆交通。

11月27日，500百帕为两槽一脊，地面为弱大陆高压，湖南省东西两厢的山区地带出现成片大雾，影响当地的水陆交通。

12月4～5日，500百帕为两槽一脊，地面为脚状高压，湘西和湘南的部分地区连续2天出现成片大雾，影响当地的水陆交通。

12月12日，500百帕为两槽一脊，地面为鞍型场，湘西、湘中和湘南的部分地区出现成片大雾，影响当地的水陆交通和航空运输。

12月19～20日，500百帕为两槽一脊，地面为弱高压脊，湖南省东部山区和湘西连续2天出现大面积大雾，影响水陆交通。

12月28日，500百帕为两槽一脊，地面为弱高压脊，湖南省东部山区和湘西出现大面积大雾，影响当地的水陆交通。

1964年 10月9日，500百帕为沿海槽后，地面为高压后部，湘西、湘北出现大面积大雾，影响水陆交通。

12月27日，500百帕为两槽一脊，地面为均压场，洞庭湖区、湘中和湘西的部分地区出现成片大雾，影响当地的水陆交通和航空运输。

12月28日，500百帕为两槽一脊，地面为均压场，湘中和湘西北出现大面积大雾，影响水陆交通和航空运输。

12月29日，500百帕为两槽一脊，地面为弱高压脊，洞庭湖区、湘西和湘中出现大面积大雾，影响水陆交通和航空运输。

1965 年　1 月 1 日，500 百帕为小波动形势，地面为弱倒槽均压场中，湘西出现成片大雾，影响当地的水陆交通。

1 月 7 日，500 百帕为两槽一脊，地面为西路高压前部，全省除湘南外其余大部分地区出现大雾，影响水陆交通和航空运输。

1 月 8 日，500 百帕为两槽一脊，地面为西路高压脊，湖南省西部和东部山区出现大面积大雾，影响水陆交通。

1 月 16 日，500 百帕为两槽一脊，地面为弱倒槽均压场中，湘西和湖南省东部山区出现大面积大雾，影响水陆交通。

2 月 13 日，500 百帕为两槽一脊，地面为均压场，湘西和湘南出现大面积大雾，影响水陆交通。

3 月 12 日，500 百帕为小波动型，地面为西路高压脊，湘西和东部山区出现大面积大雾，影响水陆交通。

10 月 28 日，500 百帕为小波动型，地面为均压场，湘西北部和洞庭湖的部分地区出现成片大雾，影响当地的水陆交通。

10 月 30 日，500 百帕为小波动型，地面为弱高压脊，湘西和东部山区出现大面积大雾，影响水陆交通。

10 月 31 日，500 百帕为小波动型，地面为弱高压脊，湘西和洞庭湖区及湘南的部分地区出现成片大雾，影响水陆交通。

11 月 20 日，500 百帕为两槽一脊，地面为大陆高压底部，湘西、洞庭湖区和湘中的部分地区出现成片大雾，影响水陆交通和航空运输。

11 月 21 日，500 百帕为小波动型，地面为大陆高压底部，湘西和东部山区出现大面积大雾，影响水陆交通和航空运输。

11 月 29 日，500 百帕为两槽一脊，地面为大陆高压底部，湘西和东部山区出现大面积大雾，影响水陆交通。

12 月 11 日，500 百帕为两槽一脊，地面为大陆高压，湘西、洞庭湖区和湘南的部分地区出现成片大雾，影响水陆交通。

12 月 12 日，500 百帕为小波动型，地面为均压场，全省大部分地区出现大雾，影响水陆交通和航空运输。

1966 年　1 月 3 日，500 百帕为两槽一脊，地面为高压脊内，湘西和湘中的部分地区出现成片大雾，影响当地的水陆交通和航空运输。

1 月 4 日，500 百帕为小波动型，地面为弱高压脊内，湘西和东部山区出现大面积大雾，影响水陆交通。

1 月 30 日，500 百帕为小波动型，地面为西路高压，湘西、东部山区和洞庭湖的部分地区出现成片大雾，影响水陆交通。

2 月 2 日，500 百帕为一槽一脊，地面为西路高压，全省大部分地区出现大雾，影响水陆交通和航空运输。

2 月 14 日，500 百帕为小波动型，地面为鞍型场，东部山区和湘西北部出现大面积大雾，影响水陆交通。

3月13日，500百帕为小波动型，地面为均压场，湖南省北半部出现大面积大雾，影响水陆交通和航空运输。

4月27日，500百帕为小波动型，地面为弱高压脊内，东部山区和湘西部分地区出现成片大雾，影响水陆交通。

10月15日，500百帕为小波动型，地面为西路小高压东出，东部山区和湘西出现大面积大雾，影响水陆交通。

12月12日，500百帕为小波动型，地面为弱高压脊内，洞庭湖区和湘西出现大面积大雾，影响水陆交通。

1967年 2月5日，500百帕为小波动型，地面为高压后部均压场中，湘西和湘中部分地区出现成片大雾，影响当地的水陆交通。

2月18日，500百帕为小波动型，地面为高压后部均压场中，湘西和湘中出现大面积大雾，影响水陆交通。

3月10日，500百帕为两槽一脊，地面为高压中心，除洞庭湖区外全省大部分地区出现大雾，影响水陆交通和航空运输。

3月11日，500百帕为小波动型，地面为高压后部，东部山区和湘西出现大面积大雾，影响水陆交通。

9月15日，500百帕为小波动型，地面为鞍型场，湘西和东部山区出现大面积大雾，影响水陆交通。

11月6日，500百帕为两槽一脊，地面为弱高压脊，湘西和东部山区出现大面积大雾，影响水陆交通。

12月18日，500百帕为小波动型，地面为鞍型场，湘西和东部山区的部分地区出现成片大雾，影响水陆交通。

1968年 1月3日，500百帕为小波动型，地面为西路高压，湘西和洞庭湖区出现大面积大雾，影响水陆交通。

3月3日，500百帕为两槽一脊，地面为弱高压脊，湘西和东部山区的部分地区出现成片大雾，影响当地的水陆交通。

11月6日，500百帕为小波动型，地面为西路高压，湘西和东部山区出现大面积大雾，影响水陆交通。

11月22日，500百帕为小波动型，地面为弱高压脊后部，湘西和湘南的部分地区出现成片大雾，影响当地的水陆交通。

12月5日，500百帕为小波动型，地面为均压场，东部山区和湘西部分地区出现成片大雾，影响当地的水陆交通和航空运输。

12月6日，500百帕为小波动型，地面为均压场，除湘西北和湘南外其他地区出现大雾，影响水陆交通和航空运输。

1969年 5月24日，500百帕为小波动型，地面为西路弱脊，湘西和湘中出现大面积大雾，影响水陆交通和航空运输。

10 月 27 日，500 百帕由波动型转两槽一脊，地面由西路高压转高压后部，湘西出现大面积大雾，影响水陆交通。

11 月 8 日，500 百帕为一槽一脊，地面为西路高压脊，东部山区和湘西出现大面积大雾，影响水陆交通。

12 月 22 日，500 百帕为小波动型，地面为弱大陆高压脊，东部山区和湘西北部出现大雾，影响水陆交通。

12 月 30 日，500 百帕为两槽一脊，地面为西路小高压东出，除湘南外其余各地出现大雾，影响水陆交通和航空运输。

12 月 31 日，500 百帕为波动型，地面为鞍型场，洞庭湖区和湘中、湘西部分地区出现成片大雾，影响水陆交通和航空运输。

1970 年　1 月 31 日，500 百帕为两槽一脊，地面为高压后部，除湘南外其余大部分地区出现大雾，影响水陆交通。

2 月 12 日，500 百帕为两槽一脊，地面为高压脊内，湘西和东部山区出现大面积大雾，影响水陆交通。

4 月 2 日，500 百帕为两槽一脊，地面为西路高压脊内，东部山区和湘西的部分地区出现成片大雾，影响水陆交通。

4 月 20 日，500 百帕为两槽一脊，地面为弱高压脊，湘西和东部山区部分出现成片大雾，影响水陆交通。

7 月 16 日，500 百帕为一槽一脊，地面为高压脊，湘西和东部山区部分出现成片大雾，影响当地的水陆交通和航空运输。

11 月 3 日，500 百帕为小波动型，地面为西路高压脊，湘西和东部山区出现大面积大雾，影响水陆交通。

12 月 9 日，500 百帕为小波动型，地面为均压场，除湘南外其余大部分地区出现大雾，影响水陆交通和航空运输。

12 月 17 日，500 百帕为两槽一脊，地面为均压场，洞庭湖区、湘西和东部山区的部分地区出现成片大雾，影响当地的水陆交通。

1971 年　1 月 8 日，500 百帕为两槽一脊，地面为均压场，东部和西部山区的部分地区出现成片大雾，局部地区最低能见度为 800 米，影响水陆交通。

2 月 15 日，500 百帕为两槽一脊，地面为西路高压，湘西和东部山区出现大面积大雾，局部地区最低能见度为 40 米，影响当地的水陆交通和航空运输。

3 月 16 日，500 百帕为两槽一脊，地面为鞍型场，湘西和湘南的部分地区出现成片大雾，影响当地的水陆交通。

3 月 19 日，500 百帕为小波动型，地面为高压脊内，湘西、湘中和湘南的部分地区出现成片大雾，湘中局部地区最低能见度为 20 米，湘南局部地区最低能见度为 90 米，影响当地的水陆交通和航空运输。

3 月 24 日，500 百帕为小波动型，地面为鞍型场，湘西和湘南的部分地区出现成片大雾，影响水陆交通。

4月1日，500百帕为小波动型，地面为均压场，湘西和东部山区出现大面积大雾，局部地区最低能见度为600米，影响水陆交通。

4月21日，500百帕为小波动型，地面为西路高压，东部山区和湘西的部分地区出现成片大雾，影响水陆交通。

4月28日，500百帕为一槽一脊，地面为西路小高压，湘西和东部山区出现大面积大雾，影响水陆交通。

5月12日，500百帕为弱脊，地面为均压场，湘西和洞庭湖部分地区出现成片大雾，局部地区最低能见度为300米，影响当地的水陆交通。

6月6日，500百帕为小波动型，地面为高压后部，湘西及洞庭湖区和湘南的部分地区出现成片大雾，湘南局部地区最低能见度为30米，影响当地的水陆交通和航空运输。

10月30日，500百帕为两槽一脊，地面为西路高压，湘西和洞庭湖区出现大面积大雾，影响水陆交通。

10月31日，500百帕为两槽一脊，地面为高压后部，湘西和东部山区出现大面积大雾，局部地区最低能见度为200米，影响水陆交通。

11月11日，500百帕为两槽一脊，地面为高压中心，除湘南外其余大部分地区出现大雾，湘中局部地区最低能见度为200米，影响当地的水陆交通和航空运输。

11月12日，500百帕为小波动型，地面为锋前均压场，湘西和洞庭湖及湘南的部分地区出现成片大雾，湘南局部地区最低能见度为500米，影响水陆交通和航空运输。

12月3日，500百帕为波动型，地面为鞍型场，湘西和东部山区出现大面积大雾，影响水陆交通。

12月11日，500百帕为两槽一脊，地面有弱冷锋过境，除湘南外其余大部分地区出现大雾，影响水陆交通和航空运输。

12月12日，500百帕为两槽一脊，地面为均压场，全省大部分地区出现大雾，湘北局部地区最低能见度为0米，湘中局部地区最低能见度为30米，湘南局部地区最低能见度为200米，影响水陆交通和航空运输。

12月13日，500百帕为波动型，地面为鞍型场，湘西和洞庭湖区及湘南的部分地区出现成片大雾，洞庭湖局部地区最低能见度为0米，湘南局部地区最低能见度为80米，影响水陆交通和航空运输。

12月28日，500百帕为两槽一脊，地面为大陆高压，洞庭湖区、湘西和湘南的部分地区出现成片大雾，局部地区最低能见度为20米，影响水陆交通和航空运输。

12月30日，500百帕为波动型，地面为均压场，全省大部分地区出现大雾，湘中局部地区最低能见度为500米，湘南局部地区最低能见度为150米，影响水陆交通和航空运输。

1972年 1月20日，500百帕为波动型，地面为均压场，湘西、东部山区和湘南的部分地区出现成片大雾，湘南局部地区最低能见度为20米，影响水陆交通和航空运输。

1月22日，500百帕为波动型，地面为均压场，湘西和东部山区出现大面积大雾，局部地区最低能见度为0米，影响水陆交通。

3月26日，500百帕为两槽一脊，地面为高压脊中，湘西和东部山区出现大面积大雾，局部地区最低能见度为 20 米，影响水陆交通。

4 月 15 日，500 百帕为副高边缘，地面为静止锋后部均压场中，东部山区和湘西北出现大面积大雾，局部地区最低能见度为 50 米，影响水陆交通和航空运输。

5 月 19 日，500 百帕为波动型，地面有西路高压东出，湘西和洞庭湖区出现大面积大雾，影响水陆交通和航空运输。

10 月 12 日，500 百帕为两槽一脊，地面为均压场，湘西、东部山区和洞庭湖的部分地区出现成片大雾，影响当地的水陆交通和航空运输。

10 月 13 日，500 百帕为波动型，地面为高压后部，湘西、洞庭湖区出现大面积大雾，局部地区最低能见度为 200 米，影响水陆交通和航空运输。

10 月 27 日，500 百帕为波动型，地面为大陆高压脊中，湘西和洞庭湖区出现大面积大雾，局部地区最低能见度为 30 米，影响水陆交通和航空运输。

10 月 29 日，500 百帕为两槽一脊，地面为均压场，湘西和湘中出现大面积大雾，影响水陆交通和航空运输。

11 月 20 日，500 百帕为波动型，地面为高压脊中，除湘南外其余大部分地区出现大雾，局部地区最低能见度为 20 米，影响水陆交通和航空运输。

12 月 4 日，500 百帕为波动型，地面为鞍型场，湘西和东部山区出现大面积大雾，局部地区最低能见度为 500 米，影响水陆交通。

12 月 5 日，500 百帕为波动型，地面为鞍型场，湘西和东部山区部分出现成片大雾，影响水陆交通。

1973 年 2 月 14 日，500 百帕为波动型，地面为均压场，湘西和湘中的部分地区出现成片大雾，湘中局部地区最低能见度为 30 米，影响水陆交通和航空运输。

4 月 21 日，500 百帕为波动型，地面为均压场，湘西及洞庭湖区和湘中的部分地区出现成片大雾，湘中局部地区最低能见度为 40 米，影响水陆交通和航空运输。

6 月 6 日，500 百帕为波动型，地面为西路高压，湘西和东部山区出现大面积大雾，局部地区最低能见度为 50 米，影响水陆交通。

10 月 27 日，500 百帕为两槽一脊，地面为西路高压脊，湘西和东部山区出现大面积大雾，局部地区最低能见度为 100 米，影响水陆交通和航空运输。

12 月 15 日，500 百帕为两槽一脊，地面为西路高压脊，湘西和东部山区出现大面积大雾，局部地区最低能见度为 30 米，影响水陆交通和航空运输。

1974 年 4 月 25 日，500 百帕为两槽一脊，地面为均压场，湘西和东部山区出现大面积大雾，局部地区最低能见度为 0 米，影响水陆交通和航空运输。

11 月 20、21 日，500 百帕为波动型，地面为西路高压转高后，东部山区和湘西的部分地区连续 2 天出现成片大雾，局部地区最低能见度为 500 米，影响水陆交通和航空运输。

11 月 24 日，500 百帕为两槽一脊，地面为均压场，洞庭湖、湘西、湘南等地的部分地区出现成片大雾，局部地区最低能见度为 100 米，影响当地的水陆交通和航空运输。

1975年 1月5日，500百帕为弱脊，地面为均压场，湘西和洞庭湖及东部山区的部分地区出现成片大雾，局部地区最低能见度为800米，影响当地的水陆交通和航空运输。

1月10日，500百帕为弱脊，地面为均压场，洞庭湖、东部山区和湘西的部分地区出现成片大雾，局部地区最低能见度为30米，影响当地的水陆交通和航空运输。

1月22日，500百帕为两槽一脊，地面为鞍型场，全省大部分地区出现大雾，湘中局部地区最低能见度为20米，湘南局部地区最低能见度为100米，影响水陆交通和航空运输。

1月28日，500百帕为一槽一脊，地面为高压后部均压场，东部山区、湘西和洞庭湖的部分地区出现成片大雾，局部地区最低能见度为20米，影响当地的水陆交通。

2月10日，500百帕为两槽一脊，地面为高压后部均压场，东部山区和湘西的部分地区出现成片大雾，局部地区最低能见度为20米，影响当地的水陆交通和航空运输。

12月2日，500百帕为波动型，地面为西路小高压，东部山区和湘南出现大面积大雾，湘南局部地区最低能见度为10米，影响当地的水陆交通和航空运输。

1976年 1月8日，500百帕为波动型，地面为西路高压脊，湘西和东部山区出现大面积大雾，局部地区最低能见度为0米，影响当地的水陆交通和航空运输。

2月2日，500百帕为两槽一脊，地面为西路高压脊，湘西和东部山区的部分地区出现成片大雾，影响当地的水陆交通。

2月8日，500百帕为波动型，地面为高压后部均压场，洞庭湖区、湘中和湘西的部分地区出现成片大雾，局部地区最低能见度为40米，影响水陆交通和航空运输。

2月10日，500百帕为波动型，地面为高压后部弱倒槽中，洞庭湖区、湘中和湘南的部分地区出现成片大雾，湘中局部地区最低能见度为50米，湘南局部地区最低能见度为100米，影响当地的水陆交通和航空运输。

10月1日，500百帕为两槽一脊，地面为鞍型场，东部山区和湘西南部出现大面积大雾，局部地区最低能见度为10米，影响水陆交通和航空运输。

10月15日，500百帕为波动型，地面为鞍型场，湘西及洞庭湖和湘中的部分地区出现成片大雾，局部地区最低能见度为20米，影响当地的水陆交通和航空运输。

10月20日，500百帕为两槽一脊，地面为鞍型场，湘西和东部山区出现大面积大雾，局部地区最低能见度为200米，影响水陆交通。

12月2日，500百帕为波动型，地面为西路小高压，湘西、洞庭湖和东部山区出现大面积大雾，局部地区最低能见度为20米，影响水陆交通和航空运输。

1977年 2月10日，500百帕为波动型，地面为西路高压脊，湘西、东部山区和洞庭湖的部分地区出现成片大雾，局部地区最低能见度为30米，影响水陆交通和航空运输。

2月11日，500百帕为波动型，地面为高压脊，东部山区和湘西北部出现大面积大雾，局部地区最低能见度为30米，影响水陆交通。

2月12日，500百帕为两槽一脊，地面为高压脊，湘西和湘南的部分地区出现成片大雾，影响水陆交通。

2月27日，500百帕为波动型，地面为西路小高压，东部山区和湘西北部及洞庭湖的部分地区出现成片大雾，局部地区最低能见度为 100 米，影响水陆交通和航空运输。

3 月 31 日，500 百帕为一槽一脊，地面为均压场，东部山区、洞庭湖区和湘西北部出现大面积大雾，局部地区最低能见度为 40 米，影响水陆交通和航空运输。

9 月 30 日，500 百帕为副高边缘，地面为弱西路高压脊中，东部山区和湘西的部分地区出现成片大雾，局部地区最低能见度为 50 米，影响水陆交通和航空运输。

10 月 21 日，500 百帕为副高控制，地面为均压场，湘西和湘南的部分地区出现成片大雾，湘南局部地区最低能见度为 30 米，影响水陆交通和航空运输。

11 月 4 日，500 百帕为波动型，地面为高压脊中，湘西和洞庭湖区出现大面积大雾，影响水陆交通。

11 月 17 日，500 百帕为波动型，地面为高压脊中，湘西和东部山区出现大面积大雾，局部地区最低能见度为 30 米，影响水陆交通和航空运输。

11 月 18 日，500 百帕为波动型，地面为高压脊中，湘西和东部山区出现大面积大雾，局部地区最低能见度为 30 米，影响水陆交通和航空运输。

11 月 25 日，500 百帕为波动型，地面为均压场，湘西、洞庭湖区和湘南部分地区出现成片大雾，局部地区最低能见度为 30 米，影响水陆交通和航空运输。

11 月 26 日，500 百帕为波动型，地面为均压场，洞庭湖区和湘西、湘南的部分地区出现成片大雾，局部地区最低能见度为 20 米，影响水陆交通和航空运输。

12 月 5 日，500 百帕为波动型，地面为均压场，湘西和洞庭湖区出现成片大雾，影响水陆交通和航空运输。

12 月 9 日，500 百帕为波动型，地面为西路高压转均压场，湘西和湘南的部分地区出现成片大雾，局部地区最低能见度为 800 米，影响当地的水陆交通。

1978 年　1 月 5 日，500 百帕为一槽一脊，地面为西路高压脊，湘西和湘南部分地区出现成片大雾，影响当地的水陆交通。

1 月 14 日，500 百帕为波动型，地面为高压后部均压场中，洞庭湖区、湘南和湘西部分地区出现成片大雾，湘南局部地区最低能见度为 50 米，影响水陆交通和航空运输。

2 月 24 日，500 百帕为波动型，地面为高压脊，东部山区、湘南和湘西的部分地区出现成片大雾，湘南局部地区最低能见度为 50 米，影响水陆交通和航空运输。

4 月 9 日，500 百帕为波动型，地面为高压脊，湘西、洞庭湖区出现大面积大雾，局部地区最低能见度为 50 米，影响水陆交通。

4 月 29 日，500 百帕为两槽一脊，地面为均压场，湘西出现大面积大雾，局部地区最低能见度为 50 米，影响水陆交通。

12 月 6、7 日，500 百帕为波动型，地面为西路小高压转均压场，湘西和东部山区出现大面积大雾，局部地区最低能见度为 100 米，影响水陆交通。

12 月 17、18 日，500 百帕为波动型，地面为大陆高压底部，湘西和东部山区出现大面积大雾，局部地区最低能见度为 20 米，影响水陆交通和航空运输。

12 月 28 日，500 百帕为波动型，地面为弱高压脊，湘西和洞庭湖部分地区出现成片大雾，影响水陆交通和航空运输。

1979年 1月7日，500百帕为波动型，地面为西路高压，东部山区、湘西和洞庭湖部分地区出现成片大雾，局部地区最低能见度为10米，影响水陆交通和航空运输。

1月8日，500百帕为波动型，地面为西路高压，湘西、东部山区和湘南部分地区出现成片大雾，局部地区最低能见度为90米，影响水陆交通和航空运输。

1月9日，500百帕为波动型，地面为均压场，湘西和湘中部分地区出现成片大雾，湘中局部地区最低能见度为200米，影响水陆交通。

1月10日，500百帕为波动型，地面为均压场，湘西和湘中、湘南的部分地区出现成片大雾，湘中局部地区最低能见度为20米，影响水陆交通和航空运输。

1月25日，500百帕为波动型，地面为西路高压，湘西、洞庭湖区、湘中和湘南部分地区出现成片大雾，湘南局部地区最低能见度为50米，影响水陆交通和航空运输。

2月6日，500百帕为波动型，地面为高压后部，湘中和湘西部分地区出现成片大雾，局部地区最低能见度为0米，影响水陆交通和航空运输。

2月13日，500百帕为波动型，地面为均压场，洞庭湖区、湘中和湘西北部出现大面积大雾，洞庭湖局部地区最低能见度为0米，湘中局部地区最低能见度为200米，湘南局部地区最低能见度为100米，影响水陆交通和航空运输。

2月16日，500百帕为一槽一脊，地面为高压后部，东部山区和湘西出现大面积大雾，局部地区最低能见度为800米，影响水陆交通和航空运输。

3月3日，500百帕为两槽一脊，地面为高压脊内，湘西和湘中出现大面积大雾，湘中局部地区最低能见度为90米，影响水陆交通和航空运输。

4月8日，500百帕为波动型，地面为中路高压脊内，湘中和洞庭湖部分地区出现成片大雾，湘中局部地区最低能见度为100米，影响水陆交通和航空运输。

4月20日，500百帕为一槽一脊，地面为高压脊内，湘西、洞庭湖区和湘中出现大面积大雾，湘中局部地区最低能见度为60米，影响水陆交通和航空运输。

9月21日，500百帕为副高控制，地面为均压场，湘西和洞庭湖区出现成片大雾，影响水陆交通。

1980年 1月9、10日，500百帕为两槽一脊，地面为高压脊转均压场，全省大部分地区连续2天出现大雾，湘北局部地区最低能见度为0米，湘中局部地区最低能见度为20米，湘南局部地区最低能见度为30米，影响水陆交通和航空运输。

1月15日，500百帕为两槽一脊，地面为均压场转西路高压脊，东部山区和湘西北部出现大面积大雾，局部地区最低能见度为20米，影响水陆交通和航空运输。

1月17日，500百帕为波动型，地面为西路小高压，湘西、湘中和洞庭湖的部分地区出现成片大雾，洞庭湖局部地区最低能见度为0米，湘中局部地区最低能见度为30米，影响水陆交通和航空运输。

1月22日，500百帕为两槽一脊，地面为均压场，湘西和湘南出现大面积大雾，局部地区最低能见度为400米，影响水陆交通和航空运输。

3月29日，500百帕为波动型，地面为均压场，湘西、洞庭湖和湘中部分地区出现成片大雾，湘中局部地区最低能见度为30米，影响水陆交通和航空运输。

4月2日，500百帕为波动型，地面为高压后部转均压场，湘西北和湘中、湘南的部分地区出现成片大雾，湘中局部地区最低能见度为 800 米，湘南局部地区最低能见度为 50 米，影响水陆交通和航空运输。

5 月 3 日，500 百帕为波动型，地面为西路高压，洞庭湖、湘西和湘南的部分地区出现成片大雾，湘南局部地区最低能见度为 50 米，影响水陆交通和航空运输。

5 月 12 日，500 百帕为波动型，地面为均压场，洞庭湖、东部山区和湘西的部分地区出现成片大雾，局部地区最低能见度为 60 米，影响水陆交通和航空运输。

9 月 26 日，500 百帕为波动型，地面为西路高压，湘西、湘中出现大面积大雾，局部地区最低能见度为 0 米，影响水陆交通和航空运输。

10 月 20 日，500 百帕为波动型，地面为均压场，湘西和东部山区的部分地区出现成片大雾，局部地区最低能见度为 100 米，影响水陆交通和航空运输。

12 月 8 日，500 百帕为一槽一脊，地面为均压场，洞庭湖区、东部山区和湘西部分地区出现成片大雾，局部地区最低能见度为 20 米，影响水陆交通和航空运输。

1981 年　1 月 1 日，500 百帕为两槽一脊，地面湘北有弱冷锋，湘西、洞庭湖和湘中的部分地区出现成片大雾，湘中局部地区最低能见度为 50 米，影响水陆交通和航空运输。

1 月 11 日，500 百帕为两槽一脊，地面为大陆高压前部均压场，湘西、东部山区和湘南部分地区出现成片大雾，东部山区局部最低能见度为 50 米，湘南局部最低能见度为 30 米，影响水陆交通和航空运输。

1 月 12 日，500 百帕为两槽一脊，地面为大陆高压脊，湘西和湘南部分地区出现成片大雾，局部地区最低能见度为 0 米，影响当地的水陆交通和航空运输。

2 月 4 日，500 百帕为波动型，地面为高压后部均压场，湘西、洞庭湖区和东部山区出现大面积大雾，其中洞庭湖局部地区最低能见度为 0 米，东部山区局部最低能见度为 200 米，湘南局部地区最低能见度为 20 米，影响水陆交通和航空运输。

2 月 7 日，500 百帕为波动型，地面为高压后部均压场，湘中和东部山区出现大面积大雾，湘中局部地区最低能见度为 100 米，影响水陆交通和航空运输。

3 月 5 日，500 百帕为两槽一脊，地面为均压场，湘西和东部山区出现大面积大雾，局部地区最低能见度为 30 米，影响水陆交通和航空运输。

3 月 7 日，500 百帕为波动型，地面为高压脊，湘西和东部山区出现大面积大雾，局部地区最低能见度为 50 米，影响水陆交通和航空运输。

3 月 19 日，500 百帕为波动型，地面为均压场，全省大部分地区出现大雾，其中，湘中局部地区最低能见度为 40 米，湘南局部地区最低能见度为 20 米，影响水陆交通和航空运输。

3 月 20 日，500 百帕为波动型，地面为均压场，东部山区和湘西部分地区出现成片大雾，局部地区最低能见度为 10 米，影响水陆交通和航空运输。

4 月 13 日，500 百帕为波动型，地面受西路高压控制，湖南省北半部出现大面积大雾，其中洞庭湖局部地区最低能见度为 0 米，湘中局部地区最低能见度为 40 米，影响水陆交通和航空运输。

4 月 16 日，500 百帕为波动型，地面为鞍型场，湘西和湘南部分地区出现成片大雾，影响当地的水陆交通。

10月29日，500百帕为波动型，地面为高压后部均压场，湘西和湘中部分地区出现成片大雾，其中，湘中局部地区最低能见度为50米，影响水陆交通和航空运输。

11月10日，500百帕为波动型，地面为高压中心均压场，湘西和湘中及湘南部分地区出现成片大雾，其中，湘中局部地区最低能见度为50米，湘南局部地区最低能见度为100米，影响水陆交通和航空运输。

12月23日，500百帕为两槽一脊，地面为大陆高压前部均压场，湘西和湘南部分地区出现成片大雾，局部地区最低能见度为50米，影响当地的水陆交通。

1982年 1月8日，500百帕为两槽一脊，地面为大陆高压脊，湘西和东部山区出现大面积大雾，局部地区最低能见度为10米，影响水陆交通和航空运输。

1月15日，500百帕为两槽一脊，地面为大陆高压前部，湘西、湘中和洞庭湖部分地区出现成片大雾，其中，湘中局部地区最低能见度为30米，影响水陆交通和航空运输。

2月28日，500百帕为小波动，地面为大陆高压底部，洞庭湖区和湘西出现大面积大雾，局部地区最低能见度为50米，影响水陆交通。

4月1日，500百帕为小波动，地面为高压后部，洞庭湖区、湘西及湘南的部分地区出现成片大雾，湘南局部地区最低能见度为50米，影响水陆交通和航空运输。

4月14日，500百帕为波动型，地面为西路高压前部，湘西、湘中出现大面积大雾，湘中局部地区最低能见度为30米，影响水陆交通和航空运输。

10月18日，湘西、湘中及洞庭湖的部分地区出现成片大雾，湘中局部地区最低能见度为50米，影响水陆交通和航空运输。

10月22日，洞庭湖区、湘西和湘中的部分地区出现成片大雾，其中，洞庭湖局部地区最低能见度为0米，湘中局部地区最低能见度为20米，影响水陆交通和航空运输。

11月30日，500百帕为波动型，地面为西路高压脊，湘西和湘中出现成片大雾，湘中局部地区最低能见度为30米，影响水陆交通和航空运输。

12月1日，500百帕为波动型，地面为均压场，湘西和湘中部分地区出现成片大雾，局部地区最低能见度为0米，影响水陆交通和航空运输。

12月17日，500百帕为波动型，地面为大陆高压前部均压场，湘西和东部山区出现大面积大雾，影响水陆交通。

12月23日，500百帕为一槽一脊，地面为高压后部均压场，湘西和湘中部分地区出现成片大雾，其中，湘中局部地区最低能见度为20米，湘南局部地区最低能见度为200米，影响水陆交通和航空运输。

1983年 2月6日，500百帕为波动型，地面为大陆高压前部均压场，湘中、湘西北部和洞庭湖南部出现大面积大雾；其中洞庭湖局部最低能见度为0米，湘中局部最低能见度为50米，影响水陆交通和航空运输。

2月17日，500百帕为一槽一脊，地面有冷锋过境，东部山区和湘西及湘南的部分地区出现成片大雾，其中，湘南局部地区最低能见度为50米，影响水陆交通和航空运输。

4月5日，500百帕为波动型，地面为华南静止锋后，湘西南部和湘中出现大面积大雾，其中湘中局部地区最低能见度为100米，影响水陆交通和航空运输。

4 月 7 日，500 百帕为波动型，地面为华南静止锋后，湖南省北半部出现大雾，其中，洞庭湖局部地区能见度低达 0 米，湘中局部地区能见度低达 150 米，影响水陆交通和航空运输。

10 月 9 日，500 百帕为两槽一脊，地面为大陆高压脊，全省大部分地区出现大雾，其中，湘中局部地区最低能见度为 700 米，影响水陆交通和航空运输。

11 月 1 日，500 百帕为波动型，地面为大陆高压脊，湘西和湘南部分地区出现成片大雾，局部地区最低能见度为 800 米，影响水陆交通。

11 月 5 日，500 百帕为两槽一脊，地面为大陆高压脊内均压场，洞庭湖区、湘中出现大面积大雾，其中，洞庭湖局部地区最低能见度为 0 米，湘中局部地区最低能见度为 50 米，影响水陆交通和航空运输。

11 月 6 日，500 百帕为两槽一脊，地面为大陆高压底部均压场，湘西北、洞庭湖、及湘中的部分地区出现成片大雾，其中，洞庭湖局部地区最低能见度为 0 米，湘中局部地区最低能见度为 100 米，影响水陆交通和航空运输。

11 月 16 日，500 百帕为两槽一脊，地面为大陆高压脊，湘西、湘中出现大面积大雾，湘中局部地区最低能见度为 40 米，影响水陆交通和航空运输。

11 月 24 日，500 百帕为波动型，地面为大陆高压脊，湘西、东部山区出现大面积大雾，局部地区最低能见度为 30 米，影响水陆交通和航空运输。

12 月 4 日，500 百帕为两槽一脊，地面为高压后部转均压场，湘西、洞庭湖和湘中部分地区出现成片大雾，湘中局部地区最低能见度为 50 米，影响水陆交通和航空运输。

1984 年 4 月 25 日，500 百帕为两槽一脊，地面为均压场，湘西、湘中部分地区出现成片大雾，湘中局部地区最低能见度为 50 米，影响当地的水陆交通和航空运输。

4 月 30 日，500 百帕为波动型，地面为高后均压场，湘西、洞庭湖和湘中出现大面积大雾，其中，洞庭湖局部地区最低能见度为 0 米，湘中局部地区最低能见度为 300 米，影响水陆交通和航空运输。

5 月 6 日，500 百帕为波动型，地面为弱西路高压，东部山区和湘西出现大面积大雾，局部地区最低能见度为 20 米，影响水陆交通和航空运输。

6 月 16 日，500 百帕为波动型，地面为弱西路高压，湘西、湘中出现大面积大雾，湘中局部地区最低能见度为 20 米，影响水陆交通和航空运输。

10 月 24 日，500 百帕为波动型，地面为均压场，湘西、洞庭湖和湘中的部分地区出现成片大雾，其中，湘中局部地区最低能见度为 10 米，影响水陆交通和航空运输。

11 月 16 日，500 百帕为波动型，地面为高压后部均压场，东部山区、湘西出现大面积大雾，局部地区最低能见度为 0 米，影响水陆交通和航空运输。

11 月 29 日 500 百帕为波动型，地面为高压后部均压场，湘西、洞庭湖、东部山区出现大面积大雾，局部地区最低能见度为 30 米，影响水陆交通和航空运输。

11 月 30 日，500 百帕为波动型，地面为高压后部均压场，洞庭湖、东部山区和湘西部分地区出现成片大雾，其中，洞庭湖局部地区最低能见度为 0 米，影响水陆交通和航空运输。

12 月 1 日，500 百帕为两槽一脊，地面为大陆高压内均压场，全省大部分地区出现大雾，其中，湘中局部地区最低能见度为25米，湘南局部地区最低能见度为30米，影响水陆交通和航空运输。

12月2日，500百帕为波动型，地面为高压后部均压场，湘西、洞庭湖和湘中部分地区出现成片大雾，其中，洞庭湖局部地区最低能见度为0米，湘中局部地区最低能见度为25米，湘南局部地区最低能见度为50米，影响水陆交通和航空运输。

1985年 1月10日，500百帕为两槽一脊，地面为西路高压脊，湘西和湘中部分地区出现成片大雾，其中，湘西局部地区最低能见度为50米，湘中局部地区最低能见度为20米，影响水陆交通和航空运输。

1月11日，500百帕为两槽一脊，地面为均压场，湘西、东部山区和湘中出现成片大雾，其中，湘西局部地区最低能见度为400米，湘中局部地区最低能见度为10米，影响水陆交通和航空运输。

1月18日，500百帕为两槽一脊，地面为高压脊，全省大部分地区出现大雾，湘中局部地区最低能见度为30米，湘南局部地区最低能见度为400米，影响水陆交通和航空运输。

1月19日，500百帕为两槽一脊，地面为高压脊，湘西和湘南部分地区出现成片大雾，局部地区最低能见度为100米，影响水陆交通。

1月30日，500百帕为波动型，地面为高压后部均压场，东部山区、湘西和湘南的部分地区出现成片大雾，湘西局部地区最低能见度为800米，影响水陆交通。

2月12日，500百帕为波动型，地面为均压场，湘西、洞庭湖和湘中的部分地区出现成片大雾，湘中局部地区最低能见度为20米，影响水陆交通和航空运输。

4月16日，500百帕为波动型，地面为高压脊内，洞庭湖、东部山区、湘中和湘南的部分地区出现成片大雾，湘中和湘南局部地区最低能见度为50米，影响水陆交通和航空运输。

5月24日，500百帕为两槽一脊，地面为高压脊，东部山区、湘中和湘西的部分地区出现成片大雾，其中，湘西局部地区最低能见度为50米，湘中局部地区最低能见度为20米，影响水陆交通和航空运输。

6月7日，500百帕为两槽一脊，地面为弱西路高压，湘西和湘中部分地区出现成片大雾，其中，湘西局部地区最低能见度为600米，湘中局部地区最低能见度为50米，影响水陆交通和航空运输。

11月14日，500百帕为波动型，地面为高压后部，湘西和湘南部分地区出现成片大雾，湘南局部地区最低能见度为800米，影响水陆交通和航空运输。

11月17日，500百帕为两槽一脊，地面为大陆高压前部均压场，湘西、湘中和湘南部分地区出现成片大雾，其中湘中局部最低能见度为10米，湘南局部最低能见度为50米，影响水陆交通和航空运输。

12月4日，500百帕为两槽一脊，地面为西路高压，洞庭湖、湘中和湘西的部分地区出现成片大雾，湘中局部地区最低能见度为40米，影响水陆交通和航空运输。

12月13日，500百帕为波动型，地面为高压后部，湘西、东部山区出现大面积大雾，局部地区最低能见度为0米，影响水陆交通。

12 月 24 日，500 百帕为两槽一脊，地面为大陆高压，洞庭湖、湘中和湘南部分地区出现成片大雾，其中，湘中局部地区最低能见度为 20 米，湘南局部地区最低能见度为 100 米，影响水陆交通和航空运输。

12 月 25 日，500 百帕为平直型，地面为大陆高压控制，全省大部分地区出现大雾，其中，湘中局部地区最低能见度为 20 米，湘南局部地区最低能见度为 100 米，影响水陆交通和航空运输。

12 月 28 日，500 百帕为平直型，地面为高压后部倒槽均压场，东部山区、湘南出现大面积大雾，湘南局部地区最低能见度为 50 米，影响水陆交通和航空运输。

1986 年 1 月 1 日，500 百帕为两槽一脊，地面为西路高压，湘西、东部山区出现大面积大雾，影响水陆交通和航空运输。

1 月 4 日，500 百帕为两槽一脊，地面为大陆高压底部，湘西、东部山区和湘南部分地区出现成片大雾，局部地区最低能见度为 50 米，影响水陆交通。

1 月 16 日，500 百帕为两槽一脊，地面为高压后部，除湘西外其余各地出现大雾，湘南局部地区最低能见度为 100 米，影响水陆交通和航空运输。

1 月 27 日，500 百帕为两槽一脊，地面为高压脊，湘西、东部山区出现大面积大雾，局部地区最低能见度为 100 米，影响水陆交通。

3 月 19 日，500 百帕为两槽一脊，地面为高压脊，东部山区和湘西北部出现大面积大雾，局部地区最低能见度为 100 米，影响水陆交通和航空运输。

10 月 30 日，500 百帕为波动型，地面为高压脊内鞍型场，湘西出现大面积大雾，局部地区最低能见度为 100 米，影响水陆交通。

11 月 9 日，500 百帕为一槽一脊，地面为大陆高压内均压场，湘西和东部山区出现大面积大雾，湘西局部地区最低能见度为 50 米，影响水陆交通和航空运输。

12 月 19 日，500 百帕为两槽一脊，地面为大陆高压脊，湘西、湘南和东部山区出现大面积大雾，湘西局部地区最低能见度为 500 米，湘南局部地区最低能见度为 10 米，影响水陆交通和航空运输。

12 月 28 日，500 百帕为平直型，地面为东路高压脊，全省大部分地区出现大雾，其中湘西局部最低能见度为 10 米，湘中局部最低能见度为 80 米，湘南局部最低能见度为 20 米，影响水陆交通和航空运输。

1987 年 1 月 5 日，500 百帕为波动型，地面为大陆高压脊，湘西和湘中以北的部分地区出现成片大雾，其中，洞庭湖局部地区最低能见度为 0 米，湘西局部地区最低能见度为 10 米，湘中局部地区最低能见度为 800 米，影响水陆交通和航空运输。

1 月 6 日，500 百帕为波动型，地面为大陆高压脊，全省大部分地区出现大雾，湘西局部地区最低能见度为 10 米，湘中局部地区最低能见度为 100 米，影响水陆交通和航空运输。

1 月 8 日，500 百帕为波动型，地面为西路高压脊，湘西、湘中和湘南的部分地区出现成片大雾，湘西局部地区最低能见度为 30 米，湘南局部地区最低能见度为 20 米，影响水陆交通和航空运输。

1月12日，500百帕为两槽一脊，地面为大陆高压前部，湘西和洞庭湖区出现大面积大雾，其中，湘西局部地区最低能见度为20米，洞庭湖局部地区最低能见度为0米，影响水陆交通。

1月13日，500百帕为两槽一脊，地面为大陆高压脊，东部山区、湘中和湘南部分地区出现成片大雾，其中湘中局部最低能见度为300米，湘南局部最低能见度为20米，影响水陆交通和航空运输。

2月8日，500百帕为波动型，地面为高压后部均压场，湘西和湘中部分地区出现成片大雾，湘西局部地区最低能见度为10米，影响水陆交通。

2月24日，500百帕为一槽一脊，地面为锋前均压场，湘西和洞庭湖部分地区出现成片大雾，湘西局部地区最低能见度为10米，影响当地的水陆交通。

3月5日，500百帕为波动型，地面为高压后部均压场，湘中、湘西南部和湘南部分地区出现成片大雾，其中湘西局部最低能见度为10米，湘中局部最低能见度为50米，影响水陆交通和航空运输。

4月3日，500百帕为两槽一脊，地面为高压脊内鞍型场，湘西和湘中及湘南的部分地区出现成片大雾，其中湘西局部最低能见度为50米，湘中局部最低能见度为500米，湘南局部最低能见度为20米，影响水陆交通和航空运输。

5月23日，500百帕为高压脊，地面为均压场，湘西和东部山区出现大面积大雾，其中，湘西局部地区最低能见度为30米，湘中局部地区最低能见度为800米，影响水陆交通和航空运输。

10月27日，500百帕为波动型，地面为大陆高压脊内均压场，湘西和东部山区出现大面积大雾，湘西局部地区最低能见度为50米，影响水陆交通。

11月9日，500百帕为两槽一脊，地面为西路高压，湘西、湘中和湘南部分地区出现成片大雾，局部地区最低能见度为50米，影响水陆交通。

11月10日，500百帕为两槽一脊，地面为西路高压，湘西出现大面积大雾，局部地区最低能见度为50米，影响水陆交通。

11月19日，500百帕为波动型，地面为西路高压，湘西、湘中和洞庭湖的部分地区出现成片大雾，其中，湘西局部地区最低能见度为30米，湘中局部地区最低能见度为100米，影响水陆交通和航空运输。

11月20日，500百帕为波动型，地面为高压后部均压场，湘西、湘中出现大面积大雾，其中，湘西局部地区最低能见度为0米，湘中局部地区最低能见度为500米，影响水陆交通和航空运输。

11月23日，500百帕为波动型，地面为高压后部均压场，全省大部分地区出现大雾，其中，湘西局部地区最低能见度为0米，湘南局部地区最低能见度为100米，影响水陆交通和航空运输。

12月16日，500百帕为波动型，地面为高压脊，全省大部分地区出现大雾，洞庭湖局部地区最低能见度为0米，湘西局部地区最低能见度为500米，影响水陆交通和航空运输。

12月17日，500百帕为波动型，地面为高压脊，全省大部分地区出现大雾，其中洞庭湖局部最低能见度为0米，湘西局部最低能见度为50米，湘中局部最低能见度为100

米，影响水陆交通和航空运输。

12 月 18 日，500 百帕为波动型，地面为均压场，湘西和洞庭湖部分地区出现成片大雾，局部地区最低能见度为 0 米，影响水陆交通。

12 月 21 日，500 百帕为波动型，地面为高压脊内均压场，湘西和湘中部分地区出现大雾，局部地区最低能见度为 50 米，影响水陆交通。

12 月 23 日，500 百帕为波动型，地面为高压脊内均压场，湘西、洞庭湖和湘中的部分地区出现成片大雾，其中湘西局部最低能见度为 50 米，湘中局部最低能见度为 800 米，影响水陆交通和航空运输。

12 月 26、27 日，500 百帕为波动型，地面为西路高压脊，湘西、湘中出现大面积大雾，湘西局部地区最低能见度为 50 米，湘中局部地区最低能见度为 30 米，影响水陆交通和航空运输。

12 月 28 日，500 百帕为波动型，地面为西路高压脊，湘西北部和湘中、湘南的部分地区出现成片大雾，其中，湘西局部地区最低能见度为 50 米，湘中局部地区最低能见度为 800 米，影响水陆交通和航空运输。

1988 年 1 月 8 日，500 百帕为两槽一脊，地面为高压后部，湘西、湘中和湘南部分地区出现成片大雾，其中，湘西局部地区最低能见度为 50 米，湘中和湘南局部地区最低能见度为 30 米，影响水陆交通和航空运输。

2 月 2 日，500 百帕为两槽一脊，地面为大陆高压底部均压场，洞庭湖区、湘中和湘西部分地区出现成片大雾，其中，洞庭湖局部地区最低能见度为 0 米，湘西局部地区最低能见度为 20 米，湘中局部地区最低能见度为 30 米，影响水陆交通和航空运输。

4 月 4 日，500 百帕为波动型，地面为高压后部，东部山区、湘西和湘南部分地区出现成片大雾，湘南局部地区最低能见度为 60 米，影响水陆交通和航空运输。

6 月 23 日，500 百帕为波动型，地面为均压场，湘西和湘中出现大面积大雾，局部地区最低能见度为 400 米，影响水陆交通和航空运输。

9 月 16 日，500 百帕为两槽一脊，地面为鞍型场，湘西、洞庭湖和湘中部分地区出现成片大雾，其中，湘西局部地区最低能见度为 80 米，湘中局部地区最低能见度为 500 米，影响水陆交通和航空运输。

1989 年 1 月 23 日，500 百帕为波动型，地面为均压场，湘西、东部山区和洞庭湖的部分地区出现成片大雾，局部地区最低能见度为 50 米，影响水陆交通。

3 月 31 日，500 百帕为波动型，地面为均压场，湘西、湘中和洞庭湖及湘南的部分地区出现成片大雾，湘西局部地区最低能见度为 300 米，湘中局部地区最低能见度为 400 米，影响水陆交通和航空运输。

5 月 3 日，500 百帕为两槽一脊，地面为西路高压，洞庭湖、东部山区、湘中和湘西的部分地区出现成片大雾，湘中局部地区最低能见度为 100 米，影响水陆交通和航空运输。

5 月 17 日，500 百帕为波动型，地面为均压场，湘西、湘中和洞庭湖部分地区出现成片大雾，湘西局部地区最低能见度为 200 米，湘中局部地区最低能见度为 800 米，影响水陆交通和航空运输。

11月26日，500百帕为波动型，地面为均压场，除湘南外全省出现大面积大雾，湘西局部地区最低能见度为10米，湘中局部地区最低能见度为300米，影响水陆交通和航空运输。

12月9日，500百帕为波动型，地面为高压后部，东部山区和湘西的部分地区出现成片大雾，局部地区最低能见度为50米，影响水陆交通。

12月10日，500百帕为波动型，地面为高压后部倒槽中，洞庭湖、湘中和湘西、湘南的部分地区出现成片大雾，湘中局部最低能见度为20米，湘南局部最低能见度为80米，影响水陆交通和航空运输。

12月16、17日，500百帕为波动型，地面为大陆高压转均压场，全省大部分地区连续2天出现大面积大雾，其中，湘西局部最低能见度为30米，洞庭湖局部最低能见度为0米，湘中局部最低能见度为5米，湘南局部最低能见度为50米，影响水陆交通和航空运输。

12月30日，500百帕为平直型，地面为大陆高压前部均压场，湘西、洞庭湖、湘中和东部山区出现大面积大雾，其中，洞庭湖局部最低能见度为0米，湘西局部最低能见度为20米，湘中局部最低能见度为100米，湘南局部最低能见度为50米，影响水陆交通和航空运输。

1990年 1月16日，500百帕为波动型，地面为高压后部均压场，湘西、湘中和洞庭湖的部分地区出现成片大雾，湘西局部最低能见度为60米，湘中局部最低能见度为10米，影响水陆交通和航空运输。

1月24日，500百帕为两槽一脊，地面为大陆高压后部均压场，湘西、东部山区出现大面积大雾，湘西局部最低能见度为150米，东部山区局部最低能见度为50米，影响水陆交通。

3月5日，500百帕为两槽一脊，地面为西路高压脊，湘中及以北地区出现大雾，其中，湘西局部最低能见度为80米，湘中局部最低能见度为50米，影响水陆交通和航空运输。

3月6日，500百帕为两槽一脊，地面为西路高压脊，湘西北部和湘中部分地区出现成片大雾，湘西局部能见度低达400米，湘中局部能见度低达10米，影响水陆交通和航空运输。

3月19日，500百帕为波动型，地面为高压后部，湘西、湘中和湘南部分地区出现成片大雾，湘中局部地区最低能见度为10米，湘南局部地区最低能见度为100米，影响水陆交通和航空运输。

5月18日，500百帕为波动型，地面为弱西路高压脊，湘西、湘中出现大面积大雾，湘西局部地区能见度低达100米，湘中局部地区能见度低达60米，影响水陆交通和航空运输。

11月11日，500百帕为波动型，地面为大陆高压脊内均压场，湘西、湘中和湘南部分地区出现成片大雾，湘中局部地区最低能见度为200米，湘南局部地区最低能见度为30米，影响水陆交通和航空运输。

11 月 12 日，500 百帕为波动型，地面为大陆高压脊内均压场，湘西和湘中部分地区出现成片大雾，湘西局部地区最低能见度为 20 米，湘中局部地区最低能见度为 200 米，影响水陆交通和航空运输。

11 月 27 日，500 百帕为波动型，地面为弱西路高压，湘西、湘中和洞庭湖部分地区出现成片大雾，局部最低能见度为 50 米，影响水陆交通和航空运输。

11 月 28 日，500 百帕为波动型，地面为弱高压脊后，东部山区、湘中、湘西北部和洞庭湖部分地区出现成片大雾，局部地区最低能见度为 30 米，影响水陆交通和航空运输。

1991 年 1 月 12 日，500 百帕为两槽一脊，地面为大陆高压前部均压场，湘西和湘中出现成片大雾，局部地区最低能见度为 0 米，影响水陆交通和航空运输。

1 月 15 日，500 百帕为波动型，地面为西路高压脊，东部山区和湘西、湘南的部分地区出现成片大雾，湘西局部最低能见度为 100 米，湘南局部最低能见度为 30 米，影响水陆交通和航空运输。

4 月 7 日，500 百帕为波动型，地面为高压后部均压场，湘中和湘南、湘西的部分地区出现成片大雾，湘中局部地区最低能见度为 20 米，湘南局部地区最低能见度为 30 米，影响水陆交通和航空运输。

10 月 25 日，500 百帕为两槽一脊，地面为大陆高压前部均压场，东部山区和湘西出现大面积大雾，湘西局部能见度低达 40 米，东部山区局部能见度低达 20 米，影响水陆交通。

11 月 28 日，500 百帕为平直型，地面为均压场，洞庭湖区和湘西、湘南的部分地区出现成片大雾，其中，洞庭湖局部最低能见度为 0 米，湘西局部最低能见度为 900 米，湘中局部最低能见度为 50 米，湘南局部最低能见度为 400 米，影响水陆交通和航空运输。

12 月 4 日，500 百帕为波动型，地面为鞍型场，湘西和湘中出现成片大雾，湘中局部地区最低能见度为 20 米，影响水陆交通和航空运输。

12 月 6 日，500 百帕为两槽一脊，地面为高压后部倒槽中，全省大部分地区出现大雾，其中，湘西局部最低能见度为 80 米，湘中局部最低能见度为 50 米，湘南局部最低能见度为 30 米，影响水陆交通和航空运输。

12 月 7 日，500 百帕为两槽一脊，地面为锋前均压场，洞庭湖区和湘西、湘中的部分地区出现成片大雾，湘西局部地区最低能见度为 200 米，影响水陆交通和航空运输。

12 月 16 日，500 百帕为波动型，地面为鞍型场，全省大部分地区出现大雾，其中，湘西和湘南局部地区最低能见度为 50 米，湘中局部地区最低能见度为 80 米，影响水陆交通和航空运输。

1992 年 1 月 22 日，500 百帕为两槽一脊，地面为西路高压，全省大部分地区出现大雾，其中，湘西局部最低能见度为 20 米，湘中局部最低能见度为 50 米，湘南局部最低能见度为 400 米，影响水陆交通和航空运输。

1 月 25 日，500 百帕为两槽一脊，地面为均压场，除湘南外全省大部分地区出现大雾，其中，洞庭湖局部最低能见度为 0 米，湘西局部最低能见度为 20 米，湘中局部最低能见度为 100 米，影响水陆交通和航空运输。

1月26日，500百帕为两槽一脊，地面为高压后部鞍型场，全省大部分地区出现大雾，湘西局部最低能见度为30米，湘中局部最低能见度为50米，湘南局部最低能见度为100米，影响水陆交通和航空运输。

2月13日，500百帕为两槽一脊，地面为均压场，湘西和东部山区出现大面积大雾，湘西局部地区能见度低达30米，东部山区局部能见度低达100米，影响水陆交通和航空运输。

4月4日，500百帕为波动型，地面为均压场，湘中、湘南和湘西部分地区出现成片大雾，湘中局部地区能见度低达80米，湘南局部地区能见度低达20米，影响水陆交通和航空运输。

5月22日，500百帕为两槽一脊，地面为均压场，湘西和湘中部分地区出现成片大雾，湘西局部地区能见度低达50米，湘中局部地区能见度低达20米，影响水陆交通和航空运输。

12月10日，500百帕为两槽一脊，地面为冷锋前部，东部山区和湘西部分地区出现成片大雾，局部最低能见度为100米，影响水陆交通。

1993年　3月4日，500百帕为波动型，地面为均压场，东部山区和湘西、湘南的部分地区出现成片大雾，东部山区局部最低能见度为50米，湘南局部最低能见度为200米，影响水陆交通和航空运输。

4月21日，500百帕为两槽一脊，地面为西路高压，东部山区和湘西部分地区出现成片大雾，局部地区最低能见度为50米，影响水陆交通。

6月2日，500百帕为波动型，地面为均压场，东部山区和湘西、湘南的部分地区出现成片大雾，湘西局部能见度低达50米，湘中局部能见度低达300米，影响水陆交通和航空运输。

10月19日，500百帕为波动型，地面为西路高压脊，东部山区和湘西出现大面积大雾，湘西局部地区最低能见度为100米，影响水陆交通。

11月13日，500百帕为波动型，地面为均压场，湘西和湘中出现大面积大雾，湘西局部地区最低能见度为100米，湘中局部地区最低能见度为30米，影响水陆交通和航空运输。

11月27日，500百帕为波动型，地面为西路高压脊，湘西和湘中出现大面积大雾，湘西局部最低能见度为600米，湘中局部最低能见度为300米，影响水陆交通和航空运输。

1994年　3月3日，500百帕为两槽一脊，地面为西路高压脊，湘西、湘中和湘南的部分地区出现成片大雾，湘西局部地区最低能见度为50米，影响水陆交通和航空运输。

4月28日，500百帕为一槽一脊，地面为弱西路高压脊，湘西、湘中出现大面积大雾，湘西局部最低能见度为100米，湘中局部最低能见度为30米，影响水陆交通和航空运输。

10月20日，500百帕为两槽一脊，地面为大陆高压脊，湘西、湘中出现大面积大雾，湘西局部最低能见度为300米，湘中局部最低能见度为200米，影响水陆交通和航空运输。

11月7日，500百帕为两槽一脊，地面为大陆高压脊内均压场，湘西和湘中部分地区出现成片大雾，湘西局部地区最低能见度为20米，湘中局部地区最低能见度为50米，影响水陆交通和航空运输。

11月11日，500百帕为两槽一脊，地面为鞍型场，湘西和湘中部分地区出现成片大雾，湘西局部最低能见度为40米，湘中局部最低能见度为20米，影响水陆交通和航空运输。

12月5日，500百帕为两槽一脊，地面为大陆高压后部，除湘南外全省大部分地区出现大雾，湘西和湘中局部地区最低能见度为50米，湘南局部地区最低能见度为600米，影响水陆交通和航空运输。

12月6日，500百帕为波动型，地面为高压后部，湘中、湘西和湘南的部分地区出现成片大雾，湘西局部最低能见度为300米，湘中局部最低能见度为30米，湘南局部最低能见度为50米，影响水陆交通和航空运输。

12月23日，500百帕为波动型，地面为高压后部，湘西、湘南和湘中的部分地区出现成片大雾，湘西局部地区最低能见度为20米，湘中局部地区最低能见度为150米，湘南局部地区最低能见度为50米，影响水陆交通和航空运输。

1995年 1月5日，500百帕为一槽一脊，地面为均压场，洞庭湖区和东部山区出现成片大雾，局部地区最低能见度为20米，影响水陆交通和航空运输。

1月6日，500百帕为两槽一脊，地面为高压后部，洞庭湖区、湘中和湘西部分地区出现成片大雾，局部地区最低能见度为50米，影响水陆交通和航空运输。

1月7日，500百帕为两槽一脊，地面为鞍型场，洞庭湖区、湘中和湘西部分地区出现成片大雾，局部地区最低能见度为30米，影响水陆交通和航空运输。

1月9日，500百帕为两槽一脊，地面有冷锋过境，除湘南外全省大部分地区出现大雾，湘西局部最低能见度为25米，湘中局部最低能见度为50米，影响水陆交通和航空运输。

1月16日，500百帕为两槽一脊，地面为高压脊，除湘南外全省大部分地区出现大雾，湘西局部最低能见度为15米，湘中局部最低能见度为50米，影响水陆交通和航空运输。

4月11日，500百帕为两槽一脊，地面为冷锋后部高压脊内，湘西和洞庭湖区的部分地区出现成片大雾，湘西局部地区最低能见度为30米，影响水陆交通。

5月1日，500百帕为波动型，地面为高压后部倒槽，洞庭湖区和湘中、湘南的部分地区出现成片大雾，湘中局部地区最低能见度为50米，湘南局部地区最低能见度为100米，影响水陆交通和航空运输。

11月15日，500百帕为两槽一脊，地面为大陆高压脊，湘西、湘中出现成片大雾，湘中局部地区最低能见度为70米，影响水陆交通和航空运输。

11月17日，500百帕为波动型，地面为高压后部，湘西和湘南的部分地区出现成片大雾，湘南局部地区最低能见度为20米，影响水陆交通。

1996年 1月23日，500百帕为波动型，地面为均压场，湘西和湘中部分地区出现成片大雾，湘西局部地区最低能见度为20米，湘中局部地区最低能见度为50米，影响水陆交通和航空运输。

10月14日，500百帕为波动型，地面在湘北有冷锋活动，湘西和东部山区的部分地区出现成片大雾，局部地区最低能见度为400米，影响水陆交通。

12月20日，500百帕为一槽一脊，地面为大陆高压内鞍型场，湘西、湘中和湘南部分地区出现成片大雾，湘西局部地区最低能见度为10米，湘南局部地区最低能见度为50米，影响水陆交通和航空运输。

12月21日，500百帕为平直型，地面为大陆高压内鞍型场，湘西、湘中和东部山区出现大面积大雾，湘西局部地区最低能见度为20米，湘中局部地区最低能见度为50米，影响水陆交通和航空运输。

12月22日，500百帕为波动型，地面为大陆高压前部均压场，湘西和湘中部分地区出现成片大雾，湘西局部地区最低能见度为10米，湘中局部地区最低能见度为50米，影响水陆交通和航空运输。

12月27日，500百帕为波动型，地面为大陆高压，洞庭湖区和湘中、湘西的部分地区出现成片大雾，湘西局部地区最低能见度为600米，影响水陆交通和航空运输。

12月30日，500百帕为波动型，地面为均压场，除湘南外全省大部分地区出现大雾，洞庭湖局部最低能见度为0米，湘西局部最低能见度为10米，影响水陆交通和航空运输。

12月31日，500百帕为波动型，地面为高压后部倒槽中，洞庭湖区和湘中、湘西的部分地区出现成片大雾，湘西局部地区最低能见度为600米，影响水陆交通和航空运输。

1997年 1月1日，500百帕为一槽一脊，地面在湘北有冷锋活动，东部山区、湘中、湘西和湘南的部分地区出现成片大雾，湘西局部最低能见度为15米，湘中局部最低能见度为100米，影响水陆交通和航空运输。

1月10日，500百帕为大陆高压，地面为大陆高压内均压场，东部山区、湘西、湘中和湘南的部分地区出现成片大雾，湘西局部最低能见度为50米，湘中局部最低能见度为900米，湘南局部最低能见度为0米，影响水陆交通和航空运输。

1月11日，500百帕为大陆高压，地面为大陆高压内均压场，湘西、洞庭湖区和湘中的部分地区出现成片大雾，湘西局部地区最低能见度为20米，湘中局部地区最低能见度为50米，湘南局部地区最低能见度为0米，影响水陆交通和航空运输。

1月26日，500百帕为两槽一脊，地面为西路高压，湘西、湘中和东部山区出现成片大雾，湘西局部最低能见度为20米，湘中局部最低能见度为50米，影响水陆交通和航空运输。

9月21日，500百帕为两槽一脊，地面为高压脊，湘西和湘中部分地区出现成片大雾，湘中局部地区最低能见度为200米，影响水陆交通和航空运输。

10月22日，500百帕为波动型，地面为均压场，湘西、湘中部分地区出现成片大雾，湘西局部最低能见度为100米，湘中局部最低能见度为500米，影响水陆交通和航空运输。

12月13日，500百帕为两槽一脊，地面为大陆高压内均压场，湘西、湘中和湘南部分地区出现成片大雾，湘西局部最低能见度为 50 米，影响水陆交通。

1998 年 2 月 25 日，500 百帕为波动型，地面为均压场，湘西、湘中和洞庭湖的部分地区出现成片大雾，湘西局部地区最低能见度为 100 米，影响水陆交通和航空运输。

3 月 13 日，500 百帕为两槽一脊，地面为高压后部，湘西出现成片大雾，影响水陆交通。

3 月 29 日，500 百帕为波动型，地面为高压脊，湘西和东部山区及湘南部分地区出现成片大雾，湘西局部地区最低能见度为 300 米，湘南局部地区最低能见度为 0 米，影响水陆交通和航空运输。

4 月 10 日，500 百帕为波动型，地面为高压后部均压场，洞庭湖区、湘西和湘中部分地区出现成片大雾，湘西局部地区最低能见度为 100 米，影响水陆交通。

11 月 3 日，500 百帕为两槽一脊，地面为高压脊，湘中和湘西的部分地区出现成片大雾，湘西局部最低能见度为 70 米，湘中局部最低能见度为 0 米，影响水陆交通和航空运输。

11 月 8 日，500 百帕为两槽一脊，地面为西路高压脊，湘西和洞庭湖区及湘中部分地区出现成片大雾，湘西局部地区最低能见度为 50 米，湘中局部地区最低能见度为 0 米，影响水陆交通和航空运输。

11 月 22 日，湘西、东部山区和洞庭湖的部分地区出现成片大雾，湘西局部地区最低能见度为 50 米，东部山区局部最低能见度为 0 米，影响水陆交通和航空运输。

12 月 27 日，500 百帕为波动型，地面为大陆高压内均压场，东部山区、湘中和湘西出现成片大雾，湘西和湘中局部最低能见度为 30 米，影响水陆交通和航空运输。

1999 年 1 月 3 日，500 百帕为两槽一脊，地面为均压场，湘西、东部山区出现大面积大雾，湘西局部地区最低能见度为 50 米，影响水陆交通。

2 月 24 日，500 百帕为波动型，地面为高压后部均压场，湘中和湘西北地区出现大面积大雾，湘中局部地区最低能见度为 100 米，影响水陆交通和航空运输。

4 月 22 日，500 百帕为波动型，地面为均压场，湘西、湘中出现大面积大雾，湘西局部地区最低能见度为 50 米，湘中局部地区最低能见度为 20 米，影响水陆交通和航空运输。

10 月 27 日，500 百帕为波动型，地面为均压场，除湘南外全省大部分地区出现大雾，湘西局部最低能见度为 10 米，湘中局部最低能见度为 200 米，影响水陆交通和航空运输。

11 月 20 日，500 百帕为两槽一脊，地面为大陆高压，湘西和东部山区出现大面积大雾，湘西局部最低能见度为 30 米，东部山区局部最低能见度为 0 米，影响水陆交通和航空运输。

11 月 23 日，500 百帕为波动型，地面为高压后部倒槽，除湘南外全省大部分地区出现大雾，其中，湘西局部地区最低能见度为 10 米，湘中局部地区最低能见度为 100 米，洞庭湖局部地区最低能见度为 0 米，影响水陆交通和航空运输。23 日清晨，浓雾使长益高速公路 57.8 千米处发生了 26 辆汽车追尾相撞的特大交通事故，造成 3 人死亡。

12 月 1 日，500 百帕为两槽一脊，地面为高压后部均压场，湘西和湘中部分地区出现成片大雾，湘西局部地区最低能见度为 50 米，湘中局部地区最低能见度为 100 米，影响水陆交通和航空运输。

12 月 9 日，500 百帕为波动型，地面为大陆高压，湘西和东部山区出现大面积大雾，湘西局部最低能见度为 35 米，东部山区局部最低能见度为 100 米，影响水陆交通和航空运输。

2000 年 11 月 5 日，500 百帕为波动型，地面为高压后部均压场，东部山区和湘西出现大面积大雾，湘西局部地区最低能见度为 10 米，东部山区局部最低能见度为 30 米，影响水陆交通和航空运输。

12 月 4 日，500 百帕为波动型，地面为高压后部均压场，东部山区和湘西出现大面积大雾，湘西局部地区最低能见度为 20 米，东部山区局部最低能见度为 0 米，影响水陆交通和航空运输。

12 月 22 日，500 百帕为两槽一脊，地面为西路高压脊，湘西、湘中和湘南的部分地区出现成片大雾，其中，湘西局部地区最低能见度为 30 米，湘中局部地区最低能见度为 20 米，湘南局部地区最低能见度为 200 米，影响水陆交通和航空运输。

12 月 23 日，500 百帕为两槽一脊，地面为鞍型场，湘西、湘中和东部山区出现大面积大雾，湘西局部最低能见度为 30 米，湘中局部最低能见度为 10 米，影响水陆交通和航空运输。

12 月 24 日，500 百帕为两槽一脊，地面为高压后部均压场，湘西和洞庭湖的部分地区出现成片大雾，湘西局部地区最低能见度为 20 米，影响水陆交通。

12 月 25 日，500 百帕为波动型，地面为大陆高压，洞庭湖区、湘西和湘中的部分地区出现成片大雾，湘西局部地区最低能见度为 60 米，湘中局部地区最低能见度为 20 米，影响水陆交通和航空运输。

12 月 26 日，500 百帕为平直型，地面为高压后部均压场，洞庭湖区、湘中和湘西的部分地区出现成片大雾，湘中局部地区最低能见度为 50 米，影响水陆交通和航空运输。

12 月 31 日，500 百帕为两槽一脊，地面为高压后部均压场，洞庭湖区、湘西北部和湘中部分地区出现成片大雾，湘西局部地区最低能见度为 150 米，洞庭湖局部地区最低能见度为 0 米，影响水陆交通和航空运输。当日黄花机场有数条航班因能见度过低而推迟起飞，长常高速公路也因浓雾而被迫临时关闭。

第八章　降雨型地质灾害

第一节　概　　述

湖南省位于长江中游以南，处在中国东西部高低地过渡的易灾带上，也是中国地质灾害比较严重的省份之一，每年都有大量的、不同规模的滑坡、崩塌、泥石流等地质灾害发生，造成生命和财产的巨大损失。而由暴雨、大暴雨等灾害性降雨天气所诱发的滑坡、崩塌、泥石流等地质灾害又是这类灾害的一个重要部分。

一、湖南省地质灾害的成因

湖南省地质灾害形成的原因有其特殊性。首先，从地貌上看：湖南省东、西、南三面环山，逐渐向中部和东北部倾斜，海拔 100 米以上的丘岗山地占全省总面积的 80%，山地高差起伏大，坡陡谷深，地表切割强烈，降雨后极易形成地表径流，江流迅速，涨势迅猛，冲刷强烈；其次从地质构造上看：湖南山地中有 62%的面积是由紫色砂页岩、泥岩、红砂岩、板页岩发育而成的土壤组成，这些土壤抗冲刷能力弱、蓄水能力差，一遇暴雨，泥沙俱下，极易形成泥石流、滑坡等地质灾害；再从降雨量上看：湖南降雨量充沛，但其时空分布极不均匀，在多雨时段，有些地方常常会出现暴雨、大暴雨，这种灾害性降雨易引起地质灾害发生。近年来，随着工农业生产的发展，人类对自然资源的开发程度和规模也在不断扩大，而不合理开挖，不合理弃土、弃渣、采石和滥伐乱垦，则在一定程度上加剧了这类地质灾害发生所带来的损失。本卷主要记载了由灾害性降雨天气引发的地质灾害，即降雨型地质灾害。

二、降雨型地质灾害的种类

降雨型滑坡灾害　滑坡是斜坡上的岩土体由于种种原因在重力作用下，沿着一定的软弱结构面（带）产生剪切位移而整体向斜坡下方移动的作用和现象，俗称“走山”、“垮山”、“地滑”等。类似滑坡的现象还有坐落、土滑（土溜）和土流（动）。滑坡产生的主要条件是地质地貌和内外营力、人为作用的影响，主要诱发因素有：地震、降雨、融雪等。湖南省滑坡类地质灾害绝大部分同降雨天气有关，这是由于降雨时间长短及强弱影响着地下水的活动，而地下水活动可以软化岩（土）、降低岩（土）体强度、产生动水压力和孔隙水压力、潜蚀岩（土）、增大岩（土）容重、对透水岩石产生浮托力等，尤其是对滑坡带的软化作用和降低强度作用最为突出。将因降雨天气直接或间接诱发滑坡所造成的灾害称为降雨型滑坡灾害。

有些降雨型滑坡灾害随强降雨的作用而立即发生，如：1990年6月14日沅陵县降雨245.4毫米，诱发了对马岭、验匠湾、大洲电站等滑坡；有些发生时间稍晚于降雨作用时间，如：1991年7月1日至6日，湘西北地区降大暴雨，而雨后4天才发生桑植县赵家坡、张家湾等地的滑坡。这种滞后时间的长短与滑坡体的岩性、结构及降雨量的大小有关，一般来说，滑坡体越松散、裂隙越发育、降雨量越大，则滞后时间越短。而一个降雨过程的降雨量≥150毫米、日降雨量≥100毫米时，就很容易诱发滑坡和崩塌，并可能出现滑坡和崩塌灾害。降雨型滑坡灾害所造成的损失是巨大的，如：1995年6月21日凌晨沅陵县落坪乡中心小学，因暴雨诱发滑动土石方量为63万立方米的滑坡，摧毁了1栋3层的教学大楼，造成10人死亡、17人受伤，直接经济损失达310万元。1998年5月8日吉首市市郊新桥因降雨诱发滑坡灾害，毁房12间，造成4人死亡，直接经济损失100万元。

降雨型崩塌灾害 崩塌（崩落、垮塌或塌方）是陡坡（悬崖）上整体大块岩土体在重力作用下沿裂隙、节理或层面脱离母体，突然快速崩落的现象，可分为土崩和岩崩。类似崩塌的现象有坍塌和倾倒，此外还有一种介于滑坡和崩塌之间的变形破坏形式，常称为崩滑。

形成崩塌除有其故有的地质条件（岩土类型、地质构造、地形地貌）外，诱发崩塌的外界因素也很多，其中降雨（特别是大雨、暴雨和长时间的连续降雨）能够使地表水渗入坡体，软化岩、土及其中软弱面，产生孔隙水压力等，从而可以诱发崩塌并产生灾害。将这类由降雨天气直接或间接引起的崩塌造成的灾害称为降雨型崩塌灾害。降雨型崩塌灾害发生的时间一般在降雨过程之中或稍微滞后。

降雨型崩塌灾害常给工农业生产以及人民生命财产造成巨大损失、有的甚至是毁灭性的灾难，如1998年3月8日下午，黄龙洞景区出现暴雨和雷暴，民俗风情馆后山半坡上一体积约为5米×3米×2米的岩石突然崩落，造成5人死亡，3人受伤，并砸毁民俗风情馆房屋2间及一些设施，直接经济损失30余万元。这是近年来发生的一起规模不大但灾情重大的崩塌地质灾害。

暴雨型泥石流灾害 泥石流是指由于大气降水（或其他水源）破坏斜坡表层及堆积物稳定性而形成的一种挟带大量泥沙石块及植物等固体物质的特殊洪流，是山区特有的一种物理地质现象，其所造成的灾害称为泥石流灾害。泥石流发生的三个必要条件是：陡峻的利于集水集物的地形、丰富的疏松土石供给以及短时间内集中的水源补充。

暴雨型泥石流是以暴雨或大暴雨等强降雨形成的地表径流为主要水源的泥石流。湖南泥石流形成区的周边山坡坡度大多数为30～45度；流通区的沟床坡降一般较大，多为20%～35%，这种地形条件极利于短时内大量水流汇集。而疏松物质来源通常为坡残积、崩塌滑坡堆积物、人为排放的各类废石（碴）等，另外，滥伐森林等不合理的开发利用土地造成严重的水土流失，破坏了岩土体的原有结构和斜坡的稳定性，也为泥石流形成提供了大量固体物质来源。

暴雨型泥石流灾害是湖南省最主要的泥石流灾害类型，具有爆发突然、历时短暂、来势凶猛、破坏力极强的特点。如：1985年8月24～25日，郴州市受10号台风影响，境内连降暴雨，引发柿竹园多金属矿尾砂坝垮坝形成5500万立方米的矿渣泥石流，造成沿途94个村民组受灾，死亡49人，毁坏农田房屋桥梁，冲走大量设备物资，直接经济损失8417万元，这是湖南省1949年以来灾难最严重的一次地质灾害。一般来讲，泥石流的规模越大则灾害越大，但也有一些规模虽不很大，却造成惨重损失的情况，如1974年5月4日发生在凤凰县官庄乡溪口村的泥石流，固体物质输移量仅1.2万立方米，却造成了26人死亡的灾难。

同一个灾害性降雨天气过程常可引发2种或3种地质灾害相伴发生，如新化县在1992年7月5日出现暴雨型泥石流，并伴生崩塌和滑坡灾害，这三类地质灾害共同构成一个山地地质灾害群。

近几年发生山地灾害的规模、频度、人畜伤亡及直接经济损失等情况显示，湖南省山地灾害有逐年加重的趋势。除已发生的山地灾害给人们造成重大损失外，还有一些山地灾害正在孕育或发展之中，存在着严重的潜在威胁或将产生严重的持续性灾害后果，有的灾害点的潜在危害甚至较已发生的灾害更为严重，如正在缓慢发展中的邵阳市马王山滑坡隐患体、永顺县李家砦危岩。另外，由于多方面因素影响，一些曾发生过滑动的老滑坡又重新活动起来，如溆浦县小江口乡半山滑坡，近年又出现了活动迹象，若发生大滑动，溆水河将被堵塞，并再次危及溆浦县城，附近的湘黔铁路也将受到威胁。

三、降雨型地质灾害的时空分布

1. 降雨型滑坡、崩塌地质灾害时空分布

因为发生降雨型滑坡、崩塌地质灾害是由连续性大雨或暴雨（尤其是大暴雨、特大暴雨）所激发，所以其发生的时间规律与集中降雨时间规律相一致，包括年际和年内两方面的规律。

年际规律主要受控于丰水年年际周期性变化。湖南省总体而言大致8年有一个丰水年出现，据调查结果分析，70年代以来滑坡和崩塌（包括降雨型滑坡、崩塌）的发生情况基本上也有8年左右的周期性，尤其是1990—1991年、1998年为灾害多发时段，与丰水年份高度一致。

降雨型滑坡和崩塌在年内时间上的分布主要在5～7月，这两种灾害出现的次数占全年总次数的79％，这与湖南省年内降水集中期及暴雨期完全一致（见图8.1）。

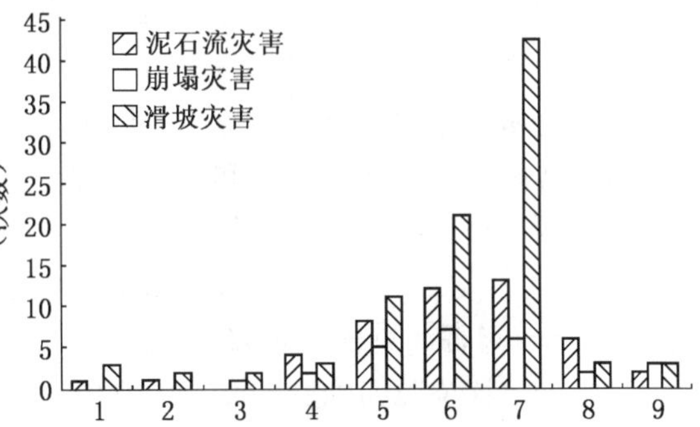

图8.1　湖南省降雨型地质灾害各月分布图

湖南的滑坡、崩塌在空间分布上显示的主要特征是：①集中分布在山地丘陵区，而且以高程150～800米之间为甚。②大量发生于湘西北、湘西南、湘东南山地。地形地貌、岩性构造、水文及气象等因素的综合作用，导致湖南滑坡和崩塌的空间分布具有明显的地域性，即在石门—沅陵—凤凰的湘西广大地区、安化—通道的湘西南地区，以及茶陵—临武—江华的湘东南地区。③大量发生于湘、资、沅、澧四水主干流及其一级支流两岸谷坡地带。湘、资、沅、澧四水在汇入洞庭湖区之前，存在大量的谷坡，甚至是

高大的悬崖陡壁，这种地形地貌条件，加上河水冲刷及水利水电工程等其他因素影响，导致这些地域滑坡和崩塌的大量发生。

2. 暴雨泥石流灾害时空分布

泥石流属于山地地质灾害，其发生与强降雨密切相关，因此湖南省暴雨泥石流发生的时间分布无论在年内或年际上都明显表现出与强降雨集中时段尤其是特大暴雨的高度一致性。在年际分布上，丰水年发生的泥石流较平水年多，1998 年为丰水年并出现百年一遇的暴雨过程，因此发生了多条大到巨型泥石流。在年内分布上：①大多发生在每年的 4～8 月（见图 8.1 所示，发生次数占全年总次数的 91%），与湖南雨季完全一致，偶有冬季发生者，也仍为暴雨所致，如 1971 年 1 月份的桑植县鹰咀山泥石流，是发生在连续 2 天总降雨量达 300 毫米之后；②泥石流的发生都在大暴雨和短时强降雨出现时，或前期降雨较多后又出现较强降雨时。

泥石流空间分布特征与滑坡、崩塌虽有较多相似，但仍有其不同之处。总的来看，湖南省泥石流的空间分布，主要受地貌条件的控制。它们主要分布在由于新构造运动而形成的大量有利于汇流的瓢状或斗状围谷地形，其上游群山林立，沟谷纵横，坡陡沟深，沟床纵坡大。因此，湖南省东、南、西三面山地发育了大面积的有利于泥石流发生的地形地貌，为泥石流发生奠定了一个重要基础，同时也控制了泥石流的空间分布。目前已知的泥石流，特别是一些巨型泥石流，主要分布于湘西北、湘西、湘西南、湘东南及湘东北的中、低山地区。此外，湘中的一些低山和高丘陵区也偶有泥石流发生。

四、地质灾害危害度评价

滑坡、崩塌、泥石流等地质灾害作为一种地质现象而言贯穿了整个地史期，但是，直至近代和现代才具有灾害性后果。地质灾害的危害程度与灾害发生地的社会经济状况密切相关，发生在城市、工矿企业、人口密集区的地质灾害的危害程度明显较其他地段危害大。通过评估某地的地质灾害“危害程度”，把地质灾害发生过程及其结果对地质环境和人类社会的危害（易损因子）联系起来，它是地质灾害自然属性和社会属性的综合表现，用以确定一个地区是否应进行地质灾害防治以及进行何等程度的防治，反映了一个地区社会经济活动的易损性和综合抗灾能力，从而为制订科学的防灾规划提供依据。

1. 评价方法和原则　分析评价采用综合类比推断的方法，即根据地质环境背景、成灾动力条件和以往成灾情况进行分析，运用模糊数学原理计算，建立专家综合评判指标。成灾条件分析中主要综合考虑以下一些因子：(1) 以往地质灾害的空间分布和活动强度；(2) 目前实际存在的地质灾害和其危害程度；(3) 人类活动强度；(4) 环境脆弱程度。经过对这些因子进行综合评判，并综合考虑湖南的气候特点，建立以下评判模式：

$$P=\alpha_1 S_1+\alpha_2 S_2+\alpha_3 S_3+\alpha_4 S_4$$

式中：P——灾害严重程度系数；

S_1——环境脆弱程度的专家评判值；

S_2——人类活动强度的专家评判值；

S_3——目前的灾害隐患程度的专家评判值；

S_4——以往成灾的空间分布和活动强度的专家评判值；

α——权重，分别配予 $\alpha_1=0.35$、$\alpha_2=0.3$、$\alpha_3=0.2$、$\alpha_4=0.15$。

采用打分法进行各单因子对灾害发育影响程度的评分。在单因子评分基础上，将各因子值叠加综合评判出地质灾害严重程度系数，然后确定其严重程度级别。评价计分标准见表 8.1。

表 8.1　湖南省地质灾害危害度综合评判表

因　子	地质环境脆弱程度（S_1）			人类活动强度（S_2）			目前的地质灾害隐患程度（S_3）			以往的地质灾害程度（S_4）		
危害程度	脆弱	较脆弱	一般	强烈	较强烈	一般	严重	较严重	一般	严重	较严重	一般
评判值	10	7	4	10	7	4	10	7	4	10	7	4

Ⅰ级（严重）：P≥9.1　防灾措施：高度重视并尽快治理和消除地质灾害隐患，在完成治理前对其进行密切监视，充分做好地质灾害预测、预报及防灾预案。

Ⅱ级（较严重）：7.0≤P≤9.0　防灾措施：建立治理方案并予以实施，对地质灾害隐患进行系统监测并做好预报工作。

Ⅲ级（较轻）：P≤6.9　防灾措施：科学治理，对隐患区进行监测和预报工作。

2. 评判结果　根据以上原则和方法，分别评判出湖南各处地段、城镇、铁路、公路的降雨型地质灾害严重程度。

存在严重及较严重地质灾害隐患的地段有：桑植—石门地段（包括桑植县东南部、张家界市永定区和武陵源区、慈利县中部、石门县西北部和南部，以及永顺县东北部边境一带。该地段灾害严重程度系数为 9.5）；永顺—古丈地段（包括龙山县南部、永顺县西部、保靖县西部及南部、古丈县西北部及吉首市西北部。该地段灾害严重程度系数为 8.8）；沅陵—吉首—新晃地段（包括沅陵县中部、泸溪县大部、麻阳县大部、芷江县西北部及新晃县大部分及吉首市东部。该地段灾害严重程度系数为 9.4）；安化—通道地段（包括安化县西部、溆浦县西部、怀化市东部、黔阳县东部、会同县东部、洞口县西部、绥宁县西部、靖州县东部及通道县北部。该地段灾害严重程度系数为 9.4）；茶陵—耒阳地段（包括茶陵县西部、耒阳市大部、永兴县西北部、衡南县东南部等。该地段灾害严重程度系数为 8.25）；炎陵—临武地段（包括茶陵县东部、炎陵县大部、资兴县大部、汝城县西北部、宜章县西北部、临武县北部等。该地段灾害严重程度系数为 9.4）；双牌—江华地段（包括双牌县西部、道县东部、江华县大部。该地段灾害严重程度系数为 9.1）；娄底—邵阳地段（包括新化县西部、冷水江市全部、涟源市大部、娄星区全部以及双峰县、邵阳县、新邵县、邵阳市区、邵阳县、隆回县的一部分。该地段灾害严重程度系数为 9.2）。

存在严重地质灾害隐患的市、县级城镇 8 个：会同县城、桑植县城、吉首市区、双牌县城、邵东县城、郴州市区、湘潭市区、怀化市区。存在较严重地质灾害隐患的市、县级城镇 20 个：长沙市区、株洲市区、邵阳市区、张家界市永定区和武陵源区、石门县城、永顺县城、古丈县城、沅陵县城、安化县城、韶山市、新宁县城、绥宁县城、靖州县城、通道县城、城步县城、南岳镇、祁东县城、炎陵县城、桂东县城。

存在严重及较严重地质灾害隐患的铁路路段有：枝柳线石门—怀化—靖州县段；湘黔线新化—怀化—新晃段。

存在严重及较严重地质灾害隐患的公路路段主要有：桑植—张家界市段；桑植—慈利段；石门—南北镇段；花垣—里耶—龙山段；花垣—吉首段；保靖—龙山段；吉首—古丈—慈利段；麻阳—凤凰阿拉段；怀化—黄茅园—新化段；怀化—通道甘溪段；溆浦—洞口段；通道—洞口段；江华白芒营—蓝山段；炎陵—桂东—汝城段。

五、湖南省地质灾害气象预报预警

1. *地质灾害气象预报预警工作的重要性* 随着社会发展，受人类工程活动影响造成矿山地质灾害、城市地质灾害呈上升趋势，给人民生命及国家财产造成巨大的损失和威胁，而要全面阻止各类地质灾害的发生是不可能的，所以必须在对地质灾害的发生、发展有充分认识的前提下，尽可能地做到避免或减轻地质灾害的危害程度。地质灾害气象预报预警工作正是基于地质灾害发生同天气有密切关系而开展的一项防灾减灾工作，中国气象局和国土资源部在2003年共同开展的这项很有意义的工作，填补了中国地质灾害监测预报领域的一项空白，同时取得了很好的防灾效益。

2. *临界雨量* 在进行地质灾害发生可能性的预报预警中，必须清楚该区域内可诱发降雨型地质灾害的最小雨量值（即临界雨量）。临界雨量是指诱发滑坡、泥石流、崩塌等灾害的时段最小雨量。对于不同的灾害点，其临界雨量是不同的，即使是同一灾害点，受不同的降雨过程及其他外部条件影响，临界雨量也可能不一致，因此，在具体确定区域（通常为一个小流域）临界雨量时，可以根据实测资料分析或典型调查等方法分析，将该区域内引起灾害的最小雨量作为区域内的临界雨量值。

在降雨型地质灾害的预报预警工作中，因为不同的地形地貌、下垫面性质、岩土特性以及不同的人类活动等因素都影响着某地发生地质灾害的临界雨量值，情况极其复杂，应在山地灾害防治工作中深入研究临界雨量值。日暴雨量和年暴雨日数是影响地质灾害发生的重要因素，1小时乃至十几分钟的短时强降雨往往与地质灾害的发生有着更直接的联系，雨强越大，越易诱发滑坡、崩塌、泥石流等地质灾害。所以，将某时段暴雨（3小时降雨量≥25毫米的短时暴雨或日降雨量≥50毫米、100毫米的短期暴雨、大暴雨）落区和该时段内某区域的临界雨量相结合进行对比分析，并结合其他区划要素的分析，可以进行地质灾害气象预报预警等级划分。临界雨量也是未来地质灾害气象预报预警所必需考虑的要素值。

3. *地质灾害气象预报预警等级划分与发布* 湖南省气象台和省地质环境监测总站从2004年6月1日起正式发布地质灾害气象预报预警，预报预警系统是由国土资源部和中国气象局联合推出的，并从是年起，每年的5月至9月正式运行。预报等级共划分为五级（见表8.2），当出现地质灾害的可能性为3级及3级以上时，气象部门和当地国土资源部门要加强预报会商，在双方取得一致意见后，按规定程序联合署名并公开发布地质灾害气象预报警报。

表 8.2　地质灾害气象预报预警等级划分

等　　级	预　报　级
一级	发生地质灾害可能性很小。
二级	发生地质灾害可能性较小。
三级	发生地质灾害可能性较大，为注意级。
四级	发生地质灾害可能性大，为预警级。
五级	发生地质灾害可能性很大，为警报级。

4. *湖南省地质灾害气象预报预警工作*　做好地质灾害气象预报预警工作，是最大限度地减少地质灾害危害程度的重要举措。根据国土资源部和中国气象局联合下发“关于联合开展汛期地质灾害气象预报预警工作的通知”精神，湖南省国土资源厅和湖南省气象局充分利用各自的技术优势，从 2003 年年初就此项工作多次进行联合会商，先后于 2003 年 5 月 21 日、6 月 5 日、6 月 24 日三次向社会公开发布地质灾害预报预警信息，该试运行工作进展顺利。2003 年 11 月 19 日国务院第 29 次常务会议通过《地质灾害防治条例》并予以公布，该条例自 2004 年 3 月 1 日起施行；2004 年 4 月 29 日湖南省国土资源厅和湖南省气象局协商决定从 2004 年 6 月 1 日起，由湖南省气象台和省地质环境监测总站正式对外发布地质灾害气象预报预警，以更好地推动湖南省山洪地质灾害防治工作。

六、防灾措施

防御和减轻地质灾害造成的损失，事关社会安定，应当动员全社会的力量，落实以下防灾减灾措施：

1. 广泛宣传，提高人民群众对地质灾害的认识，加强防灾减灾意识和掌握避险技能。

2. 各部门相互协作，切实做好地质灾害防治规划，共同建立完善的防灾体系，切实做到避灾和防灾相结合，最大限度地避免和减少人民生命财产损失。

3. 全面掌握地质灾害的分布情况，确定强降雨可能诱发地质灾害的危险区域，分析并标明灾害可能发生的程度及影响范围。掌握灾害易发区居民点分布情况，加强城乡建设规划和管理，使各类设施建设尽可能避开地质灾害危险区域，并且严格杜绝可能导致地质灾害危害程度增大的社会活动。

4. 建立完善的地质灾害气象预报预警系统，利用高科技的监测和探测手段，对可能诱发地质灾害的天气，特别是灾害性降雨天气进行监测，并提前做出准确预报，为防御灾害提供科学依据。

5. 做好山丘区洪水预报测报、水库调度及各类水利工程的安全工作，减小此类因素所造成的滑坡、泥石流等地质灾害损失；加强山丘区生态环境的监测和保护，切实做好防治灾害的生态保护对策。

第二节 1949 年及以前的降雨型地质灾害

晋 永嘉四年（公元 310 年） 四月，湘东酃县（今炎陵县，下同）黑三山崩。

宋 建炎三年（公元 1129 年） 四月，鼎州桃源洞大水，巨石随流而下。

元 大德十年（公元 1306 年） 三月，道州营道等处暴雨江溢山裂，漂荡民庐，溺死者众。

元 大德十一年（公元 1307 年） 三月，道县暴雨山裂三十余处；营道暴雨山裂一百三十余处。

元 至元六年（公元 1340 年） 六月，桃源山崩水溢，压溺居民五十三家，死者三百六十余人。

明 永乐十五年（公元 1417 年） 酃县邑山崩蛟出（指山洪暴发。古人迷信，认为发洪水是蛟龙作怪，称洪水为蛟水）。

明 宣德三年（公元 1428 年） 五月，慈利、石门大雨，水溢山崩舟行树梢，屋室畜产漂没，民避高山，旬日始平。

明 宣德七年（公元 1432 年） 澧州麻潦山洪，山石崩移，民居荡析，漂得民家豬为潭。

明 正统二年（公元 1437 年） 夏五月湘乡大雷雨，大理寺评事贺宗以请减湘赋疏略云："今五月内一日半夜忽风雷大作，电光闪铄，暴雨倾盆，平地水深四五尺，老幼惊惶，昏迷不知所出，天明顿止，桐梁山等处有一高山巨石撑天，忽然铲去半边，各山水涌，本地居室人民孳生尽被推去，田塘池坝皆成平地，其水横溢四出，凡有阻塞之处，皆拔木破石而过，近河两岸及山峡逼窄之所不为石田，即成大港，死者无处寻尸，生者无田可耕，迄今秋熟，被患之处颗粒无收。"

明 景泰六年（公元 1455 年） 安福（今桑植县，下同）大雷雨，地陷、白泉坡羊墉地陷二：一深三丈，广十余丈；一深六尺，广一丈有余。

明 正德六年（公元 1511 年） 安仁霖潦三日，水溢，上乡山崩岸塌，男女溺死者八十九人，坏田七百五十二亩。五月，酃县大雨洪水山崩。

明 正德十三年（公元 1518 年） 三月甲寅，湖广衡州府大风雨江水溢，雨雹大者如鸡子、如砖石，城野民屋尽坏，山岭坍裂百处。四月，善化雨雹大者如鸡子，如砖石，城野屋瓦尽坏，山岭崩裂百处。

明 正德十五年（公元 1520 年） 五月，酃县洪水山崩。

明 嘉靖元年（公元 1522 年） 新化大水，山石崩裂。

明 嘉靖十三年（公元 1534 年） 四月二十九日，衡州府、衡州、衡南、安仁、酃县夜雨如倾，平地水高忽丈余，山崩地陷，庐舍倾没，人畜漂溺者不胜计。

明 嘉靖二十六年（公元 1547 年） 桂阳溪头东冈山忽崩，平地涌水深丈余，弥漫入城。

明 嘉靖三十八年（公元 1559 年） 城步水涨入旧南门，山多崩塌。

明 隆庆五年（公元 1571 年） 黔阳山裂水涌，漂没民居无数。

明 隆庆六年（公元 1572 年） 六月初五，东安金字岭云雾四塞，雷雨大作，岭巅奔腾而下，土石如泻，大树拔，庐舍倾洗，人畜蔽江而下，近溪田畴皆被沙砾填塞，三年始行复垦。

明 万历十六年（公元 1588 年） 绥宁宝庆府郡、新化、邵阳，春多淫雨，山木崩仆。

明 万历十八年（公元 1590 年） 五月，新宁溪水暴涨，两岸土崩，民居漂没，死者甚众。

明 崇祯四年（公元 1631 年） （由于地震引起）七月十八日澧州又震数次，城内地裂，城墙房屋崩坏，压死居民十余人，王家井喷出黄水，铁尺堰喷出黑水，彭山崩倒，河为之淤。

清 顺治四年（公元 1647 年） 资兴斗米银七钱，饥；又是年山崩。

清 顺治七年（公元 1650 年） 六月初一日夜，长沙府、湘阴大雷雨，次日晨江水暴涨，山崩伤稼。六月五日夜，宁乡大雷雨，江水暴涨，山有崩者，山裂伤稼。

清 顺治八年（公元 1651 年） 资兴大水，汤边、下保等处田多沙塌，山多崩裂，溺死者甚众，一家住山下七口皆没，是岁再饥，斗米银五钱。

清　顺治十三年（公元1656年）　七月，常宁山崩水涌，倾刻丈余，沿江居民漂没者千计。武冈峒江水溢山崩，民多溺死。七月二十四夜，耒河水山崩，平地水深二丈余，死者千计。秋八月，郴州大雨，崩山淹舍，岁大饥。

清　顺治十六年（公元1659年）　四月，衡阳东乡迅雷骤雨，平地水深丈余，山岭崩陷，田亩荡洗，人畜漂溺，狮塘高桥石虹尽为崩塌。五月廿四日，武冈淫雨，峒口水溢，山崩，居民溺死者百余人。

清　康熙十一年（公元1672年）　六月，宁乡连日大雨，山多崩裂。

清　康熙二十年（公元1681年）　四月，沅陵、泸溪、辰溪淫雨弥月，大水暴发，山崩沙压，田土冲塌成溪。

清　康熙二十一年（公元1682年）　五月十三日，会同大水，山崩石裂，摧塌田地百数余亩。

清　康熙二十二年（公元1683年）　五月，城步栏牛峒雨雪成块，山崩。

清　康熙四十四年（公元1705年）　五月，麻阳大雨浃旬不止，城西里许山裂水涌，声如雷。

清　雍正三年（公元1725年）　六月，桂阳、汝城大水，文明乡泉溪山崩，水涌城内，水深五六尺，壅洗田塘民居无算。

清　雍正四年（公元1726年）　五月二十七日夜半，保靖宣慰司署后半山上突涌大水，其色黄黑由街右冲入大街有一泻千里之势，河街当冲者忽倾数丈，街民房屋损坏甚多。

清　雍正八年（公元1730年）　安化大水，山崩。七月初一、十一两日，湘乡盘山湖溪地方骤雨水涨，山石多崩，田有铲去者，是岁饥。

清　雍正十一年（公元1733年）　安化夏大水，崩山。五月，长沙、善化大水，平地水深五六尺，淹没民居房屋牛马无数，山多坍塌。五、六月，湘阴、桂阳大水，湘阴有山崩徙，洪水自金鸡山溢出，县南堤毁十余丈。六月，宁乡连日大雨，山多崩裂。

清　乾隆六年（公元1741年）　四月二十八、二十九日，湘乡大雨，八都白石峰篙子山水忽溃涌，一小山崩移而出，壅没民田数百亩，溺死数十人。

清　乾隆十四年（公元1749年）　芷江大雨三昼夜，西城陷，先是西城水府庙下与景星寺泡潭，俱系深潭，相传为蛟宅，自城陷而两潭并涸，今已渐成洲渚。

清　乾隆十五年（公元 1750 年）　三月，绥宁大水，桑木冲水涌山崩，坏田庐，压毙五人。

清　乾隆十八年（公元 1753 年）　夏四月，桂东宣城水，山裂。

清　乾隆二十年（公元 1755 年）　四月，宜章淫雨，城西山裂水涌，平地深七八尺，伤民屋田禾甚众。

清　乾隆四十九年（公元 1784 年）　攸县大水，城东山中出蛟，大坪山……等处陷成深穴，巨石垒之随水涌出，沿江田庐多被冲塌，城中水深丈余。

清　乾隆五十一年（公元 1786 年）　永定茅岩河北岸之月驾山滑坡崩塌，压死一百零八人，澧州雍塞，自此桑植至茅岗不通船。

清　嘉庆三年（公元 1798 年）　永明大雨水，县北都庞岭裂。

清　嘉庆七年（公元 1802 年）　六月，宁乡、攸县大雨山洪，嵇茄山崩崖转石，田庐桥梁倾荡无算。

清　嘉庆十一年（公元 1806 年）　衡山祝融峰后山水大发，坏护国寺门前石桥，巨石崩徙，老木漂流，山田尽为沙砾、石块所积。

清　嘉庆十四年（公元 1809 年）　夏六月，酃县大水，平地出泉，高山崩裂，田亩半为砂石壅碾，民屋漂没不计数，是月饥。

清　嘉庆十七年（公元 1812 年）　五月，耒阳大雨如注，数昼夜不止，山石崩坠，田多沙壅。

清　嘉庆二十年（公元 1815 年）　七月，衡山祝融峰后大水，色黑腐秽登山，田地冲洗无数，朝阳岩无故自崩，压倒岩外古寺数间，是日天仅微雨，水发莫知所自。

清　嘉庆二十一年（公元 1816 年）　五月，城步巫江大水，两次入城，山崩田塌。

清　嘉庆二十二年（公元 1817 年）　石门五雷山洪水暴涨崩山。

清　道光六年（公元 1826 年）　六月二十三日夜，安福白云环绕，细雨溟濛，至二十五日夜诸山崩溃，声响殷殷如雷，黑水上喷，沿溪树木均被摧折，田庐荡涤，大小桥俱遭冲圮。

清　道光十九年（公元1839年）　夏六月，资兴大水，十七、十八日淫雨大连日，初不甚大，至十九日无论高山平地水俱崩裂而出，壅阏不流，淹没田园庐墓无数，东南乡尤甚，洞口桥因水冲破。

清　道光二十四年（公元1844年）　五月中旬，长沙袁家山山洪暴发，山开石裂，水柱喷薄空中，平地水涌数丈，田禾尽没，庐屋随水而去。六月，益阳久雨，山水暴涨，刘家冲桥须山三峰，夜忽去中峰，成大沼，深六七丈。

清　咸丰二年（公元1852年）　嘉禾城东山裂。某日大风雨震电城东峰山岭忽然开裂，有水涌出。

清　咸丰三年（公元1853年）　夏六月十九日，酃县淫雨如注，有十都蕉石湖两山对峙，是夜崩徙二里许，山下民屋尽淹，今山溜深处成堰塘，是岁饥。七月，安福东南诸山塌破数十处，水暴出，漂决田庐。

清　咸丰四年（公元1854年）　四月十二日，宁乡烈风拔木，雨雹，色红，且水涨山崩。五月，宁乡大雨连日，水暴涨山裂。

清　咸丰八年（公元1858年）　沅陵是岁客山崩。自五月十九日起，平江大雨凡七日，县东湄江水涨山崩，平地水深五六尺，田禾多没。

清　咸丰九年（公元1859年）　溆浦柳溪山忽崩塌，洪水暴涨，漂没田庐民居甚多，云地出蛟，水腥臭。零陵夏大水，蛟水暴涨数丈，山崩里许，时值太平军在境，避难在山之人，悉淹死，山脚房屋荡无余存。

清　同治元年（公元1862年）　五月，宁乡连日大雨，九都芙蓉山裂，沩水暴涨，沿河二百里，漂田庐人畜无算，城中可船，玉潭桥石啮断其半。

清　同治二年（公元1863年）　桂阳山裂，洪水涌出，漂没田庐。四月，宁乡山裂，洪水涌出，漂没田庐；四月十六日天酷暑，鳅鱼多暴死，晚大雷雨，水暴涨，桂芽山麓崩，裂石坏民居，淹田二十余亩，裂处数月涌清泉，土人以为蛟，春夏荒，石谷值钱一两三四钱。

清　同治三年（公元1864年）　三月，湘阴雨豆，是夜大风，瓦石皆飞，坏民舍无算；玉笋山裂数十余丈，广丈余。五月，江华、蓝山、宁远大水，车春尤巨，沿溪山崩数十。五月二十七日，宁远雷电大作，骤雨如注，车春水涨尤巨，不多时，忽涨丈余，声若轰霆，沿溪山崩者数十，水自崩裂处涌出若洞穴，然深不可测，腥秽触鼻。

清　同治六年（公元 1867 年）　五月十二日至十三日，溆浦大雨，十四日两丫坪有山崩裂，涌泉喷激，洪水泛涨，漂没人畜甚众，水腥臭，着体即生疥疮，十六日复水，两岸山多崩颓。五月十四日，浏阳大水暴涌，山多裂，县东南北坏田庐压溺民畜甚众，水及东城内。五月，宁乡大雨连日，水暴涨山裂。湘阴玉笋山崩裂数十丈。

清　同治七年（公元 1868 年）　五月，平江大水坏民田庐，自五月十六日至二十四日大雨不止，县东黄金洞等处出蛟，同时山崩陷数十处，水从崩处涌出，其大如轮，其高如柱，平地数十丈，推塌民房市肆，田地桥堰，溺毙人畜无算。五月，资江大水没两岸，五都渠江出蛟，山崩陷数十里，男女淹毙无算。

清　同治八年（公元 1869 年）　四月，沅陵舒溪、荔溪、浦市蛟水七次，坏民田庐，舒溪内一村山崩俱陷没。安福山裂水溢，沙石堆积成洲。泸溪、浦市蛟龙七尺，坏民田庐，淹城廓，舒溪内有一村，山崩俱陷。四月八日，浏阳倾盆大雨，西部及龙头铺地区山洪暴发，井堋赭，石崖崩，溪流堵塞，树木连根拔起。四月二十三日，平江南卢洞白水一带蛟水，泸山、福石山同时自崩，大小二百余处，水从崩处涌出，平地数丈，冲塌田庐桥梁道路，溺毙居民十六口。四月二十五日辰刻，溆浦雨如注，忽四山沉晦，桥头霹雳一声，溪水陡涨屋多漂荡，桥旋倾倒，在桥观水者皆随去，救全者仅三人，据言，桥未倒之先，见浓云如墨，扑桥而来，又有大石约丈余，由桥西飞腾而东，山随崩挫，拥水横流，致泥沙杂下，冲溃田庐，被灾者五十余乡。四月二十五日醴陵水溢，县西支河未退，二十六日县东大溪水大至，南北同日水，地震山裂，一时洪流暴涌，漂没田庐人畜无算。七月初一夜，保靖大雨如注，大水崩山冲压田禾以及淹浸数日方退，东南乡被灾尤甚。

清　光绪元年（公元 1875 年）　五月一日，溆浦老基圹山崩，压毙居民数家，过客四十余人。

清　光绪十一年（公元 1885 年）　五月，安化伊溪大水，资江大水没两岸，渠江出蛟，山崩陷数十里，男女淹死无算。

清　光绪十八年（公元 1892 年）　三月，蓝山山洪发，水没万年桥，崩山坏田不可计数。

清　光绪二十四年（公元 1898 年）　春夏之际，永定大坪大水，冲塌桥两座，半边山地方滑坡。六月十七日至十八日，武冈大雨不停，十九日天还未亮，资江上游大水陡至，城步辖地无底圹有山崩裂，洪水暴发。

清　光绪三十二年（公元 1906 年）　五月初四，耒阳山洪，里山庙、界石等处山崩石徙，田中尽成沙堆。

民国　二年（公元 1913 年）　蓝山大水，山岭崩溃百余处。

民国　四年（公元1915年）　四月，溆浦一区黄沙乡山崩，淹没田土甚广，人多溺死。六、七月间，会同迭被水灾，冲没田地五千余亩，屋宇桥梁漂没无数，距城五十里之金龙山，左右两峰裂开一口，长三里许，宽五尺有余，深不见底。

民国　八年（公元1919年）　六月二十九日，永顺大雨，夜半溪水陡涨，损失甚巨，白沙堡托家湖山崩，堵为巨浸。

民国　九年（公元1920年）　五月，汝城山洪暴发，山腰穴地喷涌黑水，有奇臭，鱼感之尽死，南自九江至仁化恩村，东自八丘田至大坪�，水势汹涌，飞砂走石，田亩桥梁淹没倾圮无数。

民国　十年（1921年）　溆浦县小江口乡蓑衣溪村溆水河北岸半山发生大滑坡，堵塞了溆水河道，上游溆浦县城被水淹，损失惨重，当时国民政府组派劳工将河道疏通才恢复县城。

民国　十七年（公元1928年）　六月十三日，资兴洪水，山崩屋塌，兰市山崩压死三人，下竹瑶古一家压死五人。

民国　十八年（公元1929年）　七月，酃县高山崩溃，低地俱成泽国，塌倾房屋千余栋，溺毙百余人，冲坏田土万余亩。桂东被冲坏田禾三千余亩，倾塌房屋三十余栋，桥梁四五十座，溺水十余人，牲畜数千头。里仁区有一村，因水侵山崩，全村覆没，压毙三十一人，受祸尤烈。

民国　十九年（公元1930年）　六月，宜章莽山大水成灾，时淫雨三日，夜关天圹弯南营庄一带山岭崩裂百余处，沙石杂下，竹山坝村落二十余家，首被冲洗，竹木器具蔽江而下，水势横溢，大庙团局学校，枕被漂流，教员学生，团兵居民死者九十九人，田被冲刷不能复业者千六百余亩。

民国　二十五年（公元1936年）　七月初十，资兴水灾，东乡及兰市、彭市、汤市等地山崩地裂，冲毁田甚多。

第三节　1950—2000年的降雨型地质灾害

1954年　湘西自治州八什坪乡大村潭村六组及五组村民居住的左下沟20米处，因大洪灾左上方山体滑坡、泥沙冲击，半夜间冲垮两栋土砖屋，压死2个孤寡老人。

7月21日保靖县半塘乡阿它点村（现夯沙乡张湾村），因降大到暴雨，引发山体滑坡，全村30户全部埋没，死亡76人，伤5人，压死耕牛35头。

7月23～25日浏阳市的杨花乡三天内降雨289.8毫米，黄岗发生泥石流灾害，造成3人死亡，河堤几乎全部倒塌。

7月25日13时50分浏阳宝盖洞水库垮坝，损失惨重。宝盖洞水库工程1953年竣工后，1954年遇特大暴雨，7月1～28日降雨量达1010.4毫米，而23日7时至25日19时总雨量达618.3毫米，其中25日7时至13时15分，强度最大，仅6小时15分降雨量达252毫米。超强降水使宝盖洞水库坝顶在25日13时30分开始漫水，约20分钟之后大坝开始垮塌，垮坝淹死477人。其下游的船山、白露、石泉、沔江、三口、新水、永清、古港、梓山、石幼等乡，全家死亡的有29户77人，淹没田地1894公顷，其中37.2公顷被冲后不能恢复，水冲砂压无收的380.9公顷，倒房4232户50218间。其中宝盖洞水库所在的三口乡受灾2109户，倒房36900间，无家可归的达1219户。

7月29日由于强降水，慈利县有168个乡受灾，冲毁田地153.3公顷，塌桥14处，崩山12处，淹死4人。

1956年 5月21日夜1～2时许，古丈县遭遇山洪袭击，县城至龙鼻嘴、罗依溪等主要公路大部被毁，山崩地陷阻塞公路，小桥几乎全部毁塌。全县有11个乡受重灾，19个乡遭受一般灾，受灾农田面积620余公顷，倒塌房屋209栋，死耕牛7头，因灾死亡9人。

1957年 夏，浏阳县白沙乡围山村张公岭山体滑坡50米，一户李姓村民房屋随山体滑坡全倒，家具牲畜全部受损。

1961年 安化县资水河谷的柘溪水库蓄水初期，2月27日至3月6日连续8天降雨129毫米。3月6日7时左右，连续多日降雨引发了水坝附近库区出现小的岸坡崩滑，岸坡上出现弧形裂缝，并逐渐加宽，对岸500米处船民听到崩滑声响，水面见有局部波浪起伏，浪高约1米。18时，巨大滑坡突然发生，近坝库区东岸1.5千米处的塘岩光边坡表部覆盖层连同部分风化基岩发生了顺层大滑坡，165万立方米滑坡体以高达25米/秒的速度滑入深50余米的山区水库，激起巨大涌浪，行驶于滑坡区段的帆船高10米的桅杆被涌浪没顶。涌浪漫过尚未建完的大坝顶部泄向下游，造成了巨大损失，因灾死亡60余人。

1962年 9月3～4日常宁黄洞等4个山区公社普降暴雨导致山洪暴发，黄洞杨家冲八里长山崩裂107处之多。据损失严重的5个公社统计，淹没耕地2133公顷，被水冲走淹死66人，倒房1865间。

1964年 5月14日开始，慈利县持续降雨，20日慈利县再次出现中等阵雨和局部暴雨，县城当日雨量为14.9毫米。江垭镇白堰村因暴雨引发体积达280万立方米的滑坡灾害，造成30万元的直接经济损失。

1965年 6月8～17日、19～30日汝城县出现连续降雨天气（这两时段内县城的总降雨量分别为105.2毫米、51.9毫米）。持续性降雨先后造成公路被毁，共计有8万多立方米的塌方，部分路段一个多月未通车。

1966年 怀化市靖州县7月8～11日连续3天降雨，累计降雨量303毫米，其中11日降特大暴雨234毫米，溪河横溢，塘库水满。位于飞山水库上游的铺口乡石冲小二型水库（集雨面积1.2平方千米，坝高24米，总库容44万立方米，均质土坝），因暴雨引发山体滑坡堵塞溢洪道，库水急骤上涨漫坝而溃决，引起飞山水库水位急增，溢洪道堰顶过水深达0.88米，水势急，不能及时排泄，挤垮溢洪道且引起大坝滑坡，沿坝长溃决1/3，库水一泄而空，直冲下游靖州平原的农田和县城。冲淹稻田2000公顷，冲走民房63栋，冲毁公路干线路基85米，使县城淹水达2米以上。

1968年 4月16日桂东县寨前乡106国道2646千米+300米处因暴雨诱发崩塌，造成交通阻塞。

1969年 5月11～12日，新化县文田镇普降大到暴雨，引起山洪暴发，坪树村3组出现严重的山体滑坡（长210米、宽130米），沿线下游的坪树5组，方竹村1、2组，文田村7～12组的20多公顷农田全部被冲毁，冲毁河坝3座，河堤2100多米，冲毁公路桥1座，冲毁房屋3栋，因灾死亡1人，经济损失200多万元。

8月9～13日湘潭市连续数天出现强降雨（市区该时段内总降雨量为215.9毫米）。月山、白田两个区部分社队，暴雨引发山洪暴发，山塌崩塌，大部分河堤冲断，河流改道，洪水纵横，大片农田被堆成沙滩或冲成深潭，成千上百间房屋被冲倒。

1970年 4月17～19日新宁县出现大雨和局部暴雨，造成新宁县肖市公社高桥大队七生产队山洪暴发，并引发山崩，冲倒房屋1座，压死2人。

7月由于暴雨及开挖造成湘黔铁路新晃县酒店塘乡段发生滑坡，迫使400米铁路改道。

1971年 1月26日桑植县洪家关鹰咀山因暴雨（3天累计降雨量达300毫米）引发泥石流灾害，固体物输移量520.0万立方米，造成37万元的直接经济损失。

1972年 5月16日湘西自治州吉首市出现暴雨，境内局部大暴雨，白羊溪乡马王溪村大坪组因大暴雨（120毫米）诱发山体滑坡，该下滑体长为250米，宽为100米，造成该组21户92人的家庭财产受损，1.33公顷稻田被毁，直接经济损失达10万元左右。

1974年 5月4～6日，凤凰县官庄乡连续3天降雨，累计降雨量133.7毫米。4日晚10时左右，该乡毛边冲村第1组的一座小山崩塌，随后出现泥石流，固体物质输移量1.2万立方米，山下8户村民住房全被埋入泥沙，全寨31人，死亡26人，直接经济损失40万元。

1975年 6月9日晚至10日，大庸县（今张家界市永定区）境内普降暴雨或特大暴雨，县城10日降水量为80.9毫米，教子垭9日8时至10日8时降雨量达156毫米，加之澧水上游桑植境内降雨都在150毫米左右，致使洪水陡涨，部分山区出现山崩。

1976年　永顺县凤滩水库镇溪由于水库蓄水及暴雨诱发滑坡灾害，滑动土石方量为134万立方米，造成直接经济损失100万元。

是年及1980年永顺县罗依溪铁路车站均出现因暴雨诱发的滑坡灾害，滑动土石方量为100万立方米左右，直接经济损失20万元。

1978年　5月，洪江市常青乡铁溪村因暴雨和人工开挖导致滑坡，滑动土石方量为8万立方米，造成5人死亡，直接经济损失9万元。

6月12日吉首市已略乡阿婆山4小时降雨量达420毫米，特大暴雨引发泥石流灾害，固体物输移量141.0万立方米，造成4人死亡，直接经济损失18万元。

7月20～21日吉首市已略乡里流寨雾塘冲由于连续2天出现暴雨，发生了1次中等级的泥石流。此次泥石流灾害造成了10人死亡，大牲畜损失20头，房屋全毁14栋，半毁8栋，农田全毁1.33公顷，半毁2公顷，直接经济损失90万元。

1979年　7月17日浏阳县出现降雨，其中社港区降暴雨，该日3～9时雨量为207.1毫米，1小时最大雨量为56.8毫米，强降水造成山洪暴发，白沙乡阳田金井湾山体滑坡100米，致使董从礼家房屋倒塌1栋。

是年怀化市蒿古坪乡政府驻地因切坡开挖及暴雨诱发滑坡灾害，滑动土石方量为100万立方米，直接经济损失2万元。

是年慈利县江垭电站庙咀因降雨诱发滑坡，滑动土石方量为276万立方米，直接经济损失1万元。

1980年　7月上、中旬，石门县九斗峪连续降雨一星期，总降雨量为114毫米。7月17日，四方台天山腰部低凹旱地出现地表横向裂缝，之后又连续降雨4天，降雨量225毫米，裂缝增加三条，并不断加深延长，最长一条长达200米、宽10厘米。30日、31日两天又降雨157.6毫米，土体开始向下移动，村里一栋公房也随之移动。第二天，公房下移30米，与村公房相距50米远坡面上的两栋社员住房也开始下移，形成“滑坡”。第三天，土体下滑速度加快，滑体脱离滑壁，冲出滑床，变成泥石流直泻入九斗溪，并发出巨大的声响。入溪沟后，速度大减，经过3天，才流到沟口。这次泥石流固体物输移量171.0万立方米，给九斗峪村造成巨大损失，冲掉水田2.8公顷，旱土3.3公顷，毁掉房屋5栋。大量的泥土、石块淤积在九斗溪和昌溪河，使九斗溪沟底抬高5～10米，昌溪河一段河床也抬高1～2米，造成2人死亡，1人残废，由于受灾地区局部地段已开始错落，严重威胁着3个生产队、4个村庄150人、26.7公顷田土的安全。

1981年　6月27日永顺县降雨量为118.8毫米，其东北部降特大暴雨，朗溪公社楠木大队茶溪小队发生崩塌，一村民房屋被沙石埋没，全家5人死亡。

1982年　4月26日茶陵县小田乡鱼岭降雨210毫米，大暴雨引发泥石流灾害，固体物输移量10.5万立方米，造成12人死亡，直接经济损失42万元。

1983年 6月26日桑植县普降大暴雨或特大暴雨，县城日雨量373.8毫米，廖家村379.2毫米，南岔362毫米。特大暴雨引起山洪暴发，垮山压死3人。

7月7～8日，浏阳县出现强降雨，其中8日县城降雨86.6毫米，由于强降水造成山洪暴发并引发局地性山体滑坡，白沙乡阳田金井湾山体滑坡40米，致使房屋倒塌1栋。

1984年 汝城县自3月29日开始持续降雨，4月4日降暴雨和局部大暴雨，汝城钨矿降雨量为233.8毫米。大暴雨引发汝城钨矿泥石流灾害，固体物输移量31.87万立方米，造成2人死亡，直接经济损失102万元。详情如下：4日6时40分起，钨矿一带大雨倾盆，伴有雷暴，石云仙西麓石崩圩（海拔1450米）、石黎头（1250米）区段山洪暴发，引发汝城历史上罕见的泥石流。从7时15分泥石流暴发，至7时19分，泥石流即冲过长1400米的斜坡，冲刷到矿区密集居住区（房屋依山坡呈梯级修建，两排住房相对，中间是3米宽的台阶路）。泥石流破门墙而入，仓库存放的钨沙被席卷一空。泥石流曾随雨势减小在7时59分一度停止，然后又随雨势加大于21时20分再度暴发，但强度比第一次弱，至22时停止。两次泥石流冲至矿区的泥沙石共约1.8万立方米，堆集在公路、住宅区的有5000多立方米，冲至公路上最大的石块有4立方米，重达10多吨。泥石流造成2人死亡，2人重伤，10人轻伤，受灾户115户。住房被冲毁1100平方米、损坏800平方米，矿区损失19.7万元。附近农户40多家受损，8户人家被泥石流埋没。第一次泥石流发生后，矿区组织了1000多工人和民工抢险、救灾，迅速转移了100多户，并组织技术人员和民兵上山监测，发现险情，鸣枪报警，第二次泥石流发生时避免了人员伤亡，减轻了损失。

8月4日，由13号台风减弱而成的低气压影响郴州地区，下午狂风大作，瞬间最大风速达20米/秒，伴有大雨，至8月5日，郴县、资兴县的雨量均超过150毫米。东波矿区由于受大暴雨袭击，造成山体滑坡，形成泥石流，冲击矿井、民房、公路，导致21人死亡，78人重伤，62人轻伤。损坏房屋1154间，倒塌240间。农作物受灾8267公顷，成灾6600公顷，绝收的1000公顷。冲毁河堤渠道180处，计4.3千米，冲毁涵闸14处，毁水电站3座，泵站26座，毁公路325处，计16.4千米，翻车13台，毁公路桥、行路桥390座，中断交通最长120小时，倒通信电杆145根，12个乡镇中断通信24小时。直接经济损失7128万元。

1985年 6月21日晚，龙山县出现暴雨、局部大暴雨（县城21日夜间12小时降雨量为50.7毫米）。靛房、坡脚两乡因大暴雨引起山洪暴发，崩塌、滑坡现象比比皆是，致使沟河两岸农田变成沙滩，河床突增1米多，大部分山坡表土全部流失，仅靛房乡山峰村约5000米长的沟河两岸，就出现1000立方米以上的滑坡13处，500～1000立方米的滑坡达25处，500立方米以下的滑坡到处可见。当时据统计两乡受灾9个村461户2263人，受灾稻田277.7公顷，冲坏28栋房屋86间，死1人，伤3人，冲毁公路8千米，冲毁渠道127处11955米，溪坝58处19900米，渡槽3座95米，冲毁山塘1口，损失粮食100万千克。

6月29～30日，安化县出现雷阵雨、局部暴雨，唐溪境内8小时降雨量165毫米。春风大队出现由大暴雨诱发的山体滑坡灾害，造成房屋、人畜、田土的巨大损失。

8月24～25日，受10号台风影响，郴州市境内连降暴雨（郴州市2天降雨量为159.9毫米，东坡柿竹园降雨量高达560毫米）。大暴雨引发柿竹园多金属矿尾砂坝垮坝形成矿渣泥石流，固体物输移量5500万立方米，造成沿途94个村民组受灾，死亡49人，毁坏农田760余公顷、房屋39栋、桥梁7座，冲走钢材200余吨、水泥1200余吨及其他大量矿山设备和物资，直接经济损失8417万元，这是1949年以后湖南省最严重的一次地质灾害。

8月25日宜章县出现大暴雨，县城降雨量为155.7毫米（其中最大12小时雨量为104.4毫米）。瑶岗仙钨矿因暴雨（1天降雨量达137.1毫米）引发泥石流灾害，共造成3人死亡，直接经济损失240万元。

1987年　4月5日蓝山县出现大雨、局部暴雨，蓝山县城24小时降雨量为35.2毫米。紫良乡立树坪村因暴雨引发滑坡灾害，滑动土石方量为2.9万立方米，造成5人死亡，直接经济损失6万元；紫良乡平源村日降雨量为200毫米，引发泥石流灾害，固体物输移量3.6万立方米，造成5人死亡，直接经济损失20万元。

1988年　7月28日永定区沅古坪乡五龙村八公界组因暴雨诱发滑坡，滑动土石方量为0.2万立方米，造成6人死亡、3人受伤，直接经济损失2万元。

8月22日至9月4日，新化县出现连续强降雨，该时段内总降雨量为384.3毫米。文田乡老屋场村发生山体滑坡，滑动土石方量0.32万立方米，4间带杂屋的房子全被滑坡埋没。泽溪区五溪乡油坪村16组发生滑坡，一袁姓农户连屋带人被滑坡推到河中间，3人全被淹死，另一邹姓农户被滑坡掩埋，父子2人遇难。

9月2日，新邵县出现中到大雨、局部暴雨，县城强降雨于2日晚开始（12小时雨量为24.1毫米）。暴雨引发的泥石流灾害，造成4个村庄的147.3公顷耕地受灾。

1989年　2月临湘县路口笔架山由于暴雨，加之降雨前的开挖引起59万立方米土石滑坡，迫使107国道改道。

7月11日开始，湘西自治州吉首市浦市镇连降3天暴雨，总降雨量为528毫米，13日12时，浦市镇灰洞坳村唐家坨小二型水库外坝涵管出现一股直径约0.8厘米的漏水，漏水由小变大，13时许大坝便出现溃决，水流冲至涵管盖岩，断裂的涵管外端全部冲走，致使大坝冲成上宽25米、下宽16米的大口子，由于水库水位突然下降，导致大坝内侧大面积滑坡，滑坡长25米，宽20米，上部厚1.3米，坝脚厚约4米，大坝溃决及水流冲刷给当地群众造成较大的损失。据统计，泥土淹埋稻田3.07公顷，水稻受损7.4公顷，当年无法耕种。

1990年　6月13～16日湖南省西部连降暴雨或大暴雨，其中安化、怀化、沅陵、新化4天总降雨量分别为：197.9、263.8、263.4、139.4毫米。暴雨引发滑坡或滑坡群，省内崩塌至少9处：6月13日泸溪县解放岩乡牛场村暴雨诱发滑坡，滑动土石方量为6万立方米，造成4人死亡，直接经济损失10万元；同日冷水江市锡矿山飞水岩镇连云村因采矿及暴雨共同诱发滑坡灾害，滑动土石方量为315.0万立方米，造成45万元的直接经济损失。6 月 14 日怀化市蒿古坪乡蒿古坪村因暴雨引发滑坡灾害，滑动土石方量为 105 万立方米，直接经济损失 3 万元；同日湘西自治州的八什坪乡降雨量达 218 毫米，猢狲洞村小组屋后山体出现大裂缝，裂缝长 120 米，下陷 2 米，并造成山体滑坡灾害，导致 35 户、137 人受灾；同日八什坪乡大村潭村 5 组及 6 组屋背后整个山体因强降雨影响造成山体下陷 2～3 米，并出现长达 213 米的环形裂缝，泥沙横渡，损坏房屋 3 栋（损害程度 90%），直接经济损失 5 万元；同日安化县柘溪春丰乡因暴雨诱发 7 处滑坡灾害，33.3 公顷农田和 1 万棵果树受灾，直接经济损失 39.5 万元。6 月 15 日新化县邓家乡白芦村红岩下因暴雨引发滑坡灾害，滑动土石方量为 169 万立方米，造成 31.7 万元的直接经济损失；同日沅陵县栗坡乡因降雨滑坡，滑动土石方量为 101 万立方米，威胁 24 户居民 120 人；同日沅陵县麻溪铺凹坪乡因降雨引起滑坡，破坏 8 间房屋、0.7 公顷耕地、333 平方米森林。

7 月 12 日安化县古楼乡刘家村因暴雨诱发滑坡，滑动土石方量为 170 万立方米，造成直接经济损失 5 万元。

1991 年 1 月 6 日桑植县南岔乡新溪河村因暴雨引发滑坡灾害，滑动土石方量为 198 万立方米，造成 60 万元的直接经济损失。

6 月 7 日凌晨 1～2 时，凤凰县降雨量达 40.1 毫米，强降雨引发山体崩塌，官庄乡小学 6 间房屋遭破坏，3 人死亡，32 人受伤，直接损失 40 万元。

6 月 8 日麻阳县出现大到暴雨（县城 8 日雨量为 47.1 毫米）、局部大暴雨。大暴雨诱发板栗树乡滑坡灾害，造成 1000 万元损失；另外，大暴雨诱发枝柳铁路麻阳县大垅南木底三号隧道口的滑坡，掩埋铁轨 10 余米，使行驶在焦柳铁路线的 1 辆列车冲出轨道并翻车，造成 2 节机车及 5 节车箱报废，交通中断 58 小时，直接经济损失 2000 万元。

7 月 1～14 日，大庸市、吉首、常德境内普降大暴雨，其中桑植县凉水口乡 4 日 08 时至 5 日 08 时降雨量达 219 毫米，6 日慈利县国太桥乡仅 70 分钟降雨 260 毫米。桑植、慈利、永定有 27 个乡镇发生山体滑坡和泥石流，造成大慈公路交通中断 3 天，武大公路交通中断 10 天；6 日桑植县南岔乡洋公潭村赵宗坡由暴雨诱发滑坡，滑动土石方量为 200 万立方米，直接经济损失 54 万元；9 日石门县中岭乡天坪村向家岭组由暴雨诱发滑坡，滑动土石方量为 1094 万立方米，直接经济损失 15 万元；9 日慈利县赵家岗乡广福桥、江亚镇共出现滑坡 3 次，滑动土石方量达 2200 万立方米，破坏 220 公顷耕地和 266 间房屋，滑坡灾害造成直接经济损失 120 万元。

7 月石门县商溪乡九斗峪村因切坡开挖及暴雨诱发了一体积为 162 万立方米的滑坡灾害，直接经济损失 10 万元。

1992 年 3 月 28 日起，炎陵县出现降雨天气，30 日又降暴雨（雨量为 51.3 毫米）。暴雨诱发炎陵县策源瓷器厂窑区出现一体积为 6080 立方米的坚硬块状岩体崩塌，造成 3 人死亡，直接经济损失 5 万元。

7 月 3 日新化县降暴雨（县城雨量为 62.9 毫米），5 日再次出现大雨、局部暴雨的天气（县城雨量为 38.8 毫米）。强降雨造成油溪乡白芦村山洪暴发，白芦 3 组和 4 组地段先是形成泥石流，后出现整体滑坡，一个长 2 千米、宽 1 千米、厚 50 米的山体 2 天内下移

500 米，该滑坡上 10 户人家 6 栋 72 间住房、12 公顷农田、2 千米公路、1.5 千米渠道及所有输变电线路全部被毁。

7 月 8 日桂阳县白水杨柳镇 2 天降雨量达 270 毫米，引发泥石流灾害，固体物输移量 50 万立方米，造成 7 人死亡，直接经济损失 50 万元。

1993 年　5 月 30 日至 6 月 1 日会同县降大雨和暴雨，县城 3 天总降雨量为 115.8 毫米。农村电话管理站因暴雨引发滑坡灾害，滑动土石方量为 0.2 万立方米，造成 10 人死亡，直接经济损失 20 万元。

7 月 3～5 日浏阳市降暴雨和大暴雨，3 天总降雨量为 248.4 毫米。大瑶煤矿因暴雨引发滑坡及泥石流灾害，造成 8 人死亡，矿部房屋全部被摧毁，直接经济损失 100 万元。

7 月 19～23 日澧县境内普降大到暴雨，县城过程总雨量为 230 毫米。澧县码头铺镇，由于降雨集中，码头村境内先后发生两处山体滑坡：一处发生在燕子山尾岩子口，下滑土方 1400 立方米，该处由于公路路基拓宽 4 米，山体形成高 10 米的陡坎，遭暴雨冲刷后形成泥石流，造成公路阻塞 5 天；另一处发生在焦岩山口，下滑土方 1000 立方米，并因暴雨冲刷形成泥石流，两处泥石流灾害造成 5.3 公顷农作物受灾，6 间 240 平方米房屋倒塌，直接经济损失 170 万元。

7 月 23 日桑植县降特大暴雨（县城 24 小时降雨量为 237.9 毫米）。新村坪乡沿溪坡村因特大暴雨诱发滑坡灾害，滑动土石方量为 400 万立方米，造成直接经济损失 60 万元。由于前期降雨集中，25 日桑植县澧源朱家冲村、澧源镇金山村陈家坡因暴雨引发滑坡灾害，共造成直接经济损失 130 万元。

1994 年　4 月 24～25 日，黔阳县出现暴雨（县城 2 天降雨量达 74.8 毫米）。洗马乡徐家村因暴雨引发泥石流灾害，固体物输移量 40 万立方米左右，造成直接经济损失 500 万元。

6 月 13～15 日，临武县降暴雨和大雨，县城 3 天降雨量为 159.9 毫米，南乡八二锡砂矿、花塘乡的尖峰岭 15 日因暴雨引发泥石流灾害，固体物输移量分别为 45.27 万立方米、20.0 万立方米，共造成 7 人死亡，直接经济损失 70 万元。13～17 日耒阳市出现连续大到暴雨，总降雨量达 225.4 毫米，强降雨引发山洪及山体滑坡灾害，加之欧阳海水库 16 日以 2100 立方米/秒流量泄洪，加大了灾情，因灾死亡 2 人，伤 1680 人，直接经济损失达 2.18 亿元。

7 月石门县子良乡潭村王家岭因暴雨诱发滑坡灾害，滑动土石方量为 180 万立方米，造成 20 万元的直接经济损失。

8 月 5 日，郴州市降大暴雨（市区 24 小时雨量为 105.1 毫米），诱发郴州市柿竹园有色矿太平里滑坡灾害，滑动土石方量为 50 万立方米，造成 20 人死亡，6 人重伤，并摧毁房屋、桥梁、电站、公路及生产场地，直接经济损失 800 余万元。

8 月 15～16 日，郴州市降暴雨（市区 16 日雨量为 73.8 毫米），引发郴州鲁塘乡焦塘村柏树山泥石流，造成 2 人死亡、重伤 11 人，并摧毁矿坑 10 余个及大量物资，直接经济损失 200 余万元。

1995年 5月29日下午1时，双峰县井字镇、荷叶镇1小时内降雨200毫米，特大暴雨引发泥石流灾害，造成3人死亡，15人受伤，沙埋田100多公顷，减产粮食500吨。30日保靖县普戎乡墨绪洞降雨量为329毫米，其中1.5小时最大雨量为194毫米，特大暴雨引发泥石流灾害，固体物输移量150万立方米，沟长2.5千米，沟床两侧的房屋和稻田被冲刷得荡然无存，直接经济损失为148万元。同日凤凰县茶田镇矿坳村茶坪界遭暴雨袭击，一体积为20万立方米的岩体发生崩塌，造成直接经济损失5万元。

6月2日，岳阳县出现131.7毫米的大暴雨，暴雨引发泥石流灾害，造成1人死亡，直接经济损失170万元。

6月4日2～16时，衡阳市普遭暴雨袭击，局部雨量达140毫米，暴雨或大暴雨引发山洪暴发和山体滑坡。

6月20～21日沅陵县出现73.3毫米的降雨。21日凌晨沅陵县落坪乡中心小学后山，暴雨诱发一处东西长约287米、宽约250米，平均厚度为12米，滑动土石方量约为63万立方米的滑坡，摧毁一栋3层楼的教学大楼，10人死亡、17人受伤，直接经济损失310万元。沅陵县北溶乡政府驻地因暴雨诱发滑动土石方量为100万立方米的滑坡，直接经济损失4万元。

6月23日凌晨1时许，浏阳市大围山镇突降暴雨，连续9个多小时内降雨量达300多毫米，造成山洪灾害，期间由山体滑坡倒房死亡7人、重伤15人。

6月29日15时至30日14时，双峰县井字镇降雨量达200毫米以上，30日22时30分，县公路段干部2人和司机乘车行在井字镇黄巢山梓荷公路17千米+700米处时，突遇暴雨引发的泥石流，3人当场被冲走，不幸遇难。这次泥石流造成25万元的直接经济损失。6月29日晚至30日，邵阳地区北部的新邵、邵东、隆回、洞口等地普降大到暴雨，其中隆回的小沙江、六都寨、司门前、高坪等地9小时雨量均在220毫米以上，暴雨造成山洪和泥石流灾害，直接经济损失2.6亿元。6月29～30日，衡阳地区连降大到暴雨，降雨量普遍在100毫米以上，局部达300毫米，衡山雨量为250毫米，造成山洪暴发、山体滑坡，有9个县（市）区普遍受灾。6月29日至7月2日，湘潭县普降暴雨，降雨量达195毫米，全县共发生山体滑坡3200多处，青山桥镇山体滑坡达280多处，其中造成灾害的一处是富晓村民组杉园山整体滑坡80多米，挤垮山边农户6间瓦房。6月30日，溆浦县降雨量为77.9毫米。大华乡张家界村，因切坡开挖及暴雨共同诱发滑动土石方量为48万立方米的滑坡灾害，造成5人死亡、10人受伤，直接经济损失100万元。另外，大华乡的张家界村、芦山寨、竹山湾、青山庙还因暴雨造成泥石流灾害，9人死亡，直接经济损失共计180万元。6月30日至7月1日，凤凰县境内普降大暴雨，县城2天总降雨量达313.2毫米，引发茶田镇茶坪界泥石流灾害，造成直接经济损失30万元。

7月7～8日，桑植县普降暴雨和大暴雨，局部特大暴雨，县城7日、8日降雨量分别为58.6毫米、124.7毫米，引起溪河陡涨，山体滑坡，因灾死亡1人，伤28人，其中重伤6人，直接经济损失5000万元。

1996年 5月11～12日，新化县出现阵雨、局部暴雨，新化县城12日雨量为17.4毫米，文田镇境内日雨量在150毫米以上。大暴雨引起山洪暴发，坪树村3组出现严重的山体滑坡，滑坡体长210米、宽130米，沿线下游的坪树村5组、方竹村1、2组、文田村 7～12 组的 20 公顷农田全部被冲毁，同时冲毁河坝 3 座、河堤 2100 多米、公路桥 1 座，冲毁房屋 3 栋，死亡 1 人，经济损失 200 多万元。

湘西自治州 7 月连降暴雨，八什坪乡大村潭村六组及五组所居住的山体出现滑坡，五组一村民屋后坎塌陷，房屋被掩埋达 2 米多，六组一村民房屋被泥沙掩埋 1 米厚，损失很重。

7 月 9 日，石门县太平乡覃家岩村沙湾因暴雨诱发体积为 7.5 万立方米的软弱层状碎屑岩崩塌，造成直接经济损失 4 万元。

7 月 10 日，武陵源出现暴雨（张家界市 24 小时雨量为 50.9 毫米），武陵源区天子山镇廖家界因暴雨诱发滑坡灾害，滑动土石方量为 250 万立方米，造成直接经济损失 150 万元。

7 月 14 日，溆浦县出现短时强降雨，小江口乡蓑衣溪村半山因切坡开挖及暴雨共同诱发滑坡灾害，滑动土石方量为 200 万立方米，造成直接经济损失 520 万元。

8 月 2 日，永兴县境内出现暴雨和大暴雨，县城雨量为 123 毫米，大布江乡从 1 日晚开始连续 26 小时降雨量达 292 毫米，引发大布江乡泥石流灾害，死亡牲畜 25 头，破坏民房 31 间，淹埋农田 10 余公顷，毁坏桥梁 2 座。同日，桂东县出现 195.1 毫米的大暴雨，寨前乡中民村因暴雨诱发滑坡灾害，造成 5 人死亡，毁坏农田 60 余公顷及部分民房，直接经济损失 500 万元。

9 月 6～8 日，桂东县出现降雨天气，9 日桂东县境内又出现阵雨、局部暴雨（县城 4 天总降雨量为 83.7 毫米），以寒口、桥头交界的雷公山组为中心，方圆 5 千米暴雨成灾，山洪暴发，地裂山崩，各类经济损失 1.2 亿元。

1997 年　6 月 6 日晚至 7 日，长沙市气象观测站降雨量为 50.7 毫米，暴雨引发京广铁路长沙市新开铺隧道口北侧滑坡，掩埋了铁轨，造成上行道停车 8 小时。

6 月 8 日，炎陵县降大暴雨（24 小时雨量为 101.1 毫米），引发炎陵县境内的泥石流灾害，毁坏房屋 9 栋，掩埋农田 6.7 公顷、森林 13.3 公顷，直接经济损失 150 万元。其中，平乐乡新山村的泥石流固体物输移量 18 万立方米，造成 2 人死亡，直接经济损失为 5 万元；龙渣乡龙凤村的泥石流固体物输移量 70.5 万立方米，造成直接经济损失 50 万元。同日，安仁县降特大暴雨，其中，县城 24 小时降雨量为 269.3 毫米、牌楼乡甘棠村 15 小时降雨量大于 300 毫米。特大暴雨引发甘棠村泥石流灾害，固体物输移量 20 万立方米，直接经济损失 15 万元。

7 月 15 日，辰溪县出现阵雨、局部暴雨，仙人湾千丘田村、凤凰大湾因暴雨诱发滑坡灾害，滑动土石方量为 100 万立方米，造成直接经济损失 124 万元。

7 月 17 日，石门县出现阵雨、局部暴雨，子良乡潭村王家岭组因暴雨诱发滑坡灾害，滑动土石方量为 120 万立方米，造成 100 万元的直接经济损失。

7 月 21 日 20 时至 23 日 20 时，沅陵县连续暴雨，两天总雨量 332.2 毫米，其中 22 日凌晨 3 时 30 分至 23 日 16 时，降雨强度特大，导致沅陵县赵里溪水库水位距坝顶只有 0.7 米，此时溢洪道右岸山体有一长约 100 米、高约 60 米的坡体出现下滑，致使从溢洪道进口至陡坡段约 40 米长的地段被滑下的土石堵塞，淤塞高度 2～4 米，土石方约 500 立方米；几乎同时，右岸距大坝 200 米的另一处长 50 米、高 40 米约 1300 立方米的坡体滑向库内产生了巨大的风浪压力。由于溢洪道堵塞，水位骤增，加上风浪压力的共同作用，10时45分坝顶过水，11时许，过水深达60厘米，溃决失事，决口顶宽50米、底宽28米、最大冲毁深度11.4米，坝体土料冲走近5000立方米。溃坝后，造成下游的长界、肖家桥2个乡的4个村9个组240户729人受灾。淹没稻田58.9公顷，其中水冲砂压23.5公顷，无法恢复3公顷，绝收50公顷，冲毁防洪大堤4500米，冲走房屋2栋110平方米，冲坏房屋1栋，冲走便桥2座，冲走木材72立方米，其他财物150余件，冲毁低压线路1.5千米，淹湿稻谷1.35万千克，直接经济损失90万元。

8月8日，桂东县四都、青山、大水、流源、三洞五乡和宋坪林场普降暴雨（最大4小时降雨量达230毫米）。暴雨引发泥石流灾害，造成30栋房屋倒塌，4公顷农田毁坏，12人死亡。

8月9～13日，茶陵县连续5天为降雨天气，其中9日雨量为30.5毫米，12日雨量为19.9毫米。连日降雨促使腰陂镇黄泥坳三角路旁体积为5.14万立方米的较坚硬至软弱层状碎屑岩崩塌，造成直接经济损失5万元。

9月1～3日，受14号台风减弱成的低压和冷空气的共同影响，耒阳市区1日15时至3日18时降雨量259毫米，夏塘280毫米，洲陂303毫米，市区降水最集中时段为2日2～15时，13个小时降雨203毫米，其中12～13时1小时内降雨量51毫米。倾盆大雨造成山洪暴发，山体滑坡和泥石流灾害。龙塘镇龙形村6组（廖家湾）山体滑坡，全组23户，有17户34间房屋被泥石流淹埋，2户半房屋倒塌，不能居住，15人丧生，其中有2户各死6人，这是湖南省近年来发生的伤亡最严重的一起降雨型地质灾害。

1998年　1月13～16日，吉首市出现连续强降雨，总雨量为153毫米，其中16日降雨量为32毫米，诱发了吉首市人民中路砂子坳段发生大型岩质顺层滑坡。这次滑坡造成2位行人受伤，毁房2栋，8栋房屋遭不同程度破坏，交通中断13小时，通往州委一带的自来水管道被毁，供水中断，直接经济损失880万元。

1月初至下旬前期，安化县境内连续降雨。1月27日，因降雨及雪水渗入诱发大福镇建新村滑坡，滑动土石方量为0.6万立方米，掩埋房屋一栋，致死5人，直接经济损失15万元。

2月14日，郴州市（市区24小时雨量为23.4毫米）局部出现强降雨，玛瑙山锰矿龙形寨尾砂库发生泥石流灾害，造成1人死亡，直接经济损失100万元。

3月6～8日，双牌县连续3天暴雨，总雨量为143.2毫米。8日县城唐家岭因暴雨诱发滑坡灾害，滑动土石方量为27万立方米，直接经济损失30万元。

3月上旬，张家界武陵源风景区黄龙洞景区一带连降大到暴雨，降雨量为历年同期的3倍左右。3月8日下午，黄龙洞景区出现暴雨（张家界市气象站8日雨量为48.3毫米）和雷暴，民俗风情馆后山半坡上一体积约为5米×3米×2米的岩石突然崩落，崩落体从25米高处顺坡翻滚直下，冲向风情馆，将墙击穿，砸死馆内民工5人，砸伤3人，并砸毁民俗风情馆房屋2间及一些设施，直接经济损失30余万元。这是近年来发生的一起规模不大，但灾情重大的崩塌地质灾害。

5月7日20时至8日8时，古丈县12小时降雨量达110.9毫米。大暴雨诱发双溪乡排若村地质崩滑，后又引发泥石流灾害，共计冲毁房屋4栋，造成3人死亡，2人重伤。

吉首市降雨量为90.2毫米，8日市郊雷公井因降雨诱发小型岩质顺层滑坡，造成4人死亡，一栋4层楼房被毁，直接经济损失100万元；五里牌村一个体积为100立方米的坚硬碳酸盐岩受暴雨影响发生崩塌，击穿一村民房屋，1人死亡，直接经济损失3万元。

5月22日，涟源市境内出现大雨或暴雨，三甲乡百溪村因暴雨引发滑坡灾害，滑动土石方量为0.6万立方米，造成4人死亡、2人受伤，直接经济损失70万元。5月22日晚到23日，湘乡市西部、北部降大暴雨，水库雨量记载为190～256毫米，由于雨势急骤，山洪暴发，引起山体滑坡，河堤、塘基、渠道决口崩塌，房屋倒塌，造成重大人员伤亡。月山镇寺前村烟竹冲组一口800平方米的山塘于5月22日晚10时发生塘基崩塌，洪水伴随泥砂倾泻而下，将塘基下两栋楼房冲倒，死亡6人。5月23日0～3时，新邵北部潭溪、坪上、寸石三镇降雨量达240毫米，造成山洪地质灾害。位于榔概山、荒龙山山脉的社坪、双湾、梅寨、寸石、金阳、光明、爽溪、石象、大坝、澄泉、泉冲等村出现约22千米大面积环形裂缝、滑坡，最大处长150米，宽约40厘米，深约100厘米。潭溪镇光明村6个山头崩裂滑坡，洪水夹着竹木土石形成巨大的泥石流，汹涌席卷该村，18户240间房屋被泥石流吞噬，毁于一旦，32户270间房屋被损坏，一条长3500米、宽近200米的田垅和两条长400米、宽100米的田垅被泥石流堆成3个厚厚的沙石滩；207国道坪上镇、寸石镇、双湾、梅寨、寸石等村段冲垮路基7处，山体滑坡1处，小型塌方数十处，路面损坏10余千米，其中2547千米+200米段，山体整体滑坡长250米，高4米，路面堆砌成一座小山。另外，新邵县潭溪镇的正冲、上元冲、聂家冲发生泥石流群，固体物质输移量共达350万立方米，造成2人死亡，泥石流群所造成的灾害损失达350万元。

6月13日，湘乡市降中雨，其西部和北部局部降暴雨。暴雨诱发白田镇荷花村道士冲组发生山体滑坡，造成倒房，死亡1人。

6月18日，醴陵县南桥乡南桥水库、王仙乡湖湾何家排因暴雨袭击，分别出现体积为9.6、1.15万立方米的坚硬层状碎屑岩体发生崩塌，共造成直接经济损失11万元。

6月中旬，宁乡县持续降雨，23日又降大到暴雨，强降雨诱发黄材镇团山村李家组发生滑坡灾害，滑动土石方量为8.4万立方米，造成12户建筑被毁，直接经济损失达70万元。6月24日，由于持续降雨，宁乡黄材镇新桥村聂家组发生31.5万立方米土体滑坡，造成26户建筑被毁，直接经济损失达150万元。6月24～26日，长沙市出现连续3天的暴雨，27日又降中雨。由于持续降雨及坡体回填地基未清淤，28日，湖南省煤炭研究所及湖南省轻工学院发生滑坡，滑动土石方量为3.9～5.5万立方米，造成公路40米、跑道30米、围墙150米受损，毁坏锅炉房并导致锅炉房内设备严重受损，直接经济损失达210万元。

7月21～23日，张家界市连续3天普降暴雨和大暴雨，永定、慈利、桑植三城区过程雨量分别为196.3、325.1和403.9毫米，而桑植的凉水口3天雨量多达671毫米，最大12小时雨量达301毫米，23日慈利的许家坊35分钟雨量达60毫米。降水强度之大，持续时间之长为历史罕见，导致山体滑坡。22日桑植县廖家村镇枧槽湾出现滑坡灾害，毁房47间，死亡7人，重伤2人，直接经济损失约40万元；特大暴雨诱发陈家河乡陈家、蔡家滑坡灾害，造成7人死亡，2人受伤，直接经济损失达65万元；23日，桑植县双泉水库北干渠发生山体大滑坡，倒虹吸管、渠道严重受损；永定区茅溪水库南、北干渠滑坡、塌方12处800米，仙人溪水库东、西干渠滑坡、塌方8处170米。

7月30日，浏阳市降雨量为85.2毫米，北部地区降特大暴雨（降雨量普遍≥200毫米，其中最大雨量为310毫米）。大暴雨引发张坊山洪暴发，波及官渡镇与张坊搭界的跨马村，当时大风大雨交加，并发生严重的泥砂流，跨马村的8户房屋、共42间被泥砂压倒，由于抢救及时，没有造成人员伤亡。

7月29日21时至7月30日06时，安化县奎溪镇降雨量达425毫米，其中7月30日凌晨1时30分至5时30分的4小时降雨量达356毫米。特大暴雨引发泥石流灾害，木山溪村4组一村民房屋被掩埋，全家7口人，6死1伤。

1999年　4月上中旬，长沙市雨花区洼塘村出现滑坡隐患，14日8时至15日4时长沙市降暴雨（市气象站雨量达59.5毫米）。暴雨诱发该滑坡隐患处出现整体滑动，滑体约为1.5万立方米，使原抗滑桩倾倒并破坏坡脚挡土墙，造成经济损失约为30万元。

5月8日，湘西出现阵雨、局部暴雨。湘西自治州洛塔煤矿主井口因暴雨诱发崩塌灾害，造成6人死亡，矿井口严重破坏，直接经济损失250万元。

5月16～17日，安化县连续降大暴雨（总雨量为312.3毫米），其中最大24小时雨量为256.7毫米。17日16时15分木子乡马岩村一乡村公路边坡因暴雨诱发突发性滑坡，滑坡体方量约为8000立方米，造成1栋房屋被毁，2人死亡。

6月27～29日，湘西自治州连续3天降大到暴雨，其中吉首市3天雨量为161.2毫米，最大24小时雨量为82.1毫米。29日湘西自治州太平乡金山村五组由暴雨诱发小型滑坡，造成1人死亡，毁房1栋4间，直接经济损失1.5万元。

7月2日，湘西自治州寨阳乡坪冲村由于历经数日的暴雨（吉首市6月26日至7月2日总雨量为240.3毫米），诱发小型滑坡，坡体下滑长300米、宽200米，体积约15万立方米，压伤1人，造成河道改道，两户农舍和0.3公顷稻田受损。

7月7日20时至8日08时，花垣县普降特大暴雨，县城12小时降雨量为124.7毫米，补抽乡256.5毫米，排吾乡161毫米。由于持续强降雨，花垣县补抽乡大本村发生滑坡灾害，造成1栋房屋被毁，3人死亡；排吾乡大猫村四组滑坡致死1人。

7月15日，桂东县降雨量为99.5毫米，该日20点10分，暴雨诱发县城关镇南街发生山体滑坡，冲毁房屋1栋，造成2人死亡，1人受伤，直接经济损失20万元。

8月13日，郴州市降雨量为294.6毫米。特大暴雨诱发北湖区郴江乡梨树山村王仙岭白钨矿北侧山体13日清晨6～7时的7处滑坡，大面积汇集的降水在山体沟谷处形成山洪，并携带滑坡所产生的岩土体和沟谷区大量堆积的松散物质在瞬间形成大规模泥石流，从海拔700米的沟谷上游直冲山口，据当地村民介绍，泥石流暴发时，地面为之震动，山谷有如雷鸣，来势凶猛，流动极快，摧毁王仙岭钨矿的一矿、二矿及三矿的厂房及设备、工棚、坑口、公路、线路，居住在半山腰的13名外来采矿民工未及时撤离，被泥石流吞没而死，另有1人失踪、17人重伤。在这次泥石流灾害中还冲毁民房32间、鱼塘4公顷、农田4.7公顷、公路500余米以及6个村民组的电路和通讯线路，直接经济损失100万元。12日晚至13日，许家洞镇蕉冲村七、八组一带发生暴雨沟谷型泥石流，泥石流的物质来源主要为苏仙岭东侧山坡物质，泥石流全长约0.5千米，主要堆积于蕉冲村七、八组房前的鱼塘及其下的稻田带，堆积量为4万立方米左右，堆积物为泥砂夹砂岩块石，由于上、下游地形高差大，流程短，冲击破坏力强，共冲毁房屋 20 余间、稻田 6.7 公顷。13 日郴州市郊海泉村黄家组以东发生暴雨沟谷型泥石流，泥石流全长 1.4 千米，呈长条形舌状展布，上下落差 225 米，其堆积量约为 15 万立方米左右，泥石流淹没稻田 5.3 公顷，毁坏森林 4 公顷。

是年汛期，郴州市北湖区永春乡范围内，共发生滑坡、泥石流等大小地质灾害 162 起，其中有 2 人在泥石流中丧生，毁房 47 栋，毁田 70.4 公顷，直接经济损失 100 万元。

9 月 1 日凌晨 2 时许，桂阳县境内普降大雨，光明乡沙泉村小茶潦组一带发生长 83 米、宽 33 米、滑动土石方量为 5000 立方米的山体滑坡，倒损房屋 11 栋，造成 5 人死亡，4 人重伤，直接经济损失 67 万元。

9 月 16～18 日，受 10 号台风影响，桂东县连降暴雨，其中桥头乡、新坊乡、寒口乡降雨量高达 290 毫米以上。17 日凌晨，桂东县桥头乡境内因暴雨诱发百余处山体滑坡，造成 2 人死亡，108 间房屋和 2.7 公顷稻田被毁。在持续降雨作用下，17 日下午 2 点 30 分，桂东县新坊乡何家地村发生泥石流灾害，泥石流长 1036 米，宽 50～300 米，造成 3 人死亡，22 人受伤，164 间房屋和 13.4 公顷稻田被毁，124 人无家可归，直接经济损失 263 万元。

2000 年　4 月 19 日，临湘县降雨量 66.1 毫米，其中最大 12 小时降雨量为 53.5 毫米。桃林铅锌矿因暴雨诱发滑坡，毁矿坑部分巷道，死亡 4 人，直接经济损失 50 万元。

5 月 8～10 日，通道县出现强降雨，最大 24 小时雨量为 64.5 毫米，最大 3 小时雨量为 55.9 毫米。11 日暴雨诱发了坾城乡石坪村滑坡及泥石流地质灾害，泥石流沟长达 3 千米，冲毁水渠 183 米，压覆农田 8.47 公顷。

6 月 3 日开始辰溪县出现降雨天气，8 日出现暴雨（7 日 20 时至 8 日 20 时降雨量为 88.4 毫米，其中最大 3 小时降雨量为 42.2 毫米）。田湾镇因暴雨诱发泥石流灾害，造成 209.7 公顷农田及大量水渠和公路被冲毁，直接经济损失 290 万元。

6 月 12 日，龙山县出现阵雨、局部暴雨，湾塘电站大坝左侧因暴雨诱发崩塌，毁电站部分厂房，1 台变压器及 1 组发电机组被滚石砸坏，直接经济损失达 330 多万元。

7 月 29 日，慈利县出现大到暴雨，强降雨诱发金坪乡优富村满银香采石场一体积为 8 立方米的岩体发生崩塌，造成 4 人死亡，直接经济损失约 20 万元。

8 月 19 日 19 时 30 分至 20 日零时 15 分，凤凰县大部分地区降暴雨、大暴雨，县城降雨量 127 毫米，临近的林峰乡降雨量 160 毫米，强降雨导致山洪暴发，山体滑坡。19 日 23 时左右，林峰乡江家坪村第三组（田家寨，原名天落寨）村后山体滑坡形成泥石流，滑动土石方量达 1.3 万多立方米，冲倒房屋 2 栋 9 间，压死 6 人，损坏房屋 1 栋 9 间，压死耕牛 2 头，猪 8 头，冲毁田土 1 公顷多、柑橘 500 多株，经济损失达 50 多万元。

9 月 1～2 日，资兴市最大 24 小时降雨量为 23 毫米、桂东 46.8 毫米、汝城 107.3 毫米、安仁 115.4 毫米、永兴 15.1 毫米、宜章 39.7 毫米。上述县（市）及苏仙、北湖区的 145 个乡镇因降雨诱发滑坡、崩塌、泥石流 2000 余起，受灾人口 142.5 万，因灾死亡 52 人，失踪 8 人，受伤 687 人。损毁房屋 24083 间，4956.4 公顷农作物受损，冲毁 42 条公路及大量通信、水利设施。如资兴市青腰镇星竹竹木厂 9 月 2 日因暴雨诱发滑坡，毁厂房及 8 间住房，致死 9 人，伤 5 人，直接经济损失上百万元。据统计，郴州市“9·1”洪灾与地质灾害造成的直接经济损失达 9.6 亿余元，其中因地质灾害造成的直接经济损失约 4.13 亿元。

9 月 2 日，茶陵县降雨量为 102.2 毫米，其中最大 3 小时雨量为 56.4 毫米。特大暴雨诱发湖口镇洣水河岸崩塌，倒房数间，毁坏公路、农田，因灾死亡 6 人，直接经济损失约 380 万元。

9 月 2 日，醴陵县降雨量为 57.1 毫米，暴雨诱发了军山境内的群发性滑坡，毁房 42 户，毁田 57.3 公顷，毁堤 170 处，毁山塘 26 口，直接经济损失 280 万元。

第九章　森林火灾

第一节　概　　述

一、森林火灾的定义及概况

林地上失控的火，自由蔓延、超过一定面积、造成一定程度损失的林火称为森林火灾。根据国务院1988年颁布的《森林防火条例》规定，森林火灾分级标准为：

森林火警：受害森林面积不足1公顷或者其他林地起火的；

一般森林火灾：受害森林面积在1公顷以上不足100公顷的；

重大森林火灾：受害森林面积在100公顷以上不足1000公顷的；

特大森林火灾：受害森林面积在1000公顷以上的。

远古时代，中国大多数陆地被繁茂的森林覆盖，仅偶有雷击或火山爆发导致森林火灾。自从人类开始利用森林之后，森林火灾就频繁起来。尧舜之时，草木畅茂，禽兽繁殖，五谷不登，禽兽逼人，故欲驱除禽兽，保全人类，必须伐木火林。《孟子》中记述："舜使益掌火，益烈山泽而焚之，禽兽逃匿。"夏后之世，伐木火林之举益甚，森林日渐减少。

商汤伐桀，火林作战。《史记》中记载："成汤以攻伐得天下，必不逸毁林场作阵地。"周代因开垦农田，利用林产物，放牧、狩猎、兵燹而毁林。周代末期，为抵抗秦兵，"刊（砍）木以阻秦师"，烧荒以阻秦兵马，因秦所持者马，马所持者草，烧荒秦不得南下牧马。春秋战国时期，著名齐国政治家管仲，在论述国家贫富问题时，虽然曾经说过："山泽不救于火，草木不植成，国之贫也。""山泽救于火，草木植成，国之富也。"但其时列强竞争，刊木堙井为行军之惯技，也就不惜毁林克敌了。

汉时人口增多，因开辟农田，其毁伐森林尤有甚于战争。"伐木而种谷，焚莱而种粟"，可知开垦农地时多用火烧，使青葱的茂林变为灰烬，且恐树根有碍农作，必欲除尽，使永无萌发之日。

三国时战乱不绝，森林多受兵燹之害，如诸葛亮火烧博望坡之术，在当时荆州的江南地区亦曾反复采用。只是由于汉唐以来，历代帝王诏谕禁止樵采，名山固多存留，尚未达到荒废景象。然自南宋以后，战乱相寻，而往昔所遗留之森林，亦多被砍伐，森林乃达于荒废，直至清朝政府军为了镇压太平天国，还在湖南大肆毁林作战，曾有焚尽衡阳一带森林之举。

民国三年（公元1914年），中华民国农商部公布了《森林法》，民国五年（公元1916年）有《林业公会规则》制定。民国二十一年（公元1932年）政府再次公布《森林法》，虽涉及到了森林防火，但森林防火还是一片空白。

中华人民共和国成立后，湖南省的森林防火工作得到了各级党政领导的高度重视。1949年12月3日湖南临时政府颁发了《湖南省森林保护暂行办法》。湖南省是中国重要的集体林区，生产用火、生活用火以及其他野外用火较多，而且林木、草本植物的枝叶枯萎凋落、含水量最小的季节与降雨量最少、相对湿度最小的时段同步，极易造成森林火灾。森林火灾一直是林业发展的重要障碍。从1950年至1987年的38年间，湖南省平均每年发生森林火灾1289次，火灾发生率（即单位面积上发生森林火灾的次数）为10.66次（每10万公顷），年均受害森林面积27132.45公顷，因森林火灾每年平均死亡2人，伤8人，森林火灾受害率（即受害森林面积占有林地面积的千分比）为1.94‰，是世界同期平均水平的1.83倍。

1989年至1999年，湖南省平均每年发生森林火灾534次，火灾发生率为5.41次，比1987年前分别下降了49.2%和49.25%。1988年至2000年年均受害森林面积3142公顷，比1987年前平均下降了81.72%，年均受害率下降了81.96%。

统计表明，1950—2000年的51年中湖南省共发生森林火灾57393次，受害森林面积1072180公顷，年平均火灾次数为1125.353次，受害森林面积平均为21017.25公顷。而仅近十年湖南省共发生火灾5553次，受害森林面积29942.64公顷，平均每年发生森林火灾555.3次，烧毁森林面积2994.264公顷。

二、森林火灾的特点、起因及与气象条件的关系

湖南森林火灾的特点　湖南省森林火灾大多发生在山地，随着火势的加大，火灾区域成为热源，大气被加热，沿着山坡向上运动，提供给火区的氧气量增多，使火灾的火势变猛，破坏能力加大。当加热空气沿山坡向上运动时，带去的火苗点燃了新的森林，加快了火灾蔓延，而且也烤干了没燃烧的森林，使它们着火点降低，更易燃烧。上升的气流还把火种带向空中，飞到邻近的森林，即所谓“老鸦火”，形成新的火源，蔓延成新的火区。湖南森林火灾绝大多数为人类活动所引起。湖南省森林附近大多有居民点，常有人类活动，稍有不慎，就会给森林留下火种，引起森林火灾的发生和蔓延。因此湖南省应加强林区用火管理。

森林火灾与气象的关系　森林火灾与温度、湿度、风速关系密切。对湖南省近十年的森林火灾、火警资料和与其相应的气象要素进行对比分析，发现在火源条件一定的情况下，气象要素的变化特别是湿度的变化与林火的发生蔓延存在密切联系。根据对林火记录和气象要素建立的预报模型，为建立森林火灾危险天气等级预报系统提供了基础依据。

相对湿度直接影响植物的干、湿程度：空气干燥，植物水分容易蒸发，植被容易燃烧；日照可使植物和空气的温度升高，水分蒸发加快，降低植物和空气的湿度，利于林火发生和蔓延。风可直接影响火的蔓延方向、速度、规模，而风向的改变，会给扑救工作带来危险。

森林火灾主要发生在每年9月下旬到次年4月中、上旬之间，4月下旬至8月受西南季风和热带气旋影响，雨量充沛，空气潮湿，植被含水量丰富，不易燃烧，火灾发生的危

险性较小。10月到次年2月主要受北方干冷空气影响，降雨减少，日照充足，空气干燥，植被含水量减少，平均风力加大，只要有火源，极易引起山林大火。

根据调查分析，大部分森林火灾发生在降雨过程结束的第2～3天以后，即无降水日数在2～3天以上的连晴日容易发生森林火灾。就一天而言，一般在午后13～15时，也就是一天中气温最高时，如具备以下条件：风力2级以上，林间相对湿度90%以下，加上其他火灾因素具备时易发生森林火灾。

森林火灾除了与气温、湿度和风关系密切之外，还应特别注意到：焚风的发生会增加森林火灾的危险程度。

焚风是一种气流过山后性质变得暖热、干燥的地方性风，最初是指发生在欧洲阿尔卑斯山北麓的干热风，它过境时气温在几小时内可增高10℃或以上。焚风分为静止焚风、反气旋焚风、自由大气焚风。相对高度200米以上，就可能出现焚风，800米以上就可能出现典型的焚风。静止焚风就是假绝热变化过程发生于山的背风面使空气温度升高所形成的干热风。反气旋焚风则是在反气旋控制下，在山脉背风面谷中所发生的热干风。自由大气焚风是在自由大气中因反气旋内的下沉逆温或因下滑锋面现象而形成的焚风。林区遭遇焚风时空气很快变得干热起来，有利于火险增高。

焚风对湖南省森林火灾的影响大小存在地域与时段的差异。在9月中、下旬，湖南省西南部南岭的一些山体北坡会出现较严重的干热风（焚风），致使这些地区森林火灾极易发生。另外，9月下旬，衡阳地区是干热风持续而且较强的地区，也是9月下旬该地林区森林火灾经常发生的原因。

湖南焚风大多出现在7～8月，这时空气湿润，植物含水分多，对森林火灾的影响不大，但在9月中、下旬出现焚风，就会增加湖南省部分地区的森林火灾危险。

湖南省近几年来森林火警火灾发生的原因 湖南1989—2000年共发生森林火灾6000多次，按月统计森林火灾次数，得到森林火灾的月际分布情况，见图9.1。

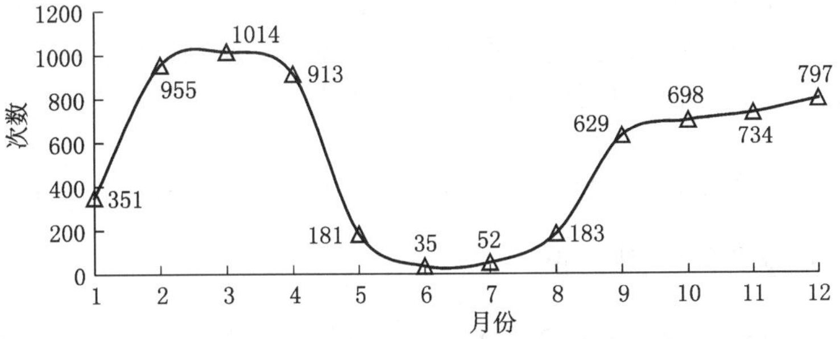

图9.1 森林火灾发生的月际变化

由图可见2～4月森林火灾明显突出，占全年火灾次数的44%，9～12月的火灾也明显偏多，5～8月火灾极少。这个变化规律在近几年仍有表现，湖南省1996—2000年的5年间共发生森林火灾1613次，其中发生在3、4两个月的就有1002次，占总数的62%。2～4月发生山火较多的原因主要是：

1. 林区的人类活动增多，带火上山也增多：农民积肥、烧挖田埂；造林、采松脂、挖竹笋、采运林木；春季旅游人数增加；清明节上坟烧纸；农民春季烧荒整地等。

2. 由于林区周围仍留下很多枯草，林内存留有大量的枯枝落叶，随着气温增高，这些大量可燃物极易干燥，致使火灾发生的危险性增大。

3. 当林区森林火险天气等级偏高时，该林区若可燃物充足，人类活动或其他原因带来了火源，森林火灾就易发生。

因此有必要特别提出森林火灾是生产用火与非生产用火造成的，其中引起森林火灾的生产性火源主要是烧荒烧灰、炼山造林，而非生产性火源中，野外吸烟所占的比重最大，其次是春节和清明节上坟烧纸。详见表 9.1。

表 9.1　1989—2000 年湖南省生产性和非生产性火源引起的火灾次数

生产性火源（次）		非生产性火源（次）	
类　别	火灾次数	类　别	火灾次数
烧荒烧灰	2385	野外吸烟	1714
炼山造林	521	取暖做饭	149
烧牧场	12	上坟烧纸	744
烧窑	193	烧山驱兽	73
烧隔离带	34	小孩玩火	375
火车喷漏	16	痴呆弄火	152
火车甩瓦	12	家火上山	12
机车喷火	3	电线引起	35
其他	473	其他	420
合计	3649		3674

从表 9.1 可以看出生产性用火共发生火灾 3649 次，其中以烧荒为最多，占 65.4%。非生产性用火共发生火灾 3674 次，其中以野外吸烟和上坟烧纸为最多，分别占 46.7%和 20.3%，所以对进入林区一切用火都要严格按“六不烧”原则进行管理，即：没有批准不烧；没有开好防火线不烧；没有准备好打火工具不烧；无人看管不烧；大风不烧；久晴天旱不烧。

综上所述，森林火灾发生、蔓延与天气气候及人类的活动有着非常密切的联系。

三、森林火险天气等级预报

森林火险天气等级预报就是对林区火灾危险程度的预报。林区火灾危险程度与气温、空气湿度、风速、降水、植被状况以及可燃物的干、湿程度密切相关，上述因素大多为气象要素，因此森林火险预报已被列入气象部门的日常业务工作。气象部门按时给森林防火指挥部发布长、中、短期森林火险预报，以便及早采取有力措施防止和控制森林火灾，并将森林火险天气等级预报在公众媒体发布，增强广大群众的防火意识，使森林火灾的损失降低到最小程度。

林区火灾危险程度以森林火险天气等级表示，是根据每天的气温、空气湿度、风速、降水、可燃物的含水率和过去连续干旱情况，按特别制定的方法计算出来的。湖南省对森林火险天气等级采用五级制：一级：没有危险，林内可燃物不能燃烧；二级：低度危险，林内可燃物难以燃烧；三级：中度危险，林内可燃物较易燃烧；四级：高度危险，林内可燃物容易燃烧；五级：极度危险，林内可燃物极易燃烧。

森林火险天气等级预报方法可分为天气学方法、统计学方法和生物学方法。森林火灾大多发生在长期干旱少雨的天气形势下，在火险季节内，根据天气形势，结合植被和可燃物的干湿情报即可作出森林火险天气等级预报。林区火灾危险程度与空气温度、湿度、风、降水等气象要素之间的统计模式是森林火险预报统计学方法的依据。目前常用的森林火险预报方法，如综合指标法、实效湿度法、着火指标和蔓延指标法等都属于这一类。

湖南省森林火险天气等级预报研究工作始于 1997 年初，为了湖南省森林防火减灾的需要，湖南省气象科学研究所与湖南省森林防火指挥部办公室联合开展了森林火灾危险天气等级预报的科研工作。经过科研攻关，取得了较好的科研成果。从 1999 年 10 月 1 日起，这项科研成果正式转化为业务应用，其预报产品“湖南省森林火险天气等级预报”在湖南电视台卫星频道黄金时段即时播出，开创了湖南省气象预报的新领域。

开展这项工作的意义在于：一是对森林火险起到了预报预警作用，目前将 4 级以上的森林火险高危天气专门制作了《森林火灾气象专题服务公报》，上报湖南省党政领导与森林防火指挥部，通过行政手段加强防御抗救措施；二是对预防森林火灾起到了宣传作用，当森林火险天气等级增高时提醒各界人士警惕，增强了林区广大干部群众的防火意识；三是实现了与各级森林防火指挥部门的计算机网联，对减灾工作起到了指导作用。通过对预报效果的调查，在预防森林火灾的发生和减轻火灾造成的损失方面起到了积极的作用。

第二节　1949 年及以前的森林火灾

清　咸丰年间（公元 1851—1861 年）　清军与太平军在湖南交战，将衡阳、衡南等地的森林焚毁后，长期不能恢复。

民国　二十二年（公元 1933 年）　湖南有两个县发生森林火灾，受灾面积三十点三八公顷，损失价值五万六千元。

民国　三十二年（公元 1943 年）　江华县抽水冲发生山火，烧了三天三夜，共烧毁森林一百三十三点三公顷。

（注：古籍中对于湖南森林火灾的记述甚少，仅近代收集到三条列此。）

第三节　1950—2000 年的森林火灾

1950 年　发生森林火灾 413 次，受害森林面积 4946. 7 公顷。

1951年 发生森林火灾548次，受害森林面积5013.3公顷。

1952年 发生森林火灾1460次，受害森林面积11560公顷。

1953年 发生森林火灾1393次，受害森林面积15780公顷。

1954年 发生森林火灾3633次，受害森林面积56940公顷。

1955年 发生森林火灾4903次，受害森林面积66460公顷。

1956年 发生森林火灾2160次，受害森林面积24780公顷。

1957年 发生森林火灾1143次，受害森林面积17120公顷。

1958年 发生森林火灾611次，受害森林面积7920公顷。

1959年 发生森林火灾630次，受害森林面积12553.3公顷。

1960年 发生森林火灾.934次，受害森林面积13260公顷。

1961年 发生森林火灾1647次，受害森林面积12000公顷。

1962年 发生森林火灾3333次，受害森林面积392000公顷。

1963年 发生森林火灾2112次，受害森林面积19306.7公顷。

1964年 发生森林火灾824次，受害森林面积8413.3公顷。

1965年 发生森林火灾810次，受害森林面积8386.7公顷。

1966年 发生森林火灾1014次，受害森林面积18260公顷。

1967年 发生森林火灾1068次，受害森林面积10940公顷。

1968年 发生森林火灾1033次，受害森林面积10120公顷。

1969年 发生森林火灾1133次，受害森林面积37473.3公顷。

1970年 发生森林火灾557次，受害森林面积12053.3公顷。

1971年 发生森林火灾641次，受害森林面积8533.3公顷。

1972年 发生森林火灾920次，受害森林面积27646.7公顷。

1973年 发生森林火灾993次，受害森林面积18940公顷。

1974年 发生森林火灾1434次，受害森林面积17633.3公顷。

1975年 发生森林火灾780次，受害森林面积14680公顷。

1976年 发生森林火灾489次，受害森林面积9520公顷。

1977年 发生森林火灾1144次，受害森林面积36000公顷。

1978年 发生森林火灾883次，受害森林面积15466.7公顷。

1979年 发生森林火灾1244次，受害森林面积17553.3公顷。

1980年 发生森林火灾856次，受害森林面积13973.3公顷。

1981年 发生森林火灾1103次，受害森林面积16920公顷。

1982年 发生森林火灾580次，受害森林面积6266.7公顷。

1983年 秋季气温持续偏高，降水接近常年，早春南涝北旱。年平均气温较常年偏高，全年共发生森林火灾651次，受害森林面积7533.3公顷。

2月13日，邵阳市绥宁县塘家坊乡宝养村九队，烧田埂引发森林火灾，受灾面积8.7公顷，其中人工林8.7公顷，烧毁杉木26000棵。

2月14日，邵阳市绥宁县塘家坊乡冲峯二队，小孩玩火引发森林火灾，受灾面积5.3公顷，其中人工林5.3公顷，烧毁杉木16000棵。

7月31日，邵阳市绥宁县联民乡桅芽村，烧蜂引发森林火灾，受灾面积5.3公顷，其中天然林5.3公顷，烧毁杉木1000棵，松木7000棵。

10月中旬，邵阳市绥宁县黄双坪介化村、高卫村大山上，烧山造林引发森林火灾，受灾面积106.7公顷，均为人工林，烧毁松木32000棵。

初冬干旱使森林火灾有增无减，汝城县年内发生森林火灾17次，烧毁有林地608公顷。

1984年 气温偏低，年平均气温大部分地区为30余年之最低值，降水除长沙、株洲、衡阳、常德等地市比常年稍偏多外，其他各地均较常年偏少1成或以上，特别是1～

3月不少地方较常年偏少5成以上，出现不同程度的春旱。全年发生森林火灾629次，受害森林面积6266.7公顷。

1月6日，邵阳市绥宁县联丰乡加水村与杉木桥乡大团村交界处，过路人失火引发森林火灾，受灾面积33.3公顷，其中人工林3.3公顷，天然林20.0公顷，灌木林10.0公顷，烧毁杉木10000棵，松木20000棵。

1月19日，邵阳市绥宁县东山乡社办林场，过路人失火引发森林火灾，受灾面积5.3公顷，其中人工林5.3公顷，烧毁杉木16000棵。

3月6日，邵阳市绥宁县武阳乡三璜村，炼山造林引发森林火灾，受灾面积7.2公顷，其中天然林0.53公顷，荒山6.7公顷，烧毁松木200棵。

3月17日，邵阳市绥宁县黄双坪介化村、高卫村，炼山造林引发森林火灾，受灾面积67.3公顷，其中人工林14公顷，天然林53.3公顷，烧毁松木72000棵。

5月9日，邵阳市绥宁县竹舟江乡彭家村，烧田埂引发森林火灾，受灾面积5.3公顷，其中天然林5.3公顷，烧毁杉木200棵，松木350棵，油茶600棵。

1985年 湖南省气候属正常偏差。雨季短，降雨量少，干旱比较严重。全年降雨除湘南局部偏多1成外，大部分地区偏少1～2成。是年发生森林火灾1011次，受害森林面积10033.3公顷。

1986年 全省气候为正常偏好年份。气温正常，雨季短暂，降雨偏少，干旱比较严重。大部分地区年降雨900～1400毫米，较常年偏少1～3成。3～5月大部分地区出现春旱，衡阳、郴州、株洲、湘潭、娄底、长沙等地出现历史上少有的夏秋连旱。是年发生森林火灾3317次，受害森林面积33600公顷。

1987年 全省冬暖少雨，局地干旱。冬季气温持续偏高，2月上旬达异常高值，湘南雨量为异常极小值。是年发生森林火灾951次，受害森林面积5180公顷。因灾死亡2人，受伤34人。1月至2月中旬的50天内，发生35起森林火灾，烧毁山林面积1400公顷。

1988年 年平均气温湘北偏高，其他地区偏低。9月下旬至12月底秋、冬连旱100多天，1988年属重旱年。是年发生森林火灾2090次，受害森林面积8840公顷。

吉首市年内共发生森林火灾11次、火警13次，受灾面积62.4公顷，烧毁林木36.3万株，是1987年的2～10倍。

冷水江市秋冬季烧毁森林29公顷，损失达6.5万元。

1989年 湖南无大范围的干旱，气象条件除零陵南部偏差外，其他地方正常偏好。全省发生森林火灾765次，其中火警404次、一般火灾361次。比上年的2090次下降63.4%。无重大、特大森林火灾。受害森林面积2064公顷，比上年的8840公顷下降76.7%。林木（幼林）损失比上年的1101万株下降75.2%。

郴州、零陵两地区发生森林火灾379次占全省总次数的49%，受害森林面积1148公顷，占全省受害森林面积的55.6%，3月份和12月份共发生森林火灾445次，占全年森林火灾总次数的58％，受害森林面积1390公顷，占全年受害森林面积的67％。

1990年　气温偏高，降水偏多，时空分布不均，夏、秋干旱，湘南气候属正常偏差。7～9月降水量显著偏少，湘南偏少7～8成。全年共发生森林火灾641次，火场总面积5366公顷，受害森林面积2586公顷，损失成林27591立方米，幼林450万株。仅怀化地区就发生森林火灾217次，火场面积891公顷，受害森林面积390公顷。损失成林6156立方米，幼林69万株。

零陵地区发生森林火灾78次，火场面积2495公顷，受害森林面积1342公顷。损失成林15366立方米，幼林244万株。3月发生森林火灾90次，9月发生森林火灾231次。

7～9月，江永、临武、龙山、怀化等地10个县市相继发生森林火警、火灾80多起，受害森林面积达1300公顷。

1～10月全省发生森林火警269次，一般森林火灾234起，重大森林火灾1起，火场总面积4300公顷，其中受害森林面积达2070公顷

1991年　年平均气温湘北、湘南比常年偏高，湘西偏低。年降水量属偏少年份。年内降水时空分布不均，南旱北涝突出。全年发生森林火警火灾595次，其中森林火灾263次，受害森林面积2292公顷，损失木材27345立方米、幼林210万株，死4人，扑火耗资18万元。9月、10月分别发生森林火灾197次和129次。其次是4月37次。长沙地区发生森林火灾219次，火场面积853.3公顷，受害森林面积798.3公顷。损失成林16980立方米，幼林31.31万株。

10月26日，浏阳县金坑采育场发生一次重大森林火灾，损失木材13890立方米。

1992年　冬季偏暖，汛期提前，“倒春寒”明显，降水偏少，夏、秋、冬连旱。1月和2月的气温比常年偏高4～5℃。这种隆冬无严寒而温暖如春的气候，为近四十年来所少见。7月中旬以后，降水持续偏少，8月15日至11月30日近110天里全省大部分地区降水在100毫米以下，发生全省性的干旱。全年发生火灾1594次，重大火灾3次，特大1次。火场面积15877公顷，受害森林面积10464公顷，损失成林99806立方米，幼林2585万株，死亡人数8人，其他损失138万元。

2月25日，衡阳县埔田乡发生森林火灾，火场面积33.5公顷，受害森林面积14.2公顷。

9月5日，怀化靖州由于农民烧田坎草引发森林火灾，受害森林面积133.8公顷，损失成林蓄积量860立方米，幼林12.7万株。

10月21日，衡阳县潮江乡发生森林火灾，火场面积35.6公顷，受害森林35.6公顷。

10月24日，岳阳黄岸双江村的才狗坡由于野外吸烟引起森林火灾，受灾自然林面积17.0公顷，损失成林蓄积量75立方米，幼林1.9万株，合计损失5.22万元。

10月30日，怀化靖州由于烧木炭引发森林火灾，受害森林面积500公顷。

10月31日怀化靖州由于野外吸烟引发森林火灾，受害森林面积1327.66公顷，损失林木16843立方米，幼林43.02万株，其他损失折款合计14.5万元。

11 月 14 日，衡阳县高真乡发生森林火灾，火场面积 37.8 公顷，受害森林 37.8 公顷。

11 月 23 日，岳阳县渭洞四维等发生森林火灾，受灾面积 60.0 公顷，损失成林蓄积 450 立方米，幼林 9.0 万株，其他损失折款 18.4 万元。

11 月 25 日，岳阳渭洞长平村由于炼山引起森林火灾，受灾自然林面积 47.3 公顷，损失成林蓄积量 420 立方米，幼林 5.6 万株，合计损失 13.8 万元。

11 月 25 日，在岳阳关土乡关土村的字牌坳由于野外吸烟引起重大森林火灾，受灾自然林面积 55.9 公顷，损失成林蓄积量 936 立方米，幼林 0.5 万株，合计损失 12.632 万元。

11 月 25 日、11 月 30 日分别在岳阳、零陵发生 2 起森林火灾，受害森林面积分别为 56 公顷和 4.8 公顷，损失成林蓄积 963.2 立方米，幼林 202 万株，死亡人数 3 人。

11 月 27 日，怀化靖州因小孩烧稻草引发森林火灾，受害森林面积 26.3 公顷，死亡 1 人。

11 月 28 日，在岳阳黄岸大洲村的陈家坡因野外吸烟引起森林火灾，受灾自然林面积 67.0 公顷，损失成林蓄积量 595 立方米，幼林 5.56 万株，合计损失 17.986 万元。

11 月 29 日，在岳阳渭洞张谷英村因野外吸烟引起森林火灾，受灾自然林面积 46.7 公顷，损失成林蓄积量 280 立方米，幼林 1.5 万株，合计损失 7.9 万元。

12 月 1 日，在岳阳渭洞四维由于过路人失火引起森林火灾，受灾自然林面积 40.0 公顷，损失成林蓄积量 300 立方米，幼林 8.2 万株，合计损失 7.9 万元。

1993 年 冬暖春寒，年平均气温与常年相比，湘西南部及湘南南部偏高，降水时空分布不均。全年发生森林火灾 595 次，其中森林火警 197 次、一般火灾 396 次、重大火灾 2 次。火场总面积 6386 公顷，其中受害森林面积 4816.42 公顷。由于阴雨天多，湿度大，林火次数较 1992 年减少 62.7%。森林火警比 1992 年减少 70.4%，受害森林面积较 1992 年减少 54%。怀化共发生森林火灾 144 次，火场面积 1624 公顷，受害森林面积 1239 公顷。损失成林 8785 立方米，幼林 162 万株。郴州地区共发生森林火灾 107 次，火场面积 1234 公顷，受害森林面积 1018 公顷。损失成林 6613 立方米，幼林 173 万株。

1 月 31 日，衡阳市祁东因乱丢烟头引发森林火灾，受害森林面积 6.2 公顷，损失成林蓄积 113 立方米，幼林 14108 万株，死亡 2 人。

2 月 4 日，岳阳市平江因吸烟不慎引发森林火灾，受害森林面积 247 公顷，损失成林蓄积 3685.7 立方米，幼林 33 万株，其他损失折款合计 16.7 万元。

2 月 6 日，株州市醴陵由于上坟不慎引发森林火灾，受害森林面积 30.2 公顷，损失成林蓄积量 100 立方米，幼林 8 万株，其他损失折款合计 16 万元，死亡 1 人。

2 月 10 日，邵阳市隆回由于吸烟不慎引发森林火灾，受害森林面积 2.33 公顷，损失成林蓄积量 300 立方米，幼林 0.2 万株，死亡 1 人。

2 月 11 日，在岳阳凤凰乡石龙村的杉树坳，由于村民吸烟不慎引起森林火灾，受灾森林总面积 149.0 公顷，其中自然林面积 129.7 公顷，人工林 19.3 公顷，损失成林蓄积量 320 立方米，幼林 12.5 万株，合计损失 9.3 万元。

1994年 冬季偏暖，夏季不热，湘中、湘南洪涝严重，秋雨连绵，雨季结束不明显。纵观全年，降水多，日照少。由于这种天气原因，1994年全年只发生森林火灾146次，火场面积775公顷，受害森林面积596公顷，损失成林4338立方米，幼林99万株，经济损失34万元。4月发生森林火灾次数占全年之首，主要是天气回暖，气温上升，上坟烧纸所致。

4月5日，郴州的临武县由于上坟扫墓烧纸引发森林火灾，受害森林面积1.5公顷，损失幼林0.05万株，死亡1人。

1995年 气温偏暖，北涝南旱，与常年相比邵阳、怀化、衡阳地区降水略偏少。全年发生森林火灾364次，火场面积1632公顷，受害森林面积814公顷，损失成林蓄积5805立方米，幼林1402万株，因灾死亡4人。2、3月分别发生森林火灾55次和34次。

3月4日，衡阳市祁东县小孩玩火发生森林火灾，受害森林面积4.2公顷，损失林木0.89万株，其他损失折款1.7万元，死亡1人。

3月4日，衡阳市祁东县马杜桥乡老屋塘村小孩玩火发生森林火灾，过火面积19.5公顷，受害森林面积3.3公顷。

3月4日，衡阳市祁东县黄土铺镇寿星村因烧荒引发森林火灾，过火面积11.7公顷，受害森林面积5.3公顷。

9月2日，衡南县洲市乡大山、东山村交界处发生森林火灾，原因不明，过火面积9.6公顷，受害森林面积8公顷。

9月3日，衡东县甘溪镇铅锌村发生森林火灾，原因不明，过火面积56.7公顷，受害森林面积2.2公顷。

9月7日，衡南县硫市乡天胜村因烧蜂引发森林火灾，过火面积8.3公顷，受害森林面积8.3公顷。

9月21日，衡南县东江镇长合村因吸烟不慎引发森林火灾，过火面积8.2公顷，受害森林面积4.5公顷。

9月22日，衡南县泉溪镇立新村因烧蜂引发森林火灾，过火面积11.3公顷，受害森林面积8.3公顷。

9月22日，衡阳县台源镇永明村因烧土引发森林火灾，过火面积39.7公顷，受害森林面积7.7公顷。

9月23日，衡南县宝盖乡罗陂村因吸烟不慎引发森林火灾，过火面积14.7公顷，受害森林面积14.7公顷。

9月25日，衡阳市祁东县白地市镇乌山冲村因烧蚁窝引发森林火灾，过火面积21.1公顷，受害森林面积12.8公顷。

9月26日，衡南县硫市乡石峰村发生森林火灾，原因不明，过火面积38.7公顷，受害森林面积9.0公顷。

10月11日，靖州县因烧灰引发森林火灾，受害森林面积1.9公顷，损失林木0.48万株，死亡1人。

1996年 气温偏低，降水偏多，日照偏少，夏季发生特大洪涝，秋季光照足，无旱象。冬季降水 60～230 毫米，比常年少 2～4 成。春季降水 290～660 毫米，比常年少 3～5 成。全省全年发生森林火灾 353 次，其中火警 119 次、火灾 234 次，火场面积 3058 公顷，受害森林面积 1826 公顷，损失成林蓄积 18251 立方米，幼林 262 万株。死亡 6 人，轻伤 6 人。森林受害率 0.2‰，火灾次数、森林受害率均大大低于省政府和林业部规定的指标。3 月发生火灾 162 次，占全年的 45％。

2 月 12 日，株州醴陵因上坟烧纸引发森林火灾，受害森林面积 30 公顷，损失成林蓄积 90 立方米，死亡 2 人。

3 月 6 日，邵阳市洞口县因烧荒引发森林火灾，受害森林面积 0.4 公顷，损失成林蓄积量 10 立方米，幼林 0.12 万株，死亡 1 人。

1997 年　平均气温偏高，冬春偏暖，入春偏旱，年降水北少南多，冬季与常年相比气温偏高，属明显暖冬。春暖明显，降水与常年相比湘中偏少，湘南偏多。秋季降水湘西偏少。全年发生森林火灾 98 次，火场面积 3058 公顷，受害森林面积 221 公顷，损失成林蓄积 3524 立方米，幼林 23 万株。全年发生森林火灾较少。

1998 年　平均气温偏高，年降水量大部分地区偏多，时空分布不均，降水与常年相比，郴州南部和邵阳东部偏少，其余地区偏多。秋季平均气温与常年相比偏高，湘南夏、秋连旱。郴州干旱为 1950 年以来的重灾年，永州为第二位。全年发生森林火灾 366 次，其中火警 118 次、一般火灾 247 次、重大火灾 1 次。火场面积 3561 公顷，受害森林面积 2401 公顷，损失成林蓄积 27061 立方米，幼林 198 万株。森林面积受害率 1.5‰。主要发生在湘南，永州最多，永州市发生森林火灾 79 次，火场面积 1793.53 公顷，受害森林面积 1177 公顷，损失成林蓄积 13262.62 立方米，幼林 42.44 万株。郴州发生森林火灾 55 次，火场面积 286.07 公顷，受害森林面积 169.9 公顷，损失成林蓄积 715.7 立方米，幼林 71.52 万株。衡阳、怀化各为 40 和 41 次。湘西的张家界仅春季发生火警 2 次，一般性火灾 1 次。秋季未发现火灾火警，是多年来少有的。全年 4 月发生森林火灾 117 次，占全年森林火灾次数的 31.96％。清明节前后就发生了 75 次，主要是上坟烧纸引起的火灾。安化 10 次，桃江 5 次，赫山区 11 次。

1999 年　出现冬、春连旱，入冬后，雨日及降水量明显偏少，半数以上的测站雨日比常年偏少 10 天以上，郴州、永州、衡阳和邵阳出现冬、春连旱。全年发生森林火灾 357 次，火场面积 3902 公顷，受害森林面积 2231 公顷，损失成林蓄积 28383 立方米，幼林 588 万株。1～5 月森林火灾占全年火灾的 93.6％，尤其是 3、4 月分别发生森林火灾 106 次和 111 次，安化 4 次，桃江 2 次，赫山区 10 次。3～4 月受害森林面积达 1626 公顷。

2 月 18 日，常德市石门县二都乡界牌村，因上坟烧纸引发森林火灾，过火面积 20.7 公顷，过火林分主要是人工林。

2 月 18 日，岳阳市石门县二都乡高桥村，临澧县山火蔓延，过火面积 23.3 公顷，过火的主要是人工林。

2 月 23 日，常德市石门县楚江镇二天门村，因野外玩火引发森林火灾，过火面积

20.0 公顷，过火的主要是人工林。

4 月 5 日，常德市桃源县漳江镇古寺村，因上坟烧纸引发森林火灾，过火面积 20.1 公顷，过火的主要是天然林。

12 月 12 日，常德市石门县夹山镇何岗村，因烧火土肥引发森林火灾，过火面积 20.0 公顷，过火的主要是荒山。

2000 年 湘北、洞庭湖区年平均气温偏高到异常偏高，其他地区正常或偏高，出现了少有的暖春和凉秋。3 月至 5 月中旬，湘西北出现了 40～60 天的干旱，其中张家界市出现近 30 年来最为严重的春、夏连旱。7 月中下旬又出现了“高温期”，全省有 6 成以上的地区降水偏少或异常偏少，森林火险等级居高不下。全年发生森林火灾 444 次，其中火警 186 次、一般火灾 257 次、重大火灾 1 次。火场面积 3026 公顷，受害森林面积 1695.64 公顷，森林受害率 0.179‰，有 5 人受伤，1 人死亡。火灾损失成林 24219 立方米，幼林 140 万株。3、4 月分别发生森林火灾 123 次和 262 次。

经调查统计 2000 年发生的 50 次森林火灾引发原因，属于生产性用火 24 次，其中烧砖烧窑 14 次，炼山造林 10 次；非生产性用火 26 次，其中吸烟不慎 5 次，上坟 13 次，小孩玩火 3 次，电线失火 1 次，其他原因 4 次。

3 月 26 日，常德市石门县南北镇宋垭村因烧火土肥引发森林火灾，过火面积 86.7 公顷，过火的主要是天然林。

3 月 26 日，常德市石门县东山峰农场因烧荒引发森林火灾，过火面积 50.0 公顷，过火的主要是人工林。

3 月 27 日，常德市石门县所街乡南坪渡村因烧火土肥引发森林火灾，过火面积 12.7 公顷，过火的主要是天然林。

3 月 28 日，常德市石门县二都乡高桥村因烧火土肥引发森林火灾，过火面积 66.7 公顷，过火的主要是天然林。

3 月 29 日，常德市石门县南北镇茶厂因烧荒引发森林火灾，过火面积 213.3 公顷，过火的主要是灌木丛。

（注：森林火灾个案的详细记录是从 1983 年开始建立的，而 1950—1982 年只收集到了各年湖南森林火灾发生总次数和受害森林面积总数，如实列此。）

附录一　从湖南“三大考古发现”解读古代气象书籍与灾异

湖南历史悠久。发掘出的新石器时代遗迹表明，距今8000多年前这里就有了原始人群栖息。据史书记载，湖南地域周朝时为荆州的南境；战国时楚置黔中郡，秦朝增设长沙郡，里耶秦简考古证实，当时还设有洞庭郡；西汉属荆州，设荆州刺史部，辖桂阳、武陵、零陵郡和长沙国，东汉改长沙国为长沙郡；三国吴增置衡阳、湘东、天门、营阳、昭陵五郡，属荆州；西晋分荆州长沙、衡阳、湘东、零陵、邵陵、桂阳等郡和广州临贺郡置湘州，州治设临湘（今长沙），为湖南简称湘的来历之一；南北朝时州、郡更迭频繁，随朝统一后置潭、岳、衡、朗、澧、永、连、辰等州，后改州、郡、县三级为郡、县二级制，撤州改为长沙、巴陵、衡山、武陵、澧阳、零陵、桂阳、沅陵等郡；唐广德二年（公元764年）设置“湖南观察使”衙署，湖南名称由此开始；元、明两代湖南为湖广行省属地；清康熙三年（公元1664年）于长沙置“湖南布政使司”，为湖南建省之始，省境至今未变。

湖南自然条件优越。属于亚热带湿润季风气候区，适宜人们生产与生活。从考古重大发现中知道，从古至今，勤劳智慧的湖湘人特别善于探索、总结和运用气象知识与技术进行创造性劳动并为世造福；张家界、南岳山、东江湖等优美动人的山山水水无不体现大自然对这片土地的偏爱和施与；然而，这里却也是气象灾害的易发多发区，因此炼就了湖湘人“与天奋斗，其乐无穷”的刚毅性格与热情。古代湖湘人最信奉两类神：一是自然神，崇拜的对象是日、月、星、风、云、雨、电、山、河等各种自然神；二是英雄神，以传说中的三皇五帝为基本神，其影响地久天长。湘、资、沅、澧四大水系和吸纳四水、吞吐长江的洞庭湖，源远而流长，被称之“母亲河”、“母亲湖”，千百年来关爱和滋润着这片热土，世世代代养育繁衍了这里的苍生百姓。

湖南的地区文化绚丽璀璨。有座落于炎陵县的炎帝陵、宁远县的舜帝陵；有著名的佛教圣地南岳衡山（中国古代四大发明之一的蔡伦造纸术也产生在附近的耒阳市），有江南三大名楼之一的岳阳楼，有“千年学府”岳麓书院；有震惊中外的湖南“三大考古发现”等。

湖南的历史遗迹和考古发现非常多，气象考古发现和古气象应用、古代气象灾异的记载等不断呈现。三国时期的诸葛亮“借东风”和“草船借箭”等运用气象武器出奇制胜的范例，已早早传为佳话；《水经注．湘水》载：“（夏）禹治洪水”，登南岳，“血马祭山，得金简玉字之书”，等等。此般传说和美谈姑且勿论，本文谨推介当代发掘出土的“三大地下档案馆”，即湖南“三大考古发现”，它们分别是：长沙马王堆汉墓出土的西汉古尸和实物、帛书；长沙走马楼出土的三国吴简；龙山里耶出土的秦简。

一、马王堆汉墓出土的气象考古发现与研究

1972年初至1974年初出土的2000多年前马王堆汉墓，是一座大型“地下实物档案

馆和图书馆”。它除出土了一具保存完好的辛追古尸外，还出土有漆木器、丝麻织物、陶器、竹木器、兵器、乐器、木俑和谷物、水果、中草药、禽兽遗骸等3000余件实物，这些实物绝大部分保存完好，而且有些还成组成套，其中不乏稀世珍宝。墓中存有大宗的竹简、木牍（共970多片）和帛画（仪仗图）、地图、帛书，其中有当今世界保存下来最早的天文气象书籍《天文气象杂占》。它们充分展示了汉初的物质文明和社会风貌，蕴藏着中国古代哲学思想、历史文化和科学技术的丰富内涵，是汉初物质文明和精神文明的一个缩影。一具古尸和3000多件实物及大宗图书，2000多年一直保存完好而不腐朽，其中医学气象知识与技术的应用所达到的水平和发挥的作用是不言而喻的。

（一）最早的天文气象书籍——《天文气象杂占》

中国是天文气象学发源最早的国家，上古时代就已设置专职官员观察天象和制定历法，夏、商、周时期天文学相当普及，至战国、秦、汉，即有了较完整的天文系统，并产生大量天文气象著作，最早见于记载的是著名天文学家楚人甘德、魏人石申所著的《甘石星经》，可惜已失传。专家认为，马王堆三号汉墓出土的帛书《五星占》及《天文气象杂占》（见彩页照片），继承或涉及了《甘石星经》中的某些内容，是世界上保存下来最早的天文气象书籍。

帛书《天文气象杂占》高48厘米，宽约150厘米，是一种利用天象来占验灾异变故、战争胜败的图书，共250幅。上用朱墨两色绘成云、蜃气、恒星、慧星等各种天象，还有简短的文字说明，包括图象的名称、解释、占文等。这些内容自上而下排成6列，每列自右向左分为若干行，共约300行。此外，在卷末另有3列内容相似的占书，使其整个看来象一幅天象图谱。因为其包含有天文学、气象学及占卜方面的内容，所以定名为《天文气象杂占》。

关于杂占，其实是古代一种方术，由于古人对日月经天、星辰出没不了解，对风雨雷电迷惑恐惧，所以很早时候就对天文及气象进行不断的观测，用累积的相关知识，帮助自己适应及改造自然，企图通过天象变化来推测其所“暗示”的人间祸福。在发展这种方术的同时，古人也在不经意间发展了天文学、气象学，这些遗留在天文书籍中自然现象的描绘成了现今十分有用的科学资料，对研究古代天文气象知识大有裨益。

《天文气象杂占》中，绘有多种云、气、星和彗星的图案。专家认为，帛书中所绘的动物、植物以及各种器物大多代表的是云的形状，并以云的形状来预测国运或族运。杂占中所绘有赵（国）云、韩（国）云、魏（国）云、楚（国）云等10余条，有的似马，有的似猪等等，千奇百怪，不一而足。以现今科学的观点而言显然不科学，云是不断流动聚散、千变万化的，不可能有固定不变的形态，用云的形态来占卜国运或族运的兴衰显然是唯心主义。而杂占中所描绘之气大概有3种：蜃气、晕和虹。杂占不仅用树木及不知名的东西来描绘蜃气，在太阳、月亮上加圈和线来表示人们日常所见的日晕、月晕，更提到了内晕、假月和假日环这些非常复杂奇异的气象及天文现象，初步总结出了它们的某些规律。对于星，杂占则描绘了恒星中天蝎座及北斗七星等星辰，并形象的描绘了星蚀这一天文现象。

《天文气象杂占》成书年代，据专家认为：由于杂占中所绘的14国云中有赵（国）云、韩（国）云及魏（国）云，因而应写在战国时期三家分晋之后，而杂占又把楚（国）云放至最前，其言论又大都以楚人的口气说话，其作者为楚人是极有可能的。这部《天文气象杂占》包含着丰富的古代天文气象内容，是研究中国古代科技成就的极好素材。

（二）中国古代研究彗星的里程碑——马王堆汉墓帛书《彗星图》

在马王堆三号墓出土帛书《天文气象杂占》中，有29幅极为精彩的彗星图（见彩页照片）。它们位于天蝎星图及北斗星图之间，星图大都很完整，每个图下都有名称，可以说是杂占中排列最整齐、材料最完整和意义最大的一部分。

彗星图共绘有赤灌、白灌、天箭、帚彗、竹彗等彗星图案共29幅，也有专家认为应是30幅，有一幅图形中的彗头被地平线所遮，只剩下尾巴，故而以往的帛书摹本没有将其摹出。

现代科学认为，肉眼可见的明亮彗星，通常由彗核、彗发、彗尾三部分组成。彗核与彗发合起来又称为彗头，在彗头的后面拖着长长的彗尾。关于彗尾，近代有科学家根据其弯曲的程度把它分为3种类型，Ⅰ型几乎笔直，差不多位于和彗星向径相反的方向，Ⅰ型又称为气尾，其彗尾由等离子气体组成；Ⅱ型则是向着和彗星运行相反的方向倾斜的、宽阔而弯曲的彗尾，Ⅲ型是比前两类短得多而向后弯曲得更厉害的彗尾。Ⅱ型和Ⅲ型又合称为尘尾，均由大大小小的尘埃组成。而《天文气象杂占》中彗星图重点表示出了各种彗星的形态，除最后的翟星之外，其余彗星都分为彗头及彗尾两个部分，其中彗尾有宽有狭，有长有短，有直有弯，且有着大小不同的弧度，可见当时观测彗星已经注意到了彗尾的形态差异。

由于彗星的彗尾总是沿着背离太阳的方向伸展出去，就好象一把大扫帚，所以又形象地称为“扫帚星”，中国民间更认为它的出现会预示灾祸，因而又常谓之“灾星”、“妖星”。在此彗星图中，关于彗星出现就会导致灾祸的占文比比皆是，“蒲彗星，邦灾，多死者”、“苫彗星，兵起，岁饥”等类似的占文就有20余条。其实，彗星只是一种极平常的天体现象，既无福又无灾，相反，它的出现会使天空出现一道瑰丽的风景，尤其是那种带有几条彗尾的彗星，其绚丽的彗尾呈扇形展开，象孔雀开屏一样，非常好看。

中国是世界上最早观测到彗星的国家，据统计，从殷商至清末，有关彗星的记录，不少于360次，而在春秋时期，便已精确地描绘了哈雷彗星的运行情况，这也是世界上公认的该彗星的最早记录，国外直到公元66年才有一个出现在耶路撒冷上空的彗星图，而《天文气象杂占》中的彗星图象形态逼真、数量众多，每幅都经得起科学推敲。它们是古人凭借肉眼观察、并将长期积累的资料统一所画而成，所以极其珍贵难得，被专家认为是中国古代研究彗星的里程碑。

（三）世界上最早的天文学专著——马王堆汉墓帛书《五星占》

长沙马王堆三号汉墓出土的帛书《五星占》，是中国迄今为止能见到的最早的天文专著，也是世界上现存最早的天文著作之一。

古代，从帝王将相到平民百姓，无不迷信巫术。殷商时期，人们通过龟甲牛骨上被火烧出的裂缝的走向来占卜吉凶；而在汉代，以观察天象变化来占测吉凶、趋利避害的占星术十分流行。《五星占》便是以五星行度的异常和云气星彗的变化来占卜吉凶的术数类帛书。它用整幅丝帛抄写而成，约有8000字，前半部为《五星占》占文，后半部为五星行度表，根据观测到的景象，用列表的形式记录了从秦始皇元年（公元前246年）到汉文帝三年（公元前177年）70年间木星、土星、金星的位置，以及这3颗行星在一个会合周期的动态。

《五星占》的成书年代，据帛书中“考惠元”、“高皇后元”的明确纪年，可知这卷帛书的抄写年代不会早于汉文帝初年。且据考证，《五星占》的内容是战国时期《甘石星经》的内容，而《甘石星经》成书的年代为公元前370年至公元前270年，比世界最早的天文学家伊巴谷还早两个世纪，所以，《五星占》应是目前发现的全世界最早的天文专著了。它的出土还证明，汉初的岁星纪年法正是五星占纪年法。有专家指出：中国古代的岁星纪年有一个演变过程，由战国时期的甘石纪年法衍变为五星占纪年法，由五星占纪年法衍变为太初历纪年法，而太初历纪年法与后世干支纪年法相接，一直延续到现在仍在使用。因此《五星占》对勾画和研究中国历史纪年的演变过程大有帮助。

（四）从长沙马王堆汉墓出土的动植物看汉初湖南的气候

湖南省位于长江以南，南岭以北，属于亚热带季风湿润气候，是多山丘的内陆地带。据史籍记载，汉代初期，湖南（即当时的诸侯长沙国）的疆域为：北至汉水，南至九嶷。其气候特点，古气象学认为，当时处于亚热带圈的气候。这种结论是否可靠呢？这里从古气候学角度出发，采用生物学研究的方法，以马王堆汉墓出土的动植物等多种生物为研究对象，对此进行全面论证。

1. 马王堆汉墓出土的动植物及其对气候的要求和地理分布范围　马王堆汉墓出土了大量的农产品、药物、动物和若干竹、木质器物，这些动植物不仅数量大，品种亦很多，其中，植物达41种之多，动物达33种之多。有许多标本在考古发掘中尚属首次发现。根据生物学的生物体与外界环境统一体的基本原理，这里将上述动植物对气候的要求及地理分布情况分类列表（略），以便从中了解它们所处的气候、地理环境。

从41种植物对气候的要求和分布情况看，喜温湿、喜光的品种17种（如稻、黍、大豆、粟、甜瓜、梅、杨梅等），属于中国南北均能生长的广布种15种（如大麦、小麦、赤豆、花椒、佩兰、春椿、枫杨等），属于仅限于南方长江流域一带的南方植物有24种（如柿、香橙、藕、菱芰、笋、芋、毛竹、楸、杉、柏、高良姜等）。

据30种动物对气候的要求和地理分布情况来看，除数种家禽外，属于中国南北方常见的广布种有13种（如梅花鹿、雁、雉、喜鹊、麻鹊、鲤、鲫、鳡、鳜等）；属于仅限中国长江流域一带的动物有10余种（如华南兔、竹鸡、野象、犀等）；喜温湿动物有12种之多。

列表共计动植物71种，加上花皮蠹虫、蝇蛆等昆虫，共有74种。其中广布种28种，南方种34种，喜温湿品种30余种，具有明显的亚热带古生物特色。

2. 马王堆汉墓出土动植物的来源　马王堆汉墓出土了品种如此繁多的动植物，从以下三个不同角度论证它们均应来自当时湖南各地。

（1）从动植物的数量、体积来看；就其数量而言，墓中简策均有详细记载。马王堆一号汉墓简策对于农产品的记载有：黄粢二石布囊二。白粢二石布囊二。稻白秫二石布囊二。稻白鲜（籼）米二石布囊二。鞠（麴）一石布囊一等，另据马王堆一、三号墓部分简文记载：土牛五百。土豕百廿。土马五十。土鸡百。土羊百零五。土犬廿五。土雁十。土凫十。士鹄十。土圈鹤十等。仅以上农产品（五谷）就有9麻袋（9石）、动物590（头、只）。就其体积而言，据出土动物骨骼分析，马王堆一号墓有1头体重200斤的黄牛、3只梅花鹿、半头30～40斤重的成体猪和1头5～6斤的幼野猪及数头羊。植物方面更可佳，仅马王堆一号墓的6层棺椁就有70块木板，共52立方米木材，其中最大的一块椁板直径152厘米，长488厘米，厚26厘米，重达1500千克。面对数量如此众多、体积如此庞大的动植物，在当时交通不发达的情况下，是难以从外地弄来的。

（2）从动植物中有无赠送品来看；在古墓的随葬品中，有许多是别人赠送的礼品，这些礼品都为随葬的遣策或器物铭文所记载。可是马王堆汉墓出土的所有简策中，却无一赠送礼物的记载，可见这些随葬的动植物均应来自墓主一家。

（3）从考古发掘的实物和史料来看；晚第三纪以来，湖南气候变得潮湿多雨。气候的变化，使省境各地植被畅茂，野生动物大为发展。第四纪以来，在多次的冰期中，湖南很少受到影响，为动植物的发展提供了有利条件。湖南省“现存植被基本上是第三纪古植被的延续和衍生物，植物种属数量繁多。全省植物种数为5000种左右，居全国第七、八位”。同样如此，“据目前所知，全省陆栖脊椎动物共有571种，约占全国同类动物种类的27.3%”。

早在新石器时代，湖南省就开始种植水稻了。西汉刘安《淮南子·坠形训》记载：“南方阳气之所积，……其地宜稻，多兕象。”长沙地区素以水稻著称，马王堆汉墓出土的稻谷品种多达四种（籼、粳、粘、糯）。又《汉书·食货志》说：“自周秦以来，种谷必杂五种（即五谷），以备灾害”。马王堆汉墓出土的“五谷”为黍、稷、麦、菽、稻。同时，五谷中还包括“百谷”（瓜果、蔬菜）。其中，有汉代诸侯长沙国地区较为常见的枣、梅、梨、杨梅、柿、橘等果品和芥菜、藕等蔬菜。《山海经·五藏山经·中次十二经》就有“洞庭之山，……其木多木且梨橘柚”的记载。据长沙东部西周文化遗址中发现的桃核和临澧县九里战国一号墓出土的大量的板栗、枣核、甜瓜籽和藕等，说明西周以来，就有此类果菜了。其中，对于橘的记载更多。如屈原的《楚辞·橘颂》中就有“后皇嘉树，橘徕服兮。……”赞美柑橘的高节。由此可见，战国时期，湖南即以产橘著名。到了汉代更是如此。《水经·湘水注》载：西汉贾谊“宿所（在长沙县西）生林，又有大柑树，亦云谊所植。”马王堆汉墓还出土有茶。1958年发掘常德德山楚墓时，在一完整木椁墓出土的陶罐内也发现了茶叶。1954年发掘的长沙魏家大堆四号西汉（文帝之际）墓中还出土了石质“荼陵”官印1枚。“荼陵”至今仍然是湖南的产茶区之一。同时，马王堆汉墓中出土的棺椁木材杉、楸（梓木类）、柏及栗、毛竹等，均为湘江下游（西汉时属诸侯长沙国）森林（古老的亚热带林区）的典型代表树种。这些树种在常德市、临澧、安乡、岳阳城陵矶、长沙市、汉寿凤包岭等处出土的大量春秋战国至汉代的木椁墓中多有发现。马王堆一号汉墓除木材、毛竹外，还出土了桂皮等九种药物，与《史记·货殖列传》江南（包括湖南）出“枬（同楠）、梓、桂”、“多竹木”的文字材料，恰好互相印证。

与植物相比，湖南的动物也同样有着悠久的历史，并具有华南区系特色。据湘西保靖县洞泡山发掘的第四纪早更新世晚期的哺乳动物化石，就有长臂猿、猕猴、大熊猫、东方剑齿象、中国犀、中国貘、猪獾、嵌齿象、鹿、麂、华南豪猪、野猪、小猪、水牛等动物化石。在吉首市螺丝旋山猫儿洞、慈利县笔架山硝洞、桑植县杉木桥、石门县川山万人洞、皂市、湘南桂阳县上龙泉碧洞、湘东茶陵县路水、攸县店背溶洞等晚更新世堆积中，除上述野生动物外，还发现有竹鼠、豹、虎、巴氏大熊猫、巨貘、羊、马、牛、猴、獐、狗、猫等化石。越到后期，现生种的比重越大。同时，还相继在长沙市西三汉矶、祁阳县石灰岩溶洞、澧县丁家岗新石器时代（大溪文化期）遗址和石门县南部数平乡商代遗址中发现了亚洲象的遗齿化石。由此可见，湖南自第四纪早更新世晚期至全新世以来，就有如此众多的热带、亚热带动物的分布，那么，能从距今2100多年前的长沙马王堆汉墓中出土500多头（只）猪、马、牛、羊、狗等“六畜”及木象牙、象质刀、梳篦和木犀角等，也就不足为奇了。史籍对于象、犀的记载比比皆是。屈原的《辞楚·问天》中的“一蛇吞象”，说明当时楚国有象。汉司马相如《子虚赋》也证明战国时期楚国云梦猎区“兕、象、野犀”的分布广属实。汉桓宽《盐铁论·本论》（公元前81年）载：“荆、扬之皮革象”。汉杨雄《荆洲箴》也指出当时荆州的物产有：“象齿元龟”。公元3世纪，许慎、高诱注《淮南子·坠形训》记载：“长沙，湘南有犀角、象牙，皆物之珍也”。这些都反映汉代长江中游有野象、犀牛分布。马王堆汉墓中还出土了梅花鹿、华南兔、鹤、雁、竹鸡、斑鸠等多种飞禽。古代宫庭园囿中常常饲养鹿与许多水禽，汉代画象石砖刻与漆器图案中也常见射雁、捕鹿等狩猎场面，表明汉代除了饲养“六畜”外，还兼有狩猎，特别是皇家园囿中，经常还饲养一些奇禽异兽，所以马王堆贵妇人突然死去，才可以不费吹灰之力弄来这么多野生珍禽。另外，在出土的动物中还有鲤、鲫等鱼类。据马王堆三号墓出土的“诸侯长沙国南部地形图”上所绘“陂池”，它既是一种蓄水浇灌工程，也用于养鱼。如陕西汉中汉墓内出土的陂池稻田模型中，塑有鲤鱼和螺菱等。这类陂池模型在云南、四川和广东等地也均有出土。结合宫庭中也饲养水禽，足以说明当时诸侯长沙国地区已经有了养鱼业。毫无疑问，马王堆汉墓出土的所有动植物必然产于气候温和的当地——湖南省境。

3. 湖南汉初与现代气候相比较　在讨论汉初湖南气候的同时，依据湖南气候史料，对湖南省的古气候和现代气候进行对比分析，更能说明当时湖南省气候的特点。

根据竺可桢气候分期法和王开发、张家诚等人的研究以及《湖南气候》的论述，说明近5000年来湖南气候已经历了“四暖四冷”的变化。其中，湖南汉初与现代气候同处温暖阶段。但是，如果将二者加以仔细比较，便不难分辨出其间具有明显的差异。

（1）西汉属于历史时期的第二个温暖阶段。孟子曾指出：鲁国（今山东一带）冬天经常无冰。《中国历代天灾人祸表》载：王莽“天凤五年（公元18年），荆扬二州连年久旱，百姓饥馑”。据湖南汉代的旱涝年数对比分析（列表如下）：

表1　湖南汉代的旱涝年数对比

时　间	旱年出现年数		洪涝出现年数	
	年　数	其中大旱年数	年　数	其中大涝年数
公元前300—0年	2	1	1	
公元1世纪（1—100年）	2		1	
公元2世纪（101—200年）	0		5	
公元3世纪（201—300年）	4	2	7	3
合　计	8	3	14	3

表1说明：汉初湖南干旱年多于洪涝年，且旱情也大于西汉末年的王莽时期。另据湖南有关地方志载：“荆州竹生实，如麦”。加之马王堆汉墓出土的大量热带、亚热带动植物，说明湖南一带当时的气候干暖。

（2）现代气候属于近600年中的第三个温暖阶段。据现代气象仪器实测记录，采用冷暖等级标准，对其间的资料进行统计，得知20世纪以来，湖南的偏冷和大冷年多于偏暖和大暖年，年平均气温未超过18.1℃。

从以上的气候比较中，可以清楚地了解到，2000多年前的汉初与现代湖南气候虽然同属温暖阶段，但它比现代气候要温暖得多。著名学者竺可桢在《中国近五千年来气候变迁的初步研究》一文中明确指出：战国秦汉时期，气候继续暖和。清初的张标研究了秦朝《吕氏春秋》中的物候资料，认为秦时春初物候要比清初早3个星期。现代的湖南属于中亚热带气候，而汉初的湖南则具有明显的南亚热带气候之特色。

（五）解开辛追千年不朽之谜——气象与防腐技术的高超运用

长沙马王堆，原本是一个普通的地名，但随着30年前马王堆汉墓的发掘而扬名海内外，其中马王堆一号汉墓出土的保存完整的轪侯夫人——辛追，以其长睡地下2100余年而不朽的神奇震惊了世人。从长沙汉墓辛追千年不朽，我们完全可以领略到华夏祖先对气象与防腐技术运用的伟大成就。

1. 西汉古尸辛追问世 1972年4月28日，湖南省博物馆的考古工作者从马王堆一号汉墓的内棺中，将墓主人遗体从紧裹着的20层丝麻织物中清理出来，只见死者外形保存完整，脸型方圆，颧骨较高，五官清晰，两眼球脱出眶外，张口，舌稍外露；头部肌肉未腐烂；在右眼睑边缘，还有几根眼睫毛，左耳内薄薄的鼓膜仍然完好，嘴里有16颗牙齿；真发稀疏、黄黑色，无白发；真发下半部缀连假发，作盘髻式；发髻上插梳形笄三支；像刚去世的老年妇女。从墓中出土的印玺中，人们了解了她的身份，她是西汉诸侯长沙国丞相、第一代轪侯利苍的夫人——辛追。

面世后的丞相夫人遗体，经医学专家进行科研论证表明，是一具全身润泽、四肢可以稍微弯动、软组织富有弹性的软体女尸，她不仅外形保存完整，且内脏柔软、润滑而完好，其死亡年龄为50岁左右，血型为A型。经解剖研究分析，她生前患有10多种疾病，如全身性动脉粥样硬化症、冠心病、多发性胆石症、肺结核，直肠及肝脏内还发现有日本型血吸虫虫卵。既然墓主人生前患有如此多种疾病，究其死亡原因是因为胆结石嵌顿引起胆绞痛的急性发作，促发冠状动脉痉挛，引起心肌缺氧加重，以致发生猝然死亡。其中，尤为重要的是发现古尸细胞内有细胞膜、细胞核的物质，说明古尸保存有少量的DNA（遗传物质），寄生虫内也有发现。这在当前世界范围内普遍重视研究DNA的情况下，为人们提供了古今对比研究的重要数据。在古尸组织中尚保存有一定大分子性质的核酸，既有核糖酸，又有脱氧核糖核酸，充分显示了中国在古代尸体保存上具有高度的科学水平。

2. 辛追遗体千年不朽之谜 辛追遗体为何保存2000多年而不朽，应当说具有外界条件和内在因素两重原因。首先，究其外界原因（如温度、湿度、压力、空气、照射、酸碱度等），凡能阻滞物质的损坏及一切不利于腐败菌生存繁殖的外界条件，都是保存古墓葬和尸体所必需的。辛追夫人入土后，长期保存在一个位于地下近20米深处的密闭墓室同密闭棺具相结合的环境中。此环境是用厚层白膏泥构筑了保证密闭性能的墓室周壁。由于深埋和密闭，使墓葬有效地同地面大气隔绝，基本上不受外界气候变化的影响，并且也可排除或大大减轻外来物理的、化学的损坏因素的作用，为保存整个墓葬创造了有利条件，使墓室内环境逐步地向着不利于腐败菌生存的方面转化。同时，在内棺发现有80公升茶褐色的棺液，其具有较强的抑酶和微弱的抑菌杀菌作用，是阻抑尸体自溶腐败的又一有利因素。

封墓后，首先随葬品中容易腐烂的食物（如鱼、肉、蛋等）的腐败和一些物质的氧化逐渐地耗掉墓室内氧气，形成缺氧条件，需氧菌因此受到抑制。接着，厌氧菌开始繁殖，随葬品中大量的有机物如一些动物类食品、中草药材、植物种子、竹木器等在甲烷菌的作用下产生大量可燃性气体——主要是沼气。这种可燃性气体的不断积聚和残余氧的不断消耗，使墓室接近于无氧。厌氧菌在经过一段时间后亦可由于本身代谢产物的积聚而不能继续繁殖，并逐渐死亡。墓室内的这种变化，对于保存那些绚丽多彩的丝织品和长期保护棺木、保存尸体来说，无疑都是十分重要的条件。

当然，事物发展变化的根本原因在于事物的内部。尸体本身的内在因素如各种器官、组织、细胞的结构特点、功能和生物化学特性等，也决定着器官、组织、细胞本身自溶腐败过程发生的先后缓急和不同的保存程度，这是不容忽视的。另外，从古尸的内脏和几种组织中测出含有较多（并具有选择性分布）的铅和汞来看，表明死者生前体内可能曾有慢性铅、汞积蓄。汞的体内积蓄对延缓尸体的早期腐败亦应有一些作用。

同时，据考证，马王堆汉墓的葬制基本是符合于《周礼》的记载。根据古代那些有关丧葬礼仪制度的记载，封建贵族死后要用香汤、酒来浴尸；在“袭”和“殓”时要穿上许多层衣服，并用尸衾严密包裹起来；在停尸阶段要用冰或水置于尸床之下以“寒尸”。这些丧仪和措施对延缓尸体早期腐败过程应有一定的作用。辛追是一名贵族妇女，死后当遵循当时的丧仪处理，而且启棺时发现，尸体确实为多层绵衾、衣着和丝麻织物所严密包裹。这可以防止昆虫侵入尸体口鼻，并有助于隔离空气，对阻滞尸体的早期腐败应有一定的作用。此外，古代保存尸体的主要方法是在入土前，将尸体封存在密闭性很好的棺具里。马王堆一号汉墓所用的棺具质量很高，盖口又用胶漆封固，具有较强的密闭性能；加之棺内空间已被包裹着的尸体和殓装物塞满，存留的空气很少；封棺后，尸体早期的腐败过程和棺内物质的氧化过程很快耗掉了棺内的氧气，形成了缺氧环境。尸体的脂肪、蛋白质以及殓装中大量丝蛋白的分解，又产生了许多有机酸，使棺内环境变为酸性（从棺液分析得到证实）。这些条件不利于腐败菌的生长繁殖，从而使尸体的腐败过程在一定的时候停止了下来。

以上就是当今解开的马王堆辛追遗体历二千多年不腐朽的谜底，它向世人展示了人类祖先在古代气象与防腐技术运用上的成就。

二、走马楼三国吴简气象灾异记述与研究

1996 年 10 月发掘的 1700 多年前长沙市走马楼古井，也恰是一座大型“地下档案馆”。它出土了三国时代孙吴的竹简、木牍 14 万余片（其中竹简 136729 片），“上承秦汉，下抵两晋，灿若星汉，洋洋大观”，且保藏良好，墨迹依旧鲜艳。走马楼吴简无论简牍数量还是所容的字数都十分惊人，数量远远超出了整个 20 世纪全国各地历年出土简牍数的总和。

走马楼简牍主要是经济类文书，这批简牍大都是孙吴时长沙郡如田曹、户曹、仓曹与库等有关机构的档案文书，其中大多是户籍、契约合同凭据等。从简牍记载中还能看出当时的物价，以及米、布、钱等之间的折算关系。这些为研究吴国孙权时代社会经济问题提供了丰富的资料。

还可以说，走马楼出土的吴简填补了三国自然灾害和民政制度记载上的空白。券书所记因旱免交、少交租米的情况相当普遍，这也在一定程度上反映了古代由于水利设施条件差和科学技术不发达，对于旱魔肆虐等气象灾害，人们往往束手无策，只能听天由命。出

土简牍大量涉及到了当时长沙郡所属的侯国、县、乡、里、丘的地名，是研究长沙历史地理的珍贵史料。也应该说，古长沙人在布局档案馆藏时，的确考虑到了珍藏档案必须创造适宜的气象环境条件，诸如仓井的除水隔潮、恒温恒湿、保持空气干燥诸因素。这批简牍对于研究当时的档案管理制度、办法很有意义。

（一）新发现的长沙走马楼简牍的重大意义

以前，简牍学界刚刚经受了敦煌汉代悬泉驿遗址出土大量简牍的震动，1996 年又在长沙走马楼发现了数量惊人的三国孙吴嘉禾纪年简牍（下称“走马楼简”）令人振奋不已。走马楼简牍的发现有着重大的学术价值与意义。

1. 填补史料缺失 走马楼简的重要性可以用“填补缺失，数量惊人”来概括。众所周知，有关三国历史的文献资料十分匮乏。本来，魏、蜀、吴三国中以孙吴立国时间为最长，魏 46 年（公元 220—265 年），蜀 44 年（公元 221—264 年），而吴有 59 年（公元 222—280 年），但晋人陈寿的《三国志》65 卷，《魏书》30 卷，《蜀书》15 卷，《吴书》不过 20 卷。而且《三国志》的体例与前三史不同，有纪传无《表》、《志》。因此，研究这段历史的学者要讨论相关的政治经济典章制度，都感到史料缺乏，每每要从前朝（东汉）或后朝（晋）的制度去推测。

关于孙吴的传世文献数量很少，考古发现的文字资料也不多。本世纪以来，出土了大量的两汉简牍，也发现了一些魏晋简，独缺吴简。据统计，大约只在安徽马鞍山朱然墓等 3 次发掘中出土过几十片，除一块“遣册”木牍外，都是“名刺”，史料价值有限。

走马楼吴简的数量则十分惊人。仅一种长 50 厘米左右的大木简，完好或基本完好的就有 2000 枚以上；已经清理出来的木牍和签牌约数十块；其余的是竹简，据估算至少有数万片。2000 枚大木简每简约容 100～160 字；竹简每简平均容字以 20 计，10 万片即是 200 万字，即便有半数漫漶不清，也有 100 万左右。如此算来，这批简牍至少有 150 万字左右的内容，不但超过《吴书》数倍，而且也大大超过了《三国志》的总字数。

走马楼简具有极高的文献价值。简牍主要是经济类文书，因此为研究孙权时代吴国社会经济问题提供了丰富的资料。譬如大木简类的佃田租税券书，对于了解当时许多经济问题都有重要的意义。试看一例：

旱丘男子黄郡，佃田八町，凡廿一亩，皆二年常限（第一栏）。其十五亩旱败不收布；定收六亩，为米七斛二斗；亩收布二尺，凡为布一丈二尺。准入米七斗五升，六年正月十七日付仓吏张曼、周栋。其米七斛二斗，五年十二月廿日付仓吏张曼、周栋（第二栏）。其旱田不收钱，孰田亩收钱八十；凡为钱四百八十，五年十一月十日付库吏潘顺（第三栏）。嘉禾六年二月二十日田户曹吏张惕校（第四栏）。

这是一份完整的佃田租税券书，参照已经清洗出来的同类文书。可知这种文书所记录的主要内容有：（1）（长沙郡）某地农民某佃田的块数与合计的亩数，其中，有的称为“常限”，应是国家规定限额的田；有的称“馀力田”，可能是农民自行开垦的田地，两种田所交租米不等。（2）农民根据所佃田数额外负担交纳租布、租米和税钱。交纳租布，一部分田因遭受干旱可免收或少收租布。租布一般折合成稻米交纳，嘉禾五年（公元 236 年），一尺布折米六升。（3）农民根据所佃田亩数额交纳租米，部分遭受干旱的田可免收或少收。“馀力田”交纳租米较少，嘉禾五年每亩交四斗。（4）农民还要交纳税钱，“旱田”可免收或少收税钱，“孰田”按定额交税钱。税钱也可折合成稻米交纳。（5）农民通常在当年的十一、十二月间交纳租米租布和税金，翌年二、三月由仓曹或田户曹官吏校核结清。

从这类佃田租税券书中，不仅可以具体地了解农民佃田的情况和交纳租税的情况，而且从侧面窥见了当时的经济情况。比如，孙吴政权用少收租米的办法鼓励农民开垦荒地。又如，农民所受剥削的问题，过去史家皆从《吴书》的字里行间看出孙吴赋税沉重，像陆逊就曾上疏要求孙权“育养士民，宽其租赋”（本传），但究竟如何沉重，并无实际的证据。现在，人们从走马楼简里即可知道，每亩地农民要交纳一斛二斗的高额租米。据《钟离牧传》说，种稻二十馀亩，得米六十斛，即每亩产米不到三斛。也就是说，田租接近4成，其中，还不包括租布和税钱。同汉代传统的“三十取一”、“十五取一”的租赋制度相比，剥削的严酷程度可想而知。人们还可以从中看出当时的物价，米、布、钱等的折算价格。这些材料是已知的任何文献资料所无法比拟、无可替代的。

2. 研究长沙历史地理的新材料　走马楼简对于研究孙吴时期的长沙地区历史地理问题具有重要意义。三国时，群雄逐鹿，各国疆界常在变动中。因而，这一时期的历史地理问题非常复杂，史书挂一漏万，难以详记。走马楼简给探讨这一时期长沙的历史地理带来了新希望。由于出土简牍大量涉及到当时长沙郡所属的侯国、县、乡、里、丘等地名，例如前述佃田租税券书，每一简皆明载佃农所属的乡里（丘），其他出入取予类的文书也多清楚地写明乡里（丘）。另有一种户籍简册，每人一简，按户编联，户主皆冠有里名，如果将所有这些材料都集中起来，加以排比，甚至有可能大体编成长沙周围的乡里志。

3. 罕见木简及其特殊价值　走马楼出土的大木简，长约49.8～54.3厘米，宽约3～4厘米，厚约0.5～1厘米。这种形制的简在历史文献中语焉不详，以往的考古发现中从未见过。今50厘米约当汉制二尺一寸六分（1汉尺＝23.1厘米），54.3厘米约当汉制二尺三寸五分；如据1979年南昌高荣墓出土的东吴银乳钉竹尺以一吴尺为24.2厘米，50厘米当合吴制二尺六分，54.3厘米当合吴制二尺二寸四分。这种从未见过的大木简，对于认识古代的简册制度无疑是一批全新的材料。

有的大木简是从顶端锯开或从侧面劈开的，其顶端有墨色的笔画和线条，因此这种大木简应当是一种券书。这是一种一式两份或三份作为凭据的文书。现在常用的“合同”和一式多联的“发票”就是从券书演变而来的。

走马楼简大量的是未削治篾皮的短简，长约23.2～23.5厘米，当一汉尺多一点。这类简的内容主要是户籍等。汉墓中的“黄肠题凑”因柏木的黄色树心而得名。由此可推测，古代将登录户口的簿籍称为“黄籍”，也是因为登录民人户口的簿籍专用未加削治篾皮的短简写成呈现黄色的缘故。“黄籍”之名，由来久远。晋以后才用黄纸取代“黄简”，后来也称为“黄册”。走马楼简对于研究简牍制度，特别是在纸张发明后简牍行将退出历史舞台前夕的简牍制度，具有特殊的价值。

4. 空仓封简意何如　关于走马楼简的一个最大的谜是，为什么数量如此庞大的简牍会放置在井里。研究认为，出土简牍的J22并不是水井，而是一个仓库。《说文》：“峁，窖也”；“窖，地藏也。”J22直径达3.10米以上，应当就是峁、窖之类的仓井。长沙夏天天气炎热，食物容易腐败变质，这种仓井可能主要用于冷藏食品，过去在江陵等地考古发掘中也有发现。特别值得注意的是，J22的底部另有一个方形小井，有木构井圈，深58厘米。《说文》：“窞，坎中小坎也。”《易》曰：“入于坎窞。”这种“窞”的作用，大概是为了将仓井四周的地下水集中到“窞”里，然后用水罐等器具提出去倒掉，借以保持仓井的干燥。数以万计的走马楼简大都属于长沙郡仓吏库吏保存的文书，这批文书被放置于J22，则J22应当与仓库有关。大量的简牍放在距仓井底部350厘米的堆积层上，简牍用竹笥盛放，上面又覆盖了黄土。可见J22乃一座废弃的空仓，简牍也不是随意丢弃的，而系有意存放。

在一座废弃的空仓中，为何要存放大批简牍？从已经清洗出来的简牍材料看，这批简牍大都是孙吴时长沙郡如田曹、户曹、仓曹与库等有关机构的档案文书，其中许多是契约合同的凭据，必须妥善保存。事隔多年之后，有目的地将它们放置在空仓里，既有到期失效、就此作废的意思，也有郑重封存、避免流失的意思。这对于研究当时的档案管理制度也很有意义。

走马楼简的发现，必定会让史家重新改写三国孙吴的政治经济制度史，还会影响今后历史研究的诸多方面，其价值会越来越珍贵。

（二）长沙走马楼吴简中旱灾史料述略

从长沙走马楼三国纪年吴简已公布资料看，农业经济类资料约占总数的99.7%，这对于研究三国时期的经济作用极大。

古代农业的发展与气候紧密相连，气候异常、自然灾害屡见于史，吴简中也有反映。《嘉禾吏民田家莂》（以下简称《田家莂》）反映尤为明显（登载于2141枚大木简中）。该简作了下述记载：

伻丘男子蒸畺，（佃）田廿八町，凡卌六亩。其卌亩，皆二年常限。其卅八亩，旱败不收，亩收布六寸六分。定收二亩，亩收米一斛二斗，为米一斛四斗。亩收布二尺。其六亩余力田，旱败不收，亩收布六寸六分。其米二斛四斗，四年十月九日付吏郑黑。凡为布一匹三丈一尺二寸，准入米三斛六斗一升，四年十一月五日付仓吏郑黑。其旱田亩收钱卅七，其熟田亩收钱七十。凡为钱三千九百卅六钱，四年十一月六日付库吏潘有。嘉禾五年三月十日，田户经用曹吏赵野、张惕、陈通校（四·二五七）。

此类简为嘉禾四年与五年吏民交纳赋税的原始记录，每简均记录了吏民的居住地、身份、姓名、佃田数目、田地种类、赋税种类、布米折合、交纳时间、赋税收受及核校吏员的姓名等详细资料。从该简可看出官府在征收吏民租税时，须将吏民佃种田地的旱熟情况及田地种类核定清楚，这也是吏民交纳赋税多少的依据。《田家莂》中约有90%的史料提到吏民佃种有旱田，例如嘉禾四年提到“旱败不收”、“悉旱”或“旱田”；嘉禾五年提到“旱败不收布”或“旱败不收钱米布”，且旱田数量很多，如前引简文中伻丘男子蒸畺共佃田卌六亩，其中旱败田竟占卌四亩，仅二亩为熟田。这些实质上均间接地反映了当时有关旱灾的情况。现对《田家莂》中记载吏民交纳赋税时的旱、熟田比例试做统计，列表如下：

表2 《田家莂》中记载吏民交纳赋税时的旱、熟田比例

年份	旱熟量比	简数（枚）	百分比	简文举例（简号）	合计（枚）
嘉禾四年	全旱	223	34.1%	6、135、526	654
	旱多熟少	339	51.8%	17、289、491	
	旱熟相等	15	2.3%	16、519	
	全熟	4	0.6%	227、385	
	熟多旱少	73	11.2%	238、430	

续表

年　　份	旱熟量比	简数（枚）	百　分　比	简文举例（简号）	合计（枚）
嘉禾五年	全旱	71	5.8%	128、139、683	1221
	旱多熟少	421	34.5%	68、416、932	
	旱熟相等	29	2.4%	182、491	
	全熟	218	17.8%	106、826	
	熟多旱少	482	39.5%	72、310、866	

注：该表是在旱田与熟田（水田）数目记载明确的简中统计的，其中数目不详及州吏佃田较特殊者均略去不计。

从表2可看出嘉禾四年与五年旱灾较重，特别是嘉禾四年。嘉禾四年前3项竟占88.2%，嘉禾五年稍有好转，但也占42.7%。众所周知，孙吴地处三国时期的南方，是多丘陵多湖泊的地区，种植物主要应是水稻，这在《田家莂》中也可以看出官府征收吏民的农作物主要是米，而如此多的旱田数量在较大程度上反映了一是旱情重，二是水利条件差。这在文献典籍中也有所记载，《三国志·吴主传》载：“（嘉禾五年）自十月不雨，至于夏。”《健康实录·太祖纪下》载：“夏，旱。自去冬不雨，至于五月。”另《吴书·吴主传》言：“赤乌三年春正月，诏曰：盖君非民不力，民非谷不生。顷者以来，民多征役，岁又水旱，年谷有损，而吏或不良，侵夺民食，以致饥困。”

“历代既以农本为立国之方针，农事受损，国计同困。此在家天下之帝皇，宜以农作之丰歉为念，故有令郡县主吏报告岁收丰歉之事。”长沙临湘政府面对如此大的灾情，必定会作出相应对策。孙吴当时是孙坚执政，他善于体察民情且有重农护民意识。官府在随后的大旱灾年征收吏民租税时，对旱、熟田的数量及征收标准均作了核定与区别，此数量应为政府对田地的受灾面积核实后所定的，因为在《田家莂》中记载征收吏民赋税时，先称旱田数量指明多少“旱败不收”，再对熟田数量均指明“定收××亩”。

由此可推断，孙吴政权在处理灾荒年吏民赋税征收时采用的方法是，先派员核定受灾面积，在农作物成熟季节再规定每人所佃旱熟田亩的数量及赋税征收的标准。以下表归纳嘉禾四、五两年常限田赋税征收的标准：

表3　嘉禾四、五两年常限田赋税征收标准

年　　份	嘉禾四年			嘉禾五年		
赋税种类	米	布	钱	米	布	钱
旱田	免收	六寸六分	卅七	免收	免收	免收
熟田	一斛二斗	二尺	七十	一斛二斗	二尺	八十

表3可以看出，旱田较熟田的赋税标准低得多，在五年竟然免征旱田的所有赋税，这说明官府实施了旱年减免赋税的有关政策，使得田家的负担较四年为轻。这样既有利于赋税的征收，又有利于稳定民心，实为稳定政权的一项有利措施。吴简中关于旱灾的记载对于研究三国经济史、政治史、长沙地方史以及气象灾害史都有十分重要的价值。

（三）孙吴“旱丘男子”木简文献价值补说

1997年1月14日《光明日报·史林》以整版的篇幅，发表胡平生、宋少华的长篇文章《新发现的长沙走马楼简牍的重大意义》。其中引录了一枚大木简上关于旱丘男子黄郡交纳赋税的全文（简称“旱丘男子木简”），以此为例说明走马楼简牍难以估量的文献价值，这是走马楼简牍完整文字的首次问世。笔者长期沉潜于三国历史文化与三国文献典籍的研究整理，故对“旱丘男子”木简的文字极感兴趣。反复研究之余，遂附胡、宋二位先生的骥尾，对他们文章中尚未提及之处作一补说，以使读者对走马楼简牍的文献价值有更深入准确的了解。

三国时期的农业赋税制度，传世的文献典籍中记载不多，所以治三国经济史者，常有文献不足征的浩叹。即使是这些少量记载，亦大多属于定性的描述。真正属于定量的具体条文，关于孙吴和蜀汉的完全没有，当今学者著作中反复征引者，只有关于曹魏的两条。而孙吴“旱丘男子”木简，在土地面积、赋税数量、灾情减免、布米折合、交纳时间等多方面都有明确的记载。由此可见，就农业赋税制度而言，它所填补的空白不仅限于孙吴，而且是整个三国时期。

汉晋时期关于职官的文献记载，例如纪传体史书的《职官志》、《百官志》之类，都有一个共同的缺陷，即对中央的高级的官司员叙述较详，而对地方和低级的吏员则叙述非常简略。至于说“旱丘男子”木简所载的仓吏、库吏、田户曹吏三官司，不仅洪氏《三国职官表》未见，遍检现今关于孙吴的传世文献典籍也无记载。从简文还可看出：仓吏掌粮谷的接收储藏，库吏掌金钱的接受保管，田户曹吏掌农业赋税征收的稽查复核，三官各有分工，相互制约。这些具体内容在传世的相关文献典籍中更无从得见。户口管理为当时地方行政之大端，如果东汉时郡县两级均已设置户曹，其后的曹魏、蜀汉、孙吴，按理说都应沿置。现今传世的文献典籍无征，而“旱丘男子”木简却有明确的记载，因此，就职官制度而言，它所填补的空白也不限于孙吴，而是整个三国时期。

孙权嘉禾五年（公元236年）至六年间出现的大旱，是三国时期发生的重大自然灾害之一。对这次大旱的情形，传世的文献典籍有两处记载。其一是《三国志》卷四十七《吴主传》：“自十月不雨，至于夏。”其二是《建康实录》卷二《太祖记下》：“夏，旱。自去冬不雨，至于五月。”两处记载都相当简略，令人难知详情。从“旱丘男子”可以得知：黄郡所耕种的二十一亩土地，当年竟有十五亩“旱败”，即因旱灾而完全绝收，受损面高达70%以上。而此时的孙吴政府，尚能根据灾害造成的实际情况，免除受灾民户的农业赋税，免除面亦达耕种面积的70%以上，与孙吴后期特别是孙皓时期的横征暴敛有所不同。这些又可填补三国自然灾害和民政制度记载上的空白。

简文又载的每亩收布二尺，共收布一丈二尺。这种赋税在魏晋南北朝时期被称为“调”，其性质是封建王朝向民户征收的人头税。孙吴的“调”亦征收实物即布，但不是按户，而是按亩征收，与曹操所定制度不同。孙吴还允许以米代布，简文所载的折合比例为布一丈二尺折米七斗五升，约为布一丈折米六斗一升。这种办法在现今传世的三国历史文献典籍中亦未见记载。孙吴时土地收益税和人头税，即租和调，是当时封建王朝向农民征收的两种经常性的主要赋税，故有“常科”之称。此外，农民还要承担种种杂税，简文中提到的“孰田亩收钱八十，凡为钱四百八十”。这一方面反映了孙吴农民负担之重，另一方面也反映了当时通货膨胀的现实。

以上是关于“旱丘男子”木简文献价值的补说。仅仅一简之文，即有如此丰富的内涵，整个走马楼简牍的巨大文献价值，由此可见一斑。

三、里耶秦简发掘与古代气象应用及研读

2002年6月出土的2200年前龙山里耶古井，也是一座大型“地下档案馆”。它出土了秦简36000多枚，还出土有木铲、橛、罐、豆、壶等用具，刀、剑等兵器以及竹蔑编织物、棕麻纺织的履，还有用于瑟上架弦的瑟码等许多器物。最为人们关注的是文字材料，秦代简牍一时一地出土数量如此之多还是第一次，以往多处发现的秦简相加的总数还不及此次考古发现的五分之一。因此里耶秦简被称之“是继兵马俑以后，秦代考古的又一惊世发现。”

秦代简牍内容丰富，涉及政治、军事、民族、经济、法律、文化、职官、行政设备、邮传、地理、气象、历法等诸多领域，极大地丰富了人们对中国历史上起承前启后作用的秦王朝有关制度的了解和认识。

里耶秦简的地下档案馆藏，其气压、地温、湿度和近似真空等条件都是相当适宜的。专家们仔细考证了这些秦简两千多年不腐朽且完好如昨的原因，认为其中最重要的一点就在于，古代的能工巧匠们巧妙地运用了当时的气象知识与技术。

（一）龙山里耶秦简发掘

1. 自然地理　湘西、武陵山，奇山异水，高沟深壑，流水潺然，盘古开天地，盘古住到大山中，是古老而神奇的苗族的始祖〔《水经》史书称：“施山（九龙山）下有二石室，先有人居处其间，施水北流会于沅。”湖南炎黄文化研究会会长何光岳有诗云：“盘古开天地，中华遗迹多；沅陵乃其源，四方频传播”〕。少数民族，独特的风俗习惯，吊脚楼，蜡染布，神秘而悠远，千万年来，人们逐鹿山林，引流灌地，甘甜的酉水哺育着一众民族，酉水和大山细心地留出一片平川，又轻轻地一分两半，一边是保靖的清水坪，另一边是龙山的里耶镇。里耶现为龙山县第一大镇，秦时是威镇一方的迁陵城，城外有战国晚期的麦茶古墓群，麦茶地势高一些，土家语的意思是：天亮了。里耶则是：干活了。天亮了，可以到平坦处干活了。春天来了，可以播种了，是洒下希望的种子的时候了。或说麦茶是天，里耶是地，那么里耶筑城住人，魂归天国葬麦茶。

湘西以其神奇的自然风光和奇特的民族风情吸引着世人，沈从文先生笔下的湘西边城质朴、安静，今日的里耶仍依稀保存着那份风貌，是十多个少数民族和睦相处之地，里耶镇属湘西土家族苗族自治州龙山县，是武陵山地难得的平坦之处，也是湘鄂渝黔四省市交界处的繁华市镇，东距湘西土家族苗族自治州首府吉首120千米。里耶紧邻酉水，因酉水而曾经成为商旅辐辏的繁华市镇。

距里耶镇西不远，危崖千仞的八面山是沅水和乌江的分水岭。清代修撰的《龙山县志》是这样描述的：“八面山，层崖邃谷，丛菁幽林，即山而居者终身难穷其处。顶上尤坦夷，纵横其百里，土沃可莳杂粮。有众多的水潭，大旱不涸。风气常肃肃，居民于四时不知有夏，山顶云气笼罩，非晴明不见。”现在居民于山顶培植反季节蔬菜，放牧牛羊。产品是城市居民深爱的绿色食品。八面山以西，水往乌江流，蜀守张若领着虎狼的秦军，西北冷冷的兵锋无情地砍向温热湿润的江南楚国，“皇天之不纯命兮，方仲春而东迁”，由此，楚人挥泪离去，再来时只是在泪眼依稀的梦中。

2. 古城与考古发掘　湖南省重点工程碗米坡水电站的兴建带来了大规模考古调查和发掘的契机，1997年，湖南省文物局委托省文物考古研究所组织对电站淹没区进行全面

调查，发现古文化遗存和墓葬79处。

里耶战国古城现在已被集镇包围，古城有幸保留到当今，可能和它整个为里耶学校所拥有有关，简朴的教学楼和教师宿舍，宽敞而略有坑洼的操场使古城免受近年开发建设的破坏。防护堤正建在古城上。学校瓜瓞绵绵的卵石围墙下是考古发掘区，4月上旬，考古发掘在推土机的轰鸣声中正式开始揭剥古城。

古城在酉水岸边，包括护城濠和城墙墙基，古城当时应是方形，护城濠18米，已解剖的城墙墙基宽22米，南北长235米，东西只有150米，临江数十米已随江流飘然逝去，坐西朝东。进入里耶学校的西门就是20米宽的水塘，最早时它就是古城的护城壕，城壕以内南北长180米，东西只剩90来米，江流和岁月已带走了许多许多。围墙到江边20来米，临江10来米是迎水面，为了今后防护堤的质量和施工方便，不便发掘。地不爱宝，就在这窄窄的区域内，作坊、排水设施、房基和古井争相出现。

3. 觅古寻幽　收获空前　古井的深度为14.3米。井内堆积物有明显的层次，考古人员在清理时将其分为17大层，井壁四周以宽10余厘米，厚约30厘米的木板嵌砌，结构方式榫卯，内空2.1米，下面稍窄，内空为2米。每一面井壁用木头42块。

出土物多而杂乱，包括当时一应生活遗弃物。食物类的多见果核和动物骨骼；动物骨骼经过北京大学考古文博学院黄蕴薄教授鉴定：有牛、马、猪、狗、鹿和小型食肉类及啮齿类动物和禽类。工具类木质的有木铲、橛、椎、棰，还有竹蔑编织物；生活用物有棕麻纺织的履、绳索；陶器中最多的是大型筒瓦和板瓦，另有罐、豆、壶等；金属工具有刀、削、斧、锸、箭镞、锥、剑、钩以及铁丝、铜丝。最有趣的是有一枚用于瑟上架弦的瑟码，虽是雪泥鸿爪，也足证烽烟遍地的刀光剑影之中，曾有“目接飞鸿，手挥五弦”的雅人哲士。

其中最为人们关注的是文字材料，有竹简牍、封泥匣、封泥、笥牌、削衣（修改简牍而削下的薄片，有文字的或称“柹”）和在不规则材料如木棍上写字。

内容：属于当时官署档案。可分为文书类：基本是行政和法律文书，内容很广泛，涉及当时社会的各个层面；集簿类：兵甲、吏员登记。简文详细地记下了事情发生的年月日甚至每天具体时刻。

笥牌：一端弧形，一端平方，上书年月日和经办官员、物品名称、移送地点等。

封泥匣：封缄时方便绳索通过其上并敷设胶泥，然后戳上印记。匣上文字可分两类：一类书写始发地点和发往地点：“迁陵以邮行洞庭郡”；另一类是物品名称和数量登记：“黄粝六斗”。封泥内容有：酉阳丞印、洞庭司马等。

由简文内容看，提到的地名有：迁陵、洞庭、酉阳、沅陵、阳陵等数十处；职官有：司空、司马、丞、守丞、令等，其后并多附有各级官吏和写手的名字。综合考古发掘中其他资料的时代特点和简文中出现的“黔首”字样，大部分的简当是秦王政和始皇时期，其纪年由廿五年至卅七年一年不少，另有少部分二世元年和二年简。可以据此研究秦时的历法、行政设置、经济法律制度等。

（二）龙山里耶秦简——进入21世纪中国考古最大发现

2002年6月，地处偏僻的湘西龙山县成为国内外考古界注目的焦点。在那里，一些沉睡地下两千多年的里耶战国古城内，埋藏了秦王朝简牍36000余枚。于是，历史短暂，史料匮乏的秦朝历史因此“复活”了。考古专家认为，里耶秦简的考古价值可与殷墟甲骨文、敦煌文书媲美。

1. 秦时的知识宝库　方正、潮湿的井口是时光隧道入口处，它从容地将人们成功地带到2200多年前，考古人员一边清理古井，一边尽量了解这批简牍的内容。明确是当时官府留下的档案文书，记录了当时湘西甚至更广泛地区的政治、军事和一应事情。这些简牍记录的是当时占主流的中原民族文化，而非少数民族文化。战国时期，楚国是中国南方最大的诸侯国，在拓地开疆的进程中占领了酉水流域。里耶古城就是当时修筑的系列军事城堡之一。秦国自商鞅变法之后，令行禁止，重军功，奖农桑，推行法制，极重效率。许多简文更是将秦的管理效能表现得淋漓尽致。“廿七年四月癸卯水下十一刻，刻下九。求盗簪袅阳城辰……”记述的是秦始皇廿七年四月癸丑这一天洞庭郡迁陵县发生的一件事。“水下十一刻，刻下九”更是说明事情发生在这一天的时间，漏壶水下十一刻九分，可以知道漏壶设计为十二刻，每刻每分为十分或更精确。现在虽不能详细地推算出秦漏壶和钟表的对应关系，但秦政府严格的管理和能工巧匠设计制造出的计时工具几乎可以将时间规范到以分钟计。

2. 湮灭了的历史重见天日　在短短一个月的时间里，湘西龙山里耶战国城出土的战国末期至秦代的简牍数量达到36000多枚。战国和秦代简牍一时一地出土数量如此之多还是第一次。像以前发现的秦简，最重要的有湖北云梦睡虎地秦简1155枚；甘肃天水秦简460枚；云梦龙岗秦简800余枚；四川青川秦牍1枚等。这些重要出土的秦简总数也不超过4000枚，不及此次考古发现的1/5。

7月上旬，秦简运抵长沙，在湖南省考古研究所大楼内开始清洗、归档、拍照、研究。经历2200年，木简的质地仍比较好，处于饱水状态。那已被清洗出的简牍静静地躺在一盆盆加有保护药剂的蒸馏水中，纹理毕现，墨迹清晰、“洞庭郡”、“迁陵以邮行洞庭”、“鞠之；越人以城邑反”无不显示出远古深沉的故事。

在2002年7月底召开的秦简学术座谈会期间，与会专家不断交流着自己的体会：“这几枚简很有意思，一枚说‘以洞庭司马印行事’，一枚有‘洞庭郡’三个字，一枚写着‘迁陵以邮行洞庭’，由此看来，洞庭当时是一个郡。这在《史记》、《汉书》中并没有记载，它改写了秦史。”

历史学家吴荣曾在数枚木简上惊奇地发现“赀”、“赎”、“责”这三个词。“这生动地反映了秦朝的政治制度很严厉。”“木简上的大意是，老百姓欠了官府的钱，必须要做劳役来偿还，不许抵赖。”而这数万枚秦简牍的出土、解读与研究，将使一段湮灭了的历史重见天日。

3. 简牍2200年完好如昨的原因　据专家分析考证，简牍上的文字均为毛笔墨书。大部分文字字体属于秦隶，从小篆演化而来，和湖北龙岗、睡虎地秦简的字体相似。秦统一中国后，实行“书同文”，全国通用小篆，但在某些场合也有例外，如一般官府文为追求实用、方便、简洁，就用秦隶写就。书写材料绝大多数为木质，均残断，仅1枚是在不规则的方形木条上书写。以下层位中的木牍都是秦简。形式多样，最多见的是长23厘米，而宽度从1.4厘米至4厘米不等，这主要是根据内容的多少而决定。简牍上的两道编绳系书写后再编联，削衣（简上削下的薄片）上墨迹犹新。除形态规整的简牍之外，文字材料还有笥牌、封泥匣、封泥。

令人惊喜的是，历经2200年，这3万多枚深埋里耶古城一号井的简牍虽不是历久弥新，却仍然完好如昨，秦简并未腐朽。对此，湖南省考古研究所所长袁家荣解释说："里耶秦简当时并未采取任何特殊的防腐技术，之所以保存2000多年不腐烂，主要是因为一号井内填满淤泥，深埋地底，隔离空气效果好，外界的有机物和细菌不能入侵。这些淤泥将简牍裹起来，形成一种还原环境，而不是氧化环境，因此不会发生化学变化。"

4. 里耶秦时为军事重镇 里耶在现代人们心目中是地处偏僻、经济文化落后的武陵山地，但在历史上里耶的地位却很重要。里耶地处湘、鄂、渝、黔四省市交界处的山间盆地，有酉水可以通航，很久以来就是商旅往来的繁华市镇。龙山县得名于境内的龙岩山，战国时期是楚国的黔中地。汉高祖五年改黔中为武陵郡，下辖迁陵县，里耶或龙山即是迁陵所辖。由这次发现的简文可知，湘西各县迁陵、沅陵、酉阳的设置始于秦朝，或者可以上溯到楚国，而不是历史文献中的西汉；这些县的上级政府也不是大家熟知的长沙郡，而是峥嵘初现的洞庭郡。通过追溯源可以知道，今为龙山县第一大镇的里耶，在2200年前曾是秦时重要边郡——洞庭郡下一个扼守交通要道的迁陵县，出土大量的档案文书是可理解的。

酉水是武陵山区各族人民的母亲河，古代是中原和西南地区交通的重要通道。战国末年秦楚对峙是它历史上最痛苦也是最辉煌的时期，沿河有许多这一时期的古城，就是楚秦交兵留下的陈迹，秦的能员悍将司马错、张若在此建立了他们的勋业。人们可能忽略了湘西的人文历史，可中国文化史上鼎鼎有史的"二酉藏书"正发生在酉水边。酉水离入沅水处不远山崖上有二酉洞，传说是秦人藏书处，现为湖南省重点文物保护单位，但没有人见过所藏之书，现里耶古城一号出土众多的简牍，使传说成了预言。

2002年7月底，湖南省文化厅、文物局邀请国内外知名专家在长沙湖南宾馆召开湘西里耶简牍学术座谈会，与会专家一致高度评价湘西龙山里耶一号古井出土秦简的重大意义，认为这是近百年来秦代考古最重要的发现之一。

（三）龙山里耶战国——秦代古城一号井发掘

里耶战国——秦代古城J1出土的简牍属秦时县一级政府的部份档案，内容包括政令、各级政府之间的往来公文、司法文书、吏员簿、物资（含罚没财产）登记和转运、里程书。涉及秦的内史、南郡、巴郡、洞庭郡、苍梧郡等。其中洞庭郡等资料从未见诸文献记载，可补史籍之缺。综合考古发掘中其他资料的时代特征，以及简文中的纪年，纪年有廿五年到卅七年和二世元年、二年。因此，这批简牍当是秦王政（始皇）及二世时的遗物。以前根据文献，一般认为中原政权对湖南地区，特别是武陵山地的有效管理自西汉初年始，由里耶简文记载迁陵、酉阳、沅陵、阳陵、益阳、零阳、临沅等，可知秦朝就已对这一带进行了严格的管理；众多的特别是县乡等基层政权职官记载，可以了解秦王朝行政的具体运作。简中一般于职官名后附人名，如"迁陵守丞敦狐"；严格地将每天分为12刻，每刻再分成10分，记时精确。由年、月、日、地名、职官、事件及办理的时刻构成简洁完整的公文，可知秦政权严格而高效的管理制度。

里耶秦简的出土和整理为研究秦时的历史、地理、自然、气候、历法，以及探讨其兴起、强大进而统一全国的缘由等，提供了非常珍贵的资料。它也将极大地丰富人们对秦代政治经济制度的认识。同时，J1出土的其他器物虽具有秦文化因素，但仍有强烈的楚文化特点，兵器中也略见巴蜀文化的风格。总体而言，这些器物呈现出了强烈的各民族文化交融的特点。

（四）初读里耶秦简

2002年6月3日，在湖南龙山里耶古城址一号井开始发现有文字的简，随后出土大量简牍，总数竟达36000支左右。这项重大考古发现的消息，迅速传遍了学术界。这里就几个问题试作讨论，以待进一步探索和印证。

1. 历朔 对于里耶简牍的发现，大家首先关心的，自然是其年代问题。曾有报道说：“大部分简牍记载的是秦王嬴政统一中国称始皇帝后的秦代，其纪年由二十六年到三十七年，一年不少。”现在简报将之扩大到秦王政二十五年到二世元年，是整理间发现更多材料之故。简牍是否属于秦，正可由所见历朔来推定。

2. 行书与文书格式 在里耶简出现以前，人们对秦的行政文书所知不多。给人印象深刻的是，里耶简这些行政文书和过去所见秦法律文书一样，有固定成熟的格式，语言也很简练。例如有的文书用习语“敢言之”；类似的习语还有“敢告”等。

3. 洞庭与迁陵 细绎上引“御史问值络裙程”各简，可以知道出简城址是秦时的迁陵县，当时属于洞庭郡。“问值络裙程书”系御史所下。秦御史一职本于《周礼》，设御史大夫统之，辅佐丞相，有考课监察之权。文书要求“洞庭上裙值”，应由咸阳先送至洞庭郡治，由郡以次传送属县，所以经酉阳传到迁陵，迁陵丞收到后又下交其少内。这一过程表明了秦朝廷——洞庭郡——迁陵县三级的隶属关系。至于洞庭郡治在哪里，洞庭郡于何时建立，持续了多少年，目前尚难确论。相信里耶简全部公布时，会提供这方面的证据。

里耶简实在太丰富了，需要长时间的整理和研究。

湖南的三大历史遗迹和考古发现，存史鉴知的价值和意义非常重要而深远，也自然成了气象知识的启蒙、积累和气象技术的应用、发展以及气象灾异的记载、印证的珍贵史料与有力见证。另外，据印证，此“三大考古发现”的所在地，已至少上下两千年未曾发生地震，这也是值得一提的。

对于湖南的“三大考古发现”即“三大地下档案馆”，其规模、内容的评介和存史价值、鉴知意义的研究等，产生了许多权威性研究成果和发表许多真知灼见的论文报告，其中不乏对气象考古发现、古气象知识与技术的应用、古代气象灾异的颇具份量的分析评点文章，诸如“日月经天，以观妖祥——长沙汉墓出土最早天文气象书籍《天文气象杂占》”、“从长沙马王堆汉墓出土的动植物看汉初湖南的气候”、“解开辛追千年不朽之谜——从长沙汉墓看气象与防腐技术的高超运用”、“新发现的长沙走马楼简牍的重大意义”、“长沙走马楼吴简中旱灾史料述略”、“龙山里耶秦简发掘——进入21世纪中国考古最大发现（上）（下）”等等，本卷特予摘要精选，以期古代历史成就和古代气象成就在当代人们的生产与生活中进一步产生作用、影响和发扬光大。

本文摘引文献

《湖南“三大考古发现”气象知多少？》

…………………… 摘自《中国气象报》2005/2/22 第4版 湖南省气象局 向德龙等

《日月经天，以观妖祥——长沙汉墓出土最早天文气象书籍〈天文气象杂占〉》

……………………………… 摘自《中国气象报》2003/3/8 第4版 湖南省博物馆 廖丹

《世界上最早的天文学专著——推介长沙汉墓出土帛书〈五星占〉》

……………………………… 摘自《中国气象报》2003/4/5 第4版 湖南省博物馆 唐微

《从长沙马王堆汉墓出土的动植物看汉初湖南的气候》
…… 摘自《马王堆汉墓研究文集》湖南出版社 1994/5 出版 湖南省博物馆 游振群
《解开辛追千年不朽之谜——从长沙汉墓看气象与防腐技术的高超运用》
…………………… 摘自《中国气象报》2003/3/8 第 4 版 湖南省博物馆 游振群等
《新发现的长沙走马楼简牍的重大意义》
…………………… 摘自《光明日报》1997/1/14 第 5 版 中国文物研究所 胡平生
长沙市文物考古研究所 宋少华
《长沙走马楼吴简中旱灾史料述略》
…………………………………………………………… 长沙市文物考古研究所 何 佳
《孙吴“旱丘男子”木简文献价值补说》
…………………………………………………………………………… 摘自《文献》1997/4
四川大学历史系 方北辰（长沙市文物考古研究所何佳荐）
《龙山里耶秦简发掘——进入 21 世纪中国考古最大发现》（上）（下）
…………………… 摘自《湖湘春秋》2002/2～3 湖南省文物考古研究所 张春龙
湘西自治州文物处 龙京沙
《湖南龙山里耶战国——秦代古城一号井发掘简报》
………………… 摘自《文物》2003/1 湖南省文物考古研究所 湘西自治州文物处
龙山县文物管理所
《初读里耶秦简》
………………………… 摘自《文物》2003/1 中国社会科学院历史研究所 李学勤

附录二　湖南气象灾害及重要气象记录之最

（均以本卷收录资料和气象台站观测记录列述）

洪涝

1. 最严重的洪涝灾害出现在1931年，是年湘、资、沅、澧四水同时浸漫，与长江洪水遭遇，造成全省性的洪灾。全省受灾县市66个，受灾人口1600余万，淹田50.6万公顷，淹死54837人，损失稻谷约2000万石，财产损失折合时币近2亿元。洞庭湖区各县平原圩区尽沦为泽国，溃决堤垸1600多处，淹没稻田27万公顷。生者流离转徙，死者随波飘荡，其状之惨，实属罕见。

中华人民共和国建国后的洪涝以1954年为最，1998年次之。1954年4～8月全省各地暴雨达10余次，雨情、水情均超过1931年。全省80个县不同程度受灾，受灾人口554万，受灾面积80万公顷，成灾59万公顷，溃决堤垸356个，因灾死亡2000余人。1998年3～8月共发生8次暴雨洪涝过程，加之长江上游洪峰迭起，洞庭湖出现了历史最高水位。全省有108个县市不同程度受灾，溃决1000亩以上堤垸62个，农作物受灾面积达203.97万公顷，成灾148.25万公顷，因灾死亡625人。

暴雨

2. 单站年最大降水量为2590.3毫米，出现在1961年的桂东县（高山站为2941.3毫米，出现在1970年的南岳山）。

3. 单站月最大降水量为858.9毫米，出现在1954年6月的岳阳市。

4. 单站日最大降水量为373.8毫米，出现在1983年6月26日的桑植县（2003年7月9日张家界的日降水量为455.5毫米，创了新记录）。

5. 单站10天最大降水量为613.2毫米，出现在慈利县的1991年7月1～10日（2003年7月8～17日降水量为638.8毫米，创了新记录）。

6. 单站年最多暴雨日数为15天，出现在1977年的安化县。

7. 单站年最多大暴雨日数为4天，出现在桃源县（1969）和安化县（1998）。

8. 单站暴雨最多连续日数为4天，出现在1996年7月14～17日的临湘县。

9. 一年内大暴雨最早出现在1987年3月19日（道县）；最迟出现在1969年11月14日（会同）。

连续降水

10. 单站最长连续降水日数（日降水量≥0.1毫米）为33天，出现在桂东的1979年8月10日至9月11日，期间降雨349毫米。

11. 单站一次连续最大降水量为685.4毫米，出现在浏阳县的1998年6月11～30日。

干旱

12. 最严重的干旱灾害出现在1934年。是年湖南69县大旱成灾，自夏迄秋久晴不雨，湘中、湘南赤地数百里，溪涧断流，禾苗枯萎，旱情酷烈，邵阳因旱自杀者约400余人。湘乡、新化、资兴等地旱情持续最长，自春至秋达200天以上。全省受旱田共154.9万公顷，占总田面积的53%。据1935年4月13日湖南省赈灾委员会宣布："上年湘省69县因亢旱成灾，饥毙110余万人。长沙一地即死2256人，全省学校因灾停办19751所。"

中华人民共和国建国后，最严重的干旱出现在1963年，全省因干旱受灾77县，成灾55县，受灾人口1600万，有67%的中小型水库干到死水位以下，有7.7万个生产队饮水困难。全省受旱面积150.133万公顷，成灾面积113.4万公顷，减产粮食18.8亿千克。前冬雨水不足，降雨比历年同期减少5～6成；入春后雨水稀少，出现冬干春旱；3～9月，郴州、茶陵、衡阳、零陵、邵阳、岳阳、长沙、芷江等地降水比常年偏少4～6成，成为有记录以来的最少值。特别是湘南、湘中、湘东等地区，从上年11月起，一直未下透雨，旱期长达250天，耒阳、安仁、永兴、茶陵、衡南、常宁等县长达300～370天，形成百年罕见的冬旱、春旱、夏旱、秋旱相连的四季连旱。旱期长、范围广、有效降水间歇久是这年干旱的特点。

13. 单站最长连续无降雨日数为62天，出现在1979年9月14日至11月14日的新邵县。

14. 单站年降水量最少为750毫米，出现在1968年的华容县。

高温

15. 年极端最高气温为43.7℃，出现在1951年8月7日的零陵站。

16. 日最高气温≥35℃的天数，一年中最多是95天，出现在1951年的零陵站。

17. 日最高气温≥35℃的最长连续天数是33天，出现在1998年7月26日至8月27日（耒阳、安仁、永兴）。

18. 一年内日最高气温≥35℃的日期最早是1988年3月14日（全省有26个县市）；日最高气温≥35℃的日期最迟是1951年10月19日（衡阳、零陵、郴州）。

冷害

19. 稳定通过10℃的最晚初日是1955年4月23日，出现在邵阳和武岗。这年4月17～22日全省出现连续3～5天日平均气温小于10℃的低温天气，4月19日沅江最低气温5.1℃。低温造成早、中稻烂秧歉收，桑植县烂种烂秧8万多千克，占下种的20%以上，醴陵烂秧率也在20%以上。

20. "倒春寒"危害最严重的一年出现在1972年，这年全省4月上旬、下旬两次出现"倒春寒"天气。造成全省早稻烂种1.592亿千克，平均烂秧率为24%，其中衡南严重者在60%以上。个别严重的地区（如安化县）达80%。

21. "五月低温"持续时间最长为18天，出现在宁乡的1963年5月13～31日。

22. "五月低温"危害最严重的一年出现在1993年，这年5月13～21日，全省出现了连续5～9天的"五月低温"天气，湘北9天，湘中6～9天，5月27～31日。湘中、湘南再次出现“五月低温”，两度“五月低温”，使移栽后的早稻返青慢，发育推迟，分蘖始期比常年推迟5～7天，有效分蘖比常年减少30%左右，全省僵苗面积达17.3万公顷。棉花死苗率达10%～20%。郴州造成早、中稻减产400万千克，烤烟减产10万千克，其他作物减产50万千克，柑橘落花落果率达98.6%，几乎绝收，直接经济损失600万元以上。

23. “寒露风”最早出现在龙山的1972年9月3～5日。

24. “寒露风”危害最严重的一年出现在1982年。这年全省受冷空气影响，自9月9日开始至9月中旬，有78个县（市）出现“寒露风”天气，比常年提早15～20天，最长持续时间达11天，加上持续阴雨，全省614万公顷正值抽穗的晚稻受害，占晚稻面积的41%。晚稻空壳率增加，娄底市空壳率在40%以上，邵阳市邵东县杂交稻空壳率为48%，严重的达70%。

霜冻

25. 一年中最多霜日数是54天，分别出现在1963年的平江县和1971年的桂东县。

26. 最早初霜日期为10月13日，出现在1971年的桂东县；最迟终霜日期为4月21日，出现在1962年的炎陵县。

积雪

27. 年最多积雪日数为26天，出现在1974年的汉寿县（高山站为82天，出现在1974年的东山峰）。

28. 最大雪深为40厘米，出现在1995年1月3日的临澧县（高山站为41厘米，1964年2月24日出现在南岳山）。

29. 积雪最早出现在1968年11月10日的石门县，最迟终止日期出现在1972年4月2日的湘西北11个县（高山站积雪最早出现在南岳山的1981年11月8日，最迟终止日期出现在八面山的1979年4月4日和南岳山的1982年4月4日）。

30. 一次积雪最长连续日数为18天，出现在湘乡县的1984年1月18日至2月4日（高山站为61天，出现在南岳山的1976年12月25日至1977年2月23日）。

低温

31. 年极端最低气温为－18.1℃，出现在1969年1月31日的临湘县。

32. 一年中日最低气温≤0℃的日数，最多为57天，出现在1969年的临湘县（高山站为96天，出现在1970年的南岳山）。

33. 单站日平均气温≤0℃的最长连续天数为18天，出现在常德1954年12月26日至1955年1月12日、岳阳1954年12月27日至1955年1月13日（高山站为32天，出现在1989年1月11日至2月11日的南岳山）。

冰冻

34. 一次雨凇最长连续时数为466小时零2分，出现在常德的1954年12月26日至1955年1月14日（高山站为1370小时57分，出现在南岳山的1976年12月24日至

1977年2月19日）。

35. 一次雾凇最长连续时数为24小时，出现在益阳的1983年1月13日（高山站为1364.4小时，出现在南岳山的1976年12月24日至1977年2月19日）。

36. 电线积冰最大重量出现在南岳高山站，该站1982年2月15日在长1米、直径4毫米的电线上测得最大积冰重量为23016克。

37. 最严重的冰冻灾害：中华人民共和国建国前为1929年冬，湘北农历十一月中旬开始冰冻45天，屋、井、沟河全部封冻，塘水冻结1尺多厚，牛多冻死，冬作物全部冻死，电信中断，火车停开；洞庭湖面冰厚达1.5尺，可走车马。湘南大冰冻48天，池塘冰厚2尺，竹木断折80%以上，高山所有的农户烧楼板、家具御寒，牛死一半。中华人民共和国建国后为1969年冬季，受强寒潮影响1～2月出现2次冰雪低温冻害天气，大部分地区1月28日至2月6日连续8～10天日平均气温≤0℃，临湘县1月31日最低温度为-18.1℃，是湖南有气温记载以来的最低记录。内河湖泊结冰，冰上可行人，供电、通讯线路中断，公路多处停运。竹木、果树、作物冻死无数，油菜受冻减产40%～50%，小麦减产30%～40%。

大风

38. 最严重的大风灾害：1952年9月24日18时起，南洞庭湖区出现9级大风，伴有大雨，浪头翻过堤顶，几小时之内溃垸26个，淹没农田1.5万公顷，死亡2100多人。

39. 造成最严重灾害的龙卷风出现于1983年4月27日16时05分至16时40分，它始于湘阴，经汨罗，止于平江，扫荡了54千米长，30～300米宽的地带，中心最大风力达12级。所经之地，无坚不摧，使地物呈毁灭性破坏。这次风灾造成湘阴倒屋1.4万间，死107人，伤900多人。

40. 实测年极端最大风速为36米/秒，出现在1994年5月15日的平江站。

41. 一年最多大风日数为77天，出现在1964年的沅江站（高山站达152天，出现在1973年的南岳山站）。

冰雹

42. 年最多冰雹日数为9天，出现在1992年的麻阳站。

43. 重量最大的冰雹出现在1960年5月3日，沅陵县太常乡捡得一个大冰雹，秤量重约7.7千克。

雷暴

44. 雷击灾害次数最多的年份为1973年，这年共发生雷击灾害44起，遭受3次以上雷击灾害的地方有常德、汉寿、邵阳、洞口、新宁、新邵、零陵等地，其中洞口和新宁达7次之多。这年因雷击死57人、伤162人。其中7月有12天出现了雷击灾害，造成38人死亡，120人受伤。

45. 一次雷击灾害最严重的是清顺治八年（公元1651年）六月初六日，大雷震邵阳东山寺下居民墙，死16人，皆有黑迹，髭发俱焦。一次雷击灾害经济损失最大的是1997年9月1日12时52分，岳阳云溪长岭炼油化工厂遭雷击，击坏12000千瓦汽轮发电机，其修复费用100多万元，同时雷击使全厂电源中断，停电8分钟，造成了严重经济损失。

46. 年最多雷暴日数为100天，出现在1983年的汝城站。

大雾

47. 最严重的大雾灾害是1999年11月23日清晨，一场浓雾使长益高速公路26辆汽车追尾相撞，造成3人死亡。

48. 年最多雾日数为158天，出现在1983年的安化站（高山站为281天，出现在1970年的南岳山站）。

49. 一次大雾最长持续时间为58.6小时，出现在1995年1月5日至7日的花垣站（高山站是326小时，出现在1990年2月20日至3月5日的南岳山站）。

气象次生灾害

50. 最严重的山洪地质灾害出现在1954年，是年因暴雨诱发山体滑坡、泥石流、山体崩塌及垮坝等灾害事件数十起，造成732人死亡。

51. 最严重的一次山体滑坡出现在1786年，张家界永定茅岩河北岸之月驾山崩塌，压死108人，崩塌体堵塞了河道，造成澧水河断航达百年之久。

52. 最严重的泥石流灾害出现在1985年8月25日，暴雨引发郴州市竹园多金属矿尾砂坝垮形成矿渣泥石流，泥石流历时仅48分钟，固体物质总输移量达5500万立方米，造成47人死亡，直接经济损失达8417万元。

53. 森林火灾发生次数最多年为1955年，发生了4903次；森林火灾造成全省最大年受害森林面积为39.2万公顷，发生在1962年。

附录三　湖南省 1950—2000 年水、旱等灾害简表

年份	受灾面积（万公顷）				因灾减产粮食（亿公斤）				因灾死亡（人）	成灾人口（万人）	倒塌房屋（万间）	经济损失（万元）
	合计	其中			合计	其中						
		水灾	旱灾	其他		水灾	旱灾	其他				
1950	97.3	10.1	35.4	51.8	4.11	0.65	1.76	1.7	5	—	—	—
1951	152.5	3.3	40.9	108.3	3.81	0.19	2.32	1.3	—	—	—	—
1952	285.1	22.9	14.4	247.8	8.57	1.76	1.71	5.1	3361	—	—	—
1953	143.1	11.7	64.4	67.0	7.02	0.31	6.31	1.4	33	—	—	—
1954	163.8	79.7	6.6	77.5	24.25	22.02	0.73	1.5	2000	—	—	—
1955	163.0	13.3	49.5	100.2	4.27	0.61	2.66	1.0	81	—	—	—
1956	335.2	10.5	169.6	155.1	17.29	0.92	14.57	1.8	38	—	—	—
1957	243.2	17.7	88.4	137.1	10.47	1.82	6.95	1.7	12	—	—	—
1958	48.1	23.3	24.8	0.0	3.85	1.58	2.27	—	20	—	—	—
1959	424.8	9.4	136.8	278.6	16.39	0.61	11.58	4.2	96	—	—	—
1960	270.5	6.7	198.7	65.1	22.32	0.51	20.61	1.2	44	—	—	—
1961	189.0	18.1	112.4	58.5	14.06	1.20	9.46	3.4	96	—	—	—
1962	108.2	34.3	31.3	42.6	5.82	2.20	1.62	2.0	130	—	—	—
1963	183.0	15.2	150.1	17.7	20.94	0.74	18.80	1.4	41	—	—	—
1964	99.5	44.2	55.3	0.0	5.77	3.69	2.08	—	55	—	—	—
1965	58.3	24.0	34.3	0.0	3.25	3.25	0.00	—	8	—	—	—
1966	53.4	8.5	44.9	0.0	0.67	0.67	0.00	—	20	—	—	—
1967	32.6	13.4	19.2	0.0	—	—	—	—	127	—	—	—
1968	36.0	16.7	19.3	0.0	0.84	0.84	0.00	—	489	—	—	—
1969	72.3	54.1	18.2	0.0	4.76	4.76	0.00	—	1199	—	—	—
1970	38.0	20.9	17.1	0.0	1.73	1.73	0.00	—	62	—	—	—
1971	139.0	5.9	133.1	0.0	26.67	0.28	23.69	2.7	29	—	—	—
1972	123.6	6.3	117.3	0.0	10.20	0.19	10.01	—	32	—	—	—
1973	61.3	48.7	12.6	0.0	1.61	1.61	0.00	—	294	—	—	—
1974	100.8	10.6	90.2	0.0	6.08	0.45	5.63	—	44	—	—	—
1975	210.4	17.9	14.4	178.1	6.79	1.30	1.19	4.3	270	—	—	—
1976	168.8	33.7	17.8	117.3	6.79	1.96	1.03	3.8	91	—	—	—
1977	191.6	35.0	12.9	143.7	10.27	4.13	0.74	5.4	100	—	—	—
1978	260.6	20.7	133.3	106.6	13.60	1.22	7.78	4.6	28	—	—	—

续表

年份	受灾面积（万公顷）				因灾减产粮食（亿公斤）				因灾死亡（人）	成灾人口（万人）	倒塌房屋（万间）	经济损失（万元）
	合计	其中			合计	其中						
		水灾	旱灾	其他		水灾	旱灾	其他				
1979	251.4	22.2	86.1	143.1	7.96	1.99	3.27	2.7	330	—	—	—
1980	239.1	53.9	65.7	119.5	19.24	8.18	5.56	5.5	365	—	—	—
1981	274.1	43.5	110.8	119.8	18.06	1.61	11.15	5.3	71	—	—	—
1982	274.9	44.8	51.3	178.8	14.75	4.79	3.16	6.8	262	—	15.8	—
1983	270.1	59.9	65.5	144.7	18.42	8.52	5.40	4.5	286	—	13.9	—
1984	227.6	26.1	107.6	93.9	16.73	2.56	9.37	4.8	165	—	2.5	—
1985	277.3	16.4	152.5	108.4	21.04	1.61	14.03	5.4	231	—	10.2	—
1986	254.5	20.9	120.5	113.1	15.82	1.97	10.75	3.1	88	—	2.5	—
1987	339.0	48.8	64.9	225.3	12.98	3.07	5.01	4.9	167	—	2.6	—
1988	383.3	82.1	108.7	192.5	24.26	11.86	9.10	3.3	251	1771.0	15.36	—
1989	409.0	47.2	75.4	286.4	12.21	3.11	5.30	3.8	142	—	3.9	—
1990	388.3	83.8	148.5	156.0	22.43	5.52	14.01	2.9	339	1400.0	12.78	—
1991	336.0	63.0	100.7	172.3	23.46	8.08	10.98	4.4	147	895.0	17.9	284900
1992	275.8	42.3	109.1	124.4	17.72	3.87	8.75	5.1	271	1569.0	8.86	199000
1993	251.5	100.8	17.1	133.6	14.83	9.11	1.02	4.7	372	2377.8	16.0	525700
1994	194.1	96.3	12.0	85.8	18.92	14.23	0.59	4.1	671	2526.0	32.99	1528600
1995	287.6	91.5	70.9	125.2	22.63	14.01	5.42	3.2	633	—	1.63	1400000
1996	257.9	113.0	12.2	132.7	20.38	16.41	0.97	3.0	744	3325.0	162.1	5800000
1997	348.8	40.7	33.9	274.2	15.76	4.82	4.24	6.7	234	1129.5	12.38	600100
1998	436.5	117.0	70.4	249.1	34.33	22.18	7.85	4.3	625	2879.0	68.86	3290000
1999	200.4	137.5	30.3	316.6	14.25	6.15	2.3	5.8	173	1843.8	27.92	1650396
2000	317.1	29.3	65.0	222.8	11.26	2.35	4.71	4.2	176	2223.8	14.98	1081796

注："—"表示数据不详。1950—1981年因灾死亡人数按本书第一章洪涝统计，其余各年摘自有关资料。

资料来源：湖南水旱灾害（上、下册）
湖南省历年防汛抗旱工作总结摘录
湖南农业生产数据汇编
湖南统计年鉴
湖南年鉴
中国气象年鉴

附录四　参考书目

1.《三国志·吴书》
2.《后汉书·五行志》
3.《宋书·五行志》
4.《行水金鉴》
5.《元史·五行志》乾隆四年校刊本
6.《金史》乾隆四年校刊本
7.《宋史》卷三、四，乾隆四年校刊本
8.《明史》册四线装本
9.《文献通考》民国二十五年三月
10. 李光亮《气象万千·雾》气象出版社 2002 年 7 月
11.《竺可桢文集》(1979)
12.《文海琴口述》
13.《气象知识》2001 年第 6 期
14.《史记》
15.《中国救荒史》民国二十六年六月
16.《中国灾情报告》
17.《中国气象年鉴》
18.《中国历代天灾人祸表》民国二十八年十二月
19.《中国农业百科全书》
20.《中国自然灾害》
21.《全国地质灾害情况通报》
22.《2000 年全国雷电灾害典型实例汇编》
23.《森林消防管理学》中国林业出版社
24.《长江志通讯》(1988 年、1990 年)
25.《长江志季刊》(1990)
26.《湖广通志》
27.《洞庭湖志》清道光五年版
28.《洞庭湖变迁史》1967 年版
29. 施金炎主编《洞庭史鉴》　湖南人民出版社 2002 年出版
30. 叶愈源著《湖南农业气象灾害及其长期预报》　气象出版社
31.《湖南通志》清嘉庆二十五年版、清光绪十一年版、
32.《湖南省志》第一卷《大事记》
33.《湖南省志》第十二卷《建设志·气象》气象出版社
34. 王孝忠主编《湖南的水灾及其防治》　湖南人民出版社

35. 湖南省防汛抗旱指挥部办公室《山洪灾害资料汇编》2003 年 8 月汇编
36.《湖南地质灾害》湖南科学技术出版社 2000 年出版
37.《跨世纪的湖南林业》湖南人民出版社
38.《湖南省气候灾害史料》湖南省气象局气候资料室 1982 年整编
39.《湖南年鉴》
40.《湖南气候影响评价》
41.《湖南水旱灾害》
42.《湖南水旱灾害的思考》
43.《湖南自然灾害年表》
44.《湖南灾异年表》(1979)
45.《湖南天气及其预报》
46.《湖南农业气候》
47.《湖南地震史料汇编》1980 年
48.《1988 年灾害日志》
49.《1995 年地质灾害情况通报》
50.《三十年资料整编摘录》
51.《龙阳县志》(1875)
52.《宝庆府志》
53.《清泉县志》清同治八年版
54.《沙市志灾》1995 年后陆续出版
55.《怀化千年自然灾害》 气象出版社 2000 年 6 月
56.《溆浦县气象局灾情调查》
57.《沅陵县自然灾害》1977 年
58.《会同县气象局灾情调查》
59.《洪江市气象局灾情调查》
60.《辰溪县气象局灾情调查》
61.《益阳县志》(1874 年、1933)
62.《益阳灾异年表》(1979 年、1989)
63.《益阳市志》
64.《安化县志》(1871)
65.《桃江县志》(1993)
66.《灾害性天气调查简表》邵阳市气象局 1994 年
67.《邵阳地区历年县自然灾害史料》1977 年
68.《邵阳县志》
69.《城步县志》
70.《武冈州志》
71.《新宁县志》
72.《新化县志》
73.《长沙县志》(1871)

74.《宁乡县气候灾害志》1980 年油印本
75.《浏阳县志》1994 年版
76.《湘潭县志》
77.《湘乡县志》　清乾隆十二年
78.《零陵地区历史自然灾害年表》
79.《零陵地区气候志》
80.《常宁县志》清同治九年、清嘉庆四年版
81.《衡山县志》清道光三年版、同治十三年版、光绪元年版
82.《岳阳府志》清乾隆十一年版
83.《湘西两千年自然灾害》1982 年
84.《湘西土家族苗族自治州志从书·气象志》1994 年
85.《湘西气候志》1976 年
86.《永定县志》
87.《泸溪县自然灾害年表》1981 年
88.《泸溪县志·祥异》
89.《凤凰厅志·风俗·附吉祥》
90.《凤凰县气候志》1979 年
91.《永绥直隶厅志·灾祥》
92.《永顺县志》
93.《保靖县志》
94.《保靖气候》1981 年
95.《古丈坪厅志·灾异》
96.《龙山县志·灾异》
97.《湖南古丈县历年自然灾害年表》1977 年
98.《花垣县农业气候区划手册》
99.《大庸县志》
100.《大庸文史资料》
101.《大庸报》
102.《张家界市 1994 年度气候影响评价》
103.《张家界日报》
104.《桑植县志·灾异》
105.《永定乡土志》第四册
106.《慈利县志》
107.《慈利县气象局灾情调查报告》
108.《郴州直隶州总志》
109.《安仁县志》清同治八年
110.《桂阳灾害年表》1877 年 12 月
111.《灾害性天气简表》桂阳县气象局
112.《宜章县志》民国三十年

113.《郴州水利志》
114.《临武灾害性天气档案》
115.《安仁县志》清嘉庆二十四年版
116.《资兴县灾害性天气调查》
117.《汝城县灾害调查情况》
118.《灾害性天气简表》汝城县气象局
119.《灾害性天气简表》嘉禾县气象局
120.《灾害性天气简表》宜章县气象局
121.《灾害性天气档案》临武县科技委
122.《桂东县灾害性天气调查》
123.《关于雷击情况的调查报告》永兴气象站
124.《株洲市历代大事记述》
125.《株洲气候》
126.《株洲市志》
127.《株洲地区灾情调查表》
128.《酃县志》清乾隆三十一年版
129.《直隶澧州志》清同治八年版
130.《桃源县志》清光绪十八年版
131. 湖南省环境监测总站提供 1998—2000 年部分资料
132. 湖南省森林防火指挥部及地区森林公安局提供的火灾数据资料
133. 湖南省历年地面气象观测记录气象站年、月报表
134. 邵阳市气象台灾害性天气调查报告表第 1、2、4 卷
135. 邵阳市 1986、1990、1991、1997 年灾害性天气调查简表

附录五　湖南省古今县级以上行政区划沿革简表

古地名	设置年代	治所在今地址	辖区相当今天范围	沿革简记
长沙郡（长沙国、湘　州、潭　州、长沙府、潭州府、荆湖南路、潭州行中书省、潭州路、天临路、湘江道） [荆湖北路见注⑤]	战国秦王政二十四年（公元前223年）	长沙旧城区南部；公元1281年潭州行中书省移治湖北鄂州，并改潭州行中书省为湖广等处行中书省	长沙郡辖区为洞庭湖以南湖南大部分，江西西部、广西全州、广东连县、阳山等地；湘州辖区为湘、资水流域，广西桂江、广东北江流域大部及湖北陆水流域；长沙府为楚国都城，辖长沙、湘潭、湘乡、益阳、醴陵、攸县、茶陵、浏阳等县；荆湖南路辖区为汨罗江、洞庭湖、雪峰山以南和广西越城岭以东湘江、灌江流域；潭州行中书省辖区北以长江为限，南尽海际，包括今贵州、广西及广东省之半；潭州路辖区为衡山以北湘江流域，安化以东的资水流域（沅江县除外）地区；湘江道辖区为长沙市、岳阳市、湘潭市、益阳市、娄底市全部、株洲市、邵阳市大部分及常德市东部	公元前202年改长沙郡为长沙国，公元7年废国复置长沙郡，公元307年析荆州、广州地置湘州，公元328年废，公元412年复置，其后经三度废置，公元589年改潭州，后又数度称长沙郡，公元621年改为潭州，公元927年改置长沙府，宋复为潭州，公元997年改置荆湖南路，元废，公元1277年改置潭州行中书省，同时置潭州路，公元1329年改为天临路，公元1364年改为潭州府，公元1372年又改置长沙府，公元1913年废，公元1914年设置湘江道，公元1922年废
湘　县（临湘县、长沙县）	秦置	长沙城区南部	长沙市五一西路以北地区	公元前202年改临湘县，公元589年改为长沙县
善化县	北宋元符元年（公元1098年）	长沙市旧城区	长沙市五一西路以南的长沙、湘谭部分地区	公元1376年撤消，公元1379年复置，公元1912年并入长沙县
长沙邑（青　阳）	战国时称		即长沙	
龙喜县（常丰县、长丰县）	五代汉乾佑三年（公元950年）	龙喜县治设长沙县仙人市乡鹿芝岭村；常丰县治设东岸乡东湖村	长沙市郊区和长沙县部分地	公元963年废，改置常丰县（又作长丰县），开宝中并入长沙县
浏阳州（浏阳县）	元元贞元年（公元1295年）	官渡镇北	浏阳市境及附近	公元1369年复降为县
新阳县（新康县、宁乡县）	三国吴太平二年（公元257年）	新阳县治设宁乡县横市之北；新康县治迁万寿山之东	不详	公元280年改为新康县，公元607年省入益阳，公元621年复置，公元624年又省入益阳县，公元977年置宁乡县，迄今不变

续表

古地名	设置年代	治所在今地址	辖区相当今天范围	沿革简记
建宁县	三国吴置	株洲市南湖街解放路一带，西晋泰始中移治淦田	株洲市区、株洲县、望城县、湘潭县地	隋废，公元621年复置，贞观初废
醴陵县（醴陵州）	东汉初置	醴陵市城区	醴陵市和株洲县一部分	隋初废入长沙县，公元621年析长沙县复置，公元1295年升州，公元1369年降为县
湘西县	三国吴太平二年（公元257年）	株洲县王十万乡荷包洲，公元424年衡阳郡治移入湘西县	辖区几经变化	南朝齐省湘南县入湘西县，隋平陈之后并衡山、湘乡、湘西县置衡山县
阴山县（攸县、容陵县、攸州）	秦	阴山、容陵县治设攸县阴山港；攸县治设今攸县城东北	攸县及附近地	公元前202年析置攸县、容陵县，公元589年省阴山县入湘潭县，公元621年复置，公元627年省阴山县入攸县，三国吴改容陵县为阴山县，公元1295年升攸县为州，公元1370年降为县
茶陵县（茶陵军、茶陵州）	西汉高帝五年（公元前202年）	茶陵县八团乡古城营，唐迁治今茶陵县城（旧名首善镇）	茶陵县、茶陵军辖区为茶陵、炎陵县地；茶陵州辖区为茶陵县地	公元589年省入湘潭县，公元621年再置，公元635年废，公元698年复置，公元1139年升为茶陵军，公元1211年析置酃县，元初废茶陵军，公元1282年设置茶陵州，公元1364年降为县，公元1482年改为州，公元1913年改为县
湘南县	秦置	湘潭县花石汉城桥，东汉末叶迁治耒口，三国后迁治湘潭县石潭	不详	后析置湘乡县、湘西县、建宁县、衡阳县
湘乡县（湘乡州）	东汉年间	湘乡市城区	湘乡市、娄星区、双峰县及涟沅市地	随初并入衡山县，公元621年复置，公元1295年升州，公元1364年复为湘乡县，建国后析置娄底市、双丰县，1986年撤县置市
湘潭县（湘潭州）	南朝梁天监年间	县治初设攸县西部，公元749年迁易俗河镇城塘，宋代迁湘潭城区；湘潭州治设湘潭市雨湖区	湘潭县辖区为攸县、湘潭等地；湘潭州辖区为湘潭市区、湘潭县及株州市东、南、北、郊区，株州县	南朝梁析阴山县置湘潭县，公元749年，改衡山县置湘潭县，公元1295年升为湘潭州，公元1370年废州为县
湘东郡（衡州、衡山郡、衡阳郡、衡州路、衡州府、衡永郴桂道、衡阳道）	三国吴太平二年（公元257年）	湘东郡治设衡阳郊区湖东村；改衡州后治所均设衡阳市区	湘东郡、衡州辖区为安仁、茶陵、攸县、炎陵、耒阳、常宁、衡南、衡阳市郊区；衡阳郡同衡州辖地外，增辖衡山、衡东等地；衡州路辖区为衡阳、衡南、安仁、炎陵县及衡阳市区；衡州府辖区为衡阳市大部分，郴州、永州市部分；衡阳道辖区又有扩大	公元589年废湘东郡改衡州，隋大业初改为衡山郡，公元621年改为衡州，公元742年改置衡阳郡，乾元初复改为衡州，公元1277年改置衡州路，公元1369年改为衡州府，公元1664年改属衡永郴桂道，公元1914年改置衡阳道，辖区扩至衡阳市、郴州市、永州市范围，公元1922年废

续表

古地名	设置年代	治所在今地址	辖区相当今天范围	沿革简记
酃县（炎陵县）	汉高祖五年（公元前202年）	西汉所置酃县治设衡阳市郊区湖东村；南宋所置酃县治设炎陵县城关镇	西汉所置酃县辖区为衡阳市区、郊区、安仁县、衡南县；南宋所置酃县辖区为炎陵县地	西汉所置酃县于公元395年省入临烝县。公元1211年南宋嘉定帝再置酃县，1994年改为炎陵县
新城县	南朝陈太建元年（公元569年）	耒阳市新市镇	耒阳市、衡南县部分地	公元589年废入衡阳县，公元621年复置，公元624年废，公元1336年又置，公元1377年省入衡阳县
耒县（耒阳县、涞阴县、耒阳州）	秦置	耒阳市区，南朝梁迁治大市乡大市圩，公元621年迁回耒阳市区	耒阳市辖区	西汉更名耒阳县，公元589年更名涞阴县，公元621年复名耒阳县，公元1282年升为耒阳州，公元1370年复为耒阳县
承阳县（烝阳候国、烝阳县）	西汉	衡阳市区西北，一说邵东县东南	衡阳县大部分地及附近地	东汉改为烝阳候国，三国吴复为承阳县，西晋改烝阳县
钟武县（重安侯国、重安县）	西汉元鼎六年（公元前111年）	钟武县治设金兰寺或曾步；重安侯国、重安县治设衡阳县三湖町	钟武县、重安侯国辖区为衡阳县西南部；重安县辖区为衡阳县范围	公元128年改为重安侯国，三国吴改为重安县，公元589年废，公元621年复置，不久又废
清泉县	清乾隆二十一年（公元1756年）	衡阳市城北区	衡南县	公元1912年并入衡阳县
衡阳县（衡山县）	三国吴太平二年（公元257年）	衡山县沙头附近，公元610年迁白马峰下，后迁治衡山城关镇	衡山、衡东、安仁和南岳区	西晋惠帝时改名为衡山县，后来衡东、安仁、南岳区逐渐析出
临烝县（衡阳县）	三国吴	衡阳市城北区	衡阳市区及衡南县，隋代并入新城、重安县地	隋改为衡阳县，公元621年更名临烝县，公元732年复名衡阳县
新宁县（常宁县、常宁州）	三国吴	县治设常宁县车田乡羊山村，公元706年迁麻洲，721年迁至常宁城关镇	常宁县大部分地	公元742年更名常宁县，公元1282年升为常宁州，公元1370年复为常宁县
新平县	三国吴	常宁县柏坊镇双白村	常宁县东北部地	东晋并入新宁县
永昌县	三国吴	祁东县砖塘	祁东、祁阳县地	公元589年并入零陵县
昭陵郡（邵陵郡）	三国吴宝鼎元年（公元266年）	邵阳市城区	邵阳市的大部分和娄底市的大部分地	公元280年改称邵陵郡，公元589年废

续表

古地名	设置年代	治所在今地址	辖区相当今天范围	沿革简记
建州（南梁州、邵州、邵阳郡、敏州、宝庆府、宝庆路）	隋初	邵阳市北塔湾	邵阳市城区、冷水江、涟沅市、邵阳、隆回、邵东、新邵、新化县地	公元621年改为南梁州，公元636年改为邵州，唐天宝初改邵阳郡，五代晋曾改敏州，公元1225年由邵州升为宝庆府，公元1277年改宝庆路，公元1368年又改置宝庆府
昭陵县（昭阳候国、昭阳县、邵阳县、邵陵县、宝庆县）	西汉高祖五年（公元前202年）	昭陵县、邵阳县治设邵阳市区；昭阳候国、昭阳县治设黄陂桥乡同意村	昭陵县、邵阳县辖区为邵阳市区及邵阳、隆回、邵东、新邵、涟沅等地；昭阳候国、昭阳县辖区约为邵东县地	东汉又置昭阳候国，三国吴改昭阳县，公元280年改昭阳县为邵阳县，改昭陵县为邵陵县，公元589年省邵陵县入邵阳县，公元621年复置邵陵县，公元624年再省入邵阳县，公元1913年改邵阳县为宝庆县，公元1927年复称邵阳县
高平县（南高平县、隆回县）	三国吴宝鼎元年（公元266年）	隆回县高平镇石脚村	隆回县及附近地	公元280年改称南高平县，旋复名高平县，随省入邵阳县，公元1947年置隆回县
建兴县	西晋武帝时	洞口石背乡尧王村（一说高沙镇）	洞口县及武冈县北部、隆回西北部	南朝陈废，公元621年复置，公元624年省入武冈县
都梁候国（都梁县、武冈县、武强县）	西汉元朔五年（公元前124年）	治所设武冈县新东乡七里桥，公元280年治所迁隆回县桃洪镇	武冈、洞口、城步、绥宁等县地	东汉改都梁县，公元266年改为武冈县，公元280年复名都梁县，南朝梁改称武强县，随开皇中省入邵阳县
城步县	明弘治十七年（公元1504年）	城步县城	城步苗族自治县及周围部分地	公元1956年11月改称城步苗族自治县
武攸县（武冈县、武冈军、武冈路、武冈府、武冈州）	隋大业十三年（公元617年）	武冈县治设城步儒林镇，北宋初迁至武冈县境；武冈军治设武冈县城	武攸县辖区为武冈、洞口、城步、新宁等县地；武冈军辖区为武冈、隆回、洞口、城步、新宁、绥宁、通道等县地	公元621年更名武冈县，公元1106年升为武冈军，公元1276年废武冈军，立安抚司，公元1277年置武冈路，公元1368年改为武冈府，公元1376年降为武冈州，公元1647年曾为南明都，改武冈州为承天府，桂王败走广西后复称州，公元1913年废州为县
莳竹县（绥宁县、临冈县）	北宋元丰四年（公元1081年）	莳竹县治设绥宁县城西南莳竹村；后绥宁县治迁至寨市	大致为绥宁县境	公元1106年析为绥宁、临冈二县
夫夷县（扶县、扶阳县、扶夷县、新宁县）	西汉	县治设新宁县城东北，公元1451年徙县治至今新宁县城	新宁县及附近地	东晋末改称扶县，南朝梁改名扶阳县，南朝陈改名扶夷县，隋废并入邵阳县，公元1155年析置新宁县

续表

古地名	设置年代	治所在今地址	辖区相当今天范围	沿 革 简 记
巴陵郡（巴州、岳州、罗州、纯州、岳州路、岳州府）	南朝宋元嘉十六年（公元439年）	岳阳市区	巴陵郡辖区为岳阳市区、岳阳县、临湘县、湖北通城、监利县等地；岳州府辖区为岳阳市区、岳阳县、临湘、平江、华容、安乡、石门县、张家界市地；期间辖区常有所变化，清朝辖境缩至今岳阳市（湘阴县除外）	南朝梁改巴州，公元589年改岳州，大业初改罗州，寻为巴陵郡，公元621年复名巴州，公元623年复为岳州，公元742年复名巴陵郡，公元758年复名岳州，公元1155年改名纯州，公元1161年复名岳州，公元1275年改置岳州路，公元1369年改岳州府，清属湖南布政使司，公元1913年废，划入湘江道
岳阳郡	南朝梁	汨罗市长乐街	汨罗、湘阴、平江县	公元589年废
罗　州	南朝梁	汨罗市长乐街	时辖岳阳、药山二郡	南朝陈废
罗　县	秦代	屈原农场境内	汨罗、平江、湘阴	公元623年省入湘阴县
岳阳县	南朝梁	汨罗长乐镇	汨罗市部分地	隋开皇时省入湘阴县
玉山县	南朝梁	汨罗市玉笥山南	汨罗市部分地	隋开皇时省入湘阴县
湘滨县	南朝梁	汨罗市川山乡常公村	汨罗市部分地	隋开皇时省入湘阴县
巴陵县（岳阳县）	西晋太康元年（公元280年）	岳阳市区	岳阳市区、岳阳、临湘县	公元1376年省入岳州，公元1381年复置，公元1913年改称岳阳县
王朝县（临湘县）	北宋淳化五年（公元994年）	县治设岳阳市陆城镇，公元1930年迁临湘县城关镇	临湘县和岳阳市北区	公元996年改为临湘县
南安县（安南县、华容县、容城县）	三国吴黄龙元年（公元229年）	华容县城东的章华台	华容县、南县部分	南朝宋更名安南县，公元598年改名华容县，公元686年更名容城县，公元705年复名华容县
湘阴县（湘阴州）	南朝宋元徽二年（公元474年）	县治屡迁徙，公元1135年迁今湘阴城关镇	湘阴县境	隋开皇时曾并入岳阳县，寻改岳阳县为湘阴县，元元贞初升为湘阴州，公元1369年复降为县
汉昌县（吴昌县、昌江县、平江县、平江州）	东汉建安中	汉昌、吴昌县治设平江县安定镇金铺观；昌江县治设大桥乡中县坪，公元809年迁今平江县城	约平江县境	公元229年更名吴昌县，公元589年省入罗县，公元707年析置昌江县，五代唐改称平江县，公元1295年升平江州，公元1370年复为县
高蔡邑	周定王二十二年（公元前447年）	常德武陵区旧城区	不详	楚徙蔡于此

续表

古地名	设置年代	治所在今地址	辖区相当今天范围	沿革简记
黔中郡（武陵郡、武州、沅州、朗州、鼎州、常德府、常德路、常德卫、武陵道）	战国楚威王时（公元前339—329年）	黔中郡治设常德市区或沅陵县西；武陵郡治设常德鼎城区断港头或溆浦；武州、朗州、常德府等治所设常德武陵区	黔中郡辖区为沅、醴二水流域及川鄂交界之峡江两岸，湖北清江流域，重庆市黔江流域；武陵郡辖区为沅、醴二水流域，湖北省西南部，重庆酉阳、彭水县，广西三江，龙胜等县；辖区逐代划小，武州、沅州辖区为湖南沅江流域；朗州辖境仅常德市区及桃源、汉寿县；常德府辖区为常德市区及桃源、汉寿县、沅江市等地	公元前202年割黔中郡北部地分属南郡、巴郡，改黔中郡置武陵郡，南朝梁改置武州，公元575年改称沅州，公元589年改朗州，公元607年后两度改称武陵郡，五代时增辖沅江市地，公元1012年改称鼎州，公元1147年改置常德府，公元1277年改常德路，公元1364年复改常德府，明代置常德卫，属湖广布政使司，清雍正年间属湖南行省，公元1914年裁府改置武陵道，公元1916年废
南郡	战国秦昭王廿九年（公元前278年）	湖北江陵	湖南境内仅有安乡、澧县、津市、华容、南县	隋开皇初废，大业年间曾改荆州为南郡
天门郡（石门郡）	三国吴永安六年（公元263年）	石门县城	澧县、临澧、石门县及张家界市辖地	南朝梁末废天门郡，改置石门郡
南平郡	西晋太康元年（公元280年）	安乡县城北，曾迁公安县	湖南境内有安乡、澧县、津市、华容、南县	隋废
南义阳郡	东晋永和至升平间	安乡县城西南	辖境狭小，仅因流人居地侨治	公元589年废郡改置安乡县
临沅县（沅南县、武陵县、常德县）	战国末秦置	常德武陵区旧城区（兼秦黔中郡治）	武陵区、鼎城区、桃源县	公元50年析置沅南县，公元589年并沅南、临沅、汉寿置武陵县，公元1913年改置常德县，1988年改置鼎城区
索县（汉寿县、吴寿县、龙阳县、辰阳县、龙阳军、龙阳州）	西汉高帝年间	鼎城区断港头乡城址村 龙阳县治设今汉寿县城 龙阳军治设今黄城港，公元1160年降县，治所迁回今汉寿县城	武陵、鼎城二区及沅江市、汉寿县部分地	公元134年改为汉寿县，公元248年改为吴寿县，并析其东南境置龙阳县，北宋大观中至公元1133年，改名辰阳县，公元1135年置龙阳军，公元1160年复为龙阳县，公元1295年升为龙阳州，公元1376年复降为县
孱陵县（作唐县、安乡县）	西汉高祖五年（公元前202年）	孱陵县治设公安县城西；作唐县治设安乡县城北	湖北公安、湖南津市、澧县、安乡、南县、岳阳、华容县地	东汉析置作唐县，公元589年置安乡县，并改作唐县置孱陵县，公元627年并入安乡县
松州（澧州、澧阳郡、澧州路、澧州府、澧县）	隋开皇九年（公元589年）	松州、澧州治设澧县城东南邢市村； 澧州路、府及澧县治设今澧县城关镇。	津市、张家界市、澧县、临澧县、石门、安乡、南县等地	隋时改为澧州，公元607年改为澧阳郡，公元621年又改为澧州，元初改置澧州路，公元1364年改澧州府，公元1376年降为州，公元1729年升为直隶州，但辖区已缩小，公元1913年废州改称澧县

续表

古地名	设置年代	治所在今地址	辖区相当今天范围	沿革简记
津市市（嘉山镇）	公元1950年置市	津市	津市市境	明作嘉山镇，置巡检司，清朝称津市镇，曾几度属澧县或澧州
安福县（临澧县）	清雍正七年（公元1729年）	临澧城关镇（裴家河）	临澧县境	公元1914年更名临澧县
桃源县（桃源州）	北宋乾德元年（公元963年）	桃源县城关镇	桃源县地	公元1295年升为桃源州，公元1369年复为桃源县
溇阳县	晋太康中	石门县维新场镇	不详	不久后废
澧阳县（石门县）	晋太康四年（公元283年）	石门县城	石门县境	南北朝梁末改澧阳县为石门县
永定县（大庸县）	清雍正十三年（公元1735年）	张家界市区	永定区、武陵源区	公元1913年更名大庸县，1985年改为大庸市，1988年升为省辖市
零阳县（零陵县、慈利县、慈利州）	西汉初	慈利城关镇古城堤，后来治所几经迁徙，公元1575年迁回慈利城关镇	零阳县辖区为慈利、石门、临澧三县及澧县部分地；零陵县辖境相当慈利县、永定区、临澧县部分地	隋开皇中废零阳县置零陵县，公元598年改名慈利县，公元1295年升为慈利州，公元1369年又降为县
溇中县	三国吴永安六年（公元263年）	慈利县三官寺	慈利、桑植、鹤峰部分地	隋废
九溪卫	明洪武二十三年（公元1390年）	慈利县江垭镇	添平、安福、麻寮等地	公元1730年裁撤
益阳县（益阳州）	秦置	益阳市区	益阳赫山区、资阳区、桃江县、宁乡县西部	元元贞初升益阳州，明初降为益阳县
药山郡	南朝梁	沅江市三眼塘一带（郡县同治）	沅江市境及附近地	隋废
药山县（安乐县、沅江县、乔江县、沅江市）	南朝梁	县治设沅江市三眼塘一带，公元593年移治沅江市区	沅江市大部和益阳县北部、湘阴县西部	隋初改置安乐县，公元598年改名沅江县，唐乾宁中改乔江县，公元963年复名沅江县，1988年改沅江市
重华县	南朝梁	沅江泗湖山一带	沅江市北部	隋初并入安乐县
南洲直隶厅（南洲县、南县）	清光绪廿一年（公元1895年）	治所初设南县乌咀，公元1897年迁至南洲镇	南县地	公元1913年改为南洲县，公元1914年更名南县
蓝田县（涟沅县、涟沅市）	公元1952年2月	蓝田镇	涟沅市地	公元1952年7月更名涟沅县，1987年6月撤县建涟沅市
连道县	西汉	双丰县城西北	不详	南朝宋省入湘乡县

续表

古地名	设置年代	治所在今地址	辖区相当今天范围	沿革简记
郴县（敦化县、郴阳县）	秦代	郴州市区	郴州市区、郴县	五代晋天福初改称敦化县，汉乾佑初复称郴县，公元1276年改名郴阳县，公元1376年废入郴州直隶州，公元1913年废州复为郴县
桂阳郡（郴州、敦州、郴州路、郴州府、郴州直隶州）	西汉高祖二年（公元前205年）	郴州市区	桂阳郡辖区为湖南东南部和广东省西北部；敦州辖区为郴州市区、郴县、永兴、宜章、蓝山、汝城、桂东等县地；郴州路辖区为郴州及郴县、资兴、永兴、汝城、桂阳等县	公元589年改为郴州，大业初复称桂阳郡，公元621年又改为郴州，天宝初复为桂阳郡，乾元初仍改郴州。五代晋天福初改置敦州，五代汉乾佑初复改为郴州。公元1277年置郴州路，明洪武初改为郴州府，公元1376年降为郴州，清初改为郴州直隶州
汉宁县（阳安县、晋宁县、晋兴县、资兴县、兴宁县、资兴市）	东汉永和元年（公元136年）	汉宁县、晋兴县治设资兴旧市（被东江水库淹没）；兴宁县治所迁至兴宁镇；资兴市治设唐洞	汉宁县辖区为资兴市大部分及汝城、桂东县；晋兴县、资兴县、兴宁县辖现资兴市地	三国吴改阳安县，公元280年改晋宁县，隋初废。公元591年置晋兴县，公元634年废。公元672年置资兴县，公元1229年改名兴宁县，公元1914年复名资兴县，1959年并入郴县，1961年复置，1985年改为资兴市
平阳郡	东晋	桂阳县城关镇（与平阳县同治）	辖平阳县	隋开皇时废
平阳县（桂阳监、桂阳军、桂阳路、桂阳府、桂阳州、桂阳直隶州、桂阳县）	东晋	桂阳县城关镇	桂阳、嘉禾、蓝山、临武等地	隋初（或南朝陈）并入郴县，隋末复置，公元624年废，公元625年复置，唐元和初于平阳县置桂阳监，五代晋省平阳县入监，公元1019年复置县，公元1133年桂阳监改为桂阳军，公元1277年改为桂阳路，明洪武初改为桂阳府，公元1376年降为桂阳州，并省平阳县入桂阳州，公元1729年升为桂阳直隶州，公元1913年废州改为桂阳县
便县（安陵县、高亭县、永兴县）	西汉高祖五年（公元前202年）	便县治设永兴县城关镇；安陵县治所迁至高亭司；永兴县治所迁回今城关镇	永兴县	东晋省入郴县，南朝陈复置，隋又省入郴县。公元725年置安陵县，公元742年改名高亭县，公元1073年改名永兴县
义章县（高平县、宜章县）	隋大业十三年（公元617年）	义章县治初设宜章黄沙乡堡城村，后迁至宜章城关镇；高平县治设宜章城关镇	宜章县	公元692年析北部地置高平县，公元735年废入义章县，同时义章县治所移至宜章县城关镇，北宋太平兴国时改名宜章县
临武邑（临武县、隆武县）	战国楚置	临武县土地乡古城村	临武县地	西汉初改为临武县，公元692年改为隆武县，公元705年复名临武县

续表

古地名	设置年代	治所在今地址	辖区相当今天范围	沿革简记
卢阳郡	南朝陈天嘉元年（公元560年）	汝城县城西南	辖卢阳县	隋开皇中废
汝城县（卢阳县、义昌县、郴义县、桂阳县）	东晋升平二年（公元358年）	县治初设汝城县城郭村，公元742年迁至城头寨，公元978年迁治今县城	汝城、桂东二县地	公元560年废汝城县置卢阳县，公元742年改为义昌县，五代唐同光中改名郴义县，公元976年改名桂阳县，公元1913年改名汝城县
汝桂县	公元1959年	汝城县城	汝城、桂东二县地	公元1961年撤消，恢复汝城、桂东二县
零陵郡（永州、永州路、永州府）	西汉元鼎六年（公元前111年）	治所初设广西全州城西南，东汉移至永州城区	零陵郡辖广西东北部、永州市、衡阳市、邵阳市部分地；永州路辖芝山、冷水滩区、东安、祁阳、祁东县地	三国吴析置始安郡、昭陵郡，公元589年改置永州，隋大业初复为零陵郡，公元621年改永州，唐天宝初复为零陵郡，乾元初又改永州。公元1277年置永州路，公元1368年改永州府，公元1377年并入道州、宁远、江华、永明、新田县，公元1913年废
营阳郡（永阳郡、营州、道州、南营州、江华郡、道州路、道州府、道县）	三国吴	营阳郡治所设道县东门乡；营州治所设道县清塘乡小坪村；江华郡治所移至道县城关镇	营阳郡辖道县、新田、宁远县地；营州辖道县、宁远、江永、江华四县地	西晋初废，东晋永和中复置，南朝梁改永阳郡，隋开皇中废。公元621年置营州，公元622年改南营州，公元634年改为道州，唐天宝初改江华郡，乾元初复为道州，元改道州路，公元1368年改为道州府，公元1376年复为道州，公元1913年废州改县
泉陵县（零陵县）	汉代	芝山城区北部	泉陵县辖区为芝山、冷水滩区、东安、祁阳、祁东、双牌部分地；零陵县在唐武德后辖境渐划小	三国吴析置祁阳、永昌二县，晋析置应阳县，公元589年并入祁阳、应阳等县置零陵县，公元1912年废县入府，公元1913年裁府改县
应阳县（东安场、东安县）	西晋永熙元年（公元290年）	应阳县治设卢洪市，东安县治设紫溪市，1946年迁白牙市	东安县境	隋废入零陵县，五代楚置东安场，公元984年升为东安县
谢沐县	西汉元鼎六年（公元前111年）	江永县城西南甘棠村	江永县西、南、北部，广西恭城北部和富川西北部	隋废入永阳县
营浦县（永阳县、永明县、江永县）	西汉元鼎六年（公元前111年）	营浦县治设道县东门乡；唐武德中移永阳县治于江永县城西，公元691年治所迁江永县城东南圳景村，公元1276年迁治于今江永县城	营浦县辖区为道县、江永等县地；永阳县辖区为营浦、谢沐两县地；公元691年复置永阳县时，辖区为今江永县大部分地；	隋开皇初省营浦、谢沐两县置永阳县，公元634年省永阳县入营道县，公元691年复置永阳县，公元742年改名永明县，公元1072年废，公元1086年复置，1955年并入江华县部分地，改名江永县

续表

古地名	设置年代	治所在今地址	辖区相当今天范围	沿革简记
冷道县	西汉	宁远县东城乡胡家村	不详	隋废冷道县入营道县
营道县（宏道县、弘道县）	西汉	营道县治初设宁远县城东；隋移治宁远东城乡；公元621年移治道县县城西；天宝初移治道县城	不详	隋并冷道、春陵二县入营道县，天宝初改名宏道县（亦作弘道县），公元962年复为营道县，公元1376年废入道州
梁兴县（唐兴县、武盛县、延唐县、延昌县、延喜县、宁远县）	隋末	梁兴县治设宁远东城乡；唐兴县治设今宁远县城	今宁远地	公元621年改为唐兴县，公元693年改名武盛县，公元705年复名唐兴县，公元742年改为延唐县，五代楚改为延昌县，唐同光中复为延唐县，公元942年改为延喜县，公元965年改为宁远县
春陵县	西汉元朔五年（公元前124年）	宁远县柏家坪	不详	初元中废，三国吴复置，移治于今宁远县城西，公元589年废入营道县
冯乘县	西汉元鼎六年（公元前111年）	江华县城东南（一说富川县东北）	江华县、江永县东南部，广西富川县东北部	公元621年析置江华县，公元971年废冯乘县入富川县
江华县（云溪县、江华瑶族自治县）	公元621年	公元621年治设江华县河路口镇上五保，公元705年迁治于沱江镇老县村，公元1462年迁治于沱江镇	江华县地	公元684年改为云溪县，公元705年复改名江华县，1954年迁县政府于水口镇，1955年改为江华瑶族自治县，1985年县政府迁回沱江镇
南平县（蓝山县）	西汉初	治所初设土市乡新村，公元671年迁古城村	蓝山县等地	公元589年省入临武县，公元671年复置，公元742年改名蓝山县
蓝嘉县	公元1959年3月	蓝山县城关镇	蓝山、嘉禾县地	公元1961年7月撤消，复置蓝山、嘉禾两县
大历县（新田县）	唐大历二年（公元767年）	大历县治设新田县大历县村，新田县治设今县城	新田县地	公元965年废入宁远县，公元1639年析置新田县
祁阳县	三国吴	祁东县金兰桥，公元621年设今祁阳县老山湾	祁阳县及附近地	隋废祁阳县入零陵县，公元621年复置祁阳县，公元1452年治所迁至今县城
阳明县（阳明特区）	公元1928年	祁阳石鼓源，公元1929年移治于白果市	分宁远、祁阳、零陵、新田、桂阳、常宁六县部分地而置	公元1931年改为阳明特区，设行署于石鼓源，同年废
南阳郡	南朝梁	辰溪县城西南	怀化市大部分并附近地	隋开皇初废
通宁郡	南朝陈天嘉元年（公元560年）	沅陵城西北	不详	公元575年废

续表

古地名	设置年代	治所在今地址	辖区相当今天范围	沿革简记
沅陵郡（辰州、卢溪郡、辰州路、辰州府）	南朝陈太建七年（公元575年）	治所初设沅陵县城西南，公元607年移至沅陵县城	沅陵郡辖区为沅陵、泸溪、麻阳、永顺、古丈、保靖、龙山等县地，以后改州复郡，改路设府时辖区范围有所变化	公元589年改辰州，公元607年复置沅陵郡，公元620年复名辰州，公元742年改称卢溪郡，公元758年复称辰州，元代改辰州路，公元1364年改为辰州府，公元1913年废入辰沅道
巫州（沅州、潭阳郡、溆州）	唐贞观八年（公元634年）	黔城镇	黔阳、会同、洪江、怀化县、通道、芷江、靖州等县地	公元691年改为沅州，公元725年复为巫州，公元742年称潭阳郡，公元758年复称巫州，公元770年改称溆州，北宋熙宁中废
锦州（卢阳郡）	唐垂拱二年（公元686年）	麻阳县城西南	麻阳、凤凰、保靖县及贵州铜仁市	公元742年改称卢阳郡，公元758年复称锦州，五代时废
舞州（鹤州、业州、龙标郡、奖州）	唐长安四年（公元704年）	新晃县	新晃、芷江及贵州省的镇远县	公元725年改为鹤州，公元732年改为业州，公元742年改称龙标郡，公元758年复称业州，公元770年改称奖州，北宋废
诚州（靖州、靖州路、靖州军民安抚司、靖州府、靖州县）	五代时置	治所初设靖州城东渠水滩头，公元1138年移治靖州城	靖州县、通道县、会同县、洪江市地	后省入溆州，公元1081年复置诚州，元佑初废，公元1090年再置诚州，公元1103年改靖州，元改置靖州路，公元1365年改为靖州军民安抚司，公元1368年降为州，公元1370年升为靖州府，旋降为州，公元1913年改靖州县
沅州路（沅州府、沅州）	元至元十四年（公元1277年）	芷江县城	芷江、麻阳、新晃、黔阳、怀化等县地	公元1364年改为沅州府，公元1376年降为沅州，公元1736年复升为沅州府，公元1913年废入辰沅道
辰沅道	公元1914年	凤凰县	湘西州、怀化市、张家界市地及常德、邵阳小部分地	公元1922年废
龙欟县（龙标县）	南朝梁	黔阳镇	黔阳、芷江、新晃、靖州、绥宁、会同、通道、洪江等地	公元624年改为龙标县，辖境缩为黔阳、怀化县、怀化市区，五代时废
朗溪县	唐贞观八年（公元634年）	黔城镇西南	约为黔阳县范围	五代时废
沅陵县	西汉高祖五年（公元前202年）	沅陵镇南沙水溜一带	不详	亦为郡、州、路、府治，公元1912年裁县留府，公元1913年裁府改县
辰阳县（建昌县、辰溪县）	西汉高祖五年（公元前202年）	潭湾镇杉林村	辰溪县及附近地	公元280年废，南朝宋复置，梁改建昌县，陈复名辰阳县，公元589年改辰溪县

续表

古地名	设置年代	治所在今地址	辖区相当今天范围	沿革简记
义陵县（建平县）	西汉高祖五年（公元前202年）	溆浦县城南梁家坡一带	不详	莽新曾改建平县，东汉复名义陵县，公元30年废县
麻阳县（卢阳县、招谕县、龙门县、麻阳苗族自治县）	唐武德三年（公元620年）	麻阳县治设锦和镇东，公元1953年由锦和迁高村；卢阳县治所在郭公坪乡杜壤，招谕县治所在粟坪乡招谕，龙门县治所在锦和镇东轻土村	麻阳县及附近地	公元687年析置卢阳县、招谕县，垂拱四年又析置龙门县（旋废），五代时废锦州和卢阳县，公元1073年移麻阳县治于锦和镇，公元1075年并招谕县入麻阳县，1988年改麻阳苗族自治县
晃　州	唐朝	凉伞	不详	公元634年改置夜郎县
夜郎县（峨山县、渭溪县、晃州直隶厅、晃　县、新晃侗族自治县）	唐贞观八年（公元634年）	夜郎县、峨山县治设凉伞；渭溪县治设新晃镇；晃州直隶厅治设新晃镇	夜郎县辖境同晃县；峨山县辖境相当新晃县西部；渭溪县辖境相当新晃县东部；晃州直隶厅辖境相当新晃县	公元698年析置渭溪县，公元742年改夜郎县置峨山县，五代时皆废。公元1817年置晃州直隶厅，公元1913年废厅改为晃县，1956年改为新晃侗族自治县
无阳县（潭阳县、卢阳县、芷江县）	西汉高祖五年（公元前202年）	无阳县治设芷江镇东北；潭阳县、芷江县治设芷江镇并为府治，后为道治、专署地	无阳县、卢阳县辖境相当芷江、新晃两县地；潭阳县辖境相当芷江县大部分	东汉废入辰阳县，公元713年置潭阳县，公元1074年改置卢阳县，公元1376年省入沅州。公元1736年置芷江县，1952年设置过芷江专区
舞阳县	三国吴	靖州苗族侗族自治县渠阳镇南	怀化市大部分地	南朝齐改为潕阳县，梁废
渠阳县（渠阳军、永平县、靖　县、靖州苗族侗族自治县）	北宋元丰五年（公元1082年）	县治初设太阳坪乡贯堡渡，公元1083年迁治渠阳镇东，公元1138年迁治渠阳镇	相当靖州自治县地	公元1087年改为渠阳军，次年废，复置渠阳县，公元1103年改为永平县，公元1370年废入靖州，公元1913年废州置靖县，1959年并入通道县，1961年恢复靖县，1987年改为靖州苗族侗族自治县
三江县（会同县）	北宋崇宁元年（公元1102年）	会同县朗江乡东城团	会同县、洪江市地	公元1103年改名会同县
罗蒙县（通道县、临冈县）	北宋崇宁元年（公元1102年）	罗蒙县治设县溪镇；临冈县治设临口镇；公元1958年通道县治迁双江镇	罗蒙县辖境为通道县大部分地；临冈县辖境为通道县东部和绥宁县西南部	公元1103年改名通道县，公元1106年析置临冈县，南宋绍兴初废，1954年通道县改为通道侗族自治县

续表

古地名	设置年代	治所在今地址	辖区相当今天范围	沿革简记
永顺路（永顺等处安抚司、宣抚司、宣慰司、永顺厅、永顺府、永顺专区）	元至元中	永顺路～永顺宣慰司治设永顺县司城村；永顺厅、永顺府、永顺专区治设永顺县灵溪镇	永顺路辖境相当永顺、保靖、古丈等县地；永顺宣慰司辖境相当龙山、永顺、古丈县地；永顺府辖境相当永顺、龙山、保靖、桑植县地；永顺专区辖永顺、龙山、桑植、保靖、古丈、大庸六县	公元1310年废路改置永顺等处安抚司，公元1351年改永顺等处宣抚司，公元1369年废，公元1373年设永顺宣慰司，公元1726年废，改置永顺厅，公元1729年升为永顺府，公元1913年废，1949年置永顺专区，1952年废
溪州（灵溪郡、下溪州）	唐天授二年（公元691年）	溪州、灵溪郡治设永顺县东南，公元940年迁治古丈县会溪坪	龙山、永顺、保靖、古丈等县地	唐天宝初改名灵溪郡，乾元初复名溪州，后称为下溪州
湘西行政区（湘西土家族苗族自治州）	公元1949年	永顺县灵溪镇	湘西行政区辖永顺、会同、沅陵三专区；湘西苗族自治区（州）辖境相当现湘西自治州和张家界市（慈利县除外）地	公元1952年撤消，改设湘西苗族自治区和芷江专区，1955年湘西苗族自治区改为湘西苗族自治州，1957年改为湘西土家族苗族自治州
夜郎郡	南朝梁	吉首市	吉首市和花垣县东南部，辖夜郎县	隋废
夜郎县（静人县）	南朝梁	吉首市	吉首市和花垣县东南部地	隋改为静人县，旋并入辰溪县
乾州厅（乾县、乾城县、吉首县、吉首市）	清康熙时	治所初设乾州，1950年迁治所里（吉首市区）	吉首市	公元1796年升为乾州直隶厅，公元1913年改为乾县，公元1914年改名乾城县，1953年更名吉首县，1982年改为吉首市
保靖州宣慰司	明洪武六年（公元1373年）	保靖县迁陵镇	保靖、花垣、凤凰及古丈县部分、贵州东部边境地	清雍正时废
卢州（卢溪县、泸溪县）	南朝梁天监十年（公元511年）	卢州治设泸溪县内；卢溪县治设泸溪县洗溪镇，南宋绍兴初迁治沅陵县境内卢江口，公元1573年迁治泸溪县武溪镇	卢州辖区相当泸溪县、吉首市及花垣县部分地；卢溪县辖区相当泸溪、花垣县、吉首市等地	南朝陈废卢州，隋末置卢溪县，清顺治年间改名泸溪县
渭阳县（五寨长官司、通判署、凤凰厅、凤凰县）	唐垂拱三年（公元687年）	渭阳县治设凤凰县黄丝桥附近；五寨长官司、凤凰厅治设凤凰县沱江镇；通判署驻黄丝桥村	渭阳县、五寨长官司辖区为凤凰县大部分；凤凰厅辖区为凤凰县及吉首市社塘坡、万溶江两乡	五代后废渭阳县，公元1374年置五寨长官司，公元1704年清康熙裁五寨长官司设通判署，雍正时设凤凰营，乾隆时置凤凰厅，后升为凤凰直隶厅，公元1913年改凤凰县

续表

古地名	设置年代	治所在今地址	辖区相当今天范围	沿革简记
永绥厅（永绥县、花垣县）	清雍正年间	治所初设花垣县吉卫镇，公元1800年移治于花垣镇	花垣县地	公元1796年升为永绥直隶厅，公元1913年改为永绥县，1953年改名花垣县
迁陵县（零陵县、保静州、保靖州、安抚司、宣慰司、保靖县）	汉高祖五年（公元前202年）	迁陵县治设保靖县龙溪乡乳香岩村南；零陵县、三亭县、保静州治设迁陵镇；洛浦县治设保靖县大妥乡甘溪村	迁陵县辖区为保靖县和四川秀山县东部；三亭县辖区为保靖县地；洛浦县辖区为保靖县西北部；保静州辖区相当保靖县和花垣、古丈县部分地	南朝齐改为零陵县，梁复名迁陵县，隋并入大乡县。公元635年析大乡县置三亭县，公元691年又置洛浦县，五代时皆废。五代末置保静州，元改名保靖州，明初改置保靖州安抚司，公元1373年升为保靖州宣慰司，公元1729年改为保靖县
筸子坪洞元帅府	元至正二十四年（公元1364年）	凤凰县竿子坪	凤凰县东北部和吉首市南部	公元1405年改为筸子坪长官司，清初废
古丈坪厅（古丈县）	清道光二年（公元1822年）	古丈县古阳镇	古丈县地	公元1913年改为古丈县
酉阳县（永顺州、永顺县）	汉高祖五年（公元前202年）	酉阳县治设永顺县王村镇；永顺州治设永顺县司城村；永顺县治设灵溪镇	酉阳县辖区相当龙山、永顺、古丈县地及四川边境地；永顺州辖地为永顺、保靖、古丈等县地	南朝梁废。五代置永顺州，元至元中改置永顺路，公元1729年置永顺县，公元1912年裁县留府，公元1913年废府复置县
渭　州（南渭州）	北宋	永顺县南渭村	永顺县西南部	南宋改南渭州，元废，公元1369年复置，清雍正废
溶　州（会溪施溶等处长官司、施溶州）	北宋	永顺县王村一带	溶州辖境为永顺东南部；会溪施溶等处长官司辖境增加古丈县东北和沅陵县西南边境；施溶州辖境缩至永顺县东南部	元代改为会溪施溶等处长官司，公元1369年改为施溶州，清雍正时废
黚阳县（大乡县、上溪州、龙山县）	三国吴	黚阳县治设龙山县民安镇南；大乡县治设民安镇东南（或南）；龙山县治设民安镇	黚阳县、上溪州辖区为龙山县南部；大乡县辖区为龙山、永顺、保靖、古丈等县地	南朝梁废黚阳县置大乡县，唐析大乡县置三亭、洛浦县，五代时三县皆废，置上溪州，元废，公元1369年复置，清雍正时废，公元1729年置龙山县，因袭至今
白崖洞长官司	元代	龙山县石牌洞	龙山县东北部	明因袭不变，清雍正时废
腊惹洞长官司	元代	永顺县王村附近	永顺县西南部	清雍正时废
麦著土村长官司（麦著黄洞长官司）	元代	永顺县王村镇西	永顺县西南部	明改为麦著黄洞长官司，清雍正时废

续表

古地名	设置年代	治所在今地址	辖区相当今天范围	沿 革 简 记
驴迟洞长官司	元代	永顺县灵溪镇东南	永顺县南部	清雍正时废

注：①资料均摘自《湖南古今地名辞典》(裴维昌主编，湖南出版社 1993 年 12 月出版)。

②表中第一列“古地名”首先列出最早设置的行政区划名称，后面“（ ）”内依次列出改置或更名的行政区划名称。表中第二列“设置年代”为最早古地名的设置年代，改置或更名的年代在“沿革简记”中记载。

③晃州、永顺州、渭州、南渭州、上溪州、溶州是羁縻州，形似现今的少数民族自治区域。

④溆浦（公元 622 年置)、安仁（公元 965 年置)、安化、新化（公元 1072 年置)、嘉禾（公元 1639 年置）等县县名及辖区历来基本不变，望城、株州、双丰、双牌等县系中华人民共和国建国后析置的县，这两类行政区划本表均未列出。

⑤“荆湖北路”是公元 997 年与“荆湖南路”同时设置的，元废。因其治所不在湖南境内，故本表未列出。“荆湖北路”所辖湖南境内区域为汨罗江、洞庭湖、雪峰山以北的地区。

附录六　历代常用尺度换算表

朝　代	长度单位	相当于厘米数
周	尺	22.5
秦汉	尺	23.1
魏西晋	尺	24.2
东晋	尺	24.5
宋	尺	24.6
南梁	尺	24.7
北魏（前）	尺	27.9
北魏（中）	尺	28
北魏（后）	尺	29.6
东魏、北齐	尺	30.1
北周、隋唐	尺	29.6
宋	尺	31
明、清（营造）	尺	32
（量地）	尺	34
（裁衣）	尺	35.5
民国	1 市尺	33.3

注：该表引自《中国历史尺度概述》，原载《历史研究》（1964 年）

后　　记

《中国气象灾害大典·湖南卷》的编纂工作从2001年5月上旬开始启动，前后经过近四年的辛勤工作，终于在2005年3月全面完成了编纂任务，按期上报《中国气象灾害大典》编委会。

湖南省气象局党组非常重视《中国气象灾害大典·湖南卷》的编纂工作，成立了由局领导任主任，局办公室、业务处、科技处、计财处、省气象台、省气象科研所负责同志参加的编委会，并组成了由省气象台台长任组长，省气象台、省气象科研所的专家为成员的编写组。按照省气象局要求，各市（州）气象局确定了专人参与编纂工作，他们是：黄国新、廖大利、李煜、彭刚、曾小廷、施新平、罗维仁、谢友文、刘从省、杨金莲、王心中、曹植槐、李跃平、龙志宇等同志，具体负责本市（州）《气象灾害志》、《地方志》（气象部分）及其他重要灾害史料的收集、整理和上报。各市（州）气象局行动很快，他们的专职编写人员利用各种途径广泛收集灾害史料，并在此基础上先后编写了本地的气象灾害史书。

编写组对《中国气象灾害大典·湖南卷》编纂进行了明确分工，即曾庆华负责绪论的编写，省台专家陈耀湘负责洪涝、居晶琳负责干旱、刘维华负责冷害与连阴雨、李超负责冻害、肖洁负责大风冰雹与雷击、刘维华与李国明负责大雾、赵福华负责降雨型地质灾害等章节的编写，省气科所专家霍瑞利负责森林火灾、省局办公室副主任向德龙负责《从湖南“三大考古发现”解读古代气象书籍与灾异》的编写，省局业务处张继光负责前言、后记的撰写及统排工作，曾庆华、黎祖贤、向德龙负责对所有章节进行统稿和技术把关。编写组为此付出了艰辛的劳动，正式编写历时三年，期间曾三次以集中会战的形式进行。编委会还为此召开了十余次会议（包括全省性研讨会），传达《中国气象灾害大典》编委会指示精神，统一编写格式和体例要求，研究解决编撰过程中碰到的问题。编写组还根据审稿专家的意见，对各自所编写的内容进行了多次修改，并进行了反复交叉审校。

在《中国气象灾害大典·湖南卷》编纂过程中，得到了《中国气象灾害大典》编委会的具体指导，并学习了江西、浙江、河南省局的史志编纂经验。在收集资料过程中，同时还得到了省水利厅、省农业厅、省林业厅、省民政厅、省交通厅、省统计局、省环境监测总站，省、市博物馆及文物考古研究所、驻省部队气象台等单位和省气象局相关处室、局直属单位以及全省各市、县气象局的大力支持，并提供了相关资料。此外，《中国气象灾害大典·湖南卷》初步成稿后，老专家朱金元、叶愈源、李玉祥对全卷进行了初审，欧阳惠、姚天乐、陆士平、孙捷、陈积勋、万玉明、余曼平、龙国炳、刘发挥等专家对部分章节审稿并提出了修改意见。《中国气象灾害大典·湖南卷》初步成书后，省局领导祝燕德、费中运、潘志祥、刘家清、汪扩军，处室负责人崔新成、李文华、陈江民、江卫平及老专家朱金元、叶愈源、李玉祥对全书进行了二审。省气象学会秘书处协助收集该书灾情照片。谨此对所有关心和支持《中国气象灾害大典·湖南卷》编纂工作的单位和个人一并表示衷心感谢！

后　　记

由于编纂大型气象灾害史书在湖南省气象部门尚属首次，编写人员虽尽了全力，但由于缺乏经验，水平有限，错漏之处在所难免，恳请读者批评、指正。

2005 年 4 月